신건축

전기설비

배전설비

예문사

머리말

“신 건축전기설비”는 그간의 현장실무경험과 한국전기설비규정(KEC), 전기설비기술계산 핸드북 등 기술자료를 기본으로 했으며, 전기공학의 기초이론(회로이론과 전자기학 등)과 건축관계법 및 관련 기술기준을 더하였습니다. 또한 현장실무에 필요한 법령 및 기술기준과 전기기초 이해를 돕는 전기이론을 중심으로 건축전기설비를 “전원설비”, “배전설비”, “기술계산”으로 목차를 분류하였습니다.

지상 구조물에 적용하는 전기설비의 시공 및 설계 분야, 시설 및 전기안전관리 분야 등에 종사하는 기술사, 기사, 산업기사 자격 취득인에게 필요한 전기설비 실무 관련 내용이 담겨 있습니다.

전기설비의 시공 분야에서 설계 · 시공 · 감리를 위한 전기자재, 제어, 운영, 법규 등과 유지 · 관리 · 보수 분야 및 에너지 분야에서 신 · 재생에너지, 에너지절약 등 변화된 전기설비의 내용으로 구성함에 따라 건축물의 신뢰성, 안전성, 경제성, 쾌적성 등 관리업무 목적과 전기설비 서비스 기능을 효과적으로 구현하는 데 도움이 되리라 생각합니다.

- 전원설비편 제1편 전기설비의 총론, 제2편 전력부하설비, 제3편 전원설비
- 배전설비편 제1편 배전설비, 제2편 반송설비, 제3편 정보설비, 제4편 방재설비, 제5편 기타 설비
- 기술계산편 단원별 이론과 건축전기설비기술사 기출문제를 중심으로 수록하여 전기분야 기술자격을 준비하는 수험생에게 계산문제의 출제경향 분석 및 풀이 과정에 대한 학습 기회를 동시에 제공, 또한 최신기출문제를 수록하여 기초이론, 관계법 및 기술기준과 관련된 계산 문제 등을 동시에 공부할 수 있도록 하였습니다.

출간을 준비하는 동안 유홍남 박사, 신현만 기술사, 대학원의 많은 선후배님의 도움을 받으면서 한마음으로 최선의 노력을 다하였습니다. 그럼에도 미흡한 부분이 있을 것으로 사료되며, 이는 수정 · 보완해 나갈 것을 약속드립니다.

끝으로 본서를 쓰는 동안 전기기술 연구회를 통해 배출된 기술사, 교수 및 대학원 선후배 등 여러분의 도움에 다시금 고마움을 표시하며, 출판을 맡아준 도서출판 예문사 사장님과 좋은 책이 될 수 있도록 편집에 애써주신 모든 분들께 감사의 말씀을 드립니다.

최기영 · 홍 준

이 책의 활용법

본 시리즈는 "전원설비", "배전설비", "기술계산" 등 총 3권으로 구성되었습니다. 구성상 특징은 기술사 등 수험생을 위한 문제풀이 형태로 기술하고, 참고문헌(참고법령, 참고도서)을 통하여 해설의 신뢰성을 더하였다는 점입니다. 따라서 "■" 및 "참고", "Basic core point" 등을 많이 활용하여 주시기 바랍니다.

최대한 제정 또는 개정된 법령을 수록하면서 변경이 잦은 수치 부분은 가급적 배제함으로써 실무에 활용할 수 있도록 하였습니다.

1. 실무자를 위한 사용법
   - "■"은 해설 내용에 대한 참고문헌을 서술하여 해설 내용의 신뢰성을 확보하였음
   - "참고"는 부연 설명 또는 별해를 참고하도록 항목을 구성하여 해설 부분을 확대하였음
   - "Basic core point"에서는 현장실무에 대한 계획 · 설계 및 시공, 운영관리 등에 필요사항을 기술하여 "Why" · "What"에 대한 현장경험이 어떠했는지 나의 창의적인 발상으로 차별화할 수 있는 사항이 무엇인지를 생각할 수 있도록 기술하였음

2. 수험생을 위한 사용법

   "기출문제"는 시험회차, 시험시간, 문제번호의 순서로 기술하여 쉽게 확인할 수 있도록 하였음

   예 "〈○○-○-○○〉" 개요

   첫 번째 ○○은 기술사 시험의 시험회차 "60-○-○○" → 시험회차의 "제60회"를 표시함

   두 번째 ○은 기술사 시험의 시험시간 "60-1-○○" → 시험시간의 "제1교시"를 표시함

   세 번째 ○○은 기술사 시험의 문제번호 "60-1-1" → 시험문제의 "1번"을 표시함

   "예상문제"는 기술사 시험에 출제 가능성이 있는 문제를 엄선하여 출제경향 및 기술내용에 대한 분석 등을 할 수 있는 능력을 배양하도록 하였음

   "예제 및 참고"는 전기분야의 시험에 출제되었던 또는 이론을 쉽게 이해할 수 있는 문제를 중심으로 기술하여 계산능력이 향상되도록 하였음

3. 인터넷 카페 및 홈페이지

   현재 인터넷 카페에는 건축전기 및 전기소방에 관한 많은 자료들이 수록되어 있습니다. 혹시, 의문사항 · 오탈자 · 문의사항 또는 도서 등 첨가사항이 있을 경우 네이버 카페의 안전-올(cafe.naver.com/powerall)을 이용해 주시기 바랍니다.

출제 기준(필기)

직무분야	전기・전자	중직무분야	전기	자격종목	건축전기설비기술사	적용기간	2023.1.1. ~ 2026.12.31.

○ 직무내용 : 건축전기설비에 관한 고도의 전문지식과 실무경험을 바탕으로 건축전기설비의 계획과 설계, 감리 및 의장, 안전관리 등을 담당하며, 건축전기설비에 대한 기술자문 및 기술지도

검정방법	단답형/주관식논문형	시험시간	400분(1교시당 100분)

시험과목	주요항목	세부항목
건축전기설비의 계획과 설계, 감리 및 의장, 그 밖에 건축전기설비에 관한 사항	1. 전기기초이론	1. 회로이론 – R, L, C 회로의 전류와 전압, 전력관계 – 전기회로해석, 과도현상 등 – 밀만, 중첩, 가역, 보상정리 등 – 비정현파 교류 2. 전자계 이론 – 플레밍, Amper의 주회적분, 패러데이, 노이만, 렌츠법칙 등 – 전자유도, 정전유도 – 맥스웰방정식 등 3. 고전압공학 및 물성공학 – 방전현상 – 고체, 액체 및 복합유전체의 절연파괴 – 금속의 전기적 성질, 반도체, 유전체, 자성체 – 전력용 반도체의 종류 및 응용
	2. 전원설비	1. 수전설비(수변전설비 설계) – 수전방식, 변압기용량계산 및 선정, 변전시스템선정 – 수전설비 기기의 선정 등 2. 예비전원설비(예비전원설비 설계) – 발전기설비, UPS, 축전지설비 – 조상설비, 전력품질개선장치 등 3. 분산형 전원(지능형신재생 구축) – 분산형 전원의 종류 및 계통연계 4. 변전실의 기획 – 변전실 형식, 위치, 넓이 배치 등 5. 고장 계산 및 보호 – 단락, 지락전류의 계산 종류 및 계산의 실례 – 전기설비의 보호 및 보호협조
	3. 배전 및 배선설비	1. 배전설비(배전설계) – 배전방식 종류 및 선정 – 간선재료의 종류 및 선정 – 간선의 보호 – 간선의 부설

시험과목	주요항목	세부항목
건축전기설비의 계획과 설계, 감리 및 의장, 그 밖에 건축전기설비에 관한 사항	3. 배전 및 배선설비	2. 배선설비(배선설비 설계) – 시설장소 · 사용전압별 배선방식 – 분기회로의 선정 및 보호 3. 고품질 전원의 공급 – 고조파, 노이즈, 전압강하 원인 및 대책 – Surge에 대한 보호 4. 전자파 장해대책
	4. 전력부하설비	1. 조명설비 – 조명에 사용되는 용어와 광원 – 조명기구 구조, 종류, 배광곡선 등 – 조명계산, 옥내 · 외 조명설계, 조명의 실제 – 조명제어 – 도로 및 터널조명 2. 동력설비 – 공기조화용, 급배수 위생용, 운반 · 수송설비용 동력 – 전동기의 종류, 기동, 운전, 제동, 제어 3. 전기자동차 충전설비 및 제어설비 4. 기타 전기사용설비 등
	5. 정보 및 방재설비	1. I.B.(Intelligent Building) – I.B.의 전기설비 – LAN – 감시제어설비 – EMS 2. 약전설비 – 전화, 전기시계, 인터폰, CCTV, CATV 등 – 주차관제설비 – 방범설비 등 3. 전기방재설비 – 비상콘센트, 비상용조명, 유도등, 비상경보, 비상방송 등 – 피뢰설비 – 접지설비 – 전기설비 내진대책 4. 반송 및 기타 설비 – 승강기 – 에스컬레이터, 덤웨이터 등
	6. 신재생에너지 및 관련 법령, 규격	1. 신재생에너지 – 태양광, 연료전지, 풍력, 조력 등 발전설비 – 에너지절약 시스템 및 기법 – 2차 전지 – 스마트그리드 – 전기에너지 저장(ESS)시스템 – 기타 신기술, 신공법 관련 – 에너지계획 수립 – 친환경에너지계획 검토

시험과목	주요항목	세부항목
건축전기설비의 계획과 설계, 감리 및 의장, 그 밖에 건축전기설비에 관한 사항	6. 신재생에너지 및 관련 법령, 규격	2. 관련법령 – 전기설비기술기준 – 한국전기설비규정(KEC) – 전기공사업법, 시행령, 시행규칙 – 전력기술관리법, 시행령, 시행규칙 – 주택법, 시행령, 시행규칙 – 건축법, 시행령, 시행규칙 – 에너지이용 합리화법, 시행령, 시행규칙 – 정부 고시 등 3. 관련규격 – KS(Korean Industrial Standard) – IEC(International Electrotechnical Commission) – ANSI(American National Standards Institute) – IEEE(Institute of Electrical & Electronics Engineers) – JEM(Japanese Electrical & Machinery Standards) – ASA, CSA, DIN, JIS, KEC 등
	7. 건축구조 및 설비 검토	1. 구조계획 검토 2. 하중 검토 3. 설비시스템 검토 4. 에너지계획 수립 5. 친환경에너지계획 검토
	8. 수·화력발전 전기설비	1. 조명방식, 기구 선정 및 설계 방법, 에너지절감 방법 2. 건축구조 및 시공방식, 부하용량, 용도, 사용전압, 경제성, 방재성 등을 고려한 전선로/케이블 설계방법 3. 기타 설비설계 관련 사항 4. 안전기준에 따른 접지 및 피뢰설비 설계방법 5. 정보통신설비 관련 규정 및 설계방법 6. 소방전기설비 관련 규정 및 설계방법 7. 기타 발전 방재 보안설계 관련 사항

차례 배전설비 편

PART 01 배전설비

CHAPTER 01 간선

CHAPTER 02 고조파

SECTION 04 보호계전

SECTION 05 전기설비 보호

PART 02 반송설비

CHAPTER 01 엘리베이터

PART 03 정보설비

CHAPTER 01 정보건물

SECTION 01 인텔리전트 건물

SECTION 02 주차관제설비

SECTION 03 통신시설

PART 04 방재설비

CHAPTER 01 전기안전

SECTION 01 전기설비의 안전보호

SECTION 02 전기설비의 안전사고

CHAPTER 02 접지설비

SECTION 01 접지시스템

SECTION 02 접지설계 및 시공

PART 05 기타 설비

CHAPTER 01 KS C IEC 설비

SECTION 01 특수설비 등

CHAPTER 02 에너지 절약

SECTION 01 에너지 절약 제도

SECTION 02 에너지 절약방안

CHAPTER 03 전력 신기술 등

SECTION 01 신기술

SECTION 02 설계, 감리 및 기타

PART 06 과년도 기출문제

PART 01

배전설비

기출문제 **경향**분석 및 **학습**전략

PART I 01 배전설비

❶ 경향분석

1. **배전설비**의 **배전은 중요한 파트**로서 크게 간선의 배전 · 배선의 시공과 설계, 고조파의 고조파 전류, 전력품질, 분기회로(배선)의 케이블, 고장진단, 간선계획, 회로보호, 보호계전, 전기설비 보호 등으로 구성되어 있습니다.
2. **간선**의 **배전 · 배선 시공과 설계**에서 배전방식, 시공방식, 간선설계, TRAY, Bus Duct, EPS 등이 출제되었습니다.
3. **고조파의 고조파 전류**에서 고조파 대책(발생원인 · 대책, 콘덴서 · 케이블 · 전동기 영향, 영상고조파 전류), **전력품질**에서 고조파 계수(HVF, THD), 전기품질 향상(정전 최소화, IBS 조건, 안정도 향상, 저하현상, 고품질화 대책, 왜란), 플리커 대책, 순시전압강하, K-Factor, 전자파 장애(EMC, EMI, EMS, Noise) 등이 출제되었습니다.
4. **분기회로(배선)**의 **케이블**에서 케이블(종류 · 구성 · 손실 · 절연열화 · 화재, 허용전류), 전력간선의 굵기 산정(허용전류 · 전압강하), **회로보호**에서 보호계전, 디지털 보호계전기, 비율차동계전기, 수변전설비의 보호계전, 지락보호방식, 기기보호장치(변압기, 결상, 콘덴서, 전동기), 고장진단 등이 출제되었습니다.
5. **출제되는 문제의 경우** 동일한 문제는 없으나, 방향의 동일성 또는 용어의 다중성 등 응용문제가 출제되고 있습니다.

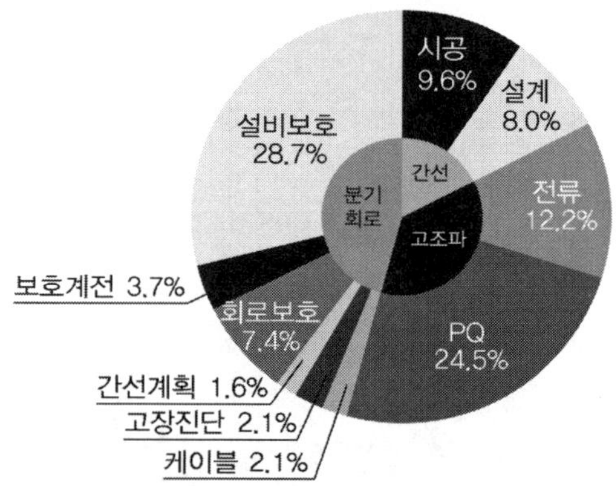

❷ 학습전략

1. **배전설비는 전체 문제의 출제 비중이 20%**이며, 간선이 33번, 고조파가 69번, 분기회로가 86번 출제되었으므로 총 출제 문제의 약 20~25% 정도 비중이 있는 중요한 단원인 "전기품질, 케이블, 보호계전 용어정의 등"의 기초 학습 및 "고조파 대책, 전기품질의 영향, 회로보호 등"의 심화 학습 전략이 필요합니다.
2. **출제경향**은 일정한 방향성 또는 최신 경향의 용어, 정책, 전기업계에서 새롭게 부상되는 설비(간선시공, 전력품질 개선, 온라인 진단) 등을 암기식 비밀노트로 정리하시기 바랍니다.
3. **학습전략 중 암기방법**은 자기만의 그림 · 주제 및 환경을 이용한 연상기억법 또는 기존 자기만의 암기방법과 병행하여 암기식 비밀노트를 만들기 바랍니다.

CHAPTER 01

간선

SECTION 01

배전 · 배선 시공

1.1 배전 · 배선방식의 분류 및 시공방식

전기수용장소에서 부하에 공급하는 배전과 전기사용장소에 고정하여 시설하는 전선을 배선이라 하며, 저압의 옥내 · 옥측 및 옥외 배선에 대한 시설장소와 배선방법은 신뢰성, 안전성, 경제성을 고려하여 선정하여야 한다.

■ 한국전기설비규정(KEC), 전기설비기술기준, KS C IEC 60364, KECG, 정기간행물

1. 배전방식의 종류

배전방식은 부하용량의 규모, 사용전압, 신뢰성, 경제성을 고려하여 결정한다.

가. 단상 2선식(220V)

단상 전동기, 전열기, 조명 부하설비에 공급한다.

나. 단상 3선식(220/110V)

가능한 한 부하의 평형을 유지하여야 한다.

1) 부득이한 경우에는 설비불평형률을 40% 이하로 하는 것을 원칙으로 한다.

2) 설비불평형률

$$= \frac{\text{중성선과 각 전압 측 선간에 접속되는 부하설비용량의 차}}{\text{총 부하설비용량의 } 1/2} \times 100$$

다. 3상 3선식(220V)

소규모의 공장이나 건물에 사용한다.

라. 3상 4선식(380/220V)

3상 동력과 단상 전등을 동시에 사용하는 방식이다.

1) 설비불평형률은 30% 이하로 하는 것을 원칙으로 한다.

2) 설비불평형률

$$= \frac{\text{각 선간에 접속되는 단상부하 총 설비용량의 최대와 최소의 차}}{\text{총 부하설비용량의 } 1/3} \times 100$$

[표 1] 수용가의 배전방식 비교

구분	단상 2선식	단상 3선식	3상 4선식
공급방법	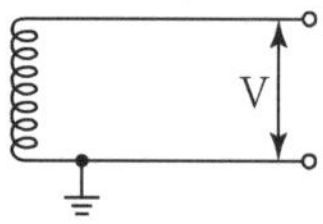	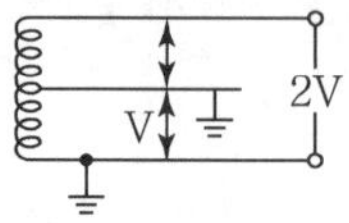	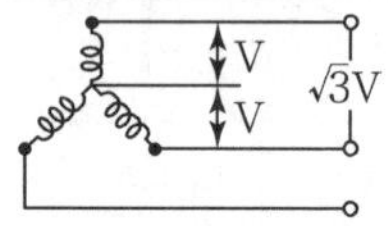
장점	• 부하 불평형 없음 • 저압 선로가 단순함	• 경제적 배전방식 • 장경간 공급 가능	• 공급 능력 최대 • 경제적 배전방식 • 배전 설비의 단순화
단점	• 전선 소요량 증가 • 전력 손실 증가 • 장경간 및 대용량 공급 곤란	• 부하 불평형 발생 • 중성선 단선 시 이상전압 유입으로 기기 소손 발생	• 부하 불평형 발생 • 동력부하 기동 시 플리커 발생 우려 • 중성선 단선 시 이상전압 유입
비고	소용량 단경간 부하에 적합	아파트 등 부하밀집에 유리	부하 불평형 및 중성선 단선 방지대책 필요

2. 배선방식의 종류

변압기 또는 배전반에서 분전반에 이르는 배선, 발전기에서 전원공급을 하는 배선 및 축전지에서 전원공급을 하는 배선 등을 전력 간선 또는 간선이라 한다. 따라서 간선 계획 시 공급신뢰도, 안전성, 경제성 등이 충분히 고려되어야 한다.

가. 사용목적에 따른 분류

전기사용장소의 사용 목적에 따라 동력간선, 전등간선, 특수간선으로 분류한다.

나. 사용전압에 의한 분류

1) 저압 간선 : 저압 교류는 1kV 이하, 직류는 1.5kV 이하인 것으로 전등, 전열, 동력에 대한 전원공급 간선(단상 3선식, 3상 3선식, 3상 4선식, 직류)
2) 고압 간선 : 고압 교류는 1kV를, 직류는 1.5kV를 초과하고, 7kV 이하인 것으로 구내 2개소 이상 변전소가 설치된 경우 2차 변전소에 대한 전원공급 간선(3상 3선식)
3) 특고압 간선 : 특고압이란 교류 7kV를 초과하는 것으로 대규모 공장, 대형건물 등 2차 변전소에 대한 전원공급 간선(3상 3선식, 3상 4선식)

다. 배선방식에 의한 분류

간선의 배선방식은 시설장소, 간선용량, 사용전압 등에 의해 결정된다.

1) 나뭇가지식 : 경제적으로 비용이 적게 드나 신뢰도가 낮다. 분전반별로 동일 전압을 유지할 수 없다.
2) 나뭇가지 평행식 : 평행식과 나뭇가지식의 혼합형으로 양 방식의 장점을 이용한다.
3) 평행식 : 사고 시 타 부하에 대한 파급효과를 최소한 억제할 수 있으나 비경제적이다.
4) 루프식 : 공급신뢰도가 높고 중요부하에 적용하며 경제적으로 가장 고가이다.

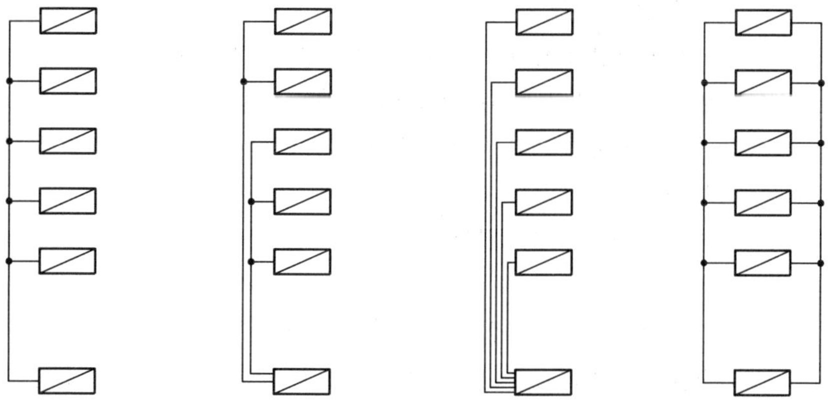

[그림 1] 배선방식의 분류

3. 배선방법의 구분

사용하는 전선 또는 케이블의 종류에 따른 배선설비의 설치방법, 시설상태에 따른 배선설비의 설치방법 등에 의해 결정하며 저압 옥내배선, 고압 옥내배선 및 특고압 옥내배선 전기설비의 시설 등에 사용되고 있다.

[표 2] 설치방법에 해당하는 배선방법의 종류

설치방법	배선방법
전선관시스템	합성수지관배선, 금속관배선, 가요전선관배선
케이블트렁킹시스템	합성수지몰드배선, 금속몰드배선, 금속덕트배선[a]
케이블덕트시스템	플로어덕트배선, 셀룰러덕트배선, 금속덕트배선[b]
애자사용방법	애자사용배선
케이블 트레이시스템(래더, 브래킷 포함)	케이블 트레이배선
고정하지 않는 방법, 직접 고정하는 방법, 지지선 방법[c]	케이블배선

※ a 금속본체와 커버가 별도로 구성되어 커버를 개폐할 수 있는 금속덕트를 사용한 배선방법을 말한다.
※ b 본체와 커버 구분없이 하나로 구성된 금속덕트를 사용한 배선방법을 말한다.
※ c 비고정, 직접고정, 지지선의 경우 케이블의 시설방법에 따라 분류한 사항이다.

가. 애자사용배선

1) 시설조건

전선은 전기로용 전선, 전선의 피복 절연물이 부식하는 장소에 시설하는 전선, 취급자 이외의 자가 출입할 수 없도록 설비한 장소에 시설하는 전선 이외에는 절연전선이어야 한다.

① 전선 상호 간의 간격은 0.06m 이상일 것

② 전선과 조영재 사이의 이격거리는 사용전압이 400V 미만인 경우에는 25mm 이상, 400V 이상인 경우에는 45mm 이상일 것

③ 전선의 지지점 간의 거리는 전선을 조영재의 윗면 또는 옆면에 따라 붙일 경우에는 2m 이하일 것

④ 사용전압이 400V 이상인 것은 제4의 경우 이외에는 전선의 지지점 간의 거리는 6m 이하일 것

⑤ 저압 옥내배선은 사람이 접촉할 우려가 없도록 시설할 것

⑥ 전선이 조영재를 관통하는 경우에는 그 관통하는 부분의 전선을 전선마다 각각 별개의 난연성 및 내수성이 있는 절연관에 넣을 것

2) 애자의 선정

사용하는 애자는 절연성 · 난연성 및 내수성의 것이어야 한다.

나. 합성수지관배선

1) 시설조건

① 전선은 절연전선(옥외용 비닐절연전선을 제외한다)일 것

② 전선은 연선일 것. 다만, 짧고 가는 합성수지관에 넣은 것은 적용하지 않는다.

③ 전선은 합성수지관 안에서 접속점이 없도록 할 것

④ 중량물의 압력 또는 현저한 기계적 충격을 받을 우려가 없도록 시설할 것

2) 합성수지관 및 부속품의 선정

① 합성수지제의 전선관 및 박스 기타의 부속품은 시험규정에 적합한 것일 것

② 관의 끝부분 및 안쪽 면은 전선의 피복을 손상하지 아니하도록 매끈한 것일 것

③ 관의 두께는 2mm 이상일 것

다. 금속관배선

1) 시설조건

① 전선은 절연전선(옥외용 비닐절연전선은 제외)일 것

② 전선은 연선일 것. 다만, 짧고 가는 금속관에 넣은 것은 적용하지 않는다.

③ 전선은 금속관 안에서 접속점이 없도록 할 것

2) 금속관 및 부속품의 선정

① 표준에 적합한 금속제의 전선관 및 금속제박스 기타의 부속품 또는 황동이나 동으로 견고하게 제작한 것일 것

② 관의 두께는 콘크리트에 매설하는 것은 1.2mm 이상, 그 이외의 것은 1mm 이상일 것

③ 관의 끝부분 및 안쪽 면은 전선의 피복을 손상하지 아니하도록 매끈한 것일 것

라. 가요전선관배관

1) 시설조건

① 전선은 절연전선(옥외용 비닐절연전선을 제외한다)일 것

② 전선은 연선일 것

③ 가요전선관 안에는 전선에 접속점이 없도록 할 것

④ 가요전선관은 2종 금속제 가요전선관일 것

2) 가요전선관 및 부속품의 선정

① [표 3]에 적합한 금속제 가요전선관 및 박스 기타의 부속품일 것

② 안쪽 면은 전선의 피복을 손상하지 아니하도록 매끈한 것일 것

[표 3] 금속제 가요전선관 및 박스 기타의 부속품

구분	내용
1종 금속제 가요전선관	금속제 가요전선관(KS C8422)의 규정에 적합한 것이어야 하며, 조편의 이음매는 심하게 두께가 늘어나지 아니하고 1종 금속제 가용전선관의 세기를 감소시키지 아니할 것
2종 금속제 가요전선관	금속제 가요전선관(KS C8422)의 성능, 내면, 치수 및 재료의 규정에 적합한 것일 것
금속제 가요 전선관용 부속품	금속제 가요전선관용 부속품(KS C8459)의 성능, 구조, 모양 및 치수에 적합한 것일 것

마. 버스덕트배선

1) 시설조건

① 덕트 상호 간 및 전선 상호 간은 견고하고 또한 전기적으로 완전하게 접속할 것

② 덕트를 조영재에 붙이는 경우에는 덕트의 지지점 간의 거리를 3m 이하로 하고 또한 견고하게 붙일 것

③ 덕트(환기형의 것을 제외한다)의 끝부분은 막을 것

④ 덕트(환기형의 것을 제외한다)의 내부에 먼지가 침입하지 아니하도록 할 것

⑤ 덕트는 접지시스템 기준에 준하여 접지공사를 할 것

⑥ 습기가 많은 장소 또는 물기가 있는 장소에 시설하는 경우에는 옥외용 버스덕트를 사용하고 버스덕트 내부에 물이 침입하여 고이지 아니하도록 할 것

2) 버스덕트의 선정

① 도체는 단면적 $20mm^2$ 이상의 띠 모양, 지름 5mm 이상의 관모양이나 둥글고 긴 막대 모양의 동 또는 단면적 $30mm^2$ 이상의 띠 모양의 알루미늄을 사용한 것일 것
② 도체 지지물은 절연성 · 난연성 및 내수성이 있는 견고한 것일 것
③ 덕트는 [표 4]의 두께 이상의 강판 또는 알루미늄판으로 견고히 제작한 것일 것

[표 4] 버스덕트의 선정

덕트의 최대 폭 (mm)	덕트의 판 두께(mm)		
	강판	알루미늄판	합성수지판
150 이하	1.0	1.6	2.5
150 초과 300 이하	1.4	2.0	5.0
300 초과 500 이하	1.6	2.3	–
500 초과 700 이하	2.0	2.9	–
700 초과	2.3	3.2	–

④ 구조는 버스바 트렁킹 시스템의 개별 요구사항(KS C IEC 60439-2)의 구조에 적합할 것

바. 라이팅덕트배선

1) 시설조건

① 덕트 상호 간 및 전선 상호 간은 견고하게 또한 전기적으로 완전히 접속할 것
② 덕트는 조영재에 견고하게 붙일 것
③ 덕트의 지지점 간의 거리는 2m 이하로 할 것
④ 덕트의 끝부분은 막을 것
⑤ 덕트의 개구부(開口部)는 아래로 향하여 시설할 것
⑥ 덕트는 조영재를 관통하여 시설하지 아니할 것
⑦ 덕트에는 합성수지 기타의 절연물로 금속재 부분을 피복한 덕트를 사용한 경우 이외에는 접지시스템 기준에 준하여 접지공사를 할 것
⑧ 덕트를 사람이 용이하게 접촉할 우려가 있는 장소에 시설하는 경우에는 전로에 지락이 생겼을 때에 자동적으로 전로를 차단하는 장치를 시설할 것

2) 라이팅덕트 및 부속품의 선정

라이팅덕트배선에 사용하는 라이팅덕트 및 부속품은 등기구전원공급용 트랙시스템(KS C IEC 60570)에 적합할 것

>>참고 **케이블트렁킹시스템**

절연전선, 케이블 등을 수용하기 위한 것으로 덮개가 있고, 단면이 비원형인 구조의 외함으로 절연전선, 케이블 및 코드의 인입과 교체가 허용된다. 케이블트렁킹시스템에 의한 공사방법의 종류는 다음과 같다.

1) 합성수지몰드배선
2) 금속몰드배선
3) 금속덕트배선

사. 금속덕트배선

1) 시설조건

① 전선은 절연전선(옥외용 비닐절연전선을 제외한다)일 것
② 금속덕트에 넣은 전선의 단면적의 합계는 덕트의 내부 단면적의 20% 이하일 것
③ 금속덕트 안에는 전선에 접속점이 없도록 할 것
④ 금속덕트 안의 전선을 외부로 인출하는 부분은 금속덕트의 관통부분에서 전선이 손상될 우려가 없도록 시설할 것
⑤ 금속덕트 안에는 전선의 피복을 손상할 우려가 있는 것을 넣지 아니할 것
⑥ 금속덕트에 의하여 저압 옥내배선이 건축물의 방화구획을 관통하거나 인접 조영물로 연장되는 경우에는 그 방화벽 또는 조영물 벽면의 덕트 내부는 불연성의 물질로 차폐하여야 함

2) 금속덕트의 선정

① 폭이 50mm를 초과하고 또한 두께가 1.2mm 이상인 철판 또는 동등 이상의 세기를 가지는 금속제의 것으로 견고하게 제작한 것일 것
② 안쪽 면은 전선의 피복을 손상시키는 돌기(突起)가 없는 것일 것
③ 안쪽 면 및 바깥 면에는 산화 방지를 위하여 아연도금 또는 이와 동등 이상의 효과를 가지는 도장을 한 것일 것

아. 플로어덕트배선

1) 시설조건

① 전선은 절연전선(옥외용 비닐절연전선을 제외한다)일 것
② 전선은 연선일 것
③ 플로어덕트 안에는 전선에 접속점이 없도록 할 것. 다만, 전선을 분기하는 경우에 접속점을 쉽게 점검할 수 있을 때에는 그러하지 아니하다.

2) 플로어덕트 및 부속품의 선정

플로어덕트 및 박스 기타의 부속품은 플로어덕트용의 부속품(KS C 8457)에 적합한 것이어야 한다.

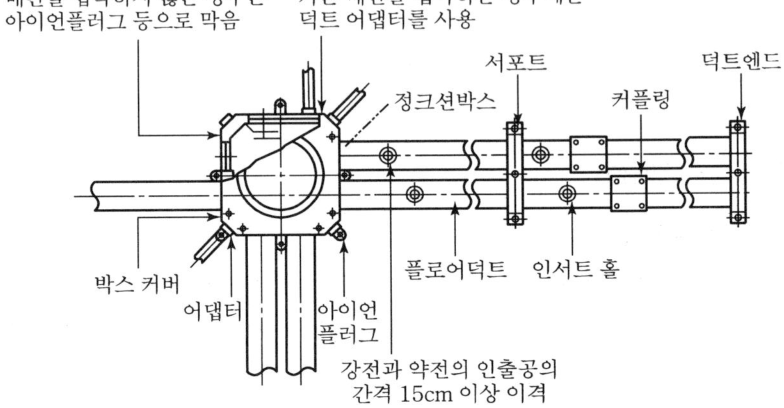

[그림 2] 플로어덕트 공사(접속함)

자. 셀룰러덕트배선

1) 시설조건

① 전선은 절연전선(옥외용 비닐절연전선을 제외한다)일 것

② 전선은 연선일 것

③ 셀룰러덕트 안에는 전선에 접속점을 만들지 아니할 것

④ 셀룰러덕트 안의 전선을 외부로 인출하는 경우에는 그 셀룰러덕트의 관통 부분에서 전선이 손상될 우려가 없도록 시설할 것

2) 셀룰러덕트 및 부속품의 선정

① 강판으로 제작한 것일 것

② 덕트 끝과 안쪽 면은 전선의 피복이 손상하지 아니하도록 매끈한 것일 것

③ 덕트의 안쪽 면 및 외면은 방청을 위하여 도금 또는 도장을 한 것일 것

④ 셀룰러덕트의 판 두께는 [표 5]에서 정한 값 이상일 것

[표 5] 셀룰러덕트의 선정

덕트의 최대 폭(mm)	덕트의 판 두께(mm)
150 이하	1.2
150 초과 200 이하	1.4
200 초과	1.6

⑤ 부속품의 판 두께는 1.6mm 이상일 것

⑥ 저판을 덕트에 붙인 부분은 다음 계산식에 의하여 계산한 값의 하중을 저판에 가할 때 덕트의 각 부에 이상이 생기지 않을 것

$$P = 5.88D$$

여기서, P : 하중(N/m)
D : 덕트의 단면적(cm^2)

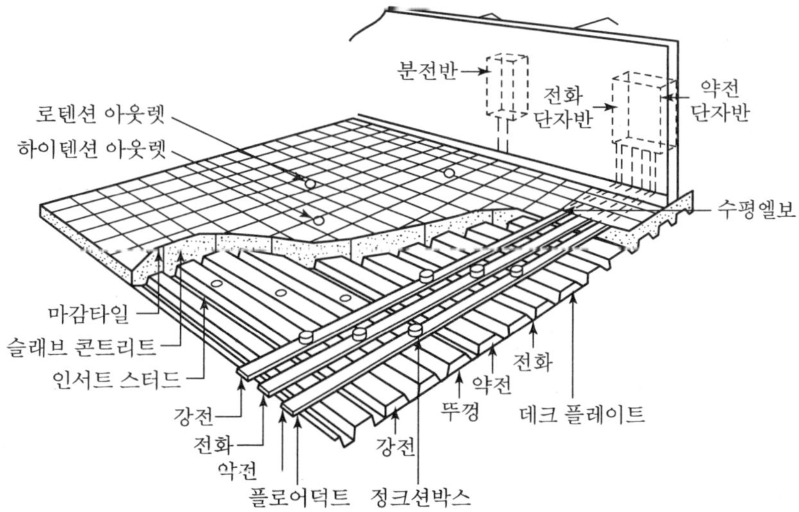

[그림 3] 플로어덕트 공사

차. 케이블배선

1) 시설조건

케이블배선에 의한 저압 옥내배선은 다음에 따라 시설하여야 한다.

① 전선은 케이블 및 캡타이어 케이블일 것

② 중량물의 압력 또는 현저한 기계적 충격을 받을 우려가 있는 곳에 시설하는 케이블에는 적당한 방호 장치를 할 것

③ 전선을 조영재의 아랫면 또는 옆면에 따라 붙이는 경우에는 전선의 지지점 간의 거리를 케이블은 2m 이하, 캡타이어 케이블은 1m 이하로 하고 또한 그 피복을 손상하지 아니하도록 붙일 것

④ 관 기타의 전선을 넣는 방호 장치의 금속제 부분 · 금속제의 전선 접속함 및 전선의 피복에 사용하는 금속체에는 접지시스템에 준하는 접지공사를 할 것

카. 케이블 트레이 방식(☞ 참고 : 케이블 트레이 시스템 시설기준)

4. 배선설비 적용 시 고려사항(☞ 참고 : 전선의 병렬 사용 시 이상현상)

가. 회로 구성

1) 하나의 회로도체는 다른 다심 케이블, 다른 전선관, 다른 케이블 덕팅 시스템 또는 다른 케이블 트렁킹 시스템을 통해 배선해서는 안 된다.
2) 여러 개의 주회로에 공통 중성선을 사용하는 것은 허용되지 않는다.
3) 여러 회로가 하나의 접속 상자에서 단자 접속되는 경우 각 회로에 대한 단자는 접속기 및 단자블록에 관한 것을 제외하고 절연 격벽으로 분리해야 한다.
4) 모든 도체가 최대공칭전압에 대해 절연되어 있다면 여러 회로를 동일한 전선관시스템, 케이블덕트시스템 또는 케이블트렁킹시스템의 분리된 구획에 설치할 수 있다.

나. 병렬접속

두 개 이상의 선도체(충전도체) 또는 PEN도체를 계통에 병렬로 접속하는 경우

1) 병렬도체 사이에 부하전류가 균등하게 배분될 수 있도록 조치를 취한다. 도체가 같은 재질, 같은 단면적을 가지고, 거의 길이가 같고, 전체 길이에 분기회로가 없으며 다음과 같을 경우 이 요구사항을 충족하는 것으로 본다.
   ① 병렬도체가 다심 케이블, 트위스트(Twist) 단심 케이블 또는 절연전선인 경우
   ② 병렬도체가 비트위스트(Non-Twist) 단심 케이블 또는 삼각형태(Trefoil) 혹은 직사각형(Flat) 형태의 절연전선이고 단면적이 구리 $50mm^2$, 알루미늄 $70mm^2$ 이하인 것
   ③ 병렬도체가 비트위스트(Non-Twist) 단심 케이블 또는 삼각형태(Trefoil) 혹은 직사각형(Flat) 형태의 절연전선이고 단면적이 구리 $50mm^2$, 알루미늄 $70mm^2$를 초과하는 것으로 이 형상에 필요한 특수 배치를 적용한 것. 특수한 배치법은 다른 상 또는 극의 적절한 조합과 이격으로 구성한다.
2) 허용전류에 적합하도록 부하전류를 배분하는 데 특별히 주의한다. 적절한 전류분배를 할 수 없거나 4가닥 이상의 도체를 병렬로 접속하는 경우에는 부스바트렁킹시스템의 사용을 고려한다.

다. 전기적 접속

1) 도체 상호 간, 도체와 다른 기기와의 접속은 내구성이 있는 전기적 연속성이 있어야 하며, 적절한 기계적 강도와 보호를 갖추어야 한다.
2) 접속 방법은 다음 사항을 고려하여 선정한다.
   ① 도체와 절연재료
   ② 도체를 구성하는 소선의 가닥수와 형상

③ 도체의 단면적

④ 함께 접속되는 도체의 수

3) 접속부는 다음의 경우를 제외하고 검사, 시험과 보수를 위해 접근이 가능하여야 한다.

① 지중매설용으로 설계된 접속부

② 충전재 채움 또는 캡슐 속의 접속부

③ 실링히팅시스템(천장난방설비), 플로어히팅시스템(바닥난방설비) 및 트레이스히팅 시스템(열선난방설비) 등의 발열체와 리드선과의 접속부

④ 용접(Welding), 연납땜(Soldering), 경납땜(Brazing) 또는 적절한 압착공구로 만든 접속부

⑤ 적절한 제품표준에 적합한 기기의 일부를 구성하는 접속부

4) 도체 접속부의 접속시설

① 통상적인 사용 시에 온도가 상승하는 접속부는 그 접속부에 연결하는 도체의 절연물 및 그 도체 지지물의 성능을 저해하지 않도록 주의해야 한다.

② 도체접속은 접속함, 인출함 또는 제조자가 이 용도를 위해 공간을 제공한 곳 등의 적절한 외함 안에서 수행되어야 한다.

③ 전선의 접속점 및 연결점은 기계적 응력이 미치지 않아야 한다. 장력(스트레스) 완화장치는 전선의 도체와 절연체에 기계적인 손상이 가지 않도록 설계되어야 한다.

④ 외함 안에서 접속되는 경우 외함은 충분한 기계적 보호 및 관련 외부 영향에 대한 보호가 이루어져야 한다.

⑤ 다중선, 세선, 극세선의 접속방법

㉠ 개별 전선이 분리되거나 분산되는 것을 막기 위해서 적합한 단말부를 사용하거나 도체 끝을 적절히 처리하여야 한다.

㉡ 적절한 단말부를 사용한다면 도체의 말단을 연납땜(Soldering)하는 것이 허용된다.

㉢ 도체의 연납땜(Soldering)한 부위와 연납땜(Soldering)하지 않은 부위의 상대적인 위치가 움직이게 되는 연결점에서는 도체의 말단을 납땜하는 것이 허용되지 않는다.

㉣ 세선과 극세선은 절연케이블용 도체의 5등급과 6등급의 요구사항에 적합하여야 한다.

5) 전선관, 덕트 또는 트렁킹의 말단에서 시스를 벗긴 케이블과 시스 없는 케이블의 심선은 외함 안에 수납하여야 하며, 접속방법은 전선의 접속에 적합하도록 한다.

라. 교류회로 – 전기자기적 영향(맴돌이 전류 방지)

1) 강자성체(강제금속관 또는 강제덕트 등) 안에 설치하는 교류회로의 도체는 보호도체를 포함하여 각 회로의 모든 도체를 동일한 외함에 수납하도록 시설하여야 한다.
2) 철선 또는 철테이프 외장 단심 케이블은 교류 회로에 사용해서는 안 된다. 이러한 경우 알루미늄 외장을 권장한다.

마. 화재의 확산을 최소화하기 위한 배선설비(☞ 참고 : 전력케이블의 방화상 대책)

1) 화재의 확산위험을 최소화하기 위해 적절한 재료를 선정하고 다음에 따라 공사한다.
   ① 화재의 확산위험을 최소화하기 위해 적절한 재료를 선정하고 공사하여야 한다.
   ② 배선설비는 건축구조물의 일반 성능과 화재에 대한 안정성을 저해하지 않도록 설치하여야 한다.
   ③ 최소한 화재 조건에서의 '전기/광섬유 케이블 시험'에 적합한 케이블 및 자소성(自燒性)으로 인정받은 제품은 특별한 예방조치 없이 설치할 수 있다.
   ④ 화재 조건에서의 '전기/광섬유 케이블 시험'의 화염 확산을 저지하는 요구사항에 적합하지 않은 케이블을 사용할 수 없다. 다만, 영구적 배선설비의 접속을 위한 짧은 길이는 사용 가능하며, 어떠한 경우에도 방화구획을 관통시켜서는 안 된다.
   ⑤ 시리즈 표준에서 자소성으로 분류되는 제품은 특별한 예방조치없이 시설할 수 있다.
   ⑥ 시리즈 및 시리즈 표준에서 자소성으로 분류되지 않은 케이블 이외의 배선설비의 부분은 적절한 불연성 건축 부재로 감싸야 한다.

2) 배선설비 관통부의 밀봉
   ① 배선설비가 바닥, 벽, 지붕, 천장, 칸막이, 중공벽 등 건축구조물을 관통하는 경우, 배선설비가 통과한 후에 남는 개구부는 관통 전의 건축구조 각 부재에 규정된 내화등급에 따라 밀폐하여야 한다.
   ② 내화성능이 규정된 건축구조부재를 관통하는 배선설비는 외부의 밀폐와 마찬가지로 관통 전에 각 부의 내화등급이 되도록 내부도 밀폐하여야 한다.
   ③ 제품표준에서 자소성으로 분류되고 최대 내부단면적이 $710mm^2$ 이하인 전선관, 케이블트렁킹 및 케이블덕트 시스템은 내부적으로 밀폐하지 않아도 된다.
   ④ 배선설비는 그 용도가 하중을 견디는 건축구조부재를 관통해서는 안 된다.
      ㉠ 연소 생성물에 대해서 관통하는 건축구조부재와 같은 수준에 견딜 것
      ㉡ 물의 침투에 대해 설치되는 건축구조부재에 요구되는 것과 동등한 보호등급을 갖출 것
      ㉢ 밀폐 및 배선설비는 밀폐에 사용된 재료가 최종적으로 결합 조립되었을 때 습성을 완벽하게 막을 수 있는 경우가 아닌 한 물방울로부터의 보호조치를 갖출 것

바. 수용가 설비에서의 전압강하

1) 수용가 설비의 인입구로부터 기기까지의 전압강하는 표의 값 이하이어야 한다.

[표 6] 수용가 설비의 전압강하

설비의 유형	조명(%)	기타(%)
A – 저압으로 수전하는 경우	3	5
B – 고압 이상으로 수전하는 경우	6	8

가능한 한 최종회로 내의 전압강하가 A 유형의 값을 넘지 않도록 하는 것이 바람직하다. 사용자의 배선설비가 100m를 넘는 부분의 전압강하는 m당 0.005% 증가할 수 있으나 이러한 증가분은 0.5%를 넘지 않아야 한다.

2) 다음의 경우에는 [표 6]보다 더 큰 전압강하를 허용할 수 있다.
   ① 기동 시간 중의 전동기
   ② 돌입전류가 큰 기타 기기

3) 다음과 같은 일시적인 조건은 고려하지 않는다.
   ① 과도과전압
   ② 비정상적인 사용으로 인한 전압 변동

5. 시공방식에 의한 특징 비교

가. 최대사용전류의 비교

1) 전선관 배선방식(금속덕트 방식 포함) : 통상 325mm^2×3심을 사용한다.
2) 케이블 트레이 방식 : 통상 325mm^2×3심이 최대, 단심의 경우 1,000mm^{2}까지 사용한다.
   ※ CV Cable 1,000mm^2×1C 930(관로)~1,465A(공중), 325mm^2×3C 510(관로)~555A(공중)
3) 모선 덕트 방식 : 5,000A가 최대 허용전류이므로 최대 허용전류 1,000A 정도를 경계로 하여 이상에 적용한다.

나. 경제성에 대한 비교

일반적으로 아래 범위에서 적정한 시공방식을 적용하는 것이 경제적이다.

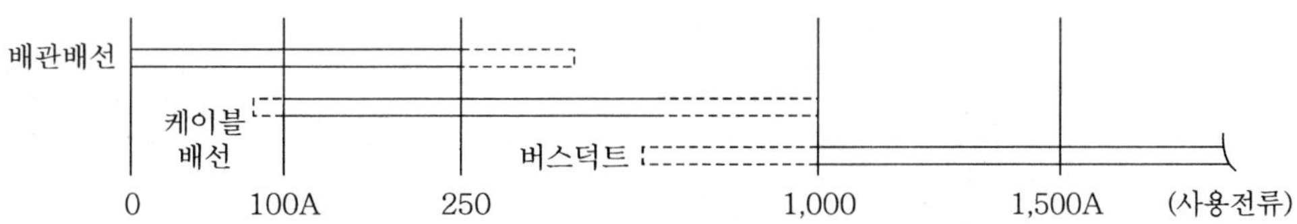

[그림 4] 간선의 경제성 비교

다. 그 밖의 비교

[표 7] 시공방식별 장단점 비교

구분	장점	단점
배관 배선 방식	각 간선이 전선관으로 보호받고 있으며 재해를 거의 받지 않는다.	수직계통에서는 전선의 지지가 어려워 큰 장력이 가해지기 쉽다.
케이블 트레이 방식	방열특성이 좋고 허용전류가 크다. 장래 부하 증설 시 대응력이 크다.	시공면적이 크고 방화구획 관통 처리가 필요하다.
모선 · 금속 덕트방식	예정된 부하 증설에 바로 대응할 수 있다.	접속개소가 많아 정기점검이 필요하다.

1.2 케이블 트레이 배선

케이블 트레이는 케이블을 지지하기 위하여 사용하는 금속제 또는 불연성 재료로 제작된 유닛 또는 유닛의 집합체 및 그에 부속하는 부속재 등으로 구성된 견고한 구조물을 말하며 사다리형, 펀칭형, 통풍 채널형, 바닥밀폐형, 기타 유사한 구조물을 포함한다.

■ 한국전기설비규정(KEC), 전기설비기술기준, KS C IEC 60364, KECG, 정기간행물

1. 케이블 트레이의 종류

가. 사다리형

1) 같은 방향의 양측면 레일을 여러 개의 가로대(Rung)로 연결한 조립금속 구조이다.
2) 설치가 용이하고 통풍이 원활하여 어떠한 수직면에서도 설치가 가능하다.

나. 바닥 밀폐형

1) 일체식 또는 분리식 직선 방향 측면 레일에서 바닥 통풍구가 없는 조립금속 구조이다.
2) 케이블 보호에 탁월하며 필요개소에는 뚜껑을 설치한다.

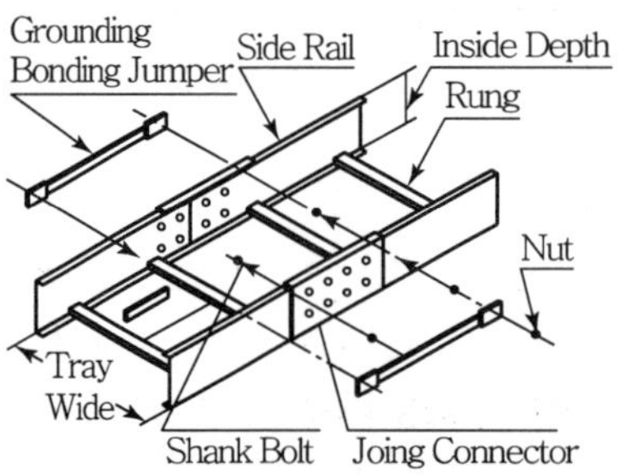

[그림 1] 사다리형 케이블 트레이(내측형)

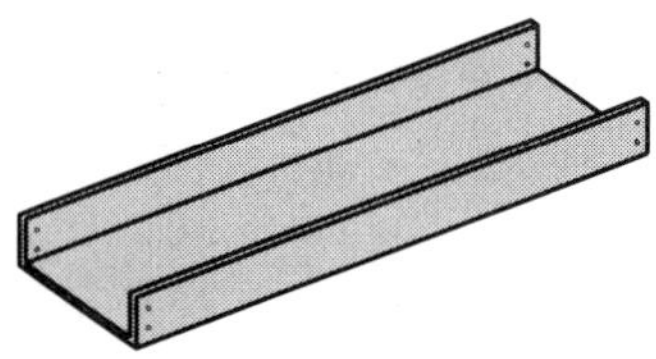
[그림 2] 바닥 밀폐형 케이블 트레이

다. 펀칭형

일체식 또는 분리식 직선방향 측면 레일에서 바닥에 통풍구가 있는 것으로서 폭이 100mm를 초과하는 조립금속 구조에 주로 사용한다.

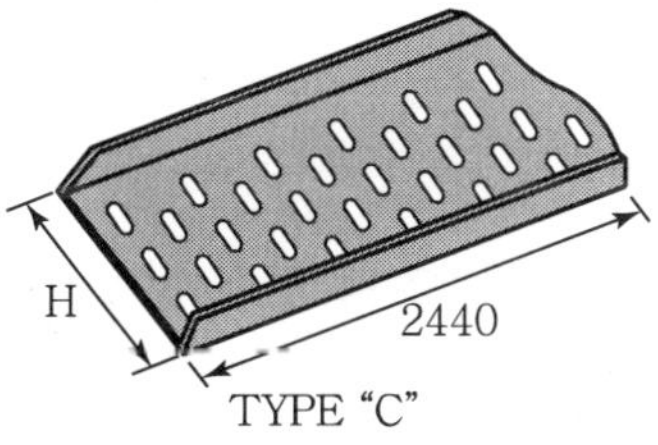

[그림 3] 펀칭형 케이블 트레이

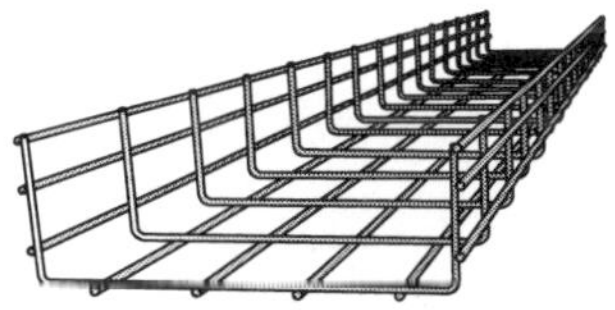

[그림 4] 메시형 케이블 트레이

라. 채널형

1) 바닥에 통풍구가 있는 폭이 150mm 이하의 조립금속 구조에 주로 사용한다.
2) 주 케이블 트레이로부터 말단까지 연결되어 단일 케이블을 설치하는 데 사용된다.

2. 케이블 트레이 공사의 시설조건

가. 전선은 연피케이블, 알루미늄피 케이블 등 난연성 케이블 또는 기타 케이블 또는 금속관 혹은 합성수지관 등에 넣은 절연전선을 사용하여야 한다.

나. 제1의 각 전선은 관련되는 각 규정에서 사용이 허용되는 것에 한하여 시설할 수 있다.

다. 케이블 트레이 안에서 전선을 접속하는 경우에는 전선 접속부분에 사람이 접근할 수 있고 또한 그 부분이 측면 레일 위로 나오지 않도록 하고 그 부분을 절연처리하여야 한다.

라. 수평으로 포설하는 케이블 이외의 케이블은 케이블 트레이의 가로대에 견고하게 고정시켜야 한다.

마. 저압 케이블과 고압 또는 특고압 케이블은 동일 케이블 트레이 안에 시설하여서는 아니 된다. 다만, 견고한 불연성의 격벽을 시설하는 경우 또는 금속 외장 케이블인 경우에는 그러하지 아니하다.

바. 수평 트레이에 다심 케이블을 시설 시 다음에 적합하여야 한다.

1) 사다리형, 바닥밀폐형, 펀칭형, 메시형 케이블 트레이 내에 다심 케이블을 시설하는 경우 이들 케이블의 지름의 합계는 트레이의 내측폭 이하로 하고 단층으로 시설할 것
2) 벽면과의 간격은 20mm 이상 이격하여 설치하여야 한다.
3) 트레이 간의 수직 간격은 300mm 이상으로 설치하며 6단 이하로 한다.

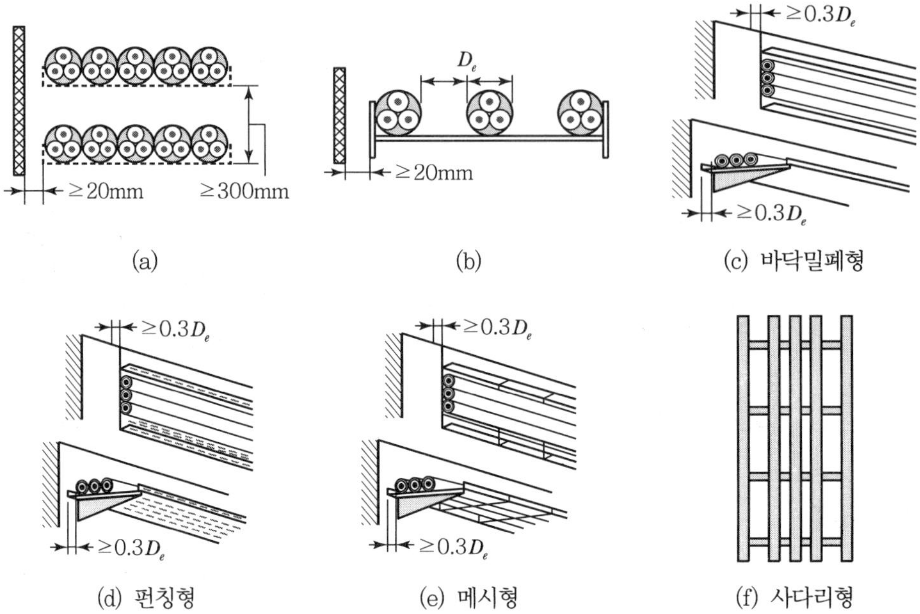

[그림 5] 수평 트레이의 다심 케이블 공사방법

사. 수평 트레이에 단심 케이블을 시설 시 다음에 적합하여야 한다.

1) 사다리형, 바닥밀폐형, 펀칭형, 메시형 케이블 트레이 내에 단심 케이블을 시설하는 경우 이들 케이블의 지름의 합계는 트레이의 내측폭 이하로 하고 단층으로 시설할 것. 단 삼각포설로 설치 시에는 단심 케이블 지름의 2배 이상 이격하여 설치토록 하여야 한다.
2) 벽면과의 간격은 20mm 이상 이격하여 설치하여야 한다.
3) 트레이 간의 수직 간격은 300mm 이상으로 설치하며 3단 이하로 한다.

[그림 6] 수평 트레이의 단심 케이블 공사방법

3. 케이블 트레이의 선정

가. 수용된 모든 전선을 지지할 수 있는 적합한 강도의 것이어야 한다. 이 경우 케이블 트레이의 안전율은 1.5 이상으로 하여야 한다.

나. 지지대는 트레이 자체 하중과 포설된 케이블 하중을 충분히 견딜 수 있는 강도를 가져야 한다.

다. 전선의 피복 등을 손상시킬 돌기 등이 없이 매끈하여야 한다.
라. 금속재의 것은 적절한 방식처리를 한 것이거나 내식성 재료의 것이어야 한다.
마. 측면 레일 또는 이와 유사한 구조재를 부착하여야 한다.
바. 배선의 방향 및 높이를 변경하는 데 필요한 부속재 기타 적당한 기구를 갖춘 것이어야 한다.
사. 비금속제 케이블 트레이는 난연성 재료의 것이어야 한다.
아. 금속제 케이블 트레이 계통은 기계적 및 전기적으로 완전하게 접속하여야 하며 금속제 트레이는 접지시스템 기준에 준하여 접지공사를 하여야 한다.
자. 케이블이 케이블 트레이 계통에서 금속관, 합성수지관 등 또는 함으로 옮겨가는 개소에는 케이블에 압력이 가하여지지 않도록 지지하여야 한다.
차. 별도로 방호를 필요로 하는 배선부분에는 필요한 방호력이 있는 불연성의 커버 등을 사용하여야 한다.
카. 케이블 트레이가 방화구획의 벽, 마루, 천장 등을 관통하는 경우에 관통부는 불연성의 물질로 충전(充塡)하여야 한다.
타. 케이블 트레이 및 그 부속재의 표준은 케이블 트레이 또는 전력산업기술기준(KEPIC)을 준용하여야 한다.

1.3 Bus-Duct 배선

Bus-Duct 배선이란 절연전선이나 케이블을 사용하지 않고 관모양이나 막대모양의 동이나 알루미늄 도체를 이용하여 수배전반 내부나 옥내의 대전류, 대전력의 전력간선을 구성하는 배선방법이다.

■ 한국전기설비규정(KEC), 전기설비기술기준 고시, 최신 전기설비, 정기간행물

1. 시설장소

가. 옥내 건조한 장소의 경우

1) 노출장소
2) 점검 가능한 장소

나. 옥외용 Bus-Duct를 사용하는 경우

사용전압이 400V 미만이면 옥측 또는 옥외시설이 가능하다.

2. Bus－Duct의 종류

명칭	형식		비고
피더 버스덕트	옥내용	환기형	도중에 부하를 접속하지 아니할 것
	옥외용	비환기형	
익스팬션 버스덕트, 탭붙이 버스덕트, 트랜스포지션 버스덕트	옥내용	비환기형 (밀폐형)	• 직선구간의 지진 등 고위 · 진동 흡수를 위한 접속구조 • 도중에 부하 접속용으로서 꽂음플러그를 만들 것 • 임피던스 평균 측정을 위해 상호 위치를 교환할 것
트롤리 버스덕트	옥내용	환기형 비환기형	도중에 이동부하를 접속할 수 있도록 트롤리 접촉식 구조로 할 것

3. Bus－Duct의 특징

가. 저압 대전류(100~500A) 선로에 사용하는 경우 전압강하도 적고 시공 · 점검이 쉽다.

나. 접속점이 많아 정기 점검의 경우 세심한 관심이 요구된다.

다. 대용량(600A 이상)에서 도체는 동 도체보다 알루미늄 도체가 경제적이다.

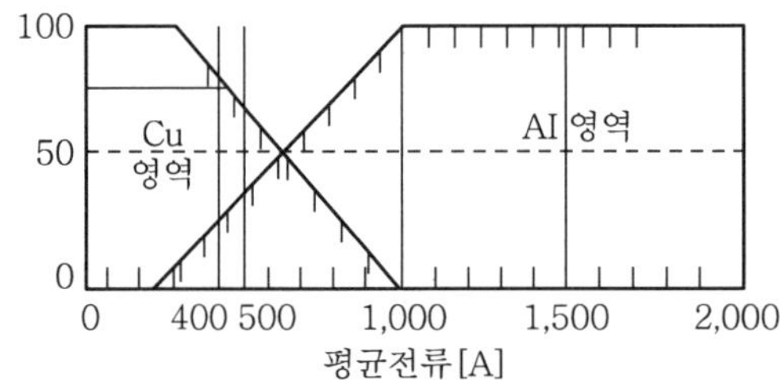

[그림] 도체의 채용범위

4. Bus－Duct의 시설기준

가. 시설조건(시공방법)

1) 덕트 상호 간 및 전선 상호 간은 견고하고 또한 전기적으로 완전하게 접속할 것
2) 덕트를 조영재에 붙이는 경우에는 덕트의 지지점 간의 거리를 3m(취급자 이외의 자가 출입할 수 없도록 설비한 곳에서 수직으로 붙이는 경우에는 6m) 이하로 견고하게 부착
3) 덕트(환기형의 것을 제외한다)의 끝부분은 막을 것
4) 덕트(환기형의 것을 제외한다)의 내부에 먼지가 침입하지 아니하도록 할 것
5) 덕트는 접지시스템 기준에 준하여 접지공사를 할 것
6) 습기가 많은 장소 또는 물기가 있는 장소에 시설하는 경우에는 옥외용 버스덕트를 사용하고 버스덕트 내부에 물이 침입하여 고이지 아니하도록 할 것

나. 버스덕트의 선정

1) 사용도체

① Cu : 단면적 $20mm^2$ 이상의 띠 모양, 지름 5mm 이상의 관모양, 둥근 막대모양

② Al : 단면적 $30mm^2$ 이상인 띠 모양, 사용전류 600A 이상에서는 Al을 사용

2) 도체의 접속과 절연

도체의 지지물은 절연성, 난연성 및 내수성 있는 견고한 것일 것

① 도체 상호의 접속은 기계적으로 견고하게 접속할 것

② 전기적으로도 완전하게 접속할 것

③ 도체는 Bus-Duct 내에서 0.5m 이하의 간격으로 비 흡습성의 절연물로 견고하게 지지하고 극간 접촉 또는 덕트 내면과 접촉될 우려가 없도록 할 것

④ 덕트는 [표]의 두께 이상의 강판 또는 알루미늄판으로 견고히 제작한 것일 것

[표] 버스덕트의 선정

덕트의 최대 폭 (mm)	덕트의 판 두께(mm)		
	강판	알루미늄판	합성수지판
150 이하	1.0	1.6	2.5
150 초과 300 이하	1.4	2.0	5.0
300 초과 500 이하	1.6	2.3	–
500 초과 700 이하	2.0	2.9	–
700 초과	2.3	3.2	–

1.4 지중전선로의 시공

지중전선로 공사에는 케이블을 보호하기 위한 방법으로 몇 가지가 있으나 크게 분류하면 중량물의 하중을 받는 장소와 기타 장소로 구분하며 전선은 케이블을 사용하고 시공방법에 따라 관로식, 암거식 또는 직접 매설식에 의하여 시설한다.

■ 한국전기설비규정(KEC), 전기설비기술기준 고시, 전력사용시설물 설비 및 설계, 최신 전기설비, 정기간행물

1. 지중전선로의 설치 제외 대상

가. 건설 또는 보안상 불편하고 좁은 길

나. 굴착에 많은 공사비가 소요되는 경질포장 도로

다. 교통이 빈번해서 작업하기 어려운 도로

라. 굴절 또는 고저의 차가 심한 도로

마. 전기적인 부식의 우려가 있는 도로

2. 전력케이블 시공방식의 종류

가. 직접 매설식(직매식)
나. 관로 인입식(관로식)
다. 암거식
라. 기타 : 교량첨가식, 전용교식, 수저식

3. 지중전선로 계획 시 고려사항

가. 지중전선로 시설방법

1) 관로 또는 암거식의 경우 차량, 기타 중량물의 압력에 견디는 것을 사용하여야 한다.
   ① 관로식에 의하여 시설하는 경우에는 매설 깊이를 1.0m 이상으로 하되, 매설 깊이가 충분하지 못한 장소에는 견고하고 차량 기타 중량물의 압력에 견디는 것을 사용할 것. 다만, 중량물의 압력을 받을 우려가 없는 곳은 0.6m 이상으로 한다.
   ② 암거식에 의하여 시설하는 경우에는 견고하고 차량 기타 중량물의 압력에 견디는 것을 사용할 것
2) 직접매설식의 경우 매설깊이를 차량, 기타 중량물의 압력을 받을 우려가 있는 장소는 1.0m, 기타장소 0.6m 이상으로 하고 견고한 트로프, 기타 방호물에 넣어 시설한다.
3) 지중전선을 냉각하기 위하여 케이블을 넣은 관내에 물을 순환시키는 경우 순환수 압력에 견디고 또한 물이 새지 않도록 시설하여야 한다.
4) 암거식의 경우 지중전선은 난연조치를 하거나 암거 내에 자동소화설비를 시설한다.

나. 지중함의 시설

1) 지중함은 견고하고 차량, 기타 중량물의 압력에 견디는 구조일 것
2) 지중함은 그 안에 고인 물을 제거할 수 있는 구조로 되어 있을 것
3) 폭발성 또는 연소성의 가스가 침입할 우려가 있는 경우 지중함 크기가 $1m^3$ 이상인 것에는 통풍장치 및 기타 가스를 방산시키는 적당한 장치를 시설할 것
4) 지중함 뚜껑은 시설자 이외의 자가 쉽게 열 수 없도록 시설할 것

다. 케이블 가압장치의 시설

압축가스를 사용하여 케이블에 압력을 가하는 장치를 시설하여야 한다.

라. 지중전선의 피복금속체 접지

1) 관, 암거, 기타 지중전선을 넣은 방호장치의 금속제 부분, 금속체의 전선 접속함 및 지중전선의 피복으로 사용하는 금속체는 접지시스템 기준에 적합한 접지공사를 한다.
2) 다만, 방식장치를 한 부분에 대하여는 적용하지 않는다.

마. 지중전선과 지중 약전류전선 등 또는 관과의 접근 또는 교차

지중 약전류 전선로에 대하여 누설전류 또는 유도작용에 의하여 통신선에 장해를 주지 아니하도록 기설 약전류 전선로로부터 충분히 이격하여야 한다.

1) 지중 약전류 전선과 저압 또는 고압의 지중전선과는 30cm 이상 이격하여 시설한다.
2) 지중 약전류 전선과 특고압 지중전선과는 60cm 이상 이격하여 시설하여야 한다.
3) 기타 견고한 내화성의 격벽을 설치하는 경우 이외에는 지중전선을 불연성, 난연성의 관에 넣어 지중 약전류 전선과 직접 접촉하지 않도록 설치한다.

바. 지중전선과 상호 간의 접근 또는 교차

1) 지중함 내 이외의 곳에서 상호 간의 거리가 저압 지중전선과 고압 지중전선에 있어서는 0.5m 이상 이격하여 시설한다.
2) 저압이나 고압의 지중전선과 특고압 지중전선에 있어서는 0.3m 이상 이격하여 시설한다.

사. 피뢰기의 시설(☞ 참고 : 피뢰기)

지중전선로와 가공전선로가 접속되는 곳에 피뢰기를 시설한다.

4. 전력케이블 시공방법

가. 직매식(직접매설식)

1) 시설방법

① 트로프 등의 케이블 방호물에 케이블을 넣거나 판 등으로 케이블의 상부를 방호하여 지중에 매설하는 방식을 말한다.

② 외장케이블의 경우 방호하지 않으나 CD 케이블 등을 사용하여 포설하는 경우는 이 방식에 포함한다.

③ 전력케이블의 매설깊이는 중량물의 하중을 받는 곳은 지표면에서 1.0m 이상, 기타 장소는 0.6m 이상으로 한다.

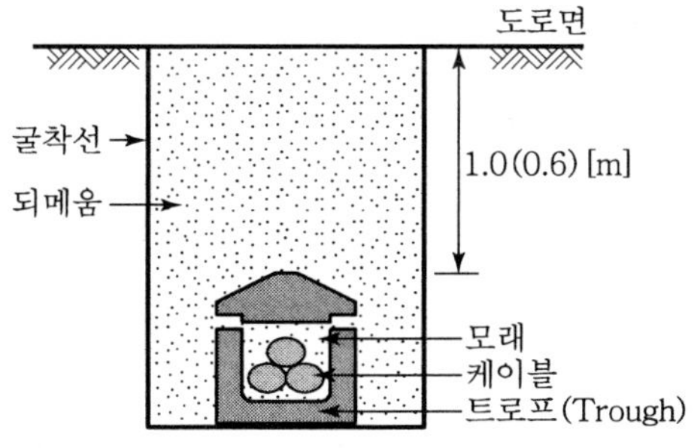

[그림 1] 직매식 설치도

PART 01 배전설비

2) 특징

① 관로식에 비해서 공사비가 싸고 공사기간이 짧다.
② 케이블의 열 발산이 좋아 허용전류가 크며 케이블의 도중접속이 가능하다.
③ 케이블이 손상받기 쉽고 케이블의 재시공이나 증설이 곤란하다.
④ 케이블의 보수 · 점검이 불편하여 최근 많이 사용하지 않는다.

3) 적용 장소

중요도가 적은 일반간선

나. 관로식

1) 시설방법

차량, 기타의 중량물의 압력에 견디는 관(강관, 흄관, 철근콘크리트관) 등을 사용하여 여기에 케이블을 넣는 방식으로 수 개의 관로를 축조하고 일정간격(100~200m)으로 맨홀을 설치하는 방법이다.

2) 특징

① 건설비가 많이 들고 공기도 길어지지만 사고가 적다.
② 맨홀에서 케이블 교체 등 보수가 쉽다.
③ 최근 가장 많이 사용하는 방식이다.

3) 적용 장소

① 지중선 루트에서 케이블 회선수가 3회선 이상 9회선 미만일 경우
② 장래 회선 증설이 예상되는 경우
③ 도로가 경질 포장이거나 교통이 빈번해서 굴착작업이 곤란한 경우

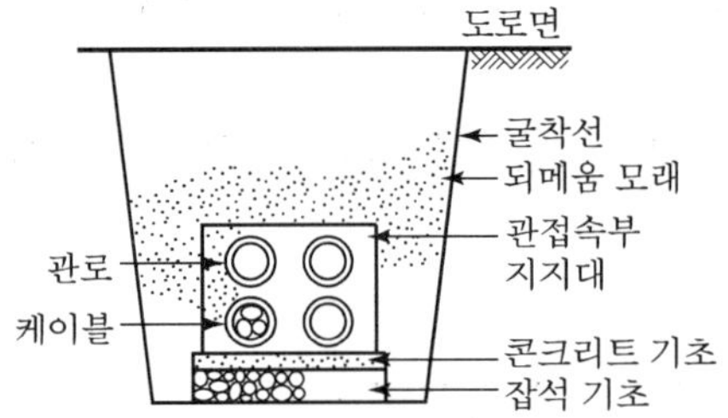

(a) 정면도

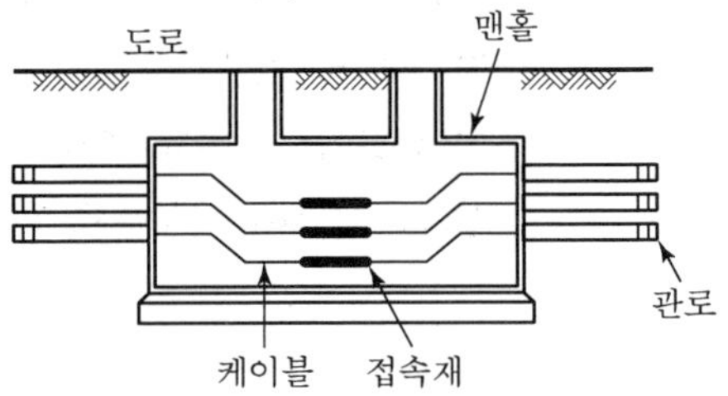

(b) 측면도

[그림 2] 관로식 설치도

다. 암거식(전력구식)

1) 시설방법

① 차량, 기타의 중량물의 압력으로부터 받는 하중에 견디고 또한 케이블을 포설할 수 있는 공간을 갖는 구조물에 케이블을 넣는 방식이다.

② 동도(洞道)나 공동구의 구조물 내에 케이블을 시공하는 지중선로도 암거식에 포함하며 회선수가 많은 케이블 수용 장소에 사용한다.

③ 최근에 많이 사용하는 공동구식은 암거식으로 도시 전력간선 시설로서 중요한 의의가 있다.

2) 특징

① 케이블의 접속장소가 송배전계통 절연상의 취약점으로 절연사고가 많이 일어난다.

② 케이블 접속작업은 맨홀 내의 현장작업으로 수행되기 때문에 불완전해지기 쉽다.

③ 화재에 대비하여 암거 내에 자동화재소화설비를 해야 한다.

3) 적용 장소

도시 중요간선에 시설한다.

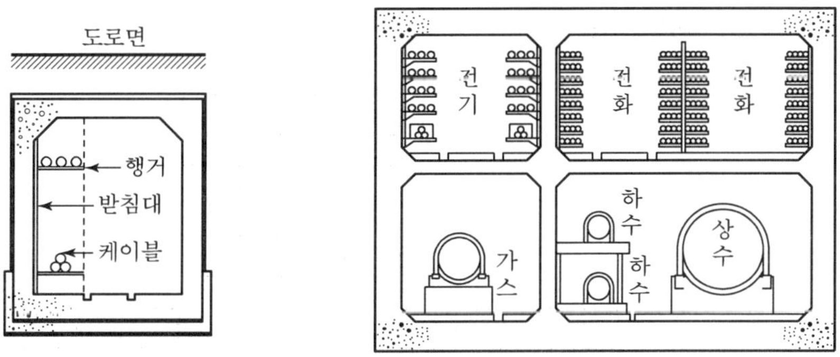

(a) 암거식(동도) (b) 공동구

[그림 3] 암거식(공동구)

5. 시공방법 비교

시공방법	장점	단점
직매식	• 공사비가 적다. • 열 발산이 좋아 허용전류가 크다. • 케이블의 융통성이 있다. • 공사기간이 짧다.	• 외상을 받기 쉽다. • 케이블의 재시공과 증설이 곤란하다. • 보수 · 점검이 불편하다.
관로식	• 케이블의 재시공과 증설이 용이하다. • 외상을 잘 안 입는다. • 고장복구가 비교적 용이하다. • 보수 · 점검이 편리하다.	• 공사비가 많이 든다. • 회선량이 많을수록 송전용량이 감소한다. • 케이블의 융통성이 적다. • 공사기간이 길다. • 신축, 진동에 의한 피로가 크다.
암거식 (공동구)	• 열 발산이 좋아 허용전류가 크다. • 많은 가닥수를 시공하는 데 편리하다.	• 공사비가 아주 많이 든다. • 공사기간이 가장 길다. • 케이블 화재 시 피해가 확산된다.

SECTION 02

배전 · 배선설계

2.1 전력간선의 설계순서

전력간선이란 변압기 또는 배전반에서 분전반까지 이르는 배선 또는 발전기에서 전원공급을 하는 배선, 축전지에서 전원공급을 하는 배선 등을 말한다. 따라서 건축물 및 건축물 구내에 설치되는 인입구 또는 주 배전반(고압)에서 분기과전류차단기에 이르는 배선으로 분기회로의 분기점에서 전원 측의 연결지점까지 전력공급설비의 설계에 적용한다.

■ 한국전기설비규정(KEC), 전기설비기술기준 고시, 건축전기설비설계기준, 정기간행물

1. 간선설비 설계순서

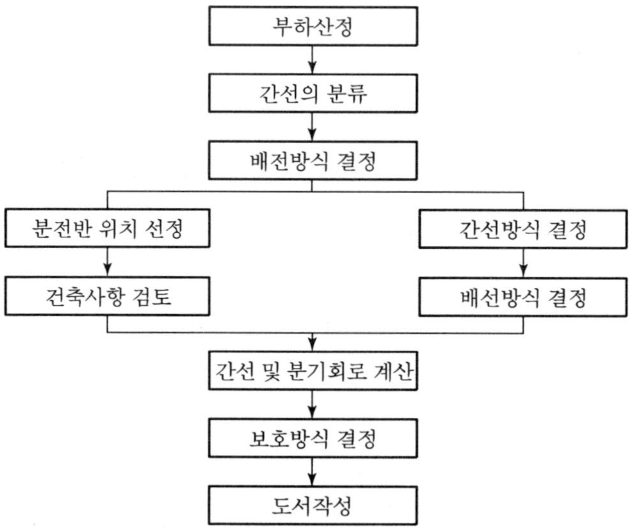

2. 간선 설계 시 고려사항

가. 시공주와 협의사항

1) 전기방식, 배선방식
2) 장래의 증축계획 유무
3) 공장 등의 경우 부하의 사용 상태나 수용률

나. 건축 설계자와의 협의사항

1) 간선경로에 대한 위치와 넓이 등에 대한 사항

2) 수평 · 수직 경로상의 관통부분에 대한 사항
3) 점검구에 대한 사항

다. 설비 설계자와의 협의사항

1) 전기 간선이 설비배관 및 덕트와 함께 시설되는 경우 위치 및 점검구 사항
2) 동력설비의 전기방식, 용량, 운전시간 등 건축물의 특징별 요소
3) 동력제어방식, 제어반 위치, 공종별 시공범위 등 제어설비

3. 부하 산정 및 간선의 분류

가. 부하 산정

1) 부하설비 파악 : 부하명칭, 설치장소, 부하용도, 정격전압, 정격주파수, 정격용량
2) 부하설비 검토 : 부하의 운전상황, 부하 중요도, 비상전원 필요성, 부하의 수용률

나. 간선의 분류

1) 용도별 간선 분류
   - 전등간선 : 상용, 비상용
   - 동력간선 : 상용, 비상용
   - 특수간선 : 컴퓨터용 간선, 의료기기용 등
2) 전압별 간선 분류
   - 특 · 고압 간선 : 초고층 건물, 대규모 공장의 Sub Station 등
   - 저압 간선 : 부하설비 전원공급용

4. 배전 및 배선방식의 결정

가. 배전방식

1) 부하설비의 종류, 규모, 변전설비와의 관계 등 신뢰성, 경제성을 고려하여 결정한다.
2) 간선에서 사용하는 배전방식은 전압에 따라(고압 · 저압), 전기성질에 따라(직류 · 교류) 구분하며, 교류 저압배전은 단상 2선식, 단상 3선식, 삼상 3선식, 삼상 4선식으로 구분한다.

나. 배선방식

간선계획 시 공급신뢰도, 안전성, 경제성을 충분히 고려하여 선정한다.

1) 간선 배선방식은 시설장소, 간선용량, 사용전압 등 부하설비의 조건에 의해 결정한다.
2) 배선방식의 종류에는 나뭇가지식, 나뭇가지 평행식, 평행식, 루프식, 병용방식 등이 있다.
3) 시공방식에 따른 경제성은 사용전류가 적을 때 배관 · 배선방식, 사용전류가 클 때 Bus−Duct 방식을 적용한다.

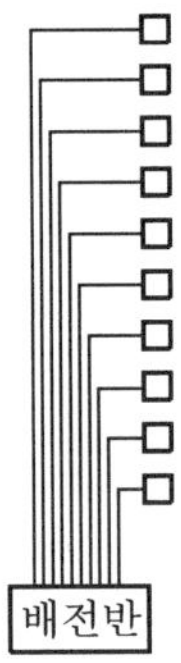

[그림 1] 개별방식

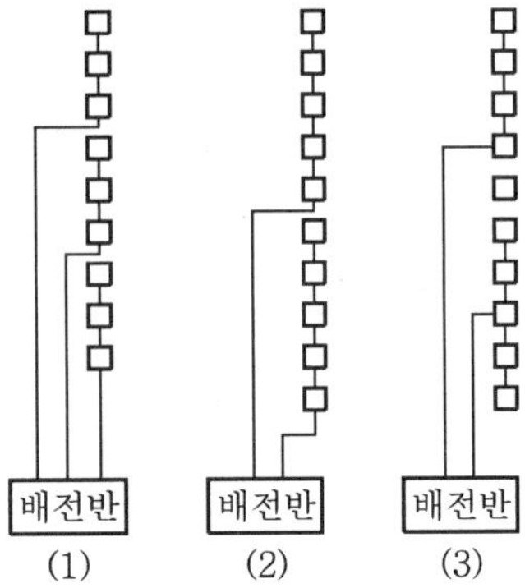

[그림 2] 병용방식(1계통)

[그림 3] 나뭇가지방식

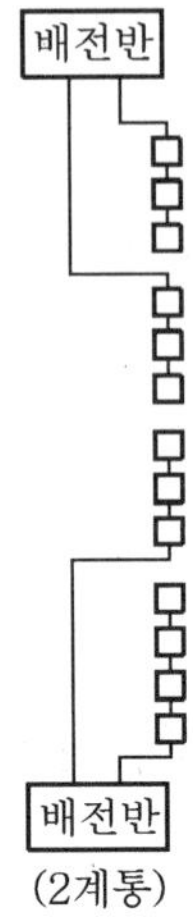

[그림 4] 병용방식

5. 배선의 부설방식

간선의 배선부설방식은 간선의 재료에 따른 공사방법을 말하며, 금속관, 합성수지관, 가요전선관을 사용하여 절연전선을 배선하는 배관배선 방식과 케이블을 케이블 트레이 또는 배선트렌치를 통하여 배선하는 방법 그리고 동 또는 알루미늄 도체를 사용하는 버스덕트 방식을 사용한다.

배선 부설방식	장점	단점
배관배선	금속관 보호 시 화재의 우려가 없고 기계적인 보호성 우수	• 수직배관 시 장력지지가 어려움 • 간선용량이 제한적
케이블배선 (트레이 사용)	• 허용전류가 크고, 방열 특성이 우수, 부하 증가 시 대응이 용이 • 내진성이 큼	케이블이 굵어 굴곡 반경이 큼
버스덕트	• 대용량을 콤팩트하게 배전 가능 • 예정된 부하증설이 즉시 가능	• 접속부품이 많음 • 사고 시 파급 범위가 커짐 • 내진성이 작음

6. 수변전실의 배전반 등 최소 간격(☞ 참고 : KEC 부록 350)

위치별 / 기기별	앞면 또는 조작 · 계측면	뒷면 또는 점검면	열상호간 (점검하는 면)	기타 면
특고압 배전반	1.7	0.8	1.4	–
고압 배전반	1.5	0.6	1.2	–
저압 배전반	1.5	0.6	1.2	–
변압기 등	0.6	0.6	1.2	0.3

가. 앞면 또는 조작 · 계측면은 배전반 앞에서 계측기를 판독할 수 있거나 필요조작을 할 수 있는 최소거리이다.

나. 뒷면 또는 점검면은 사람이 통행할 수 있는 최소거리임. 무리 없는 사람 통행은 0.9m 이상

다. 열상호간(점검하는 면)은 기기류를 2열 이상 설치하는 경우를 말하며, 배전반류의 내부에 기기가 설치되는 경우는 인출에 대비하여 내장기기의 최대 폭에 적절한 안전거리(통상 0.3m)를 가산한 거리를 확보하는 것이 좋다.

라. 기타 면은 변압기 등을 벽 등에 연하여 설치하는 경우 최소 확보거리이다. 사람 통행이 필요한 경우 0.6m 이상이 바람직하다.

7. 분전반의 위치선정(☞ 참고 : 전기 Shaft의 계획)

전기 Shaft(EPS ; Electric Pipe Shaft)란 변전실에서 부하에 전원을 공급하기 위한 중간단계에 전기 간선을 설치하고 수납하기 위한 공간으로 가능한 건물의 중심에 배치하여야 한다. 분전반은 부하에 전기를 공급하는 최종 심장부에 해당하는 것으로 설치 높이, 위치, 공간 등을 충분히 고려하여야 한다.

가. 전기 Shaft 설치 시 사전협의

1) 건축 설계자와의 협의

① 간신경로의 입상, 입하를 위한 파이프 샤프트의 위치와 넓이를 협의

② 파이프 샤프트 및 풀박스 등의 점검구를 협의

③ 바닥 피트 또는 기초 콘크리트가 필요한 경우에는 위치, 시방, 공사구간을 협의

④ 간선이 보 또는 내진 벽을 관통하는 경우 관통부분의 위치, 크기를 협의

2) 기계설비 설계자와의 협의

① 설비동력의 전기방식, 용량 및 운전시간에 대한 협의

② 설비동력의 제어방식과 제어반 위치에 대한 협의

③ 전기의 간선과 설비 배관 및 덕트가 동일한 샤프트에 설치되지 않도록 검토

나. 전기 Shaft 계획

1) Shaft의 위치

① 부하중심 부근에 배치한다.

② 간선, 분기회로 등의 배선출입이 자유로워야 한다.

③ 출입구는 복도 등의 공용부분에 접해 있어야 한다.

④ 다른 시설물과 가능한 구획하여 설치하여야 한다.

2) Shaft의 구조

① 벽, 바닥 등은 내화구조로 구획한다.

② 점검구는 장비의 반입 · 반출 및 점검이 가능하고 문은 을종 방화문 이상으로 한다.

③ 구획부분 관통 시 Shaft 실은 방화구획조치를 한다.

④ 침수대비 바닥을 높게 하거나 문턱을 바닥보다 10cm 이상 높게 설치한다.

⑤ EPS 내에는 작업용 콘센트를 설치한다.

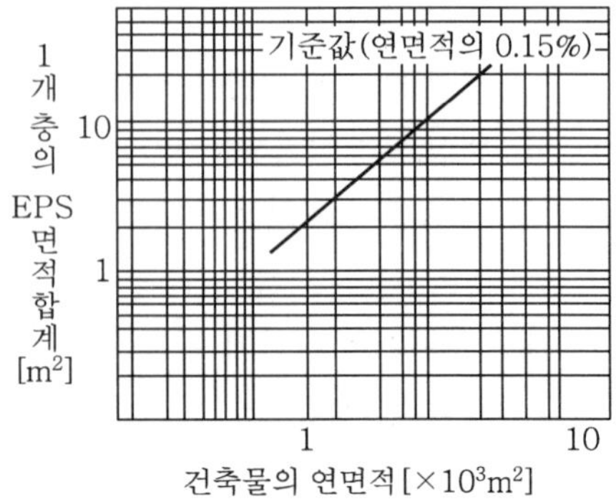

[그림 5] 전기 Shaft 계획 시 스페이스

3) Shaft의 넓이 · 형상

① 각층의 면수는 1,000m²당 1개소가 적합하다.

② EPS실 벽면은 되도록 평탄해야 한다.

③ 점검 및 작업 공간을 60cm 이상 확보해야 한다.

④ 입상전선관 수를 조사하고 약전배관과의 관계를 고려한다.

⑤ 가스관, 상하수도관 및 굴뚝으로부터 띄우거나 격벽을 설치한다.

다. 분전반의 설치

분전반 설치는 높이, 위치, 공간, 의장 등을 고려하여 다음과 같이 설치한다.

1) 분전반 1개의 공급범위는 1,000m², 반지름 20~30m의 공급범위가 유지관리, 전압강하에 적당하다.

2) 분전반의 취부높이는 상단, 중앙, 하단을 맞추는 방법 중 일반적으로 상단을 1,800mm로 맞추는 방법을 적용한다.

3) 분전반은 부하의 중심에 위치하고 간선 · 분기회로 등의 배선 출입이 용이한 곳에 시설한다.

4) 분전반과 분전반의 간격은 최저 60mm 이상으로 한다.

5) 하나 분전반에 사용전압이 각기 다른 개폐기를 시설할 경우 중간에 격벽을 설치하거나 전압표시를 한다.

6) 분전반에는 접지시스템에 준하는 접지공사를 실시하며 배관이 집중되지 않게 한다.

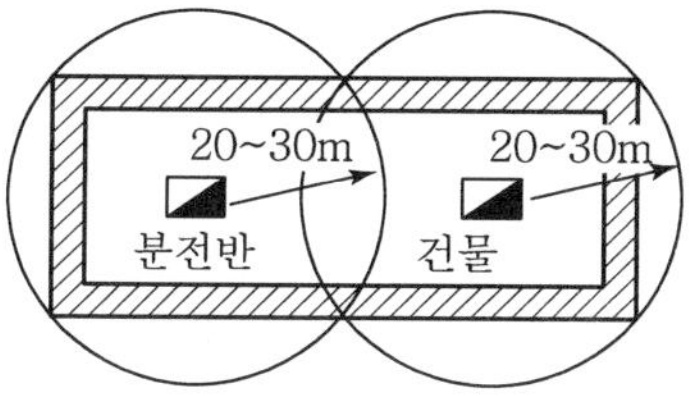

[그림 6] 분전반의 적정 공급범위

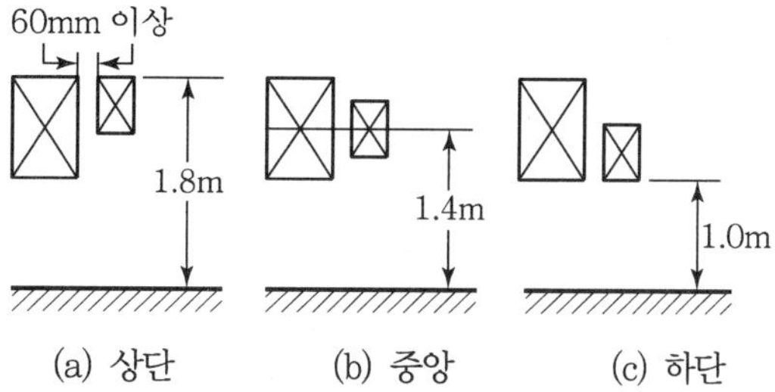

[그림 7] 분전반 취부높이

8. 간선의 산정

가. 전선의 일반 요구사항

1) 전선은 통상 사용 상태에서의 온도에 견디는 것으로 설치장소의 환경조건에 적절하고 발생할 수 있는 전기 · 기계적 응력에 견디는 능력이 있는 것을 선정하여야 한다.
2) 전신의 색상은 다음의 표에 따른나.

[표] 전선식별상(문자) 색상

상(문자)	색상
L1	갈색
L2	흑색
L3	회색
N	청색
보호도체	녹색－노란색

3) 색상 식별이 종단 및 연결 지점에서만 이루어지는 나도체 등은 전선 종단부에 색상이 반영구적으로 유지될 수 있는 도색, 밴드, 색 테이프 등의 방법으로 표시해야 한다.

나. 간선용량 계산 시 검토사항

1) 간선크기를 결정하는 중요 요소에는 전선의 허용전류, 전압강하, 기계적 강도, 연결점의 허용온도, 열 발산의 조건이 있다.
2) 간선 계산 시 고려사항으로 장래 부하증설에 대한 여유율, 부하의 수용률을 고려한다.

다. 간선의 종류

1) 비닐절연전선

연동선을 단선 또는 연선을 비닐로 절연한 것, 도체 허용온도는 약 60℃ 정도이다.

2) CV 케이블(가교폴리에틸렌 케이블)

① 내열성 및 내수성이 우수하다.

② 허용전류는 BN 케이블보다 크다.

③ 전력간선과 대전력 부하설비에 주로 사용한다.

④ 도체의 최고허용온도는 연속사용의 경우 90℃, 단락 시 230℃이다.

⑤ 비닐외장은 난연성 관계로 연소에는 강하나 기름, 알칼리 등에 의해 경화되는 결점이 있다.

9. 보호방식 결정

가. 과전류보호방식 : 선택차단방식, 캐스케이드방식, 전용량 차단방식을 적용한다.

나. 지락보호방식 : 보호접지방식, 과전류차단방식, 누전검출방식, 누전경보방식, 절연변압기방식을 적용한다.

2.2 풀박스의 설치방법

배관공사, 금속덕트, 케이블 랙 등을 이용한 간선방식에서 전선을 입선하기 위해 배관거리가 30m를 넘는 직선부분 또는 구부러지는 곳이 3곳 이상이면 풀박스를 사용하며, 접속함(Junction Box)은 중간에 접속점을 만들어도 문제가 없는 경우 분기회로에 사용한다.

■ 건축전기설비설계기준, 한국전기설비규정(KEC), 국제기준

1. 풀박스의 규격

가. 전선을 직선으로 넣을 때

1) 풀박스 크기에서 박스 길이 A는 가장 큰 전선관 지름의 8배 이상으로 한다.

2) 풀박스 크기에서 폭 B는 각 전선관 지름에 로크너트의 스페이스를 가산한 l_1, l_2을 합한 값으로 한다.

예 $d_1 > d_2$인 전선관이면 $A = 8 \cdot d_1$, $B = l_1 + l_2 = (d_1 + 25) + (d_2 + 25)$

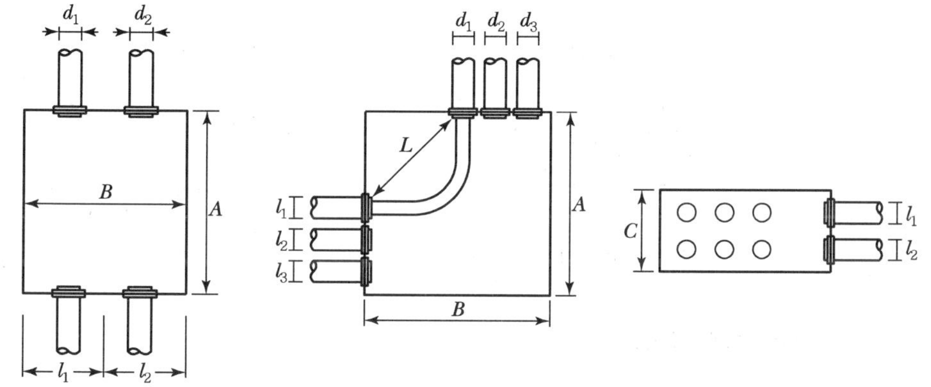

$d_1 > d_2$의 경우
- $A = 8d_1$
- $B = l_1 + l_2$
  $l_1 = d_1 + 25$
  $l_2 = d_2 + 25$

$d_1 > d_2$, $d_1 > d_3$의 경우
- $A = 6 \cdot d_1 + d_2 + d_3$
- $L = 6 \cdot d_1$

$C = l_1 + l_2$
$l_1 = d_1 + 25$
$l_2 = d_2 + 25$

(a) 직선상으로 선선을 뽑을 때 (b) 직각으로 구부러지는 곳에서 전선을 뽑을 때 (c) 전선관이 2단 · 3단으로 접속되는 경우

[그림 1] 풀박스의 크기

나. 직각으로 구부러지는 경우

1) 진신관이 집속된 측면과 반대쪽 측면과의 간격은 최대 관지름의 6배에 나른 관시름을 합한 값으로 한다. 예 d_1이 최대 관지름인 경우 $A = 6 \cdot d_1 + d_2 + d_3$
2) 관지름이 동일한 전선관이 양쪽에 고정되는 경우 $A = B$이다.
3) 동일 전선을 넣는 전선관의 상호 간격 L은 그 관지름의 6배 이상으로 한다. $L = 6 \cdot d_1$

다. 전선관이 2단 · 3단으로 접속되는 경우

풀박스의 높이(길이) C는 직선상으로 전선을 넣을 때의 폭 B를 결정하는 방법에 준하여 구한다. 예 $B = l_1 + l_2 = (d_1 + 25) + (d_2 + 25)$

2. 배관에 의한 규격 산정방법

가. 풀박스의 폭

풀박스의 폭 A는 배관으로부터 규정되며 전선관과 로크너트의 바깥지름 치수관계는 시공을 고려하여 관 사이의 간격은 30mm가 많이 사용된다.

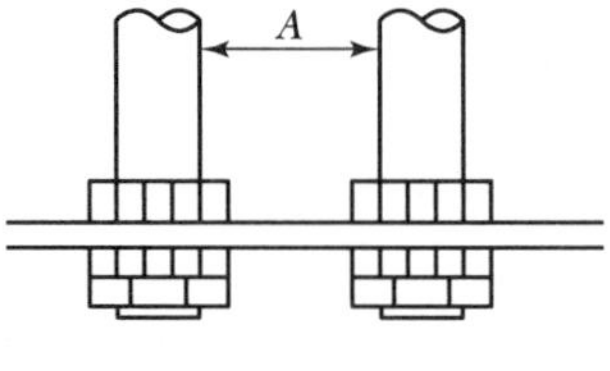

[그림 2] 전선관 사이의 간격

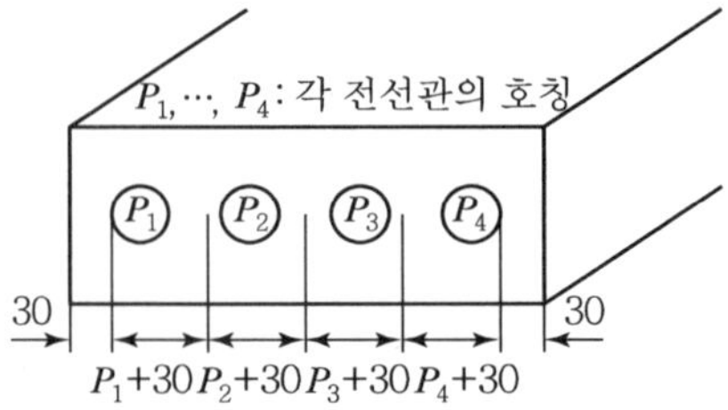

[그림 3] 풀박스의 치수 결정

나. 풀박스의 높이(길이)

1) 철판가공, 1단 배관, 2단 배관 등의 단수에 따라 달라진다.
2) 일반적으로 최대 전선관 호칭의 3배로 한다.
3) 2단 배열의 경우 관 상호 간의 거리를 80mm로 정한다.

2.3 배선설계 시 부하의 상정(想定)방법

배선설계를 위한 전등 및 소형 기계 · 기구의 부하용량 상정은 기본설계 시의 계획용량과 실시설계 시의 부하용량으로 구분되며 실부하 산정은 부하용량에 여유값을 감안한 용량 계산방식으로 한다.

■ 한국전기설비규정(KEC), 전기설비기술기준 고시, 건축전기설비설계기준

1. 부하의 상정 종류

가. 기본설계(기본계획)

1) 부하설비용량을 알고 있는 경우 부하설비별 입력환산에 의한 부하용량 계산
2) 부하설비용량을 모르고 있을 경우
   ① 단위 면적당 부하밀도에 의한 부하용량 계산
   ② 건물의 규모와 용도에 따른 과거실적을 참고한 건물별 표준부하에 의한 상정
3) 주택건설기준에 의한 공동주택의 부하 상정 등

나. 실시설계

설계도서에 의한 실부하 산정용량 계산방식으로 부하를 상정한다.

2. 배선설계 부하의 상정

배선을 설계하기 위한 전등 및 소형 전기기계 · 기구의 부하용량 상정은 다음에 의하되 시설자의 희망, 건축물의 종류에 따라 부득이한 경우는 그러하지 아니하다.

가. 설비부하용량

1) "① 및 ②"에 표시된 건축물의 종류 및 그 부분에 해당하는 표준부하에 바닥면적을 곱한 값에 "③"에 표시된 건축물 등에 대응하는 표준부하(VA)를 더한 값으로 할 것
2) 설비부하용량=PA+QB+C

여기서, P : 건축물 종류에 대응한 표준부하의 건축물 바닥면적[m^2](Q 부분을 제외)
Q : 건축물 중 별도 계산할 부분의 표준부하 바닥면적[m^2]
A : 건축물 종류에 대응한 표준부하[VA/m^2]
B : 건축물 중 별도 계산할 부분의 표준부하[VA/m^2]
C : 가산하여야 할 VA 수(*집합주택, 전전화 주택을 제외함)

① 건축물의 종류에 대응한 표준부하

건축물의 종류	표준부하[VA/m^2]
공장, 공회당, 사원, 교회, 연회장, 극장 등	10
기숙사, 여관, 호텔, 병원, 학교, 음식점, 다방, 대중목욕탕	20
사무실, 은행, 미용원, 이발소	30

② 주택의 부하설비용량 산정기준

구분	부하설비용량
전용면적 60m^2 미만	3kW
전용면적 60m^2 이상	3kW+0.5kW/10m^2당

③ 건축물(주택, 아파트를 제외) 중 별도 계산할 부분의 표준부하

건축물의 부분	표준부하[VA/m^2]
복도, 계단, 세면장, 창고, 다락	5
강당, 관람석	10

④ 표준부하에 따라 산출한 수치에 가산하여야 할 VA 수
㉠ 주택, 아파트(1세대마다)에 대하여는 500~1,000VA
㉡ 상점의 쇼윈도에 대하여는 폭 1m에 대하여 300VA
㉢ 옥외 광고등, 전광사인, 네온사인 등의 VA 수
㉣ 극장, 댄스홀 등의 무대조명, 영화관 등의 특수 전등부하의 VA 수

나. 수구별 예상부하

"가"의 수치는 일반적인 적용수치이므로 실제 설비 수치를 적용할 것. 이때 예상 곤란한 콘센트, 틀어 끼우는 접속기, 소켓 등이 있을 경우 수구 종류에 의한 예상부하를 상정한다.

1) 콘센트는 1구든, 몇 개의 구든 1개로 본다.
2) 소형은 공칭지름 26mm의 베이스인 것
3) 대형은 공칭지름 39mm의 베이스인 것
4) 전항 이외의 부하 상정은 설치하는 전기기계 · 기구의 부하용량에 따라 개별로 산출한다.

[표] 수구의 종류에 의한 예상부하

수구의 종류	예상부하[VA/m^2]
소형 전등수구, 콘센트	150
대형 전등수구	300

3. 집합주택 등의 부하상정

가. 공동주택의 부하상정

상정한 사용전력량이 3kVA 이하로 되는 경우에는 원칙적으로 3kVA로 한다.

1) 상정부하용량

① 사용전력량 P[VA]=30[VA/m^2]×바닥면적[m^2]+(500～1,000)[VA]

② 위 방법으로 불충분할 경우 사용이 예상되는 전기사용 기계 · 기구의 용량을 합하여 상정한다.

③ 주택건설기준 : 전용면적 60m^2 이하의 경우 3kW

》참고 공동주택 용량 산정

전용면적 60m^2 초과의 경우 10m^{2}마다 0.5kW씩 가산한다.

$$P=3+0.5\times\frac{A-60}{10}\,[\mathrm{kW}]$$

2) 공용부하 설비용량

위 부하용량 수요상정값에 공용부하설비용량을 가산할 것

① 조명 부하 : 공용 전등(복도, 계단 등), 비상용 콘센트(배연용, 조명용)

② 비상 동력 : 급 · 배수펌프, 소화전용 펌프, 승강기(비상용 포함), 환기용 팬 등

3) 간선 수용률

① 공동주택의 세대별 수용률 : 550세대 이하(37%), 850세대 이상(35%)

② 공동주택의 간선은 세대별 수용률 표를 적용하여 간선의 굵기에 적용한다.

세대수	4	50~100	400~550	850 초과
수용률[%]	100	40	37	35

나. 전전화 주택(전자동화 집합주택)

주택부분의 면적이 작은 경우로 산출한 상정부하용량이 7kVA 이하일 경우에는 7kVA로 한다.

1) 상정부하용량

① 사용전력량 P [VA]=60[VA/m^2]×바닥면적[m^2]+4,000[VA]

② 위 방법으로 불충분할 경우는 사용이 예상되는 각 수요기기의 용량합계에 따라 상정한다.

③ 심야전력을 이용하는 전기온수기 등은 그 전기온수기 등의 전기용량을 가산할 것

2) 공용부하 설비용량

위 부하용량 수요상정값에 공용부하 설비용량을 가산할 것

① 조명부하 : 공용전등(복도, 계단 등), 비상용콘센트(배연용, 조명용)

② 비상동력 : 급 · 배수펌프, 소화전펌프, 엘리베이터(비상용 포함), 환기용 팬 등

3) 간선 수용률

장래 부하 증가를 고려하여 크게 설계할 것

예 6~10가구 : 50%, 11~20가구 : 48%, 21~100가구 : 46%, 100 초과 가구 : 46%

2.4 배선의 공사방법에 따른 단면적 산정(허용전류의 산정)

배선의 공사방법을 IEC 표준과 국내 기준을 접목하여 '시설상태를 고려한 배선설비의 공사 방법'을 중심으로 전선의 허용전류의 적용방법과 시설방법에 의하여 전선의 단면적 선정과 초기 허용전류를 계산(I_t)한다. 초기 전선의 단면적을 얻은 후 전압강하, 단락 고장 및 차단시간에 관한 단면적의 적정성을 검토하여 최종적 단면적을 산정하는 방법에 대하여 기술하고자 한다.

■ 한국전기설비규정(KEC), 전기설비기술기준, 정기간행물, 건축전기설비설계기준

1. 전선의 단면적 산정

전선의 단면적 산정을 위한 요소에는 과부하(KEC 212), 고장 시 열용량(KEC 212), 전압강하 및 보호장치(KEC 232), 차단시단(KEC 211)의 네 가지 항목을 고려해야 한다.

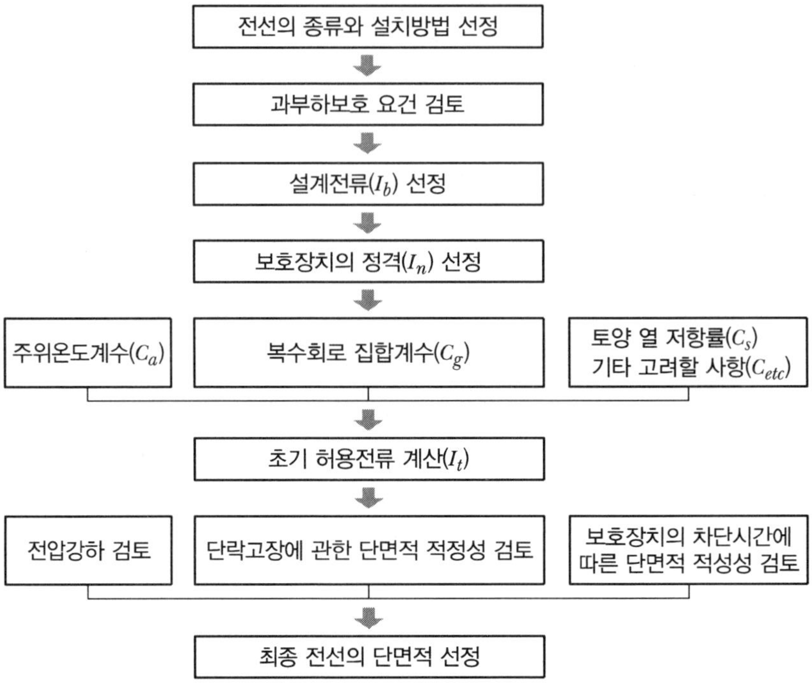

[그림] 전선의 단면적 산정 흐름도

2. 허용전류 산정 시 고려사항

가. 허용온도

정상 사용 시 절연전선 및 케이블에 흐르는 전류는 도체(무기절연의 경우는 시스)의 온도가 아래 [표 1]과 같이 허용온도 이하가 되는 전류값이어야 한다.

[표 1] 절연전선 및 케이블의 허용온도

절연물의 종류	허용온도	비고
염화비닐(PVC) 가교폴리에틸렌(XLPE) 및 에틸렌프로필렌 고무혼합물(EPR)	70℃ 90℃	도체
무기물(PVC 피복 또는 나도체가 인체에 접촉할 우려가 있는 것) 무기물(접촉하지 않고 가연성 물질과 접촉할 우려가 없는 나도체)	70℃ 105℃	시스

나. 주위온도

1) 주위온도는 전선이 무부하일 경우에 주위매체의 온도이다.
2) 전선의 허용전류값에 대한 기준 주위온도(공기 중 : 30℃, 토양에 직접매입 또는 지중덕트 설치 시 : 20℃)

3) 주위온도에 대한 보정계수는 태양 또는 기타 적외선 방사로 인한 온도 상승은 고려하지 않는다.

4) 주위온도가 다른 경우에는 별도의 보정계수를 이용한다.

다. 토양의 열 저항률

1) 지중케이블의 허용전류 산출 시 토양의 열 저항률은 2.5K · m/W이다.

2) 실제 토양의 열 저항률이 2.5K · m/W 초과 시에는 허용전류를 감소하거나 케이블 주위의 토양을 적절한 재료로 치환한다.

3) 토양의 열 저항률이 2.5K · m/W와 다른 경우에 대한 보정계수는 [표 2]와 같다.

[표 2] 토양의 열 저항률이 2.5K · m/W 이외인 경우의 보정계수(지중포설의 허용전류에 적용)

열 저항률[K · m/W]	1	1.5	2	2.5	3
보정계수	1.8	1.1	1.05	1	0.96

[비고] 1. 보정계수의 정확도는 ±5% 오차 범위 내에 있다.
2. 보정계수는 매설된 덕트에 공사한 케이블에 적용할 수 있으며 지중에 직접 공사한 케이블의 경우에는 2.5K · m/W보다 작은 열 저항률에 대한 보정계수는 높게 된다.

라. 복수회로 그룹(그룹저감계수)

1) 그룹저감계수(Group Reduction Factors)는 동일 최대허용온도를 가진 절연전선이나 케이블 그룹에 적용한다.

2) 다른 최대허용온도를 가진 케이블이나 절연전선을 포함한 그룹인 경우, 해당 그룹 내 케이블이나 절연전선의 허용전류는 그룹 중 가장 낮은 허용온도에 기초한다.

3) 그룹보정계수는 모든 전선이 부하율 100%로 연속해서 정상 운전되는 상태로 계산하고 부하가 100% 미만인 경우에는 보정계수는 더 커도 좋다.

4) 전선관, 케이블 트러킹, 케이블 덕트 트레이에서 다른 크기의 절연전선이나 케이블이 포함된 그룹인 경우 그룹보정계수(F)는 다음과 같다.

$$\text{그룹보정계수 } F = \frac{1}{\sqrt{n}}$$

여기서, n : 그룹 내의 다심 케이블 또는 회로 수

마. 전압강하 검토

초기 허용전류 계산에 따라 선정한 도체의 단면적이 전압강하 요건을 충족하는지를 검토한다.

1) 수용가 설비 전압강하율

[표 3] 허용 전압강하

설치유형	조명(%)	기타 용도(%)
저압으로 수전하는 경우	3	5
고압 이상 수전하는 경우	6	8

2) 전압강하 계산식

[표 4] 전압강하 계산식

배전방식	전압강하	도체 단면적	비고
단상 2선식	$e=\frac{35.6\times L\times I}{1{,}000A}$	$A=\frac{35.6\times L\times I}{1{,}000\times e}$	선간
3상 3선식	$e=\frac{30.8\times L\times I}{1{,}000A}$	$e=\frac{30.8\times L\times I}{1{,}000\times e}$	선간
3상 4선식	$e=\frac{17.8\times L\times I}{1{,}000A}$	$A=\frac{17.8\times L\times I}{1{,}000\times e}$	대지 간

※ 옥내배선 등 전선의 길이가 짧고, 전선의 굵기가 가는 경우 표피효과 또는 근접효과에 의한 도체 저항, 리액턴스 값의 영향이 미미하므로 직류분 계산식을 적용할 수 있다.

바. 단락고장 및 보호장치의 차단시간에 따른 단면적 적정성 검토

초기 허용전류(I_t)에 따라 선정한 도체의 단면적이 단락고장, 전동기 기동 시 온도 상승 및 보호장치의 차단시간에 따른 도체의 단면적 요건 충족 여부를 검토한다.

1) 단락고장전류(I_s)에 의한 도체의 온도 상승을 고려한 케이블의 단면적 선정

$$A=\frac{I_s\times\sqrt{t_n}}{K}\times\alpha$$

여기서, A : 도체의 단면적(mm²), I_s : 단락고장전류(A)
t_n : 단락고장전류에 의한 보호장치의 동작시간(s)
K : 절연물의 종류, 주위온도에 따라 정해지는 상수
α : 설계 여유

2) 전동기의 기동전류(I_m)에 의한 온도 상승을 고려한 케이블의 단면적 선정

$$A=\frac{I_m\times\beta\times\sqrt{t_m}}{K\times n}\times\alpha$$

여기서, A : 도체의 단면적(mm²), I_m : 전동기의 정격전류(A)
β : 전동기의 전전압 기동배율, t_m : 전동기의 전전압 기동시간(s)
K : 절연물의 종류, 주위온도에 따라 정해지는 상수
n : 병렬도체 수, α : 설계 여유

3) 단락고장전류에 의해 도체의 단시간 허용온도에 도달하는 시간 계산

$$t_z = \left(\frac{S \times K}{I_s}\right)^2$$

여기서, t_z : 도체의 단시간 허용온도에 도달하는 시간

사. 부하도체의 수(부하 전선수)

1) 다상회로 도체에 무시할 정도의 고조파로 균등하게 전류가 흐른다고 가정할 경우에는 중성선을 고려할 필요가 없다.
2) 다심 케이블에서 중성도체가 상전류의 불균형으로 인한 전류를 흘리는 경우에는 중성도체의 굵기는 가장 높은 상전류를 기초로 결정한다.
3) 중성도체가 상도체의 부하에 상응하는 전류를 흘릴 경우에는 중성선 도체도 도체 수에 포함한다.
4) 보호도체로 사용되는 전선(PE 도체)은 고려하지 않으며, PEN 도체는 중성선과 같은 방법으로 취급한다.

아. 병렬전선

2개 이상의 전선을 계통의 동일 상 또는 동일 극에 병렬로 접속하는 경우 부하전류가 균등하게 배분되도록 한다.

자. 최종 전선의 단면적 산정

초기 허용전류 계산(I_t)에 따라 선정한 도체의 단면적과 전압강하, 단락 고장 및 보호장치와의 보호 협조에 관해 검토한 단면적 중 모든 조건을 충족하는 단면적을 산정한다.

3. 허용전류 산정을 위한 공사방법

가. 허용전류용량 산정을 위한 공사방법(A1~G 등 모두 9가지)

구분	공사방법	구분	공사방법
A1	열적으로 절연된 벽 내 전선관의 절연도체	C	벽면에 공사한 단심 또는 다심 케이블
A2	열적으로 절연된 벽 내 전선관의 케이블	D	지중 덕트 내에 다심 케이블
B1	벽면 전선관의 절연도체	E, F, G	공기 중 단심 또는 다심 케이블
B2	벽면 전선관의 다심 케이블		

나. 경로 중의 공사조건 변화

경로의 일부와 다른 부분에서 냉각 조건이 다른 경우, 경로 중 가장 나쁜 조건의 부분에 적합하도록 허용전류를 결정한다.

4. 허용전류의 산정

가. 허용전류의 개념

1) 허용전류는 특정조건하에서 정상상태의 도체온도가 허용온도를 초과하지 않는 경우로서 도체에 연속적으로 흐를 수 있는 최대 전류값을 말한다.
2) 특정조건은 기중온도, 지중온도, 케이블 내 부하도체의 수, 절연전선 등 절연물, 케이블의 금속외장 유무, 시설방법 등이다.

나. 허용전류 산정 공식

1) 허용전류 $I = A \cdot S^m - B \cdot S^n$

여기서, I : 허용전류[A], S : 도체의 공칭단면적[mm^2]
A와 B : 케이블 및 시공방법에 따른 계수
m과 n : 케이블 및 시공방법에 따른 지수

2) 표에 의한 허용전류 산정

① 공사방법 표에서 공사방법에 의한 허용전류 표를 찾는다.
② 공사방법에 의한 허용전류 표에서 도체단면적에 의한 허용전류값을 구한다.
③ 전제조건(주위온도, 토양 열의 저항률 등)이 다를 경우 보정계수를 적용한다.

5. 도체의 최소단면적

가. 교류회로 직류회로의 단면적

교류회로의 상도체와 직류회로의 충전용 도체의 최소단면적을 규정한다.

배선방식의 종류		사용회로	도체	
			재료	단면적[mm^2]
고정설비	케이블과 절연전선	전력과 조명회로	구리 알루미늄	1.5 2.5(비고 1)
		신호와 제어회로	구리	0.5(비고 2)
	나전선	전력회로	구리 알루미늄	10 16
		신호와 제어회로	구리	4
절연전선 및 케이블의 가요접속		특정 기기		관련 규격에 따름
		기타 기기	구리	0.75
		특수한 적용용 특별저압회로		0.75

[비고] 1. 알루미늄도체의 단말처리에 사용하는 커넥터는 특정한 사용 목적에 따라 시험하고 승인된 것으로 할 것
2. 전자기기용에 이용하는 신호와 제어회로에서는 최소단면적을 $0.1mm^2$로 할 수 있다.

나. 중성선의 단면적

1) 다음의 경우 중성선의 단면적은 상전선과 동일한 규격으로 할 것
   ① 단상 2선식 회로의 모든 부분
   ② 다상 및 단상 3선식 회로에서 상전선이 동 $16mm^2$ 또는 알루미늄(Al) $25mm^2$ 이하인 경우

2) 다상회로에서 각 상전선이 동 $16mm^2$ 또는 알루미늄 $25mm^2$를 넘고 다음 조건에 모두 적합한 경우 그 중성선의 단면적을 상전선보다 작게 할 수 있다.
   ① 정상적인 공급 시(고조파 전류가 있는 경우는 이를 포함해서) 중성선에 흐르는 예상 최대전류가 작아진 단면적의 도체 허용전류를 넘지 않는다.
   ② 중성선은 "중성선의 보호" 규정에 따라 과전류 보호되고 있을 것
   ③ 중성선의 크기는 동 $16mm^2$ 또는 알루미늄 $25mm^2$ 이상일 것

≫ Basic core point

가. IEC 표준에 의한 배선방법이 다양하고 복잡하며, 기존 기술기준에 의한 배선방법과 상이함으로 인해 이를 적용하는 관점에 따라 동일한 배선설비라 할지라도 허용전류 계산이 달라 최종적으로 전선 굵기에 차이가 날 수 있다.
나. 배선 설비는 설치장소 및 시설조건에 따라 매우 다양한 모습을 보이고 있으므로, 유경험자라도 IEC 표준에 의한 공사방법을 올바르게 적용하는 것이 쉽지 않다. 따라서 KEC에 의한 도체의 단면적 산정의 과부하, 고장 시 열용량, 전압강하 및 보호장치의 차단시간 등 4가지 항목을 고려한 허용전류 산정방법의 간소화와 간략화를 통해 산정오류를 최소화해야 한다.

SECTION 03

간선계획

3.1 케이블과 버스덕트의 기계적 강도

- 케이블이나 버스덕트를 전선로에 포설하여 통전할 경우 발열 신축, 진동 및 단락 등 원인에 의한 기계적 응력이 가하여진다. 따라서 기계적 응력을 예측하여 케이블의 종류 선정, 포설방법 선정 및 고정을 하여야 한다.
- 저압간선으로 케이블과 함께 버스덕트가 널리 사용되고 있으며, 사용목적과 용도에 따라 적당한 종류 및 사이즈를 선정할 필요가 있다.

■ 신전기설비기술계산 핸드북, 한국전기설비규정(KEC), 제조사 기술자료, 정기간행물

1. 단락

가. 열적용량

1) 충전에 의한 줄열은 도체의 온도를 상승시킴과 동시에 외기 온도와의 차이는 절연물을 통하여 외부로 발산된다.
2) 수 초 이하의 단락전류로 도체에 발생된 열은 도체온도를 상승시키는 데 모두 소비한다.

나. 단락 전자력

1) Bus－Duct의 경우 Bus 형상이 장방형이므로 전류의 흐름이 다르고 전자력 분포도 다르므로 보정하여 전자력을 계산한다.

   $F_S = P \cdot F$ 　　여기서, P : 보정계수

2) 케이블의 경우 두 개의 케이블 도체에 전류가 흐르면 전자력에 의해 도체 상호 간에 힘이 작용한다. 즉, 전류가 같은 방향으로 흐르면 흡인력, 반대 방향이면 반발력이 되고, 이때 케이블 전자력은 $F = K \times 2.04 \times 10^{-8} \times \dfrac{{I_m}^2}{D}$ [kg/m]이다.

   여기서, K : 케이블 배열에 따른 정수(삼각배열 K=0.866)
   I_m : 전류 최댓값, D : 케이블 중심 간격[m]

3) 3심 케이블의 단락 기계력

   케이블에 단락이 생기면 아래 식에 의하여 기계력이 생기고 3심 케이블에서 축 방향장력과 비틀림 모멘트가 발생한다. 따라서 3심 케이블은 트리플렉스형을 사용한다.

$$T = \frac{3rFP\sqrt{(2\pi r)^2 + P^2}}{(2\pi r)^2} \text{[kg]}, \quad Q = \frac{3rF\sqrt{(2\pi r)^2 + P^2}}{2\pi} \text{[kg} \cdot \text{m]}$$

여기서, T : 축방향 장력[kg], F : 전자력[kg/m]
P : 피치[m], r : 케이블 중심간격[m], Q : 비틀림 모멘트[kg · m]

2. 신축

Cable에 전류가 흐르면 도체는 발열하고 온도가 상승하며, 온도 상승으로 도체는 팽창계수에 따른 신장이 생긴다.

가. Bus-Duct

Bus-Duct는 열 신축에 따른 이상 응력(應力)의 발생을 방지하기 위해 적당한 부분에 Expansion Joint를 설치한다.

나. 케이블

1) 수평 부설된 전력케이블의 신축은 케이블 온도변화에 의한 열축력이 발생하여 잔류응력을 없애는 데 소비한다.
2) 수직 부설할 경우 높이가 높아지면 Cable의 자중이 커지므로 다음의 부설방법을 고려한다.
   ① 적당한 간격으로 고정 금속구 또는 클리트[1)]로 여러 점에서 벽면에 지지한다.
   ② 상부 시스 위에서 케이블 클립으로 단단히 조여 매달고 적당한 간격으로 바닥면에 고정한다.
   ③ 도체를 금속구로 압축하고 고정금속구와는 애자를 사용하여 절연한다.
   ④ 초고층 건물은 Cable 중량을 줄이기 위해 알루미늄 케이블을 사용한다.
   ⑤ 위 ①, ②의 방법은 높이가 비교적 낮을 때, 지지하는 힘의 절댓값이 낮을 경우 적용한다.
   ⑥ 위 ③의 방법은 초고층 건물과 같이 200m 정도의 건물에 사용한다.

3. 진동

가. Bus-Duct

1) Bus-Duct는 건물에 고정하여 설치하기 때문에 Bus-Duct와 건물의 공진을 검토하여야 한다.
   예 중 · 고층 건물의 진동주기 $T_1 = (0.06 \sim 0.10)H$[sec](여기서, H : 층수)

---

1) 클리트는 가로방향에 대하여는 고장력이 있으나 수직방향의 미끄럼에 대해서는 대단히 약하여 한 개당 50kg 이상의 지지력을 기대하면 안 된다. 따라서 수직방향으로 200~300kg의 지지력을 유지하기 위하여 와이어클립 방식과 병행하여 시설한다.

2) Bus－Duct의 진동 대책

① 수직 Bus－Duct는 Spring Hanger를 적당한 간격으로 설치하여 부스덕트의 자중을 분담한다.

② Spring Hanger는 수직방향의 자중은 분담이 가능하나(상하로 조금 움직임) 수평방향으로 이동할 수 없으므로 상호 간의 공진을 고려하여 시설한다.

나. 케이블의 진동

1) 케이블의 고유진동주기 $T=\dfrac{2l^2}{\pi}\sqrt{\dfrac{W}{EI\cdot g}}$ [sec]

여기서, l : 케이블의 지지간격[m] $\left(l^2<0.1N\sqrt{\dfrac{EI\cdot g}{W}}\right)$

W : 케이블의 단위길이당 중량[kg/cm]

EI : 케이블의 구부림 강성[kg · cm^2]

2) 케이블의 진동은 건축물과 공진하지 않도록 클리트로 고정을 하여야 한다.

4. 발열(지지금속구 및 Cable 근방 부재의 발열)

가. 케이블의 바깥쪽에 폐로가 있는 자성체를 두면 케이블의 전류에 대한 자계는 모두 자성체 내에 집합하여 와전류손이 발생한다.

나. 철재 주위가 열방산이 나쁠 때는 온도 상승이 심하므로 200～300mm 이상 간격을 둔다.

다. 철강부재는 단심 Cable에서 100mm 이상 이격하지 않으면 철손이 발생하여 발열된다.

5. 케이블과 Bus－Duct의 기계적 강도 비교

구분	Cable	Bus－Duct
단락 전자력	단락전자력에 의한 기계적 응력 • 평행도선 단락전자력 $F=K\times 2.04\times 10^{-8}\times\dfrac{I_m^2}{D}$ [kg/m] • 3심 케이블 축방향 장력과 비틀림 모멘트가 발생한다.	Bus 형상이 장방형이므로 전자력은 $F_S=P\cdot F$(여기서, P는 보정계수)
신축	• 수평부설케이블은 열축력이 발생하여 잔류응력을 없애는 데 소비한다. • 수직부설케이블은 케이블 자중을 고려한 고정금속구 등 부설대책을 수립한다.	열 신축에 의한 이상응력 발생을 방지하기 위하여 Expansion Joint를 설치한다.
진동	건축물과 공진하지 않도록 클리트로 고정한다.	Bus－Duct와 건물의 공진 검토 • 수직 Bus－Duct는 Spring Hanger로 자중을 분담한다. • 수평 Bus－Duct는 공진을 고려한 간격을 유지한다.

구분	Cable	Bus－Duct
발열	• 케이블 외측에 폐로가 있는 자성체를 두면 전류에 의한 와전류손이 발생한다. • 단심 케이블에 바닥밀폐형 케이블 트레이는 사용하지 않는다.	철재 주위가 열방산이 나쁠 경우 온도 상승에 주의한다.

3.2 배전선로의 전압강하

- 전압강하는 선로에 전류가 흐름으로써 발생하는 역기전력 때문에 생기는 것으로 배전선로에 부하를 접속하면 수전단 전압(E_r)은 송전단 전압(E_s)보다 낮아진다. 이 전압 차를 전압강하라 하며, 전류용량과 전압강하는 케이블 사이즈를 결정하는 중요한 요인이다.
- 배전선로는 소규모의 부하가 분산 접속되어 있는 점과 수용가와 직결되어 수요변동의 영향을 직접 받기 쉬운 전기적 특징이 있다. 따라서 신모정수, 전압강하, 전력손실의 특징을 이해하여야 한다.

■ 신전기설비기술계산 핸드북, 제조사 기술자료, 정기간행물, 한국전기설비규정(KEC)

1. 전압강하율

가. 전압강하의 정의

배전선로에서 부하가 접속되지 않고 전압만 걸렸을 경우 수전단 전압은 송전단[2] 전압과 그 크기가 거의 같다. 그러나 부하가 접속되면 수전단 전압은 송전단 전압보다 낮아진다. 이때 전압의 차를 전압강하라 한다.

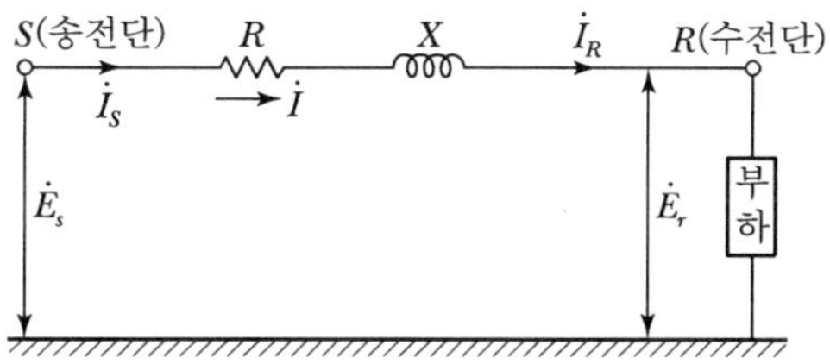

[그림 1] 배전선로의 등가회로

2) 송전선로의 선로 특성 및 전기적 특성
① 선로 특성
- 송전선로는 각 전선마다 선로정수 R, L, g, C가 선로에 따라 균일하게 분포되어 있는 3상 교류회로이다.
- 송전특성은 선로길이에 따라 달리하는데 수 km의 단거리, 수십 km의 중거리 그리고 100km 이상의 장거리로 구분한다.

② 전기적 특성
- 단거리 선로의 경우 저항과 인덕턴스만의 직렬회로로 나타낸다.
- 중거리 선로에서는 누설컨덕턴스(Conductance)는 무시하고 선로는 T형 회로 또는 π형 회로의 두 종류의 등가회로를 집중정수회로로 취급한다.
- 장거리 선로에서는 선로길이가 길어지므로 누설컨덕턴스까지 포함시킨 분포정수회로로 취급한다.

나. 전압강하 크기

배전선로에 접속된 부하전류의 크기에 따라 변화하는데 이 전압강하의 수전단 전압에 대한 백분율[%]을 전압강하율이라 한다.

1) 전압강하율 $\varepsilon = \dfrac{E_s - E_r}{E_r} \times 100[\%]$

여기서, E_s : 송전단 전압[V], E_r : 수전단 전압[V]

2) 전압강하율은 전선의 저항, 리액턴스, 역률 및 전선을 흐르는 전류와 관계가 있다.

2. 허용전압강하의 결정 시 고려사항

가. 부하의 기능을 손상시키지 않을 것
나. 부하단자전압의 변동 폭을 작게 할 것
다. 각 부하단자전압의 균일화를 이룰 것
라. 배선 중의 전력손실을 줄일 것
마. 경제성이 손상되지 않도록 할 것

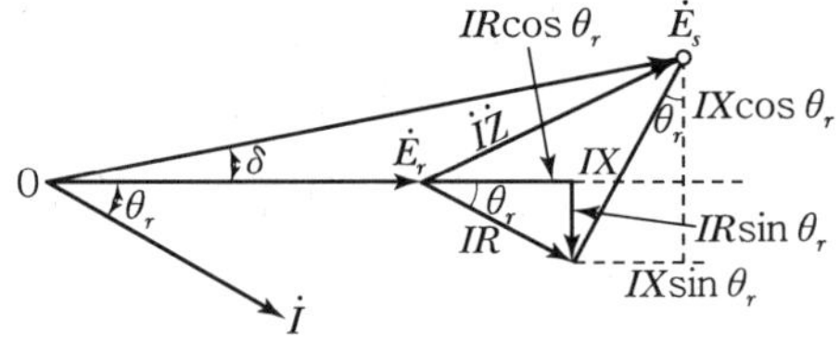

[그림 2] $\dot{E}_r$ 기준 벡터도

3. 전압강하의 계산

가. 배전선로의 전압강하 계산

[그림 2]에서 $\dot{E}_s$, $\dot{E}_r$을 송전단과 수전단의 중성점에 대한 대지전압[V], $\cos\theta$를 역률, $\dot{E}_s$의 $\dot{E}_r$에 대한 위상각을 θ_r라고 하고 $\dot{E}_r$을 기준 벡터로 잡아주면

1) 전압강하

$$\dot{E}_s = \dot{E}_r + \dot{I}\dot{Z} = E_r + I(\cos\theta_r - j\sin\theta_r)(R + jX)$$
$$= E_r + IR\cos\theta_r + IX\sin\theta_r + j(IX\cos\theta_r - IR\sin\theta_r) = E_s' + jE_s''$$

여기서, E_s', E_s''는 $\dot{E}_s$의 $\dot{E}_r$에 대한 동상성분과 직각성분

2) 송전단의 전압 $\dot{E}_s$의 절댓값

$$|E_s| = \sqrt{(E_s')^2 + (E_s'')^2} = \sqrt{(E_r + IR\cos\theta_r + IX\sin\theta_r)^2 + (IX\cos\theta_r - IR\sin\theta_r)^2}$$

여기서, $(E_r + IR\cos\theta_r + IX\sin\theta_r)^2 \gg (IX\cos\theta_r - IR\sin\theta_r)^2$으로 허수부 제곱항을 무시하고 계산하면 $|E_s| \fallingdotseq E_r + I(R\cos\theta_r + X\sin\theta_r)$이 된다.

3) 송전선의 전압강하 및 전압강하율

① 전압강하 $e=|E_s|-|E_r|=I(R\cos\theta_r+X\sin\theta_r)$

② 전압강하율 $\varepsilon=\dfrac{|E_s|-|E_r|}{|E_r|}\times 100[\%]=\dfrac{I}{E_r}(R\cos\theta_r+X\sin\theta_r)\times 100[\%]$

나. 3상 3선식에서의 전압강하 및 전압강하율

1) 전압강하 $e=|V_s|-|V_r|=\sqrt{3}\,I(R\cos\theta_r+X\sin\theta_r)$

2) 전압강하율 $\varepsilon=\dfrac{V_S-V_r}{V_r}\times 100[\%]=\dfrac{\sqrt{3}\,I(R\cos\theta_r+X\sin\theta_r)}{V_r}\times 100[\%]$

양변에 V_r을 곱하면

$$\therefore\ \varepsilon=\frac{\sqrt{3}\,IV_r(R\cos\theta_r+X\sin\theta_r)}{V_r^2}\times 100[\%]=\frac{PR+QX}{V_r^2}\times 100[\%]$$

여기서, $P=\sqrt{3}\,IV_r\cos\theta_r$: 부하전력[W], $Q=\sqrt{3}\,IV_r\sin\theta_r$: 무효전력[Var]

다. 근사식을 사용해서 부하가 평형되었을 경우 계산

1) 전압강하

$$e=K_w\cdot(R\cos\theta_r+X\sin\theta_r)I\cdot L[\mathrm{V}]$$

여기서, K_w : 선기방식에 따른 계수

R : 전선 1m당 저항[Ω/m]

X : 전선 1m당 리액턴스[Ω/m]

θ_r : 역률각, I : 전류[A], L : 길이[m]

[표 1] K_w의 값

전기방식	K_w
단상 또는 직류 2선식	2
단상 3선, 3상 4선식	1
3상 3선식	$\sqrt{3}$

2) 케이블 사이즈를 선정할 때

$(R\cos\theta_r+X\sin\theta_r)\le\dfrac{e}{K_w\cdot I\cdot L}$ 로 하고 전압강하를 2%로 억제하여 케이블을 선정하면 된다.

라. 수용가 설비의 인입구로부터 기기까지 전압강하(☞ 참고 : KEC 232.3.9)

[표 2] 수용가 설비의 전압강하

설비의 유형	조명[%]	기타[%]
A－저압으로 수전하는 경우	3 이하	5 이하
B－고압으로 수전하는 경우	6 이하	8 이하

• 가능한 한 최종회로 내의 전압강하가 A 유형의 값을 넘지 않도록 하는 것이 바람직하다.
• 사용자의 배선설비가 100m를 넘는 부분의 전압강하는 미터당 0.005% 증가할 수 있으나 이러한 증가분은 0.5%를 넘지 않아야 한다.

4. 전압강하의 영향 및 대책(☞ 참고 : 전압변동)

3.3 초고층 건물의 간선계획

일반적으로 지상높이 100m, 30층 이상의 고층 건물을 초고층 건물의 범주에 넣을 수 있었다. 그러나 최근 국제 초고층학회, 「초고층 및 지하연계 복합건축물의 재난관리에 관한 법률」에서는 초고층 건축물을 층수가 50층 이상 또는 높이가 200m 이상인 건축물로 정의하고 있다.

■ 정기간행물, 신전기설비기술계산 핸드북, 제조사 기술자료, 한국전기설비규정(KEC)

1. 초고층 건물의 일반적 특징

가. 건물 바닥면적이 대규모이고 부하밀도가 높아 수 · 변전설비 용량이 크다.
나. 전기부하는 종 방향으로 분포되어 수직간선의 길이가 길어진다.
다. 초고층 건물의 간선용량은 대형화되어 간선계통 수를 적게 할 필요가 있다.
라. 건물의 유효사용면적 확보에 대한 제약으로 EPS 면적 확보가 어려워 적어진다.
마. 부하용량이 커서 변전실의 분산배치가 경제적인 경우가 많이 있다.
바. 건물높이가 높아(100m 이상) 수직간선 부설에 여러 문제점이 발생한다.

2. 수직간선 선정 시 고려사항

가. 간선의 단락강도

대용량 전원변압기의 단락사고의 경우 대전류 발생에 따른 열적, 기계적 강도 등을 고려하여 선정하여야 한다.

나. 간선의 재료하중(케이블 자중)

도체 지지점 자중, 열응력에 의한 반복하중, 단락 시 전자력에 의한 하중의 전체 합을 고려하여야 한다.

다. 건물의 최대변위와 층간 변위(진동)

1) 지진, 풍압 등의 외부응력으로 변위가 발생한다.
2) 층간 변위는 'Bus−Duct 공법 > 금속관 공법 > 케이블 공법' 순으로 작아진다.

라. 수직간선 포설 시에 가해지는 힘의 종류

1) 단위면적당 허용장력
2) 파단강도(인장력)
3) 도체의 최대허용장력
4) 항복점

3. 장소별 간선계획 시 고려사항

가. 변전실(변압기) 설치장소

1) 경제적 이유로 대용량 부하를 건물 전체에 분산 설치한다.
   ① 건물이 30층 이하인 경우 지하층에 설치한다.
   ② 건물이 30층을 초과하는 경우 지하층, 중간층, 최상층 등에 분산 설치한다.
2) 건물의 유효바닥면적을 늘리기 위해 변전실을 지하층에 설치하는 경우가 많다.

나. 대용량 간선(고압 간선)

1) **간선용량이 크거나 대용량 모터가 있는 경우**

   간선의 전류용량을 줄이기 위하여 고압 간선을 사용한다.

2) **대용량 저압 간선의 요구조건**

   ① 분기장소의 공사가 용이할 것
   ② 내진성이 있고 분기고정이 간단할 것
   ③ 전류용량이 크며 전압강하를 줄일 수 있을 것
   ④ 가용성이 크고 운반이 쉬울 것
   ⑤ 절연이 간단하고 확실할 것
   ⑥ 가격이 저렴하고 경제적일 것

다. 수직간선과 분전반

케이블 인입길이를 결정할 때 도체허용장력과 인입장력, 굴곡부에서 측압, 케이블 운반 등 인입장력을 고려한다.

1) 수직간선용 전기 Shaft를 설치하고 분전반을 수용한다.
   ① 전등간선 : 분전반 면당 공급범위 600m^2 이하로 공급한다.
   ② 동력간선 : 공기조화방식의 경우 지하층, 중간층, 최상층으로 공급한다.

2) 대용량 수직간선 도체
   ① 케이블 : 고압과 저압 간선의 경우 대용량 분산 동력에 케이블을 많이 사용하고, Cable의 중량을 줄이기 위해서는 알루미늄 케이블을 주로 사용한다.
      ㉠ 초고층 건물은 높이가 200m를 초과하고 부하용량이 수천 kVA인 경우 중량, 전류밀도, 가격을 고려하여 알루미늄 도체를 사용한다.
      ㉡ 알루미늄 도체의 특성은 동에 비해 도전율은 62%, 비중은 30%, 항장력은 45%로서 중량이 가벼워 하중 및 시공성에 문제가 되는 초고층 건물에 적합하다.
   ② Bus-Duct : 대용량의 조명 · 전열간선에 사용하며 종류로는 Feeder Bus Duct, 익스팬션 · 탭붙이 · 트랜스포지션 Bus-Duct, 트롤리 Bus-Duct가 사용된다.

3) 초고층 간선부설장치의 종류

Stopper(클리트, 와이어 클립), Expansion Joint 등

라. 간선계통 고장에 대한 대책

대용량 간선계통의 고장사고는 그 부분의 제거 · 복구작업에 상당한 시간을 요하게 되므로 사고 시 건물에 중대한 지장을 초래하는 경우에 대비하여 간선방식의 신뢰성을 고려하여 결정한다.

1) Loop 방식

평상시 By-pass S/W는 off 상태이고 이상 시는 on 상태를 유지한다. 간선차단기는 2배 용량으로 해야 하는 일반적인 배선방법이다.

2) Back up 방식

중요부하만 양쪽 간선에서 접속하여 이상 시에는 By-pass하고 나머지 부하는 정비하는 방식으로 가장 경제적인 방식이다.

3) 본선예비선 방식

각 부하마다 양쪽 간선에서 접속하는 방식으로 신뢰도가 가장 높으나 시설비가 비싸진다. 간선 수용 샤프트는 별도로 계획하여야 한다.

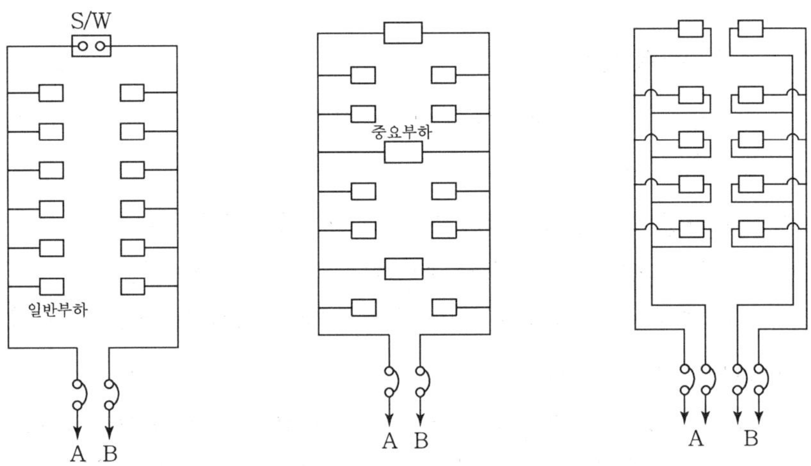

(a) Loop 방식 (b) Back up 방식 (c) 본선예비선 방식

[그림 1] 간선회로의 고장대책

4. 간선의 부설방법

초고층 건물은 부하밀도가 높고 부하가 수직으로 배치되어 있어 전기샤프트의 면적 확보가 제한되어 간선 부설의 경우 장래 증설 대처가 용이한 대용량 케이블, Bus－Duct를 사용하여 간선 수를 적게 하고 있다.

가. 케이블의 부설

1) 케이블의 부설에는 케이블 트레이가 주로 사용되며 금속관, 금속덕트에 비해 비용이나 장래 증설 면에서 장점이 많다.
2) 케이블 트레이는 강제(아연도금) 또는 알루미늄 합금제가 사용되고 지지 간격은 수평의 경우 2m(Fe), 1.5m(Al)이고, 수직의 경우 3m 이하마다 견고하게 지지한다.
3) 케이블은 케이블 트레이 최대허용점유면적 이하로 포설하고 케이블 트레이 가로대에 견고하게 지지한다.
4) 케이블 등이 슬래브 바닥 · 벽, 천장 등 방화구획을 관통하는 경우 방화조치를 한다.
5) 수직 부설높이가 높으면 케이블의 자중이 커지므로 고정 금속구, 클리트를 사용하여 여러 점에서 벽면에 지지한다.
6) 초고층의 경우 중량이 가벼운 알루미늄 케이블이 적용되고 있다. 이 경우 지지는 최상층에 I빔을 설치하고 행거 고정장치를 통해 케이블을 매다는 방식을 사용하고 있다.

나. Bus－Duct의 부설

1) Bus－Duct의 종류
   ① 중간에 분기가 없는 곳에는 피더 버스덕트, 분기하는 곳은 플러그인 버스덕트, 전압강하를 고려하는 경우 저임피던스 버스덕트를 사용한다.
   ② 중량을 고려하여 도체는 알루미늄, 하우징은 철을 사용한다.

2) 부설방법
   ① Bus－Duct의 수평지지는 3m 이내마다 견고하게 지지하고, 지지방법은 I형과 C형 행거를 조합 설치하여 진동을 방지한다.
   ② Bus－Duct의 수직지지는 각 층의 바닥 관통부에 스프링지지대를 설치해서 중량과 진동을 방지한다.
   ③ 수직 Bus－Duct와 분전반의 접속은 플러그인 스위치(400A 이하)로 접속한다.
   ④ 수직 Bus－Duct에서 수평으로 분기하는 경우는 관성 억제를 위해 I형 스프링행거를 사용한다.
   ⑤ Bus－Duct 끝부분은 막고 바닥 · 벽 관통부에는 접속점이 없어야 한다.

5. 수직간선 부설의 문제점

가. 간선의 단락강도

1) 단락보호

초고층 건물은 변압기가 대용량이므로 단락전류가 매우 크다.

① 각 층 분기점에 지락사고 검출을 위한 차단기를 설치한다.

② 수직간선에서 분기점 2차 측의 단락전류를 보호할 수 있는 퓨즈를 설치한다.

2) 단락강도

단락전류에 의해 도체에 발생하는 줄 열에 의한 간선의 열적 강도와 도체 상호 간의 단락전자력을 고려한다.

① 열적 강도 : CV의 경우 $I = 134\dfrac{A}{\sqrt{t}}$ [A]

② 단락전자력 : $F = k \times 2.04 \times 10^{-8} \times \dfrac{I_m^2}{D}$ [kg/m]

여기서, k : 케이블 배열에 따른 계수(0.866), I_m : 전류파고치, D : 케이블 중심간격

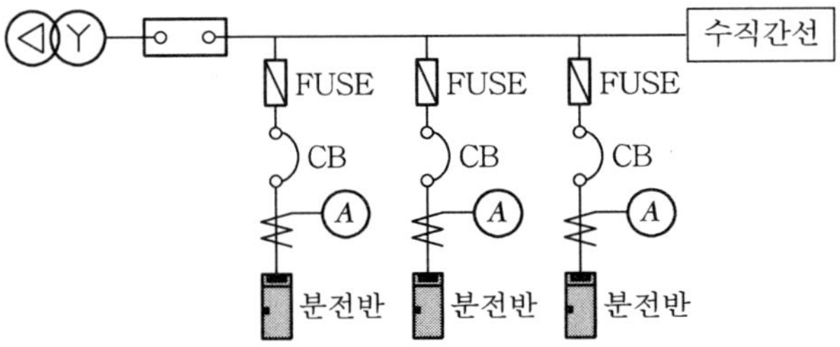

[그림 2] 초고층 건물의 단락보호 계통도

나. 케이블 자중

1) 간선도체 고정용 클리트의 지지점에는 케이블의 하중, 전류에 의한 줄 팽창력, 단락 시 전자력 등으로 지지점에서 도체의 절연피복을 손상시킬 우려가 있다.

2) 초고층 건물에 수직간선으로 케이블을 사용하는 경우 수직하중이 집중되어 최상층에 I빔을 설치하고 행거 고정장치를 통해 케이블을 매다는 방식을 사용하고 있다.

다. 진동의 발생

1) 원인 : 초고층 건물은 지진, 풍압 등으로 건물 최상층 부분의 최대변위와 층간변위에 의한 응력이 발생하여 Bus-Duct의 경우 진동이 발생한다.

2) 주기 : 중 · 고층건물의 진동주기 $T = (0.06 \sim 0.10)H$(여기서, H = 건물 층수)

3) 대책 : 수직 덕트는 스프링 지지대를 설치하고, 수평 덕트는 C형 행거를 설치한다.

CHAPTER

02 고조파

SECTION 01 고조파 전류

1.1 고조파 전류의 원인, 영향 및 대책

- 고조파(高調波, Harmonics)란 기본파에 대하여 그 정수배의 주파수 성분을 갖는 파형을 말하며, 고조파 전류는 전원 측에 유출되어 각종 기기의 과열, 오동작 등 장해를 일으킨다.
- 고조파 전류 발생원은 대부분 전력전자소자(Power Electronics : Diode, SCR 등)를 사용하는 기기, 전기로 등 비선형 부하기기 및 변압기 등 철심 자기포화 특성 기기에서 발생된다.

■ 신전기설비기술계산 핸드북, 한국전기설비규정(KEC), 제조사 기술자료, 정기간행물

1. 고조파 전류의 형태

가. 고조파의 발생원리

상용주파수를 공급하는 전원계통에서 부하가 사이리스터 방형파 전류를 필요로 하는 경우 사인파와 방형파 차이에 해당하는 전류가 전원 측 정현파와 합성되어 고조파 전류의 형태를 지니게 된다.

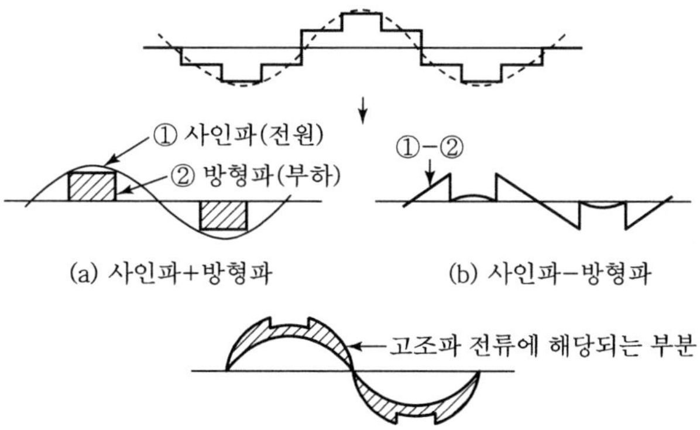

[그림 1] 고조파의 발생원리

나. 고조파의 크기

1) 펄스 변환장치의 고조파 차수는 $n = mP \pm 1$($m = 1,\ 2,\ \cdots,\ P$ = 변환기의 펄스 출력)

2) 고조파 전류 $I_n = K_n \cdot \dfrac{I_1}{n}$[A](여기서, K_n : 고조파 저감계수, I_1 : 기본파 전류)이다.

따라서 정류 펄스가 크면 고조파 차수는 높아져 고조파 전류의 크기는 감소된다.

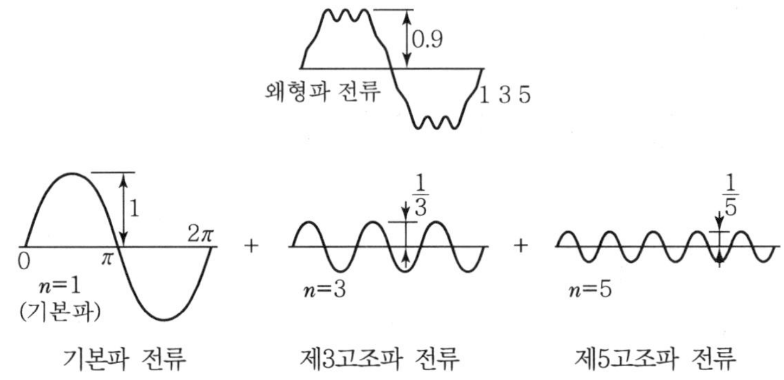

[그림 2] 고조파의 크기

다. 왜형률 및 함유율

왜형파의 질을 나타내는 수치는 통상 고조파 왜형률 및 고조파 함유율로 나타낸다. 즉, 왜형률은 기본파 성분 실효치에 대한 고조파 성분 실효치의 비율로 다음과 같이 나타낼 수 있다.

1) 고조파 왜형률(THD)

$$THD = \frac{\sqrt{\sum_{n>1}^{\infty} M_n^2}}{M_1} \times 100[\%]$$

여기서, M_n : 제n차 고조파 실효치($n \geq 2$)
M_1 : 기본파 실효치(전압 or 전류)

2) 고조파 함유율(DF ; Distortion Factor)

$$I_{DF} = \frac{I_n}{I_1} \times 100[\%] \text{ 또는 } V_{DF} = \frac{V_n}{V_1} \times 100[\%]$$

즉, 어떤 차수의 기본파 성분 실효치에 대한 고조파 성분 실효치의 비율로 표시한다.

2. 고조파의 발생원인

고조파 전류는 대부분 전력전자소자(Power Electronics : Diode, SCR 등)를 사용하는 기기에서 발생된다. 그 종류는 다음과 같다.

가. 사이리스터를 사용한 전력변환장치(인버터, 컨버터, UPS, VVVF 등)에 의한 고조파

나. 아크로, 전기로, 용접기 등 비선형부하의 기기에 의한 고조파
다. 변압기, 회전기 등 철심의 자기포화특성 기기에 의한 고조파
라. 형광등, 전자기기 등 콘덴서의 병렬공진에 의한 고조파
마. 이상전압 등의 과도현상에 의한 고조파

위의 "가, 나" 고조파 발생원은 지속적이고 고조파 전류성분이 커서 문제가 되기 때문에 대책이 필요하다.

3. 고조파의 영향

가. 기기에의 악영향

회전기 및 콘덴서의 과열과 전력계통의 공진현상에 의하여 고조파 전류의 증폭현상이 일어나고, 최종적으로 과도전류가 전자기기의 오동작, 측정오차 등으로 기기에 영향을 준다.

1) 변압기의 손실 증가로 출력 감소, 권선의 과열 및 이상소음 발생(변압기의 절연열화 · 과열)
2) 콘덴서의 전류실효치 증가로 과열, 단자전압 상승, 손실 증가(전력용 콘덴서의 과열 · 고장)
3) 중성선의 영상분 고조파에 따른 과열, 전위 상승, 역률 저하(전력케이블의 절연열화 · 과열)
4) 발전기의 온도 상승으로 손실이 증가하고 출력 감소(발전기의 국부과열)
5) 기타 기기의 영향 : 측정오차, 오동작, 소음 · 진동, 역률 저하 등
   ① 계측기, 계전기 등의 측정오차 발생 : CT/VT에서 전류/전압의 유효자속 기본파에 고조파 성분이 중첩되어 비선형 특성을 가지게 되며 측정오차가 발생한다.
   ② 차단기 등 오동작 : MCCB의 과열 · 오동작, 누전차단기 오동작[대지정전용량 증가(X_C/n)로 누설전류 증가], PF의 용단 등이 발생한다.
   ③ 전기기기에 고조파가 흐르면 여자전압 파형의 왜곡으로 소음 · 진동이 증가한다.
   ④ 고조파 전압, 전류에 의한 왜곡전력이 무효분으로 작용하여 역률이 저하된다.

나. 통신선에 대한 유도장애

고조파 전류에 의해 통신선에 정전유도와 전자유도를 일으키며, 정전유도는 이격시키면 고조파가 감소되나 전자유도는 전선관 배선, 트위스트 케이블 사용 등 고조파 대책을 세워야 한다.

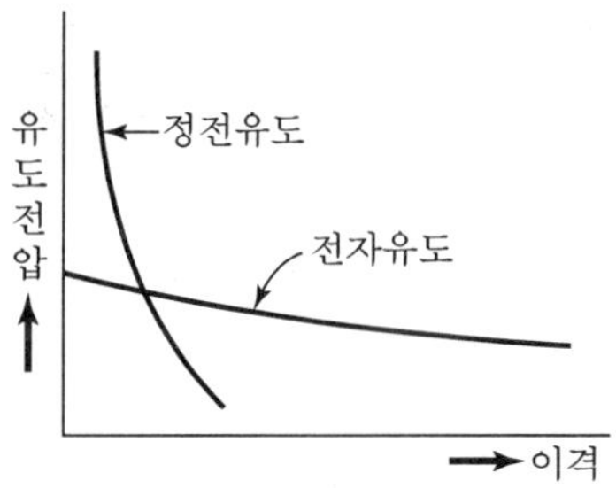

[그림 3] 정전유도와 전자유도

다. 고조파 공진현상

고조파 발생부하를 함유한 전력계통에서 전력케이블, 역률개선용 콘덴서의 영향으로 공진현상이 일어나면 계통의 전압왜곡은 매우 확대된다. 이때, 가공선 및 케이블 등의 용량성 리액턴스와 변압기의 누설임피던스 및 회전기의 임피던스 등의 유도성 리액턴스가 병렬공진 현상을 일으키면 공진주파수 고조파성분의 전압왜곡

이 대폭 확대되어 기기에 과열, 소손이 발생하고, 직렬공진이 발생하면 고조파를 흡수하는 필터 역할을 한다.

4. 고조파 억제대책

일반적인 고조파 억제대책에는 고조파 발생원을 억제하는 정류회로의 다상화, 리액터의 설치, 필터의 설치, 역률개선 콘덴서의 설치방법과 고조파 기기를 분류하는 계통분리, 전원단락용량 증대방법이 있으며, 끝으로 기기의 고조파 내량 강화 등을 고려한다.

가. 정류기의 다펄스화

1) 발생 고조파 차수는 $n = mP \pm 1(m = 1, 2, 3, \cdots)$이므로 정류펄스가 크면 고조파 차수가 높아져 동시에 고조파 전류의 크기도 감소된다.

2) 발생 고조파 전류의 크기 $I_n = K_n \cdot \dfrac{I_1}{n}$에서 고조파 차수 n이 높으면 고조파 전류 I_n이 작아진다.(단 K_n은 고조파저감계수)

나. 리액터[3](ACL, DCL) 설치

1) 인버터 전원 측의 ACL(Alternating Current Reacter)은 전원의 Total 임피던스를 크게 함으로써 전원전류 내에 포함되어 있는 저차고조파를 저감한다.
2) DC 측의 DCL(Direct Current Reacter)은 고조파 발생부하장치의 직류회로에 삽입하여 직류파형의 리플을 작게 하고 리액터의 한류작용으로 고조파를 개선하게 된다.
3) ACL의 경우 고조파 발생량을 약 50% 저감하고, DCL의 경우 고조파 발생량을 약 55% 이상 저감한다.

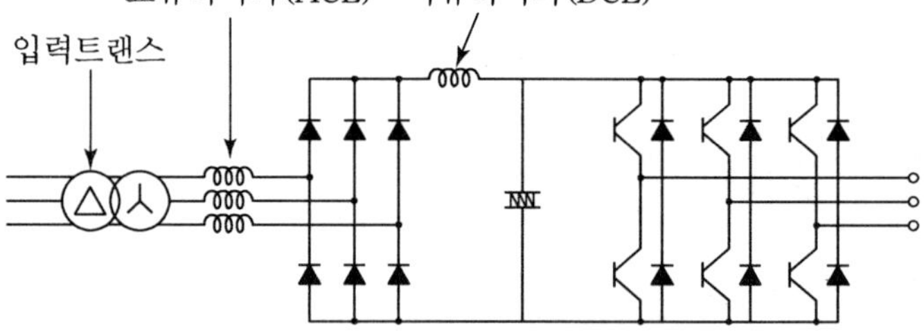

[그림 4] 리액터 설치

3) 리액터란 일반적으로 철심에 코일을 감은 것으로 인덕턴스 특성을 가지며 종류는 다음과 같다.
① 한류리액터(Current Limiting Reactor)는 단락고장에 대비해서 고장전류를 제한하려는 목적으로 사용하며, 직렬로 설치하여 단락전류를 제한하여 차단기의 차단용량 감소효과가 있다.
② 분로리액터(Shunt Reactor)는 송전계통에서 지상전류를 공급하는 목적으로 사용하며, 병렬로 설치하여 경부하 시 페란티 현상을 방지하고 자기여자를 방해하는 효과가 있다.
③ 소호리액터는 송전선의 지락 사고 시에 접지아크를 소멸시키기 위한 목적으로 사용한다.
④ 기동용 리액터는 유도전동기 기동 시 대전류(기동돌입전류)가 흐르는 것을 방지할 목적으로 사용한다.

다. Filter[4] 설치

1) 수동 필터(Passive Filter)

필터의 기본회로는 L과 C의 공진현상을 이용하여 특정 차수에 대하여 저 임피던스 분로를 만들어 고조파를 흡수하는 것이다.

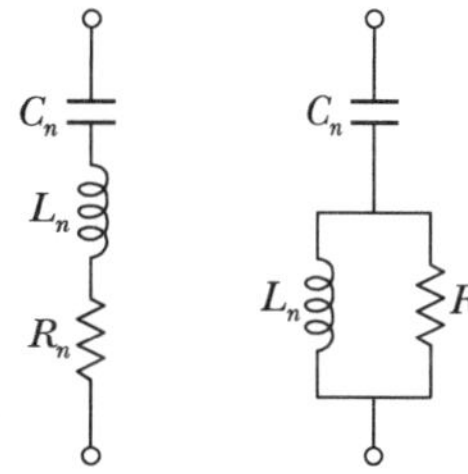

(a) 동조 필터 (b) 고차수 필터

[그림 5] 수동 필터

① 동조 필터(Band-Pass Filter) : CLR의 직렬공진회로로 구성되고 단일 고조파에서 공진하여 저임피던스가 된다.

㉠ 필터의 임피던스(Z_n)

$$Z_n = R_n + j\left(\omega L_n - \frac{1}{\omega C_n}\right)[\Omega]$$

공진주파수(ω_n)에서 $\omega_n^2 \cdot L_n \cdot C_n = 1$(여기서, $\omega_n = 2\pi f_n$: 고조파 주파수)

㉡ 공진첨예도(Q_n)

$Q_n = \dfrac{\omega_n L_n}{R_n}$ 공진주파수에서는 필터 임피던스 $Z_n = R_n$이고, 필터 효과는 R_n이 작을수록, 즉 Q_n이 클수록 주파수 선택이 좋아진다.

② 고차수 필터(High-Pass Filter) : 변환장치에서 발생한 고조파는 무한히 존재하므로 동소 필터 이외의 고조파는 고차수 필터를 사용된다.

㉠ 고차수 필터의 임피던스는 $Z_n = \dfrac{1}{j\omega C_n} + \dfrac{1}{\dfrac{1}{R_n} + \dfrac{1}{j\omega L_n}}$, 이때 공진이 발생하면 임피던스가 0이 되기 때문에 순 저항을 넣어 회로전류를 제한하고 있다.

㉡ 공진첨예도 Q_n을 정의하면 $Q_n = \dfrac{R_n}{\omega_n L_n}$(여기서, ω_n : 컷오프 주파수), 고차수 필터에서는 R_n과 L_n이 병렬 연결되어 있어 R_n을 크게 하면 Q_n이 커지고 필터효과가 좋아진다.

---

4) 필터의 기능상 분류
① 저역통과 필터(Low-Pass Filter ; LPF) : 낮은 주파수는 잘 통과시키나 높은 주파수를 잘 통과시키지 않는 회로
② 고역통과 필터(High-Pass Filter ; HPF) : 높은 주파수는 잘 통과시키나 낮은 주파수를 잘 통과시키지 않는 회로
③ 대역통과 필터(Band-Pass Filter ; BPF) : 어느 범위의 주파수는 잘 통과시키나 이보다 낮거나 높은 주파수를 잘 통과시키지 않는 회로
④ 대역제거 필터(Band-Reject Filter ; BRF) : 어느 범위의 주파수는 잘 통과시키지 않으나 이보다 낮거나 높은 주파수를 잘 통과시키는 회로

③ 특징

㉠ LC 필터는 특정 차수의 고조파에 대하여 억제효과가 있으므로 여러 개의 분로를 조합(5, 7, 11차의 필터 조합이 표준)해서 구성하고 있다.

㉡ LC 필터는 기본파에서 무효전력 공급원, 즉 진상 콘덴서의 기능을 한다.

㉢ 계통의 다른 고조파 원으로부터 고조파가 유입되어 필터가 과부하될 가능성이 있다.

㉣ 일반 진상콘덴서 설비는 LC 필터와 동일 구성이지만 직렬리액터(6%)를 접속한 경우는 제4차 고조파에서 공진한다.

㉤ LC 필터와 진상콘덴서 설비의 상이점은 공진점과 고조파 과부하내량에 있다.

2) 능동 필터(Active Filter)

① 동작원리

㉠ LC 필터는 공진특성을 이용하지만 Active Filter는 인버터 응용기술에 의하여 발생 고조파와 반대 위상의 고조파를 발생시켜 고조파를 상쇄하는 이상적인 Filter이다.

㉡ Active Filter는 고조파 발생부하와 병렬로 접속하여 CT에서 부하전류 I_L에 포함된 고조파 전류성분 I_H를 끄집어낸다.

㉢ 고조파 전류 I_H와 역위상의 전류 I_e를 Active Filter에 흐르게 하여 전원전류에 포함된 고조파 전류성분을 상쇄하므로 전원전류 I_c는 정현파가 된다.

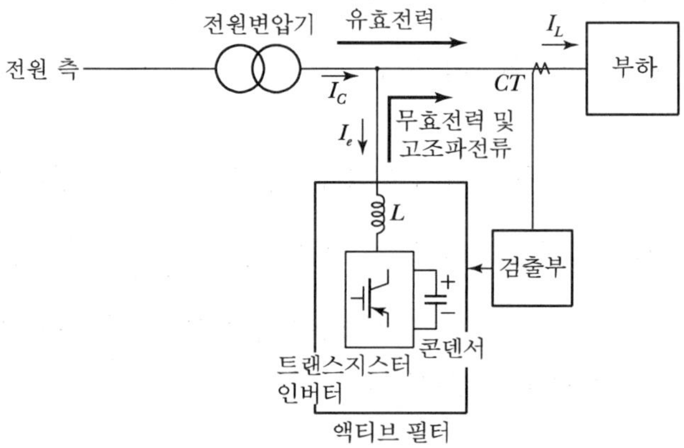

[그림 6] 액티브 필터의 접속도

② 특징

㉠ 복수 차수의 고조파를 동시에 억제할 수 있다.

㉡ 고조파 억제효과가 크며 25차 이하에는 1대로 대응이 가능하다.

㉢ 인버터부에서 정현파를 출력시키면 무효전력도 공급할 수 있기 때문에 무효전력 제어(역률제어)도 가능하다.

㉣ 장치용량의 10%까지 손실이 발생하는 것이 결점이다.

3) 수동 필터와 능동 필터의 비교

구분	수동 필터	능동 필터
고조파 억제효과	• 분로를 설치한 차수만 억제 가능 • 저차 고조파를 확대하는 일이 있다. • 전원 임피던스의 영향을 크게 받는다.	• 임의의 고조파를 동시에 억제 가능 • 저차 고조파의 확대는 없다. • 전원 임피던스의 영향에 의한 효과의 변화가 적다.
과부하	부하의 증가나 계통전원전압 왜곡이 커지면 과부하가 된다.	과부하가 되지 않는다.
역률개선	고정적으로 있다.	가변제어기능이 있다.
증설	필터 간의 협조가 필요하다.	증설이 용이하다.
손실	장치용량에 대하여 1～2%	장치용량에 대하여 5～10%
가격	100%	300～600%

라. 역률개선 콘덴서 설치

역률개선 콘덴서는 발생고조파 전류를 분류시켜 유출전류를 억제한다. 그리고 리액터와 콘덴서가 직렬로 접속되어 있기 때문에 수동 필터의 특성을 가진다.

마. 계통분리(공급 배전선의 전용화)

고조파 부하를 일반부하와 계통 분리하여 고조파 부하의 공급배선을 전용화한다.

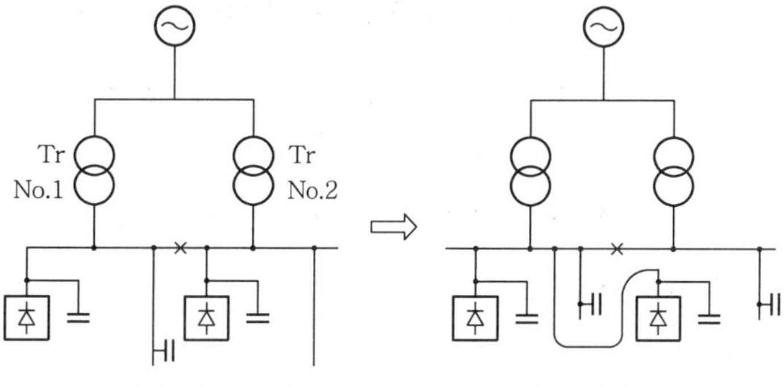

(a) 공진이 안 된 경우　　(b) 공진된 경우

[그림 7] 계통의 분리

바. 전원단락용량의 증대

1) 고조파 전류는 선로의 용량성 및 유도성 임피던스로 인하여 공진현상이 발생되면 고조파 전류는 증폭되어 전기기기(변압기 · 발전기 · 진상용 콘덴서 · 전동기 · 각종 조명설비 등)에 과대한 전류가 흘러 기기의 과열, 소손이 발생할 우려가 있다.
2) 부하의 고조파 발생량 I_n은 고조파 전압 V_n과 같이 비례하고($V_n = n \cdot X_L \cdot I_n$), 전원의 단락용량을 크게 하면 반비례하여 작아진다.

3) 배전계통에서 공진현상

① 등가회로 선로의 공진주파수 $f_r = \dfrac{1}{2\pi\sqrt{L_N C}}$, 단락용량 $P_S = \dfrac{V^2}{2\pi f L_N}$

여기서, $X_N(=2\pi f L_N)$: 단락 리액턴스

V : 배전전압

f : 상용주파수

② 선로에 접속된 진상콘덴서용량 $Q_c = 2\pi f C V^2$이므로

$\dfrac{P_S}{Q_C} = \dfrac{1}{2\pi f L_N \cdot 2\pi f C}$에서 $f = \dfrac{1}{2\pi\sqrt{L_N C}} \cdot \sqrt{\dfrac{Q_C}{P_S}}$

공진주파수 $f_r = f\sqrt{\dfrac{P_S}{Q_C}} = f\sqrt{\dfrac{\text{전원단락용량}}{\text{콘덴서용량}}}$

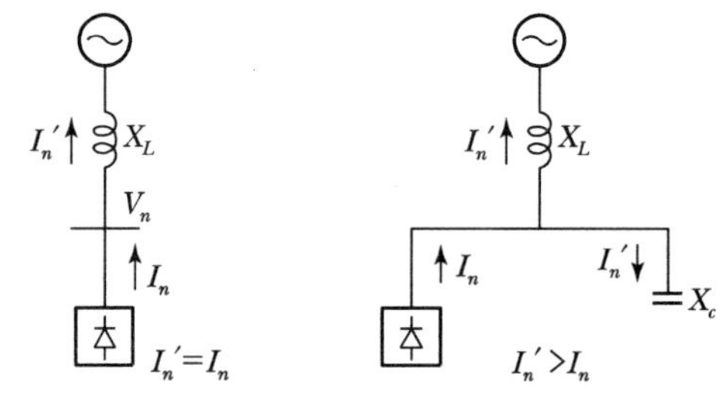

(a) 공진이 안 된 경우 (b) 공진된 경우

[그림 8] 공진차수와 단락용량과의 관계

4) 따라서 전원의 단락용량을 크게 하면(X_L이 작아짐) 공진주파수(차수)가 상승하여 부하의 고조파 발생량은 역으로 비례하여 작아지고 반대로 콘덴서 용량이 증가하면 공진주파수(차수)가 저하하여 저차에서 고조파 발생량이 증가한다. $\left(I_n \propto \dfrac{1}{n}\right)$

사. 기기의 고조파 내량 강화

1) 변압기 용량

계통에서 고조파 부하가 많을 경우 고조파 전류 중첩, 표피효과에 의한 저항 증가에 따라 I^2R이 크게 증가하므로 용량을 크게 하거나(2~2.5배), 발주 시 "K-Factor"를 고려한다.

2) 발전기 용량

발전기에 고조파 전류가 흐르면 댐퍼권선 등의 손실증가로 출력이 감소하므로 등가역상전류에 대한 내량을 고려하여 용량을 산정한다.

3) 콘덴서, 직렬리액터

콘덴서는 허용최대사용전류(합성전류의 실횻값)가 정격 전류의 135%가 되도록 하고 리액터도 콘덴서와 동일하게 한다.

1.2 고조파 관리기준

■ 전기공급약관, KS 규정, IEEE Std, 신전기설비기술계산 핸드북, 제조사 기술자료, 정기간행물

1. 고조파 해석

가. Fourier 급수

1) 비정현파(왜형파) $f(t)$를 t값의 변역에 두고 직류분(a_0), 기본파와 고조파 등 여러 개의 정현파 합으로 분리 해석하는 방법

2) $f(t) = a_0 + \sum_{n=1}^{\infty} a_n \cos n\omega t + \sum_{n=1}^{\infty} b_n \sin n\omega t$

나. 고조파 함유율

1) 어떤 함수의 고조파 성분과 기본파 성분의 실효치 비

2) 고조파 함유율 : $I = \frac{I_n}{I_1} \times 100[\%]$ 또는 $V = \frac{V_n}{V_1} \times 100[\%]$

2. 고조파 관리기준

가. 종합고조파 왜형률(THD ; Total Harmonics Distortion)

왜형률이란 고조파 전압 실효치와 기본파 전압 실효치의 비로 표시하며 부하의 기본파에 대한 고조파 비율을 나타내는 데 사용한다.(전류의 경우에도 동일하다.)

1) $V_{THD} = \frac{\sqrt{V_2^2 + V_3^2 + \cdots + V_n^2}}{V_1} \times 100[\%]$, $I_{THD} = \frac{\sqrt{I_2^2 + I_3^2 + \cdots + I_n^2}}{I_1} \times 100[\%]$

여기서, V_2, V_3, $\cdots$, V_n (I_n) : 차수별 고조파 전압(전류)
V_1(I_1) : 기본파 전압(전류)

2) THD와 TDD의 차이점

① THD는 특정 부하나 단일장치에 포인트를 맞추는 반면, TDD는 시스템의 고조파 영향을 보다 광범위하게 평가할 수 있다.

② THD는 부하의 고조파 발생 자체 분석을 위한 반면, TDD는 전력 시스템 내 고조파가 피크 부하에 미치는 영향을 분석하는 데 적합하다.

나. 전압고조파 기준

1) 한전 전기공급약관

① 22.9kV 이하 : 종합 고조파 왜형률(THD) → 배전계통에서 5% 이하

3의 배수가 아닌 기수 고조파		3의 배수인 기수 고조파		우수 고조파	
차수[h]	고조파전압[%]	차수[h]	고조파전압[%]	차수[h]	고조파전압[%]
5	3.8	3	3.1	2	1.3
7	3.1	9	0.9	4	0.6
11	2.2	21	0.2	6	0.3

② 66kV 이상

3의 배수가 아닌 기수 고조파		3의 배수인 기수 고조파		우수 고조파	
차수[h]	고조파전압[%]	차수[h]	고조파전압[%]	차수[h]	고조파전압[%]
5	1.8	3	1.5	2	0.6
7	1.5	9	0.5	4	0.3
11	1.1	15	0.1	6	0.2

2) 국외 규정

[표 1] IEEE Std. 519

Bus Voltage at PCC	Individual Voltage Distortion(%)	Total Voltage Distortion THD(%)
$V \leq 1.0$kV	5.0	8.0
1kV $< V \leq$ 69kV	3.0	5.0
69kV $< V \leq$ 161kV	1.5	2.5
161kV $< V$	1.0	1.5

PCC ; Point of Common Coupling(수전단)

다. 전류고조파 기준

1) 국외관리기준

[표 2] IEEE Std. 519 (120V~69,000V, 단위 : %)

$SCR = I_{SC}/I_L$	Individual Harmonic Order(Odd Harmonics)					
	<11	$11<h<17$	$17<h<23$	$23<h<35$	$35<h<50$	TDD
<20	4.0	2.0	1.5	0.6	0.3	5.0
20~50	7.0	3.5	2.5	1.0	0.5	8.0
50~100	10.0	4.5	4.0	1.5	0.7	12.0
100~1,000	12.0	5.5	5.0	2.0	1.0	15.0
>1,000	15.0	7.0	6.0	2.5	1.4	20.0

※ 짝수 고조파의 관리기준은 상기 홀수 고조파의 25% 이내

※ SCR(단락비) : 단락전류 일정 시 부하전류가 증가하면 단락비는 작아지고, 규제값은 엄격해진다.

※ I_{SC} : 단락전류, I_L : 최대부하전류, h : 고조파 차수(n)

2) 종합 수요 왜형률(TDD ; Total Demand Distortion)

TDD는 고조파 전류와 최대수요전류(I_L)의 비를 말하는 것으로 최대 전류 수요 대비 고조파 비율을 측정하여 고조파 영향을 평가하는데, 다음 식으로 표시된다.

① $I_{TDD} = \dfrac{\sqrt{\sum_{n=2}^{\infty} I_n^2}}{I_L} \times 100[\%] = \dfrac{\sqrt{I_2^2 + I_3^2 + I_4^2 + \cdots + I_\infty^2}}{I_L} \times 100[\%]$

여기서, I_L : 최대부하전류(15~30분)

② 전력을 공급하는 한전의 입장에서는 한 수용가의 THD가 중요한 것이 아니라 그 수용가가 총 수요전력에 비해 고조파를 얼마나 많이 발생하는지가 더 중요하다.

라. 등가방해전류(EDC ; Equivalent Disturbing Current)

전력계통에서 발생한 고조파 전류는 인접해 있는 통신선에 영향을 주며, 통신선에 영향을 주는 고조파 전류의 한계를 등가방해전류(EDC)로서 규제하고 있다.

$$EDC = \sqrt{\sum_{n=1}^{\infty}\left(S_n^2 \times I_n^2\right)}\ [\text{A}]$$

여기서, S_n : 통신유도계수, I_n : 영상고조파 전류

마. IT Product Guideline

전력고조파에 의해서 인간의 청각에 장해를 미치는 정도를 말한다.

$$\text{IT Product} = \sqrt{\sum_{n=10}^{100} (I_n \times T_n)^2}$$

여기서, I_n : 1~100차까지 차수별 전류

T_n : 전화방해 가중치 계수(Telephone Interference Weight Factor)

[표 3] IEEE Std. 519

IT Product 크기	청각 장해 정도
10,000 이하	영향이 없음
10,000~25,000	청각 장해의 가능성이 있음
25,000 이상	청각 장해 발생

3. 전류고조파의 왜형률과 역률의 상관관계

가. 기본파전류(I)의 측정

전류고조파 왜형률의 분모인 기본파 전류계산식은 $I = \dfrac{P[\mathrm{kW}]}{\sqrt{3} \times V \times \cos\theta}$[A]이다.

따라서 기본파 전류는 역률에 반비례해서 증감한다. 즉, 역률이 나쁘면 기본파 전류는 증가하고 역률이 좋으면 기본파 전류는 감소한다.

나. 고조파 발생량이 일정한 경우 왜형률

1) 기본파 전류 I가 큰 경우 전류 고조파 왜형률은 작은 값이 된다.
2) 기본파 전류 I가 작은 경우 전류 고조파 왜형률은 큰 값이 된다.

다. 역률과 고조파 전류의 왜형률

결국 고조파 발생량이 동일해도 역률에 의하여 고조파 왜형률이 변화된다.

1) 역률이 나쁠 경우 피상전류 I가 크게 되어 전류고조파 왜형률은 작다.
2) 역률이 좋을 경우 피상전류 I가 작게 되어 전류고조파 왜형률이 크게 나타난다.
3) 전류 고조파 왜형률을 평가할 경우에는 반드시 역률을 함께 고려하여야 하고 수용가 역률을 90% 이상으로 개선한 후에 평가하여야 한다.

라. 역률 평가 시 주의사항

1) 역률개선용 전력콘덴서를 설치할 경우에는 공진이 발생하지 않도록 한다.
2) 전류고조파 왜형률 산출 시에도 역률을 함께 고려하여야 한다.
3) 수용가 역률이 낮을 경우에는 먼저 역률을 개선한 후 고조파를 측정하여 전류 고조파 왜형률을 산출하고 전류 고조파 왜형률을 평가한다.

1.3 영상분 고조파가 전력기기에 미치는 영향

- 고조파(Harmonics)란 기본파에 대하여 그 정수 배의 주파수 성분을 갖는 파형을 말하며 고조파 전류는 전원 측에 유출되어 각종 기기의 과열, 오동작 등 장해를 일으킨다.
- 영상분 고조파에 의한 영향은 중성선에 과전류 발생, 제3고조파에 의한 중성선 전류 확대, 중성선의 전위 상승 등으로 변압기 및 발전기의 출력 저하, 중성선 케이블의 과열 및 소손, 병렬공진으로 콘덴서의 고조파 이상 확대, 전자기기의 오동작 현상 등을 발생시킨다.

■ 신전기설비기술계산 핸드북, 제조사 기술자료, 정기간행물, 한국전기설비규정(KEC)

1. 고조파의 종류

고조파 성분은 크게 영상, 정상, 역상 성분으로 분류할 수 있으며 각각 발생된 고조파 성분 중에서 영상 및 역상 고조파 성분의 함유량에 따라 손실 정도는 달라질 수 있다.

가. 영상분 고조파

1) 영상분 고조파 성분은 각 상에 동상의 값으로 나타나는 파형으로 단상 전원 3개가 선로에 병렬로 연결된 것과 등가이다.
2) 영상분 고조파는 고조파 차수가 $3n(n=1,\ 2,\ 3\cdots\cdots)$에 해당하는 고조파 성분을 말하며 3, 6, 9, 12…… 등이 된다.

나. 정상분 고조파

1) 정상분 고조파는 기본파와 같은 상 순위를 갖는 값으로서 A, B, C상의 상회전 방향이 시계방향을 기준으로 한다.
2) 정상분 고조파는 고조파 차수가 $3n+1(n=1,\ 2,\ 3\cdots\cdots)$에 해당하는 고조파 성분을 말하며 기본파를 포함하여 4, 7, 10, 13…… 등이 된다.

다. 역상분 고조파

1) 역상분 고조파는 A, B, C상의 상회전 방향이 반시계방향을 기준으로 한다.
2) 역상분 고조파는 고조파 차수가 $3n-1(n=1,\ 2,\ 3\cdots\cdots)$에 해당하는 고조파 성분을 말하며 2, 5, 8, 11…… 등이 된다.

2. 영상분 고조파의 발생원리

평형상태에서 R, S, T상은 120°의 위상차를 가지고 있어 그 중성선의 벡터 합은 $I_R+I_S+I_T=0$이다. 그러나 R, S, T상에 제3고조파가 흐르는 경우 제3고조파는 위상이 같기 때문에 중성선에는 스칼라의 합이 흐르게 되어 전류가 확대된다.

가. 3상 4선식 배전계통에서 선형부하를 평형상태로 운전 시 중성선에 흐르는 전류

1) $I_{R1}=I_m\sin\omega t,\ I_{S1}=I_m\sin(\omega t-120°),\ I_{T1}=I_m\sin(\omega t-240°)$
2) 전류 합은 $I_{R1}+I_{S1}+I_{T1}=I_m\sin\omega t+I_m\sin(\omega t-120°)+I_m\sin(\omega t-240°)=0$

나. 3상 4선식 배전계통에서 비선형부하의 제3고조파 유출 시 중선선에 흐르는 전류

1) $I_{R3}=I_m\sin 3\omega t$

   $I_{S3}=I_m\sin 3(\omega t-120°)=I_m\sin 3\omega t$

   $I_{T3}=I_m\sin 3(\omega t-240°)=I_m\sin 3\omega t$

2) 전류 합은 $I_{R3}+I_{S3}+I_{T3}=I_m\sin 3\omega t+I_m\sin 3\omega t+I_m\sin 3\omega t=3I_m\sin 3\omega t$

3) 상기와 같이 영상고조파는 평형부하와 무관하게 중성선에서 스칼라 합이 되어 각 상의 합인 3배의 전류가 중성선에 흐르게 된다.

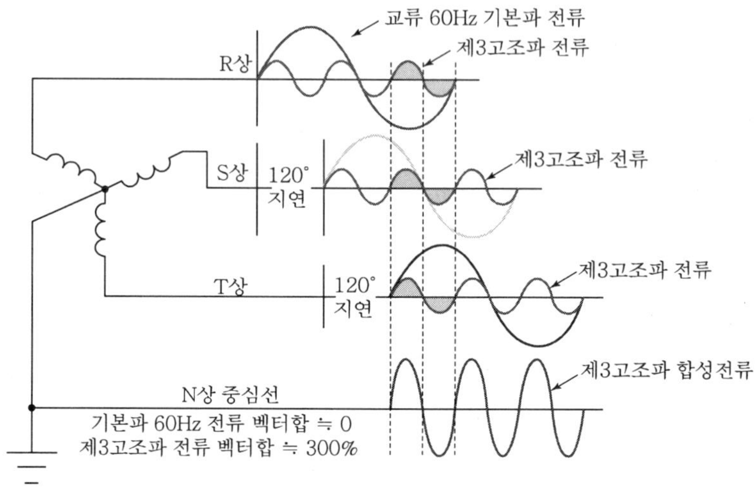

[그림 1] 제3고조파 전류 중첩의 원리

3. 고조파에 의한 영향

가. 영상분 고조파에 의한 영향

1) 중성선에 과전류 발생

① 컴퓨터 등 전력전자소자기기의 단상부하에 의한 영상고조파 발생으로 중성선에 과대한 전류가 흐른다.

② MCCB Trip, 케이블 및 변압기 과열 · 소손, 통신선에 유도장애가 발생한다.

2) 중성선에 전류확대 현상 발생

① 제3고조파 전류 중첩의 원리에 의하여 중성선에 전류확대 현상이 발생(비선형부하)한다.

② 변압기 및 발전기의 출력 저하, 표피효과에 의해 케이블의 유효단면적을 감소시켜 과열현상이 발생한다.

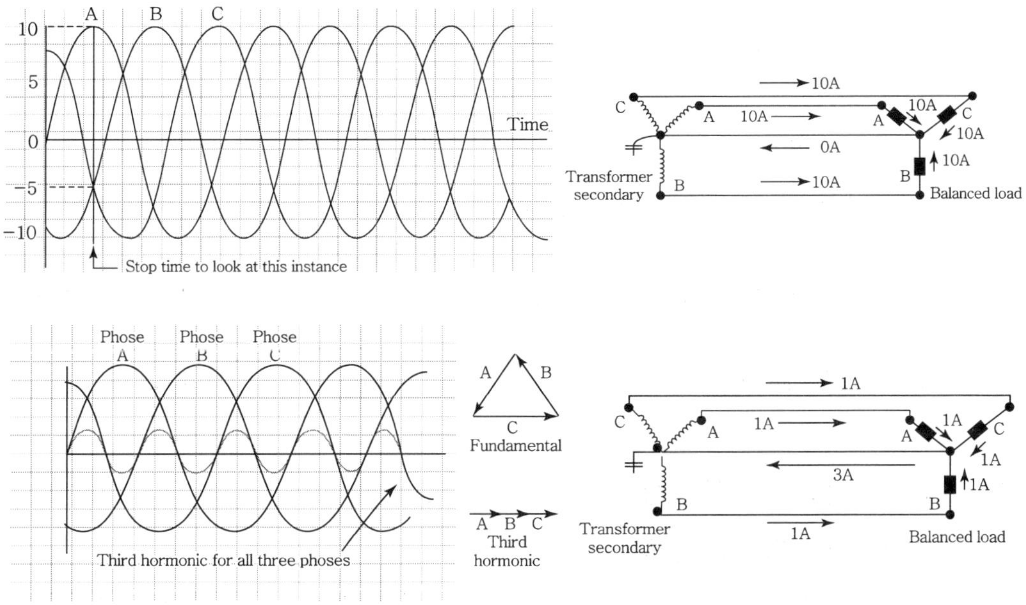

[그림 2] 중성선의 제3고조파 전류확대 현상

3) 중성점의 전위 상승

① 중성선에 제3고조파 전류가 많이 흐르면 중성선과 대지 간에 전위차가 발생한다.

② 전위 상승에 의한 정밀기기의 오동작, 전력기기의 소손 등이 발생한다.

나. 역상분 고조파에 의한 영향

역상분 고조파는 인근 전동기 설비에 침입 시 역상 토크를 발생시키며 특히 전력손실에 많은 영향을 미친다.

4. 변압기에 미치는 영향 및 대책

변압기 고조파는 사이리스터에 의한 전력변환장치에서 발생하여 기본파에 중첩되어 왜형파로 인한 소음 · 발열량이 증가하고 손실과 출력에 영향을 일으킨다.

가. 변압기의 손실 증가(동손 · 철손)

1) 동손의 증가

① 기본파 전류에 고조파 전류가 포함되면 도체의 표피효과에 의해서 동손 증가현상이 발생한다.

② 고조파에 의해 변압기의 동손 증가는 전력손실 및 온도 상승, 변압기 용량 감소 등을 초래한다.

$$\text{동손 증가율 } \varepsilon_c = \frac{\text{고조파 유입 시 동손}}{\text{기본파 여자 시 동손}} \times 100 = \frac{\omega_c}{\omega_{c1}} \times 100[\%]$$

2) 철손의 증가

① 히스테리시스 손실과 와전류 손실의 합인 철손의 경우도 고조파 전류에 의해 손실이 증가한다. 일반적으로 히스테리시스 손실 80%, 와전류 손실 20%이다.

② 고조파에 의해 변압기의 철손 증가는 절연유 및 권선의 온도 상승을 초래한다.

$$\text{철손 증가율 } \varepsilon_i = \frac{\text{고조파 유입 시 철손}}{\text{기본파 여자 시 철손}} \times 100 = \frac{\omega_i}{\omega_{i1}} \times 100[\%]$$

나. 변압기 권선의 과열 및 이상소음

1) 유입 변압기의 온도 상승

기본파에 의한 온도 상승 $\Delta\theta_1 = \Delta\theta_0 \times 0.717$은 고조파 전류를 제거하게 되면 약 28% 정도 권선 온도 상승이 감소하게 된다.

$$\text{유입 변압기의 온도 상승 : } \Delta\theta_0 = \Delta\theta_1 \times \left(\frac{I_e}{I_1}\right)^{1.6}$$

여기서, $\Delta\theta_0$: 온도 상승, $\Delta\theta_1$: 기본파 전류에 의한 권선온도 상승

2) 변압기에 이상소음 발생

고조파 전류로 인한 전자기자력에 의해서 변압기가 이상진동을 일으켜 이상음을 발생시킨다.

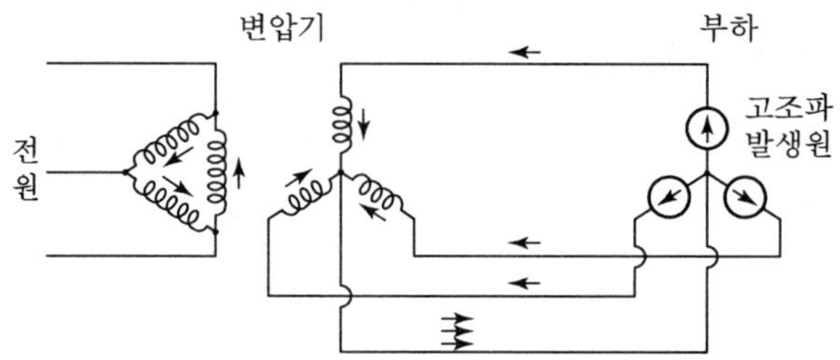

[그림 3] 영상고조파에 의한 변압기 과열

다. 변압기의 출력 감소

1) 고조파에 의한 변압기 용량 감소계수(THDF ; Transformer Harmonics Derating Factor)

변압기에 고조파가 함유되면 전류파형의 끝이 뾰족한 첨두파형의 형태로 되거나 과열 현상에 의하여 변압기 출력이 저하되고 THDF만큼 감소된다.

① 삼상부하의 경우

$$THDF = \sqrt{\frac{P_{LL-R}[pu]}{P_{LL}}} \times 100[\%] = \sqrt{\frac{1+P_{EC-R}[pu]}{1+(K-Factor \cdot P_{EC-R}[pu])}} \times 100[\%]$$

㉠ 정격에서 부하손 : $P_{LL-R}[pu] = 1 + P_{EC-R}[pu] + P_{OSL-R}[pu]$

㉡ 부하손에 고조파 계수를 적용 : $P_{LL}[pu] = 1 + (K-Factor \times P_{EC-R}[pu])$

여기서, P_{LL} : 부하손($P + P_{EC} + P_{OSL}$: 저항손+와전류손+표류부하손)

P_{LL-R} : 정격에서의 부하손[W]

P_{OSL-R} : 정격에서의 표류부하손[W]

P_{EC-R} : 정격에서의 권선 와전류손[W]

② 단상부하의 경우

$$THDF = \frac{\sqrt{2}\, I_{rms}}{I_{peak}}$$

정현파에서는 출력감쇄가 없으나 제3고조파에 의한 왜형파 전류가 흐르면 40~60% 정도 변압기 출력이 저하하게 된다.

[표 1] 용량별 와전류손

형식	용량[MVA]	P_{EC-R}[%]
건식·몰드	1 미만	5.5
	1 초과	14
유입	2.5 이하	1
	2.5 초과~5 이하	2.5
	5 초과	12

[표 2] 부하특성별 K-Factor

K-Factor	부하특성
7	50% 3상 비선형부하 · 선형부하
13	100% 3상 비선형부하
20	50% 단상 · 3상 비선형부하
30	100% 단상 비선형부하

>>참고 변압기 손실의 종류

1. 무부하손(P_{NL}) : 철손의 히스테리시스손($P_h \fallingdotseq f \cdot B_m^{1.6}$)과 와전류손[$P_e \fallingdotseq (f \cdot B_m)^2$]
2. 부하손(P_{LL}) : $P_{LL}[pu] = P + P_{EC} + P_{OSL}$
   - 저항손(P) : 부하전류의 실횻값이 증가할 경우 I^2R에 따라 증가한다.
   - 와전류손(P_{EC}) : 철심 강판 두께에 의한 손실, 전류 및 주파수 제곱에 비례한다.
   - 표류부하손(P_{OSL}) : 누설자속의 외함, 철심표면을 쇄교하면서 발생하는 기계적인 손실을 말한다.(손실값이 작고, 산정이 어려움)
3. 부하전류 증가율 : $K_p = \dfrac{I_e}{I_1} = \dfrac{\text{고조파 포함 실효치 전류}}{\text{기본파 전류 실효치}}$

2) 3상 정류기 부하가 몰드 변압기 1,000kVA에 연결되어 있는 경우 변압기 출력

① 삼상부하 $\text{THDF} = \sqrt{\dfrac{1+P_{EC-R}[\text{pu}]}{1+(\text{K}-\text{Factor}\cdot P_{EC-R}[\text{pu}])}} \times 100[\%]$

$$= \sqrt{\frac{1+0.14}{1+(13\times 0.14)}} \times 100[\%] = 63.58[\%]$$

② 실제 변압기 용량은 1,000kVA → 1,000×63.58[%]≒635[kVA] 고조파에 의한 손실로 실제 사용용량은 630[kVA] 정도가 된다.

라. 자화현상

1) 고조파 전류에 의한 자속은 변압기 철심에 자화현상을 발생시키며, 손실은 주파수가 높을수록 커지게 된다.
2) 고조파 전류가 변압기에 유입되면 여자전압 왜형으로 진동이 증가하여 금속성 소음(평소보다 10~20dB 정도) 및 이상 고음이 발생하기도 한다.

마. 변압기 영상고조파 대책

1) K−Factor의 적용(변압기 고조파 내성 증가)

① K−Factor란 비선형부하들에 의한 고조파의 영향에 대하여 변압기가 과열현상 없이 전원을 안정적으로 공급할 수 있는 능력을 말한다.

② $\text{K}-\text{Factor} = \left(\dfrac{P_{eh}}{P_e}\right) = \sum I_h[\text{pu}]^2 \cdot h^2$ ………… 권선 와전류손의 영향을 수치화

$$\text{K}-\text{Factor} = \sum_{n=1}^{h} h^2 \times \left(\frac{I_h}{I_1}\right)^2 / \sum_{n=1}^{h}\left(\frac{I_h}{I_1}\right)^2$$

여기서, P_{eh} : 기본파와 고조파 전류에 의한 와전류손
P_e : 기본파 전류에 의한 와전류손
Pu : Per Unit
I_h : 고조파 전류
h : 고조파 차수

③ 비선형 부하들이 산재할 경우 K−Factor TR을 고려한다.

2) 고조파 부하가 많을 경우 고조파 전류 중첩에 의한 표피효과로 저항(I^2R)이 증가함에 따라 변압기 용량을 크게 하여야 한다.
3) 계통을 분리하여 고조파 부하(전동기 VVVF 제어)를 전용변압기로 별도 관리한다.
4) NCE(Neutral Current Eliminator : 영상전류제거장치)를 설치한다.
5) 수동 필터, 능동 필터를 설치하여 고조파를 제거한다.

5. 중성선 케이블에 미치는 영향 및 대책

3상 4선식 배전계통에서 비선형 부하의 제3고조파가 유출 시 중성선의 영상고조파는 평형부하와 무관하게 중성선에 스칼라 합이 되어 각 상의 합인 3배의 전류가 중성선에 흐르면서 전기기기에 다음과 같은 각종 영향을 일으킨다.

가. 중성선 케이블[5]의 과열

1) 일반적으로 중성선의 굵기는 다른 상에 비하여 같거나 가늘게 선정하고 있는데 그림과 같이 영상분 고조파에 의하여 중성선에 많은 전류가 흐르게 되면 케이블이 과열된다.
2) 제3고조파는 기본파의 3배인 180Hz의 주파수성분을 갖기 때문에 표피효과에 의해 케이블의 유효단면적을 감소시켜 저항이 증가되어 과열현상은 더욱 확대된다.

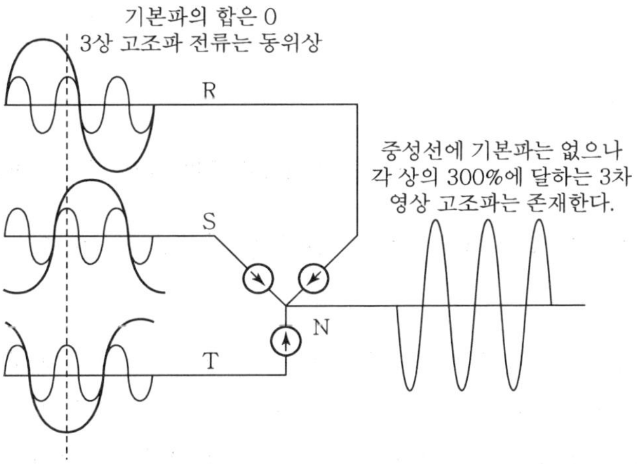

[그림 4] 영상고조파에 의한 케이블 과열

3) 교류저항 $R_N = R_0 + (1 + \lambda_s + \lambda_P)$

여기서, R_0 : 직류도체의 저항

λ_s : 표피효과계수

λ_p : 근접효과계수

도체의 발열$(P_W) = \sum (I_N^2 \times R_N)$에서 고조파로 인한 높은 주파수에 의하여 케이블의 교류저항은 증가하고 송전용량은 감소한다.

5) 케이블의 고조파 전류 환산계수는 제3고조파 전류를 기준으로 계산하고 고조파 성분이 10% 이상 포함되어 있는 경우에는 낮은 환산계수를 적용한다.

나. 중성선의 대지전위 상승으로 인한 전기기기(ELB, OCGR, MCCB)의 오동작

1) 중성선에 제3고조파 전류가 많이 흐르면 중성선과 대지 간의 전위차는 중성선 전류와 중성선 리액턴스에 3배의 곱이 되어 큰 전위차를 발생시키고 정밀기기의 오동작, 전력기기 소손의 원인이 되고 있다.

$$\therefore\ V_{N-G} = I_N \times (R + j3X_L)$$

2) 전력계통에서 발생한 고조파는 인접해 있는 통신회선에 유도되어 장애를 일으킨다.

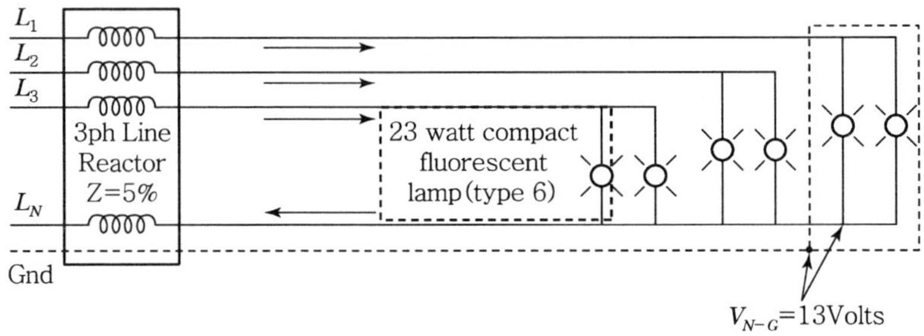

[그림 5] 영상고조파에 의한 케이블 과열

다. 영상고조파에 의한 역률 저하로 출력 감소(변압기, 발전기)

1) 역률

리액턴스 성분만을 고려하여 $pf = \cos\theta$라 하지만 비선형 부하에서는 고조파 전압과 고조파 전류에 의한 왜곡전력도 무효분으로 3차원적으로 해석해야 된다. 즉, 리액턴스 성분에 의한 무효분이 작더라도 왜곡전력이 크면 무효분이 증가하여 역률이 저하된다.

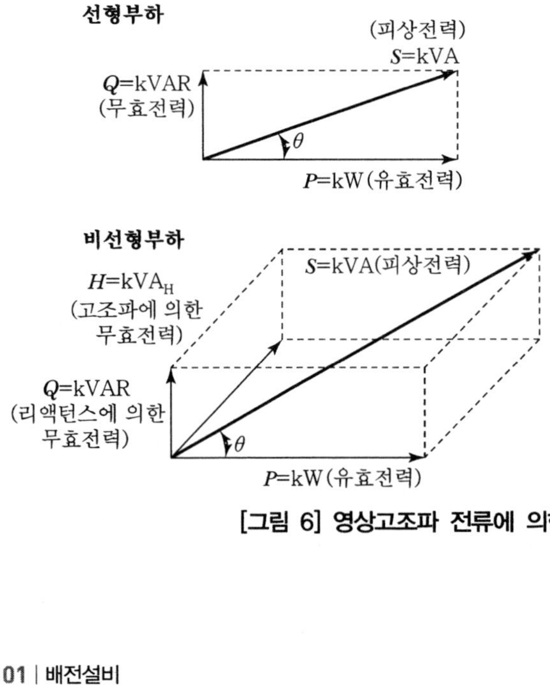

$$Pf = \frac{P}{S} = \frac{\text{kW}}{\text{kVA}} = \cos\theta$$

$$S = \sqrt{P^2 + Q^2}$$

$$\text{kVA} = \sqrt{\text{kW}^2 + \text{kVAR}^2}$$

$$Pf = \frac{P}{S} = \frac{\text{kW}}{\text{kVA}} \neq \cos\theta$$

$$S = \sqrt{P^2 + Q^2 + H^2}$$

$$\text{kVA} = \sqrt{\text{kW}^2 + \text{kVAR}^2 + \text{kVA}_H^2}$$

[그림 6] 영상고조파 전류에 의한 역률 저하

2) 부하별 역률 벡터

① 선형부하

$$pf = \frac{P}{S} = \frac{\text{kW}}{\text{kVA}} = \cos\theta,\ S = \sqrt{P^2 + Q^2}$$

② 비선형부하

$$pf = \frac{P}{S} = \frac{\text{kW}}{\text{kVA}} \neq \cos\theta,\ S = \sqrt{P^2 + Q^2 + H^2}$$

여기서, S[kVA] : 피상전력
P[kW] : 유효전력
Q[KVAR] : 무효전력
H[KVA_H] : 고조파에 의한 무효전력

라. 통신선의 유도장애 현상으로 통신선의 잡음이 증가한다.

마. 중성선 영상고조파 전류대책

1) 영상고조파 전류의 저감 원리

① 철심에 2개의 권선을 서로 반대방향으로 감은 Zig-Zag 결선 구조로 영상전류 위상을 상호 반대로 하여 소멸시키고 정상과 역상전류는 벡터합성을 크게 한 것이다.

② 영상 임피던스는 작게 하여 영상전류를 NCE로 잘 흐르게 하고 정상 및 역상 임피던스는 크게 하여 정상 · 역상전류가 NCE로 흐르지 않게 한 것이다.

2) 영상전류제거장치(NCE ; Neutral Current Eliminator)

① NCE 시설은 중성선 말단에 영상분 임피던스가 낮은 NCE를 설치하여 각 상의 영상분 고조파는 NCE를 통하여 순환(By-pass)하도록 하고 3상 4선식 중성선에는 역상분 및 정상분 고조파만 흐르게 한다.

② NCE 선정 시 고려사항

㉠ 가급적 부하 말단에 설치하며 영상회로를 짧게 구성한다.
㉡ NCE 용량은 중성선 전류의 2배로 한다.
㉢ 전선용량은 제작자의 추천에 따른다.
㉣ MCCB는 3P 고속 차단형을 선정해야 한다.
㉤ 중성선은 상 선전류 용량의 3배 용량으로 선정하고 Main과 직결해야 한다.
㉥ NCE의 A, B, C, N상 케이블은 동일 배관에 포설되어야 한다.
㉦ 전원 변압기 용량이 1,000kVA 초과 시에는 고장전류를 재검토해야 한다.

3) 능동전압조정기(AVC ; Active Voltage Conditioner)

① AVC란 전압강하와 서지를 신속 정확하게 보상하며 계통전압과 부하전압을 연속적으로 보상하는 기기로서 전압변동으로부터 민감한 부하를 보호하는 인버터 베이스 시스템이다.

② 일반적인 특징은 신뢰성, 유지보수 저감, 작은 설치면적, 고효율 등에 효과적이다.

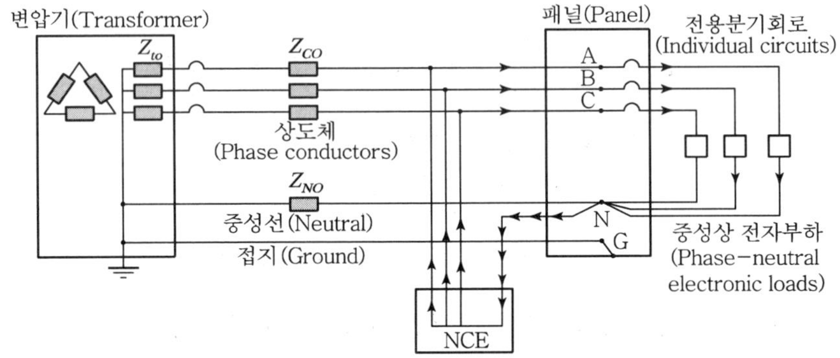

[그림 7] NCE의 회로연결 구성도

6. 발전기에 미치는 영향 및 대책

발전기에 Thyristor식 UPS, Thyristor Motor, 승강기(Thyristor 위상제어방식), 축전지 충전장치 등 고조파 부하가 접속되면 발전기의 부하 측에 고조파 전류원이 존재하게 되어 발전기에 다음과 같은 영향을 준다.

가. 발전기에 미치는 영향

1) 계자권선과 제동권선의 손실 증가로 온도를 상승시킨다.
2) 발전기 자체의 댐퍼권선의 온도가 상승하게 되어 손실이 증가한다.
3) 자동전압조정기(AVR)로 점호위상제어를 하고 있을 경우 위상이 변동하여 동작이 불안정하다.

나. 고조파 발생부하의 대책

1) 발전기 리액턴스가 적은 대형 발전기를 적용한다.
2) 부하 측에 정류상수를 많게 한다.
3) 필터를 설치하여 임피던스를 분류한다.
4) 발전기의 용량을 부하용량보다 2배 이상 크게 한다.

7. 콘덴서에 미치는 영향 및 대책

변압기 철심의 자기포화특성과 정류기 부하, 선로의 용량성 및 유도성 임피던스에 의하여 병렬 공진 발생 시, 경부하 시 콘덴서가 투입되어 있는 경우 진상 역률에 의한 원인이 콘덴서에 고조파를 발생시킨다.

가. 콘덴서에 미치는 영향

고조파 전압은 변압기의 과열 · 소음 증대와 콘덴서 회로에 이상전류를 발생시키고, 고조파 전류는 계전기류에 오동작을 일으킨다.

1) 공진현상이 발생하며 고조파가 확대된다.

2) 콘덴서 전류 실효치가 증가한다.

① 제5고조파가 발생하며 전원 측으로 유출될 경우

㉠ X_c(용량성 임피던스)$= \dfrac{1}{2\pi fc} \propto \dfrac{1}{f}$로 $\dfrac{1}{5}$배로 줄어든다.

㉡ X_L(유도성 임피던스)$= 2\pi fL \propto f$로 5배로 증가한다.

즉, 고조파 전류는 임피던스가 낮은 콘덴서로 유입되어 과열의 원인이 된다.

② 콘덴서 유입전류 $= \sqrt{(\text{기본파 전류: 콘덴서 정격전류})^2 + (\text{고조파 전류})^2}$

3) 콘덴서 단자전압이 상승한다.

① 고조파가 유입 시 콘덴서 단자 전압 $V = V_1\left(1 + \sum_{n=2}^{n} \dfrac{1}{n} \cdot \dfrac{I_n}{I_1}\right)$

② 콘덴서 내부소자가 직렬리액터 내부 층간절연 및 대지절연 파괴가 우려된다.

4) 콘덴서 실효용량이 증가한다.

① 고조파가 유입 시 콘덴서 실효용량 $Q = Q_1\left[1 + \sum_{n=2}^{n} \dfrac{1}{n} \cdot \left(\dfrac{I_n}{I_1}\right)^2\right]$

② 유전체 손실이 증가하고, 내부소자의 온도 상승이 커져 콘덴서 열화를 촉진한다.

5) 고조파 전류에 의해 손실이 증가한다.

나. 고조파 발생부하의 억제대책

1) 직렬리액터가 없는 콘덴서의 경우

① 직렬리액터를 부착한 콘덴서로 교체할 것

② 합성전류의 실횻값이 정격 전류의 135% 이내로 규정되어 있다.

2) 직렬리액터가 있는 콘덴서의 경우

① 고조파 유입량이 정격 전류의 120% 이하(전압은 115% 이상 되면 소손됨)로 되고 전압 왜곡률이 3.5% 이하가 되어야 한다.

② 저압 측에 설치하는 경우 자동역률조정장치를 취부한다.

전압 구분	최대사용전류	
	직렬리액터가 없는 경우	직렬리액터가 있는 경우
저압 회로용	130% 이하	120% 이하
고압 회로용	고조파 포함 135% 이하	고조파 포함 120% 이하
특고압 회로용	고조파 포함 135% 이하	고조파 포함 120% 이하

3) 전력용 콘덴서의 사용을 최대한 억제하고 유도전동기 대신 동기전동기를 사용한다.

>>참고 케이블에 고조파 전류가 흐를 경우 고조파 전류 환산계수

① 환산계수는 제3고조파 전류를 기준으로 계산하고 제9고조파, 제15고조파 등의 고조파 성분이 10% 이상 포함되어 있는 경우에는 낮은 환산계수를 적용한다.
② 상전류가 중성선 전류보다 클 때는 상전류를 고려해서 케이블 규격을 정한다.
③ 중성선 전류가 상전류보다 클 때는 중성선 전류를 고려한다.
④ 4심 케이블의 중성선은 상도체와 같은 면적과 재질로 한다.

상전류에 포함된 제3고조파 성분	환산계수(고조파 전류의 보정)	
	상전류를 고려	중성선 전류를 고려
0~15%	1.0	-
15~33%	0.86	-
33~45%	-	0.86
45% 이상	-	1.0

※ 환산계수 적용 예

전류 39A의 부하가 걸리도록 설계된 4심 절연케이블을 사용할 경우 6mm^2 동선 케이블의 허용전류가 41A라면 고조파 성분이 없는 경우 충분하다.

1) 제3고조파 성분이 20%인 경우 환산계수는 0.86이 적용되며 설계부하는 39/0.86=45.3[A] 따라서 허용전류가 45.3A 이상인 케이블을 사용한다.
2) 제3고조파 성분이 40%인 경우 중성선 전류는 39×3×0.4=46.8[A]이며, 여기에 환산계수 0.86을 적용하면 54.4A. 따라서 허용전류가 54.4A 이상인 케이블을 사용한다.
3) 제3고조파 성분이 50%의 경우 중성선 전류는 39×3×0.5=58.5[A]이며, 여기에 환산계수 1을 적용하면 58.5A이다.

1.4 고조파 부하와 진상용 콘덴서의 관계

■ 신전기설비기술계산 핸드북, 제조사 기술자료, 정기간행물, 내선규정, 한국전기설비규정(KEC)

1. 개요

변압기 철심의 자기포화특성과 정류기 부하 등에 의해 발생하는 고조파 전류는 회로 전압 · 전류를 왜곡시키고 선로의 용량성 및 유도성 임피던스에 의하여 공진현상이 발생하면 진상용 콘덴서의 용량성 때문에 더욱 확대된다.

2. 임피던스 분담에 의한 고조파 전류의 분류

전력변환장치 등의 고조파 발생기기는 전류원으로 볼 수 있고, 발생한 고조파 전류는 임피던스 분담에 의해 전원 측과 콘덴서 회로에 분류된다.

가. 전원 임피던스>콘덴서 임피던스 : 고조파 전류는 콘덴서로 유입된다.

나. 전원 임피던스<콘덴서 임피던스 : 고조파 전류는 전원으로 유입된다.

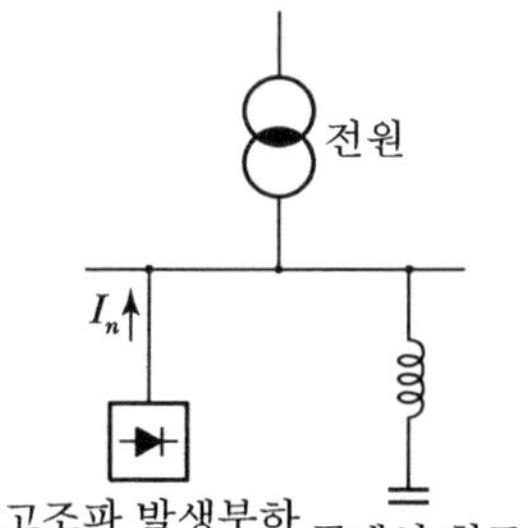

[그림 1] 콘덴서 회로 구성도

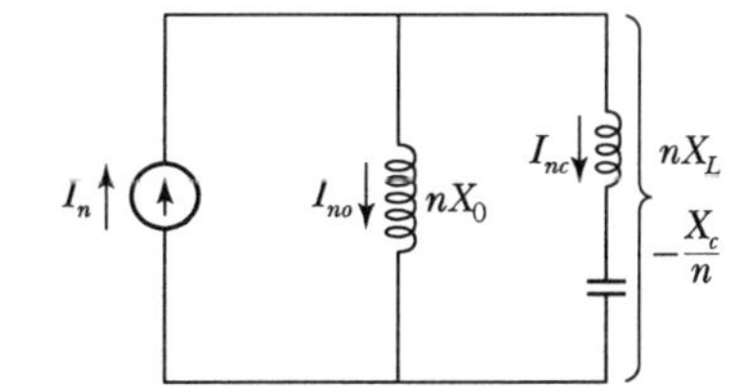

[그림 2] 등가회로

3. 고조파 전류의 분류패턴

n차 고조파의 경우 유도성 리액턴스는 nX_L, 용량성 리액턴스는 $-\dfrac{X_C}{n}$배가 된다.

가. 전원 측에 흐르는 고조파 전류 I_{n0} 및 콘덴서 회로에 흐르는 고조파 전류 I_{nc}의 경우

전원 측 $I_{n0}=\dfrac{nX_L-\dfrac{X_C}{n}}{nX_0+\left(nX_L-\dfrac{X_C}{n}\right)}\times I_n$, 콘덴서회로 측 $I_{nc}=\dfrac{nX_0}{nX_0+\left(nX_L-\dfrac{X_C}{n}\right)}\times I_n$

의 고조파 전류가 흐른다.

여기서, X_0 : 전원의 기본파 리액턴스

X_L : 직렬 리액턴스의 기본파 리액턴스

X_C : 콘덴서의 기본파 리액턴스

콘덴서 회로패턴	콘덴서 회로의 리액턴스	전원의 상태	비고
유도성	$nX_L - \dfrac{X_C}{n} > 0$	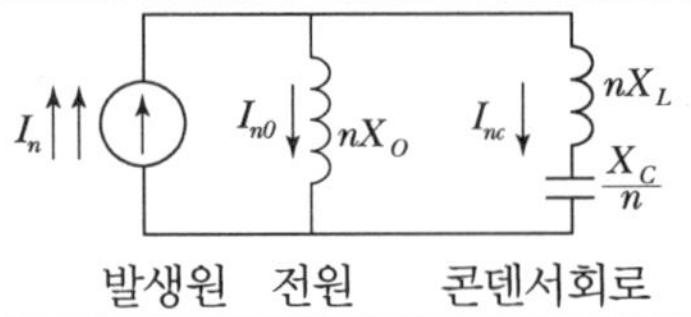	n차 고조파에 대해서 콘덴서 회로는 유도성 리액턴스가 되며 바람직한 패턴
직렬공진	$nX_L - \dfrac{X_C}{n} = 0$	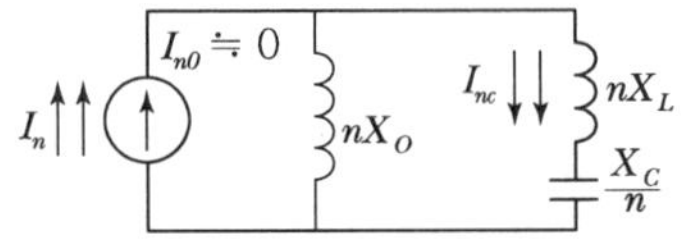	콘덴서 회로는 직렬 공진회로가 되며 n차 고조파 전류는 전부 콘덴서 회로에 유입된다.
용량성	$nX_L - \dfrac{X_C}{n} < 0$	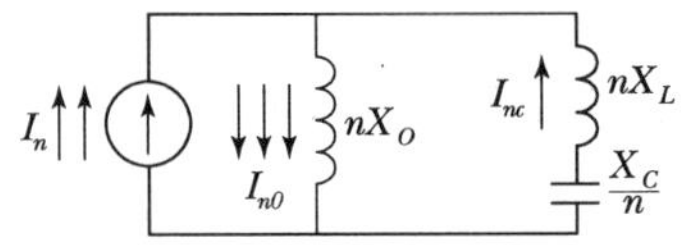	전원 측에 유입되는 n차 고조파 전류가 확대되고 모선 중앙의 왜곡이 증대된다.
병렬공진	$nX_0 \fallingdotseq \left\lvert nX_L - \dfrac{X_C}{n} \right\rvert$	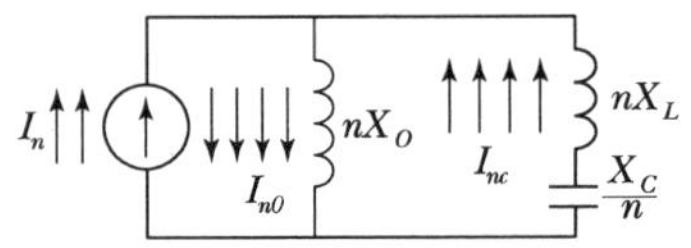	병렬공진이 되고 n차 고조파는 극단적으로 확대되게 되므로 절대로 피하지 않으면 안 된다.

나. 고조파 전류의 분류패턴 해설

1) $nX_L - \dfrac{X_C}{n} > 0$의 경우(비확대회로) : 콘덴서회로는 유도성 리액턴스가 되고, 고조파 전류는 확대되지 않는다.

2) $nX_L - \dfrac{X_C}{n} = 0$의 경우(직렬공진회로) : 콘덴서회로는 직렬공진이 되고, n차 고조파 전류는 전부 콘덴서회로에 유입되며, 전원 측으로는 유출되지 않는다.(필터회로)

3) $nX_L - \dfrac{X_C}{n} < 0$의 경우(전원 측 확대) : 콘덴서회로는 용량성으로 되어 고조파 전류가 전원계통에 유입된다. 즉, $nX_0 + \left(nX_L - \dfrac{X_C}{n}\right) < 0$로 음이 되어 $|I_{n0}| > I_n$이 되고 n차 고조파 전류가 확대하며 중앙 전원 측에 왜곡이 확대된다.

4) $nX_0 + \left(nX_L - \dfrac{X_C}{n}\right) \fallingdotseq 0$의 경우(전원 측 · 콘덴서 측 확대) : 병렬공진이 되어 고조파 전류는 전원 및 콘덴서 측으로 이상 확대가 되며 계통 전체에 고조파 전압 왜곡이 발생한다.

SECTION 02

전력품질(PQ)

2.1 전원시스템의 전력품질

- 전력품질(Power Quality)이란 사용자의 기기에 영향을 미쳐 기능의 오동작 또는 고장을 일으키는 전기적 파라미터를 말한다. 즉, 정전시간, 주파수 유지율, 규정전압 유지율 등이 전통적 의미에서 전력품질 3대 요소이다. 전원설비 측면에서 고품질 전기란 전압, 전류, 주파수가 소정의 값을 유지하며 파형왜곡이 없는 조건을 말한다.
- 최근 정밀기기, 정보화기기, 자동화 생산시설 등의 파형변화와 전압변화에 민감한 기기보급의 증대 또한 태양광, 풍력 등 전력품질을 유지하기 어려운 신재생 에너지원의 보급이 확대됨에 따라 기존에 문제가 되지 않았던 새로운 개념의 전력품질에 대한 규정과 관리가 필요하다.

■ 신전기설비기술계산 핸드북, 제조사 기술자료, 정기간행물, 내선규정, 한국전기설비규정(KEC)

1. 전력품질의 저하원인과 영향요소

가. 전력품질의 저하원인

1) 전기로, 아크로 등 대용량 비선형부하 사용에 의한 고조파 발생
2) SMPS, 정류기, UPS 등 전력변환장치 사용에 의한 고조파 발생
3) 고압전력 수용가에 의한 인근 수용가의 순간전압강하 피해
4) 급격한 도시팽창과 보수작업량 급증으로 작업 정전시간 확대

나. 전력품질의 영향요소

1) 전력품질 변수에는 전압, 전류, 주파수의 변동 및 정전시간 등이 있다.
2) 전력품질에 영향을 미치는 요소에는 정전, 순시전압강하, 전압변동, 이상전압, 고조파, 전자장해, 전기화재 사고, 설치환경 등이 있다.

2. 전력품질의 파라미터

가. 파라미터의 종류

Peak(Impulse, Transient : Voltage Transient(순시과전압), Notching), Wave Disturbance (Wave Shape Fault), Voltage Sag/Swell(Surge), Voltage Harmonics, Noise

나. 파라미터의 특징

1) Peak(Impulse, Transient)

① 임펄스는 전압 장해로 매우 짧은 순간의 장해이다.

② 임펄스 장해 그래프는 500μs~1ms 정도의 시간간격으로 측정한다.

③ Peak는 Positive · Negative Impulse, Transient 등 다양한 형태를 갖는다.

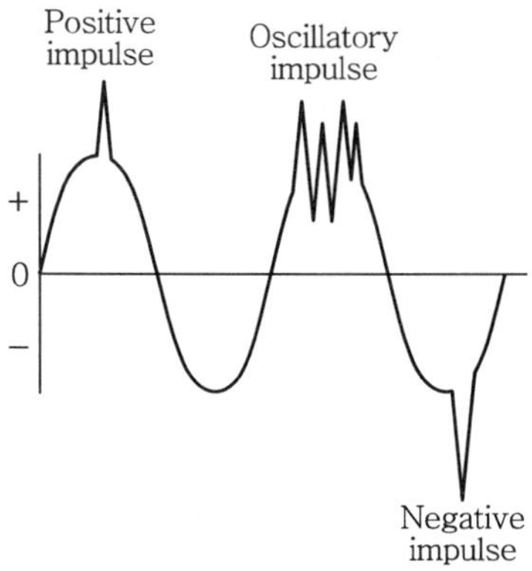

[그림 1] Impulse(충격파)

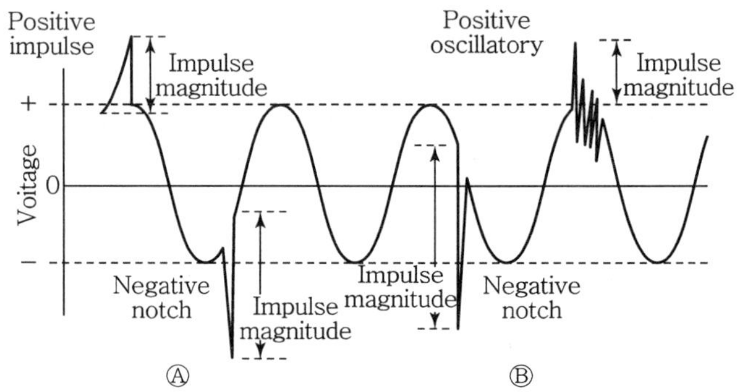

[그림 2] Voltage Transient(순시과전압)

2) Wave Disturbance(파형왜곡)

① Sine Wave 파형의 찌그러짐 또는 수 ms~수십 ms까지의 파형장해를 의미하며 일반적으로 ±20% 범위를 말한다.

② UPS 절체의 경우 4ms 이상의 절체시간이 발생하여서는 안 된다. 반도체 소자 중 RAM의 경우 5ms 이상의 절체시간이 발생하면 그 내용에 오류가 생길 수 있다.

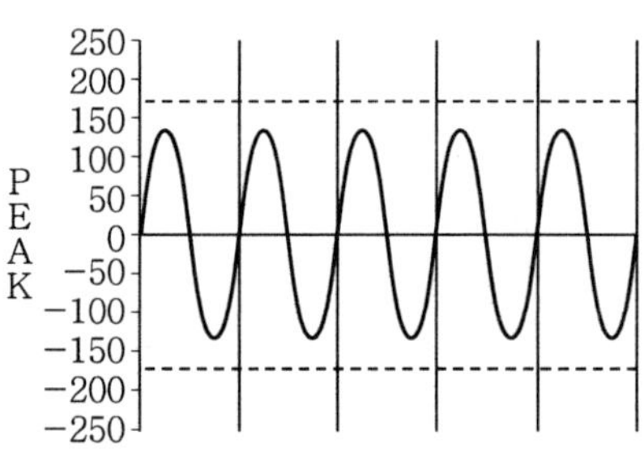

[그림 3] Under Voltage(저전압)

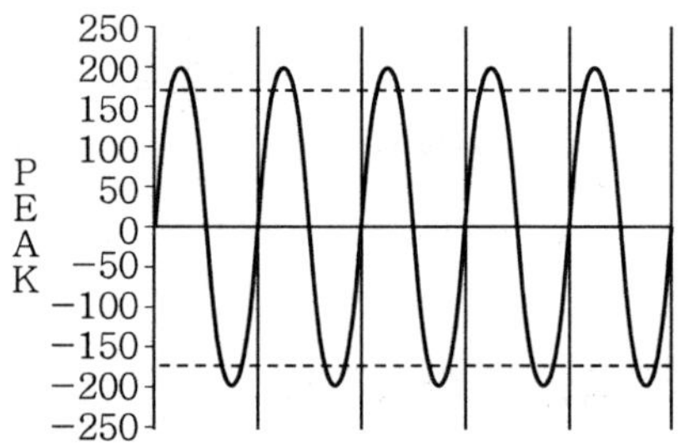

[그림 4] Over Voltage(고전압)

3) Voltage Sag/Swell

① RMS(Root Mean Square) 전압이 증가 또는 감소하는 증상으로서 Sine Wave 파형의 진폭이 감소하거나 증가한다. **예** 감소 Sag/증가 Swell

② Voltage Sag 정의는 전력설비가 운전 중일 경우 0.5cycle(8ms)~수초 동안 순간적인 저전압 현상이 생기는 것을 의미하며 전압이 끊기는 현상(Interruption : 순간정전)을 의미하지는 않는다.(IEC에서는 DIP)

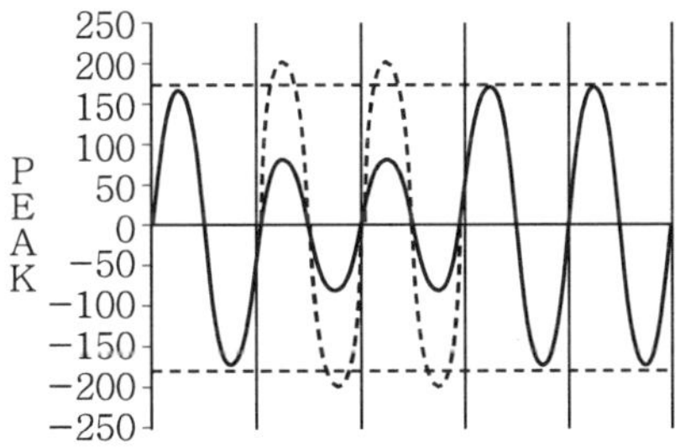

[그림 5] Voltage Sag

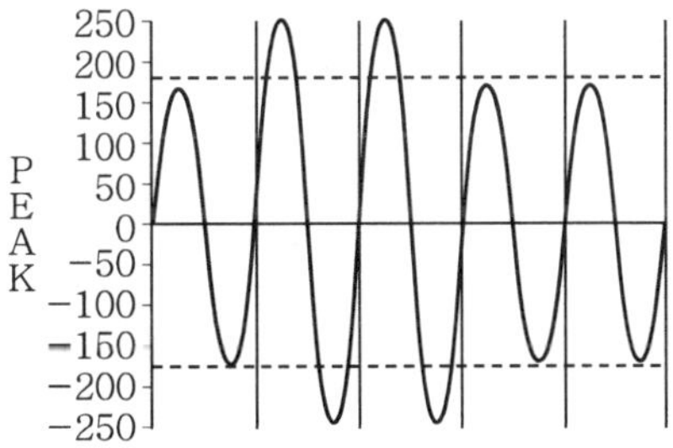

[그림 6] Voltage Swell

[표 1] Voltage Sag(IEEE std)

Category	Duration Time	Voltage Magnitude
순시반응(Instantaneous)	0.5~30cycle	0.1~0.9pu
순간반응(Momentary)	30cycle~3sec	〃
일시반응(Temporary)	3sec~1min	〃

4) Voltage Harmonics

기본파에 대하여 그 정수배의 주파수 성분을 갖는 파형을 말한다.

5) Noise

전계와 자계의 주기적인 변동에 의하여 공간을 통하여 전달되는 에너지 파를 전자파라 하며, 전자파 장해 현상을 총칭하여 Noise라고 한다.

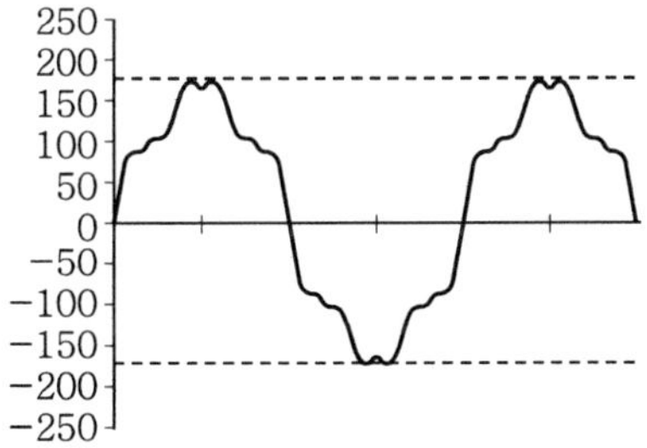

[그림 7] Voltage Harmonics

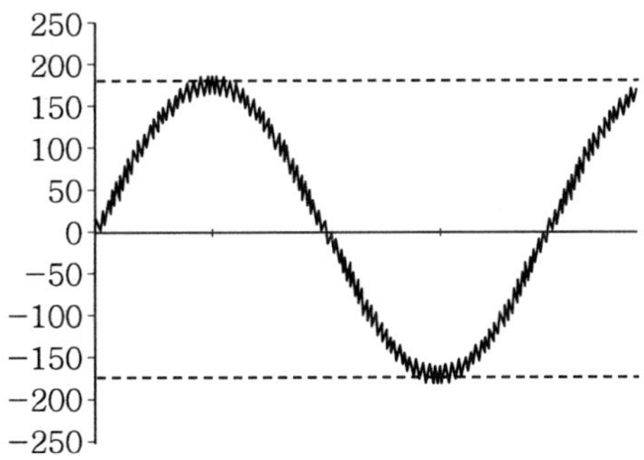

[그림 8] Noise

다. 전원품질의 측정(ITI Curve : 컴퓨터 등 전자기기에 적용)

전원품질분석장비에서 측정된 Impulse(Peak), 이상파형(Wave Disturbance), 전압강하/상승(Voltage Sag/Swell) 파형을 ITI Curve에 표기하여 전원품질을 분석한다.

>>참고 전력품질 파라미터(IEEE)

1. Transients
   ① Impulsive Transient : 안정적인 전압, 전류상태에서 갑작스럽게 발생하는 단일방향성(정극성 또는 부극성)의 비상용 주파수의 변동
   ② Oscillatory Transients : 안정적인 전압, 전류상태에서 갑작스럽게 발생하는 양방향성의 비상용 주파수의 변동
   ※ 과도과전압(TOVs ; Transient Over Voltages)은 크기와 주파수 그리고 지속시간 등에 따라 과도임펄스(TI ; Transient Impulse)와 진동성 서지(OS ; Oscillatory Surge)로 분류된다. 양자 모두 전원주파수보다 높은 주파수 성분을 가지며, 극성에 변동이 없는 단극성(Monopolar) 또는 양극성(Bipolar)으로 나타나는 특징이 있다.
2. Long-Duration Voltage Variations(장시간 전압변동)
   ① Over Voltage : 교류 순시 전압이 110% 이상 증가, 1분 이상 지속되는 현상
   ② Under Voltage : 교류 순시 전압이 90% 이상 감소, 1분 이상 지속되는 현상
   ③ Sustained Interruptions : 전압이 0V로 1분 이상 지속되는 현상
3. Short-Duration Voltage Variations(단시간 전압변동)
   ① Interruption : 공급 전압 또는 부하 전류가 0.1pu 이하로 감소하여 1분 이하의 시간 동안 지속되는 현상
   ② Sags(Dips)(순시 전압 또는 전류 강하) : 순시 전압 또는 전류가 0.1~0.9pu로 감소하여 0.5cycle에서 1분 동안 발생하는 현상
   ③ Swells(순시 전압 또는 전류 상승) : 순시 전압 또는 전류가 1.1~1.8pu로 증가하여 0.5cycle에서 1분 동안 발생하는 현상
4. Waveform Distortion(파형 왜곡)
   ① DC Offset : 교류 전력 시스템에 존재하는 직류 전압 또는 전류
   ② Harmonics : 기본파 정수배의 주파수 성분을 갖는 사인파 전압 또는 전류. DC 성분, 정수(Integer) 고조파(짝수, 홀수), 서로 인접한 고조파 간에 발생하는 비정수고조파(Inter-harmonics)로 분류
   ③ Notching : 전류가 정류될 때 발생하며 전력 · 전자 기기의 정상적인 운영에서 발생하는 주기적(1/4cycle 이하) 전압 교란
   ④ Noise : 200kHz 이하의 전자기 신호
5. Voltage Fluctuation(전압 변동) : 변동 폭이 일반적으로 0.9에서 1.1pu를 초과하지 않는 어떤 체계를 가진 전압 변동이나 일련의 무작위적인 전압 변화
6. Voltage Imbalance(or Unbalance) : 삼상 전압 또는 전류의 최대 편차
7. Power Frequency Variations : 기본파에 대한 주파수 변동

3. 전력품질의 영향과 대책

가. 정전

정전은 전압이 순간 또는 장시간 존재하지 않는 현상으로 파급영향이 크다.

1) 정전 구분(한전)

① 순간 정전 : 0.07~2초
② 단시간 정전 : 2초~1분
③ 장시간 정전 : 30분 이상

2) 원인

전력계통의 단락, 전력공급설비의 불량, 근접 수용가설비의 불량 등이 있다.

3) 영향

업무용 건물의 업무마비, 공장의 생산마비, 병원의 수술마비 등이 있다.

4) 대책

밀폐기기 채택, 비상발전기, 무정전 전원장치, 수배전 이중화, 열화진단 등이 있다.

>> 참고 IEEE Std 1159~1195규정(지속시간)

- 단기 실횻값 : 순시변동(0.5~30cycle), 순간정전(30cycle~3s), 일시정전(>3s~1분)
- 장기 실횻값 : 지속정전(1분 이상), 저전압 및 과전압(1분 이상)

나. 순시전압강하(과도적 전압강하)

선로 사고 및 기타 원인으로 사고설비를 중심으로 광범위하게 전압이 저하되는 현상이다.

1) 원인

근접한 수용가의 부하변동, 수용가 자체의 전력계통 고장과 부하변동, 낙뢰 등 자연 현상 등에 의한다.

2) 영향

컴퓨터 오동작, 가변속전동기의 정지, 조명설비의 소등, 전자접촉기의 개방 등 전기기기가 오동작 및 정지한다.

3) 대책

전력공급 측의 전용계통 구성 및 전용변압기 설치, 변동부하 측의 SVC · 3권선변압기 · DVR 설치, 일반부하 측의 UPS 설치방법 등이 있다.

다. 전압변동(☞ 참고 : 전압변동)

선로 및 기기의 임피던스 영향에 의한 정상적인 전압변동과 순간정전, 계통의 사고, 대용량기기 운전에 의한 과도적인 전압변동이 있다.

1) 원인

선로 및 기기의 임피던스, 순간정전, 계통의 사고 및 계통의 절체, 대용량 전기기기의 운전 및 정지 등에 의한다.

2) 영향

선로손실 증가, 유도전동기 토크 변동, 조명부하 조도영향, 제어장치 및 전자기기의 부동작 등으로 전자기기의 수명저하, 전력손실, 생산성이 저하된다.

3) 대책

전원 측의 리액턴스 감소, 전압조정(TR 탭조정), 무효전력보상(TSC, TCR), 부하 측 UPS 설치방법 등이 있다.

라. Flicker(☞ 참고 : Flicker)

1) 원인

아크로, 용접기, 압연기 등의 대형화가 원인이 되어 공장뿐만 아니라 일반전력계통에서 전압변동, Flicker 장해 등이 발생되어 생산과 일상생활에 영향이 증가하고 있다.

2) 영향

조명의 깜박임이 가장 많으며 이상소음, 소손, 오동작, 과열, 진동 등으로 분류된다.

3) 대책

리액턴스를 보상하는 방법, 전압강하를 보상하는 방법, 무효전력 변동분의 흡수, 아크로 전류의 변동분을 억제하는 방법 등이 있다.

마. 이상전압(☞ 참고 : 이상전압)

1) 원인

계통 외부의 이상전압(직격뢰, 유도뢰), 계통 내부의 이상전압(개폐 시 서지) 등이 있다.

2) 영향

기기의 절연파괴, 저압 측에서 이행서지로 약전기기에 피해를 준다.

3) 대책

피뢰기, 서지흡수기, 절연내력 강화, 공통접지 등의 방법이 있다.

바. 고조파

기본파에 대하여 그 정수배의 주파수 성분을 갖는 파형을 말한다.

1) 원인

사이리스터를 사용한 전력변환장치, 전기로 등 비선형부하 기기, 변압기 등 철심의 자기포화현상, 과도현상 등이 있다.

2) 영향

통신선 유도장애, 전기기기에 악영향(고조파 가열, 기기의 오동작, 파형의 찌그러짐), 고조파 공진 등 과열, 출력 감소(손실 증가), 이상소음 등이 발생한다.

3) 대책

고조파 발생 억제(정류기의 다상화, 리액터의 설치, 필터 설치), 임피던스 분류(전원단락용량 증대, 계통의 분리), 고조파 내량 증가(변압기, 발전기, 콘덴서 등)등이 있다.

사. 전자장해(☞ 참고 : 전자파)

전계 또는 자계의 주기적 변화에 의하여 전력선 및 신호선에 상호방해와 간섭현상이 생기는 것을 말한다.

1) 원인

정전기 및 뇌방전, 전파, 고조파, 과도현상 등이 있다.

2) 영향

① 전자파 양립성(EMC) : 전자 환경으로부터 방해를 받는 동시에 자신도 전파나 잡음으로 주변 환경에 영향을 주는 것에 적용하여 성능을 확보할 수 있는 능력을 말한다.
② 전자파 장해(EMI) : EMC로 인하여 기기나 장치가 받는 장해의 원인으로 전자파 발생기기를 말한다.
③ 전자파 내성(EMS) : 전자파 장해에 대하여 기기가 정상적으로 작동할 수 있는 내성이다.

3) 대책

전자차폐, 기기 접지, Noise 필터, EMC 기기 채택 등의 방법이 있다.

아. 전기화재

1) 수 · 변전설비의 난연화 대책으로 안전 확보와 난연화(Oilless) 기기 채택이다.
   예 몰드 및 가스절연 변압기, 가스절연개폐기, 진공차단기, 가스차단기 등
2) 수변전실 등 주요 장소의 방화구조, 방화구획하여 대비한다.

자. 설치환경

1) 거주 공간에 인접한 경우 소음과 진동 방지를 검토한다.
2) 해안 근접장소의 절연 저하 및 부식에 대비한다.
3) 환경대책으로 방음 · 방진장치, 밀폐기기 채택, 방청제 도포를 사용한다.

[표 2] 전력품질의 요구기능 및 대책

전력품질	요구기능	주요 대책
정전	공급신뢰도 향상 • 기기의 신뢰도 • 시스템 이중화 • 예비전원 • 예방보전	• 비상용발전기의 도입 • 무정전전원장치(UPS)의 채용 • 수전 · 배전방식의 이중화 • 밀폐기기의 채용 • 열화진단, 자동점검
순시전압강하	공급신뢰도 향상 • 무정전 전원공급 • 시스템 이중화	• 무정전전원장치(UPS)의 채용 • 자동정지, 자동재시동 제어 • 축전지 백업 확보
전압변동	부하기기 영향 방지 • 전압 및 주파수 유지	• 기기의 임피던스 저감 • 변압기 탭절환 조정 • 진상용 콘덴서(SC)에 의한 무효전력 조정 • SVC(무효전력조정장치), SSC(무효전력 보상장치) 등 채용
이상전압	부하기기 영향 방지 • 사고의 확대 방지 • 사고의 미연 방지	• 피뢰기(LA) 채용 • 서지흡수기(SA) 채용 • 절연내량의 강화
고조파	전기품질 • 전압 및 주파수 유지 • 장해 방지	• 고조파 발생원의 억제 • 고내량 고조파 기기의 채용 • 고조파 필터, 능동필터(AF)의 도입
전자장해	전자 환경성 • 장해발생의 방지	• 기기의 허용방해레벨의 적정화 • 전자차폐대책의 도입
전기화재	안전 확보 • 방화대책	• 소화설비, 방화구조, 방화구획 • 불연화, 난연화 기기의 채용
설치환경	• 주변 환경의 배려 • 사고의 미연 방지	• 방음 및 방진장치의 채용 • 밀폐기기의 채용, 세정 및 옥내 설치

4. 전원설비의 신뢰도 향상대책(전력품질 향상대책)

가. 정전시간의 최소화 대책

1) 부하 단위별 이중계통공급으로 장해가 발생할 경우 절환해서 사용한다.
2) 모선점검 중에도 모선연락 차단기 및 패널의 점검을 가능하게 한다.
3) 사고 파급범위를 최소화하기 위하여 보호계전방식의 보호협조를 실시한다.

4) 상용전원의 정전대책으로 비상용 발전기를 설치한다.

5) 정전 및 순시전압저하 대책으로 UPS를 설치한다.

나. 부하용도별 전력공급의 구성

전원시스템의 공급 신뢰성과 보전성 향상을 위해 예비계통을 구성한 융통성 있는 시스템으로 구성한다.

부하의 용도	부하의 예	간선 이중화	비상 발전기	UPS
순간정전을 허용하지 않는 부하	대형 컴퓨터 부하	○	○	○
정전 후 단시간 전력공급이 필요한 부하	방재부하, 컴퓨터용 공조 UPS실 공조, 보안용 부하	○	○	×
모선점검 시에도 전력공급이 필요한 부하	일반부하(공용공조, 조명)	○	×	×
정전 시 계속운전, 점검 시 정지가능부하	비상부하, 중요부하	×	○	×
모선점검 시 정지가능부하	비중요부하	×	×	×

다. 신뢰도 있는 시스템 구성

1) 수전 방식의 선정

① 루프수전 및 상용예비선 2회선 수전 방식, Spot－Network 수전 방식을 적용한다.

② 계량용 PCT는 PCT 교환 시 전원차단에 대비 2PCT 또는 1PCT 바이패스방식으로 구성한다.

2) 변전시스템의 구성(☞ 참고 : 초고층 건물의 간선계획)

설비의 중요도 및 수전 방식 구성, 자가발전설비, 모선 점검 시 등을 고려하여 결정한다.

① 모선방식의 선정

㉠ 대규모 시설의 경우 고압배전계통을 구성하고 2차 측에 변전소를 설치한다.

㉡ 모선연락 차단기를 가지는 모선을 구성하고 간선을 이중화하여 정전범위를 최소화한다.

② 변압기의 회로 구성(변압기 뱅크 구성)

㉠ 1뱅크 고장 시를 고려하여 2대 이상으로 한다.

㉡ 변압기의 임피던스는 2차 측 차단용량 및 전압변동을 검토하여 결정한다.

㉢ 변압기 1차 측 개폐기는 차단기를 채용하고, 장해 발생 시 해당 계통만 분리하도록 계획한다.

3) 예비전원설비의 구성

① 비상용 자가발전설비

㉠ 발전기는 점검 시를 고려하여 2대 이상을 설치하고 분할된 모선에 발전기 전원을 접속한다.

㉡ 발전기 용량은 소방법, 건축법 등 규정과 보안상 필요한 용량을 산정한다.

② UPS 설비 : 정전, 전압변동, 순간전압강하 등 항상 안정된 교류전력을 공급한다.

③ 예비회선 수전설비 : 본선예비선과 평행 2회선방식 등 2회선 이상 수전 방식을 선정한다.

4) 신뢰도 높은 기기의 사용

① 건식 · 몰드형의 차단기, 변압기 등 기름을 사용하지 않은 변전기기를 사용한다.

② 배전반, 차단기, 변압기, 모선, 애자류 등을 금속제함에 넣은 폐쇄형 변전설비를 사용한다.

라. 신뢰도 있는 전원제어

1) 계측 및 보호계통의 디지털화 : 계기와 보호계통을 디지털화하여 오차 · 오동작을 최소화하고, 디지털 통신을 가능하게 하여 제어 컴퓨터와 연계를 용이하게 한다.

2) 분산제어 : 대규모 전기설비에 대하여 감시제어방식을 분산제어함으로써 상태 감시와 사고 감시에 대하여 신뢰성과 신속성을 증진시킨다.

3) 컴퓨터 제어 : 감시제어에 컴퓨터를 활용함으로써 원격감시제어, 데이터 통신, 데이터 분석을 통하여 계통 전체의 신뢰도를 향상시킨다.

4) 원방감시제어 : 계통에 설치된 각종 기기를 중앙에서 원격감시 · 제어함으로써 운전최적화, 사고발생 시 고장상태와 사고지점을 확인하여 자동으로 최적의 보호협조를 도모한다.

>> 참고 **전력품질 관련 기타 용어**

- 전기외란(전원교란) : 정상상태에서 벗어나는 전원현상을 총칭한다.
- 악성부하 : 비선형부하 또는 고조파 발생원을 의미하며 각종 사이리스터 및 반도체용 기기, 전력전자기술 응용기기 등이 해당된다.

2.2 전압변동

- 전압변동에는 상시전력의 수용에 따라 발생하는 정상적인 전압강하 이외에 순간정전, 사고, 계통변환 등에 기인하는 단시간 전압변동이 심한 과도적 전압강하로 구분하며, 후자는 대용량 전동기 부하의 기동, 전기차 등 운전에 기인하는 초, 분 단위 순시전압 강하와 아크로,

용접기의 사용과 같은 사이클 단위의 전압변동인 조명플리커가 있다.

- 전력계통에서 전압변동이란 전원전압과 부하입력전압의 차이를 말하며 전압변동의 계산에는 선로의 저항, 인덕턴스 및 정전용량 등 선로정수가 필요하다.

■ 신전기설비기술계산 핸드북, 한국전기설비규정(KEC), 제조사 기술자료, 정기간행물

1. 전압변동 계산방법

가. 계산방법

1) 임피던스법
2) 등가저항법

(1), 2)) 회로 임피던스는 옴 값을 사용하므로 변압기를 포함하지 않는 간단한 회로에 적용한다.

3) % 임피던스법 : 변압기를 포함하는 복잡한 회로에 적용한다.
4) 암페어미터법 : 선로경간이 긴 배전선 및 케이블의 전압강하에 적용한다.

나. 임피던스법

$$\Delta E = E_S - E_R = E_S + IR\cos\phi + IX\sin\phi - \sqrt{E_S^2 - (IX\cos\phi - IR\sin\phi)^2}$$

1) 정상적인 전압강하는 구내 배전계획에서는 엄밀한 값이 필요치 않고 기준을 얻기 위한 계산이므로 위 식을 간략화하면 $\Delta E \fallingdotseq \Delta E_2 = I(R\cos\phi + X\sin\phi)$
2) 각 배전방식에서의 전압강하 일반식 $\therefore \Delta E - K \cdot I(R\cos\phi + X\sin\phi)$

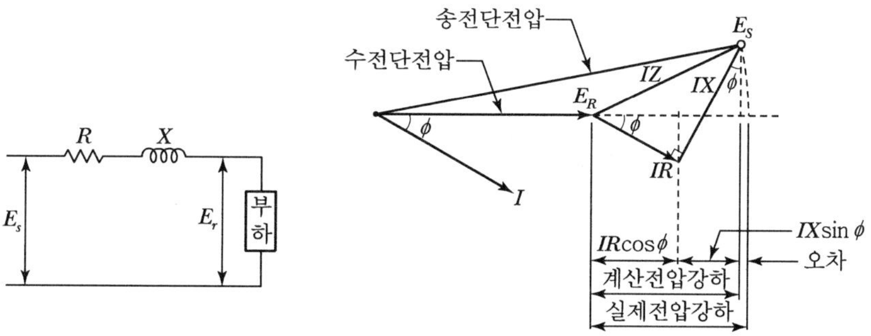

[그림] 간략계산의 벡터도

다. 등가저항법

$$E_S = E_R + I\varepsilon^{-j\phi}(R + jX)$$

1) 위 식은 $E_S = (E_R + IR\cos\phi + IX\sin\phi) + j(IX\cos\phi - IR\sin\phi)$가 된다.
2) 간략화한 전압강하는 $\Delta E = E_S - E_R = I(R\cos\phi + X\sin\phi)$로 실수부분이므로, 등가저항을 R_e라 하며 $R_e = R\cos\phi + X\sin\phi$로 전선 굵기, 배치, 부하 역률에 따라 정해진다.

라. % 임피던스법

위의 계산은 전압강하 그 자체를 구했지만 % 임피던스법은 전압변동률 %로 구하는 것이 편리할 때 적용한다.

1) $\varepsilon = \dfrac{E_S - E_R}{E_R} \times 100 = \dfrac{I(R\cos\phi + X\sin\phi)}{E_R} \times 100[\%]$ ………… ①

2) 식 ①을 다음과 같이 표시하면 $\varepsilon = \dfrac{3E_R I(R\cos\phi + X\sin\phi)}{(\sqrt{3}E_R)^2} \times 100$

여기서, T(=3EI[VA]) : 부하피상전력[kVA], V(=$\sqrt{3}E$) : 선간전압[kV]

$$\varepsilon = \frac{T \times 10^3 (R\cos\phi + X\sin\phi)}{10^6 \times [\text{kV}]^2} \times 100 = \frac{T \times (R\cos\phi + X\sin\phi)}{10[\text{kV}]^2} \quad \cdots\cdots ②$$

3) 임피던스의 옴 값과 퍼센트 값의 관계를 이용하여 정리하면

$$R = \%R \times \frac{10 \cdot [\text{kV}]^2}{T_B} \text{ 또는 } X = \%X \times \frac{10 \cdot [\text{kV}]^2}{T_B} \quad \cdots\cdots ③$$

여기서, kV : 선간전압[kV], T_B : 3상 기준용량[kVA]

4) 식 ③을 식 ②에 대입하면 $\varepsilon = \dfrac{T(\cos\phi \cdot \%R + \sin\phi \cdot \%X)}{T_B} = \dfrac{P \cdot \%R + Q \cdot \%X}{(\text{기준 [kVA]})}$

여기서, $P = T \cdot \cos\phi$, $Q = T \cdot \sin\phi$, T_B : 기준용량[kVA]

위 식을 변형하여 전류로 나타내면 $\varepsilon = \dfrac{I_R \cdot \%R + I_X \cdot \%X}{I_B}$ ………… ④

여기서, $I_R \cdot I_X$: 부하전류의 유효분 · 무효분, I_B : 기준전류(피상분)

마. 암페어미터법(☞ 참고 : 배전선로의 전압강하)

1) 전압강하의 대략 값을 알기 위해 도표를 이용하는 방법으로 $I \cdot V$의 전압강하에 대한 전류와 배선길이의 곱으로 표현한다. **예** 단일급전점의 교류배전선로

2) $\Delta E = K(r\cos\theta + x\sin\theta) \cdot i \cdot l$

여기서, r, x : 배선의 단위길이당 저항, 리액턴스[Ω/m]

예 $V = r(l_1 i_1 \cos\theta_1 + l_2 i_2 \cos\theta_2 + l_3 i_3 \cos\theta_3) + x(l_1 i_1 \sin\theta_1 + l_2 i_2 \sin\theta_2 + l_3 i_3 \sin\theta_3)$

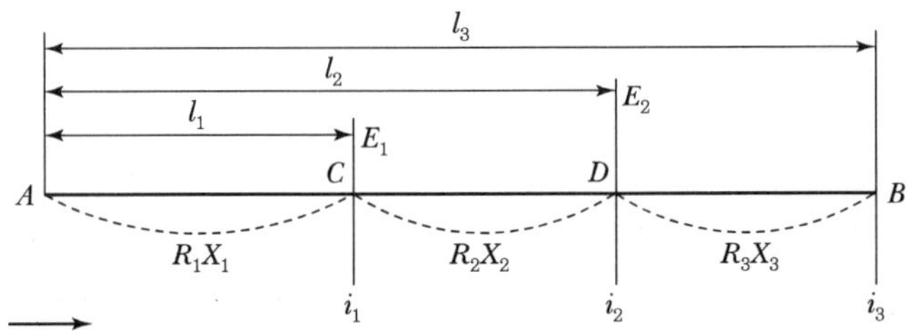

2. 전압변동의 종류별 특징

전압변동에는 임피던스에 의한 정상전압강하와 과도적 전압강하에 의한 순시전압강하, 변동부하에 의한 전압 Flicker가 있다.

가. 정상전압강하

1) 원인

회로에 부하전류가 흐르면 계통선로의 케이블, 변압기 및 리액터 등의 기기 임피던스로 인하여 전압강하가 발생하고 무부하의 경우 전압과 전부하 시의 전압에 차이가 생겨 정상적인 전압변동이 일어난다. 이때, 배전선로의 선로길이가 길고 전압이 낮을수록 전압변동이 크다.

2) 영향 및 대책

① 전력손실, 생산성 저하, 제품의 불균일, 전기기기의 수명 저하에 영향을 준다.

② 선압, 선선규격, 변압기 용량, 변압기 탭을 적정하게 선정하여 전압강하를 억제한다.

나. 순시전압강하

1) 원인

대용량 기기(아크로, 전기로, 전동기, 용접기 등)의 기동 또는 비상용 발전기의 용량에 비하여 단기용량이 큰 전동기의 기동 등 운전에 의한 전압변동 영향이 크다.

2) 영향 및 대책

① 유도전동기의 스톨, 전등의 깜박임, 전자접촉기의 오동작 등이 있다.

② 유도전동기 기동 시 전압강하 허용한도(발전기 20%, 전력계통 15%)를 고려한다.

다. 변동부하에 의한 전압 Flicker

전압 Flicker란 전원전압의 변화에 따른 조명의 깜박임을 말한다.

1) 원인

Flicker 현상은 특고압 수용가 설비 중 아크로, 압연기 등 무효전력이 크고 빈번하여, 불규칙하게 변동하는 부하가 있을 경우 전력계통에 전압변동이 발생한다.

2) 영향 및 대책

① 조명의 조도에 영향을 미쳐 깜박거림을 일으켜서 눈에 불쾌감을 발생한다.

② 컴퓨터나 정밀기기에 각종 오동작, 운전불능 장해를 유발하는 현상이다.

③ 변동무효전력의 보상방법으로 전력전자소자를 이용한 TSC, TCR을 사용한다.

3. 전압변동의 영향

전압변동의 원인은 선로 임피던스, 부하전류, 역률에 의해 결정되는데 단거리 선로 및 자가용수 · 변전설비의 변압기 등에서는 정전용량을 고려할 필요가 없다.

가. 선로손실의 증가

부하가 일정하면 선로손실은 선로전압의 2승에 반비례하여 전압이 저하하면 손실이 증가한다.

$$P_l = I^2 R = \left(\frac{P}{E cos\theta}\right)^2 \cdot R[\mathrm{W}]$$

나. 조명부하에 영향

1) 백열등 : 전압이 낮으면 광속은 감소하고 수명은 증가한다. 전압이 높으면 광속은 증가하고 수명은 감소한다.
2) 형광등 : 전압변동에 영향이 적고, 전압이 10% 상승할 경우 수명은 30% 감소한다.
3) HID 램프 : 전압강하 20% 이하이면 소등되어 재점등에 시간이 걸린다.

다. 유도전동기의 토크 변동

정격 전압보다 인가전압이 낮으면 기동토크는 전압의 2승($T \propto V^2$)에 비례하여 감소하고 온도 상승을 일으키며, 전압이 높으면 토크와 기동 전류의 증가로 회로에 전압강하를 일으킨다.

라. 제어장치의 영향

1) 가변속 전동기 : 인버터 제어보호를 위해 정지(15% 저하, 10ms 정도)
2) 제어기기 : 전자접촉기(50% 저하, 50ms 정도), 계전기의 개방

마. 전자기기의 영향

컴퓨터 설비시스템의 오동작 및 정지(10% 저하, 10ms 정도)

바. 전압 Flicker

전압동요에 의하여 조명의 깜박임, TV 영상의 일그러짐 등으로 심하면 불쾌감을 준다.

4. 전압변동의 억제대책

전압변동은 주로 부하의 무효전력 변동에 기인하는 것으로 전원 측의 리액턴스를 X_s, 무효전력의 변동분을 ΔQ로 하면 전압변동은 $\Delta V = X_s \cdot \Delta Q / E$이다.

ΔV를 작게 하기 위한 대책으로 X_s의 감소, 전압 E의 직접조정, ΔQ 변동무효전력의 보상,

전압변동 발생 측의 변동무효전력의 감소 등을 일반부하 측에서 대책을 수립한다.

가. 전원 측 리액턴스의 감소

1) 공급계통의 단락용량을 증가시키는 방법

$$P_s = \frac{100}{\%Z} \cdot P_n$$

여기서, P_s 증가로 $\%Z$가 저하되나 차단기 차단용량, 케이블 용량 등이 증가하여 일반적으로 적용하기 곤란하다.

2) 선로의 임피던스를 감소하는 방법

① 배전용 변압기의 용량을 크게 선정하여 부하에서 본 전원임피던스를 작게 한다.

② 변동부하를 전용계통 또는 전용변압기로 공급한다.

3) 3권선 보상변압기에 의한 방법

① 3권선 보상변압기를 사용하면 1차 권선의 리액턴스를 0으로 할 수 있다.

② 2차 권선에 일반부하 3차 권선에서 변동부하를 공급하면 ΔV를 적게 할 수 있다.

4) 직렬콘덴서의 설치방법

① 직렬콘덴서의 삽입에 의해 계통의 리액턴스가 감소하므로 전압강하가 개선된다.

② 직렬콘덴서를 설치함에 있어서 무부하 변압기 투입 시 돌입전류, 유도기 자기여자, 동기기 난조 등의 영향을 검토하여야 한다.

예 전압강하(ΔV)는 $\Delta V = \Delta Q(X_S - X_C)$가 되어 $\Delta V = \Delta Q \cdot X_C$만큼 개선된다.

나. 전압의 직접조정

1) 부하 시 탭절환 변압기(OLTC) 사용 : 단계제어이고, 특고압까지 적용이 가능하다.

2) 자동전압조정기(Automatic Voltage Regulator), 유도전압조정기(IVR) 등 사용

① AVR은 위상제어방식(SCR), 트라이액으로 탭절환 방식이 사용된다.

② 변압기 모선, 급전선별로 설치하는 방법은 연속제어가 가능하나 특고압에서는 경제성이 떨어진다.

3) 동적 전압강하보상기(DVR) 사용 : DC 저장장치와 컨버터가 직렬 변압기를 통해 선로에 연결되는 구조이며 계통에 순시전압강하가 생기면 변압기에 의해 전압을 보상하여 부하전압을 일정하게 유지한다.

4) 부스터 사용 : 부스터 회로에서 변동부하와 일반부하를 분리하여 공급한다.

다. 변동 무효전력의 보상(☞ 참고 : 진상용 콘덴서의 자동제어방식)

1) 진상용 콘덴서

콘덴서를 병렬 연결하여 무효전력을 직접개폐제어방법에 의해 보상한다.

2) 동기조상기

① 변동부하와 동기조상기를 병렬로 접속하고 동기전동기를 무부하 운전하여 과여자와 부족여자로 진상에서 지상무효전력을 보상한다.

② 동기조상기는 부하변동에 수반하는 전압변화에 순시적응성이 좋고, 무효전력 부하가 대부분 반파마다 변동하는 아크로 인한 전압변동을 억제하는 데 유효하다.

3) 전력용반도체를 이용한 역률제어

① 콘덴서 사이리스터 개폐방식(TSC) : 콘덴서를 사이리스터로 개폐하여 진상 무효전력을 보상하는 방식으로 단계제어가 된다.

② 리액터 위상제어방식(TCR)

㉠ 콘덴서에 병렬로 리액터를 접속하고 리액터에 흐르는 전류 위상을 제어한다.

㉡ 연속제어가 가능하여 진상에서 지상무효전력을 보상하며 변동부하의 무효전력 보상에 적합하고 계통의 안정화에도 사용된다.

③ 자려식 인버터 방식(SVG ; Static Var Generator)

㉠ 자려식 인버터와 변압기를 조합해서 인버터의 출력전압을 임의로 조정하는 구조로, 무효전력의 보상과 전력계통의 안정화 장치로 사용된다.

㉡ 배전선에 병렬로 연결하여 선로전압과 90° 위상차가 나는 전류를 발생시켜 무효전력을 제어하여 전압 및 역률을 보상한다.

라. 부하 측의 대책

1) 전압변동, 정전, 순시전압강하, 고조파 등 전원의 교란대책으로 UPS를 설치한다.

2) 전동기 용량에 적합한 감압기동방식의 채택으로 기동전류를 억제한다.

5. 전압강하와 전압변동의 비교

전압강하	전압변동
선로에 전류가 흐름으로써 발생하는 역기전력 때문에 생기는 '송전단과 수전단의 전압 차이'	부하가 갑자기 변화하였을 때에 무효전력흐름에 기인한 '무부하 시 전압과 전부하 시 전압의 차이'
• 부하전류가 회로에 흐르면 선로, 변압기, 리액터 등 임피던스 때문에 전압강하가 발생한다. • 인접수용가의 전동기 부하의 기동, 아크로, 용접기 등의 운전에 기인한다.(과도적)	• 부하가 갑자기 변동하는 것으로 부하변동, 사고, 계통변환 등 항상 전압변동이 있다. • 모선전압은 부하변동, 사고, 계통변환 등으로 항상 전압변동이 있다.(정상적)
전동기의 기동과 같이 초 또는 분 단위의 변동하는 순시전압강하이다.	아크로, 용접기의 운전처럼 사이클 단위로 변동하는 Flicker 현상
전압강하율은 어떤 주어진 시점에서 그때 흐르던 부하전류에 따른 전압 크기변동 범위를 대상	전압변동률은 부하가 갑자기 변화하였을 때에 그 단자 전압의 변동 범위를 나타낸다.
전압강하율 $e=\dfrac{E_s-E_r}{E_r}\times 100[\%]$	전압변동률 $\varepsilon=\dfrac{V_{20}-V_{2n}}{V_{2n}}\times 100[\%]$

>>참고 전압과 무효전력의 관계식

1. $\Delta V = \%X \cdot Q_c$의 식 유도$\left(\Delta V = \%X \cdot Q_c \ \& \ \Delta V = X \cdot \dfrac{Q_c}{E}\right)$

① 전압변동분 $\Delta V' = V_S - V_r = \sqrt{3}\, I(R\cos\theta_0 + X\sin\theta_0) \cdots V_r$로 나누면,

$$= \frac{1}{V_r}(\sqrt{3}\, V_r IR\cos\theta + \sqrt{3}\, V_r IX\sin\theta) = \frac{PR + QX}{V_r}$$

$$\left(\varepsilon = \frac{P \cdot \%R + Q \cdot \%X}{\text{기준용량[kVA]}}\right) \text{ (단, } P = \sqrt{3}\, V_r I\cos\theta,\ Q = \sqrt{3}\, V_r I\sin\theta)$$

② 전압변동률 $\Delta V = \dfrac{PR + QX}{V_r^2} \times 100$을 %로 표시하면$(V_r^2 - 1.0[\text{pu}])$

$$\Delta V = P \cdot \%R + Q \cdot \%X$$

$\Delta V \fallingdotseq \%X \cdot Q$(송전선로 일반조건 $R \ll X$이므로 리액턴스 값이 크다.)

2. $\Delta V = \dfrac{Q_C}{R_C} \times 100\%$의 식 유도(☞ 참고 : 진상콘덴서의 역률개선 원리 및 설치효과)

2.3 순시전압강하

- 과도적 전압강하는 순간정전, 사고, 계통변환 등에 기인하는 단시간 전압변동이 심한 전압강하로 전동기 부하의 기동, 전기차 등 운전에 기인하는 순시전압변동과 아크로, 용접기 전기로 사용 등에 의한 조명 플리커가 있다. 이때 일정전압 이상의 전압강하가 발생하는 경우 차단기를 개방하는 시간 동안 0.07~2초간 순시전압강하가 지속된다.
- 순시전압강하를 대상으로 할 때 대부분 임피던스 부하와 정전류 부하로 구별하는데 일정한 임피던스 부하전류는 단자전압에 비례하므로 전압강하는 정전류 부하로 취급한 경우보다 작아져 정전류 부하로 계산해도 충분하다.

■ 신전기설비기술계산 핸드북, 제조사 기술자료, 정기간행물, 한국전기설비규정(KEC)

1. 순시전압강하 원인

가. 전기사업자 측에 의한 원인

1) 차단기의 동작책무로 인한 재폐로 동작

2) 배전선로 Recloser의 재폐로 동작

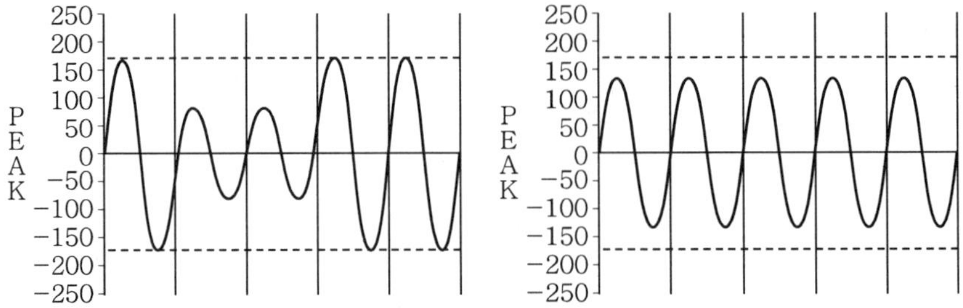

[그림 1] 순시전압강하의 발생 시 파형

나. 수용가 전기설비에 의한 원인

1) 전력계통에 지락사고, 단락사고 등의 사고가 발생하면 고장을 제거하는 사이 순간전압의 저하가 발생한다.
2) 대용량 전동기의 기동전류에 의하여 발생한다.
3) 아크로, 전기로 등 대용량 변동부하에 의하여 발생한다.

다. 자연현상에 의한 원인

낙뢰, 수목접촉 등에 의하여 발생한다.

2. 순시전압강하 영향

다른 기기에 미치는 영향에는 유도전동기 Stall, 조명 Flicker, 전자접촉기 등이 있다.

가. OA · FA기기(컴퓨터)

메모리 소실, 프로그램이 오동작된다.(30% 이상, 50ms 정도)

나. 가변속 제어전동기

SCR 사용 제어장치의 정지로 전동기가 정지한다.(15% 이상, 10ms 정도)

다. 고압방전램프

소등, 재점등에 6~10분이 소요된다.(15% 이상 저하, 50ms 정도)

라. 전자접촉기

전자접촉기의 개방으로 전동기가 정지된다.(50% 이상, 10ms 정도)

마. 계전기류

동작시간이 짧은 경우에 동작한다.(30% 저하, 20ms 정도)

바. 조명설비

조명 Flicker가 발생한다.

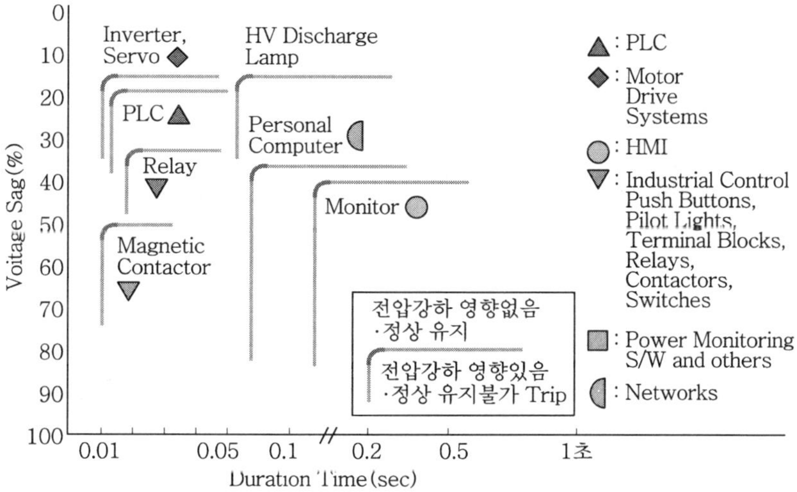

[그림 2] Voltage Sag의 영향

3. 순시전압강하 대책

전력계통 측에서 발생하는 낙뢰, 지락사고 등에 의한 순시전압강하 대책을 완전하게 세우는 것은 현실적으로 어렵기 때문에 부하 측에서 세우는 것이 합리적이다.

가. 전력공급자의 대책

1) 변동부하(아크로, 전기로 등) 수용가에는 전용계통으로 공급한다.
2) 전용 변압기로 단락용량이 큰 상위 계통에서 전원을 공급하여 순시전압강하가 다른 수용가에 악영향을 주지 않게 한다.
3) 변동부하 계통의 공급전압을 승압시킨다.
4) 선로에 직렬콘덴서를 설치하여 리액턴스를 감소시킨다.

나. 변동부하 측 대책(아크로, 전기로 등)

1) 동기조상기, 정지형 무효전력보상장치(SVC) 등을 사용해서 부하의 무효전력 변동분을 억제한다.
2) 직렬리액터를 써서 부하전류의 변동을 억제한다.
3) 부스터(Booster)[6]를 사용하여 전압강하를 보상한다.

---

6) 부스터에는 전원에 직류발전기를 직렬로 접속하여 계자전류를 가감하는 방법(승압기)과 전원이 전지의 경우 예비전지를 직렬로 삽입하는 방법이 있다. 교류전기철도의 궤전선 중간에 변압기를 삽입하여 보상한다.

4) 3권선 변압기를 사용하여 변동부하와 일반부하를 분리한다.

5) 동적 전압강하보상기(DVR)를 계통에 설치하여 전압강하분을 직렬변압기로 보상한다.

다. 일반부하 측 대책

1) 무정전전원장치의 설치

① UPS는 순시전압저하 및 정전에도 일정시간 전력을 공급할 수 있는 근본적인 대책이다.

② 컴퓨터, 정보통신시스템 등 주요 설비에 적용한다.

2) 전동기 제어회로를 전압강하 시 잠금상태로 운전하고 복귀 시 정상운전이 되게 한다.

3) 전자접촉기는 지연석방형을 사용한다.

4) 고압방전등의 안정기는 순시 점등형을 사용하고 타 조명을 혼용한다.

5) UVR을 제품 및 기기에 영향이 없는 범위에서 동작시간을 지연시킨다.

4. 순시전압강하 개선기기

가. 절연변압기(Insulation Transformer)

절연변압기는 중성선 또는 2차 측을 접지시키지 않는 변압기이므로 Line과 Ground 사이에서 발생하는 Noise의 영향을 감소시킨다.

나. 전압조정기(Voltage Regulator)

전압조정기는 부족전압, 과전압, Sag나 Swell 등을 방지할 수 있으나 과도현상에 의한 전압의 과도진동(Impulse)이나 순간정전, 주파수 변동 등을 방지할 수는 없다.

다. Line Conditioner

Line Conditioner는 절연변압기와 전압조정기를 조합한 것으로 전압의 과도진동이나 순간정전, 주파수 변동 등에 대하여는 방지하기가 어렵다.

라. UPS

무정전전원장치는 순간정전, Impulse, 주파수 변동, 부족전압, 과전압, Sag나 Swell, Noise 과도현상 등 각종 교란에 의한 전원장비 보호에 대한 영향을 감소시킨다.

2.4 Flicker

- 최근 전력수요의 신장과 더불어 OA, FA, 각종 제어장치, 가전제품, 전자기기 등의 고성능화 및 광범위한 보급에 따라 공급전압에 대한 고도의 안정성, 즉 전력의 질적 향상에 대한 요구가 증대하고 공장 등의 부하도 생산성 향상 및 효율화 등을 목적으로 생산설비의 대용량화와 고속제어화가 가속화되고 있는 추세이다.
- 아크로, 용접기, 압연기 등의 대형화가 원인이 되어 공장뿐만 아니라 일반전력계통에 전압변동, Flicker 장해 등이 발생되어 생산과 일상생활에 영향이 증가하고 있다.

■ 신전기설비기술계산 핸드북, 제조사 기술자료, 정기간행물, 한국전기설비규정(KEC)

1. Flicker 발생원

가. 아크로

노(爐) 내에 투입된 스크랩(용재, 쇠조각)을 흑연 전극에 교류전압을 인가하여 상용주파 대전류 아크를 발생시켜 아크열로 스크랩을 용해시키는 것으로 용해 시 전극을 단락시키거나 아크길이의 빈번한 변동으로 불규칙한 전압변동을 초래한다.

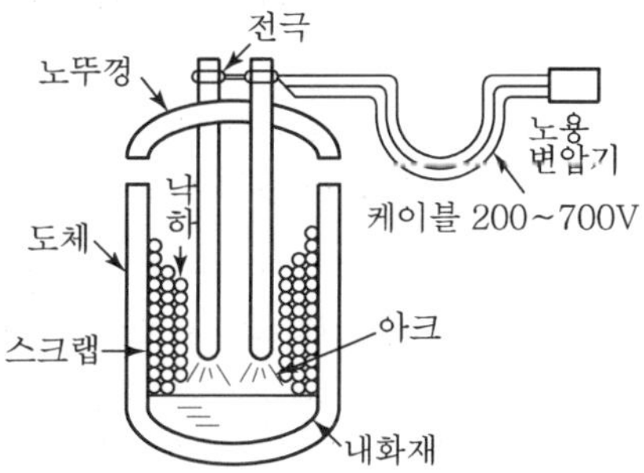

[그림 1] 제강용 아크로의 구조

나. 압연기

압연기는 소비전력이 큰 대형 밀(Mill)의 경우, 다듬질 공정에서 70MW 정도에 이르므로 전압변동 문제를 야기할 수 있다.

다. 용접기

아크용접기, 저항용접기 같은 용접기는 입력용량이 크고 단시간 통전(수 사이클~수 초)과 불통전기간(수 초~수 분)이 반복되는 특성을 갖는 부하이며 단상부하가 대부분이므로 전압 Flicker가 문제된다.

2. 발생원인 및 형태

가. Flicker 현상

특고압 수용가 설비 중 아크로, 압연기 등 무효전력이 많고 빈번하고 불규칙하게 변동하는 부하가 있을 경우 전력계통에 전압변동이 발생한다.

1) 조명의 조도에 영향을 미쳐 깜박거림을 일으켜서 눈에 불쾌감이 발생한다.
2) 컴퓨터나 정밀기기에 각종 오동작, 운전불능, 장해를 유발한다.

나. Flicker의 원인 및 장해현상

[표 1] Flicker를 발생시키는 전기기기와 장해현상

원인	구체적 예	주요 장해현상
① 아크로, 방전기기의 운전 · 정지 반복 등 부하변동이 클 때	• 용접기 • 아크로 • 아크시험기	• 조명의 깜박거림 • 전동기의 회전수 변화, 이상음(맥놀이 음)
② 뇌해에 의한 뇌서지 침입 및 유도서지	• 직격뢰 • 유도뢰	• 지락계전기 오동작, 기기의 소손 • 중앙감시반 및 전화기 등 반도체회로 사용기기의 입 · 출력회로 소손
③ 전동기 등 부하설비 차단기의 개폐동작	• 반송기계 • 대형 프레스	전동기 과열
④ 고장 시의 대전류 및 고장전류 차단	• 단락 • 지락	차단기 트립동작에 의한 변압기의 서지 전압인가
⑤ 높은 돌입전류 발생기기 투입(개폐기의 개폐동작)	• 변압기 여자돌입전류 • 콘덴서 돌입전류	변압기 보호용 퓨즈 용단
⑥ 개폐시간이 극도로 짧고, $\frac{dv}{dt}$ 변화량이 급변한 기기 사용	인버터	인버터 2차 측 전동기의 절연열화, 과열, 이상음(맥놀이 음)

다. 장해발생의 형태

1) 조명 깜박임이 가장 많으며 이상음, 소손, 오동작, 과열, 진동 등으로 분류될 수 있다.
2) Flicker 장해를 경험한 수용가는 이러한 현상들이 다발적으로 동시에 나타나는 경우가 대부분인 것으로 분석되었다.

[표 2] 장해발생 형태(건수/%)

장해내용	조명 깜박임	이상음(맥놀이 음)	소손	오동작/운전정지	과열	진동	계
발생건수	32	14	10	7	7	7	77
점유율[%]	42	18	13	9	9	9	100

3. Flicker와 전압변동 문제

Flicker란 전원전압 변화에 따른 조명의 깜박임을 말한다. 전압변동은 특고압 수용가 설비 중 무효전력이 많고 빈번하고 불규칙하게 변동하는 부하가 있는 전력계통에서 발생한다.

가. 전압변동

부하전류가 변화함에 따라 전압이 상승 또는 강하하는 것으로 크기나 성질은 부하의 종류에 따라 달라진다. 전압변동의 크기는 전압변동률 ΔV로 정의된다.

$$1)\ \Delta V = \frac{E_s - E_R}{E_R} \times 100 = \frac{\sqrt{3}\,I \cdot E_R (R_s \cdot \cos\theta + X_s \cdot \sin\theta)}{E_R^2} \times 100$$

$$= \frac{P \cdot R_s + Q \cdot X_s}{E_R^2} \times 100$$

여기서, E_s : 송전단전압[V], E_R : 수전단전압[V], R_s : 계통의 저항분[Ω]

X_s : 계통의 리액턴스분[Ω], $\cos\theta$: 부하의 역률, $\sin\theta$: 부하의 무효율

P, Q : 부하의 유효전력 및 무효전력(10MVA 기준 pu값)

예 $P = \sqrt{3}\,I \cdot E_R \cos\theta$

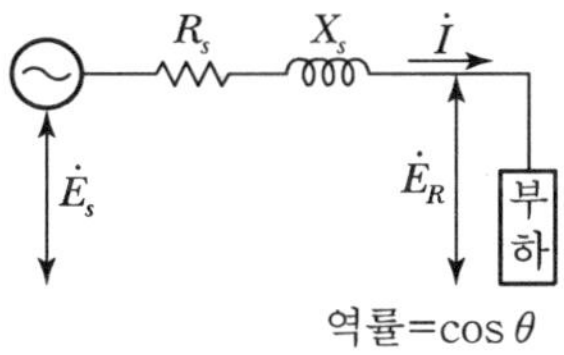

[그림 2] 계통도

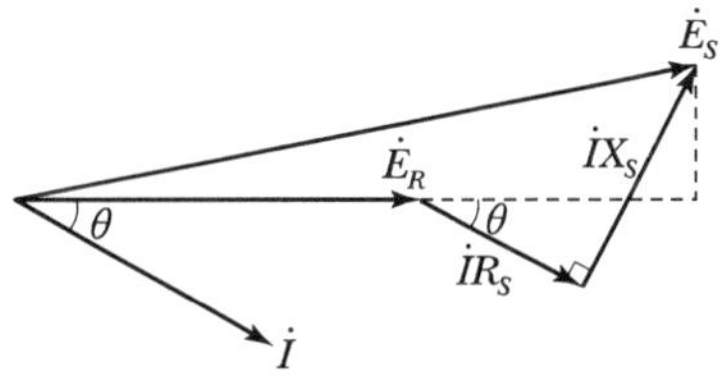

[그림 3] 전압변동의 벡터도

2) 일반적으로 특고압수전의 경우 송전선의 임피던스는 $\%R_s \ll \%X_s$이고, 부하 변동분은 역률이 나쁜 경우가 많으므로 ΔV를 좌우하는 것은 $\%X_s \cdot Q$라고 할 수 있다.

3) 전압변동의 종류

주기에 의해 크게 전압변동의 종류와 형태를 다음의 세 가지로 분류하여 나타낸다.

① 장주기로 변화하는 전압변동(수 분~수 시간 주기)

② 단주기 또한 불규칙한 전압변동(수 사이클 및 수 분 주기)

③ 순시적 변화나 스탭의 전압변동(순시~수 사이클)

이 외에도 고조파에 의한 파형(전압)왜곡은 광의로 해석하면 일종의 전압변동이라고 할 수 있으나, ㉠~㉢의 전압변동과는 다르므로 생략한다.

종류	변동원인	일반적인 변동주기	일반적인 변동형태
장주기	계통전압의 동요	수 분~수 시간	
단주기	㉠ 아크로	수 사이클~수십 사이클	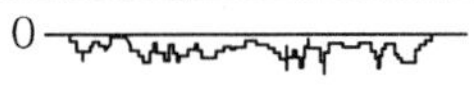
	㉡ 용접기	수 사이클~수십 초	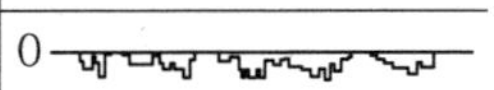
	㉢ 압연기, 교류전기차 등	수 초~수 분	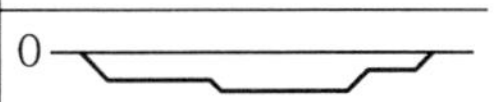
순시	계통사고 시, 전력기기 투입 시 등	순시~수 사이클	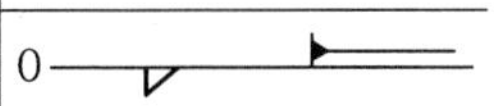

나. Flicker 평가방법

1) 평가기준

상용주파전압의 실효치에서 10Hz 변동주파수에 의한 전압변동량

① [그림 4]는 전압변동량 ΔV를 나타내는 것으로 인간의 감도는 10Hz의 변동에 가장 민감하게 반응하며, 이 전압변동을 10Hz로 환산하여 평가하는 ΔV_{10}의 값을 평가기준으로 채용하게 되었다. → $\Delta V_{10} = a_f \times \Delta V_n [\%]$

② 전압변동이 몇 개의 주파수로 이루어질 때는 각 주파수마다의 변동량을 2승합 평방근 처리하여 실효치로 한다.

$$\Delta V_{10} = \sqrt{\sum_{n=1}^{m} (a_f \times \Delta V_n)^2}\ [\%]$$

여기서, a_f : 변동주파수 f_n에 대한 시감도 계수$\left(a_f = \dfrac{\Delta V_{10}}{\Delta V_n}\right)$

ΔV_n : 변동주파수 f_n에 대한 전압변동량[%]

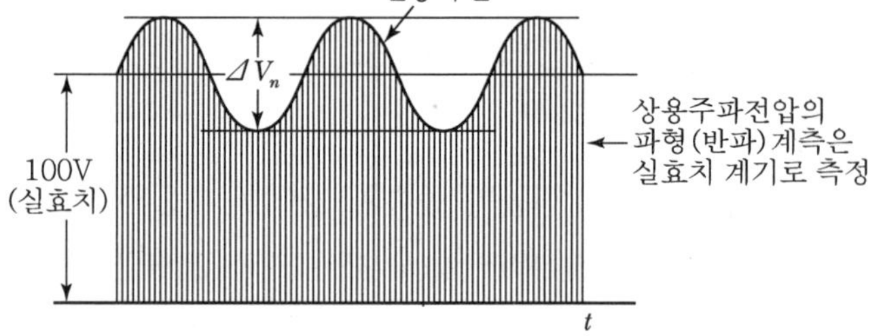

[그림 4] ΔV의 정의

2) Flicker 측정법

깜박임의 표시척도를 구하기 위해 변동전압을 전파정류회로를 통해 정류하고, 기본파의 고조파 성분을 제거한 다음 변동성분의 포락선을 구한다. 이 부분을 ΔV 검출기로 측정한다.

3) Flicker 관리기준

아크로, 전기철도 등에 전력을 사용하는 고객으로서 플리커나 고조파(플리커, Flicker)가 발생하여 다른 고객의 전기사용을 방해할 경우 적용

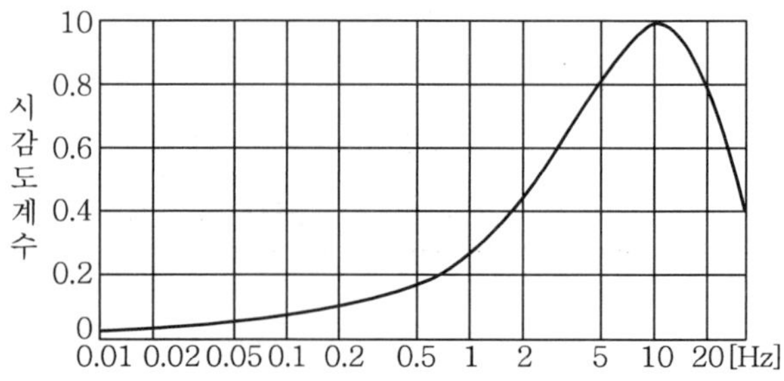

[그림 5] 전압변동 주파수

[표 3] Flicker 허용기준치

구분	허용기준치	비고
예측계산치	2.5% 이하	최대 전압변동률로 표시
실측 시	0.45%V 이하	ΔV_{10}으로 표시하며 1시간 평균치임

4. Flicker 대책

Flicker의 주된 원인은 부하변화에 의한 전원전압의 변동이므로 이 전압변동 요인을 제거하는 것이 중요하다. 플리커 발생 부하가 신 · 증설될 경우 전원 측에서 실시하는 방법과 부하 측에서 실시하는 방법으로 구분된다.

가. 전력공급 측에 실시하는 방법

1) 전용계통의 전용변압기로 공급한다.
2) 단락용량이 큰 계통에서 공급한다.
3) 공급전압을 승압한다.

나. 리액턴스를 보상하는 방법(X_s를 작게 한다.)

일반적인 전력계통은 $R \ll X_s$이므로 전원 측 리액턴스와 무효전력의 변동분에 의하여 전압변동이 결정된다.($\Delta V \fallingdotseq X_s \cdot \Delta Q$)

1) 전원계통 변경에 의한 방법
2) 3권선 보상변압기에 의한 방법
3) 직렬 콘덴서의 설치방법
4) 선로 임피던스를 감소시키는 방법

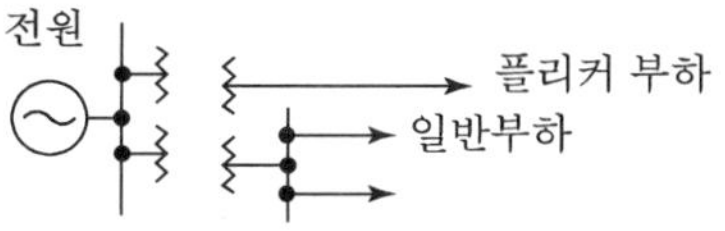

[그림 6] 전용송배전 시설

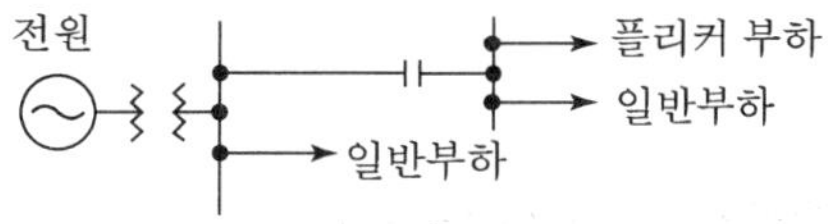

[그림 7] 직렬 콘덴서의 설치

다. 전압강하를 보상하는 방법(전압의 직접조정)

1) 부스터에 의한 방법
2) 상호 보상리액터에 의한 방법

라. 무효전력 변동분의 흡수(변동무효전력의 보상)

1) 동기조상기와 완충리액터에 의한 방법
2) 사이리스터용 커패시터 개폐에 의한 방법(TSC)

3) 사이리스터용 리액터 위상제어에 의한 방법(TCR)

4) 병렬 포화리액터에 의한 방법

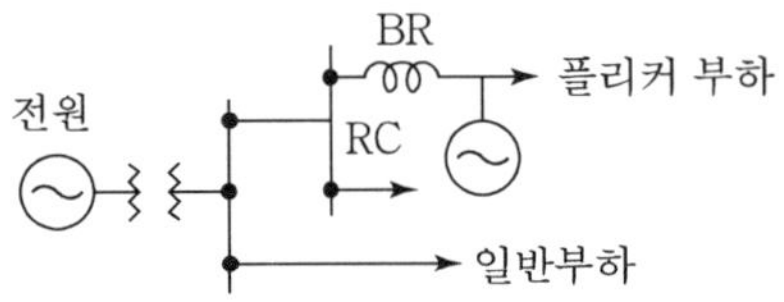

[그림 8] 동기조상기와 완충리액터

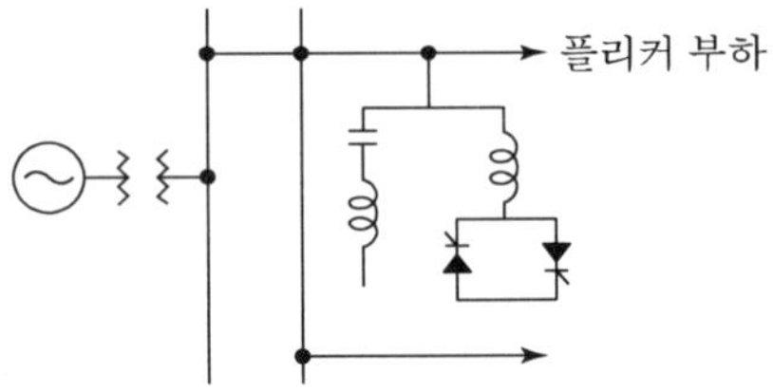

[그림 9] 사이리스터용 리액터 제어

마. 아크로 전류의 변동분을 억제하는 방법

1) 노용 직렬리액터에 의한 방법

2) 가포화 리액터에 의한 방법

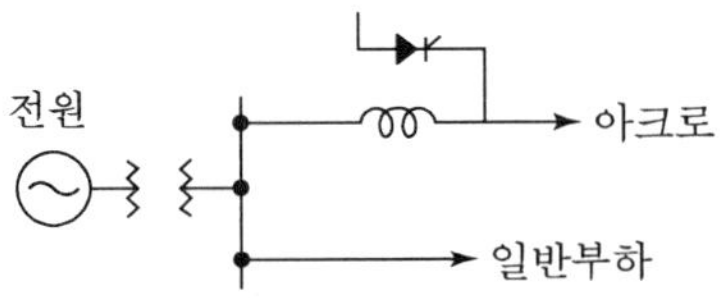

[그림 10] 가포화 리액터의 삽입

바. Flicker 억제를 위한 시공 시 고려사항

1) 간헐적인 부하(전기로, 용접기, 전동기) 사용으로 인한 전압변동을 최소화한다.

2) 불규칙적인 전압변동이 없도록 회로를 구성한다.

3) 계통 구성에서 고려한다. 즉, 전압변동을 최소화하기 위한 변압기 용량을 크게 한다.

4) 사용전선을 굵게 한다.

5) 적정 간선분할 계획을 세운다. 예 배선 말단에 콘덴서를 설치한다.

2.5 이상전압

전력계통에 나타나는 이상전압은 크게 두 가지로 원인이 계통 내부에 있는 내부 이상전압과 외부로부터 주어지는 외부 이상전압으로 나눈다.

가. 차단기의 투입 · 개방 경우에 나타나는 개폐서지에 의한 이상전압과 선로 충전전류를 지락 차단 시의 상용주파 이상전압 등 계통 내부 원인에 의한 내부 이상전압(내뢰)

나. 송전선 또는 가공지선을 직격하는 이상전압과 뇌운 아래의 송전선에 유도된 구속전하가 자유전하로 되어 송전선로에 전파하는 외부 이상전압(직격 · 유도뢰)

■ 신전기설비기술계산 핸드북, 최신 송배전공학, 정기간행물, 한국전기설비규정(KEC)

1. 이상전압의 구분(☞ 참고 : 이상전압의 종류와 전기기기의 절연강도)

가. 지속성 이상전압

1) 상용주파 이상전압

부하차단, 지락고장, 단선, 탈조 시 등에 발생하는 기본주파수분의 이상전압

2) 철심포화에 기인하는 이상전압

수 · 배전계통에 접속되는 변압기, 리액터 등의 철심이 포화되어 계통의 커패시턴스와 공진을 일으켜 발생하는 이상전압

나. 과도 이상전압

과도 이상전압을 고장 시 과도 이상전압 또는 지락 시 과도 이상전압이라고도 한다.

1) 개폐 시 이상전압

① 무부하 선로의 개폐시지 : 투입시지, 재점호 시지 및 단로기 개폐서지
② 유도성 소전류 차단 : 전류재단서지, 반복 재발호, 유발절단[7)]
③ 고장전류 차단서지
④ 3상의 비동기 투입서지

2) 지락 시 이상전압(☞ 참고 : 이상전압이 전기설비에 미치는 영향)

지락 시 이상전압의 종류에는 1선 지락과도이상전압, 2선 지락과도이상전압, 지락점 재점호이상전압이 있다.

다. 외부 이상전압

외뢰에는 유도뢰와 직격뢰가 있으며, 외뢰의 이상전압 파고치는 계통기기에 절연이상을 유발하므로 적절한 보호장치가 필요하다.

2. 이상전압 발생원인

가. 정상 운전상태에서 주로 계통 조작 시에 발생한다.
나. 지락, 단락 등의 고장 시에 발생한다.
다. 실제로는 과도진동전압과 상용주파전압이 겹쳐서 발생하게 되며 원인도 고장의 경우에 계통을 분리하거나 개폐 조작을 하는 수가 많아서 대부분 복잡한 형태를 갖는다.

---

7) 유발절단 : 3상 중 한 상이 전류영점에서 차단되면 거의 동시에 나머지 상도 차단되어 큰 전류를 절단하는 현상

3. 내부 이상전압

가. 상용주파 이상전압

부하 시 선로의 충전전류에 의해 송전단 전압보다 수전단 전압이 높아지는 페란티 현상은 이상전압 발생의 원인이 된다.

1) 지락 · 차단 시 이상전압

① 1선 지락사고 시 건전상의 대지전압이 상승하는데 그 크기는 유효 접지계에서는 상규 대지전압의 1.3배 이하, 비유효 접지계에서는 $\sqrt{3}$ 배이다.

② 이때 계통의 충전전류가 유효접지전류보다 작으면 이상전압은 $\sqrt{3}$ 배 이상을 넘지 않으나 충전전류가 커지면 높은 이상전압이 발생하게 된다. 또한 차단 시에도 건전상의 전압은 상승한다.

2) 단선 · 탈조 시 이상전압

나. 철심포화에 기인하는 이상전압

수 · 배전계통에 접속되는 변압기, 리액터 등의 철심이 어떤 원인으로 포화되어 계통의 커패시턴스와 공진을 일으켜 이상전압을 발생시킨다.

1) 기본파 철공진 이상전압

① 원인 : 선로의 단선, 개폐기류의 불안정한 투입, 퓨즈의 용단 등 회로가 단선상태가 되면 변압기 여자임피던스와 선로정전용량이 직렬 철공진을 일으킨다.

② 현상 : 중성점 직접접지 계통에서 a상에 단선사고가 발생할 경우

단선의 경우 대지전압 $V_a = \dfrac{X_c/X_m}{3-2(X_c/X_m)} \cdot E_a$

여기서, X_C : 용량리액턴스, X_m : 무부하 변압기 1상당 리액턴스

2) 특수 철공진 이상전압

① 원인 : 철심이 있는 리액터 포화에 의해 고조파 전압 · 전류가 발생하고 회로가 고조파에 공진했을 때 발생하는 현상

예 접지형 계기용 변압기의 중성점 불안정현상, 비접지계통의 접지 등

② 영향 : 변압기 철심의 자기포화 및 계통의 대지정전용량에 기인하여 계통절연파괴 또는 이상전류에 의한 잡음이 발생한다.

다. 지락 시 과도 이상전압

지락 고장점에 아크지락이 발생하면 소호 · 재점호를 반복하면서 높은 이상전압이 발생하게 된다. 이 경우 비접지 계통에 충전전류만 있는 경우 가장 높은 값이 된다.

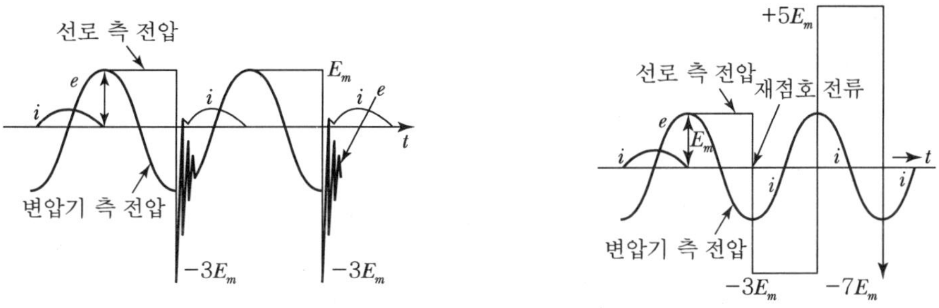

(a) 제동 작용이 있을 경우　　(b) 무제동 이상전압

[그림 1] 무부하선로 충전전류 차단 시 이상현상

라. 개폐 시 이상전압(☞ 참고 : 개폐서지현상 및 억제방법)

개폐서지는 뇌서지에 비해 파고값은 높지 않지만 지속시간이 비교적 길어 기기절연에 영향을 준다.

1) 무부하 선로개폐

① 무부하 선로의 충전전류를 전류 0점에서 차단할 경우 전압은 최대이고 1/2cycle 후 차단기 극간에는 최대치의 2배의 전압이 걸리게 된다.

② 차단기 극간의 절연회복이 충분하지 못하면 재점호를 일으켜 최대치의 3배 전압까지 상승한다.

③ 이것이 1/2cycle마다 반복되면 5, 7, 9배의 이상전압이 발생한다.

2) 유도성 소전류 차단

① 변압기 여자전류를 전류가 영점이 되기 전에 강제 차단할 때 발생하는 서지로 변압기의 리액턴스와 급격한 전류변화율 $L\frac{di}{dt}$에 의한 이상전압이 발생한다.

② 전류절단서지 발생 시 차단기 극간절연이 회복되지 못하면 재발호와 고주파 소호를 반복하는 현상으로 이때 이상전압은 매우 큰 전압이 발생한다.

③ 차단성능이 좋은 VCB, ABB 등은 비교적 큰 값이 된다.

4. 외부 이상전압

가. 직격뢰

1) 도체 직격뢰는 선로 · 기기 등 도체에 직접 뇌격하는 경우를 말한다.

2) 역플레시오버(섬락)는 철탑 및 가공지선 등이 낙뢰 시 뇌격전류와 철탑저항에 의한 전압강하로 철탑 및 가공지선 등의 전위가 대폭 상승하여 도체 간에 전위차가 크게 되어 절연내력을 초과할 경우 도체에서 섬락이 발생한다.

나. 유도뢰

1) 도체에서 뇌운의 전하와 반대극성의 전하가 정전유도작용에 의해 나타나는 현상이다.
2) 뇌운 간 또는 뇌운과 대지 간의 방전으로 뇌운의 전하가 소멸될 때 도체상에 구속된 전하가 자유전하로 되어 선로로 진행하여 침입하는 서지이다.

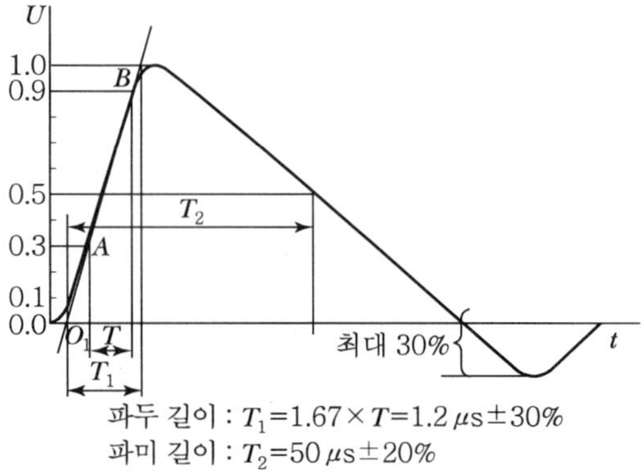

[그림 2] 충격파 파형(전압)

다. 뇌임펄스 표준파형(충격파)

일반적으로 뇌전압 또는 뇌전류의 파형은 [그림 2]와 같이 충격파이다. 충격파는 극히 짧은 시간에 파고값에 달하고, 또 극히 짧은 시간에 소멸하는 파형을 갖는다.

1) 충격파 관련 용어 설명

① 충격전압(T) : 파고값의 30%(전류의 경우 10%)와 90% 점을 맺는 직선이 시축과 교차하는 구역

② 파두 길이(T_1) : 파고값에 달하기까지의 시간

③ 파미 길이(T_2) : 파고값의 50%로 감쇠할 때까지의 시간

2) 표준파형

파두 · 파미 길이× T로 표시

① 표준충격전압 : 파두장이 1.2μs, 파미장이 50μs인 전파충격전압
파두값 $T_1 = 1.67 \times T = 1.2\mu s \pm 30[\%]$, 파미값 $T_2 = 50\mu s \pm 20[\%]$로 표시

② 표준충격전류 : 파두장이 8μs, 파미장이 20μs인 전파충격전류
파두값 $T_1 = 1.2 \times T = 8\mu s \pm 30[\%]$, 파미값 $T_2 = 20\mu s \pm 20[\%]$

5. 기타 이상전압

부하의 차단, 단선, 철공진 이상전압, 한류퓨즈 차단 시 과전압, 전동기의 자기여자현상에 의한 과전압, 변압기 이행전압 등이 있다.

6. 이상전압 방지대책

계통의 경우 이상전압 방지대책으로는 기기보호용으로서의 피뢰기 설치, 선로의 피뢰보호용으로 가공지선에 의한 뇌차폐, 접지저항 저감방법 등이 있다.

가. 내부 이상전압 대책

1) 상용주파 이상전압

① 계통절연은 기본적으로 페란티 효과, 지락 시 이상전압 등 상용주파 이상전압에 견디도록 절연한다.

② 계통에는 충전전류 이상의 유효 접지전류가 흐르도록 중성점에 저항접지, GVT 접지를 한다.

2) 철심포화에 기인하는 이상전압

① 기본파 철공진 방지대책

㉠ 사고 시 직렬공진을 일으키지 않도록 회로를 구성할 것

㉡ 차단기, 개폐기류의 불안정한 투입이 없도록 보수 · 조작에 유의한다.

② 특수 철공진 이상전압 대책 : 계기용 변압기 2차 개방 Δ단자에 저항을 삽입한다.

예 3.3kV의 경우 50Ω, 6.6kV의 경우 25Ω

3) 지락 시 과도 이상전압

비접지 계통의 간헐지락에 의한 이상전압은 지속시간이 길어서 피뢰기로 보호는 어렵고 중성점 접지 등 계통조건을 개선하여야 한다.

4) 개폐서지

① 충전전류 차단능력이 있는 차단기 사용 : 차단속도가 빠르고 절연회복 능력이 좋은 VCB, GCB를 사용한다.

② 저서지 밸브를 가진 차단기 사용 : CR 억제기 등

③ 건식기기에는 서지흡수기(SA) 설치

㉠ 설치대상 : VCB+Mold TR, VCB+Motor

㉡ 사용정격 : 22.9kV급 → 18kV/5kA, 6.6kV급 → 7.5kV/5kA

나. 외부 이상전압 대책(뇌서지)

1) 가공지선 및 피뢰설비를 설치하여 직격뢰를 대지로 방전한다.

2) 피뢰설비의 접지저항을 작은 값이 되도록 한다.(10Ω이나 5Ω 이하 유지)

3) 피뢰기 설치

① 수전단 인입구에 설치하여 인입선로로 침입서지를 보호한다.

② 피보호기기로부터 근접 설치한다.

예 22.9kV의 경우 20m 이내, 18kV/2.5kA의 갭리스 피뢰기 사용

다. 기타 방지대책(☞ 참고 : 전력계통의 절연협조)

1) 절연레벨의 협조

① 전력용 변압기 : LIWL의 1.0배

② 피뢰기 제한전압 : 피보호기기 LIWL의 80% 이하

③ 부싱, LS, 애자 : LIWL의 1.1배

④ 보호장치가 없는 경우 1단계 높은 절연 계급 기기를 사용한다.

2) 공통접지 채택

피뢰기와 기기의 외함은 공통접지로 등전위화 하여 전위차를 감소시킨다.

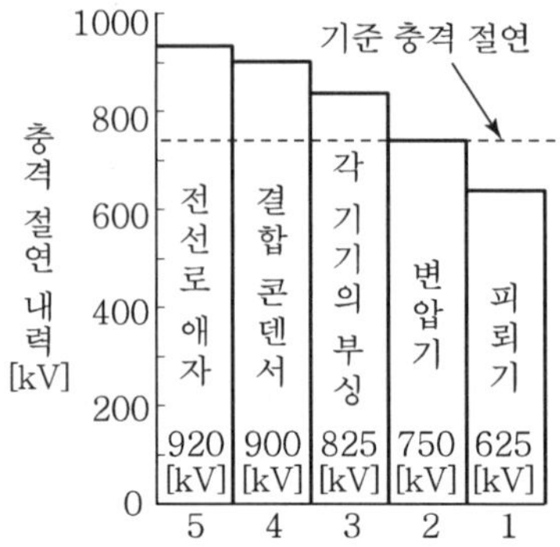

[그림 3] 전력계통 절연협조

2.6 유도장애(誘導障碍)

• 유도장애(Inductive Disturbance)란 전기설비에 의하여 인접 통신시설에 미치는 전자기적 영향이 제한범위를 초과하여 통신시설의 절연파괴나 운용 장애를 유발하고 인명에 위험을 초래하는 현상이다.

• 우리나라는 지형관계상 전력선과 통신선이 근접해서 건설될 수 있으므로 이 경우 통신선에 전압 및 전류가 유도되어 발생하는 유도장애(직격뢰나 유도뢰 등)를 반드시 고려하여야 한다.

■ 신전기설비기술계산 핸드북, 최신 송배전공학, 제조사 기술자료, 정기간행물, 한국전기설비규정(KEC)

1. 유도장애 종류

가. 발생 원인별

1) 정전유도는 전력선과 통신선이 전압에 의한 상호 커패시턴스에 의하여 발생하는 장애

2) 전자유도는 전력선과 통신선이 전류에 의한 상호 인덕턴스에 의하여 발생하는 장애

3) 고조파유도는 양자의 영향에 의하지만 상용주파수 보다 고조파의 유도에 의한 장애

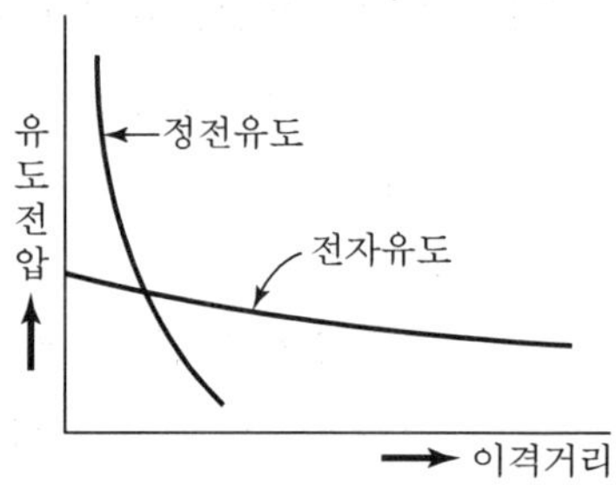

[그림 1] 정전유도와 전자유도

나. 발생 형태별

1) 상시유도장애는 전력계통에서 평상 운전의 경우는 정전유도장애가 문제된다.
2) 순간유도장애는 전력계통에서 지락사고의 경우는 전자유도장애가 문제된다.

다. 계통에 미치는 영향

1) 통신선의 유도장애
2) 전력선 및 기기의 절연설계
3) 보호계전기 동작 특성 및 계전기의 선택
4) 피뢰기 동작 및 안정도 검토

2. 유도전압 종류

유도전압에는 대지 유도전압과 선간 유도전압이 있으며, 대지 유도전압의 백터 차가 선간 유도전압이다. 따라서 일반적으로 송전선에서는 대지 유도전압이 선간 유도전압보다 크다.

가. 상시유도전압

1) 가공송전선에서 정전유도 및 상시 운전 시 회로 불평형으로 발생하는 대지전류(대지귀로전류)로 인한 통신선 길이 방향에 생기는 기본파 유도전압이다.
2) 영향 : 통신선과 대지 간에 직접 접속된 교환기기, 전송기구 등 단말기기의 오동작을 유발하고 감전에 따른 작업 저하 및 생명에 위험을 준다.

나. 상시유도잡음전압

1) 유도잡음전압은 통신선로를 구성하는 선간에 나타나는 전압이며 통신 중에 잡음이 된다.
2) 영향 : 통신 중 잡음으로 통화품질의 저하, 제어관계기기의 오동작을 발생시킨다.

다. 이상유도전압

1) 송전계통 지락사고나 뇌 현상처럼 정상상태에서 갑자기 변화했을 때나 개폐서지처럼 어떤 정상상태에서 다른 정상상태로 옮아가는 과정에서 흐르는 전류에 의해 통신선 길이 방향으로 생기는 기본파 유도전압을 말한다.
2) 영향 : 상시유도전압보다 크므로 접속 전기기구를 파괴하거나 생명을 위협한다.

3. 유도장애 현상

가. 정전유도(Electrostatic Induction)

1) 원인

송전선의 영상전압과 통신선사이의 상호정전용량의 불평형에 기인하여 통신선에 정전기적으로 유도되는 전압이 정전유도를 일으킨다.

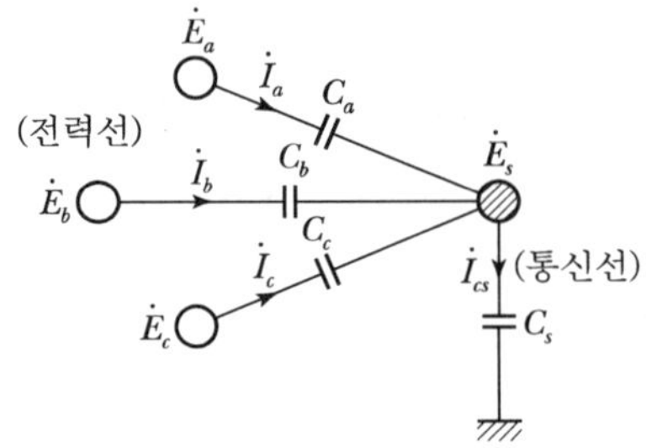

[그림 2] 정전유도

2) 통신선 정전유도

E_S를 통신선 유도전압이라 하면($C_a \neq C_b \neq C_c$일 경우)

① $I_a + I_b + I_c = I_s$에서 $j\omega[C_a(E_a - E_s) + C_b(E_b - E_s) + C_c(E_c - E_s)] = jwC_sE_s$

$$\therefore\ E_s = \frac{C_aE_a + C_bE_b + C_cE_c}{C_a + C_b + C_c + C_s}$$

② 3상이 평형되고 있을 경우($E_a = E,\ E_b = a^2E,\ E_c = aE$)

E_s의 절댓값은 $|E_s| = \dfrac{\sqrt{C_a(C_a - C_b) + C_b(C_b - C_c) + C_c(C_c - C_a)}}{C_a + C_b + C_c + C_s} \times E$

여기서, C_a, C_b, C_c : 전력선과 통신선 상호 정전용량[μF]

C_s : 통신선과 대지 간 정전용량, E : 상전압($= V/\sqrt{3}$: V는 선간전압)

③ 정전유도전압은 주파수 및 양 선로의 평행길이와 관계없고, 다만 전력선의 대지전압 ($V/\sqrt{3}$)에만 비례한다. $C_a = C_b = C_c = 0$인 경우에는 $E_s = 0$이 된다. 즉, 연가가 완전하면 각 상의 정전용량은 평형이 되어 정전유도전압은 0이 된다.

3) 장애영향

① 정전유도전류에 의하여 통신선에 상시유도잡음이 발생한다. 예 전화기 잡음

② 전력선 근방의 통신선 작업자 및 통행인에 전격 등 감전위험이 발생한다.

나. 전자유도(Electromagnetic Induction)

1) 원인

지락사고 시 영상전류에 의하여 발생한다. 전력선에 흐르는 전류의 자계에 의한 전자유도작용으로 인근 통신선에 기전력이 유도되어 상호 인덕턴스 작용에 의한 기유도 전류가 흐르게 되어 발생하는 현상을 말한다.

① 전자유도전압 $E_m = -jwMl(3I_0)$

여기서, I_0 : 기유도 전류(=지락전류)

② 평상시의 운전에서는 3상 전력선의 각 상전류가 대체로 평형이 되어 I_0의 값은 극히 적다. 그러나 송전선에 고장이 발생하였을 때 큰 I_0가 대지전류로 흐르게 되고 이것이 통신장애를 일으키게 된다.

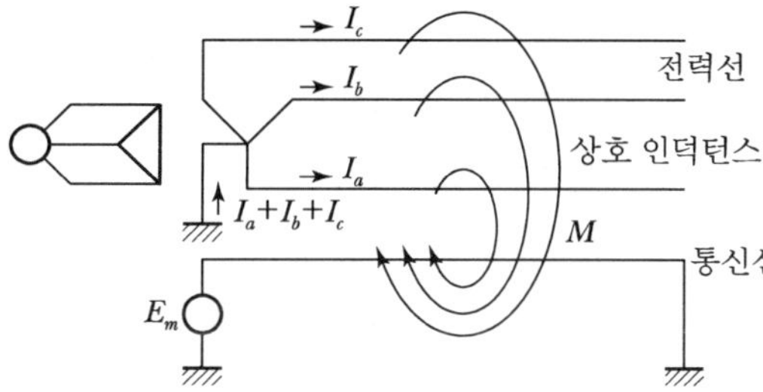

[그림 3] 전자유도

2) 전지유도의 영향

① 배전선 및 송전선에 사고 시 유도위험전압이 발생한다.

② 상시 유도전압에 의하여 인체감전 및 기기 오동작이 발생한다.

③ 주변 통신 케이블에 상시 유도잡음전압이 발생한다.

다. 중성점 접지방식별 유도장애 영향

1) 비접지 : 지락전류가 매우 작아서 유도장애가 적다.

2) 직접접지 : 지락전류가 커서 유도장애에 의한 고속도계전방식 등의 대책이 필요하다.

3) 저항접지 : 지락전류를 어느 정도 제한하여 유도장애가 감소된다.

4) 소호리액터 접지 : 이론상 지락전류가 흐르지 않으며 유도장애가 최소이다.

4. 유도장애 경감대책

가. 정전유도 대책

1) 전력선과 통신선을 이격하거나 전력선 및 통신선 사이에 차폐선을 설치한다.

2) 통신선에 금속외장 케이블을 사용하고 외피를 접지한다.

3) 전력선을 연가하여 상호정전용량을 평형시킨다.

나. 전자유도 대책

기유도 전류를 줄이거나 송전선과 통신선 사이의 상호 인덕턴스(M) 또는 선로평행길이(L)를 줄여 전자유도전압을 억제하고, 유도장애를 받게 되는 시간을 줄일 필요가 있다.

1) 전력선 측의 대책

① 전력선과 통신선을 이격하여 설치한다.(M의 저감)

② 전력선과 통신선 사이에 차폐선을 설치한다.(M의 저감)

③ 중성점을 저항 접지할 경우 저항을 가능한 크게 한다.(I_0을 저감)

④ 고속도 지락보호계전방식을 채택하여 신속하게 고장회선을 차단한다.(고장지속시간을 단축)

2) 통신선 측의 대책

① 통신선에 중계코일(절연 변압기)을 삽입하여 구간을 분할한다.(병행길이 저감)

② 연피 통신 케이블을 사용한다.(M의 저감)

③ 통신선에 우수한 피뢰기를 설치하여 유도전압을 강제로 경감시킨다.

④ 통신선을 직접 접지하여 유도 전류를 대지로 흘린다.(통신잡음의 저감)

다. 유도장애에 정해진 유도전압 제한값 및 장해현상

<table>
<tr><th colspan="2">구분</th><th>제한값</th><th>유도 발생 설비</th><th>장해 내용</th></tr>
<tr><td colspan="2">정전유도</td><td>국내기준 없음
※ 일본 : 150V</td><td>• 전력선
• 전기철도
• 방송 고주파 발생</td><td>• 통신설비의 절연파괴
• 통화 잡음 및 기기 오동작
• 통신 측 피뢰기 동작</td></tr>
<tr><td rowspan="3">전자유도</td><td>사고 시 유도위험 전압</td><td>• 배전선 : 450V
• 송전선 : 650V</td><td rowspan="3">접지방식의 전력선
• 345kV, 154kV T/L*
• 66kV 저항접지 T/L
• 22.9kV−Y D/L*
교류전기철도
※ T/L(Transmission Line)
※ D/L(Distribution Line)</td><td>• 통신설비의 절연파괴
• 인명 감전위험
• 통신 측 피뢰기 동작</td></tr>
<tr><td>상시유도 전압</td><td>• 인체위험 : 60V
• 기기 오동작 : 15V</td><td>• 인명 감전위험
• 통신기기의 오동작</td></tr>
<tr><td>상시유도 잡음전압</td><td>• 통신케이블 : 0.1mV
• 나도체통신선 : 2.5mV</td><td>• 통화잡음 발생
• 통화품질 저하</td></tr>
<tr><td colspan="2">대지전위 상승</td><td>650V</td><td>−</td><td>• 통신설비의 절연파괴
• 인명 감전위험
• 통신 측 피뢰기 동작</td></tr>
</table>

2.7 전자파(전자기파)

전자파란 전계와 자계의 주기적 변동(진동)에 의해 공간을 통하여 전달되는 에너지파를 말하며 자연에서 발생하는 것과 인위적으로 만들어지는 것으로 구분한다. 또한 인위적으로 만들어지는 전자파는 의도적인 것과 비의도적인 것으로 구분된다.

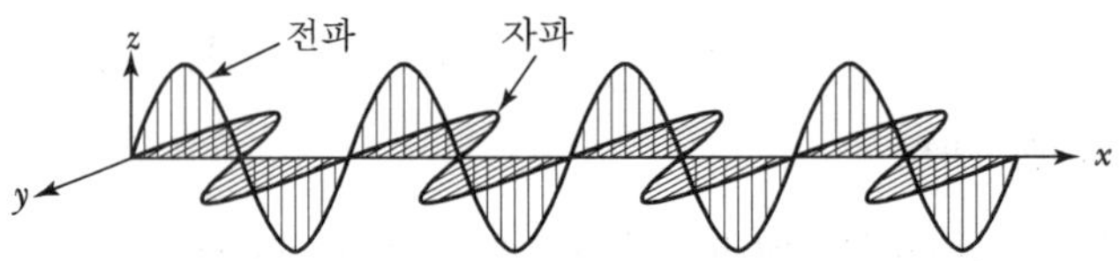

■ 한국전기설비규정(KEC), 신전기설비기술계산 핸드북, 제조사 기술자료, 정기간행물

1. 전자파 체계

가. EMC(Electro Magnetic Compatibility, 전자파 적합성(전자파 양립성))

전자기기에 허용치 이상의 전자방해를 받지 않을 때 그 전자 환경에서 만족하게 기능하는 기기, 장치 또는 시스템의 능력을 말한다. 예 EMI, EMS를 양립시킬 필요성

나. EMI(Electro Magnetic Interference, 전자파 장해)

전자기기로부터 부수적으로 발생되는 전자파(Noise)가 그 자체의 기기 또는 타 기기의 동작에 영향을 주는 장해를 말한다. 예 CE(전도 노이즈), RE(방사 노이즈)

다. EMS(Electro Magnetic Susceptibility, 전자파 내성)

일정한 정도의 전자파장해가 일어나도 전자기기가 정상적으로 작동할 수 있는 전자파의 내성이다. 예 CI(전도 내량), RI(방사 내량)

라. EMC, EMI, EMS의 상호관계

EMI는 자연현상이나 전기기기가 얼마나 전자파를 발생해서 다른 통신설비 또는 컴퓨터 등에 전자파 장해를 끼칠 수 있는가 하는 정도를 말하는 것이며, EMS는 기기가 이러한 전자파에 얼마나 민감하게 반응하는가 하는 정도를 말하는 것이고 EMC는 전자파 적합성 시험으로 양자를 모두 포함해서 말하는 것이다.

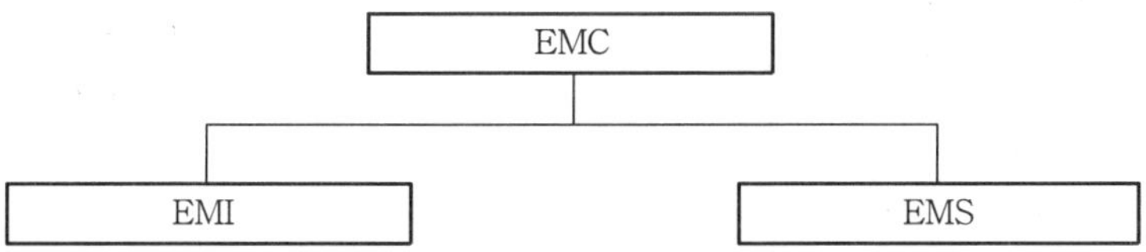

2. 전자파 장해 현상

전자파 장해(EMI ; ElectroMagnetic Interference)는 전자, 통신기기 또는 시스템의 기능을 저해하는 전자현상의 총칭을 말하며 이를 Noise라고 한다.

가. 전자파의 침입경로 및 종류

1) Noise 침입경로에 따른 Noise 발생비율은 입력선(37%), 전원선(32%), 출력선(25%), 공중파(5%), 기타로 구분되며 대부분은 입력선, 전원선, 출력선을 통하여 전달된다.
2) Noise의 종류에는 도체를 통해서 전파되는 전도성 Noise와 공간을 통해서 전파되는 방사성 Noise의 두 가지 형태가 있으며 모두를 고려하여 Noise 방지대책을 세워야 한다.

나. 생체에 미치는 현상

1) 전자파의 열적 현상 : 생체 내에서 발생되는 Joule열
2) 전자파의 비열적 현상 : 신경 근육세포에 대한 전기 자극으로 인한 근육의 수축 또는 불수현상, 세포나 분자레벨에 작용하는 힘

다. 전자기기에 미치는 현상

EMI는 System의 고집적화나 Network화 영향으로 한 System의 신호가 다른 System에 간섭되는 상호 EMI와 편측 EMI 문제를 발생시킨다.

1) 원인

① 고조파에 의한 것
② 과도현상에 의한 것
③ 정전기의 방전에 의한 것
④ 전파에 의한 것
⑤ 뇌방전에 의한 것

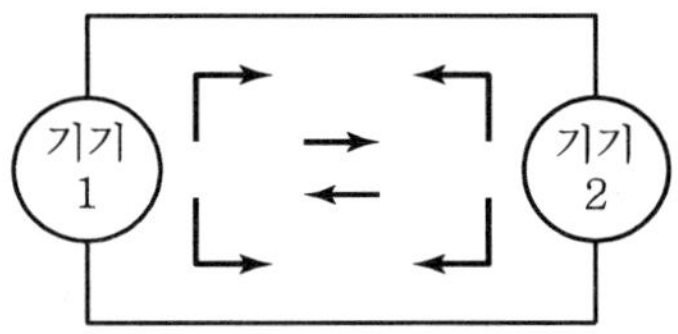

[그림 1] 상호 EMI

2) 영향

① 전자파, Noise에 의한 오동작
② 신호선, 전원선으로 유입된 고조파에 의한 오동작
③ 자동화 설비의 오동작
④ Memory 소자의 오동작
⑤ 외관에 의한 오동작(기능 저하, 소자 소손)

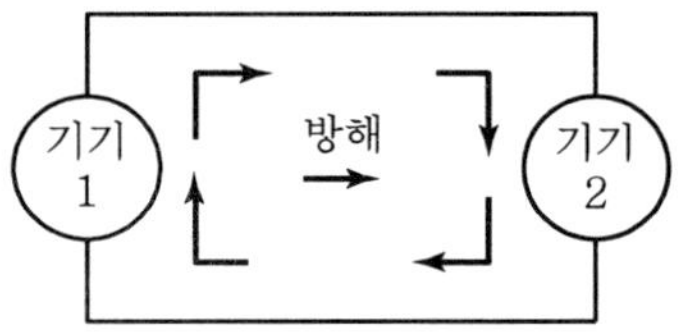

[그림 2] 편측 EMI

3. 전자파의 종류

가. Noise 성질에 따른 분류

1) 전자파 Noise(방사 Noise)

① 전자파란 전계와 자계가 서로 겹쳐서 진행하는 파의 성질을 가진 것으로서 그 속도는 광속과 같다.
② 일반적으로 수십 kHz 이상의 높은 주파수대에 들어가는 Noise를 고주파 Noise라 한다.
③ 발생원인은 기기 내부에서 만들어지는 고주파 신호나 내부 잡음이 전자파가 되어 외부로 튀어나가는 것이다.

2) 유도 Noise

① 근접하는 2개의 전선이 있는 경우 그 사이에는 미소한 정전용량(C)이 존재한다.(정전유도)

② 전선에 전류가 흐르면 그 주위에 자속이 생긴다. 이 교류자속에 의해 다른 전선에 기전력을 발생시키는 것이다.(전자유도)

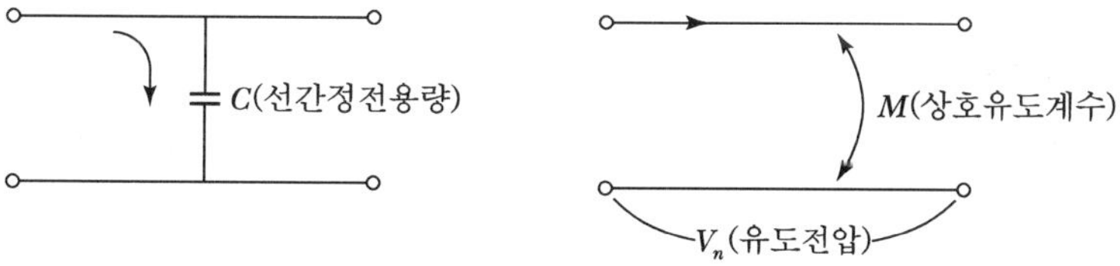

(a) 정전유도 (b) 전자유도

[그림 3] 유도 Noise

3) 전원 Noise

① 자동화기기 대부분이 내부에 고주파의 발진회로 등 Noise의 발생원이 될 수 있는 것을 가지고 있으며 기기 내부에서 전원 측으로 복귀해 오는 것을 전원 Noise라 한다.

② 전원 Noise의 대표적인 것은 스위칭 Noise이며 기기 전원부 전원을 On/Off 하는 경우 [그림 4]와 같은 역기전력이 발생한다.

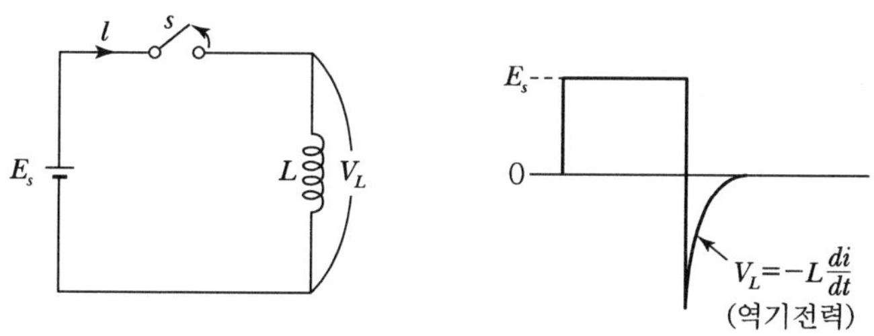

[그림 4] 스위칭에 의한 역기전력

나. 전송선로 임피던스 특성에 따른 분류

전기신호와 Noise를 전달하는 전송로는 평행 왕복 2선의 경우가 많다. 왕복선로의 선간 성분과 대지와 각 선과의 사이에서 발생하는 대지성분으로 구분한다. 이것은 선로의 임피던스 특성이 다르기 때문에 구분되는 것이다.

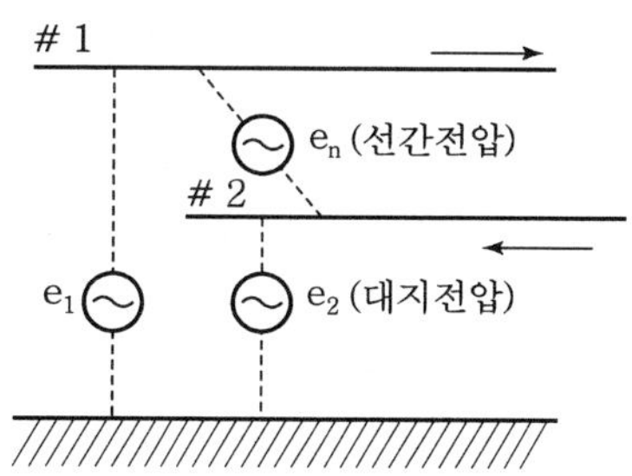

[그림 5] 선간전압과 대지전압

1) 대지성분 Noise

두 선에 대하여 동일 위상으로 전달되며 Common Mode Noise(비대칭 Noise)이다.

2) 선간성분 Noise

선간선로와 같이 서로 다른 위상으로 전달되며 Normal Mode Noise(대칭 Noise)이다.

4. 전자파에 대한 대책

가. 일반적인 대책

1) 생체대책

세계보건기구(WHO)와 국제 방사선 보호협회(IRPA)가 "무선주파수 및 마이크로파에 관한 환경보전 기준"으로 권고하고 있다.

2) 전자기기 대책

전자파 장해에 대한 기본 대책은 잡음원의 억제, Noise에 대한 전자기기 내력 강화, 오동작 시 회복수단 강구 등이 있다.

나. Noise의 발생억제

1) 개폐서지를 흡수할 수 있는 피뢰기, 서지흡수기를 설치한다.
2) 접지저항을 가능한 한 작게 하여 사고 시에 접지선의 전위 상승을 억제한다.
3) 정전기 및 고조파의 발생을 억제한다.
4) 피뢰침을 설치하고 낮은 접지저항으로 접지한다.

다. Noise의 침입억제

1) Twist Pair선 사용

신호선의 불균형에 의한 Noise 침입을 막고 평형도를 높여서 Normal Mode에 의한 Noise 발생 및 침입을 억제한다.

2) 제어케이블의 분리포설

기기에 연결되는 신호선, 제어선에는 가까이 병행되는 전력케이블이 없도록 다른 선로와 분리하여 포설한다.

3) 제어케이블의 Shield 접지

제어케이블의 접지에는 편단접지와 양단접지가 있는데 편단접지는 정전유도에 의한 Noise 침입방지에 효과적이고 양단접지는 전자유도에 의한 Noise 방지에 효과가 크다.

4) 기기의 접지

복수 접지를 하면 외부 Noise 전류가 접지점의 한쪽으로 흘러 들어와 다른 접지점으로 흘러 나가기 때문에 피보호기기가 Noise에 노출되어 Noise에 극히 취약한 시스템이 되므로 피보호기기는 어떤 경우에도 1점 접지를 한다.

5) 전자파 차폐

정전차폐는 도전성이 좋은 금속제 외함을 사용하며 자기차폐는 고투자율의 금속재료를 사용하여 외함 표면에 도전성을 부여하고 외함을 접지하여 전자파를 차폐한다.

라. EMC 영향을 받지 않는 회로 구성

1) 회로에 고주파 제거 필터회로를 포함하여 Noise에 영향을 받지 않는 회로로 동작시킨다.
2) 회로에 제너다이오드 등을 넣어 일종의 서지 흡수기로 동작시킨다.

5. 전자파 장해(EMI) 대책

EMI는 본질적으로 전자파 장해요인의 발생을 억제하는 일인데 전자파가 자체 기기 및 타 기기에 영향을 주는 장해에 대한 대책으로 다음과 같은 것이 있다.

가. 전원선 Noise

1) 유도성 부하(전동기, 릴레이)가 접속된 전원선과 공용하면 유도성 부하에 대한 전류가 차단되었을 때 전원라인에 스파크 Noise가 생겨 기기를 오동작하게 한다.
2) 시스템 중 스위칭 전원에서 발생하는 스위칭 Noise가 전원선으로 나와 다른 기기의 오동작을 유발하기도 하며 AC 전원에 혼입되는 Noise나 기기에서 외부로 나오는 Noise가 다른 기기에 악영향을 주기도 한다.
3) 전원선 Noise 방지대책은 Noise의 유입과 유출을 방지하기 위해 Twist Pair선 사용 또는 라인 필터를 삽입하고 그 접지단자를 접지하는 방법이다.

나. 대지와 선간 Noise

1) 대지성분 Noise는 두 선에 동일 위상으로 전달되는 Common Mode Noise를 말하며 공통모드 Noise 또는 비대칭 Noise라 한다.
2) 선간성분 Noise는 선간신호와 같이 서로 다른 위상으로 전달되고 Normal Mode Noise라 하며 차동 Noise 또는 대칭 Noise라 한다.
3) 방지대책은 대지와 선간성분 Noise는 Noise Cut Transformer를 사용하거나 접지에 의해 제거한다.

다. 정전기 Noise

1) 정전기는 물체에 전하가 축적되어 방전되는 것을 말하며 화재, 폭발 등의 피해를 준다.
2) 정전기 방지대책은 기기의 설치환경 즉, 도전성 바닥, 작업자의 옷, 도전성 신발, 내부 습도 등을 고려하고 적절한 접지가 필요하다.

라. 전계 Noise

1) 주변에 출력이 큰 Transceiver(간이 무선통신기)를 사용하는 기기 근처에서는 전파에 의해 유기된 Noise가 컴퓨터나 통신기기를 오동작시키는 경우가 있다.
2) 방지대책은 기기의 뚜껑이나 외함을 확실히 접지하여 Shield 효과를 갖게 한다.

마. 낙뢰에 의한 Noise

1) 피뢰침 또는 건물에 낙뢰가 떨어지면 접지극 부근에 대지전위가 상승하고 다른 접지극에서 기기로 뇌서지가 역류하기도 하며 피뢰기와 보호 소자를 역섬락시켜서 배전선 측 및 통신선 측으로 뇌서지가 진행된다.
2) 낙뢰의 영향은 시스템을 오동작시키고 심하면 시스템을 파손 및 파괴시킨다.
3) 낙뢰 방지대책은 피뢰기나 서지흡수기를 사용하고 그 접지단자를 저저항 접지하며 시스템 접지극과 피뢰용 접지극은 독립 접지를 하는 것이 좋다.

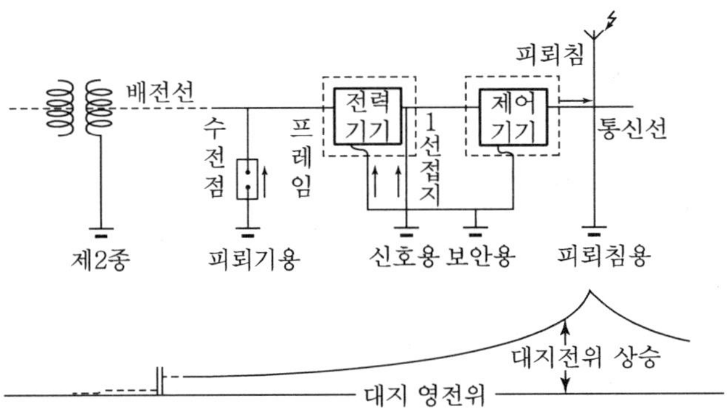

[그림 6] 낙뢰 시 뇌서지

6. 전자파 내성(EMS) 대책

본질적으로 전자파 장해가 침입해도 이를 둔감하게 하는 전자기기의 내력강화(EMS)에 대한 방법에는 다음과 같은 것이 있다.

가. 접지

1) Noise 장해를 방지하기 위해서 서지흡수기, Noise Cut Transformer를 사용하는 것이 구체적 대책이지만 기본적으로 접지를 하는 것으로 접지선과 대지에 설치하는 접지극이 필요하다.
2) Noise 방지용 접지계는 접지선의 임피던스와 접지저항이 모두 작아야 한다.

나. 차폐

잡음발생원과 잡음의 영향을 받는 기기를 서로 차단하는 것을 말한다.

1) 정전차폐(수동차폐)

① 잡음이 있는 공간을 차폐시켜 잡음이 외부로 유출되지 못하도록 하는 것
② 두 회로 사이의 정전결합을 방지하고 전자결합만 유지되도록 차폐하는 것
③ 접지된 금속으로 대전체를 완전하게 둘러싸 외부 정전기장에 의한 정전유도를 차폐하는 것

2) 전자차폐(능동차폐)

① 잡음원을 차폐시켜서 잡음이 외부로 유출되거나 유입되지 않도록 하는 차폐
② 전자유도에 의한 방해 작용을 방지할 목적으로 대상 장치 또는 시설을 차폐
③ 한정된 공간을 전자적으로 외부와 차단하는 것. 차폐에는 투자율이 큰 자성재료를 사용

3) 잡음 발생원과 피해기기의 결합상태에 따른 분류

① 정전차폐는 얇은 금속상자만으로도 가능하다.
② 전자차폐는 차폐 물체의 모양에 의하여 좌우된다.

다. 필터

1) 필터의 종류

① 전원 라인 필터 : 전원선의 Noise를 방지하기 위해 사용한다.
② Low Pass 필터 : 전원주파수를 통과대역으로 하고 고주파 Noise를 제거한다.

2) 필터회로를 구성할 때 고려사항

배전선은 대지 임피던스가 선간 임피던스보다 크므로 배전선과 접지 사이에 삽입되는 정전용량은 작아도 좋지만 Normal Mode 성분의 잡음 제거에 대한 효과는 작아지므로 선로 사이에 대용량 콘덴서를 삽입하는 것이 좋다.

라. Noise Cut Transformer(1 : 1 변압기)

1) 실드 트랜스는 코일 간에 차폐 판을 설치하고 정전 Shield를 하고 있기 때문에 저주파 Common Mode Noise의 전파를 방지하는 기능을 갖지만 Normal Mode Noise에 대해서는 본래의 전자유도작용에 의해 2차 측에 전파한다.
2) Noise Cut Transformer는 반드시 1차와 2차 간을 정전차폐로 격리시켜 양 코일 간의 정전용량 결합에 의한 Noise 전달을 방지하는 쌍방향 대책으로 사용하며 전원 측에 장치하여 침입하는 라인 Noise도 동시에 방지한다.

2.8 정전기

정전기란 물체의 전하분포가 시간적으로 변화하지 않거나 그 전하에 의한 전기현상으로 마찰에 의한 대전현상, 직류전압에 걸린 도체에서 생기는 전기장, 정지한 전하에서 생기는 전기장 등 정전기로 화재나 폭발 등 영향을 준다.

■ 한국전기설비규정(KEC), 신전기설비기술계산 핸드북, 제조사 기술자료, 정기간행물, 전자기학

1. 정전기의 발생 원리

두 물체의 접촉면에서 전기 이중층의 형성 및 분리에 의한 전위 상승과 분리된 전하의 소멸단계로 나뉘며 대전현상은 이러한 단계가 연속적으로 일어나는 경우이다. 두 물체의 접촉에 의한 정전기의 발생과정은 [그림 1]과 같다.

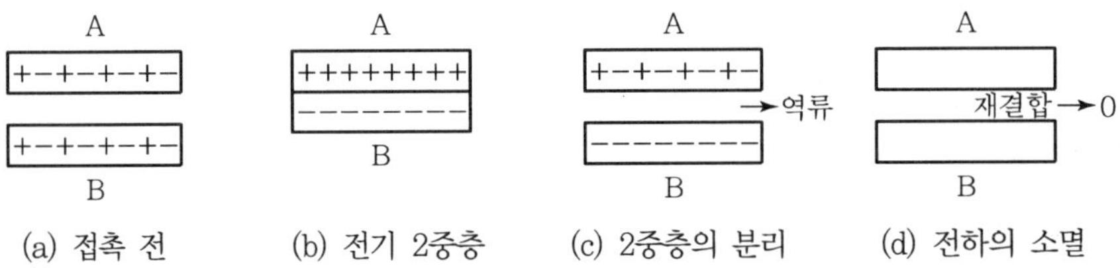

[그림 1] 접촉에 의한 정전기의 발생과정

2. 정전기의 성질

두 물체를 마찰시키면 한쪽은 (+)전기, 다른 쪽은 (−)전기를 일으키는 것을 대전현상이라 하며, 대전된 전기의 양을 전기량 또는 전하량이라 한다.

가. 정전력

1) 전하 사이에 작용하는 힘을 정전력 F, 정전력이 미치는 공간을 전장(Electric Field)이라 한다.
2) 같은 전하 사이에는 반발력, 다른 전하 사이에는 흡인력이 작용한다.

나. 정전유도와 정전차폐

1) 정전유도 현상이란 대전체 A에 금속체 B를 가까이 하면 A에 가까운 쪽에는 A와 다른 종류 정전기가 반대쪽에는 같은 종류의 정전기가 유도되는 현상을 말한다.
2) 정전차폐 현상이란 대전체 A에 금속체 B를 가까이 할 때 대전체 A는 접지된 금속도체 C가 둘러싸고 있어 정전기 현상이 발생되지 않는 현상을 말한다.

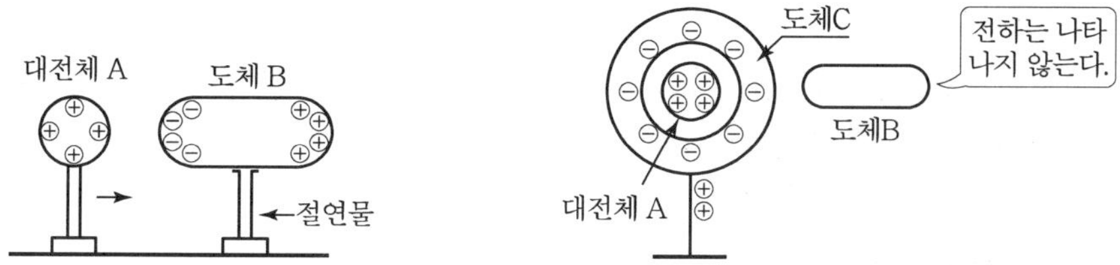

(a) 정전유도 (b) 정전차폐

[그림 2] 정전유도와 정전차폐

다. 정전용량

금속판(전극) 사이에 절연체를 삽입한 것을 콘덴서라 하며, 이 콘덴서에 전압을 가하면 전하가 축적된다. $Q = CV$

라. 정전에너지

정전용량이 C인 콘덴서에 전압 V가 가해져서 Q의 전하가 축적되었을 때

정전에너지 $W = \frac{1}{2}QV = \frac{1}{2}CV^2 = \frac{1}{2}\frac{Q^2}{C}$ [J]이다.

3. 정전기 발생영향 요소

가. 물질의 특성

정전기의 발생은 접촉 · 분리되는 두 물질의 상호작용에 의해 결정되는데 이것은 대전서열에서 두 물질이 가까우면 정전기의 발생량이 적고 먼 위치면 발생량이 커지게 된다.

나. 물질의 표면상태

물질의 표면이 원활하면 정전기 발생이 적어지고 표면이 수분이나 기름 등에 의해 오염되면 산화, 부식 등에 의해 정전기 발생이 커진다.

다. 물질의 이력

정전기의 발생은 처음 접촉 · 분리가 일어날 때 최대가 되며 이후 접촉 · 분리가 반복됨에 따라 발생량이 감소된다.

라. 접촉면적 및 압력

접촉면적이 클수록, 접촉압력이 증가할수록 정전기의 발생량이 커진다.

마. 분리속도

분리속도가 빠를수록 정전기의 발생량이 커지며 전하의 완화시간이 길면 전하 분리에 주는 에너지도 커져서 발생량이 증가한다.

4. 정전기의 발생 현상

가. 마찰대전

물체가 마찰을 일으켰을 때나 마찰에 의하여 접촉의 위치가 이동하여 전하 분리가 일어나 정전기가 발생하는 현상이다.

나. 박리대전

서로 밀착되어 있는 물체가 떨어질 때 전하의 분리가 일어나 정전기가 발생하는 현상이다.

다. 유동대전

액체류를 파이프 및 호스 내부 등으로 수송할 때 이것에 정전기가 발생하는 현상이다.

라. 분출대전

분체류, 액체류, 기체류가 단면적이 작은 개구부로부터 분출할 때 이 분출구 사이에 마찰이 일어나 정전기가 발생하는 현상이다.

마. 유도대전(접촉대전)

전하의 이동에 의하여 형성된 전기 이중층에서 전하가 접촉 · 분리되면서 정전기가 발생하는 현상이다. 즉, 정전기는 2개의 서로 다른 물체가 접촉 · 분리되었을 때 전기 이중층이 형성된다.

바. 충돌대전

분체류와 같은 입자 상호 간 혹은 입자와 고체의 충돌에 의해 빠른 접촉 · 분리가 행하여지기 때문에 정전기가 발생하는 현상이다.

5. 정전기 재해 및 대책(☞ 참고 : 정전기 재해)

CHAPTER 03 분기회로(배선)

SECTION 01 케이블

1.1 전력케이블의 종류

전력케이블은 도체, 절연체 및 외장(보호피복)에 의해서 구성된다. 도체에는 전기용 연동선을 사용하고 단면적이 작은 것은 단선, 큰 것은 연선을 사용한다. 절연체로는 절연지, 고무, 플라스틱, 절연 컴파운드 및 절연유 등이 사용되며 외장으로는 연피, 강대, 강선, 알루미늄피 및 주트[8] 등이 사용되고 있다.

■ 한국전기설비규정(KEC), 최신 송배전공학, 제조사 기술자료, 정기간행물

1. 케이블의 종류

- 전력케이블
  - 비절연케이블
    - ACSR
  - 종이절연케이블
    - 솔리드 케이블
      - 벨트지 케이블
      - H 지 케이블
      - SL지 케이블
    - 압력형 케이블
      - OF 케이블
      - POF 케이블
  - 고무, 플라스틱 케이블
    - CV 케이블
    - XLPE(가교폴리에틸렌)
    - BN 케이블*, EV 케이블*
  - 특수 케이블
    - 관로기중 케이블
    - 극저온 케이블
    - 초전도 케이블

* 활용이 미미함

8) 주트는 황마 또는 황마에서 얻어지는 섬유로, 약하고 표백이 어려워 마대나 캔버스 따위의 원료로 쓴다.

2. 전선의 식별표시

가. 전선 일반 요구사항 및 선정

1) 전선은 통상 사용 상태에서의 온도에 견디는 것이어야 한다.
2) 전선은 설치장소의 환경조건에 적절하고 발생할 수 있는 전기 · 기계적 응력에 견디는 능력이 있는 것을 선정하여야 한다.
3) 전선은 「전기용품 및 생활용품 안전관리법」의 적용을 받는 것 이외에는 한국산업표준에 적합한 것을 사용하여야 한다.

나. 전선의 식별

1) 전선의 색상은 [표]에 따른다.

[표] 전선식별

상(문자)	색상	
	교류도체	직류도체
L_1	갈색	+적색
L_2	흑색	−백색
L_3	회색	N, 중성선 : 청색
N/PEN	청색/녹색−노란색	보호도체 : 녹색−노란색

2) 색상 식별이 종단 및 연결 지점에서만 이루어지는 나도체 등은 전선 종단부에 색상이 반영구적으로 유지될 수 있는 도색, 밴드, 색 테이프 등의 방법으로 표시한다.
3) 제1 및 제2를 제외한 전선의 식별은 '표시 식별의 기본 및 안전원칙'에 적합해야 한다.

3. 케이블의 특징

가. 벨트지 케이블

1) 구조 : 도체의 위에 절연지를 감고(심절연), 3심의 경우 이들을 서로 꼬아서 빈 공간 부분에 개재 절연물을 채운 다음 다시 절연지를 감는다(벨트절연). 그 위를 연피로 외장한다.
2) 특성 : 이 케이블은 바깥지름이 작아서 구조가 간단하고 경제적이긴 하지만 구조상 절연내력이 낮아서 22kV 이하의 전선로에 사용한다.

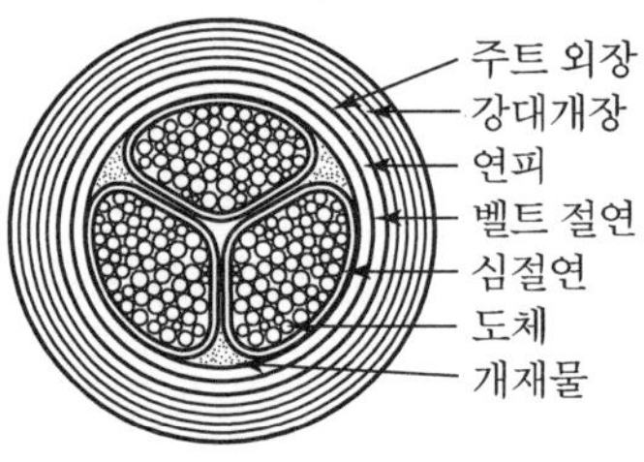

[그림 1] 벨트지 케이블

나. H지 케이블

1) 구조 : 벨트지 케이블에서의 벨트절연을 없애고 각 도체를 심절연한 후 그 위에 금속화성지 또는 동테이프를 감은 다음 3심을 꼬아서 다시 이것을 외장한 케이블이다.
2) 특성 : 케이블 절연층 표면의 접선방향으로 가해지는 전계에 대하여 절연층의 방지하기 위하여 개발한 케이블이다.

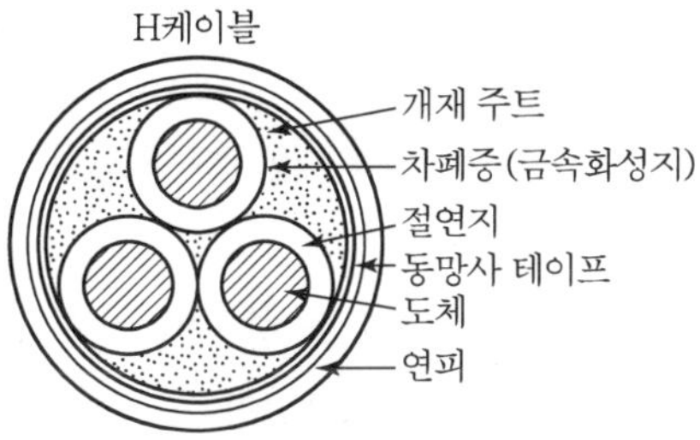

[그림 2] H지 케이블

다. SL지 케이블

1) 구조 : 도체를 유침지로 절연한 다음 그 위에 연피를 시공한 3심을 꼬아서 이것에 외장을 시공한 케이블이다.
2) 특성 : 11～33kV급의 도시 송배전용으로서 많이 사용되고 있다.

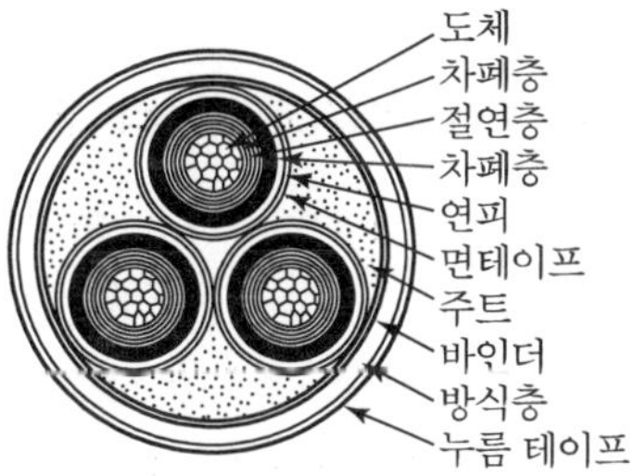

[그림 3] SL지 케이블

라. OF 케이블

1) 구조 : 케이블에 개방형의 기름통로가 설치되어 케이블 축과 직각 방향에 기름이 출입해서 절연층 내에 항상 유압이 걸린다.
2) 특징
   ① 절연유 충전 후 공극이 발생하지 않는다.
   ② 온도 변화에 의한 팽창, 수축을 부설된 기름 탱크에서 흡수한다.
   ③ 외기의 침입이 방지되는 구조이다.
   ④ 절연체의 두께를 얇게 할 수 있다.
   ⑤ 사용온도가 높아 송전용량이 증대된다.
3) 66kV 이상 고압케이블에 널리 사용한다.

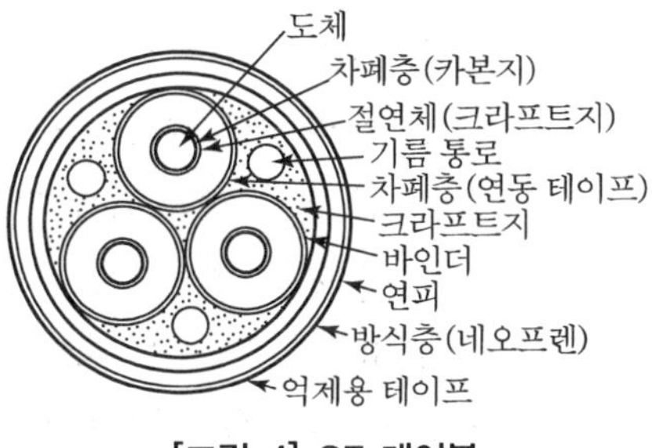

[그림 4] OF 케이블

마. 파이프형 케이블(POF)

POF는 케이블 내에 채워진 절연유를 순환시킴으로써 케이블의 온도를 제어할 수 있고 강제 냉각장치를 설치함으로써 송전용량을 증대시킬 수 있다.

1) 종류 : 가스를 충진한 파이프형 가스케이블(PGF), 기름을 충진한 파이프형 기름케이블

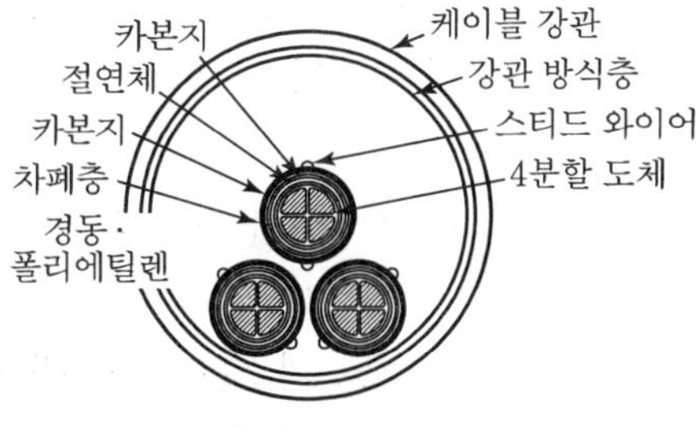

[그림 5] POF 케이블

(POF) 등이 있다.

2) 구조 : 케이블 외피에 해당하는 강관을 먼저 매설한 후 강관 내에 케이블과 절연유를 삽입, 절연체가 항상 높은 유압으로 초고압 케이블로서 안정된 절연성능을 유지한다.

3) 특징

① 케이블 중량이 가볍다.

② 제조과정이 용이하다.

③ 강관에 의한 차폐로 통신선의 유도장애가 감소한다.

④ 기계적 강도가 강하다.

⑤ OF 케이블에 비하여 접속방법이 용이하다.

바. XLPE 케이블(가교폴리에틸렌 케이블)

1) XLPE의 기본재료는 폴리에틸렌으로 유기과산화수소를 사용하여 가교반응을 이용, 화학구조가 변형되어 가교폴리에틸렌이 생성되고 폴리에틸렌 가교방법을 높은 전압에 적용하기 위해 400kV XLPE 케이블까지 기술이 개발되어 상용화되고 있다.

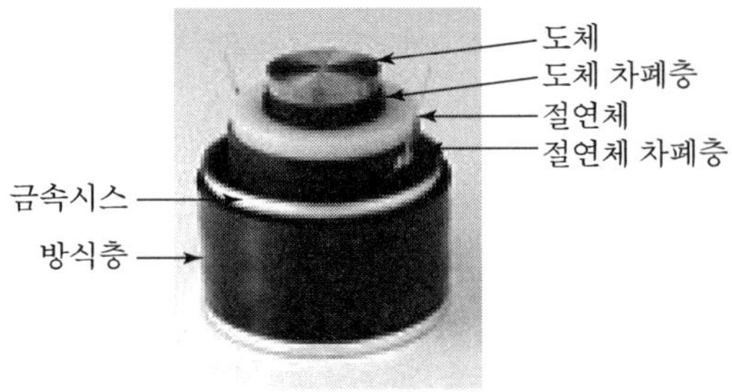

[그림 6] XLPE 케이블

2) 특징

① 중량이 가볍고 재료비가 저렴하다.

② 내열성이 뛰어난 열 특성을 가진다.

③ 뛰어난 절연능력을 가진다.

④ 포설 및 접속작업이 간편하여 포설비용이 낮다.

⑤ 유지보수가 간편하다.

3) 종류 : HV XLPE Cable, CN/CV, CN/CV-W, FR CN/CO-W, TR CN/CO-W

사. 관로기중 케이블(가스 절연 스페이서 케이블)

1) 구조 : 도체로서 파이프(Al 또는 동)를 사용하고 이것을 에폭시수지에 의한 절연 스페이서로 금속 시스 내에 지지하고 SF_6 가스를 충전시킨 것

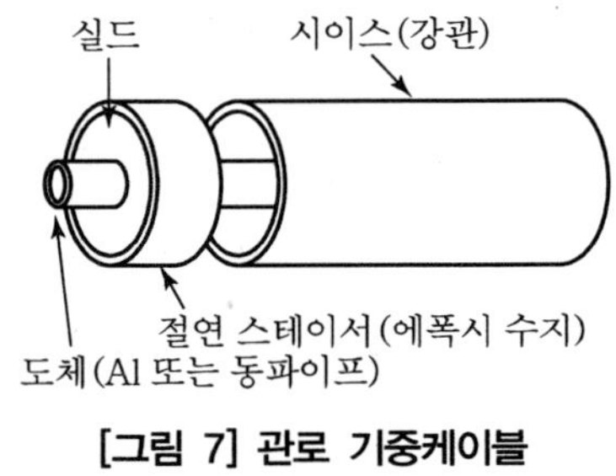

[그림 7] 관로 기중케이블

2) 특징

① 가공선과 거의 같은 정도의 송전용량을 가질 수 있다.

② SF_6 가스는 비도전율이 거의 1로서 공기와 같기 때문에 OF 케이블에 비해 정전용량이 1/10 이하로 충전전류가 작다.

③ 유전체 손실은 무시할 수 있을 정도로 작기 때문에 온도 상승에 따른 송전용량에 제약을 받지 않는다.

④ 공장제조 단위길이가 짧기 때문에 접속방법, 작업환경에 주의가 요구된다.

3) 적용 : 1회선당 3,000~6,000A의 대용량이 필요할 경우 경제적으로 유리한 선로이다. 여기에 강제냉각을 부가함으로써 500kV에서 8,000A의 전류를 흘릴 수 있다.

아. 극저온 케이블

도체에 고순도의 알루미늄 또는 동을 사용하고 영하 190~250℃의 극저온으로 냉각해서 대전류를 송전하는 것이다.

1) 구조 : 종래의 파이프형 OF 케이블과 마찬가지로 파이프 내에 도체를 삽입하고 냉각방법으로는 도체의 중공 부분에 액체수소를 사용하는 것과 진공에서 중공 도체의 내부에 액체 질소를 흘려주는 방법 2가지의 형태가 있다.

2) 적용 : 전압 500~700kV에서 300~500만 kW의 송전용량을 목표로 한다.

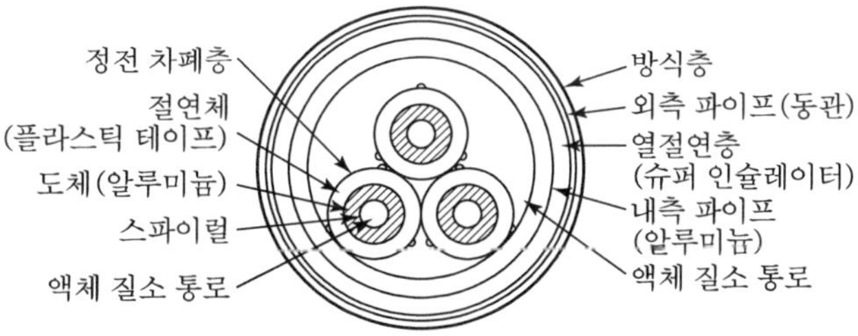

[그림 8] 극저온 케이블

자. 초전도 케이블(☞ 참고 : 초전도 원리와 초전도를 이용한 전력기기)

절대 온도에서 저항이 0이 되는 초전도현상을 이용해서 무손실 대용량의 송전을 목적으로 개발되었다.

1) 구조 : 액체 헬륨이라든가 액체 질소로 온도를 4~5K까지 낮추어 도체에 니옵, 니옵티탄 등의 초전도체를 사용함으로써 전기저항이 0이 되도록 하는 것

2) 적용 : 초전도 케이블은 송전 용량 500kV에서 1,000만 kW 정도 송전 목표에 적용한다.

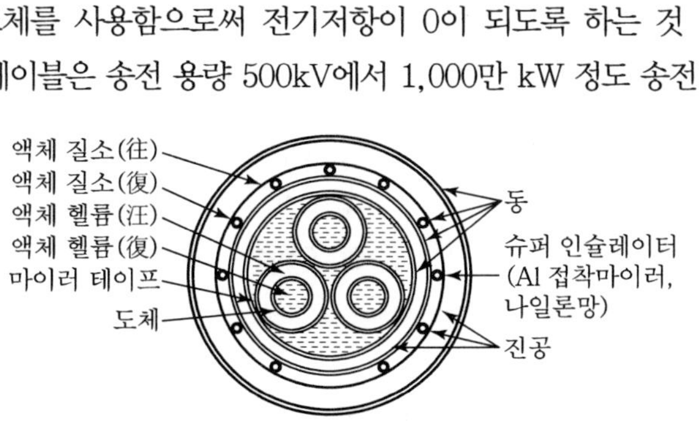

[그림 9] 초전도 케이블

1.2 CN/CV Cable

동심 중성선 CV 케이블은 CV 케이블에 중성선을 추가함으로써 다중 접지계통의 전선로에서 발생할 수 있는 지락사고로 인한 케이블의 소손이나 손상을 방지하는 목적으로 사용한다.

■ 최신 송배전공학, 제조사 기술자료, 정기간행물

1. CN/CV 케이블의 종류

가. CN/CV(차수형)

1) 3상 4선식 배전선의 경우 CV 케이블에 별도의 중성선을 설치할 필요가 없다.
2) PVC 시스가 손상된 상태로 케이블이 물에 1m 이내로 잠길 경우 케이블 내부로 물이 침투하는 길이는 최대 1.5m 이내이어야 한다.
3) 용도는 22.9kV 중성선 직접접지 또는 다중접지의 3상 4선식 배전선로에 사용하며 직매관로 덕트 및 트레이 등의 장소에 적합하다.

나. CN/CV−W(수밀형)

1) 22.9kV 동심중성선 차수형 전력케이블의 특성을 만족하고 수밀성이 좋다.
2) 용도는 22.9kV 중성선 직접접지 또는 다중접지의 3상 4선식 배전선로에 사용되며 옥외 수직 입상부에 적합하다.

2. CN/CV 케이블의 구조

압축도체 위에 가교폴리에틸렌으로 절연하고 연동선을 감아 붙인 중성선을 갖고 중성선 상하에는 부풀음 테이프를 감고 그 위에 비닐로 시스한 케이블을 말한다.

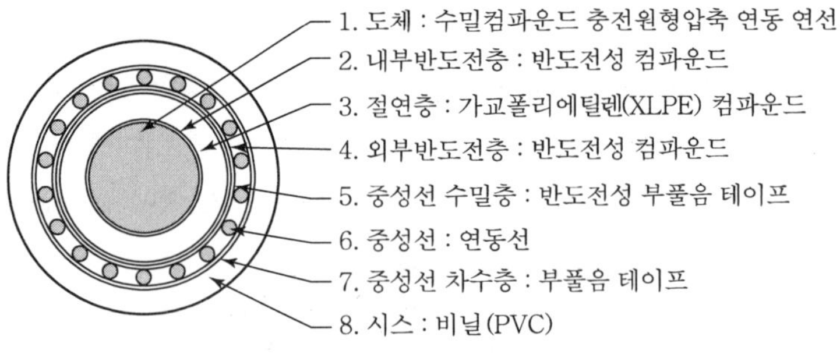

[그림] CN/CV 케이블

가. 내부 반도전층

1) 도체와 절연체 간극 형성을 방지함으로써 코로나 방전(부분방전)을 방지하고 오존 발생을 방지한다.

2) 도체면의 전하분포를 고르게 하여 절연체의 절연내력을 향상시킨다.

3) 케이블 제조 시 절연물이 도체 내에 침투하는 것을 방지한다.

나. XLPE 절연층

1) 가교폴리에틸렌 절연체를 사용하고 연속사용온도는 90℃이다.

2) 표면에 칼자국이 있을 경우에는 절연열화가 촉진된다.

다. 외부 반도전층

1) 절연층과 중성선 사이의 전력선 분포를 개선하고, 절연체의 절연내력을 향상시킨다.

2) 반도전층 위에 솔벤트가 접촉 시에 반도전층 역할이 상실될 우려가 있으므로 주의하여야 한다.

라. 중성선 차수층(수밀층)

1) 물이 침투하면 부풀음 특성을 가지는 테이프를 이용하여, 외부 반도전층과 중성선 사이를 전기적으로 연결시키기 위하여 반도전성 부풀음 테이프를 감아둔다.

2) 중성선과 시스 사이는 비도전성 부풀음 테이프를 감아준다.

마. 중성선

1) 중성선의 단면적은 도체 단면적의 1/3 정도이다.

2) 나중접지계통의 전선로에서 발생할 수 있는 고상전류를 흘릴 수 있도록 제작한다.

바. 외피(시스)

PVC/PX를 사용하며 난연성이 우수하고, 내후성, 내화학 약품성, 기계적 강도가 우수하다.

3. CN/CV와 타 케이블의 비교

가. CN/CV－W(수밀형) 케이블과 다른 점

CN/CV－W 케이블은 수밀형 압축도체 위에 가교폴리에틸렌으로 절연하고 연동선을 감아 붙인 중성선을 갖고 있으며 중성선 상하를 부풀음 테이프로 감아 그 위에 비닐로 시스한 케이블을 말한다.

나. TR CN/CV－W(트리 억제용 전력케이블)과 다른 점

수밀형 압축도체 위에 트리억제형 가교폴리에틸렌으로 절연하고 동심 중성선 상·하부에 부풀음 테이프를 감고 그 위에 PVC로 외피를 한 케이블을 말한다.

1) 수트리 발생을 억제하기 위하여 수트리 억제형 절연재료를 사용하여 수트리 억제효과를 실현시킨다.

2) 전력케이블의 수명을 연장하고 사고 방지를 통해 케이블 선로의 신뢰성을 획기적으로 개선하였다.

다. FR CN/CO－W(수밀형 저독성 난연 전력케이블)과 다른 점

1) 22.9kV 동심중성선 수밀형 전력케이블(CN/CV－W)의 특성을 만족하고 IEEE 및 IEC의 수직트레이 난연 특성을 만족한다.
2) 용도는 22.9kV 중성선 직접접지 또는 다중접지의 3상 4선식 배전선로에 사용한다.
3) 사용 장소는 전력구, 공동구, 변전소 구내 및 건물 내부의 장소에 적합하다.

1.3 전선의 병렬(동상 다조케이블) 사용 시 이상현상

1상에 여러 가닥의 케이블을 사용할 경우에는 그 배치에 따라 동상케이블에 흐르는 전류에 불평형이 생기는 수가 있으므로 각 케이블의 전류를 평형시키는 배치로 하여야 한다.

■ 한국전기설비규정(KEC), 신전기설비기술계산 핸드북, 제조사 기술자료, 정기간행물

1. 케이블의 구분

사용전압이 저압인 전로(전기기계기구 안의 전로를 제외한다)의 전선으로 사용하는 케이블은 연피(鉛皮)케이블, 유선텔레비전용 급전겸용 동축 케이블을 사용하여야 한다. 다만, 다음의 케이블을 사용하는 경우에는 예외로 한다.

가. 저압케이블

1) 작업선 등의 실내 배선공사에 따른 선박용 케이블
2) 엘리베이터 등의 승강로 안의 저압 옥내배선 등의 시설에 따른 엘리베이터용 케이블
3) 통신용 케이블
4) 용접용 케이블
5) 발열선 접속용 케이블
6) 물밑케이블
7) 유선텔레비전용 급전겸용 동축케이블

나. 고압 및 특고압케이블

1) 사용전압이 고압인 전로에 사용하는 케이블은 클로로프렌외장케이블 · 비닐외장케이블 · 폴리에틸렌외장케이블 · 콤바인덕트케이블 또는 이들에 보호피복을 한 것
2) 사용전압이 특고압인 전로에 사용하는 케이블은 절연체가 에틸렌프로필렌고무혼합물

또는 가교폴리에틸렌 혼합물인 케이블로서 선심 위에 금속제의 전기적 차폐층을 설치한 것이거나 파이프형 압력 케이블 그 밖의 금속피복을 한 케이블을 사용한다.

3) 특고압 전로의 다중접지 지중 배전계통에 사용하는 동심중성선 전력케이블은 충실외피를 적용한 충실 케이블과 충실외피를 적용하지 않은 케이블의 두 가지 유형의 것을 사용
   ① 최고전압은 25.8kV 이하일 것
   ② 도체는 연동선 또는 알루미늄선을 소선으로 구성한 원형 압축연선으로 할 것
   ③ 절연체는 동심원상으로 동시압출(3중 동시압출)한 내부 반도전층, 절연층 및 외부 반도전층으로 구성하여야 하며, 건식 방식으로 가교할 것
   ④ 중성선 수밀층은 물이 침투하면 자기부풀음성을 갖는 부풀음 테이프를 사용하며, 구조는 다음 중 하나에 따라야 할 것
   ⑤ 중성선은 반도전성 부풀음 테이프 위에 형성하여야 하며, 꼬임방향은 Z 또는 S-Z 꼬임으로 할 것
   ⑥ 외피

2. 전선의 접속

전선을 접속하는 경우에는 전선의 전기저항을 증가시키지 아니하도록 접속하여야 한다.

가. 나전선 상호 또는 나전선과 절연전선 또는 캡타이어 케이블과 접속하는 경우
   1) 전선의 세기[인장하중(引張荷重)으로 표시한다.]를 20% 이상 감소시키지 아니할 것
   2) 접속부분은 접속관 기타의 기구를 사용할 것

나. 절연전선 상호 · 절연전선과 코드, 캡타이어 케이블과 접속하는 경우에는 접속부분의 절연전선에 절연물과 동등 이상의 절연효력이 있는 접속기를 사용하거나, 절연전선의 절연물과 동등 이상의 절연효력이 있는 것으로 충분히 피복할 것

다. 코드 상호, 캡타이어 케이블 상호 또는 이들 상호를 접속하는 경우에는 코드 접속기 · 접속함 기타의 기구를 사용할 것

라. 도체에 알루미늄(알루미늄 합금을 포함)을 사용하는 전선과 동(동 합금을 포함)을 사용하는 전선을 접속하는 등 전기 화학적 성질이 다른 도체를 접속하는 경우에는 접속부분에 전기적 부식(電氣的腐蝕)이 생기지 않도록 할 것

마. 도체에 알루미늄을 사용하는 절연전선 또는 케이블을 옥내배선 · 옥측배선 또는 옥외배선에 사용하는 경우 "구조, 절연저항 및 내전압, 기계적 강도, 온도 상승, 내열성"에 적합할 것

바. 밀폐된 공간에서 전선의 접속부에 사용하는 테이프 및 튜브 등 도체의 절연에 사용되는 절연테이프에 적합한 것을 사용할 것

3. 전선의 병렬사용 시설방법

가. 병렬로 사용하는 각 전선의 굵기는 동선 50mm^2 이상 또는 알루미늄 70mm^2 이상으로 하고, 전선은 같은 도체, 같은 재료, 같은 길이 및 같은 굵기의 것을 사용할 것

나. 같은 극의 각 전선은 동일한 터미널러그에 완전히 접속할 것

다. 같은 극인 각 전선의 터미널러그는 동일한 도체에 2개 이상의 리벳 또는 나사로 접속할 것

라. 병렬로 사용하는 전선에는 각각에 퓨즈를 설치하지 말 것

마. 교류회로에서 병렬로 사용하는 전선은 금속관 안에 전자적 불평형이 생기지 않도록 시설할 것

4. 병렬 도체배선의 이상현상

가. 부하전류

1) 과열되는 케이블로 인하여 부하전류가 증가하지 않는다.
2) 전류의 불평형으로 필요 없는 전력의 낭비가 발생한다.

나. 역률상태

전류분포의 불평형에 의하여 전체 부하역률이 저하한다.

예 CV 단상 1선 325mm^{2}의 포설에서 930~1,400A의 전류분포를 보임

5. 원인

다중케이블 부설 시 케이블의 부하전류 및 선심 상호 간 거리에 의한 자속영향으로 인덕턴스가 변화한다.

가. 이론적 배경(☞ 참고 : 전력케이블의 전기적 특징)

도체에 교류가 흐르면 자속의 영향으로 전류가 도체의 표면으로 몰리는 표피효과와 도체가 평형으로 배치될 때 전선의 먼 쪽이나 가까운 쪽으로 몰리는 근접효과로 전로의 전류분포가 불균일하게 된다.

나. 자속의 영향

1) 인덕턴스가 불평형되어 케이블의 임피던스가 케이블마다 심한 차이를 보인다.
2) 케이블 임피던스 값 중 유효성분이 감소하는 경우 케이블 무효전류가 증가하여 과열 열화한다.
3) 케이블마다 전류위상이 다르게 되어 케이블 이용률이 저하되고 전체 역률이 저하하여 선로의 전압강하와 전력손실이 증대한다.

6. 대책

가. 여러 가닥의 전선을 병렬로 사용할 경우

케이블 각 선의 임피던스(저항과 인덕턴스)를 동일하게 한다.

1) 같은 굵기의 케이블 사용한다.
2) 동일한 길이 케이블 사용한다.
3) 같은 종류의 케이블 사용한다.
4) 동일한 터미널러그를 사용한다.

나. 작용 인덕턴스나 작용 정전용량이 평형이 되도록 포설

1) 케이블은 기본적으로 삼각배열을 한다.
2) 연가 또는 연가가 곤란할 경우 양 단자에서 조정한다.

7. 동상 내 불평형이 없는 대표적인 배치

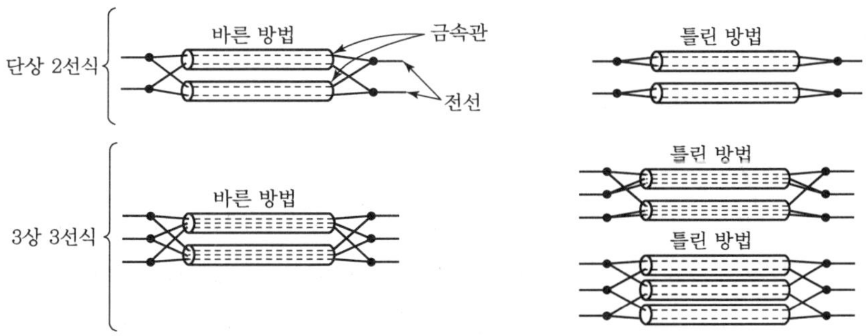

[그림 1] 금속관 내에 사용하는 전선의 시설

3상 2회선 병렬 단심 케이블의 복수배치 – 수평

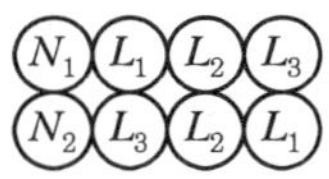

3상 2회선 병렬 단심 케이블의 특수배치 – 케이블 서로 간의 상위에 배치

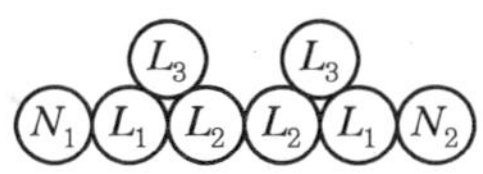

3상 2회선 병렬 단심 케이블의 특수배치 – 삼각배치

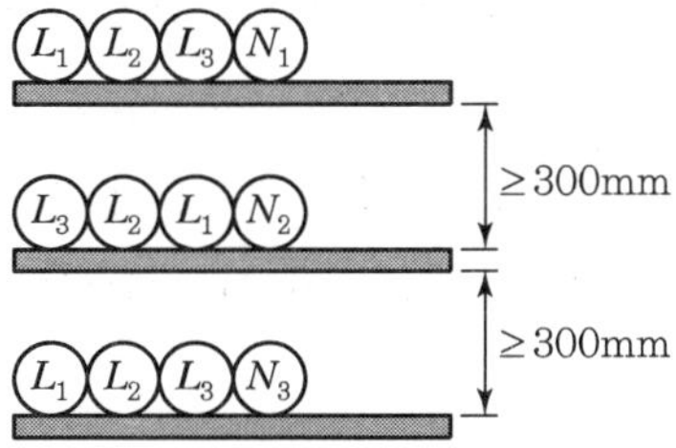

3상 3회선 병렬 단심 케이블의 특수배치 – 케이블 서로 간의 상위에 배치

[그림 2] 3상 4회선 병렬 단심 케이블의 특수배치

1.4 전력케이블 차폐층의 접지

정전기(정전차폐와 전자차폐) 차폐란 도체로 둘러싸여 밀폐된 내부의 공간은 외부 전자기장으로부터 차단되어 그 영향을 받지 않고 고유의 전자기장을 유지하는 것. 따라서 내부가 도체로 둘러싸인 경우 내부의 전자기장은 외부 전자기장의 영향을 받지 않으며 또한 외부 전자기장에 영향을 끼치지 않는다.

■ 신전기설비기술계산 핸드북, 제조사 기술자료, 최신 송배전공학, 정기간행물

1. 차폐층 설치 목적 및 구분

가. 차폐층 설치 목적

고압케이블의 절연체 외측에 케이블의 전기적 성능을 향상시켜 감전의 위험성을 줄이기 위하여 차폐층을 둔다.

나. 케이블 차폐의 구분

1) 도체 차폐

동 테이프에 의한 차폐를 한다.

2) 절연 차폐

① 내부 반도전층 : 열팽창에 의해 도체와 절연체 틈새의 부분방전 방지 및 도체 외주의 단차로 인한 전력선분포를 균일하게 하는 목적으로 사용한다.

② 외부 반도전층 : 차폐층 동 테이프와 절연체 틈새의 부분방전 방지 및 절연체와 차폐층 간 기계적 쿠션의 목적으로 사용한다.

2. 차폐층 접지효과

가. 차폐층 역할

1) 전압이 절연체에만 균일한 전계로 가해지도록 하여 내전압 성능을 향상시킨다.
2) 부분방전 또는 충전전류에 의한 트래핑(Trapping) 현상[9]을 방지한다.
3) 정전유도 및 전자유도에 의한 통신선로의 유도장애를 방지한다.
4) 케이블 사고 시 사고전류를 대지로 방류하는 통로 역할을 한다.

---

9) 트래핑 현상 : 전파가 전파덕트 내에 갇혀 그 내부에서만 전파하여 목적하는 방향으로의 전파가 감쇄되는 것

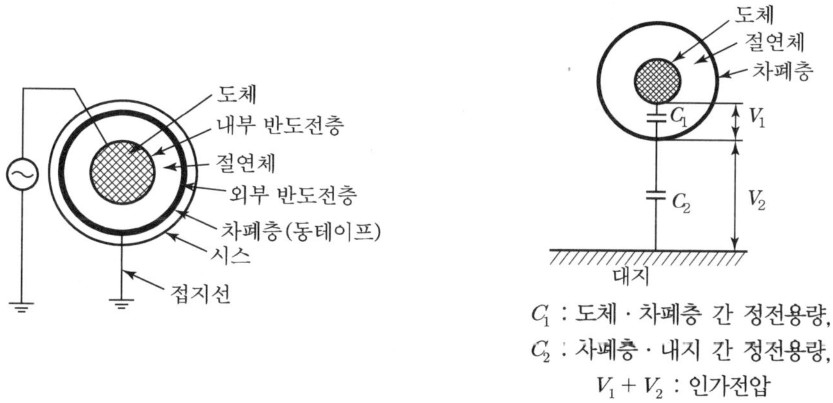

(a) 고압 CV케이블의 구조 (b) 접지되지 않을 경우

[그림 1] 차폐층의 역할

나. 차폐층 접지(☞ 참고 : 선로정수와 케이블의 전기적 특징)

1) 차폐층을 접지하지 않은 경우

① 도체와 차폐층 사이 및 차폐층과 대지 사이는 정전용량에 따라 인가전압이 다르게 된다.

② 차폐층 전압의 크기는 정전용량의 크기에 반비례한다.

③ 차폐층을 접지하지 않은 경우는 통상 C_1이 C_2에 비해 크기 때문에 차폐층과 대지 사이에 나타나는 전압 V_2는 인가전압 V에 가까운 값이 되어 차폐층과 대지 사이는 고전위가 되므로 위험하게 된다.

예 $Q = C_1 V_1 = C_2 V_2$, $Q = C_P V$, $Q = \left(\dfrac{C_1 \cdot C_2}{C_1 + C_2}\right) V$에서

$$V_2 = \frac{C_1}{C_1 + C_2} \times V$$

2) 차폐층을 접지한 경우

① 도체에 전압을 인가한 경우 도체와 차폐층 사이는 인가전압과 거의 동일한 전압이 된다.

② 차폐층은 대지와 동일한 전위가 되므로 안전하다.

다. 차폐층을 접지하지 않을 경우의 현상

1) 고압케이블의 차폐층 경우

① 케이블 도체와 차폐층 사이 및 차폐층과 대지 사이의 정전용량에 의한 인가전압은 양단전압으로 분할된다.

② 케이블 도체와 차폐층 사이의 전위보다 차폐층과 대지 간의 전위가 훨씬 작기 때문에 차폐층에 매우 높은 전압이 발생하고 위험한 상태가 된다.

2) 제어케이블의 차폐층 경우

① 다심제어케이블에서 공심선이나 예비선심을 접지하지 않을 경우 전압이 유도되어 위험한 상태가 되거나 다른 심선에 전압이 유도되어 오동작을 일으킨다.

② 심선상호 간 상용주파 유도전압은 결선에 따라 크게 변화한다.(최댓값 : 인가전압, 최솟값 : 제로)

③ 유도전압에 의한 오동작 억제를 위하여 공심선이나 예비선심을 접지하여 실드 효과를 증가시킨다.

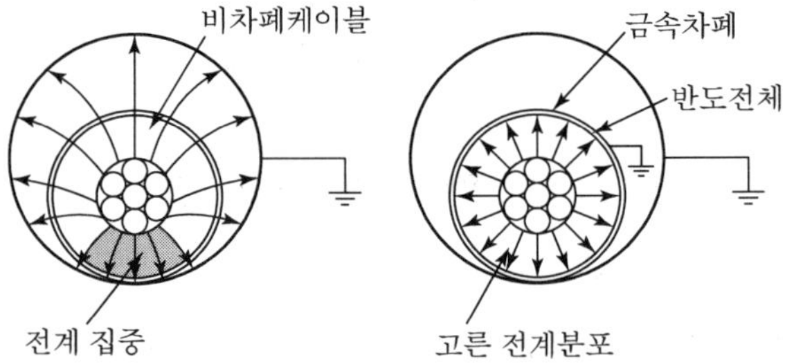

[그림 2] 전기력선의 차폐

3. 전력케이블 차폐층 접지방식

가. 편단접지

케이블 차폐층의 한쪽만을 접지하고 다른 한쪽은 개방하는 방식

1) 금속차폐층에 유도전압이 발생하지만 대지와 폐회로가 형성되지 않아 전류가 흐르지 않기 때문에 시스회로(차폐층) 손실은 없으나, 초고압 케이블에서는 서지 침입 시 개방단에 이상전압이 발생하므로 개방단에 피뢰기를 설치하는 등의 이상전압 보호대책이 강구되어야 한다.

2) 발전소나 공장구내와 같이 포설케이블 길이가 짧을 때는 흔히 편단접지를 사용한다.

3) 22.9kV 이하의 포설 케이블에서 긍장이 다소 긴 경우 케이블의 중간점을 접지하고 양단을 개방하는 것도 가능하다. 예 정전유도에 의한 Noise 침입 방지효과

나. 양단접지

케이블의 차폐층을 2곳 이상에서 접지하는 방식(Sheath에 큰 전류가 흘러 Sheath 손실 증가)

1) 케이블의 차폐층 양쪽을 접지하여 차폐층 전위는 거의 제로상태가 되지만 차폐층과 대지 간에 폐회로가 형성되어 순환전류가 흘러 시스회로에 전력손실이 발생한다.

2) 순환전류에 의한 전력손실에 문제가 없고 허용전류에 충분한 여유가 있을 때에 적용하

며 순환전류가 커지면 차폐손실 증가, 케이블 용량 감소, 열화 촉진이 일어날 수 있다.

예 전자유도에 의한 Noise 침입 방지효과

3) 22.9kV 배전선로의 다중접지방식, 해저 케이블 포설과 같이 불가피한 경우 사용한다.

다. 크로스 본드(Cross Bond)

긍장이 긴 초고압 케이블 포설에 3구간마다 접지하는 방식으로 널리 적용하는 방식

1) Bond 선으로 3상을 연가하여 접속하면 차폐전압의 벡터합이 0이 되어 차폐손실을 저감할 수 있다. 22.9kV 이하에서는 사용하지 않는 방식이다.
2) Cross Bond 방식에서는 시설장소의 포설방법, 주변여건이 상이하면 잔류전압에 의하여 차폐층에 전류가 흐르게 되지만 경간 길이 등을 적절히 조절하여 차폐층에 흐르는 전류를 최소화할 수 있다.
3) Cross Bond 접지구조 : 긍장이 장경간인 154kV 이상 초고압 케이블에 적용

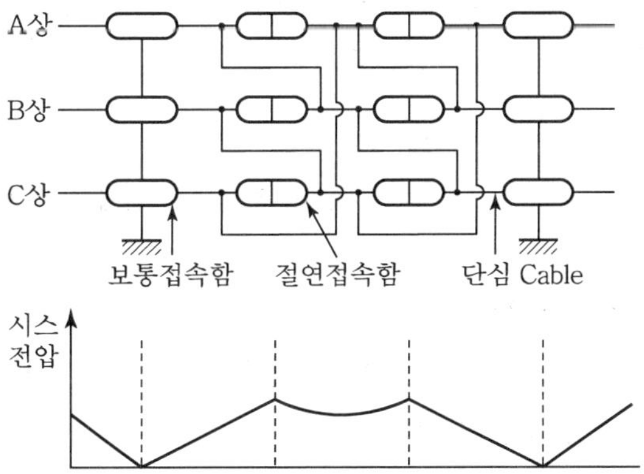

[그림 3] 크로스 본드 접지

4. 보이드의 부분방전

교류 전압하에서 부분방전 발생의 전형적인 모델은 절연체내에 내부 보이드와 같은 결함이 존재하는 것이다. [그림 4]는 부분방전을 전기적인 정전용량의 등가회로로 설명할 수 있다.

가. 부분방전의 발생메커니즘

절연물에 인가시킨 전압을 V, C_b와 C_C로 분압된 전압을 ΔV, V_C라 하면([그림 4])

1) 보이드 C_b에 가해진 전압 ΔV

$$\Delta V = \frac{Q}{C_b} = \frac{1}{C_b} \times \frac{C_b \cdot C_C}{C_b + C_C} \cdot V = \frac{C_C}{C_b + C_C} V \quad \cdots\cdots \text{①}$$

여기서, C_a : 절연물의 정전용량

C_b : 보이드의 정전용량

C_C : 절연물의 직렬 정전용량

2) C_C 부분은 고체 절연물에서 비유전율의 크기($\varepsilon > 2$)이며, 공극 절연층인 보이드 부분 C_b보다 정전용량이 크다. C_b의 경우($C = \varepsilon_0 \, \varepsilon_S \cdot S/d$) 비유전율 및 단위두께당 정전용량이 작아 절연내력이 낮으므로 보이드 부분의 전압 ΔV가 높게 된다.

3) C_b와 C_C 직렬회로에서 고전압을 인가시킬 때 C_b의 보이드 부분에서 먼저 절연파괴가 일어나 부분방전이 발생한다.

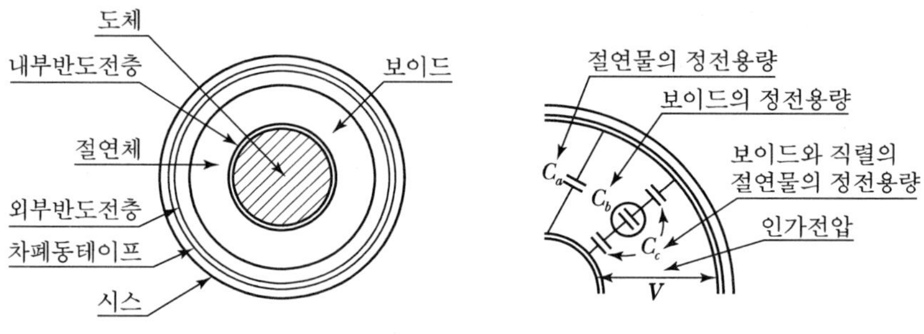

(a) CV 케이블의 단면도　　　(b) 보이드부의 정전용량 분포

[그림 4] 케이블 정전용량 분포상태

나. 부분방전 시의 전하량

보이드 부분에서 발생하는 부분방전 전하량 Q_b는 [그림 5]의 보이드로 볼 수 있는 정전용량 C_0와 $\Delta V'$로부터 구하면

1) 정전용량 C_0

$$C_0 = C_b + \left[\frac{1}{\dfrac{1}{C_a} + \dfrac{1}{C_C}} \right] = C_b + \frac{C_a \cdot C_C}{C_a + C_C}$$

여기서, $C_a \gg C_b$, $C_a \gg C_c$

2) C_b 부분방전 시 방전전압

① 방전 시의 방전전압 $\Delta V'$는 정전용량 C_a의 단자전압을 V'라고 하면 식 ①에서

$$\Delta V' = \frac{Q}{C_b} = \frac{C_C}{C_b + C_C} V'$$

② C_b에서 방전이 생기면 방전전압 $\Delta V'$는 급격히 $\delta V'$만큼 감소하는데 방전은 극히 짧은 시간에 발생하며, 이때는 전원에서 전하공급이 없으므로 C_a에 걸리는 전압

$\delta V' = \dfrac{C_C}{C_a + C_C} \Delta V'$의 전압강하를 검출할 수 있다.

3) 부분방전 전하량 Q_b

$$Q_b = C_0 \times \Delta V = \left(C_b + \frac{C_a \cdot C_C}{C_a + C_C}\right) \times \Delta V \fallingdotseq \frac{C_a \cdot C_C}{C_a} \Delta V \fallingdotseq C_C \times \Delta V$$

4) 절연체 내부에서의 보이드 정전용량(C_b)과 보이드 전압($\Delta V'$)은 외부로부터 절연물에 인가시킨 전압 V와 부분방전에 수반되는 전압변화 $\delta V'$를 검출함으로써 구해진다.

부분방전 전압변화($\delta V'$)는 $\delta V' = \frac{C_C}{C_a + C_C} \cdot \Delta V'$의 전압강하를 검출할 수 있다.

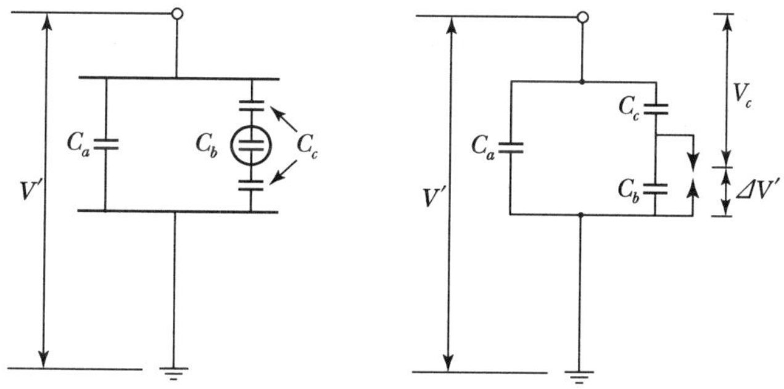

(a) 보이드 모델 (b) 등가회로도

[그림 5] 케이블 부분 방전 시 모델

다. 부분방전 측정조건

1) 각각의 방전 Pulse는 분해되어 측정할 수 있을 것
2) 방전의 크기를 방전전하에서 정량적으로 얻을 수 있을 것
3) 오실로스코프 등에 의해 Pulse 파형을 관측할 수 있을 것

1.5 전력케이블의 방화상 대책

- 지중전선에 화재가 발생한 경우 화재의 확대 방지를 위하여 케이블이 밀집 시설되는 개소의 케이블은 난연성 케이블을 사용하여 시설하는 것을 원칙으로 하며 부득이 일반 케이블로 시설하는 경우에는 케이블에 대한 방재대책을 강구하여야 한다.
- 케이블 트레이에 포설되어 있는 케이블의 외피에 난연 도료를 도포하거나 방화벽을 설치하여 화재 발생 시 화재의 확산을 최소화하거나 예방하도록 한다.

■ 한국전기설비규정(KEC), 신전기설비기술계산 핸드북, 제조사 기술자료, 정기간행물

1. 케이블 방재

가. 적용 장소

1) 집단 아파트 또는 집단 상가의 구내 수전실, 케이블 처리실, 전력구, 덕트 등
2) 4회선 이상 시설된 맨홀
3) 벽, 바닥, 천장 등 케이블의 관통부

나. 적용대상별 방재용 자재

1) 케이블 및 접속재 : 난연테이프 및 난연도료
2) 벽, 바닥, 천장 등 케이블 관통부 : 난연실(퍼티), 난연보드, 난연레진, 모래 등

다. 방재 시설방법

1) 케이블 처리실(옥내 Duct 포함) : 케이블 전 구간 난연 처리한다.
2) 전력구(공동구)
   ① 수평길이 20m마다 3m씩 난연 처리한다.
   ② 케이블 수직부(45° 이상)를 전량 난연 처리한다.
   ③ 접속부위는 난연 처리한다.
3) 관통부분 : 벽 관통부를 밀폐시키고 케이블 양측 3m씩 난연재를 적용한다.
4) 맨홀 : 접속개소의 접속재를 포함하여 1.5m를 난연 처리한다.
5) 기타 : 화재 취약지역은 전량 난연 처리한다.

2. 장소별 시공방법

가. 케이블 트레이

1) 도포장소

① 화재가 발생할 우려가 있는 장소의 부근에 도포한다.
② 수평으로부터 수직으로 전환된 부분에는 수평부분에 최소 3m를 도포한다.
③ 지하 통로 내에 시설되어 있는 케이블의 외피는 모두 도포한다.
④ 중간에 방화문을 설치할 경우에는 방화문벽 양측으로 1m씩 도포한다.
⑤ 긴 케이블 트레이는 30m 간격으로 3~5m씩 도포한다.

2) 케이블 도포방법

① 사다리형 케이블 트레이의 케이블 상부는 케이블 표면 전체에 도포를 실시하고 하부는 케이블 외피부분이 노출되지 않도록 도포한다.

② 바닥밀폐형 케이블 트레이의 케이블은 집단 케이블 표면 전체를 도포하고 집단 케이블의 내부 바닥면과 내부 측면이 일체가 되도록 싸서 도포한다.

③ 펀칭형 케이블 트레이의 케이블 상부는 집단 케이블 전체에 도포하고 하부에는 통풍 구멍이 있으므로 스프레이로 도포한다.

④ 용도가 다른 케이블이 동일 케이블 트레이에 있을 경우에는 케이블의 열 신축을 고려하여 전력케이블과 제어케이블을 분류하고 바인더로 묶은 후 개별적으로 도포한다.

⑤ 수평 케이블 트레이에서 케이블이 교차하는 부분에는 1.5~5m씩 도포한다.

나. 제어실, 전기실, 계기실 등

1) 제어실, 전기실, 계기실, 컴퓨터실과 그 부근에 포설된 케이블 통로에는 전부 도포한다.
2) 케이블 트레이가 천장이나 벽을 통하여 실내에 인입될 때는 그 관통부분에 1m 정도 도포하고 방화벽을 시설하여야 하며, 실외부분은 벽에서 3~10m 정도 도포한다.

다. 기타 장소

1) 노(爐) 주위에 있는 장소의 케이블
2) 가연성 분진이 있는 장소의 케이블
3) 기름 연소장소 가까이에 수평, 수직으로 포설된 케이블

3. 난연도료에 의한 연소 방지방법

가. 난연도료의 조건

1) 난연재는 솔벤트 성분과 연소 시 유독가스 발생 및 연기성분이 없어야 한다.
2) 재질은 난연성 수지를 주성분으로 하고 석면성분이 없어야 한다.
3) 케이블 외피에 부착성이 좋고, 화재 시 열 차단벽이 형성될 수 있는 특성이 있어야 한다.
4) 난연재는 난연 및 무기불연성 섬유를 혼합한 것으로 한다.
5) 자외선 및 방사선 노출에 영향을 받지 않도록 한다.
6) 수성이어야 하며 습기가 스며들지 않아야 하고 반영구적이어야 한다.

나. 난연도료의 시공요령

1) 각 케이블 가닥마다 도포하는 것을 원칙으로 하나 곤란할 경우 집단케이블을 함께 도포한다.
2) 도포장소의 조건에 따라 기계 또는 솔로 도포(Spray)한다.
3) 난연도료를 2mm 이상으로 도포하며 건조된 후의 두께는 1mm 이상이 되어야 한다.

4. 방화벽에 의한 연소 방지방법

케이블 파이프, 케이블 트레이가 통과하는 바닥 또는 슬래브 벽과 케이블 사이는 난연패널로 방화차단벽을 설치하고 그 사이를 방화 봉합제로 채우는 방법과 실리콘 Form, 밀폐제 또는 모르타르 등으로 방화벽을 설치하는 방법으로 화재의 확대를 방지한다.

가. 방화벽 설치장소

1) 방화구획으로 되어 있으며 벽이나 바닥(천장)을 관통하는 장소
2) 타 지역에서 발생한 화재가 케이블 및 가연물이 있는 구역에 확산될 우려가 있는 장소
3) 전기실 외부에서 인입되는 케이블 트레이 또는 덕트
4) 통로에서 전기실로 인입되는 케이블 트레이, 덕트 또는 피트
5) 전기실 내 케이블 인입 상부

나. 방화구획 관통부 방화벽

1) 관통벽에 미리 시설해 놓은 틀에 불연성 내화패널을 앵커볼트로 고정시키고 난연성 실리콘 폼을 양쪽 불연 내화패널 사이에 빈틈이 없이 충전한다.
2) 난연성 실리콘 폼을 충전시킨 후 나머지 부분을 내화패널로 틀에 고정하여 시설한다.
3) 불연성 내화패널과 케이블 트레이, 케이블 사이에 빈틈과 주위를 밀폐제로 봉한다.

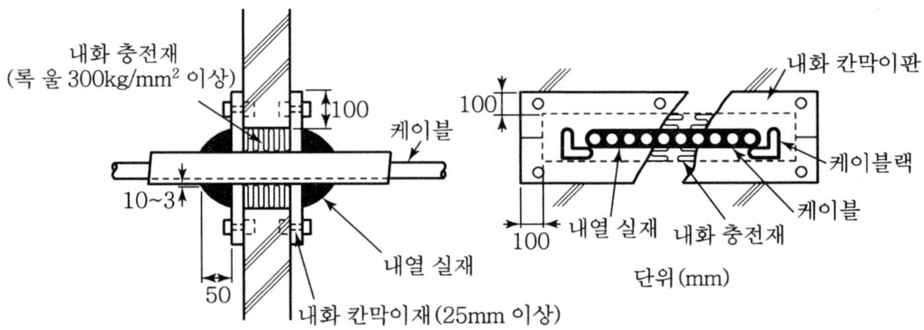

[그림 1] 방화구획 관통부의 조치공법(벽면)

다. 방화구획 관통부 방화 바닥

1) 방화판을 관통구의 크기에 맞도록 케이블 트레이의 중심 양쪽으로 2장을 만든다.
2) 관통부분 케이블 트레이 및 케이블과 관통부분 사이를 난연성 실리콘 폼으로 충진한다.
3) 충전된 난연성 실리콘 폼 위에 재단하여 둔 방화판을 양쪽에서 끼워 맞도록 하여 바닥에 앵커볼트를 고정시킨다.

4) 방화판을 고정시킨 후 방화판과 케이블 트레이, 케이블 사이 및 방화판과 맞닿는 틈을 밀폐제로 봉한다.

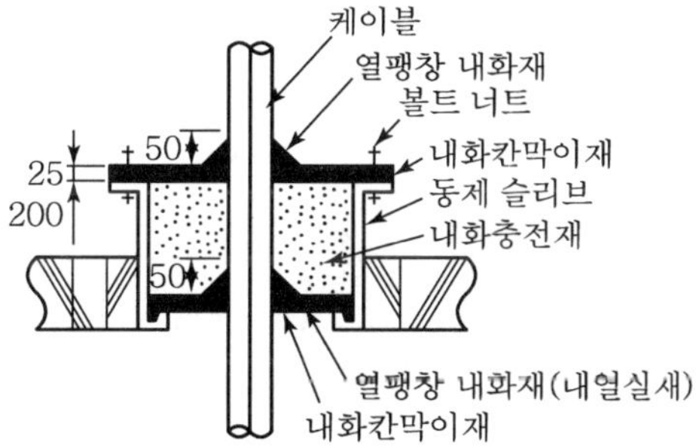

[그림 2] 방화구획 관통부의 조치공법(바닥)

PART 01

배전설비

SECTION 02

고장 진단

2.1 변전설비의 열화요인 및 온라인 진단법

- 산업의 발전과 정보화, 자동화에 따라 전력사용이 증대하고 전력설비가 대용량화 · 초고압화 되고 있는 추세에 따라 전력의 안정공급, 품질유지에 대한 요청이 높아져 변전설비의 고신뢰 도화가 요구되고 있으며, 예측보전시스템인 On Line 진단법이 사용되고 있다.
- On Line 진단법이란 운전 중인 기기를 온라인으로 상시 감시하여 이상 징후를 조기에 검출 · 분석하여 절연열화를 진단하는 방법이다. 예 PD 진단 시스템(PD Diagnosis System)

■ 한국전기설비규정(KEC), 제조사 기술자료, 정기간행물, 전력사용시설물 설비 및 설계

1. 열화의 요인과 열화과정

가. 열화의 요인

1) 전기적 열화 : 전기기기 도전부의 전체에 걸쳐 평등전계가 유지되어야 하나 기기 제작, 조립, 설치, 운전과정에서 금속 이물질이 혼입하게 되고, 혼입된 금속 이물질은 기기 내의 전계를 불평등하게 만들어 부분방전 및 절연사고의 주된 원인이 된다.
2) 열적 열화 : 온도 상승은 화학반응을 촉진하며 열화속도를 증대시켜 고분자 재료인 스페이서나 패킹 등의 소재 수명을 단축하는 가장 일반적인 요인 중 하나이다.

구분	스페이서	패킹
열화내용	산화열 변화, 열분해 현상	가스 기밀효과 저하

3) 환경적 열화 : 기기의 설치장소에 따라 강우, 산업공해, 염분, 직사광선 등에 의해 기기 표면이 부식하게 되며, 환경적 요인에 의하여 제어회로 접점에서의 부식이나 기기 표면의 도료를 열화시켜 기기 기능에 지장을 주는 경우가 있다.(환경적+생물학적)
4) 기계적 열화 : 기계적 응력이나 진동, 열팽창 계수 차에 의한 기계적 응력, 대전류에 의한 전자력 발생 등에 의해 정상적 분자구조의 상실을 가져와 특성을 상실하게 된다.

나. 열화과정

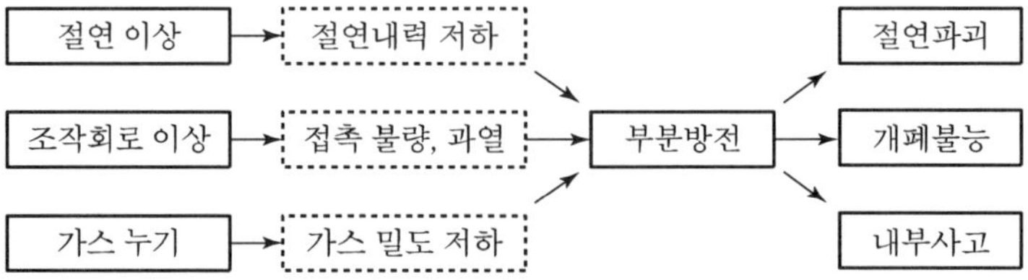

2. On Line 진단의 구성

가. 구성도

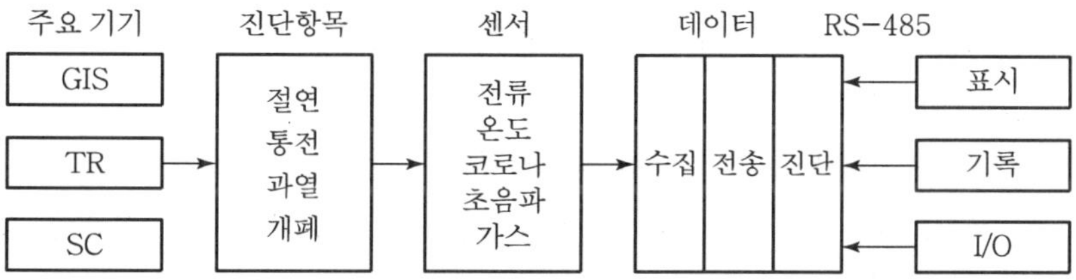

나. 진단 개요

1) 각종 센서, 측정기를 전력설비의 내부, 외함 또는 접지선에 설치한다.
2) 센서에서 입력되는 신호를 진단장치에서 A/D 변환, 필터링, 신호처리 후 컴퓨터로 전송한다.
3) 컴퓨터에서 진단결과 및 열화추이 분석, 데이터 기록, 변화추이를 감시한다.

3. On Line 진단법 종류

가. GIS 열화 진단

1) 부분방전 진단 시스템(Partial Discharge Diagnosis System)

① 신호측정기술의 원리를 설명하면 시료에서 발생하는 부분방전에 의한 임펄스전류는 순간적으로 결합 커패시턴스와 페루프회로에 흐르게 되는데, 이 신호를 RC 임피던스나 CT로 측정한다.

② 측정된 신호 중 시험전원의 주파수 성분이나 불필요한 잡음성분은 High Pass Filter를 거치면서 제거되고 이 신호는 다시 프리앰프로 증폭되어 A/D 변환기에 내장된 저장장치에 저장된다.

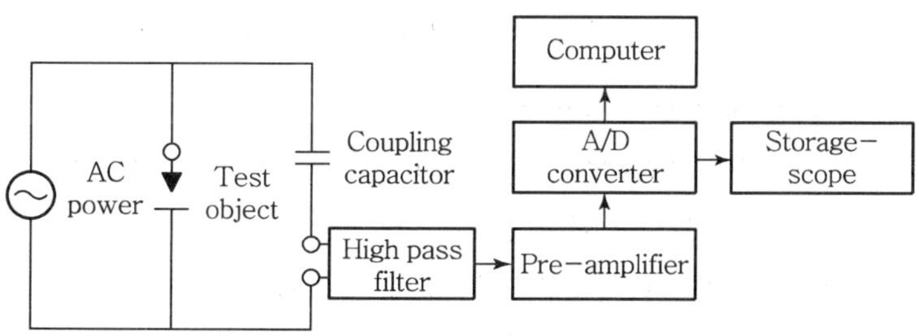

[그림 1] 부분방전 진단 시스템의 개념도

2) 부분방전 측정법(GIS)

GIS의 절연파괴를 유발하는 각종 이상은 사전에 부분방전이 발생하므로 부분방전을 검출하면 사고를 미연에 방지할 수 있다. GIS의 부분방전을 직접 검출하는 방법으로는 전기적 · 기계적 방법과 부분방전에 의해 발생하는 SF_6 가스 생성물을 검출하는 간접방법 등이 있다.

① 전자파 검출법(전자파 부분방전 측정)

GIS 내부의 부분방전은 주파수 범위가 광범위한 전자파(고주파 전압과 전류, 음향 신호, 빛, 분해가스, 전자파 등)를 방출하게 되며, GIS 내부에서 발생하는 전자파 펄스를 냉장전극(고주파 안테나 센서를 내장)을 삽입하여 스펙트럼분석장치로 750~1,500MHz 대역의 주파수를 해석하여 부분방전을 검출하고, 전자파 도달 시간으로 부분방전 위치를 측정하는 검출법을 말한다.

㉠ 신뢰도가 확보된 수준까지 기술개발이 되었다.

㉡ Noise 영향을 최소화할 수 있다.

㉢ 전압계급에 구애받지 않는다.

㉣ 검출감도 측면에서 타 측정법보다 유리하다.

② 접지선 전류법

㉠ GIS 내부에서 부분방전이 발생하면 GIS의 접지선에 고주파의 펄스전류가 흐른다. 따라서 페라이트 코어에 권선한 코일로 이를 검출할 수 있다.

㉡ 지락전류는 1점 접지의 경우 전 전류가 접지선에 흐르고 다중접지의 경우 각 접지선에 분류되어 흐른다. 따라서 다중접지는 각 접지선전류를 비교하여 사고부위를 판별할 수 있다.

③ 절연 스페이서에 의한 전압검출법

㉠ GIS의 고전압 도체를 지지하는 스페이서 정전용량을 이용하여 부분방전을 검출하는 방법이다.

㉡ 스페이서와 같이 몰드화된 전극이나, 스페이서 외부에 취부한 검출용 전극에 유기되는 고주파 펄스 전압을 탐침으로 검출한다.

④ 외피 전극법에 의한 전류검출법

㉠ GIS의 내부에 부분방전이 발생하면 고주파전류가 금속용기에 흐르게 하므로 시스 전위가 과도적으로 상승한다.

㉡ 검출용 전극은 절연필름으로 용기외피를 절연하여 시스에 취부시킨 전극을 이용해 검출하는 방식이다.

3) 활선부분방전 측정

① 음향 · 진동에 의한 진단법(초음파 음향 측정)
GIS 내부에서 부분방전이 발생한 경우 아크에 의해 외함 벽에 고조파 충격진동이 발생한다. 따라서 GIS의 외벽에 초음파센서와 진동가속도계를 취부하고 내부 음향과 외함 미소진동을 계측하는 방법이다.

② 화학적 검출에 의한 진단법(SF6 가스분석)
가스분석에 의한 부분방전 검출법으로 GIS 내부에서 장기간 부분방전이 발생하면 SOF_4, SOF_2, SO_2F_2, SO_2 등 SO_2의 함유량에 따라 활성분해 생성물이 발생하므로 가스분석에 의하여 부분방전 유무를 센서를 이용하여 검출할 수 있다.

③ 부분방전 진단은 대표적인 전력기기인 변압기에도 유용한 진단기법이다.

나. 변압기 열화 진단

1) 절연유 열화 진단

① 절연유 속에 절연유열화센서(PCS ; Porous Ceramin Sensor)를 설치하고 센서 양단에 DC 2kV 전압을 인가하여 이때 흐르는 누설전류 nA를 측정하여 열화를 진단하는 방법이다.

② 측정원리는 절연유가 과열, 부분방전 등으로 열화되면 절연유 속에 많은 도전성 불순물의 미소입자가 생성된다. 이때 도진싱 물질의 함유량에 따라 누실전류가 번화하는 것을 검출한다.

③ 측정전류 분석 : 누설전류 60nA 이하 양호, 120nA 이상은 불량

2) 유중가스 분석장치

① 변압기 내부에서 절연유가 과열, 부분방전이 일어나면 열이 발생하고, 이 열에 의하여 절연유가 분해되어 탄화수소계 가스(H_2, CO, CH_4)가 발생한다.

② 측정원리는 자동으로 변압기유를 채유하여 절연유 중에 용해되어 있는 가스를 분석하여 가스량, 가스 조성비에 따라 열화 정도를 추정한다.

③ 가스의 성분 : 열(CO_2, CO), 아크(C_2H_2, H_2), 방전(H_2)

3) 부분방전(部分放電) 진단

부분방전은 고압기기의 절연물질 내부에 공기나 미소한 이물질 등이 함유되어 있을 때 전압을 인가한 경우 전계집중으로 부분방전이 발생하게 된다. 따라서 부분방전 시 발생하는 펄스 전류 또는 음향적 신호음을 PD 센서를 사용하여 검출하는 방법이다.

① 전기적 검출방법

㉠ 전력설비 내부에서 부분방전이 발생하면 그 방전은 펄스전류 형태를 띠고 변압기 본체 외함을 통하여 접지선으로 흐르게 된다.

㉡ 이 접지선에 고주파 특성이 좋은 고주파 전류 센서를 설치하고 PD 센서 데이터를 분석하여 부분방전 펄스전류를 검출한다.

② 음향적 검출방법

㉠ 부분방전 발생 시 음향적 신호음이 발생하는데 초음파 센서를 변압기 외벽에 부착하여 신호음을 검출한다.

㉡ 초음파 센서의 부분방전 발생빈도, 패턴 등 PD 센서 데이터를 분석하여 이상상태를 진단한다.

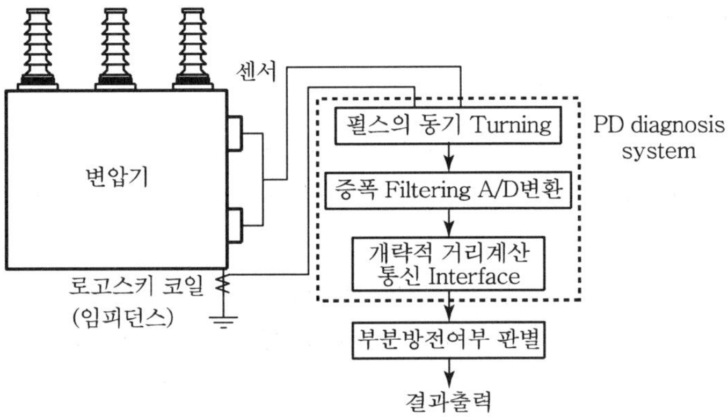

[그림 2] 부분방전 측정(변압기)

다. 차단기 열화 진단

1) 차단기 트립회로에 DC 전류 센서로 전류를 검출하여 트립회로의 단선, 접촉불량, 조작전원 이상 등을 검출한다.

2) 차단기 가동자의 동작시간을 광센서로 측정하여 평균 동작시간의 분석 및 이상 유무를 판정한다.

3) 내부 절연물의 방전상태를 초음파 센서나 로고스키코일 센서를 이용하여 열화 추이를 분석한다.

라. 폐쇄배전반 열화 진단

1) 전자파 진단방식

① 고전압 전력기기(차단기, 큐비클 내부기기, Mold 변압기, CT, VT 등)의 과열, 접촉불량, 열화 등의 이상 발생 시 전자파가 발생한다.

② 이 전자파는 광대역(수백 MHz)에 걸쳐서 발생하며, 약 3MHz에서 가장 많이 분포되어 있어 검출안테나에 의해 부분방전 전자파를 검출한다.

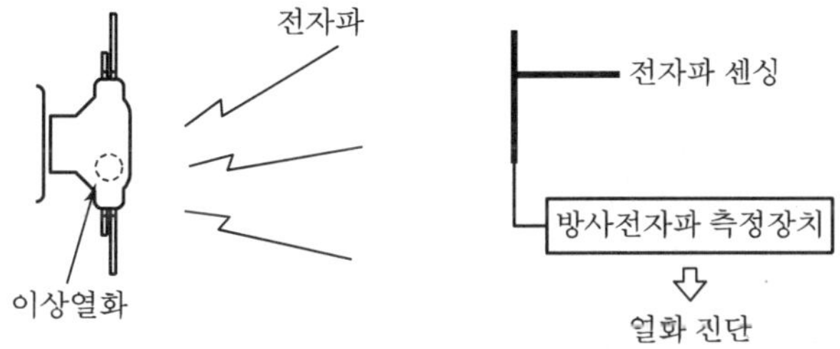

[그림 3] 전자파 진단방식

2) 적외선 열화상 시험

① 기기의 절연이 열화되면서 누설전류가 발생한다. 이 누설전류에 의하여 기기가 발열하는데 이때 전력설비에서 발생하는 적외선량을 비접촉으로 측정하여 전력설비에 대한 온도 분포상태를 판정하는 시험이다.

예 애자의 경우 누설전류가 2~3mA 이상 되면 건전애자의 온도차가 4℃ 이상 발생한다.

② 전력설비에 대한 접촉불량, 고열, 열화, 전기적인 결함상태 등을 측정 · 분석하여 적부 여부를 판단하고 화상을 저장 · 관리한다.

마. 케이블 열화진단(☞ 참고 : 케이블의 열화 형태 및 진단법)

≫참고 전력케이블의 절연파괴시간 특성

XLPE 케이블은 파괴전압을 케이블에 인가하여 지속되는 시간에 따라 내려가는 수하특성[10]을 가지고 있는데 이 특성을 절연파괴시간특성이라 한다.

1. $V^n - t = C$

여기서, V : 케이블 파괴전압, C : 상수

t : 전압이 인가된 상태에서 절연이 파괴될 때까지의 시간

2. 절연파괴시간특성($V^n - t = C$)

케이블에 인가된 전압의 n승에서 절연파괴시간을 뺀 값은 케이블에 따라 일정한 값을 갖는다. 결국, n값이 큰 케이블이 절연특성이 좋고, 수명이 동일할 경우 인가할 수 있는 전압값이 높다.

---

10) 수하특성(Dropping Characteristic) : 일정출력이 요구되는 전기기기에서 부하전류가 증가하면 단자전압을 저하시켜 기기의 출력을 일정하게 하는 것

2.2 케이블의 열화 형태 및 정전 시 진단법

- 열화란 사용 혹은 보관 중에 부품, 재료의 성능이 저하되는 것을 말하며 시간과 함께 고장률이 증가하는 비가역적인 기능 저하를 말한다.
- 전력케이블 간선 대부분이 밀폐 · 은폐되어 있어 케이블의 열화원인을 진단하기가 어려우나 전압별 · 사고원인별 분석에 의하면 80% 이상이 케이블 사고이며 수트리 35%, 외상에 의한 사고가 30%이다.

■ 제조사 기술자료, 정기간행물, 전력사용시설물 설비 및 설계

1. 케이블의 열화 형태

가. 전기적 열화

전기기기 도전부의 전계에 평등전계가 유지되어야 하나 혼입된 이물질에 의하여 전계 불평형으로 발생하는 열화현상이다.

1) 부분방전

① 절연체 중의 공극, 절연체와 도체 또는 차폐층 간의 공극 등에서 발생한 부분방전에 의해 케이블이 점차 열화되어 가는 현상이다.

② 케이블의 경우 상시 운전되기 때문에 장기간 사용에 따른 절연체의 체계적인 유지보수 · 관리가 필요하다.

2) 전기트리

① 절연체 내의 국소 고전계 부분에서 부분파괴가 수지형으로 발생하는 열화현상이다.

② 수지형 파괴는 수 μm의 보이드(Void)와 통로로 이루어진다.

③ 제조공정의 기술 향상에 따라 CN－CV 케이블에서는 전기트리 발생이 억제되고 있는 추세이다.

3) 수트리

① 전기트리에 비해 저전계에서 물과 전계의 공존상태로 발생하는 열화현상이다.

② 건조하면 트리가 보이지 않는 것이 전기트리와 큰 차이이다.

③ 수트리는 도체 차폐 상부에 있는 내부 반도전층에서 발생하는 내도 트리, 외부 반도전층 돌기에서 발생하는 외도 트리, 절연체 중의 공극 및 이물질로부터 발생하는 보우타이 트리로 분리한다.(수명 영향 : 내도 트리 > 외도 트리 > 보우타이 트리)

나. 열적 열화

1) 고분자 재료는 오랫동안 고온에 접하면서 그 장력의 강도와 신장이 저하하는 노화현상이 생긴다. 이 노화에 의해 케이블의 전기성능이 저하하는 열화현상이 발생한다.
2) 온도가 허용온도보다 10℃ 상승하면 수명이 절반으로 저하한다.

다. 화학적 열화(환경적 열화)

1) 물, 기름, 화공약품 등이 내부에 침투하여 유황과 동이 반응하여 절연성능이 저하하는 열화현상이다.
2) 기름 또는 약품의 내부 침투에 의한 재료의 팽윤, 기계적인 강도의 저하, 용해, 화학적 분해, 배합물의 추출에 의한 경화, 중량 감소 등 환경 개선에 적합하다.

라. 기계적 열화

1) 외상사고, 케이블의 부하변동에 동반되는 진동, 열팽창계수 차에 의한 기계적 응력, 대전류에 의한 자력발생 등에 의하여 절연성능이 저하하는 열화현상이다.
2) 케이블 차폐층, 시스 구조의 개량이 적합한 대책이다.

2. 케이블의 열화요인 및 진단법 종류

가. 열화요인

1) 전기적 요인 : 상시 운전전압, 사고 시의 지속성 과전압, 계통의 운전과 함께 발생하는 개폐서지전압, 뇌서지전압 등에 의한다.
2) 열적 요인 : 단락, 지락에 동반하는 온도 상승, 고온에서의 사용 등에 의한다.
3) 화학적 요인 : 케이블에 침입하는 물, 기름, 화공약품 등에 의한다.
4) 기계적 요인 : 케이블에 가해지는 굴곡, 충격하중, 측압, 외상 등에 의한다.
5) 생물학적 요인 : 파충류, 곤충, 쥐 등 동물에 의한다.

나. 진단법 종류

케이블의 열화상태를 나타내는 특성값으로 직류누설전류 변화, 유전완화의 변화, 부분방전의 발생, 외관 및 형상의 변화 등 비전기적 특성값의 변화가 있다.

1) 정전상태 : 절연저항측정법, 유전정접법, 직류누설전류법, 직류고전압시험법, 직류내전압법
2) 활선상태 : 직류성분법, 활선 $\tan\delta$법, 직류중첩법, 교류중첩법, 저주파중첩법

3. 정전상태 전력케이블 진단방법

가. 절연저항 측정법

1) 측정원리

케이블에 직류전류를 인가하여 누설전류를 측정하는 것으로 충전전류는 순간적으로 흐르지만 흡수전류는 감소하여 누설전류만 잔존한다. 따라서 절연저항 측정은 일반적으로 직류전압 인가로부터 1분 경과 후 값을 계측한다.

2) 판정기준

측정전압[V]	절연저항치[Ω]	판정
1,000~2,000	2,000 이상	양호
	500 이상 2,000 미만	요주의
	500 미만	불량

3) 절연저항 측정법의 특징 및 문제점

① 절연저항계는 소형 경량으로 취급이 간단하고 장소에 관계없이 취급할 수 있다.

② 열화 진행이 매우 작은 열화를 측정할 수 없고, 측정 외부환경의 영향으로 측정오차가 크다.

나. 유전 정접법(tanδ 측정)

유전 정접측정은 쉘링 브리지를 이용, 케이블 도체에 대지전압의 상용주파교류를 인가하여 절연체의 흡습, 오손 등 Void에서 국부방전이 생길 때 발생하는 유전체손을 측정하여 절연체 손상을 진단한다.

1) 측정원리

일반적으로 절연물의 등가회로는 [그림 1]에 의해 C_X와 R_X는 각각 케이블 절연체의 등가 직렬정전용량 및 직렬저항을 나타내며 C_s는 무손실의 표준콘덴서 정전용량이다. [그림 1]에서 평형가변저항 R_3 및 평행거변콘덴서의 C_4의 값을 가감하여 쉘링 브리지가 평형을 얻었을 때 다음 식이 성립된다.

2) 쉘링 브리지 평형식

$$\frac{1}{j\omega C_S} \times R_3 = \left(R_X + \frac{1}{j\omega C_X}\right) \times \left(\frac{1}{\frac{1}{R_4} + j\omega C_4}\right)$$

여기서, $C_X = \frac{R_4}{R_3} \times C_S$

$R_X = \frac{C_4}{C_S} \times R_3$

따라서 케이블 절연체의 $\tan\delta = \omega C_X R_X = \omega C_4 R_4$로 된다.

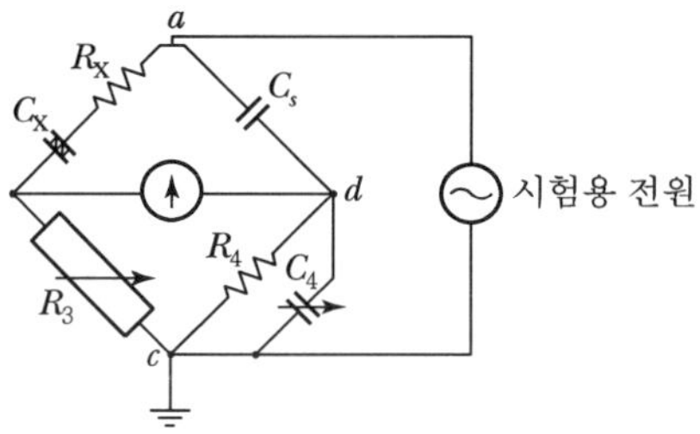

[그림 1] 쉘링 브리지

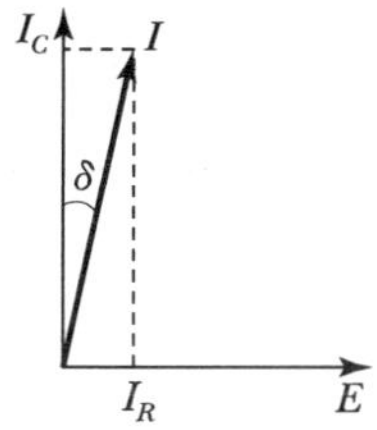

[그림 2] tanδ 손실

3) 판정기준

케이블 전압[kV]	시험전압[kV]	판정기준[%]
3.3	1.0, 1.9	• 양호 : 0.2% 이하 • 주의 : 0.2~0.5% • 불량 : 5.0% 초과
6.6	1.9, 3.8	
22	3.0, 5.0	

4) 측정 시의 주의사항

① tanδ의 실측치 증가는 흡수 또는 수트리 진전에 따라 절연체 자체에서 tanδ가 증가하므로 주의가 필요하다.

② tanδ는 케이블의 열화가 평균화되어 표현되므로 국부적인 열화가 발생하여도 케이블 길이가 길어지면 tanδ 값은 작게 된다.

③ 외부전자계에 의한 유도영향을 받아 오차가 크다는 문제점이 있다.

④ 전력기기 또는 실험실적인 케이블 열화를 진단하는 데는 적용이 가능하지만, 실제 길게 포설된 케이블에서의 열화 검출에는 적용상 한계가 많다.

다. 직류누설전류법

1) 측정원리

CV 케이블에 직류전압을 인가하여 흡수전류 및 누설전류를 측정한 후 그 절대치의 전류-시간특성에 따라 CV 케이블의 열화 상태를 판정하는 방법이다.

2) 판정방법과 판정기준

구분 \ 판정	양호	요주의	비고
누설전류	10μA/km 미만	10μA/km 이상	• 22.9kV CN-CV 케이블 • 한전기준 인가전압 DC 30kV
성극비		1 미만	
불평형률		200% 이상	

※ 요주의가 2개 이상이면 불량

3) 측정결과의 판정

직류누설전류의 시간변화특성 예를 아래 [그림 3]에 나타낸다.

① 누설전류 : 전압인가시간의 최종전류치

② 절연저항=인가전압[V] / 누설전류[μA]

③ 성극비= $\dfrac{\text{전압인가 1분 후의 전류}}{\text{전압인가 후 규정시간 후의 전류}}$

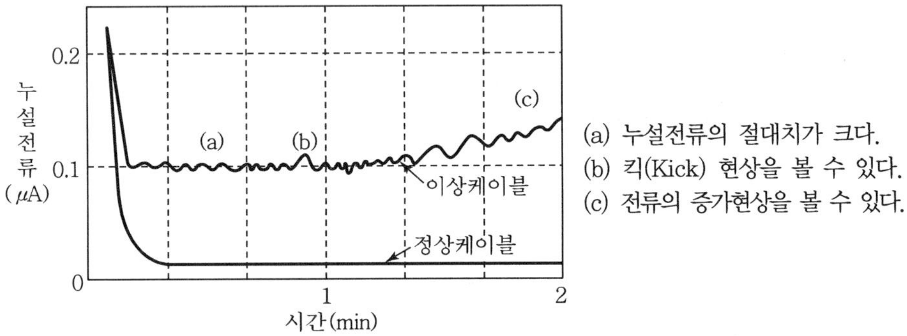

[그림 3] 누설전류 - 시간 특성의 예

4) 측정 시의 주의사항

① 1차 전원(측정장치에 사용되는 전원)은 매우 안정된 전원을 사용하여야 한다.

② 누설전류의 변동을 알 수 있는 기록계 부착이 필요하다.

③ 출력전압계가 부착되는 것이 필수이다.

④ 낮은 전압부터 Step별로 전압인가가 필요하다.

⑤ 킥 현상 유무를 판단 시 Noise나 잡음 침입 유무를 검토하는 것이 바람직하다.

라. 직류고전압시험

직류고전압시험은 피측정물인 전력 케이블에 직류고전압을 인가하여 전류-시간 특성, 전류-전압 특성, 전류-온도 특성 등으로 절연물의 열화 상태를 진단한다.

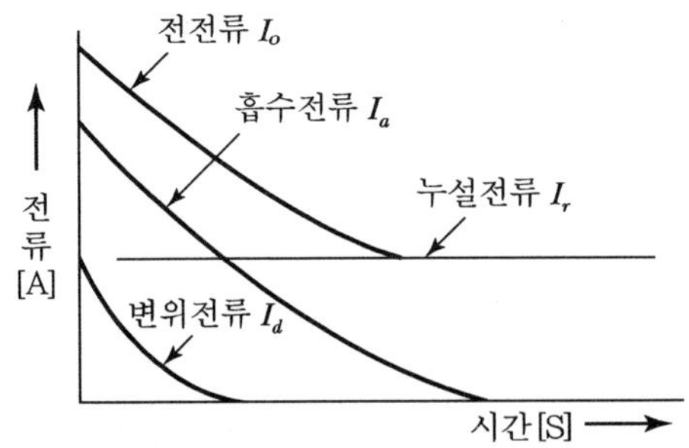

[그림 4] 직류전압 인가 시 직류 전류 · 시간 특성

1) 측정원리

절연물에 직류고전압을 급격히 인가하면 전류는 시간과 더불어 변화하며, 이 변화는 절연상태의 정도에 따라 전류감쇄 정도가 다름을 알 수 있다.

① 전전류는 콘덴서 성분의 변위전류[11](I_d), 유전체 분극[12]에 의한 흡수전류[13](I_a), 누설컨덕턴스(Conductance)에 의한 누설전류(I_r)의 3가지 전류성분이 흐르나 시간이 지나면서 누설전류만 흐르게 된다. $I_o = I_d + I_a + I_r$의 세 성분이 합성되어 전전류(I_o)로 구성된다.

② 변위전류 및 흡수전류는 절연물 중의 원사, 분사의 분극이나 캐리어의 이동 등에 수반되어 공급전류에서 비교적 짧은 시간에 감쇄되는 전류성분이다.

③ 누설전류는 절연물의 내부 및 표면의 오손 등의 전기저항분에 의한 전류로서 시간의 경과에 대해 일정하게 연속되며 절연열화와 관계가 깊은 전류성분이다.

2) 판정기준

누설전류 검출을 위해 직류고전압을 케이블에 인가할 때 전류값 및 변화를 측정한다. 정전유도 등의 측정오차를 줄이기 위해 접속선은 가능한 한 짧은 Shield 선을 사용한다.

>>참고 유전체가 분극 현상을 일으키는 원인

분극의 원인은 전자 분극, 이온 분극, 방위 분극이 합쳐져서 발생하기 때문이다. 이러한 분극들에 의하여 전하의 분극이 발생하며, 우리는 이 현상을 자유 공간 내에서 존재하는 여러 쌍극자라고 간주할 수 있다.

① 전자 분극(Electronic Polarization) : 외부 전계에 의하여 원자의 양전하와 음전하가 변위될 때 발생한다. 양전하와 음전하가 분리되면서 나타나는 쿨롱의 인력이 외부 전계의 힘과 평형을 이룰 때까지 변위는 계속된다.

② 이온 분극(Ionic Polarization) : 양전기를 띠는 이온과 음전기를 띠는 쌍극자 이온으로 구성되어 있는 분자에서 발생한다. 외부에서 전계를 가하면 전하의 중심이 변위되어 쌍극자를 나타낸다.

③ 방위 분극(Orientational Polarization) : 미시적으로 전하 분리가 지속되고 있는 유전체에서 나타난다. 분극 현상이 지속적으로 나타나고 있는 유전체를 일렉트렛(Electret)이라고 하는데 자성체 중에서 자석(Magnet)과 비슷한 특성을 갖는다.

---

11) 충전전류(i_d)는 매우 빠르게 감쇄되는 전류성분으로 진공 중의 변위전류, 유전체의 전자분극 또는 이온분극에 의해 생성되는 전류 등이 포함되어 있다. 유도체는 중화상태에서 전계의 강도에 따라 양 · 음극으로 분리되어 쌍극을 형성하며, 전계의 변위에 따라 유도체 속을 흐르는 변위전류로 된다. 예 $D = \varepsilon E$에서 $i_d = \frac{dD}{dt} = \varepsilon \frac{dE}{dt}$

12) 유전체는 전기적 중성 상태이지만 외부에서 전계를 인가하면 양전하의 중심과 음전하의 중심이 변위를 일으켜서 분리된다. 즉, 전하의 배열이 규칙적으로 되어 전기적 방향성을 띠는 현상을 분극이라 한다.

13) 흡수전류란 유전체를 전극 사이에 끼우고 직류전압을 인가할 경우 순시에 흐르는 충격전류 이외에 시간과 함께 점차 감소하는 전류가 흐르는데, 이처럼 시간과 함께 점차 감소하는 부분 전류를 말한다.

마. 직류내전압시험법

1) 측정원리

직류고전압을 일정시간 인가하여 그때의 절연파괴의 유무를 조사해서 절연상태의 양부를 판정하는 시험으로 직류누설전류법과 유사하고 전선로의 준공검사에 실시되고 있다. 따라서 절연 열화진단을 하기 위한 시험이 아니고 케이블의 절연성능을 보증하기 위한 목적으로 실시하는 시험이다.

2) 시험결과

직류내전압시험의 결과로 절연체의 열화 정도를 아는 것은 곤란하다. 그러나 시험 케이블은 일정기간 성능을 보증할 수 있고 절연파괴 예방이 가능하다.

정격 전압[kV]	인가 내전압[kV]	측정시간
3.3	3.45	10분
6.6	6.9	〃
11	11.5	〃
22	23	〃

3) 측정 시 주의사항

① 시험 전압치를 설정하여 주기적으로 인가 · 시험하여 파괴되지 않는 케이블을 사용한다.

② 시험 전압값으로 새로운 케이블 포설 준공 시에 전기설비기술기준 고시에 정한 내압시험치를 적용한다.

바. 부분방전법(PD ; Partial Discharge)

부분방전 측정은 현재 전력케이블 단말 접속재의 열화 진단에 사용되고 있으며, 초고압 CV 케이블의 결함을 검출하는 기술로서 근래에 많이 사용되고 있다.

1) 측정원리

① 케이블 내부에서 부분방전 발생 시 접지선으로 흐르는 펄스전류를 검출하는 원리를 이용하는 것으로 PD 진단 시스템이 있다.

② 부분방전 펄스전류는 도체와 실드 사이의 정전용량에 의하여 케이블 접지선으로 흐른다. 이 접지선에 PD 센서(RF 센서나 로고스키 센서)를 이용하여 부분방전 펄스전류를 검출한다.

2) 특징

센서 설치와 측정회로가 간단하며 검출감도가 양호하여 현장측정에서 실용적이다. 중성점 직접접지의 경우 접지전류에 부하전류가 중성선으로 흐르기 때문에 검출감도가 저하하는 문제가 있다.

>> **참고** **부분방전의 종류 및 원인**

① 부분방전 : 절연재료의 내부나 경계면에서 절연파괴가 발생하기 앞서 나타나는 국부적인 방전으로 불균일한 전계분포를 구성하고 있는 절연물에 인가전압을 증가시키면 전계가 집중된 곳에서 부분적으로 일어나는 방전을 말한다.

② 부분방전의 발생원인(☞ 참고 : 전력케이블 차폐층의 설치원리 및 효과) : 절연물에서 전계가 집중되기 쉬운 부분에서 내부권선의 마무리가 원활하지 못하여 돌출부분이 있거나 공기 · 금속 등 유전물이 큰 물질을 함유하거나 또는 절연물의 열화 시 팽창에 의한 기포(Void)가 발생되는 경우 그 부분의 전계가 상대적으로 높아지면서 집중하게 된다.

③ 부분방전의 종류 : 내부 방전, 표면 방전, 코로나 방전

[표] 부분방전의 종류

구분	방전형태	부분방전 현상 및 대상
내부 방전	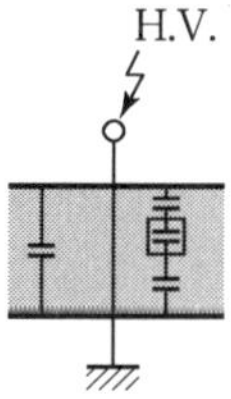	• 내부방전은 고체나 액체 절연체 내부의 보이드나 공극에서 발생하는 방전 • 유전체의 공동(Void)이나 내부의 절연내력이 낮은 함유물에 의한 방전 • 대상 : Mold(TR, CT, VT) 기기 내부, 케이블 접속제 내부, Mold 기기 층간단락
연면 방전 (표면 방전)	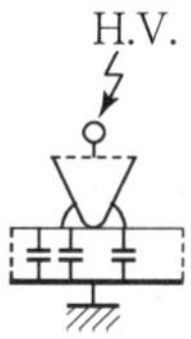	• 표면방전은 종류가 다른 절연체의 경계면에서 발생하는 방전 • 유전체의 표면에서 일어나는 방전 • 대상 : Bus 지지애자 표면, 피뢰기 · SA 애자 표면, Mold 기기 표면
코로나 방전	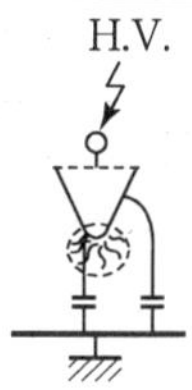	• 코로나방전은 기체 또는 절연체의 국부적 방전 • 전극의 끝이나 날카로운 부분에서 불균질성에 의한 방전 • 대상 : Bus · 케이블 접속 부위, 차단기 접촉 부위, Mold 변압기 탭 접촉 부위

2.3 전력케이블의 활선상태 진단법

■ 제조사 기술자료, 정기간행물, 전력사용시설물 설비 및 설계

1. 활선상태 전력케이블 진단법

가. 직류 성분법

고압 CV 케이블의 절연열화 원인인 수트리 열화의 유무를 진단하는 방법으로 고압케이블의 절연체에서 발생한 수트리 부에는 정류작용이 있기 때문에 수트리 발생 케이블에서는 교류전압 인가 시에 절연체와 차폐층 사이에 직류전류가 흐른다.

1) 측정원리

교류전압이 인가된 수트리 열화 CV 케이블의 접지선에 흐르는 충전전류에는 산화동에 의한 정류작용으로 직류성분이 발생한다. 즉, 침－평판전극을 이용, 전원전압의 극성(＋, －) 사이클에서 전하의 거동이 달라 전원전압의 피크치 부근 전류파형이 왜곡되어 비대칭성분 중에 직류성분을 측정한다.

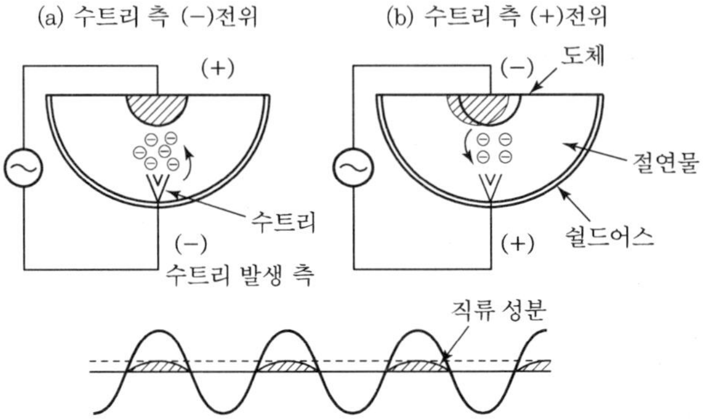

Cable에 교류전압을 인가할 때 수트리 발생 측이 부(－) 전하일 경우 부전하 공급으로 전류가 증가하고, 수트리 발생 측이 양(＋)전하가 될 때는 부(－)전하가 적어져 전류가 감소한다.

[그림 1] 직류 성분법

2) 측정회로 및 측정결과

① 진단 장치에서 측정되는 직류성분은 미소하지만 이 직류성분이 CV 케이블 열화신호로 [그림 1]의 측정회로를 통하여 직류성분만 검출한다.

② 판정기준 : 직류성분 1nA 미만 양호, 30nA 이상 불량

판정	Print 표시	직류성분[nA]	재측정 주기
불량	A	100 이상	조기 교체
중주의	B1	10 이상~100 미만	1년 이내
경주의	B2	1 이상~10 미만	3년 이내
양호	C	1 미만	5~7년 주기
판정유보	*	시스 절연저항이 1MΩ 이하	

3) 특징

① 별도의 과전압용 전원장치가 불필요하다.

② 접지선을 이용하여 충전부에 접촉하지 않고 측정할 수 있으므로 안전하고 간편하다.

③ 미주전류[14]와 직류성분 전류의 판별이 필요하여 개발되었다.

4) 측정 시 주의사항

① 케이블 단말부 청소와 우천 시에 측정은 측정오차로 피하는 것이 좋다.

14) 미주전류 : 의도된 전기회로 이외의 경로로 흐르는 전류

② 절연층에 내도 수트리와 외도 수트리가 병존할 경우 오진단 우려가 있다.

③ 별도의 전원을 교류에 중첩하지 않는 직류 성분법에서는 특고압 CV 케이블의 열화 진단이 불가능하고 접속재의 절연 진단도 불가능하다.

나. 활선 tanδ법

1) 개요

일반적인 실제의 절연재료에서는 교류전계가 인가되는 경우 전기적 에너지가 열에너지로 변화하는 과정에서 손실이 발생한다. 이 손실량을 전기적으로는 tanδ(유전 정접)라고 부른다.

2) 측정원리

측정원리는 CT를 이용해서 케이블의 접지선에 흐르는 전류를 측정하고, 전력케이블에 인가되는 인가전압과 차폐접지선에 흐르는 전류의 위상차를 측정해서 tanδ를 산출하여 tanδ의 크기로 열화 상태를 판정한다.

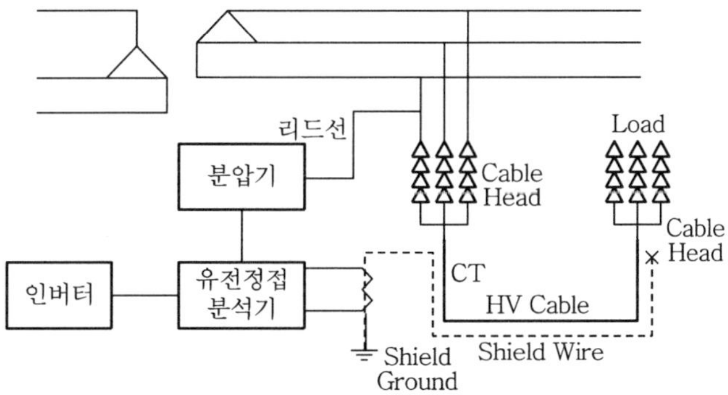

[그림 2] 활선 tanδ법에 의한 측정회로

3) 측정회로 및 측정결과

① tanδ 측정법을 원리에 따라 분류하면 Bridge법, 위상차법, 전력계법, 열류계법 등으로 나눈다.

② 현재 대부분의 활선 tanδ 측정장치는 위상차법이다.

③ 판정기준 : tanδ 측정값

판정	측정치[tanδ]	진단
양호	0.5% 미만	–
요주의	0.5% 이상 5% 미만	수트리 발생
불량	5% 이상	내전압 극히 저하

4) 특징

① 차폐접지선에서 CT에 의해 전류를 검출하므로 접지선을 별도로 설치할 필요가 없다.

② 특별한 고압전원장치가 필요 없다.

5) 측정 시 유의사항

① 전압측정을 위해 충전부에 접촉할 필요가 있으나 GVT의 2차 전압을 이용하는 방법이 개발되어 충전부에 접촉할 필요가 없다.

② 전력케이블의 국부적인 열화 검출은 어렵다.

다. 직류 중첩법(직류전압중첩법)

1) 개요

운전 중인 케이블에 저전압의 직류를 중첩시켜 접지선에 흐르는 직류전류를 검출하여 절연저항으로 열화를 판별한다. 이 방법은 전원공급설비가 커서 운반용으로 부적합하나 하나의 설비로 많은 케이블을 동시에 측정 가능한 이점이 있다.

2) 측정원리

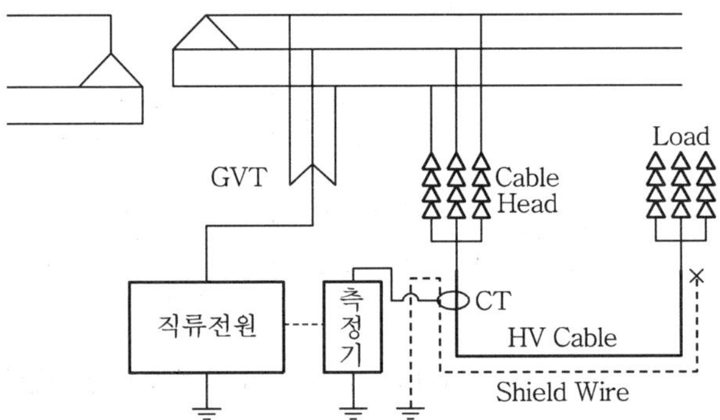

[그림 3] 직류전압중첩법에 의한 측정회로

운전 중인 케이블에 GVT을 통하여 고압모선에 저전압의 직류 50V를 교류전압에 중첩시켜서 접지선(전력케이블 도체와 차폐 동 Tape 간)에 흐르는 직류전류를 검출하여 절연저항으로 열화를 판별한다.

3) 측정회로 및 측정결과

① 측정 시 접지용변압기(GVT), 고압배전선, 피측정 케이블, 측정기, 대지 및 직류전원의 폐회로로 구성한다.

② 판정기준 : 절연저항값

측정대상	측정치[MΩ]	평가	케이블 조치
본체 절연저항	1,000 이상	양호	계속 사용
	100 이상	경주의	계속 사용
	10 이상	중주의	교체 준비
	10 미만	엄중주의	케이블 교체
방식층 절연저항	1,000 이상	양호	사용 계속
	1,000 미만	불량	불량 수리

4) 특징

① 직류누설전류법과 직류중첩법에 의해 측정된 절연저항치는 비교적 좋은 상관관계를 가지고 있다.

② 직류중첩법에 의한 절연저항치는 6kV급 전력케이블에서는 직류인가전압 5~6kV의 절연 저항치에 상당한다.

③ 특별 CV 케이블의 열화 진단에 적용되고 있으며, 단말접속재의 감시기능을 추가하여 현장에 적용하고 있다. 예 OLCM(On-Line Cable Monitoring) System

5) 측정 시 유의사항

① 미주전류가 변동하고 있는 경우, 측정오차가 크게 되는 경우가 있다.

② 단말부의 표면누설저항이 낮으면 측정오차의 원인으로 된다.

③ GVT에 높은 직류전압을 장시간 인가하면 영상전압이 발생하여 오동작의 원인이 될 수 있다.

라. 교류 중첩법

1) 측정원리

교류 중첩법은 케이블 차폐층에 상용주파수의 2배+1Hz의 교류전압을 중첩하여 수트리 열화에 기인한 1Hz의 열화신호를 검출하는 방법이다.

2) 측정회로 및 측정방법

① 케이블 차폐층에 교류전압을 중첩하기 때문에 고압부의 접촉 작업이 필요하지 않아 활선상태에서도 간편하게 측정할 수 있다.

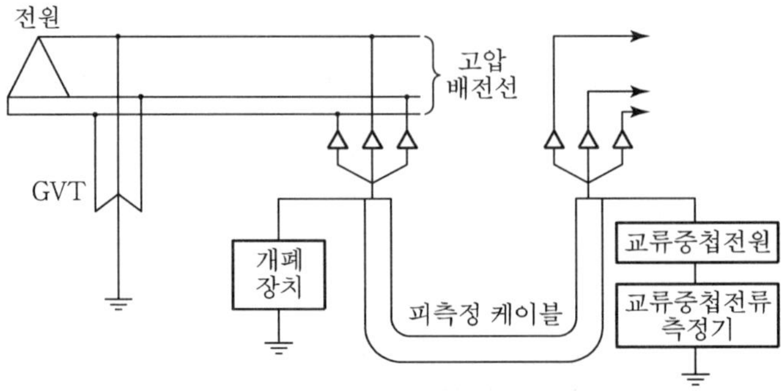

[그림 4] 교류 중첩법에 의한 측정회로

② 판정기준 : 6kV급 CV 케이블의 판정기준

판정	기준
양호	Isa(1Hz의 전류) < 10nA
불량	Isa ≥ 10nA
판정불능	쉬스 절연저항 < 250kΩ

3) 특징 및 측정 시 유의사항

① 케이블의 접지선으로부터 전압을 중첩할 수 있어 측정이 간편하다.

② 전압을 중첩하는 것과 동시에 알고 있는 열화신호(1Hz)를 검출하기 때문에 측정정밀도가 높다.

③ 현재 6kV 케이블의 절연 진단에만 사용되고 있다.

마. 저주파 중첩법

1) 측정원리

케이블의 도체와 차폐층 간에 저주파전압을 인가할 때에 흐르는 전류 중 손실전류만을 검출, 교류절연저항을 산출하여 열화 정도를 판정하는 방법이다.

2) 측정회로 및 측정방법

① 충전전류 Cancel 방식과 브리지 방식이 있다. 충전전류 Cancel 방식은 주로 6kV급 CV 케이블의 열화 진단에 사용하는 것으로 7.5Hz－20V 고정조건으로 측정한다. 충전전류를 Cancel하기 때문에 기준신호를 기초로 충전전류와 역위상의 성분을 만들어 산출하고 있다. 두 가지 방법 모두 활선, 정전상태에 상관없이 측정이 가능하다.

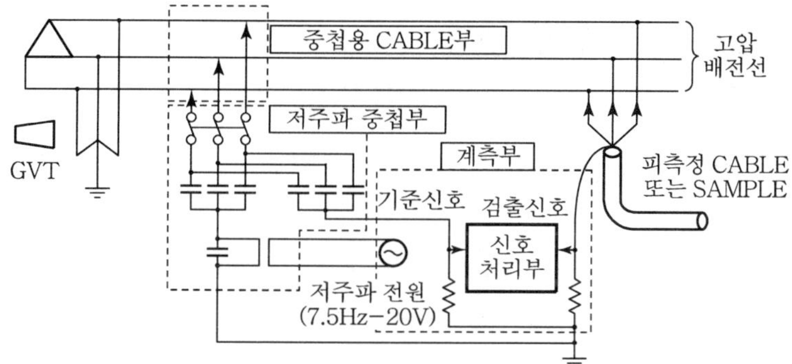

[그림 5] 충전전류 Cancel 방식

② 판정기준 : 6.6kV급 CV케이블의 판정기준

판정	활선 측정결과	조치	판정의 근거
불량	400MΩ 이하	조기교체	1선 지락 시 대지 간 전압(6.9kV) 이하에서 설연파괴 가능성 있음
요주의	1,000MΩ 이하	1년 후 재측정	전기설비기술기준 고시에 따른 내전압(10.35kV) 이하에서 절연파괴 가능성 있음
양호	1,000MΩ 초과	정기 절연진단	내전압(10.35kV) 이하에서 절연파괴 가능성이 적음

3) 특징

① 진단결과에 대한 신뢰성이 높다.(현재 6kV 배전선에만 적용)

② 저주파, 저전압 때문에 전원용량을 작게 할 수 있다.

③ 관통 수트리 열화에 한하지 않고 미관통 수트리 열화 검출도 가능성이 있다.

4) 측정 시 유의사항

① 활선진단의 결과가 요주의 및 불량으로 판단된 케이블은 별도의 직류누설전류법에 의한 정전 진단을 실시하고 있다.

② 측정원리상 손실전류가 큰 것일수록 열화가 진행되고 있다는 결과가 나오기 때문에 열화가 되지 않는 상태라도 손실전류가 큰 것은 활선진단만으로 요주의 또는 불량으로 판정될 수 있기 때문에 주의가 필요하다.

SECTION 03 회로보호

3.1 고압 개폐기

전로를 개폐하는 개폐장치 기구에는 여러 종류가 있으며 그 기능, 성능면에서 단로기, 부하개폐기, 교류 전자접촉기(VCS), 차단기 등으로 분류할 수 있다. 이것들을 선정 시에는 용도에 따른 최적의 개폐장치를 선정하여야 한다.

■ 신전기설비기술계산 핸드북, 전력사용시설물 설비 및 설계, 한국전기설비규정(KEC), 제조사 기술자료, 정기간행물

1. 개폐기의 종류

개폐기 종류	단로기(DS)	부하개폐기(LBS)	진공 부하개폐기(VCS)	차단기(CB)	전력용 퓨즈(PF)
기능	• 단독으로 전로의 접속 또는 분리를 목적으로 하고 무전류에 가까운 상태에서 안전하게 전로를 개폐할 수 있는 것 • 일반 Link 기구 동력에 의한 수동조작	• 정상의 부하전류의 개폐는 할 수 있지만, 이 상 시(과부하, 단락)의 보호기능은 없다. • 대부분이 수동조작으로 되어 있다.	• 정상의 부하전류 또는 과부하전류 정도까지는 안전하게 개폐할 수 있다. • 부하의 개폐를 주목적으로 하여 개폐동작을 많이 하는 곳에 사용한다. • 전기조작이 대부분이다.	• 정상의 부하전류는 물론 단락전류와 같은 사고 시의 대전류도 지장없이 개폐할 수 있다. • 회로보호를 주목적으로 하므로 기계적 · 전기적으로 Trip Free로 되어 있다.	어느 정도의 과부하전류로부터 단락전류까지의 대전류를 차단할 수 있다. 단, 차단 후에 폐로 기능은 없다.(개폐기의 종류로 볼 수 없다.)
용도	• 변압기나 차단기 등의 보수 · 점검을 위해 설치하는 회로 분리용 • 전력계통의 절환을 위한 회로 분리용	• 개폐빈도가 적은 부하 개폐용 Switch로서 사용한다. • 전력 Fuse와 조합하여 고압 수전설비에 사용하기도 한다.	• 주로 부하의 조작 · 제어용으로 쓰인다.(Motor, Condenser 개폐용) • 전력 Fuse와 조합시켜 Combination Switch로 많이 사용한다.	• 주로 회로 보호용 차단기로 사용된다. • 고압수전설비의 주 차단장치로 가장 많이 사용하고 있다.	고압 부하개폐기나 고압 전자접촉기와 조합되어 사용하고 있다.
기호	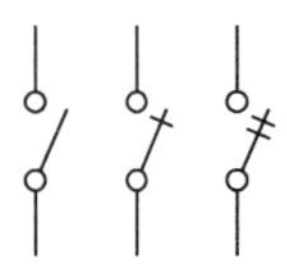	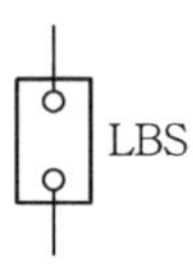	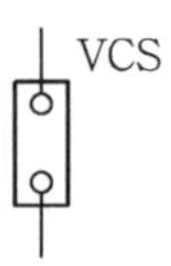	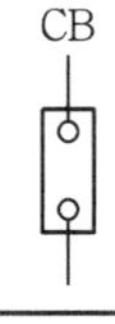	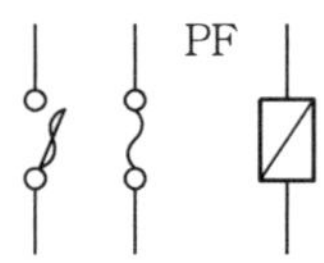

2. 전자접촉기와 차단기의 차이

가. 전자접촉기

전자접촉기의 사용목적은 회로개폐에 의해 부하설비를 개폐하는 것으로 전기적 · 기계적으로 그 개폐빈도, 횟수가 많아도 지장이 없는 구조를 가지고 있다.

나. 차단기

1) 차단기의 사용목적은 회로 사고 시에 고장전류를 개방하는 능력이 중요하며 회로 선택 개폐가 주이고 그 동작횟수가 한정된다.
2) 적용 장소는 전동기 회로에서 차단기를 사용하는 것은 그 전기적 · 기계적 동작횟수를 제한하기 때문에 사고를 일으키게 되므로 주의하여야 한다.

다. 단로기 사용 시 주의사항

원칙적으로 전로의 차단능력이 없으므로 변압기 여자전류, 계통 · 모선의 충전전류 차단에 단로기 사용을 검토하며 되도록 부하단로기를 사용하여야 한다.

>> 참고 전자접촉기와 차단기의 비교

기기	전자접촉기	차단기
용도	• 부하전류의 개폐 과부하 정도 보호가 고려된다. • 모터, 콘덴서, TR 등 부하 개폐조작용	• 사고 시 단락전류를 투입 · 차단 할 수 있다. • 회로 보호용으로 사용
기능	조작에 주목적으로 수명이 길다.	회로 보호용이 목적으로 트리핑 프리 방식의 기능이 있다.
치수 · 용량	소	대
가격	저	고

3. 고압수용가용 수배전 설비

가. Skeleton의 설명

1) MOF 하단의 개폐기 중 DS는 점검 등을 위한 전 계통의 회로분리용, CB는 전 계통의 회로보호용이다.
2) 역률개선용 콘덴서에 사용한 전자접촉기는 인출형 Combination Switch를 사용하기 때문에 단로기를 생략시킬 수 있어 Compact가 가능하다.
3) 전동기에 사용한 PF와 MC는 부하의 개폐조작을 위해서 전자접촉기를 사용하고 Feeder의 단락보호를 위해 전력퓨즈를 설치한다.

나. 수배전설비 Skeleton 예시

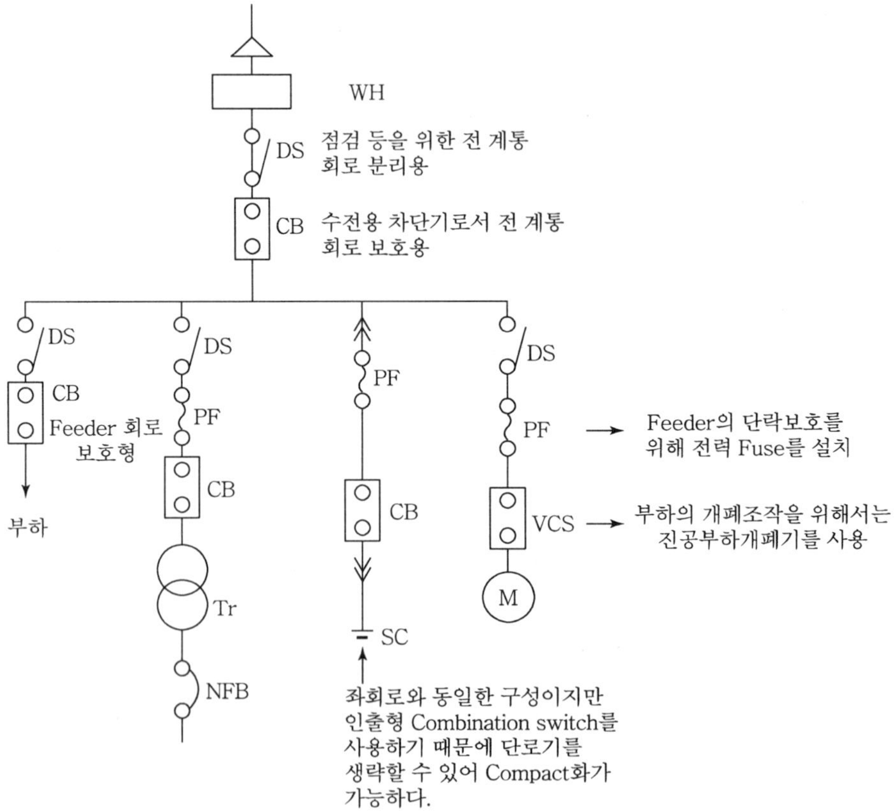

[그림] 고압 수용가용 수배전설비 스켈레톤

3.2 저압차단기의 종류

차단기란 정상상태에서 부하전류를 개폐함과 동시에 과부하, 단락 및 지락 등 회로의 사고 시 고장전류를 차단하여 부하기기(전등 · 전열 등) 및 전선을 보호하는 장치이다. 저압 간선을 보호하는 차단기에는 ACB, ELB, MCCB가 주로 사용된다.

■ 신전기설비기술계산 핸드북, 한국전기설비규정(KEC), 정기간행물

1. 차단기의 종류

차단기는 개폐 시 발생하는 아크의 소호방식 또는 사용전압에 따라 다음과 같이 분류한다.

가. 저압 차단기 : ACB, MBB, MCCB, 한류형 퓨즈, MG, AFCI

나. 고압 차단기 : OCB, VCB, GCB, ABB

2. 저압차단기의 특징

가. 공기차단기(ACB ; Air Circuit Breaker)

공기자연소호방식에 의한 차단기로, 교류 600V 이하 전압이나 직류차단기로 사용한다.

1) 소호원리

회로 개로 시 발생아크를 아크슈트로 밀어 넣어서 냉각으로 이온소멸시킨다.

2) 공기차단기의 특징

① 차단기의 차단용량이 크다.
② 접점 또는 아크슈트를 간단히 보수 · 교환할 수 있다.
③ 과전류 트립장치의 정정이 가능하다.

나. 자기차단기(MBB ; Magnetic Blast Circuit Breaker)

1) 소호원리

차단기 개방 시 발생 Arc와 직각 방향으로 자계를 주어 발생 Arc를 소호실 안에서 차단하는 구조로, 자기차단기는 아크를 아크슈트와 같은 이온소멸장치를 구동시킬 자기회로를 가지고 있어 대기 중에서 전로를 자기차단한다.

2) 자기차단기의 특징

① 기름을 사용하지 않아 화재위험이 없고 보수가 간단하다.
② 전류차단에 의한 과전압이 발생하지 않아서 직류차단도 가능하다.
③ 차단기 투입 시 소음이 발생한다.
④ 소호 능력면에서 고전압에는 적당하지 않아 7.2kV 이하에 적용한다.

다. 배선용 차단기(MCCB ; Molded Case Circuit Breaker)

전로보호를 목적으로 개폐기구, 트립장치 등을 절연물의 용기 내에 조립한 것으로 규정상태의 전로를 수동 또는 전기조작에 의하여 개폐할 수 있고 또 과부하 및 단락의 경우 자동적으로 전로를 차단하는 기구이다.

1) 차단원리

트립장치에는 차단기를 흐르는 고장전류에 의하여 바이메탈이 가열되어 만곡하므로 트립동작을 하는 열동형, 코일에 전류를 통하여 과전류에 의하여 철편을 흡인하여 동작하는 가동철편형과 양자를 결합한 열동전자식, 전자식 등이 있다.

2) 배선용 차단기의 특징

① 차단 후 재투입 및 반복사용이 가능하다.
② 절연물 케이스에 내장되어 사용이 안전하다.
③ 전극을 동시에 차단하여 결상의 우려가 없다.
④ 부속장치를 사용하여 자동제어가 가능하다.
⑤ 개폐 속도가 일정하고 동작 후 복구가 간단하다.

라. 한류형 배선용 차단기

1) 한류형 차단기는 전자반발력을 응용한 한류차단 기구에 의해 큰 차단용량을 갖는 차단기이다.
2) 사고전류 차단 시의 통과전류 파고값이 억제되기 때문에 전류나 기타 기기에 대한 전기적 · 열적 보호 효과가 크며 대용량 계통의 차단기로 적당하다.

마. 한류형 퓨즈(☞ 참고 : 전력퓨즈)

1) 퓨즈는 금속의 용융특성을 이용한 사고검출과 차단기능을 겸한 보호장치이다. 퓨즈를 적용하는 데 기준이 되는 것은 용단특성이며 퓨즈의 정격 전류에 가까운 곳에서 용단시간이 길다.
2) 퓨즈의 최대특징은 저렴하면서 또한 대전류를 고속도 한류차단할 수 있는 것이다.
3) 퓨즈의 단점
① 선로가 결상이 될 가능성이 있다.
② $I-t$ 특성의 조정이 불가능하다.
③ 차단 시 과전압 발생의 위험이 있고 반복 사용되지 않는다.
④ 사고전류가 차단되지 않는 전류범위를 가진다.

바. 전자개폐기

1) 전자개폐기는 전자접촉기와 열동계전기를 조합한 것이고 그 용량은 적용하는 전동기용량 또는 부하용량으로 표시된다.
2) 단락강도는 개폐전류 용량의 범위라고 생각되고 정격 전류의 10~12배가 한도이다.
3) 단락 시에는 가능한 한 빨리 배선용 차단기 또는 한류형 퓨즈 등에 의해 단락전류를 차단, 보호한다.
4) 열동계전기는 전동기 과부하보호에 사용한다.

3. ACB, 배선용 차단기, 한류퓨즈, 전자개폐기의 비교

항목		저압 차단기/ 공기 차단기	배선용 차단기	저압 한류퓨즈	전자 개폐기
정격 전류 In의 범위[A]		200～8,000/ 200～6,000	3～1,200	1～1,000	0.1～600
과전류동작특성	최소동작전류	• In : 부동작 • 1.25In : 2h 이내에 동작	• In : 부동작 • 1.25In : 규정 시간 내에 동작	• A종 : 1.1In 부동작 • B종 : 1.30In 부동작, 1.60In 부동작	• In : 부동작 • 1.25In : 2h 이내에 동작
	2In 전류동작시간	–	정격 전류치에 대응하여 2～24Min 이내에 동작	정격 전류치에 대응하여 2, 4, 6, 8, 10, 12, 20Min 이내에 동작	4Min 이내에 동작
	5In 또는 6In 전류동작시간	전동기용은 6In 시 2S 이상 30S 이내	전동기용은 6In 시 2S 이상 30S 이내	6.3In : 규정시간에 용단	전동기용은 6In 시 2S 이상 30S 이내
동작전류 설정치의 조정	시연 Trip(ICS)	가능	가능한 것과 불가능한 것이 있음	불가능	가능
	순시 Trip(IIT)	가능	가능한 것과 불가능한 것이 있음	불가능	–
	단기 시 Trip	가능	가능한 것과 불가능한 것이 있음	불가능	–
차단특성	정격차단전류	최대 200kA[AC]	최대 200kA[AC]	최대 200kA[AC]	정격사용전류의 10배
	한류차단성능	한류효과 없음	한류성능이 있는 것과 없는 것이 있음, 한류효과가 있음	한류효과 큼	한류효과 없음
	전차단 I^2t	대	한류형은 작음	한류형은 극히 작음	–
개폐성능과 내구성능		전기조작, 기타(수동개폐 가능)	수동개폐(전기조작이 가능한 것도 있음)	퓨즈 자체 개폐기능 없음	고빈도의 전기조작에 적합
비고		• 주로 1,000A 이상 간선용에 사용 • 보수·점검 용이 • 선택협조의 상위차단기로 사용	• 저압과 전류차단기로 많이 사용 • 회로개폐, 과부하전류의 반복차단동작이 우수함 • 충전부 노출이 없음	• 한류차단성능이 가장 좋고 보호 효과가 큼 • 차단전류가 큼	전동기 보호, 고빈도 개폐가 가장 큰 장점

3.3 저압회로의 과전류에 대한 보호

저압회로에서 과전류(과부하전류 또는 단락고장전류)로부터 분기회로 및 배전간선을 보호하기 위하여 전원을 자동으로 차단하여 배전간선 및 분기회로를 보호하는 방법에 대하여 규정하고 있다.

1. 과부하 보호장치

가. 과부하 보호장치의 설치위치

1) 설치위치

과부하 보호장치는 전로 중 도체의 단면적, 특성, 설치방법, 구성의 변경으로 도체의 허용전류값이 줄어드는 곳(이하 분기점이라 함)에 설치해야 한다.

2) 설치위치의 예외

과부하 보호장치는 분기점(O)에 설치해야 하나, 분기점(O)과 분기회로의 과부하 보호장치의 설치점 사이에 배선 부분에 다른 분기회로나 콘센트 회로가 접속되어 있지 않고, 다음을 충족하는 경우에는 변경이 있는 배선에 설치할 수 있다.

① [그림 1]과 같이 분기회로(S_2)의 과부하 보호장치(P_2)의 전원 측에 다른 분기회로 또는 콘센트의 접속이 없고 분기회로에 대한 단락보호가 이루어지고 있는 경우, P_2는 분기회로의 분기점(O)으로부터 부하 측으로 거리에 구애받지 않고 이동하여 설치할 수 있다.

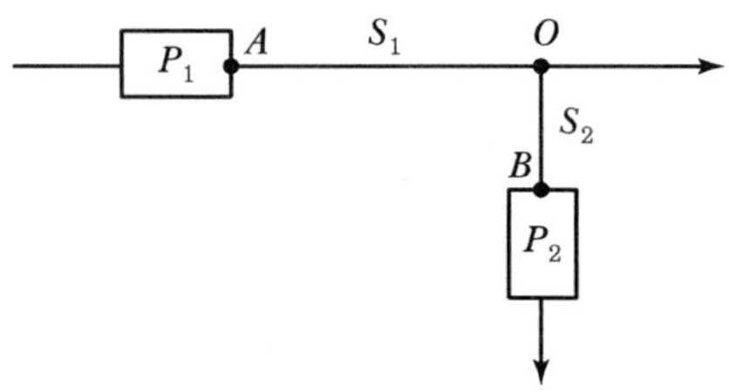

[그림 1] 분기회로(S_2)의 분기점(O)에 설치되지 않은 분기회로 과부하 보호장치(P_2)

② [그림 2]와 같이 분기회로(S_2)의 보호장치(P_2)는 P_2의 전원 측에서 분기점(O) 사이에 다른 분기회로 또는 콘센트의 접속이 없고, 단락의 위험과 화재 및 인체에 대한 위험성이 최소화되도록 시설된 경우, 분기회로의 보호장치(P_2)는 분기회로의 분기점(O)으로부터 3m까지 이동하여 설치할 수 있다.

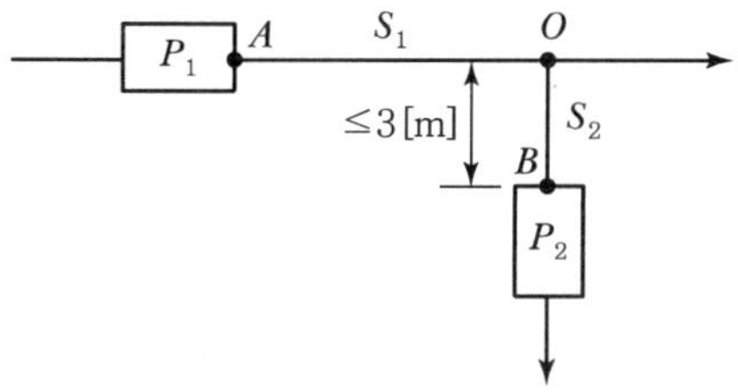

[그림 2] 분기회로(S_2)의 분기점(O)에 3m 이내에 설치된 과부하 보호장치(P_2)

나. 과부하 보호장치의 생략

다음과 같은 경우에는 과부하 보호장치를 생략할 수 있다. 다만, 화재 또는 폭발 위험성이 있는 장소에 설치되는 설비 또는 특수설비 및 특수 장소의 요구사항들을 별도로 규정하는 경우에는 과부하 보호장치를 생략할 수 없다.

1) 일반사항

다음의 어느 하나에 해당되는 경우에는 과부하 보호장치 생략이 가능하다.

① 분기회로의 전원 측에 설치된 보호장치에 의하여 분기회로에서 발생하는 과부하에 대해 유효하게 보호되고 있는 분기회로

② '단락전류에 대한 보호'의 요구사항에 따라 단락보호가 되고 있으며, 분기점 이후의 분기회로에 다른 분기회로 및 콘센트가 접속되지 않는 분기회로 중 부하에 설치된 과부하 보호장치가 유효하게 동작하여 과부하 전류가 분기회로에 전달되지 않도록 조치를 하는 경우

③ 통신회로용, 제어회로용, 신호회로용 및 이와 유사한 설비

2) IT 계통에서 과부하 보호장치 설치위치 변경 또는 생략

① 과부하에 대해 보호가 되지 않은 각 회로가 다음과 같은 방법 중 어느 하나에 의해 보호될 경우, 설치위치 변경 또는 생략이 가능하다.

㉠ '이중절연 또는 강화절연에 의한 보호'에 의한 보호수단 적용

㉡ 2차 고장이 발생할 때 즉시 작동하는 누전차단기로 각 회로를 보호

㉢ 지속적으로 감시되는 시스템의 경우 다음 중 어느 하나의 기능을 구비한 절연감시 장치의 사용

- 최초 고장이 발생한 경우 회로를 차단하는 기능
- 고장을 나타내는 신호를 제공하는 기능. 이 고장은 운전 요구사항 또는 2차 고장에 의한 위험을 인식하고 조치가 취해져야 한다.

② 중성선이 없는 IT 계통에서 각 회로에 누전차단기가 설치된 경우에는 선도체 중의 어느 1개에는 과부하 보호장치를 생략할 수 있다.

3) 안전을 위해 과부하 보호장치를 생략할 수 있는 경우

사용 중 예상하지 못한 회로의 개방이 위험 또는 큰 손상을 초래할 수 있는 다음과 같은 부하에 전원을 공급하는 회로에 대해서는 과부하 보호장치를 생략할 수 있다.

① 회전기의 여자회로

② 전자석 크레인의 전원회로

③ 전류변성기의 2차 회로

④ 소방설비의 전원회로

⑤ 안전설비(주거침입경보, 가스누출경보 등)의 전원회로

다. 병렬도체의 과부하 보호

하나의 보호장치가 여러 개의 병렬도체를 보호할 경우, 병렬도체는 분기회로, 분리, 개폐장치를 사용할 수 없다.

2. 단락보호장치

가. 설치위치

1) 단락전류 보호장치는 분기점(O)에 설치해야 한다. 다만, [그림 3]과 같이 분기회로의 단락보호장치 설치점(B)과 분기점(O) 사이에 다른 분기회로 또는 콘센트의 접속이 없고 단락, 화재 및 인체에 대한 위험이 최소화될 경우 분기회로의 단락보호장치 P_2는 분기점(O)으로부터 3m까지 이동하여 설치할 수 있다.

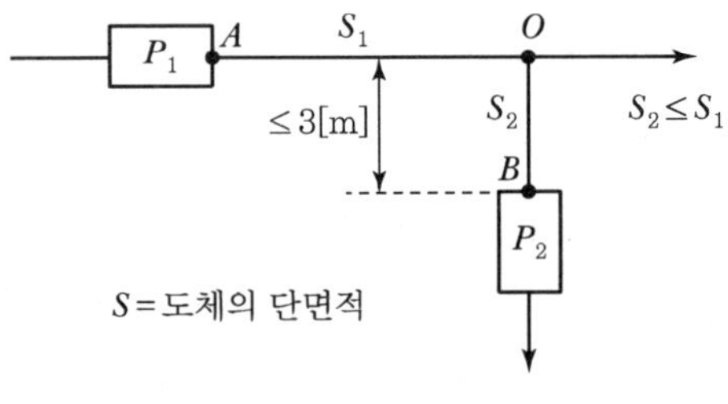

[그림 3] 분기회로 단락보호장치(P_2)의 제한된 위치 변경

2) 도체의 단면적이 줄어들거나 다른 변경이 이루어진 분기회로의 시작점(O)과 이 분기회로의 단락보호장치(P_2) 사이에 있는 도체가 전원 측에 설치되는 보호장치(P_1)에 의해 단락보호가 되는 경우, P_2의 설치위치는 분기점(O)으로부터 거리제한 없이 설치할 수 있다. 단, 전원 측 단락보호장치(P_1)는 부하 측 배선(S_2)에 대하여 '단락보호장치의 특성'에 따라 단락보호를 할 수 있는 특성을 가져야 한다.

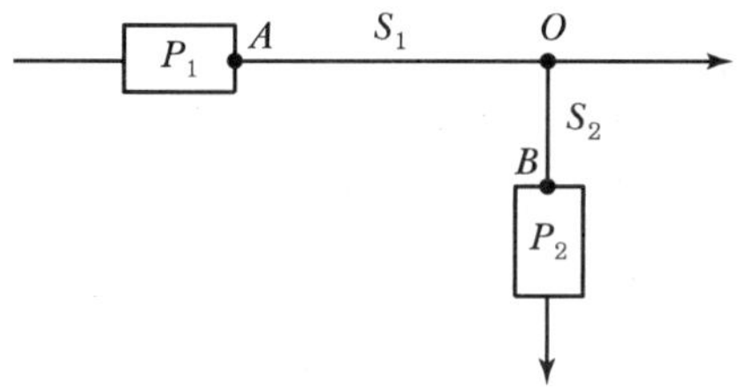

[그림 4] 분기회로 단락보호장치(P_2)의 설치 위치

나. 단락보호장치의 생략

배선을 단락위험이 최소화할 수 있는 방법과 가연성 물질 근처에 설치하지 않는 조건이 모두 충족되면 다음과 같은 경우 단락보호장치를 생략할 수 있다.

1) 발전기, 변압기, 정류기, 축전지와 보호장치가 설치된 제어반을 연결하는 도체
2) '과부하 보호장치의 생략'의 "3)"과 같은 전원차단이 설비의 운전에 위험을 가져올 수 있는 회로
3) 특정 측정회로

다. 병렬도체의 단락보호

1) 여러 개의 병렬도체를 사용하는 회로의 전원 측에 1개의 단락보호장치가 설치되어 있는 조건에서, 어느 하나의 도체에서 발생한 단락고장이라도 효과적인 동작이 보증되는 경우 해당 보호장치 1개를 이용하여 그 병렬도체 전체의 단락보호장치로 사용할 수 있다.
2) 1개의 보호장치에 의한 단락보호가 효과적이지 못하면, 다음 중 1가지 이상의 조치를 취해야 한다.
   ① 배선은 기계적인 손상 보호와 같은 방법으로 병렬도체에서의 단락위험을 최소화할 수 있는 방법으로 설치하고, 화재 또는 인체에 대한 위험을 최소화할 수 있는 방법으로 설치해야 한다.
   ② 병렬도체가 2가닥인 경우 단락보호장치를 각 병렬도체의 전원 측에 설치해야 한다.
   ③ 병렬도체가 3가닥 이상인 경우 단락보호장치는 각 병렬도체의 전원 측과 부하 측에 설치해야 한다.

3. 단락보호장치의 특성

단락보호장치는 고장전류를 검출하여 회로를 차단하여야 하므로 고장전류를 차단할 수 있는 능력이 있어야 하며, 동시에 부하 측에 접속된 배선을 보호하여야 하므로 도체의 절연체가 단시간 허용전류 이전에 고장전류를 차단하는 능력이 있어야 한다.

가. 차단용량

정격차단용량은 단락전류보호장치 설치점에서 예상되는 최대 크기의 단락전류보다 커야 한다. 다만, 전원 측 전로에 단락고장전류 이상의 차단능력이 있는 과전류 차단기가 설치되는 경우에는 그러하지 아니하다. 이 경우에 두 장치를 통과하는 에너지가 부하 측 장치와 이 보호장치로 보호를 받는 도체가 손상을 입지 않고 견뎌낼 수 있는 에너지를 초과하지 않도록 양쪽 보호장치의 특성이 협조되도록 해야 한다.

나. 케이블 등의 단락전류

회로의 임의의 지점에서 발생한 모든 단락전류는 케이블 및 절연도체의 허용온도를 초과하지 않는 시간 내에 차단되도록 해야 한다. 단락지속시간이 5초 이하인 경우, 통상 사용조건에서의 단락전류에 의해 절연도체의 허용온도에 도달하기까지의 시간 t는 다음과 같이 계산할 수 있다.

$$t = \left(\frac{kS}{I}\right)^2$$

3.4 배선용 차단기(MCCB)

MCCB(Molded Case Circuit Breaker)란 교류 600V 이하, 직류 250V 이하의 저압 옥내전로의 보호를 위해 사용하는 몰드 케이스의 차단기를 말한다. 배선용 차단기는 Fuse 또는 개폐기의 단점인 안전성, 제어성, 협조성 등을 보완한 것이다.

■ 한국전기설비규정(KEC), 제조사 기술자료, 정기간행물

1. 저압배선의 보호

가. 저압배선 보호 개념

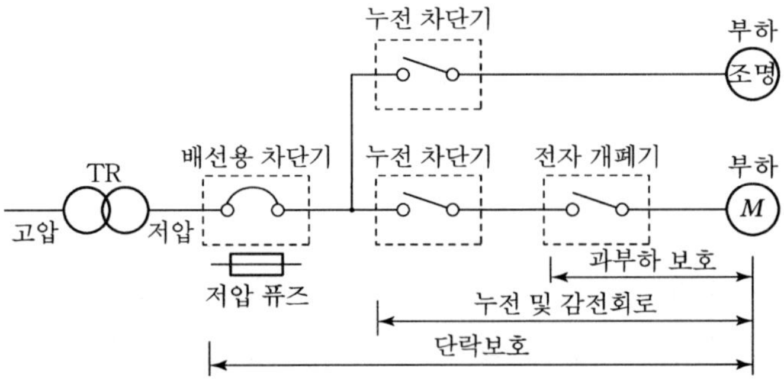

[그림 1] MCCB의 보호개념도

나. 사고전류 종류

1) 과부하전류는 부하변동에 의해 발생하며 정격 전류의 6~7배 값이 상한이다.
2) 과도전류는 변압기의 투입전류, 전동기의 시동전류 등 매우 짧은 시간에 존재하고 자연 감쇄되어 정상값으로 돌아가는 전류이다.
3) 단락전류는 전로의 단락, 혼촉에 의한 전류로 보통 정격 전류의 20~30배이다.
4) 지락전류는 절연열화 등으로 전선도체가 기기의 Frame이나 대지에 접촉되어 흐른다.

2. MCCB의 기능 및 일반적 특징

MCCB는 저압전로 보호를 목적으로 개폐기구, Trip 장치, 소호장치, Mold Case 등으로 구성되어 있다.

가. 기능(구조)

1) Trip Free 기능 : 투입상태에서 핸들을 누르고 있어도 고장전류에 의해 자동으로 회로를 차단하는 기능이다.
2) 공동트립 구조 : 동시투입, 동시차단으로 결상을 방지하는 구조이다.
3) 토글링크 구조 : 핸들 조작시간과 관계없이 일정속도에서 투입 · 차단하는 구조이다.

나. 배선용 차단기 특징

1) 차단 후 재투입 및 반복사용이 가능하다.
2) 절연물 케이스에 내장되어 사용이 안전하다.
3) 전극을 동시에 차단하여 결상 우려가 없다.
4) 부속장치를 사용하여 자동제어가 가능하다.
5) 개폐속도가 일정하고 동작 후 복구가 간단하다.

다. 배선용 차단기의 설치위치

1) 저압회로 인입구 가까운 곳으로 개폐가 용이한 장소에 시설할 것
2) 저압옥내간선 전원 측에 저압옥내간선을 보호하는 차단기를 시설할 것
3) 저압옥내간선과 분기점에서 전선 길이가 3m 이하인 곳에 시설할 것

3. MCCB 선정 시 고려사항

가. 변압기 저압 측 MCCB

여자돌입전류의 최대치가 MCCB의 순시트립 전류범위 내에 들도록 MCCB를 선정한다.

나. 콘덴서 회로용 MCCB

콘덴서 회로용 배선용 차단기는 콘덴서 정격 전류의 약 150%로 선정한다.

다. 수은등 회로용 MCCB

1) 일반형 안정기는 시동전류를 고려하여 정격 전류의 약 170%로 선정한다.
2) 정출력형 또는 Flickerless 안정기는 안정기의 입력전류만을 고려하여 선정한다.

라. 스폿(Spot) 용접회로 MCCB

동기 투입 시의 위상이 제어되는 것에 적용한다.

4. MCCB의 종류

가. 전동기 보호용 MCCB

1) 차단기 정격 전류를 전동기의 전부하 전류와 같게 하며 전동기의 과보호장치를 겸비한 차단기이다.
2) 시동전류가 전동기 전부하 전류의 600%, 시동시간 2~10sec의 범용전동기 보호에 사용한다.
3) 전동기 과전류보호
   ① 간선에 접속되는 전동기 등 정격 전류 합계의 3배에 기타 전기 사용 기계 · 기구의 정격 전류 합계를 더한 값 이하의 정격 전류의 것을 사용한다.
   ② $I_B \leq \sum I_H + 3\sum I_M$(단, $I_B \leq 2.5 I_a$)

여기서, I_B : 차단기의 정격 용량
I_a : 간선의 허용전류
I_H : 전열기의 정격용량
I_M : 전동기의 정격용량

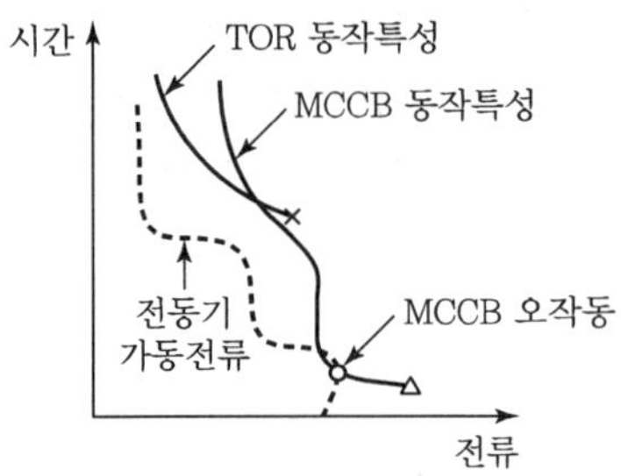

[그림 2] 보호장치의 동작특성곡선

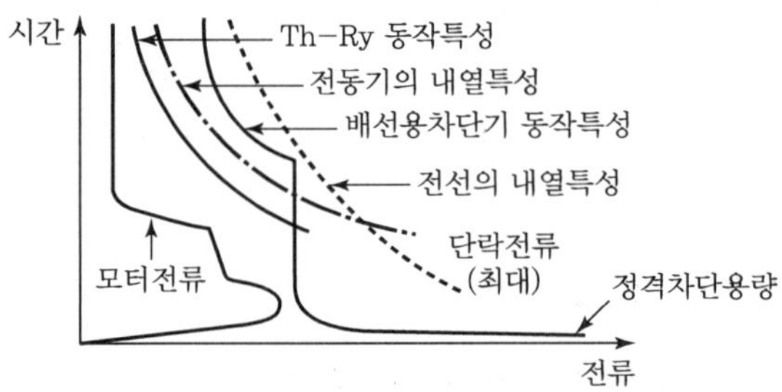

[그림 3] 배선차단기 사용 시 보호협조 특성곡선

나. 순시차단식 MCCB

1) 시연트립 요소를 제거하고 순시트립 요소만을 구비한 차단기로 단락전류 보호를 목적으로 한다.
2) 전동기 분기회로의 말단보호, 과전류 내량이 적은 반도체소자의 보호에 사용한다.

다. 트립소자가 없는 MCCB

1) 표준 MCCB로부터 시연트립(ICS), 순시트립(IIT)등 과전류 트립요소를 제거시킨 것을 말한다.
2) 정격 전류 6배 정도의 전부하 전류 개폐가 가능한 개폐기로 사용한다.

5. 배선용 차단기의 동작특성

가. 과전류 차단성능

1) 정한시 트립특성 : 전선의 열 특성을 바탕으로 결정하며 최소시한은 모터의 시동전류(2분−200%, 60분−125%)를 고려하여 설정한다.
2) 순시 트립특성 : 225A 이하에서 정격 전류 14~20배 과전류를 차단하며 전자개폐기를 보호하기 위하여 순시 트립전류를 전자개폐기의 개폐용량보다 낮게 설정할 필요가 있다.
3) 단한시 트립특성 : 단락사고 시 회로가 모두 정전되는 것을 방지하기 위하여 단한시 트립은 정한시 트립을 넘는 과전류에 대해 2~5cycle 시간지연 후 트립한다.

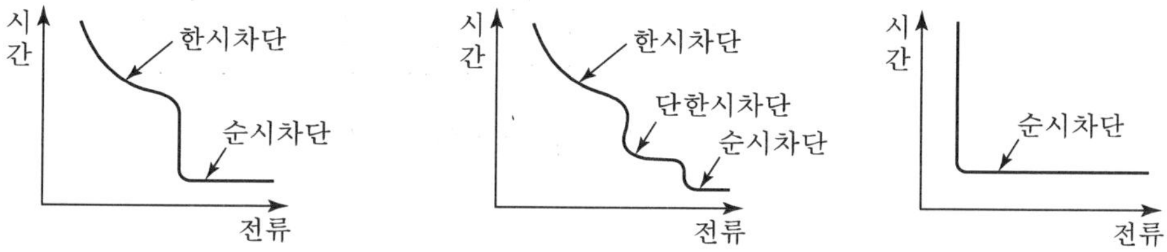

(a) 일반배선용 MCCB (b) 단한시차단 MCCB (c) 순시차단 MCCB

[그림 4] MCCB의 동작특성

나. 주파수에 따른 동작특성

순시 트립 특성이 주파수의 상승에 따라 함께 상승하게 된다.

다. 취부자세에 따른 동작특성

완전 전자식의 경우 Plunger 중량이 영향을 준다.

라. 주위온도가 시연 트립 특성에 미치는 영향

배선용 차단기의 주위온도 기준은 40℃이다.

3.5 누전차단기(ELB)

- 누전차단기(ELB ; Earth Leakage Breaker)란 저압옥내전로에서 절연열화 및 충전부 노출 등 전류 불균형을 감지하여 전기회로를 자동차단하는 장치. 누설전류가 흐를 경우 감전사고 및 누전에 의한 화재를 방지하기 위한 목적으로 사용한다.
- 잔류전류장치(RCD ; Residual Current Device)란 저압옥내회로에서 누설 전류를 실시간 감지하여 회로를 차단하는 감전 위험 예방 안전장치이다.

■ 제조사 기술자료, 정기간행물, 한국전기설비규정(KEC), 신전기설비기술계산 핸드북

1. 누전차단기의 구조

누전차단기는 지락검출장치(ZCT), 트립장치(계전기), 개폐기구(차단기)를 하나의 케이스에 수납한 구조로 되어 있다.

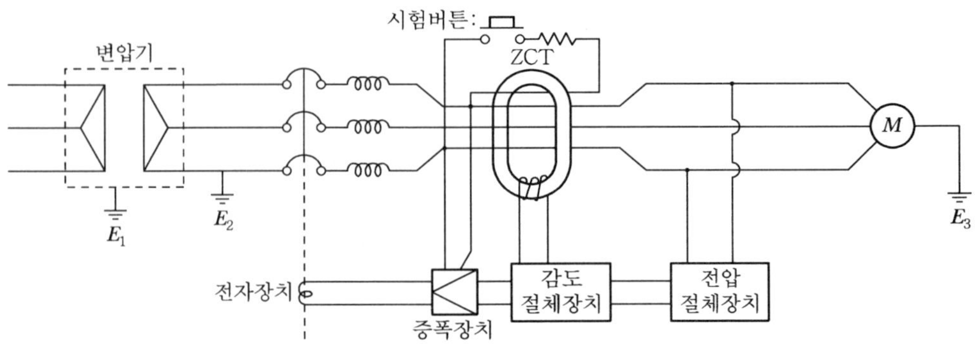

[그림 1] 누전차단기 구조

2. 누전차단기의 필요성

전기기기에 보호접지를 한 경우 지락 시 접촉전압은 허용 접촉전압값 이하가 되어야 한다.

가. 인체의 허용접촉전압 계산

[그림 2]에서 $V_g = I \cdot R_3$ ………………………………………… ①

$E = I(R_2 + R_3)$ ………………………………………… ②

따라서 지락 시 접촉전압(V_g)은

식 ②의 $I = \dfrac{E}{R_2 + R_3}$ 를 식 ①에 대입하면 $V_g = I \cdot R_3 = \dfrac{E}{R_2 + R_3} \cdot R_3$이다.

($\because$ R_3로 정리)

여기서, 인체저항 1,000Ω, 인체통과전류 30mA일 경우 인체의 허용접촉전압은 30V가 된다.

나. 접촉점에서 접지저항

1) 인체의 허용접촉전압 30V에서 저압 대지전압이 300V인 경우

① R_3의 접지저항은 $R_3 = \frac{V_g}{E-V_g} \cdot R_2$에서($E$=300, V_g=30) $\frac{R_2}{R_3} = 9$

② R_2의 제2종 접지저항값이 10Ω인 경우 접촉점 R_3의 접지저항값은 10/9=1.1Ω 이어야 한다.

2) 저항값(1.1Ω)은 통상의 접지공사에서 얻기 힘든 값이며 시공 후에도 저항값 유지가 어렵다. 지락전류(30mA)는 일반적으로 부하전류보다 매우 작아서 과전류차단기로 지락보호가 곤란한 점 등으로 누전차단기를 설치할 필요가 있다.

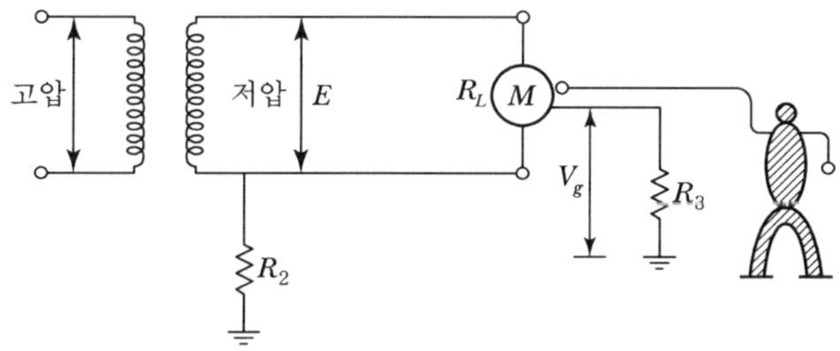

[그림 2] 지락사고 상정도

3. 누전차단기의 동작원리

ELB는 부하 측 누전에 의하여 지락전류가 발생하는 경우 이를 검출하여 회로를 차단하는 방식으로 전류 동작형과 전압 동작형이 있으며 누전검출기구로 영상변류기와 검출용 접지선을 사용한다.

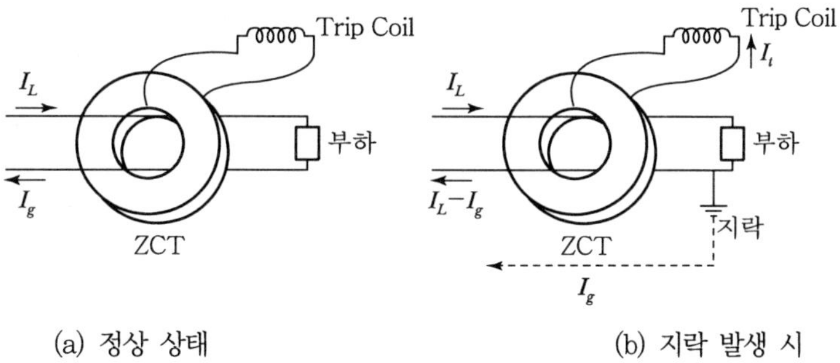

[그림 3] 누전차단기의 동작원리

가. 정상상태

유입전류와 유출전류에 의한 발생 자속이 같기 때문에 ZCT 2차 측에 전압이 유기되지 않아 회로를 차단하지 않는다.

나. 지락 발생 시

지락전류에 의해서 유입전류와 유출전류 간에 차이가 발생하여 ZCT 2차 측에 전압이 유기되어 전자 회로부에서 증폭시켜서 트립 코일에 인가하여 회로를 차단하게 된다.

4. 누전차단기의 구분

가. 전압 및 극수에 의한 분류

단상 2선식(2극), 단상 3선식(3극), 3상 4선식(4극)

나. 동작시간에 의한 분류

고속형(0.1초), 시연형(0.1초 초과~2초), 반한시형(0.2초 초과~1초 이내)

다. 동작감도에 의한 분류

고감도(30mA 이하), 중감도(30~1,000mA 이하), 저감도(1~20A 이하)

라. 동작원리에 의한 분류

1) 전류동작형과 전압동작형의 비교

구분	전류동작형	전압동작형
회로도	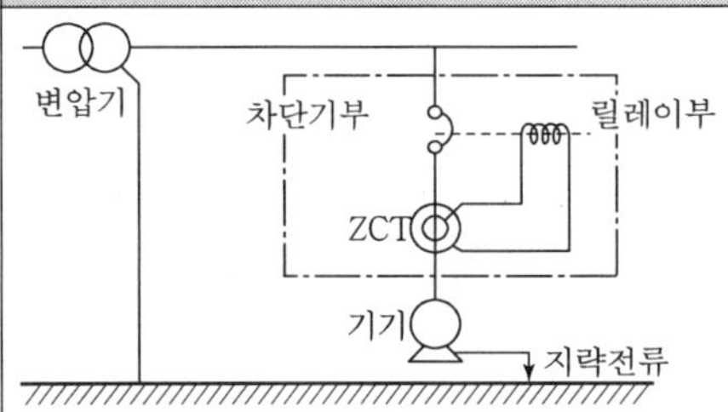	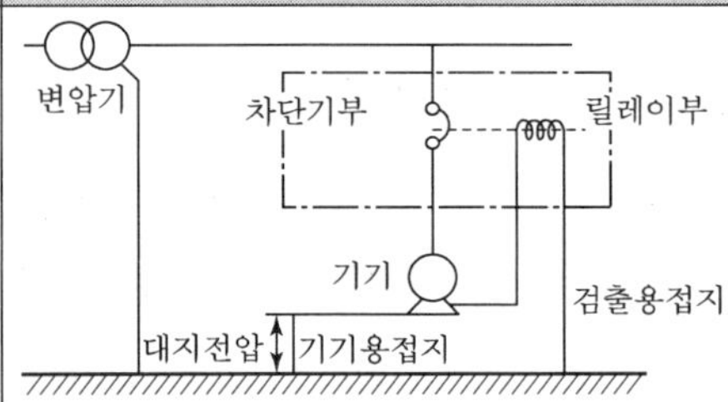
구성	차단기부, ZCT, 릴레이부	차단기부, TRIP COIL, 검출용 접지선 등
원리	누전 발생의 경우 지락전류를 ZCT로 검출하여 차단기부를 동작시키는 방식	누전 발생의 경우 기기 Frame에 발생하는 대지전압을 Trip Coil이 검출하여 차단기부를 동작시키는 방식

2) 전류동작형의 장점

① 별도의 검출용 접지가 필요 없다.

② 기기의 누전은 물론 전로로부터 발생되는 누전도 검출할 수 있다.

③ 1대의 누전차단기로서 수 개의 부하기기를 보호할 수 있다.

④ 전압동작형은 검출용 접지선이 단선된 경우 동작불능이 되지만 전류형의 경우는 관계없다.

5. 누전차단기의 특성

가. 누전 트립특성

전로의 지락, 부하기기의 누전이 발생하여 정격 감도전류 이상의 지락전류가 흐를 때 누전 트립장치가 동작하여 차단된다.

나. 과전류 트립특성

1) 과부하, 단락보호 겸용형은 한시트립 및 순시트립 특성을 가지는 과전류 트립장치를 내장하고 있다.
2) 한시트립장치(ICS)는 과부하보호를 하고 순시트립장치(IIT)는 단락전류와 같은 대전류가 흐를 경우 순시동작하게 된다.

다. 평형 특성

영상변류기의 잔류전류 영향으로 전동기 등의 시동전류가 흐를 때 지락이 발생한 것과 같이 ZCT 2차 측에 출력이 발생되어 오동작이 생기므로 평형특성은 부동작의 한계를 정격전류의 배수로 나타내고 있다.

라. 충격파 부동작 특성

서지 등과 같은 충격파에 부동작하는 특성을 가진다.

6. 누전차단기 선정기준

가. 누전차단기 설치기준

[표 1] 누전차단기의 종류

구분		정격감도전류	동작시간
고감도형	고속형	5, 10, 15, 30mA	정격감도전류에서 0.1sec 이내, 인체감전보호형 0.03sec 이내
	시연형		정격감도전류에서 0.1sec 초과 2sec 이내
	반한시형		정격감도전류에서 0.2sec 초과 1sec 이내 정격감도전류 1.4배 전류에서 0.1sec 초과 0.5sec 이내
중감도형	고속형	50~1,000mA	정격감도전류에서 0.1sec 이내
	시연형		정격감도전류에서 0.1sec 초과 2sec 이내
저감도형	고속형	3,000~20,000mA	정격감도전류에서 0.1sec 이내
	시연형		정격감도전류에서 0.1sec 초과 2sec 이내

1) 저압전로에 시설하는 누전차단기는 전류동작형으로서 다음에 적합하여야 한다.
   ① 누전차단기의 종류는 [표 1]에 표시된 것 중 어느 하나인 것
   ② 인입구장치 등에 시설하는 누전차단기는 충격파 부동작형일 것

③ 누전차단기의 조작용 손잡이 또는 누름단추는 Trip Free 기구이어야 한다.

④ 누전경보기의 음성경보장치는 원칙적으로 벨식 또는 버저식인 것으로 할 것

2) 누전차단기의 정격감도전류 및 동작시간의 선정은 다음에 의한다.

① 감전 방지를 목적[15]으로 시설하는 누전차단기는 고감도 고속형일 것

② 저압전로의 확실한 동작 확보를 도모하기 위한 접지공사를 한 경우 중감도 고속형으로 할 수 있다.

③ 화재 방지 및 아크에 의한 기계 · 기구의 손상 방지에 시설하는 누전차단기는 당해 목적에 적합한 것을 적용할 것

예 정격감도전류가 30mA의 고감도 고속형 누전차단기는 과전류차단기의 정격 전류가 100A 이하인 전등 부하회로 또는 50A 이하인 전동기 부하회로에 사용하는 것이 좋다.

3) 누전차단기가 인입개폐기를 겸하는 경우에는 과전류보호기능이 있는 것을 사용할 것

나. 누전차단기를 설치해야 하는 장소

1) 사용전압이 60V를 넘고 400V 미만인 일반장소

① 사람이 접촉할 우려가 있는 전기기기 금속제 외함

② 대지전압 150V 이상인 전기기기를 건조한 장소 이외의 장소에 설치하는 경우

2) 사용전압 400V 이상의 일반장소

① 고압 또는 특고압전로가 변압기에 의해 저압으로 변성되는 400V 이상의 저압전로

② 발전소, 변전소 및 이에 준하는 곳에 있는 부분은 제외한다.

3) 주택

① 대지전압 150V 이상인 주택옥내전로의 인입구

② 욕실 등에 시설하는 콘센트회로에는 정격감도전류가 15mA 이하이고 동작시간이 0.03초 이하인 인체감전용 누전차단기를 설치하여야 한다.

4) 기타 : 저압배선공사에서 접지해야 하는 곳

다. 누전차단기의 시설방법

1) 누전차단기는 다음에 의하여 시설하여야 한다.([그림 4] 참조)

① 누전차단기의 시설장소는 당해 기계 · 기구에 내장되는 경우를 제외하고 배전반 또는 분전반에 설치하는 것을 원칙으로 한다.

---

15) 감전방지용은 고속형, 보호협조는 시연형, 접촉전압 상승억제 목적은 반한시형 누전차단기를 사용한다.

② 누전차단기 등의 정격전류 용량은 당해 전로의 부하전류치 이상의 전류치를 가지는 것일 것

③ 누전차단기 등의 정격감도전류는 정상 사용 상태에서 불필요하게 동작하지 아니하도록 설정할 것

④ 전류동작형에 사용하는 영상변류기를 옥외전로에 설치할 경우는 방수형 변류기를 사용하거나 또는 방수함 등의 속에 넣어 시설할 것

⑤ 차단장치 또는 경보장치에 조작전원을 필요로 하는 경우에는 전용회로를 두고 설치하며, 개폐기에는 「누전차단용」, 「누전경보기용」이라고 적색으로 기재하여 표시할 것

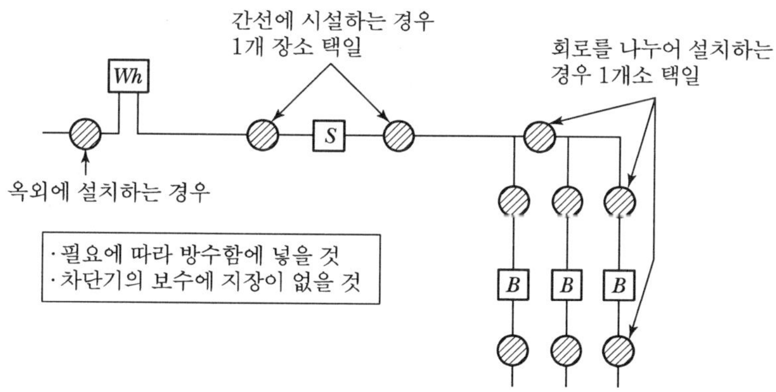

[비고 1] ⊘는 누전차단기 설치장소를 표시함

[비고 2] 분전반의 분기회로수가 7회로 이상인 경우 누전차단기를 인입개폐기로 겸용할 경우에는 과전류차단기가 붙은 것이어야 한다.

[그림 4] 누전차단기의 설치장소 예시

2) 누전차단기 등은 기계 · 기구에 내장되는 경우를 제외하고 다음 장소에 시설해서는 안 된다.

① 온도가 높은 장소 ② 습기가 많은 장소

③ 물기가 있는 장소 ④ 특히 진동이 많은 장소

⑤ 점검이 쉽지 않은 장소

[표 2] 누전차단기의 일반적인 시설

기계 · 기구의 시설장소 / 전로의 대지전압	옥내		옥측		옥외	물기가 있는 장소
	건조한 장소	습기가 많은 장소	우선 내	우선 외		
150V 이하	—	—	—	□	□	○
150V 초과 300V 이하	△	○	—	○	○	○

△ : 주택에 기계 · 기구를 시설하는 경우 ○ : 누전차단기를 시설할 것

□ : 주택구내 또는 도로에 접한 면에 전동기를 부품으로 한 기계 · 기구를 시설하는 경우

3) 건축법에 의한 재해관리구역 내의 지하주택인 경우에는 침수 시 피난활동 등에 위험이 없도록 누전차단기를 지상에 안전하게 시설한다.

>>참고 RCD에 대하여

1. RCD(Residual Current Device) 개요

지정된 회로 내에서 전류균형(입력 전류와 출력 전류의 차)의 불균형을 감지하였을 때 전류를 차단하여 누설전류나 지락전류에 의한 감전 · 화재 사고를 방지하는 장치이다. 이러한 불균형은 잔류전류(정현파 교류, 고주파 교류, 맥류, 직류)의 일부가 경로에서 벗어났음을 나타내며, 이는 전기적 고장을 유발할 수 있다.

2. ELB와 RCD의 비교

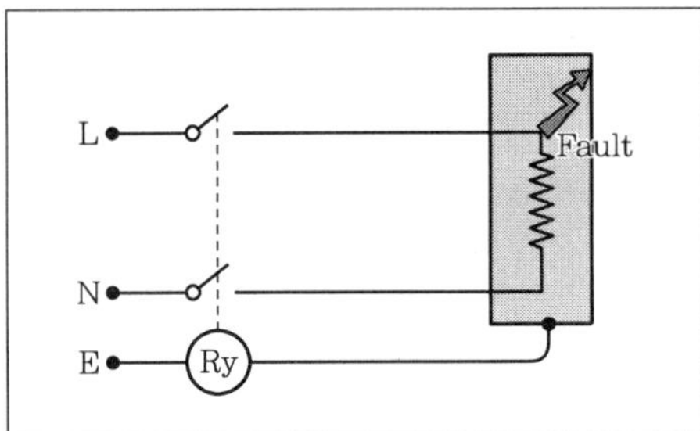	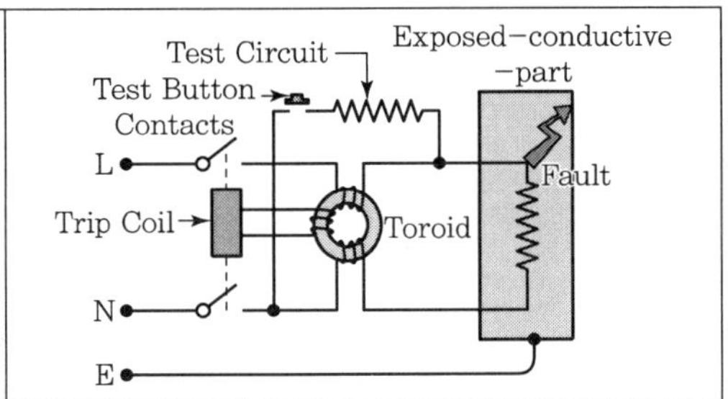
정현파 교류에 검증된 동작 • '전압동작형' 지락차단장치 → ELB • 감전보호 가능, 화재보호 불가능 • 불필요한 동작이 자주 발생	'전압동작형'의 문제점을 개선 • ZCT를 관통하여 잔류전류에 동작 예 '전류동작형' 지락차단장치 → RCD • 잔류전류차단 보호-RCD • 과부하 · 단락부하 보호-MCCB

3. RCD 종류(변환장치에 따른 보호)

Type	AC	A	F	B
I fault	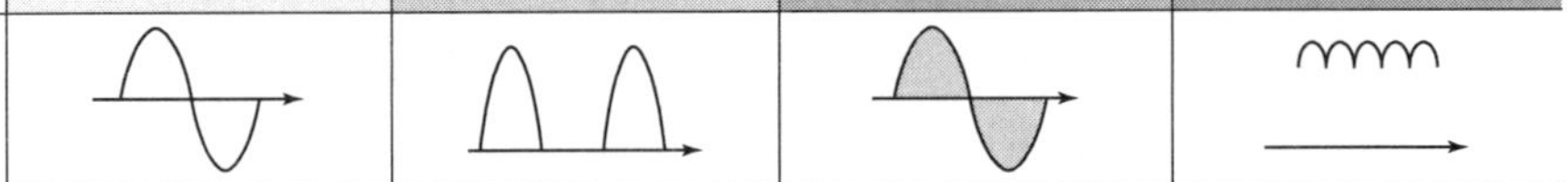			
Load	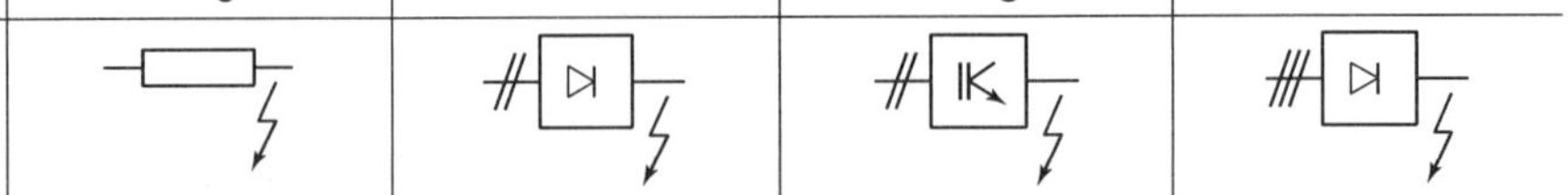			
	Linear	Single Phase Rectifier	Single Phase Frequency Converter	3 Phase Rectifier

1) A형 RCD : 기존의 RCD에 비해 AC형 RCD에서 다이오드 정류기 사용이 증가하면서 다이오드 정류기 회로에 지락이 발생검출용으로 발전
2) F형 RCD : 전동기 속도제어 등에 고주파 전류를 사용하는데, 이때 발생하는 고주파 지락전류 특성 문제가 있어 고주파 특성이 좋은 RCD를 개발
3) B형 RCD : 최근 대부분 직류로 변환하는 변환장치를 많이 사용하게 되었는데, 직류 잔류전류를 검출할 수 있는 RCD로 개발

3.6 아크차단기(AFCI ; Arc-Fault Circuit Interrupters)

1. AFCI의 필요성

전기화재의 발생 원인을 분석하면 합선, 과부하, 누전 등의 순으로 발생하고 있으며 이 중 대부분이 과부하(Over Load), 단락(Short-circuit)이 아닌 아크로 인한 전기화재이다. 기존의 배선용 차단기나 누전차단기는 전기 선로 상에서 여러 사고의 원인 중 과부하, 누설전류 등 인체의 감전 사고를 예방하기 위한 목적으로 설계되어, 접속불량과 도체 단선으로 인한 직렬아크 및 병렬아크로 발생하는 전기화재 사고를 방지할 수 없으며 또한, AFCI에 의한 보호효과를 기대할 수 없다.

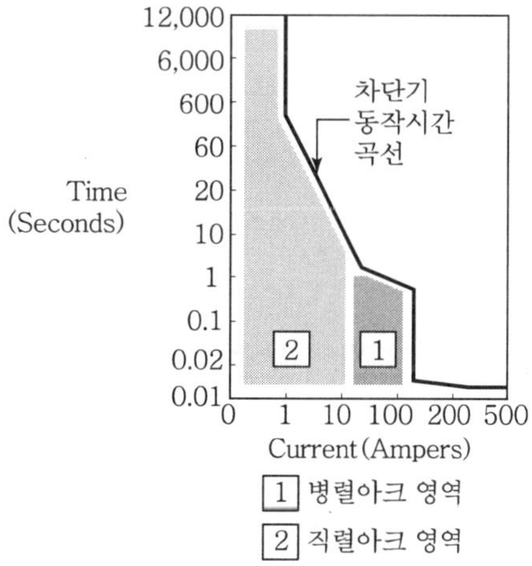

[그림 1] ELB 차단영역 특성곡선

2. AFCI의 구성 및 원리

AFCI란 종속된 배선상의 절연파괴, 연결결함, 노화현상 등으로 인해 발생하는 전기화재의 주원인이 되는 아크(병렬아크, 직렬아크, 지락아크)를 검출하고 회로에서 분리하여 차단하는 기능을 가진 차단기를 말한다.

가. 구성

아크회로 차단기는 전류가 인입되는 입력부, 아크전류를 검출하는 검출부 및 신호를 처리하는 처리부로 되어 있다.

나. 동작원리

아크 차단기는 아크가 발생하였을 때 전기기구에서 발생하는 노이즈와 전기도선에서 발생하는 아크전류를 분류하여 전기도선에서 발생하는 아크전류만을 검출하여 차단시키는 장치를 말한다.

차단기 동작은 입력부를 통해 전류가 인가되면 아크 방전전류 검출부에서는 실시간으로 전류를 모니터링하여 아크 방전전류로 인식하면 프로세서에 신호를 송신하게 되고 프로세서에서 처리결과를 전류 차단부에 차단신호로 보낸다.

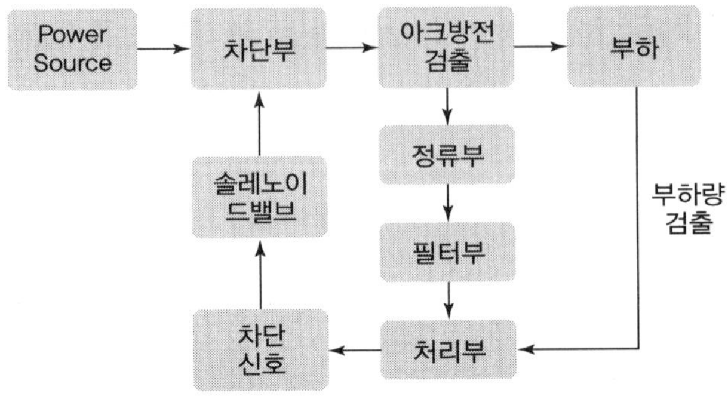

[그림 2] 아크차단기 동작원리

3. 아크 방전의 분류

아크란 절연체에서 발생되며 전극의 소손을 동반하게 되는 섬광의 방전현상을 말한다.

가. 직렬아크 방전

전기코드의 과도한 구부림, 문틈 및 무거운 물체의 압력 등의 영향으로 도체가 끊어지거나 파열되었을 때 그 접촉 불량 부위에서 아크 및 과열이 발생한다. 고온으로 산화층이 발생되어 저항 특성으로 절연체 탄화로 진전하게 되며 절연체가 손상되면 병렬아크로 발전한다.

나. 병렬아크 방전

손상된 전원코드, 반복적인 굽힘 동작, 물품이나 무거운 물체의 압력 등의 영향으로 아크 전류가 불연속적으로 발생함으로써 선간전압의 실효치가 감소되고 상대적으로 줄 열이 증가하여 과열된다.

다. 지락아크 방전

전선이나 절연체가 못과 같은 외부영향으로 절연성능이 약화되어 전기가 정상적인 통로를 이탈하여 대지로 접속할 때 발생하는 현상이다. 오랜 기간 지속되면 탄화로를 형성하여 화재로 발전한다.

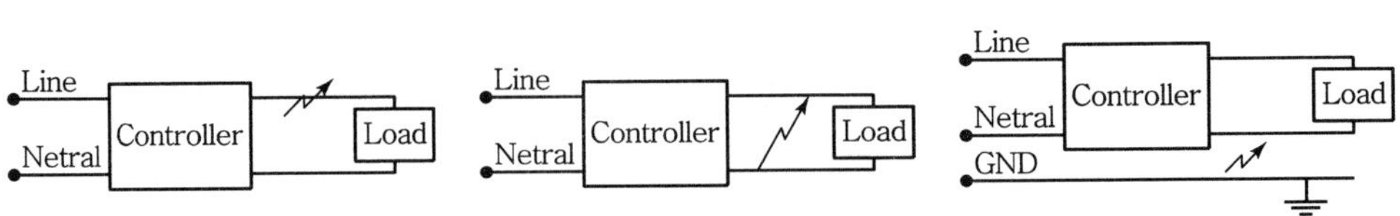

a) 직렬아크 방전회로　b) 병렬아크 방전회로　c) 지락아크 방전회로

[그림 3] 아크 방전의 분류

4. AFCI의 종류

아크 차단기는 옥내 저압계통의 설치위치 및 용도에 따라 다음과 같이 구분한다.

가. 분기 회로형(Feeder AFCI)

아크 차단기 2차 측에서 발생하는 이상 아크로부터 분기회로 및 지선 보호를 위하여 분전반 내에 설치한다.

나. 콘센트형(Outlet Circuit AFCI)

콘센트 전단의 전원 공급코드, 콘센트에 연결되어 있는 코드부하를 보호하기 위하여 콘센트 박스에 설치한다.

다. 조합형(Combination AFCI)

분기회로용 및 콘센트용의 아크 보호영역을 모두 보호할 수 있는 기능으로 부하 측의 분기 배선 및 진원공급코드를 보호하는 용도로 실시한나.

라. 기타

휴대형, 코드형 등이 있다.

5. AFCI의 회로시험

가. 아크전류의 구분

1) Line 및 Neutral 사이에서 발생하는 Parallel Arc
2) Line이 단선되거나 전기기구에 느슨하게 연결되어 있는 경우 발생하는 Serial Arc
3) Neutral과 Ground 사이에서 발생하는 Ground Arc

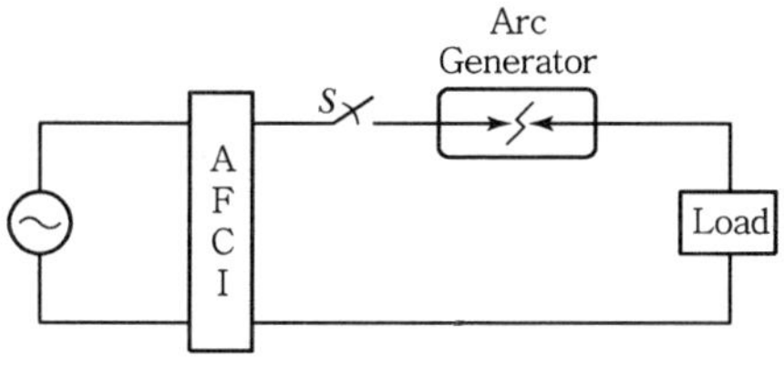

[그림 4] 직렬아크 발생장치

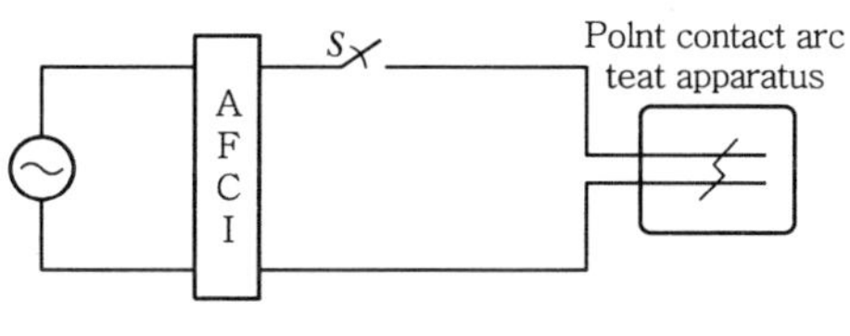

[그림 5] 병렬아크 발생장치

나. 아크발생을 위한 기본회로(아크검출 시험회로)

아크를 정확히 검출하는 목적의 탄화경로 아크시험 장치를 사용하여 아크 발생장치 및 시험부하의 위치 등을 다르게 적용하여 시험한다.

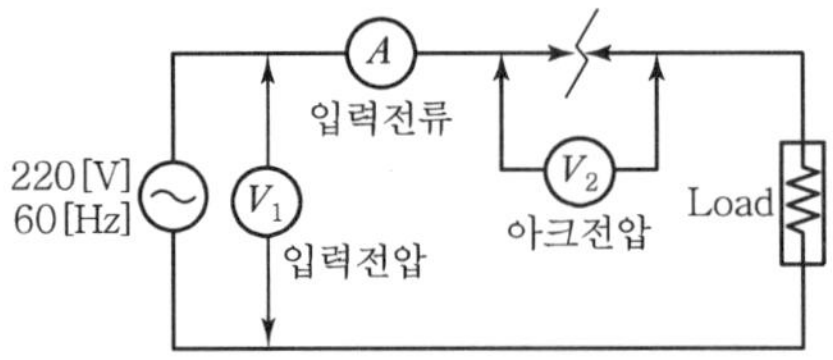

[그림 6] 아크 방전검출 시험회로

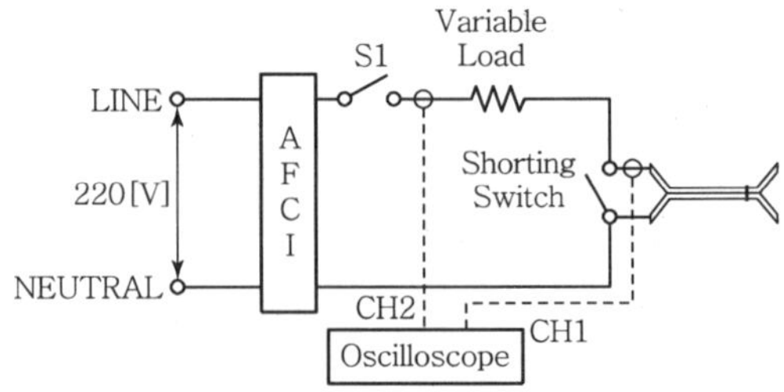

[그림 7] 탄화경로 아크시험장치회로

3.7 가로등 감전사고 안전대책

가로등의 감전사고는 인체가 비에 젖은 상태나 수중의 상태에서 발생하므로 전격의 위험이 높아 분전반과 가로등에 적정한 감도의 누전차단기를 설치해야 한다.

■ 한국전기설비규정(KEC), 제조사 기술자료, 정기간행물

1. 감전사고의 유형

형태별	세부사항	진행도
충전선로에 인체가 접촉되는 경우	일반적인 작업 중에 발생하는 대부분의 사고	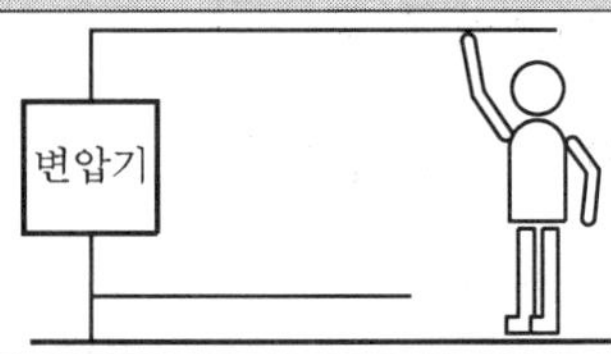
누전된 전기기기에 인체가 접촉되는 경우	• 절연불량 전기기기 등에 인체가 접촉되어 발생되는 경우 • 불량전기설비가 시설된 철구조물 등에 인체가 접촉되어 발생하는 경우	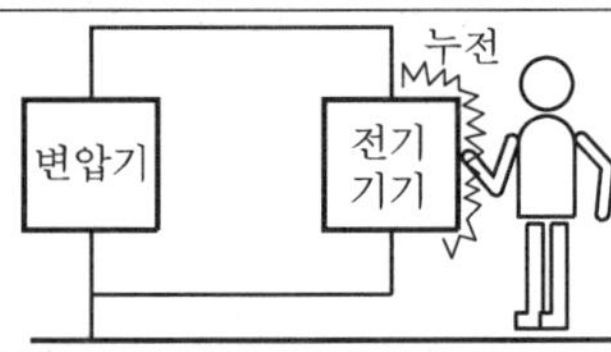
인체가 일부회로를 형성하는 경우	전압이 걸려 있는 두 전선 사이에 직접 또는 도전성 물체를 통하여 접촉될 경우(교류아크용접기 등)	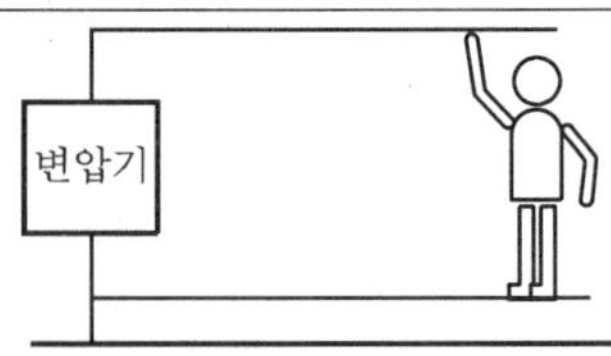
고저압/초고압에 인체가 근접하여 섬락 또는 정전유도로 방전되는 경우	• 공기 절연의 파괴로 아크가 발생하여 화상을 입거나 인체에 전류가 통과 • 초고압 선로에 인체가 근접하여 정전유도작용에 의해 대전된 전하가 접지된 금속체를 통해 방전	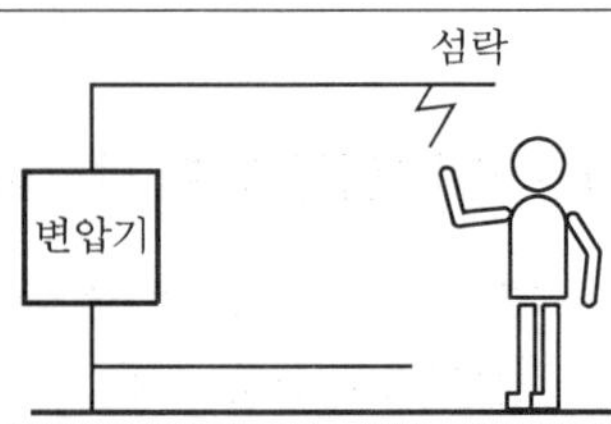

2. 누전의 원인

가. 가로등 배관, 배선의 손상

전선관의 매설은 중량물의 크기에 따라 차도와 인도를 구분 매설하거나 가로등 공사 완료 후 이중 굴착(초고속통신관로, 상하수도 공사 등)의 원인으로 가로등 배관, 배선이 손상된다.

[표] 전선관 매설 깊이

구분	차량등 중량물 통과지역[m]	인도지역[m]
깊이	1.2	0.6

나. 배선용 차단기 및 누전차단기의 부적합 시설

1) 배선용 차단기

누전차단기가 설치되지 않고 MCCB만 설치되는 사례(배선용 차단기는 과부하 전로 자동차단 기능만 있고 누전 시는 자동차단 기능이 없어 누전 시 감전사고 원인이 된다.)

2) 고감도형 누전차단기(30mA)

유지관리 시 미세한 누전에 의해 전로가 자동차단되므로 가로등이 자주 소등되어 누전차단기를 제거하고 전기를 공급하는 사례

3) 접지공사

접지시스템에 기준하여 접지공사를 시행하고 있다.

4) 허용접촉전압

어떤 경우도 허용접촉전압 이하이어야 한다.

구분	접촉상태	허용접촉전압[V]
1종	인체의 대부분이 수중에 있는 상태	2.5 이하
2종	인체가 젖어 있는 상태, 금속체의 전기기계 장치나 구조물에 인체의 일부가 상시 접촉하고 있는 상태	25 이하
3종	1종, 2종 이외의 경우로서 통상의 인체 상태에서 접촉이 가해지면 위험성이 높은 상태	50 이하
4종	1, 2종 이외의 경우	제한 없음

3. 감전 방지대책

가. 누전차단기의 필요성

1) 보도나 도로에서 가로등이나 분전함에 사람이 접근하여 접촉하게 되면 가로등의 케이블이나 배선이 열화된 상태에서는 전위차가 발생하여 대지전압 V_g가 발생된다.

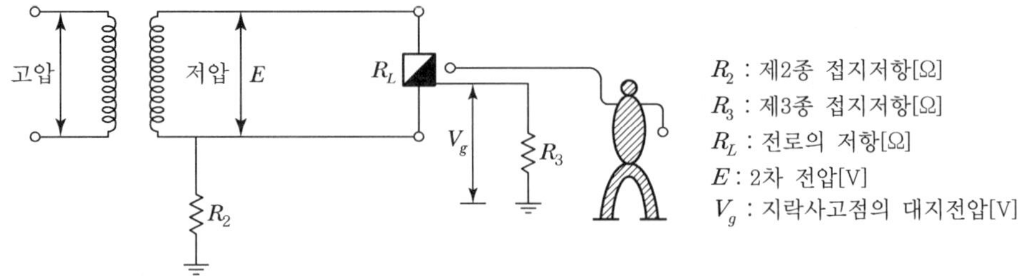

[그림] 누전에 의한 감전 시 회로도

2) 지락사고점의 대지전압

회로도에서 $V_g = \dfrac{E}{R_2 + R_3 + R_L} \times R_3 = \dfrac{E}{R_2 + R_3} \times R_3$(여기서, $R_L \ll R_2$ or R_3)

① 예를 들어 인체저항 1,000Ω, 전원전압 300V이고, 허용인체통과전류가 30mA일 경우 접촉점의 인체접촉전압 $V_g = 30[\text{mA}] \times 1{,}000[\Omega] = 30[\text{V}]$

② 누전 시 접촉점의 접지저항값

$$R_3 = \frac{V_g}{E - V_g} \cdot R_2 \rightarrow \frac{R_3}{R_2} = \frac{30}{300 - 30} = \frac{30}{270}$$

$\dfrac{R_2}{R_3} = 9$이므로 R_2가 10Ω인 경우 $R_3 = \dfrac{10}{9} = 1.1[\Omega]$이어야 하므로 통상의 접지공사에서 얻기 힘든 값이며, 지락전류(30mA)는 부하전류보다 매우 작아 지락보호를 위한 누전차단기를 설치하여야 한다.

나. 분전함과 가로등주용 누전차단기는 감도를 구분하여 설치

분전함이나 가로등을 접촉하여도 허용 접촉전압 이하가 되도록 누전차단기의 감도를 구분한다.

종류	형식	정격감도전류[mA]	동작시한	접지저항계
분전함 분기용	중감도형	50	0.03초 이내	500Ω용
가로 등주용	고감도형	30	0.03초 이내	500Ω용

다. 접지저항 기준치 변경

1) 전기설비기준에서 가로등 분전반 분기회로용의 누전차단기의 감도전류가 50mA인 경우 접지저항은 300Ω까지 완화할 수 있다. KS 기준에서는 50mA 0.1초 이내의 것을 사용할 경우 10Ω 이하를 유지하여야 하나 가로등 주에 연접을 시행하여도 접지저항 10Ω은 유지가 곤란하다.
2) 기존의 3종 접지저항 100Ω을 50Ω 이하로 시행함이 타당하다.

PART 01 배전설비

4. 옥외등 점검 시 착안사항(가로등 · 보안등)

가로등 · 보안등의 점검주기는 1년으로 도로폭이 6m 이상인 구역에는 가로등, 도로폭이 6m 이하인 골목에는 보안등을 설치하여 관리한다.(전기사업법 시행령)

가. 도로 횡단 시 전선의 높이는 5m(교통에 지장이 없을 경우 3m 이상)
나. 금속제 분전반 및 가로등주(안정기) 외함에는 각각 접지시스템에 의한 접지공사를 시공하고 접지선 연결을 확인한다.
다. 분전함 내의 각 분기회로에는 누전차단기를 시설하고 각 분기회로 차단기 정격 전류는 30A를 초과하지 않아야 한다.
라. 등주 내 전선의 접속상태 및 안정기 부착위치(60cm 이상)와 고정상태 여부
마. 가로등 접지극(−) 전선을 회로별로 분리하여 시공했는지 여부
바. 지중관로에 물이 유입되지 않아야 한다.

3.8 저압회로의 단락보호방식

- 저압계통에서 단락보호방식에는 선택차단방식, 캐스케이드 차단방식 및 전용량 차단방식이 있고 부하내용, 성질에 따라 이들을 조합하여 신뢰성이 높은 저압배전 보호시스템을 구축하고 있다.
- 기술기준에서 "저압전로에 시설하는 과전류차단기는 이를 시설하는 곳을 통과하는 단락전류를 차단하는 능력을 가지는 것이어야 한다."로 정하고 있다. 이때 저압 배선용 차단기는 단락전류가 10,000A 이상인 경우에 적용하고 부하 측 차단기를 배선용 차단기로 제한하는 것은 캐스케이드 차단방식에서 동작협조를 위해서이다.

■ 한국전기설비규정(KEC), 제조사 기술자료, 정기간행물

1. 단락보호기기의 특성

저압회로에 사용되는 단락보호기기는 기중차단기, 배선용 차단기 및 퓨즈 등의 차단장치와 기기의 과부하만을 보호하는 전자개폐기로 구분할 수 있다.

가. 기중차단기(ACB)

기중차단기 정격차단전류는 단락 발생 후 1/2cycle 동안의 단락전류를 기준으로 한 정격차단전류(대칭전류)로 표시된다.

나. 배선용 차단기(MCCB)

배선용 차단기는 전로보호를 목적으로 한 차단기로서 차단용량은 각 극마다 O－2분－CO의 동작책무로서 1회 또는 3상 교류에서 1회에 차단이 가능한 값으로 표시한다.

다. 한류형 차단기(한류형 배선용 차단기)

한류형 차단기는 사고전류 차단 시 통과전류의 파고값이 억제되기 때문에 전류나 기타 기기에 대한 기계적 · 열적 보호효과가 크며 대용량 계통의 차단기로서 적당하다.

라. 한류형 퓨즈

퓨즈는 금속의 용융특성을 이용한 사고검출과 차단기능을 겸한 보호장치이다.

마. 전자개폐기

전자개폐기의 개폐전류 용량은 적용하는 전동기 용량 또는 부하 용량으로 표시된다. 일반적으로 단락강도는 개폐전류 용량의 범위로서 정격 전류의 10～12배가 한도이다.

2. 저압회로의 과전류보호방식(단락보호방식)

보호기와 보호대상 간의 협조방식은 과전류에 의한 전로, 부하기기의 파손 · 소손을 방지하는 특성을 가진 보호기에 의해 보호대상을 보호하는 방식으로 다음과 같다.

[표 1] 저압회로의 보호

협조의 종류		협조의 목적	협조의 적용	
			과전류사고	지락사고
보호기와 보호대상물 간의 협조		보호대상을 보호	○	○
보호기기 간의 협조	선택차단 협조	계통의 신뢰성 향상	○	○
	캐스케이드 차단 협조	경제적 보호구성	○	－

가. 선택차단방식

1) 선택차단방식의 정의

사고회로에 직접 관계되는 보호장치만 동작하고 다른 건전한 회로는 그대로 급전을 계속하는 것을 목적으로 하는 보호방식을 말한다.
[그림 1]과 같이 S_2 지점에서 사고가 발생하였을 때 $MCCB_2$만 동작하고 $MCCB_3$나 $MCCB_1$은 동작되지 않는 방식이다.

2) 선택차단협조 조건

① 분기회로 차단기의 전차단시간이 주회로 차단기의 릴레이 시간 미만이어야 한다.

② 분기회로 차단기의 전자트립 전류값이 주회로 차단기의 단시간 픽업[16]전류보다 작을 것

③ 분기회로 차단기의 설치점에서 단락전류는 그 차단기의 차단용량을 초과하지 않을 것

④ 주회로 차단기의 설치점에서 단락전류는 주회로 차단기의 차단용량을 초과하지 않을 것

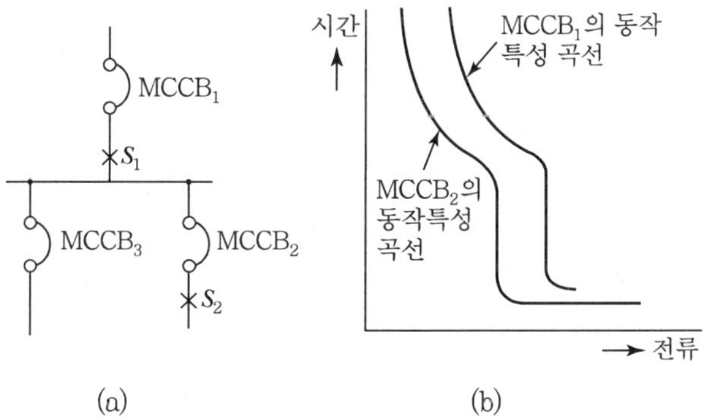

[그림 1] 선택차단방식

나. 캐스케이드 차단방식

저압변압기의 용량이 증가하면 단락전류도 증가한다. [그림 2]는 이와 같이 커진 단락전류를 차단할 수 있는 $MCCB$를 모든 회로에 설치한다는 것이 경제적으로 부담이 될 경우에 사용하는 방식이다.

1) 캐스케이드 차단방식의 정의

분기회로의 $MCCB_2$ 설치점에서 추정 단락전류가 분기회로의 $MCCB_2$의 차단용량보다 큰 경우 주 회로용의 $MCCB_1$으로 후비보호를 행하는 방식이다.

2) 캐스케이드 차단방식의 협조조건

① 주차단기 개극시간은 분기차단기 개극시간보다 빠르거나 최소한 같아야 한다.

② 주차단기의 단락용량은 모선의 단락전류보다 커야 한다.

③ 주차단기의 단락전류 통과에너지 I^2t가 분기차단기의 열적 강도 이하이어야 한다.

④ 주차단기의 통과전류 파고값 I_P가 분기차단기의 기계적 강도 이하이어야 한다.

⑤ 분기차단기 발생 Arc 에너지는 주차단기에 의해 후비보호되는 분기차단기의 내량 이하이어야 한다.

---

16) Pick－Up(픽업) : 계전기의 가동부가 입력 0인 위치에서 입력을 가했을 때의 다른 최종위치까지 이동하는 것

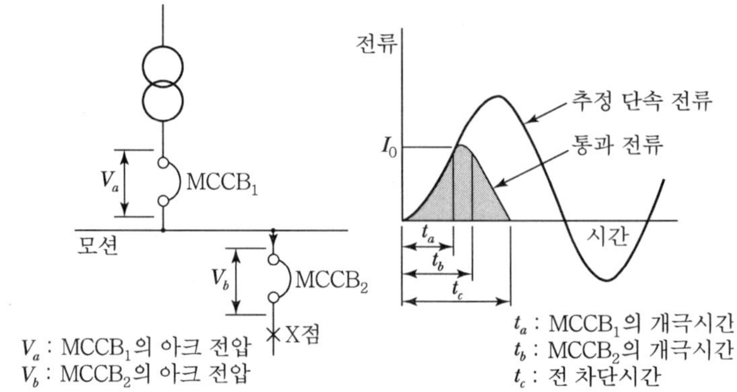

[그림 2] 캐스케이드 차단방식

다. 전용량차단방식

모든 보호기기는 이것을 설치하는 점에 흐르는 추정단락전류 이상의 차단용량을 지닌 보호장치로 구성되는 방식이며, 단락전류 차단에 대한 보호는 충분하여 가장 신뢰할 수 있는 방식이다.

[표 2] 전용량 보호방식과 캐스케이드 보호방식의 비교

방식		전용량 차단방식	캐스케이드 방식
회로 예		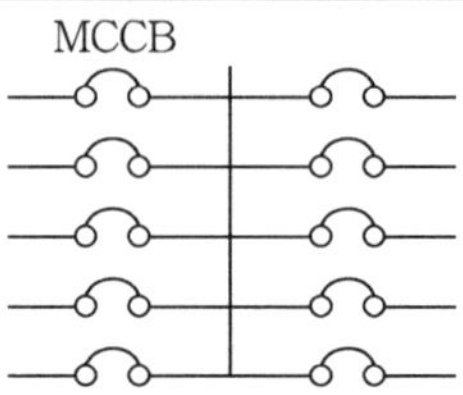	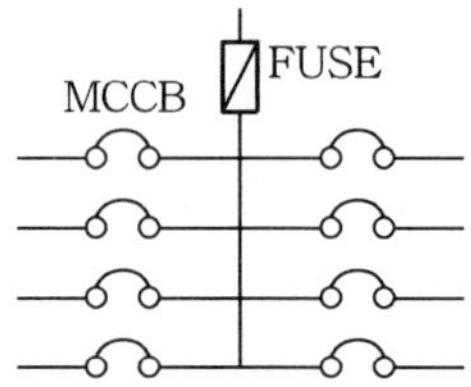
설비가격		고가	저가
차단용량		고(단락전류차단 MCCB)	저(단락전류차단 Fuse)
전원 측 보호기		무	유
보호	과부하	MCCB	MCCB
	단락	MCCB	Fuse

3. 캐스케이드 차단방식의 보호협조

가. ACB와 MCCB의 보호협조

1) [그림 3]에서와 같이 분기회로의 분기차단기 MCCB 2차 측 B점에서 사고 발생 시 추정단락전류가 분기회로의 MCCB 차단용량보다 큰 경우 간선차단기 ACB에 의해 후비보호를 행하는 방식이다.

2) [그림 3]의 보호협조곡선은 ②, ③처럼 아크시간의 중합부분이 커지게 선정할 수 있다

면 한정된 범위에서의 후비보호는 가능하다. 이와 같은 후비보호는 ACB의 정격프레임과 비슷한 수준의 정격프레임을 갖는 MCCB의 조합에 한한다.

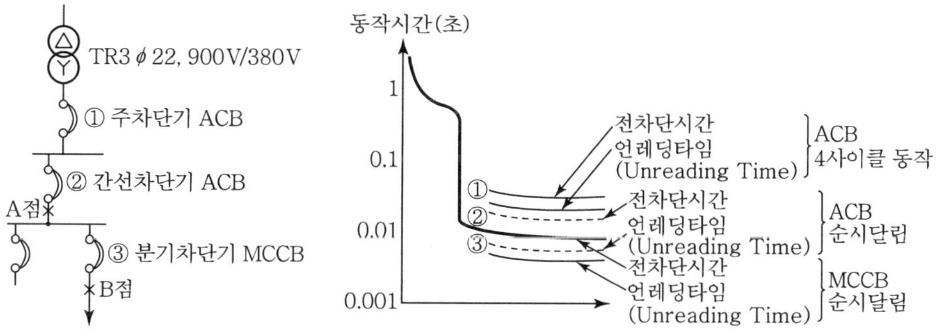

[그림 3] ACB와 MCCB의 보호협조 회로 및 곡선

나. MCCB와 MCCB의 보호협조

1) 이 방식은 분기 MCCB 설치점에서 추정단락전류가 분기 MCCB의 차단용량을 넘는 경우 주회로 MCCB에 의해 후비보호를 하게끔 하는 것으로 경제성이 특별히 요구되는 전로를 구성하는 경우에 쓰이는 방식이다.

2) $MCCB_1$, $MCCB_2$의 개극시간 및 차단시간의 관계가 [그림 2]의 캐스케이드 차단 방식과 같다면

① 통과에너지 I^2t 값은 $I^2t=\int_0^{t_c} i^2 dt$이다.

② 아크에너지 E

$MCCB_1$의 아크에너지 $E_1=\int_{t_a}^{t_c} i\,V_a \cdot dt$이고, $MCCB_2$의 아크에너지 $E_2=\int_{t_b}^{t_c} i\,V_b \cdot dt$이다.

여기서, V_a : $MCCB_1$의 아크전압, V_b : $MCCB_2$의 아크전압

③ $MCCB_2$가 캐스케이드로 보호되기 위해 필요한 조건은 통과에너지 I^2t와 통과전류 파고치 I_P가 $MCCB_2$의 허용값을 넘지 않을 것, 아크에너지 E_2가 $MCCB_2$의 허용값을 넘지 않을 것

다. 퓨즈와 MCCB의 보호협조

1) MCCB와 퓨즈를 직렬로 사용하는 목적

① 퓨즈의 과부하영역은 MCCB의 동작에 의해 퓨즈가 용단 · 열화되지 않게 한다.

② 큰 단락전류 영역에서 MCCB의 차단용량 부족을 퓨즈의 고속도 한류에 의해 후비보호한다.

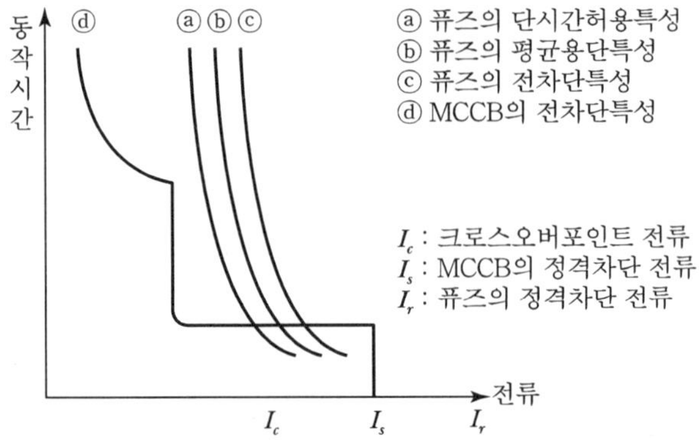

[그림 4] MCCB와 퓨즈의 개극 및 차단시간

2) 후비보호를 위한 필요조건은 [그림 4]와 같은 특성곡선의 경우 다음과 같다.
   ① 퓨즈의 단시간 허용특성 ⓐ는 MCCB의 특성과 교차하지 않는다.
   ② 퓨즈의 용단특성 ⓑ와 MCCB의 전차단특성 ⓓ와 크로스 오버포인트 전류 I_c는 정격 차단전류의 80% 이하일 것
   ③ 퓨즈의 전차단 I^2t 및 통과전류 파고값 I_p는 MCCB의 허용한계 이내일 것

3.9 저압전로의 지락보호방식

- 저압회로의 감전사고와 누전재해가 증가하고 있어 이를 방지하기 위한 방법이 강구되어야 한다. 전기설비기술기준 고시에도 저압회로의 지락보호가 의무화되어 있다.
- 저압전로의 지락보호방식의 종류에는 보호접지방식, 과전류 차단방식, 누전검출방식, 누전경보방식, 절연변압기 방식 등이 있다.

■ 한국전기설비규정(KEC), 신전기설비기술계산 핸드북, 제조사 기술자료, 정기간행물

1. 지락보호

가. 지락보호 목적

인체의 감전 방지, 폭발 방지 및 전로기기의 손상 방지에 있다.

나. 지락전류 크기

회로의 영상 임피던스가 접지방식의 구성에 따라 상이하고 사고점의 임피던스 영향이 수 mA에서 수 kA 범위까지 분포되어 있으나 감전 방지는 고감도 고속형으로 하고 화재 방지는 100mA 이상 중감도형을 기준으로 하고 있다.

다. 저압 지락보호방법(☞ 참고 : 전기설비기술기준 고시)

1) 전로의 절연
   ① 고압 · 특고압과 저압의 혼촉에 의한 방지시설
   ② 특고압을 직접저압으로 변성하는 변압기의 계통분리
2) 접지시스템의 규정에 의한 접지공사
3) 기계 · 기구의 철대 및 외함의 접지방법
4) 지락차단장치 등의 시설(ELB, GFCI)

2. 지락보호방식의 종류

가. 보호접지방식
나. 과전류차단방식(지락)
다. 누전검출방식
라. 누전경보방식
마. 절연변압기방식
바. 기타 방식

3. 지락에 대한 보호방식

가. 보호접지방식

1) 전기 사용 기계 · 기구의 외함을 접지하여 내부에서 지락이 발생하였을 때 접촉전압을 허용치 이하로 억제하는 방식으로 제3종 접지가 이에 해당한다.
2) 기구의 철대 금속제 외함 및 금속제 프레임 등의 접지, 이동하여 사용하는 전기기계 기구의 금속제 외함 접지는 허용접촉전압에 의한 감전 방지 보호접지를 한다.

나. 지락 과전류차단방식

전로의 손상 방지를 주목적으로 단락 및 과전류보호기에 의해 지락보호를 하는 것으로 저압간선 및 발전소, 변전소 등의 소내 회로에 채용한다.

1) 직접접지식 지락차단장치 : ELB에 의한 지락차단방식, CT Y결선 잔류회로에 의한 지락차단방식, 3권선 영상분로회로에 의한 지락차단방식, 중성점 CT 방식
2) 비접지식 지락차단장치 : GVT와 OVGR에 의한 지락차단방법, GVT와 ZCT를 이용한 OVGR과 SGR을 이용한 방향성 지락차단방법, 접지형 콘덴서와 ELB를 이용한 방법, GVT 1차 접지 측에 ZCT 및 GR을 이용한 지락차단방법

다. 누전검출방식

1) 전로에 지락이 생겼을 경우 발생하는 영상전압 또는 영상전류를 검출하여 누전차단기를 적용하여 차단하는 방식이다.
2) 누전차단기 검출방법에 따라 전류 동작형, 전압 동작형 및 전압 · 전류 동작형이 있다.
   ① 전류 동작형 : 영상변류기와 지락과전류계전기를 사용해서 지락을 검출하는 방법
   ② 전압 동작형 : 지락사고 시 기기의 외함 등 전로에 속하지 않는 도전부와 기존 대지 간에 발생하는 고장전압을 검출하는 방법
   ③ 전압 · 전류 동작형 : VT와 CT 또는 GVT와 ZCT 등으로 과전압계전기와 과전류계전기 및 지락과전압계전기와 지락방향계전기 등을 사용하여 검출하는 방법

라. 누전경보방식

1) 비상회로등과 같은 지락 시에 회로를 차단하는 것이 적당하지 않은 회로의 보호 및 화재 경보장치에 사용한다.
2) 그림과 같이 회로를 구성하여 누전시에 회로를 차단하지 않고 경보만을 울리도록 한 것이다.

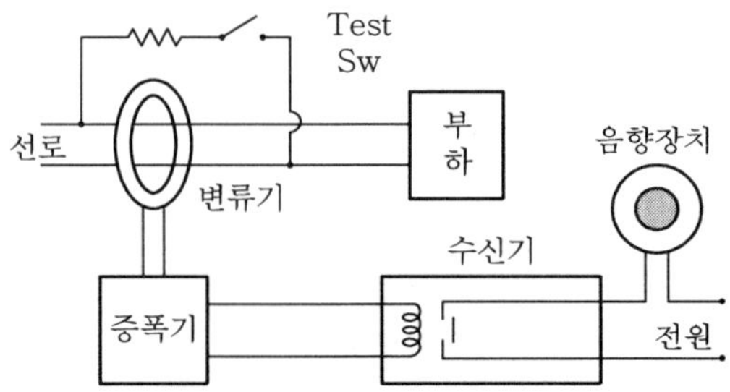

[그림] 누전경보방식

마. 절연변압기방식(☞ 참고 : 의료실의 접지 등)

절연변압기를 사용하여 보호전로를 비접지식 또는 단독의 중성점 접지식 전로를 사용함으로써 접촉전압을 억제하는 방식이다.

바. 기타 방식

1) 전용접지선 방식
2) 2종 절연방식 기기 사용

SECTION 04 보호계전

4.1 보호계전시스템

- 보호계전시스템이란 전력계통, 전기기기 이상상태를 조속히 제거함으로써 사람의 안전, 설비의 손상 방지, 2차 재해의 예방을 꾀하는 동시에 다른 전력계통으로의 이상 파급을 막아 전력공급의 안전성과 신뢰도 향상을 도모하기 위하여 설치된 보호계전기를 중심으로 한 시스템이다.
- 보호계전시스템 설치는 계전기를 계통 보호라는 목적을 위하여 어떻게 조합, 운용할 것인가에 목적이 있다. 즉, 전력계통의 사고가 발생하였을 때 고장 또는 이상상태를 신속히 검출, 제거하여 피해를 가능한 한 경감시키고 사고파급 확대를 최소한으로 억제하는 목적으로 사용한다.

■ 신전기설비기술계산 핸드북, 제조사 기술자료, 정기간행물, 한국전기설비규정(KEC)

1. 보호계전시스템

가. 구성 및 구비조건

보호계전시스템의 기본적인 기능으로 정확성(확실성), 신속성, 선택성을 들 수 있다.

1) 구성

기본적인 기능을 중심으로 검출부, 판정부, 동작부로 구성한다.

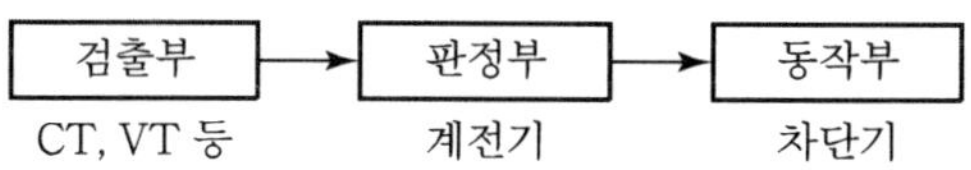

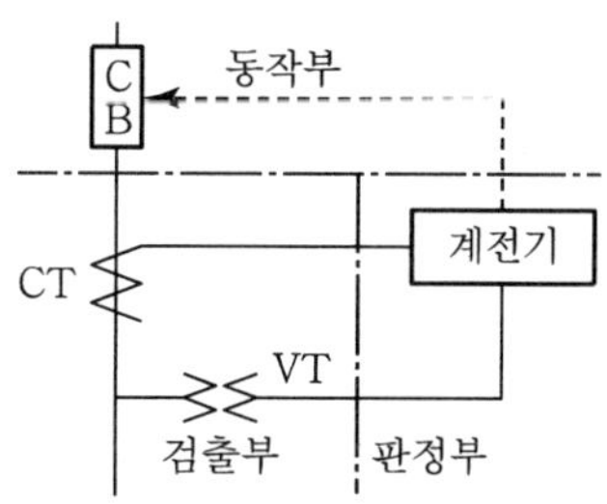

[그림 1] 보호계전시스템

2) 구비조건

보호계전기는 중요도에 따라 고속도 동작으로 전력계통의 과도안정도를 유지한다.

① 정확성 : 고장개소를 정확하게 검출하여 제거하고 건전구간은 계속 공급할 것

② 신속성 : 사고회선을 신속하게 검출하여 분리하고 정상과 고장상태를 판별할 것

③ 선택성 : 고장회선만을 선택하여 차단하고 회로의 정전범위를 최소화할 것(應動)

나. 보호계전시스템 선정 시 일반사항

1) 계통사고에 대해 완전보호하고 각종 계기손상을 최소화한다.

2) 사고구간을 고속도로 선택, 차단하여 사고파급을 최소화한다.

3) 불필요한 정전시간을 방지하여 전력계통 안정도를 향상한다.

다. 보호계전시스템의 오동작 원인

1) 계기용 변압기, 변류기 및 그 접속회로의 불량상태
2) 보호계전기의 불량상태
3) 차단기의 트리핑 회로 또는 기구의 불량 상태
4) 제어전원의 불량상태

2. 보호계전시스템의 분류

가. 주 보호와 후비보호

주 보호와 후비보호는 일반적으로 보호계전시스템 사고 시의 오부동작에 따른 손해를 줄이기 위해 구성한다.

1) 주 보호

사고 발생 시 사고점의 가장 가까운 위치에서 가장 빨리 동작하여 사고 부분을 필요 최소한으로 분리한다.

2) 후비보호

주 보호가 오동작 또는 부동작하였을 때 그대로 Back-up하여 사고의 파급 · 손실을 최소화한다.

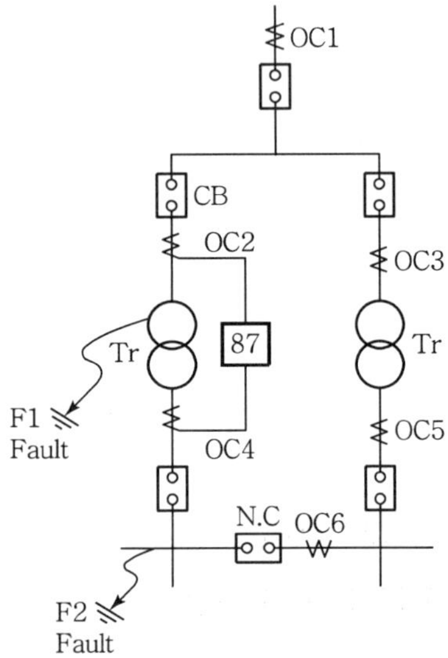

사고점	주보호	후비보호	사고점	주보호	후비보호
F1	87	OC1	F2	OC4	OC2
	OC2			OC6	OC5

[그림 2] 주보호 · 후비보호 계전방식

나. 한시차 계전방식

1) 한시차 계전방식은 계전기의 동작시간차로 사고구간을 구별하는 방식이며, OCR에 의한 방식과 거리계전기에 의한 방식 등이 있다.

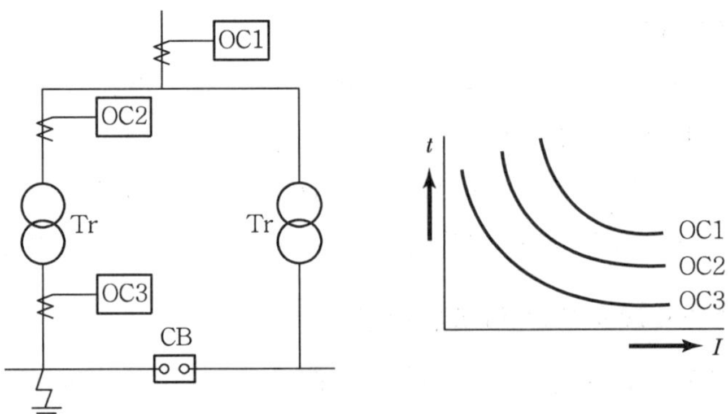

[그림 3] 한시차보호 계전방식

2) 자가용 전력설비 방사상 계통의 단락보호에는 반한시 특성 과전류계전기의 한시정정차를 사용한 방식에 많이 사용된다.
3) 사고점이 전원에 가까워짐에 따라 보호시간이 길어지는 단점이 있으나 구성이 간단하고 주 보호, 후비보호를 동시에 할 수 있어 경제적이다.
4) 사고전류범위에서 차단기의 차단시간 및 계전기의 관성동작시간의 합계가 필요하다.

$$R_n = R_{(n+1)} + S_n + B_{(n+1)} + Q_n + \alpha$$

여기서, R_n : 제n구간의 계전기 동작시간
$R_{(n+1)}$: 제n+1구간의 계전기 동작시간
S_n : 제n구간과 제n+1구간의 계전기 동작시간 정정차
$B_{(n+1)}$: 제n+1구간의 차단기의 전차단시간
Q_n : 제n구간의 계전기의 관성동작시간
α : 여유시간

다. 구간 보호방식

구간 보호방식은 단락 및 지락보호에 있어서 가장 확실한 선택성을 얻는 방식이며 비율차동계전기에 의한 변압기의 보호나 표시선 계전기에 의한 송전선 보호에 대표적인 방식이다.

1) 보호구간의 양 끝에 차단기와 변류기를 설치하여 차전류로 동작하고 CT를 보호구간이 중첩되도록 설치한다.
2) 이 방식은 변류기와 계전기를 연결하는 수단에 따라 신뢰성과 경제성이 좌우된다.

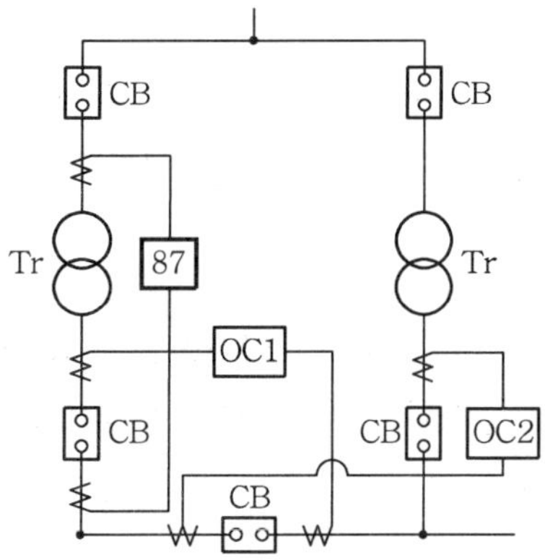

[그림 4] 구간보호방식

라. 방향선택 보호방식

방향선택 보호방식은 고장전류의 방향에 따라 고장회선을 선택하는 방식이다.

1) 병행 2회선 양단전원의 송전선보호나 배전선의 지락보호 등에 채용되고 있다.
2) 전류방향 판정에 전력방향계전기, 단락보호에는 선간전압 또는 상전압, 지락보호에는 영상전압이 사용된다.

4.2 보호계전기

- 보호계전기란 고장의 종류, 고장 전류와 전압, 고장점의 위치 등을 검출하여 고장 구간을 고속 선택, 차단하는 동작을 명령하여 계통 보호를 위한 목적으로 설치되는 것이다.
- 보호계전기는 일반적으로 원리상, 구조상, 특성상으로 분류되며, 역할은 사고 발생 시 사고를 신속하게 제거하는 기능과 사고영향이 확대되는 것을 방지하는 기능을 한다.

■ 신전기설비기술계산 핸드북, 제조사 기술자료, 정기간행물, 한국전기설비규정(KEC)

1. 보호계전기의 정격

가. 정격 전류 및 정격 전압

계전기의 성능을 보증하는 기준이 되는 전류와 전압을 말한다.

1) 계기용 변압기 회로에서 표준 정격 전압은 선간전압은 110V(상전압 : 63.5V)이며, 영상전압인 경우 110V 또는 190V이다.
2) 변류기 회로에서 정격 전류의 표준은 5A 또는 1A이다.

나. 과부하내량

1) 보호계전기는 그 사용목적에서 전력계통 고장 시의 전류, 전압에 견디어야 한다.
2) 전류회로에 대해서는 정격 전류의 40배를 1초간 통전한 경우 1분 간격으로 2회 이상 견딘다.
3) 전압에 대해서는 연속정격의 것은 정격 전압의 1.15배에 3시간, 단시간 정격의 것은 1.15배의 전압에 5분 이상 보증하는 시간에 견디어야 한다.

다. 정격부담

1) 계전기의 정격부담이란 계전기 입력회로의 임피던스를 말한다.
2) 계기용 변압기로 동작되는 전압회로의 부담은 소비 VA로 직류전압회로의 부담은 소비전력으로 그 이외의 회로의 부담은 임피던스로 나타낸다.

라. 접점용량

폐로용량, 개로용량, 통전용량으로 표시한다.

1) 폐로용량은 차단기의 트리핑을 대상으로 한 값이며, 저항부하를 폐로할 수 있는 전압 및 전류값으로 표시한다.
2) 개로용량은 보조계전기 등의 회로의 개로를 대상으로 한 값이다.
3) 통전용량은 접점의 온도 상승 한도를 넘지 않는 통전전류의 한도로 표시한다.

2. 보호계전기의 동작

가. 정의

1) 보호계전기의 동작이란 보호계전기에 전기적 입력의 변화, 예를 들어 크기나 위상의 변화를 주었을 때 계전기의 동작기구가 작동하여 접점을 개로 또는 폐로하여 이것을 출력으로써 꺼낼 수 있는 것을 말한다.
2) 동작을 표시하는 용어는 외부상황에 따른 변화를 대상으로 한 픽업[17] · 드롭아웃[18], 기능을 대상으로 한 시동 · 동작 · 유지 · 개방 · 복귀 등이 있다.

나. 동작시간

동작시간이란 계전기의 입력이 개개의 동작에 대응하는 값을 초과한 후 개개의 동작에 이르기까지의 시간이다. 동작시간 특성에는 정한시, 반한시, 강반한시, 초반한시가 있다.

1) 동작시간의 종류에는 시동시간[19], 동작시간, 개방시간, 복귀시간이 있다.
2) 동작속도를 표시하는 것에는 한시, 즉시, 고속도가 사용된다.

다. 동작상태

1) 정동작 : 동작해야 할 때에 동작하는 것
2) 정부동작 : 동작하지 않아야 할 때에 동작하지 않는 것
3) 오동작 : 동작하지 않아야 할 때에 동작하는 것
4) 오부동작 : 동작해야 할 때에 동작하지 않는 것

3. 보호계전기의 오동작 방지조건(신뢰도 향상)

가. 디지털계전기의 적용

1) 가동부가 없어 마찰, 반동, 관성 등에 의한 오동작이나 오차가 없다.
2) 반도체 소자로 고감도, 고속 스위칭 특성을 이용하여 고속, 고감도 계전기를 실현시킬 수 있다.
3) 계전기의 기능을 프로그램으로 설정하므로 하나의 계전기로 다수의 기능을 가지게 할 수 있다.
4) 디지털계전기의 설치로써 전기설비를 다중화, 다계열화하는 것이 용이하다.
5) 통신기능으로 원방감시의 자동감시기능과 자기진단기능을 갖는다.

---

17) 픽업 : 계전기에 입력을 가했을 때 그 가동부가 입력 0의 위치에서 다른 최종위치까지 이동하는 것
18) 드롭아웃 : 픽업의 반대로 픽업위치에서 입력범위의 위치까지 이동하는 것
19) 시동시간 : 계전기를 동작시키는 방향으로 입력이 변했을 때 원 위치에서 가동부가 움직이기 시작하여 기능에 변화가 생기는 시간

나. 고조파 억제

1) 고조파가 보호계전기를 오동작시키고 각종 계기의 오차를 증대시킨다.
2) 변압기의 경우 Δ결선하고, 고조파 부하에 수동 필터와 능동 필터를 사용한다.
3) 전력용 콘덴서는 직렬리액터를 설치하여 고조파를 억제한다.

다. Noise에 대한 대책

1) 차폐케이블을 사용하여 케이블의 양단을 접지하고 유도전압을 차단하므로 오부동작을 방지한다.
2) 고전압 전원과 충분히 이격하여 제어케이블의 Noise 방지와 유도전압 통로를 최소화한다.

라. 서지에 대한 대책

1) 외부서지를 방지하기 위한 피뢰기와 개폐서지를 방지하기 위한 SA를 설치한다.
2) 디지털계전기는 서지에 약한 단점을 가지고 있으므로 회로에 제너다이오드[20]를 넣어서 서지에 강한 회로를 구성한다.
3) 접지저항이 높으면 낙뢰 또는 개폐서지 전압이 커져서 보호계전기의 오부동작이나 소손의 원인이 된다.

마. 적정 온 · 습도 유지

디지털보호계전기는 온 · 습도에 매우 민감하여 오부동작의 원인이 된다.

4. 보호계전기의 구분

가. 동작원리에 의한 분류(동작기구에 의한 분류)

1) 전자기계형 : 가동부에 자속이 작용하여 기계적인 힘이 발생하여 접점을 개폐한다.
2) 정지형 : 트랜지스터 회로에 의해 입력 전기량의 크기 또는 위상을 비교해서 결과를 출력하여 접점을 개폐한다.
3) 디지털형 : 전압, 전류를 일정시간 간격으로 Sampling하며 디지털량으로 변환하고 이 데이터를 마이크로프로세서 등으로 구성된 연산처리부에서 프로그램에 의하여 연산처리한다.

---

20) 제너다이오드(Zener Diode)란 일반적인 다이오드의 특성과는 달리 역방향으로 어느 일정값 이상의 항복전압이 가해졌을 때 역방향으로 전류가 흐르는 다이오드의 일종이다.

나. 동작시간에 의한 분류

1) 순한시 계전기(고속도 계전기) : 정정(Set)된 최소동작전류 이상의 전류가 흐르면 즉시 동작하는 것
2) 정한시 계전기 : 정정된 값 이상의 전류가 흘렀을 때 크기에 관계없이 정해진 시간 후 동작하는 것
3) 반한시 계전기 : 전류값이 클수록 빨리 동작하고, 작을수록 느리게 동작하는 것
4) 반한시 정한시 계전기 : 2)와 3)을 조합한 특성을 지닌 것
5) 계단한시 계전기 : 입력의 일정 범위별로 일정 한시에 계단식으로 동작하는 것
6) 용도기능상 분류 : 단락보호용, 지락보호용, 기타

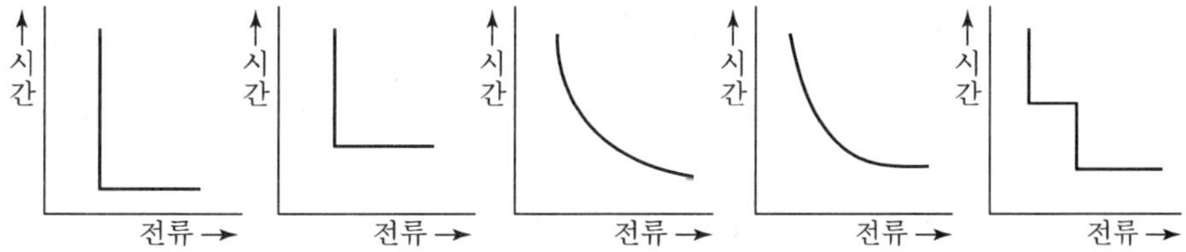

[그림 1] 반응속도

5. 보호계전기의 종류별 특징

보호계전기는 보호범위, 보호목적, 검출현상에 따라 구분되며 종류는 다음과 같다.

가. 과전류계전기(OCR ; Over Current Relay)

전류의 크기가 일정치 이상 되었을 때 동작하는 계전기이며, 특별히 지락사고 시 지락전류의 크기가 일정치 이상 되었을 때 동작하는 것을 지락과전류계전기(OCGR)라 한다. 단락, 지락, 과부하보호에 사용한다.

1) 과전류계전기 분류

① 송배전선이나 기기의 단락보호 및 과부하보호에 사용한다.

② 다른 계전기와 조합하여 단락보호 검출용에 사용한다.

2) 과전류계전기 특징

① 고속도형은 40ms 이하에서 동작한다.

② 반한시특성은 계전기의 동작코일에 흐르는 전류가 증가함에 따라 동작시간에 반비례적으로 짧아지는 특성을 가진 것이며, 동작시간 특성은 계전기의 전류탭 및 타임레버를 바꿔서 계전기 정정 시 사용한다.

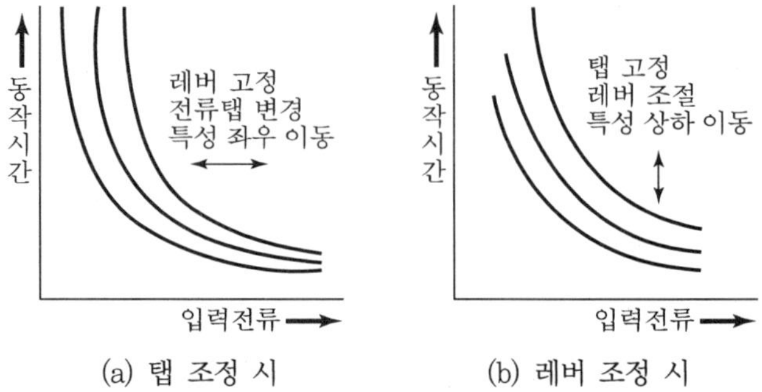

[그림 2] 과전류계전기의 동작시간 특성(반한시성)

3) 과전류계전기 정정

① 변류기 2차 전류가 예정값 이상 되었을 때 동작하도록 정정한다.

② $I = 부하전류 \times \frac{I_2}{I_1}$[A]에서 허용전류의 150~160% 정도이다.

나. 과전압계전기(OVR ; Over Voltage Relay)

1) 계전기에 인가하는 전압이 그 예정값과 같거나 그 이상으로 되었을 때 동작하는 계전기이다.

2) 계전기 전압코일에 계기용 변압기의 2차 전압을 걸어주고 전압이 이상 상승할 경우 설정치에 따라 접점이 개로한다.

3) 기기 또는 회로의 과전압 보호에 사용한다.

4) VT 2차 전압의 130%에서 정정한다.

다. 지락계전기(G & GR ; Ground Relay)

1) 접지 고장이 있을 때 동작하는 계전기이다.

2) 기기 내부 또는 회로에 지락이 발생하는 경우 영상전류를 검출해서 동작하게 하는 계전기로, ZCT와 조합하여 사용한다.

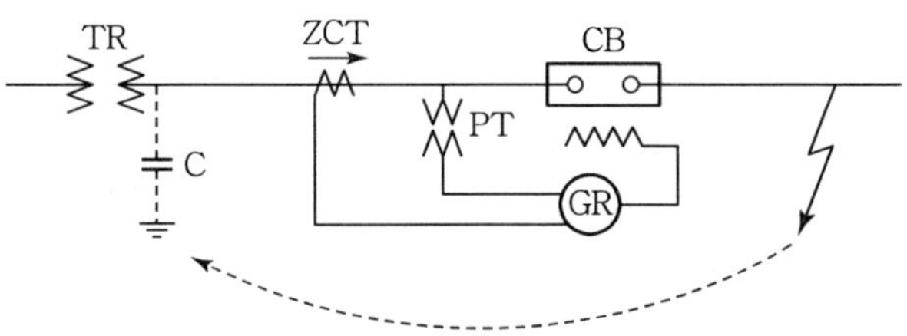

[그림 3] 지락계전기 동작 회로도

라. 지락과전압계전기(OVGR ; Over Voltage Ground Relay)

1) 지락전압의 크기가 일정치 이상으로 되었을 때 동작하는 계전기이다.

2) 최대영상전압 $3V_0 = 110$인 경우 GVT 2차 전압의 검출용은 20~25V의 20%, 트립용은 30~35V의 30%에서 정정한다.

마. 부족전압계전기(UVR ; Under Voltage Relay)

1) 전압의 크기가 일정치 이하로 되었을 때 동작하는 계전기이며 저전압계전기라 부르기도 한다.
2) 정격 전압은 VT 2차 전압의 80%에서 정정한다.

바. 방향성 접지계전기(SGR ; Selecting Ground Relay)

1) 비접지방식 선로에서 지락과전압계전기(OVGR)와 조합하여 지락에 의한 고장전류를 접지계기용 변성기(GVT)와 영상 계기용 변성기(ZCT) 등을 이용하며 접지전류를 검출한 방향으로만 동작하도록 한 접지계전기이다.
2) 비접지방식 선로에서 OVGR+GVT+ZCT 등과 연결하여 동작한다.
3) 지락보호를 목적으로 영상전압, 영상전류의 벡터량 관계위치에서 동작하며 영상전류가 어느 방향으로 흐르고 있는가를 판정한다.
4) 주로 특고 송전선이나 배전선의 지락보호 또는 후비보호에 사용한다.

사. 비율차동계전기(R Diff R ; Ratio Differential current Relay)(☞ 참고 : 변압기의 보호장치)

1) 비율차동계전기는 다음 [그림 4]에서 나타낸 바와 같이 I_1(인입전류) 또는 I_2(유출전류)에 의해 억제력을 내는 억제코일(RC)과 차전류 $|I_1 - I_2|$에 의해 동작력을 내는 동작코일(OC)로 구성되어 있다.
2) 비율차동릴레이는 억제코일(RC)과 동작코일(OC)로 구성되어 통과전류가 작을 때 억제력이 작고 작은 차전류에도 동작하며, 외부사고와 같이 큰 통과전류가 흘렀을 경우 큰 억제력을 내어 차전류가 다소 흘러도 동작하지 않는다.
3) 동작비율이란 직선 $\overline{OB}$의 기울기를 나타내는 것으로, $\overline{OB} = \dfrac{|I_1 - I_2|}{|I_1| \text{ or } |I_2|}$이다.

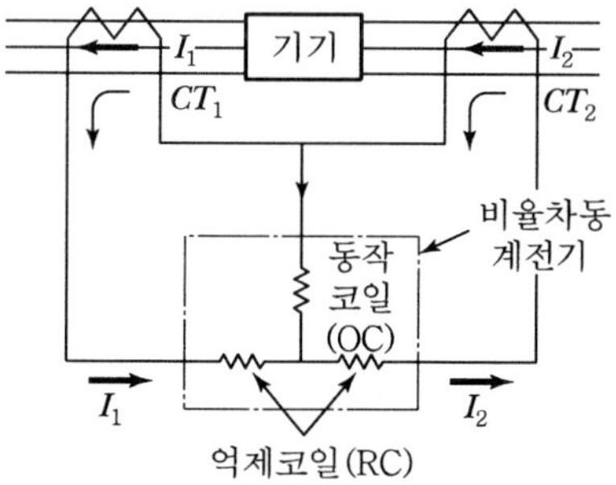

[그림 4] 비율차동 계전기 원리도

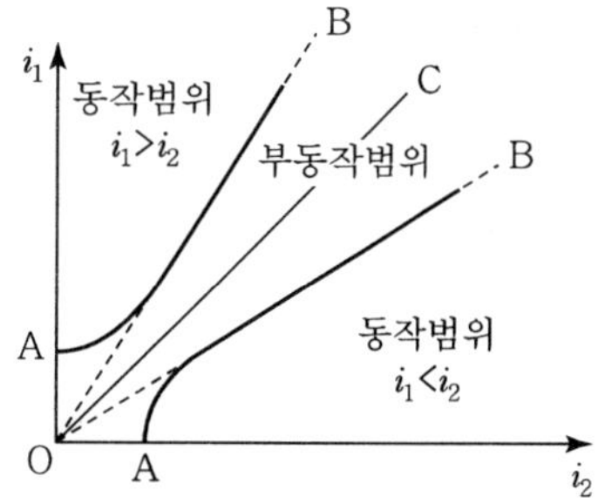

[그림 5] 비율차동계전기 동작비율

아. 전력릴레이(PR ; Power Relay)

전력의 크기가 일정치 이상으로 되었을 때 동작하는 계전기로, 교류용은 유효전력계전기와 무효전력계전기의 2종류가 있다.

6. 보호계전기 사용개소

사고별 \ 설비별	수전단	주변압기	배전선	전력용 콘덴서
과전류(단락)	OCR	OCR	OCR	OCR
과전압	–	–	OVR	OVR
저전압	–	–	UVR	UVR
접지	–	–	GR, SGR	–
변압기 내부고장	–	Diff R	–	–

4.3 디지털 보호계전기

디지털 보호계전기(Digital Protective Relay)란 선로의 각종 사고(과전류, 단락사고, 지락사고 등)로부터 계통을 보호하기 위하여 CPU(Central Processing Unit)를 사용하여 기존의 유도형 또는 정지형 보호계전기에서는 구현할 수 없었던 고기능의 보호알고리즘을 구현하는 보호장치를 말한다.

■ 신전기설비기술계산 핸드북, 전력사용시설물 설비 및 설계, 제조사 기술자료, 정기간행물

1. 디지털계전기의 종류

가. 연산형

입력량을 주기적으로 샘플링하여 디지털량으로 변환 후 연산처리하는 것으로 차동계전기, 거리계전기에 적용한다.

나. 간이 연산형

연산형과 구성이 동일하나 회로를 간소화한 것으로 과전류, 부족전압계전기에 적용한다.

다. 계수형

입력량을 디지털량으로 변환하여 계수처리하는 것으로 주파수계전기에 사용한다.

라. 스캐너형

계전기 입력치와 정정치를 비교 판정하여 동작하는 것이다.

2. 디지털계전기의 필요성

가. 보호계전기에 고도기능 요구

1) 전력계통에는 고조파, 여자돌입전류의 증가 등으로 왜곡된 신호가 입력되어 계전기에 오동작을 일으켜 고조파 영향을 받지 않는 보호계전기능이 필요하다.
2) 보호협조 측면에서 특수한 계전기의 특성을 가진 계전기가 필요하게 되었다.

나. 보호계전기의 유지보수상 문제

보호계전기를 점검 및 보수하기 위해서는 계전기의 정지, 회로의 분리 등의 작업이 필요하여 자동점검을 할 수 있는 기능이 요구된다.

다. 부품의 경년변화

아날로그 타입은 부품의 경년변화로 계전기 특성에 영향을 준다.

라. 변전실의 무인화 추세

1) 인건비의 상승으로 무인변전소가 필요하게 되었다.
2) 무인화를 위한 고속도, 고감도, 고기능의 디지털 보호계전기가 필요하게 되었다.

3. 디지털계전기의 원리, 구성, 기능

가. 원리

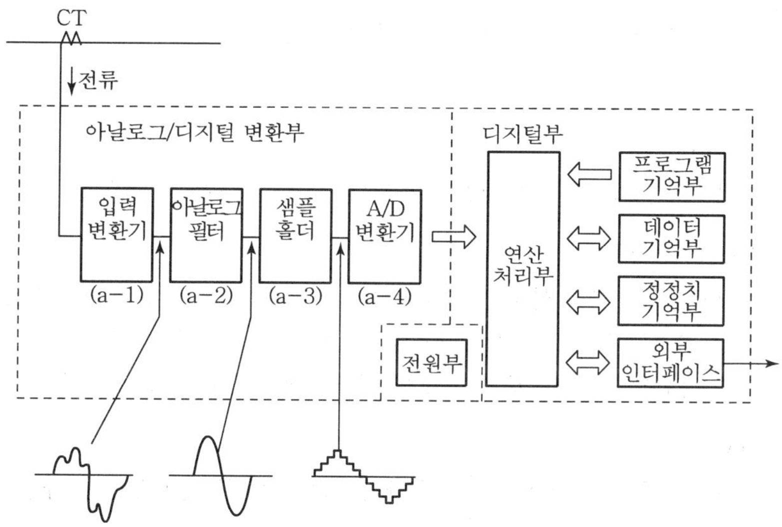

[그림] Digital Relay의 기본구성

1) 디지털계전기의 기본개념은 샘플링이며 CT/VT에서 얻은 아날로그 전압, 전류를 Sampling 하여 디지털 연산처리부에서 데이터화한 신호량을 마이크로프로세서를 이용하여 사고의 유무를 판정하여 출력하는 계전기이다.

2) 신호의 디지털 변환은 표본화, 양자화, 부호화하여 컴퓨터가 처리할 수 있는 디지털코드로 변환하는 원리이다.

① 표본화

㉠ CT/VT 아날로그 입력량을 일정시간 간격으로 Sampling하여 표본화하는 것

㉡ 일반적인 Sampling 간격은 12Sampling(샘플간격 30°)으로 하며 60Hz 계통은 720Hz로 Sampling한다.

② 양자화 : 샘플링한 값을 읽어서 연속적인 값을 이산적인 값으로 변환한다.

③ 부호화 : 이산적인 값을 2진수(0, 1)로 디지털화한다.

나. 기본구성

1) 아날로그/디지털 변환부

① CT/VT에서 얻은 아날로그량을 디지털량으로 변환하는 부분이다.

② 입력 변환부, 필터, 샘플홀더, 멀티플렉서, A/D 변환기로 구성된다.

2) 디지털 연산처리부

① 컴퓨터가 디지털화된 전압, 전류의 신호값을 연산하여 그 값의 크기에 따라 사고유무를 판정하고 사고로 판정되면 트립신호를 출력하는 부분이다.

② CPU, RAM, ROM, 정정부, DI/DO(Digital Input/Digital Output) 등으로 구성된다.

3) 전원부

디지털계전기에 전원을 공급하는 부분이다.

다. 기능

1) 보호기능

단락, 지락, 과전압, 부족전압, 지락과전압, 선택지락 등의 보호기능을 가진다.

2) 자기진단기능

① 영상체크 : 정상시 3상 영상전압의 합이 0이 되는 것을 확인한다.

② A/D 변환체크 : 아날로그를 A/D 변환시켜 기억된 기준치와 비교하여 점검한다.

③ 자동점검 : 입력부에 모의입력, 출력부에 모의출력을 인가하여 동작을 확인한다.

3) 통신기능

각 계전기로부터 데이터를 수집하여 고속전송 및 원방감시가 가능하다.

4. 디지털계전기의 특징

가. 고성능, 고기능화 실현

디지털 연산처리 및 메모리 기능에 의해 아날로그형에서 실현하지 못하였던 복잡한 계전기 특성과 기능을 실현할 수 있다.

나. 소형화

마이크로프로세서는 집적도가 높은 IC, LSI 소자로 구성되어 장치를 소형화하고 축소화가 가능하다.

다. 고신뢰성

자동점검 및 상시 감시기능이 있어 장치의 고장 · 이상을 발견하기 용이하다.

라. 융통성

디지털계전기는 하드웨어 변경 없이 프로그램의 내용 변경으로 여러 가지의 보호특성을 변경할 수 있어 장치의 표준화가 가능하다.

마. 저부담화

변성기의 부담이 적다.

바. 경제성

반도체 가격 하락에 따라 보호계전기의 가격 하락이 기대된다.

사. 장래성

보호제어설비의 디지털화 추세에 있어 발전성이 있다.

5. 아날로그형과 디지털형의 비교

구분	아날로그형		디지털형
	전자기계형	정지형	
동작 원리	전기입력을 기계적인 흡입력과 회전력으로 변환하여 동작	트랜지스터나 IC 회로 등으로 입력의 크기, 위상을 비교하여 동작	디지털 신호량을 프로그램에 의해 CPU로 연산처리하여 설정된 값과 비교하여 동작
사용소자	가동철심, 유도원판	트랜지스터, OP앰프, 다이오드	CPU, IC, S/H, A/D 등
경제성	저가, 유지비 증가	전자형에 비해 고가	고가, 유지비 감소 기대
보수성	정기적 점검 필요 (특성의 경년변화)	자동점검, 정기점검 필요	자동점검(무보수 가능), 자기진단기능 구비
내환경성	잡음에 강하나 진동에 약함	서지, Noise, 온도 상승에 대한 대책 필요, 진동에 강함	좌동
성능	저속도, 저기능	고속도, 고감도	고속도, 고감도, 고기능
크기	대	중	소
신뢰성	낮음	높음	높음

4.4 디지털계전기의 Noise 영향

디지털계전기(디지털 보호계전기)의 연산처리부에서는 빠른 신호처리가 이루어지고 있다. 따라서 미세한 Noise에 대하여서도 쉽게 영향을 받는다. Noise의 발생은 외부적인 요인과 내부적인 요인으로 구별되며 내부적인 요인에 의한 Noise의 방어는 계전기 제작 기술에 속하는 사항이나 외부적 요인에 대하여는 설치 · 운영상의 Noise 대책이 요구되고 있다.

■ 신전기설비기술계산 핸드북, 제조사 기술자료, 정기간행물

1. Noise 발생원인

가. 외부적 요인(환경적 요인)

1) 차단기, 단로기의 개폐서지
2) 전력계통에서 발생하는 뇌에 의한 서지
3) 계통사고 전류에 의한 구내 접지점의 전압 상승
4) 전원의 개폐서지 및 직류 조작전원의 개폐서지

나. 내부적 요인

1) 보조 계전기 개폐 시의 Noise
2) IC 회로의 스파이크 Noise
3) DC–DC 컨버터의 스위칭 Noise

2. Noise 침입모드

일반적으로 외부에서 발생한 Noise는 제어회로를 통하여 계전기 제어장치에 침입한다.

가. 침입 모드의 종류

1) Common Mode : Noise 성분이 2본의 신호선을 공통으로 타는 Mode
2) Normal Mode : Noise 성분이 2본의 선간을 타는 Mode
3) 통상 존재하는 Noise는 이 두 가지 성분의 합성 Noise이다.

나. 제어장치의 외부에 Noise 원이 있는 경우

1) 2본의 선간에 균등하게 흐르는 경우 평형에 의한 Normal Mode가 발생한다.
2) 2본의 신호선이 불평형을 이룰 경우 선로 불평형에 의한 Common Mode가 발생한다.

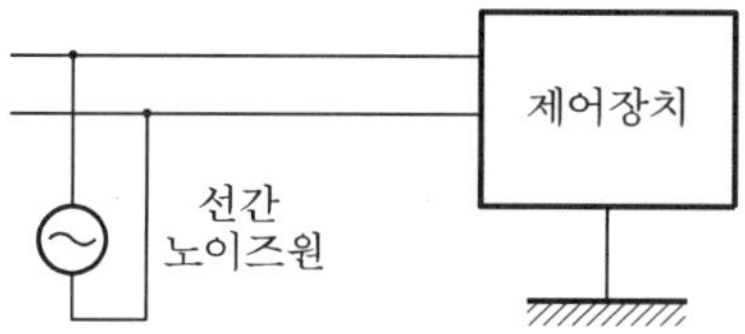

[그림 1] Normal Mode

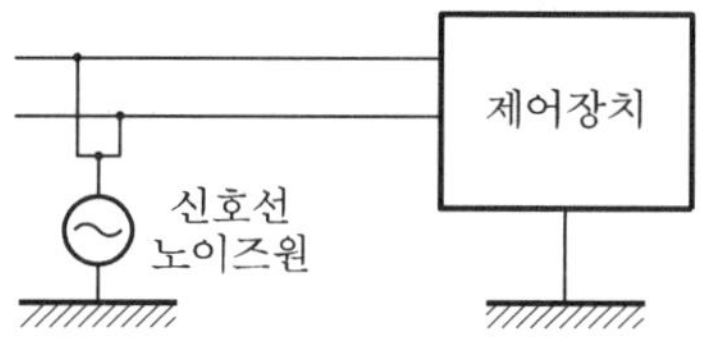

[그림 2] Common Mode

3. Noise 침입대책

일반적으로 Surge 등 이상선압이 내습하면 대지로 신속하게 방류하여 전압 상승을 억제하는데, 고려할 수 있는 대책으로는 Noise 발생 억제, Noise 침입 억제 및 Noise에 의하여 영향을 받지 않는 회로를 구성하는 것이다.

가. Noise 발생 억제대책

1) 외부 Noise 중 차단기, 단로기 등에 의한 개폐 서지와 계통사고에 의한 접지점의 전압 상승을 방지하기 위하여 피뢰기를 설치하여 변전소 내부의 접지저항을 저감한다.
2) Twist Pair선은 신호선의 불균형에 의한 Noise 침입을 방지하고 평형도를 높이기 위한 것으로 Normal Mode에 의한 Noise 침입 및 발생 억제에 효과가 크다.

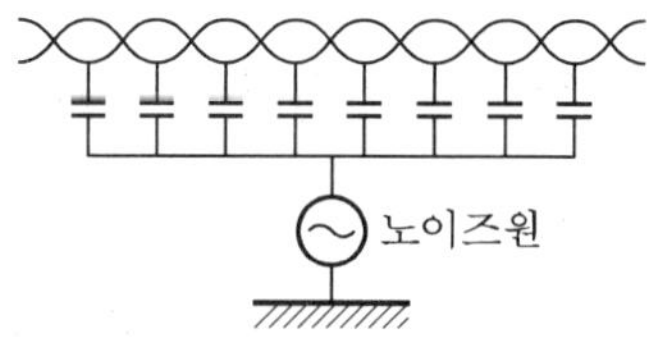

[그림 3] Twist Pair선의 효과

나. 회로상 영향 억제대책

1) 제어케이블 분리 포설

디지털계전기에 연결되는 신호선, 제어선에는 근접병행 포설된 전력제어케이블로부터 Noise가 이행된다. 이 경우 Noise 발생이 우려되는 다른 선로와 분리하여 포설하여야 한다.

2) 제어선로 접지

① 제어케이블의 접지에는 편단접지와 양단접지가 있는데 편단접지는 정전유도에 의한 Noise 침입 방지에 효과적이고 양단접지는 전자유도에 의한 Noise 침입 방지에 효과가 크다.

② 제어선로에 정진유도와 전자유도로 유도되는 Noise 방지를 위하여 양단접지를 실시한다.

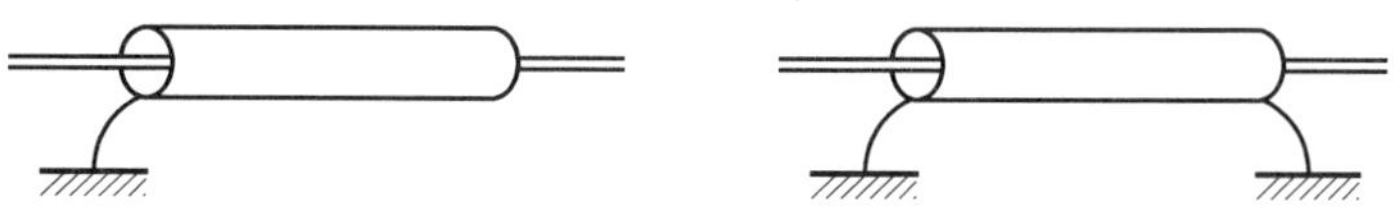

(a) 편단접지 (b) 양단접지

[그림 4] 제어 케이블 접지

3) 계전기 자체의 접지

디지털계전기는 자체복수 접지를 할 경우 외부 Noise 전류가 접지점의 한쪽으로 흘러들어와 다른 접지점으로 흘러나가기 때문에 계전기는 일점 접지를 시행한다.

4.5 전자화 배전반

전자화 배전반(지능형 배전반)은 CPU를 이용하여 모든 기능을 집약한 것으로 계전, 제어, 계측기능 등이 일체화된 디지털형 집중감시제어장치를 사용한 것, 주회로를 제외한 모든 부분을 전자화하여 신뢰성과 안전성 및 통합감시제어 시스템을 적용한 배전반을 말한다.

■ 신전기설비기술계산 핸드북, 제조사 기술자료, 정기간행물

1. 전자화 배전반의 구성 및 기능

가. 구성

1) DIPM(전력보호감시장치)

① 계전기부 : OCR, OCGR, OVR, UVR 등

② 제어부 : CB, ON/OFF

③ 계측 계량부 : V, A, PF, kW, VAR 등

2) 감시반

전체를 총괄하는 컴퓨터로 모든 결과와 정보를 집중원방제어기능의 Real Time 처리

3) I/F 처리

운영자와 컴퓨터의 연결장치 예 CRT, 프린터, 경보장치 등

4) 전송장치

디지털 전송장치, 모뎀, Gate Way 등

나. 기능

전자화 배전반은 보호기능을 제외한 감시(표시), 제어, 계측, 통신기능을 가진 일반형과 보호계전기능을 가진 내장형이 있다.

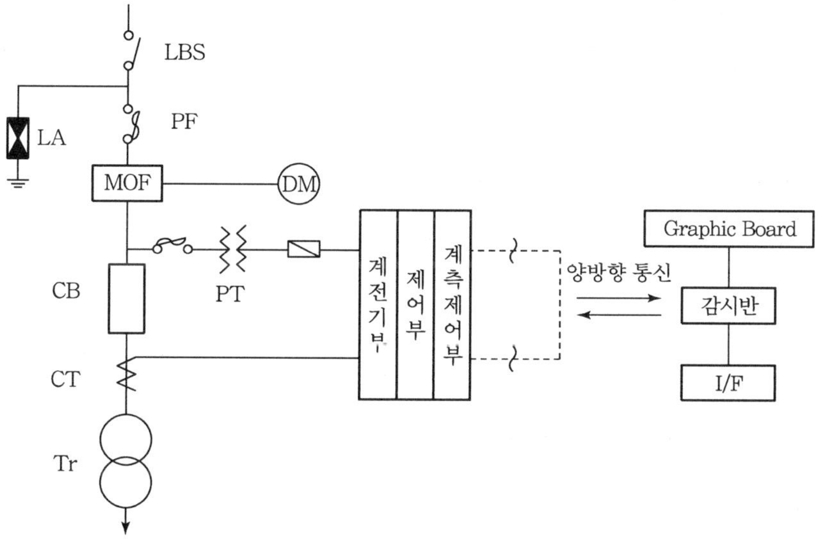

[그림] 전자화 배전반 계통도

2. 전자화 배전반의 특징

가. 설비의 간소화

1) 기존 배전반의 각종 계기, 계전기, 스위치, 표시램프 등의 기능을 1대의 장치에 내장하여 간소화되어 있다.
2) 각 기기 간 외부배선이 필요 없어 구조가 간단하고 유지보수가 용이하다.

나. 다양한 표시기능

1) 각종 전기계측량(V, A, KW, VAR, F, PF 등)과 설정상태를 표시한다.
2) 차단기의 ON/OFF 상태를 표시한다.
3) 보호계전기의 동작요소별 문자표시를 한다.

다. 다양한 보호기능

1) OCR / OCGR / OVR / OVGR / UVR / SGR 등 6개의 보호기능을 디지털 연산형으로 내장하여 필요에 따른 보호기능 선택 및 보호협조로 신뢰성을 향상하였다.
2) 사고 시 데이터가 저장되어 고장분석이 가능하다.

라. 데이터 통신기능

디지털형 집중감시제어장치에 표시되는 모든 데이터와 내부 설정 데이터를 별도의 전송장치 없이 전송이 가능하다.

마. 자기진단기능

자기진단(Self-Diagnosis) 프로그램을 이용해서 자체의 고장상태를 스스로 판단할 수 있는 기능이 있다.

바. 유연성

계통전원의 상수와 회선수, CT와 VT비의 자체설정이 가능하여 회로정격의 변경이 용이하다.

3. 전자화 배전반과 기존 배전반의 비교

비교항목	전자화 배전반	기존 배전반
구성(기본)	디지털 계측기 및 계전기	아날로그 계측기 및 유도형 계전기
진동/충격	오동작이 적다.	오동작이 가능하다.
서지영향	서지에 약하여 대책이 필요하다.	서지에 강한 편이다.
정격변경	Dip Switch 조작으로 변경이 가능하다.	CT, VT, 계측기를 교체해야 한다.
신뢰성	• 자기진단기능이 구비되어 있다. • 측정오차가 적어 신뢰성이 높다.	• 자기진단기능이 없다. • 측정오차가 발생하여 신뢰성이 낮다.
경제성	• 일체형으로 시스템 구성 및 유지보수 등이 유리하다. • 변전실이 많을수록 설치면적이 축소된다.	• 개별 구성으로 유지보수에 불리하다. • 변전실이 많을수록 가격이 상승한다.
통신기능	디지털 집중표시장치에 표시되는 모든 데이터와 내부 설정 데이터를 별도의 통신장치 없이 전송이 가능하다.	통신기능이 없어 T/D, RTU의 설치가 필요하다.
유지보수성	부품의 경년열화가 적어 고장빈도가 적으며 고장 복구시간이 단축된다.	부품의 경년열화에 따라 고장빈도가 높고 고장 시 보수시간이 길다.

4.6 집중제어와 분산제어 방식

제어시스템(Control System)은 전기적 · 기계적 방법, 유체의 압력 등 복합된 방법으로 작동하고, 건물의 온도 및 습도 조절 등 실제로는 모든 면이 제어시스템의 영향을 받는다. 제어시스템의 기본 형태는 피드포워드(Feed Forward)와 피드백(Feed Back)의 두 가지로 구분한다.

■ 신전기설비기술계산 핸드북, 제조사 기술자료, 정기간행물

1. 제어시스템의 종류 및 구성

신호처리방식에 의해 아날로그신호(4~20mA, 1~5V) 처리방식과 디지털신호 처리방식이 있으며 제어형태에 의해 집중제어방식과 분산제어시스템으로 분류한다.

가. 제어시스템의 종류

1) 집중제어방식(DDC ; Digital Direct Control)
2) 분산제어방식(DCS ; Distributed Control System)

나. 감시제어시스템의 구성

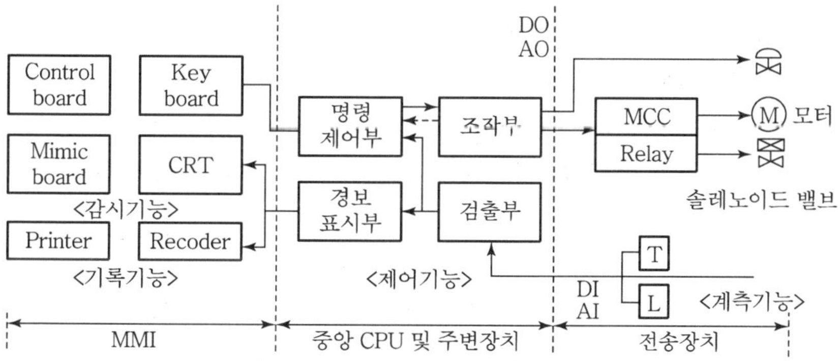

[그림 1] 감시제어시스템의 구성도

2. 집중제어방식(DDC)

가. DDC 방식의 특징

1) 각 현장에 RTU(Remote Terminal Unit)[21]를 설치하고 중앙에 Host Computer를 설치하여 MMI(Man Machine Interface)[22]로 제어하는 방식이다.
2) Host Computer가 모든 기능을 가지고 있으며 RTU는 단지 로딩기능만 가지고 있는 구조이다.

나. DDC 방식의 구성도

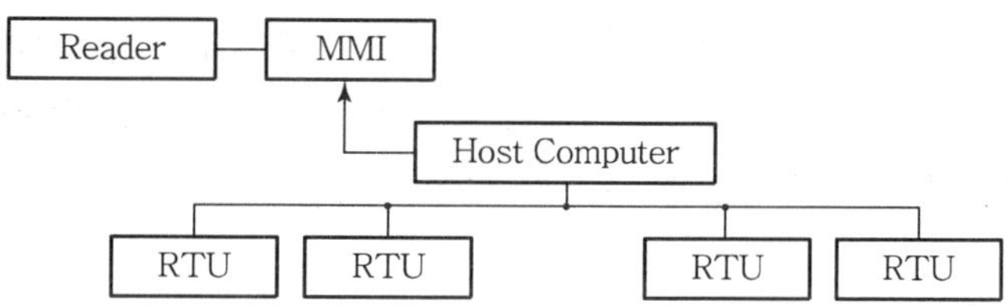

[그림 2] DDC의 계통도

21) RTU는 원격지에서 데이터를 수집해 전송 가능한 형식으로 데이터를 변환한 뒤 중앙기지국으로 송신하는 장치이다. 또한 주 장치로부터 정보를 수집하고, 주 장치에서 지시되는 일련의 작업절차들을 수행하기도 한다. 구성은 신호감지 또는 측정을 위한 입력채널, 제어와 지시 및 경고를 위한 출력채널 그리고 통신포트를 갖추고 있다.

22) MMI란 제어시스템(PLC, NC, DCS)을 연결하는 여러 가지 Industrial Network를 통하여 수집되는 수많은 정보들을 모니터링하는 소프트웨어. 모니터링 목적은 System 또는 Hardware 기기가 규정된 기능을 정상적으로 수행하고 있는가의 여부를 판단하고 이상사태를 조기에 발견하는 것이다.

3. 분산제어방식(DCS)

집중제어 방식의 문제점을 해결하기 위한 방식으로 각 Process별로 독립된 프로그램에 의한 운전을 각각의 Process(공정)에서 담당하는 방식이다.

가. DCS 방식의 구성도

1) 현장에 설치된 FCU(Field Control Unit)와 MMI(Man Machine Interface)구간을 고속망 LAN으로 구축하여 Process를 감시 · 운전한다.
2) 향후 CIM(Computer Integrated Manufacturing)[23], IMS(Intelligent Manufacturing System)[24]의 첨단생산시스템 및 자동화 기업정보시스템 구축을 대비한 방식이다.

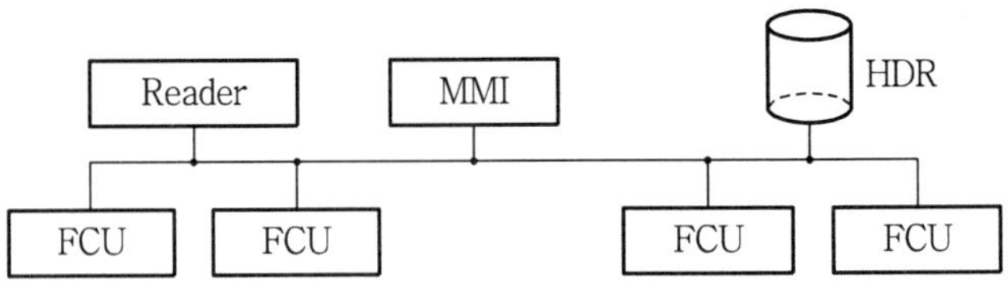

[그림 3] DCS의 계통도

나. DCS 방식의 특징

1) 각 Field(현장)에 설치된 FCU가 모든 기능을 보유한다.
2) 현장에 FCU를 추가로 설치하여 설비기능의 확장이 용이하다.
3) 고장 시 고장구간을 최소화할 수 있다.
4) 다른 System과 호환이 가능하다.
5) 유지보수 시 Local에서 처리하므로 전체 System에 영향을 주지 않는다.

다. 분산제어시스템 적용 시 고려사항

1) 적용 공정에 대한 정확한 분석, 적용범위, 제어방법 등을 고려하여야 한다.
2) CIM 구축을 위한 기초구축단계로 향후 발전가능성을 고려하여야 한다.
3) 시스템 구축의 연계성 및 고유의 업무분담을 고려한다.

---

23) CIM이란 생산뿐만 아니라 경영계획, 구매, 영업 등 회사 내의 모든 부서를 컴퓨터로 네트워킹하고 정보를 DB화하여 공유된 정보를 각 부서에서 원활하게 활용할 수 있는 첨단생산시스템을 말한다.
24) IMS란 CIM에서 한발 더 나아가 생산시스템의 범위를 국제화하여 원자재, 생산, 판매, 경영이 국제적으로 분화되어 활용이 가능한 최첨단 생산시스템을 말한다.

4. DDC와 DCS의 비교

구분	집중제어(DDC)	분산제어(DCS)
확장성	확장 · 변경이 어렵다.	• 확장 · 변경이 비교적 쉽다. • 보수성이 좋다.
신뢰성	중앙의 고장은 시스템 고장으로 이어져 신뢰성이 낮다.	고장구간을 최소화하여 위험분산이 가능하므로 시스템의 신뢰성이 좋다.
제어성	분산도가 높은 고도의 제어 실행이 시스템적으로 어렵다.	시스템장치별 특성에 맞는 제어가 가능하다.
시공성	• 시공기간이 길다. • 부분적인 시운전 및 조정이 어렵다.	• 시공기간이 짧다. • 부분적으로 시운전 및 조정이 가능하다.
비용	분산제어보다 저렴하다.	초기비용이 집중제어보다 고비용이다.
적용	소규모 설비의 플랜트에 적용한다.	대규모 설비의 플랜트에 적용한다.

4.7 원방감시제어(SCADA)

SCADA는 RTU(원격소장치)를 통하여 원방에 있는 설비를 조작하고 그 결과를 중앙에서 MMI(또는 HMI)를 통하여 확인 · 감시 · 제어하는 설비로서 전력계통의 확대, 산업설비의 복잡화 및 기술의 발전과 수용가 서비스 수준이 증대함에 따라 이들 설비와 계통을 원격지 시설장치를 통하여 중앙집중감시제어하기 위한 시스템이며, 송 · 배전분야의 변전소 설비에 적용한 것은 변전소 원방감시제어시스템, 건축전기설비의 건축물에 적용한 것은 전력감시반이라 한다.

■ 제조사 기술자료, 정기간행물, 신전기설비기술계산 핸드북

1. 개요

SCADA(Supervisory Control and Data Acquisition) 시스템은 전자통신, 컴퓨터, 계측제어, 전력설비 및 시스템 운용 기술 등을 통합해서 전력 시스템을 효과적으로 운용하기 위한 데이터 통신 시스템으로서 특정장치(RTU)를 통하여 원방에 있는 설비에 대하여 집중화, 무인화를 실현할 수 있다. 변전소 설비의 원방감시제어시스템 중심으로 기술한다.

2. SCADA 시스템의 구성

SCADA 시스템의 기본적인 구성은 큰 구분으로 제어소와 원격소(피제어소)가 있으며, 그 사이에 감시제어신호를 연락하는 선택회로와 전송로가 필요하다.

가. 중앙제어 소장치(중앙 장치)

1) 컴퓨터 및 주변장치

CPU, 보조기억장치, 주변장치 및 통신장치로 구성된 컴퓨터설비는 SCADA 시스템을 종합 제어하는 핵심요소로서 집중원방감시제어를 실시간으로 처리한다.

2) 인간-기계 연락장치(MMI ; Man-Machine Interface, HMI)

MMI는 제어대, CRT 모니터, 전력시스템반 및 자동기록장치 등으로 구성되어 있으며, 전력계통이나 원격소장치 및 SCADA 시스템의 운전상태를 운전원에 의하여 시스템(기계)와 운전원(인간) 사이에 자유로운 대화(연락)하는 기능을 가지고 있다.

나. 원격 소장치(RTU ; Remote Terminal Unit)

각 변전소(피제어소)에 설치된 단말장치로서 통신, 공동제어, 신호 변환부로 구성되어 차단기 상태, 기타 조작에 필요한 각종 정보를 취합하여 통신선을 통하여 중앙장치로 전송하고, 또한 중앙의 제어신호를 수신하여 원격 조작의 기능을 갖는다.

다. 전송장치(통신장치 ; Communication Device)

취득자료 및 통신연락장치로서 각 원격소 장치로부터 필요한 정보를 원격소 장치와 중앙제어소 간에 전송함으로써 중앙과 단말 간의 정보전송을 위한 제반장치로 구성되어 있다. 통신장치에는 데이터 송수신장치, 변복조 장치(Modem), 다중화 장치 등이 있다.

라. 소프트웨어(DMS ; Disc Monitoring System)

SCADA의 오퍼레이팅 시스템(OS)에 해당하는 DMS와 온라인 실시간처리업무 프로그램은 컴퓨터와 주변장치 소프트웨어, 현장연결용 소프트웨어, 인간-기계 연락 소프트웨어 및 공통 소프트웨어로 구성되어 있다.

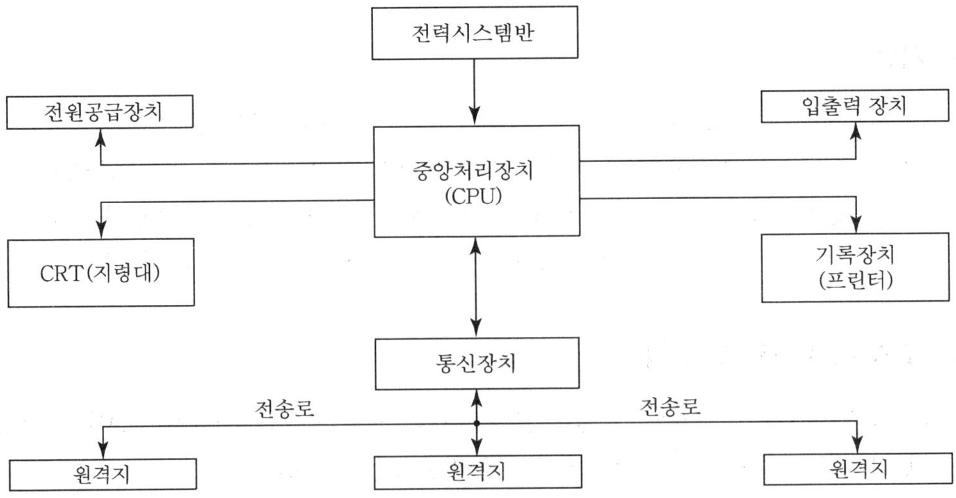

[그림 1] SCADA 시스템의 구성도

3. 시스템의 구성방식 종류

가. 1 : 1 방식

1개의 제어소에서 1개의 피제어소를 감시 · 제어하는 방식

나. 1 : N 방식

1개의 제어소에서 다수 N개의 피제어소를 감시 · 제어하는 방식

다. 계층제어방식

1개의 제어소(지역 급전소)에 여러 개의 소제어소(급전분소)를 두고 그 아래에 다시 피제어소(소형 변전소)를 다수 배치하여 감시 · 제어하는 방식

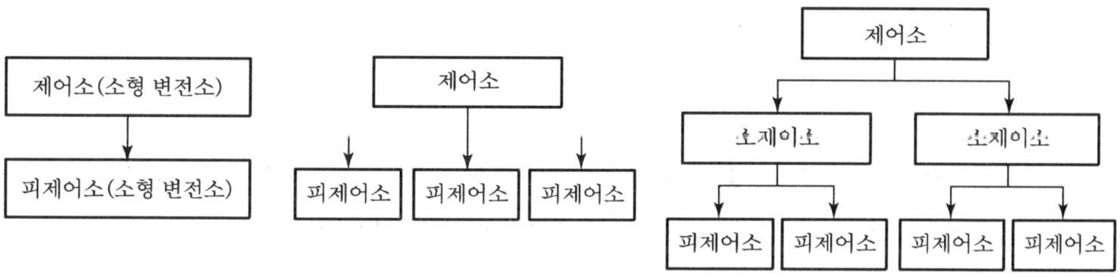

(a) 1 : 1 방식 (b) 1 : N 방식 (c) 계층제어 방식

[그림 2] 시스템의 구성방식 예

4. SCADA의 기능

가. 원방 감시(Supervision)

전력계통 및 송배전선의 각종 차단기, 보호계전기, 주변압기의 TAP 위치, 소재 전원 및 출입문 상태 등을 감시하고 사고 내용을 파악할 수 있는 기능

나. 원격 제어(Remote Control)

원격소의 무인 운전이 가능하도록 차단기의 조작과 변압기의 전압변동 등의 기능을 갖추고 오조작 방지를 위한 대책이 보완되어야 한다.

다. 원격 측정(Telemetering)

원격소의 운전에 필요한 모든 계측 자료에 대해 자동으로 일정 주기를 두고 측정하는 기능

라. 자동 기록(Logging)

원격소 설비 운전 일보의 주기적인 기록과 각종 사고나 이상상태 및 조작 내용 등을 기록하는 기능

마. 경보 발생(Alarming)

원격소 설비의 화재, 보안 상태는 물론 전력계통의 이상상태 발생 시 이를 분석하여 경보를 나타내어 줌으로써 많은 원격소 설비를 동시에 집중 감시 제어하며 운전하는 기능

5. 원방감시제어의 효과

변전소의 운전상황을 상시 감시하고 운전원으로 하여금 충분한 정보를 제공받도록 하여 안전하며, 확실하고 경제적으로 전력설비를 제어하는 데 목적이 있다.

가. 전력 공급신뢰도의 향상

과부하 자동감시로 계통사고를 예방하고, 사고의 신속한 파악과 복구로 정전시간을 단축하며, 전압관리의 효율화로 적정전압을 유지한다.

나. 운영인력의 절감

변전소의 운전상황을 중앙에서 일괄 실시하고 각종 기기의 상태, 감시, 기록을 자동으로 처리함으로써 인력을 집중화할 수 있어 인력을 절감한다.

다. 운전인력의 안전 도모

변전소의 모든 감시와 조작을 원방에서 실시함으로써 원격지 변전소의 단독 근무 직원의 위험요소를 배제하고, 현장의 직접접촉이 감소하여 근무자의 안전 확보가 가능하다.

>>참고 진단에 사용되는 오감 센서

오감	진단항목	대체 Sensor	판단 기능
시각	• 도체접속부 과열 • 변형, 오손, 파손, 누유 • 기기 동작상황 • 구내 상황(침입, 화재)	• 적외선 센서 • ITV • Fiber-Scope • 이미지 센서	• 화상처리 • Pattern Recognition • 지식공학 • 인공지능
청각	• 이상 진동음 • 기중 코로나	• 마이크로폰 • 초음파 센서	• Pattern Recognition • 지식공학
후각	냄새(가스 누설)	Bio-sensor	-
촉각	• 국부 과열 • 이상 진동 • 습기, 기온 상승	• 온도 센서 • 적외선 센서 • 진동 · 속도, 온 · 습도계	• Pattern Recognition • 지식공학

SECTION 05 전기설비 보호

5.1 변압기의 보호장치(22.9kV)

- 변압기 사고의 원인으로는 변압기 자체의 이상, 배선연결 상태, 부하이상, 전원전압의 이상 등이 복잡하게 걸쳐 있으므로 사전에 사고를 방지하는 장치를 보호회로라 한다.
- 변압기 사고가 발생할 경우 화재, 감전 등 위험한 상태를 동반하여 이 부분을 사전에 방지하기 위해 변압기 1차와 2차 측에 전용의 보호회로를 설치하여 전기적 · 기계적으로 보호한다.

■ 신전기설비기술계산 핸드북, 전력사용시설물 설비 및 설계, 제조사 기술자료, 정기간행물

1. 변압기 고장의 구분

변압기 고장의 경우 가장 고장빈도 수가 많은 것은 권선의 층간단락과 지락고장이다.

가. 내부고장 : 권선의 상간 · 층간 단락, 권선과 철심 간의 지락, 고 · 저압 권선의 혼촉 및 단선 등 고장

나. 외부고장 : 외적 원인인 뇌서지에 의한 부싱 절연파손, 개폐서지침입 등 고장

다. 보조기 고장 : 변압기 보조장치 중 냉각 펜, 송유펌프 등 고장

2. 변압기 보호장치의 종류

가. 전기적 보호장치 : 비율차동계전기, OCR, OCGR, 전력퓨즈, 과전압보호(LA, SA) 등

나. 기계적 보호장치 : 브흐홀쯔계전기, 충격압력계전기, 방압안전장치(방압장치), 온도계, 유면계 등

[표] 변압기 보호장치의 설치기준

뱅크용량의 구분	동작조건	장치의 종류
5,000kVA 이상 10,000kVA 미만	변압기 내부고장	자동차단 또는 경보장치
10,000kVA 이상	변압기 내부고장	자동차단장치
타냉식 변압기(냉매를 강제 순환시키는 냉각방식을 말한다.)	냉각장치의 고장, 변압기의 온도가 현저히 상승한 경우	경보장치

3. 변압기의 보호대책

가. TR 1차 측 보호

1) 뇌서지 등 이상전압 보호 : LA(22.9kV 수전점 18kV, 2.5kA)
2) 개폐서지에 대한 보호(VCB를 사용하는 Mold TR에 적용) : SA 설치(18kV, 5kA)

나. TR 2차 측 보호

1) 한시요소 : 정격 전류의 150% 값 정도에 동작한다.
2) 순시보호 : 정격 1차 전류의 10배 또는 2차 측 단락전류(I_s)의 150% 중 큰 값에 동작한다.
3) 돌입전류가 한시보다 크게 계전기를 정정하고, 계기부의 CT 2차 측을 1점 접지한다.

다. TR의 내부보호

1) 전기적 보호 : 비율차동계전기, 과전류계전기 등
2) 기계적 보호 : 브흐홀쯔계전기, 충격압력계전기, 방출안전장치, 온도계, 유면계 등

라. 기타 보호

1) 고조파에 대한 보호 : 변압기 K-Factor를 고려한다.
2) 단락과부하 : LBS, PF, OCR, ACB 및 MCCB를 사용한다.
3) 혼촉 방지 : 혼촉방지판을 시설하여 제2종 접지를 한다.
4) 지락보호 : CT, VT를 이용하여 OCR, OCGR의 계전기를 조합한다.

4. 변압기의 전기적 보호장치

가. 비율차동계전기(Diff R)

1) 원리

3,000kVA 이상의 변압기 주보호용에 사용하며 변압기에 유입하는 전류와 유출하는 전류의 벡터차에 의해 동작하는 계전기로 변압기 내부고장을 확실하게 보호할 수 있다.

2) 적용

① 변압기의 내부 단락보호 및 지락검출보호에 사용한다.
② 여자돌입전류에 대한 오동작 방지회로가 구성되어야 한다.

3) 사용 시 주의사항

① 변압기 여자돌입전류에 의한 오동작 방지대책 필요 : 감도 저하법, 고조파 억제법, 비대칭파 저지법이 있다.

② 위상각 보정 : Y－Δ 접속 변압기의 경우 1차와 2차 전류는 위상각이 30°(지연) 차이가 발생하므로 변류기는 동위상이 되도록 접속하여야 한다.

㉠ 변압기 Y접속의 경우에 변류기는 Δ 접속한다.

㉡ 변압기 Δ 접속의 경우에 변류기는 Y접속한다.

③ 전류값 보정 : 변압기의 변압비와 변류비(1차 측 변류기의 2차 전류와 2차 측 변류기의 2차 전류)가 일치하지 않아 2차 전류정합을 위해 보상변류기(CCT) 또는 계전기의 전류 보정 탭을 사용하여야 한다.

④ 극성의 확인 : CT의 극성이 틀리면 상시 차동회로에 전류가 흘러 오동작하게 되므로 주의한다.

나. 과전류계전기(OCR)

1) 적용 : 소용량의 변압기, 비율차동계전기를 채용한 변압기의 후비보호로 사용한다.

2) 위치 : 변압기 1차 측에 순시요소부 반한시 특성의 과전류계전기를 설치한다.

3) 계전기의 정정

① 한시요소 : 변압기 정격 전류의 150% 정도에 정정한다.

② 순시요소 : 변압기 정격 1차전류의 10배 또는 2차 측 단락전류의 150% 중 큰 값을 적용한다.

다. 지락과전류계전기(OCGR)

1) 직접접지 계통

① 변압기 1차 측에 지락과전류계전기로 내부 지락고장을 검출하고 대용량은 비율차동계전기로 보호된다.

② 지락과전류계전기 정정은 최대지락전류의 30%로 설정한다.

2) 비접지 계통 : 내부 지락고장을 지락방향성이 있는 선택접지계전기(SGR)를 사용한다.

라. 전력퓨즈

1) 소용량 변압기에 사용하며 경제성이 높은 보호방식이다.

2) 퓨즈는 부하전류, 허용과부하전류, 여자돌입전류에 용단 · 열화하지 않는 정격 전류를 선정해야 한다.

마. 과전압 보호

뇌서지는 피뢰기를 설치하고 VCB 등에서 발생하는 개폐서지는 서지흡수기를 설치하여 보호한다.

5. 변압기의 기계적 보호장치

충격, 진동, 오동작 등으로 다른 장치와 조합하여 경보용으로의 사용이 필요하다.

가. 브흐홀쯔계전기(Buchholz)

1) 원리 : 브흐홀쯔 보호계전기는 OLTC 유격실에 결함이 생긴 경우 변압기와 탭 절환기를 보호하며 변압기 탱크 내에 발생한 가스 또는 이에 따른 콘서베이터 절연유의 이동에 의해 동작한다.
2) 위치 : 변압기 탱크와 콘서베이터 사이에 설치한다.
3) 동작 접점
   ① 상부 Float b_1은 기름의 열분해에 의한 가스가 축적되는 것을 검출하는 동작 경보용 접점
   ② 하부 Float b_2는 내부 고장 시 가스 및 기름이 급격히 분출하면 동작하는 동작 차단용 접점
4) 특징 : 지진 등 외부 진동 시 오동작 가능성이 많아 차동계전기와 조합하여 사용하고 브흐홀쯔계전기는 경보용으로 사용하는 경우가 많다.

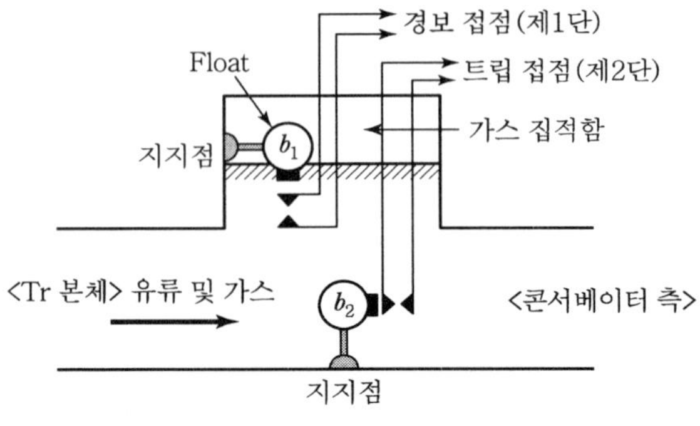

[그림 1] 브흐홀쯔계전기

나. 충격압력계전기(Rapid Pressure Rise Relay)

1) 원리 : 변압기 내부고장에 의해 가스압력이 급격히 상승한 경우 Micro Switch가 동작한다.
2) 위치 : 변압기 상부에 가스공간을 설치한다.
3) 구성 : 압력감지 벨로스, 마이크로스위치, 등압기 등

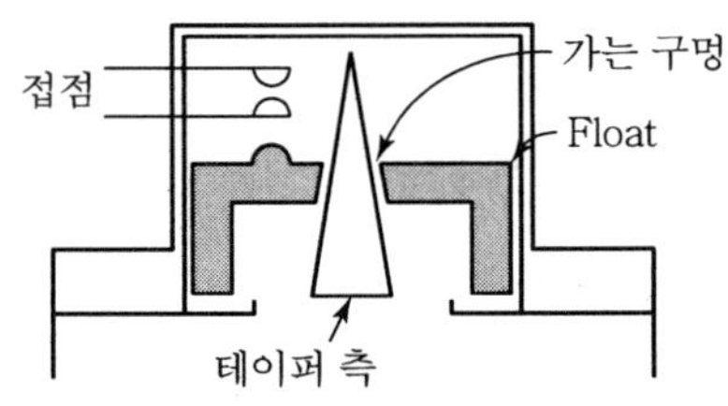

[그림 2] 충격압력계전기

다. 방출안전장치(방압변 ; Pressure Relief Devices)

1) 원리 : 변압기 내부압력이 일정치를 초과하면 방압막이 동작하여 내부압력을 외부로 방출하고 접점을 동작시켜 개폐기를 트립하게 하며 변압기 커버에 설치한다.
2) 구조 : 여러 번 동작에 충분히 견디도록 제작한다.
3) 구성 : 방압막, 압축스프링, 개스킷 및 보호덮개로 되어 있다.
4) 특성
   ① 변압기 커버에 취부하여 변압기 외함 내에 이상 압력 발생을 방지하는 장치이다.
   ② 일정압력 초과 시 방압막이 동작하여 변압기 폭발을 방지한다.

라. 온도계

1) 변압기가 일정온도 이상일 경우 동작한다.
2) 다이얼온도계를 사용한다.
3) 변압기 과부하보호를 검출한다.

마. 유면계

유면 저하 시 경보를 발생한다.

5.2 비율차동계전기(DCR)

비율차동계전기는 변압기 권선의 상간단락 · 지락 등 변압기 내부고장 중에서도 다른 상 또는 대지와 관계되는 고장을 주로 보호하고, 과부하 또는 같은 상 권선에서의 층간단락 · 단선과 같은 고장에 대하여는 보호하지 않는다.

■ 신전기설비기술계산 핸드북, 제조사 기술자료, 정기간행물

1. DCR(Differential Current Relay)의 동작 원리

가. 동작원리

1) 비율차동계전기는 아래 그림에서 나타낸바와 같이 I_1(인입전류) 또는 I_2(유출전류)에 의해 억제력을 내는 억제코일(RC)과 차전류 $|i_1 - i_2|$에 의해 동작력을 내는 동작코일(OC)로 구성되어 있다.
2) 계전기에 억제코일을 달아서 내부사고 시 통과전류가 작을 때 억제력이 작아서 작은 차전류에도 동작하고, 외부 사고 시에 차동회로의 동작코일에 전류가 흐르더라도 그 전류의 억제코일 전류에 대한 비율이 어떤 값(예 30%) 이상 되어야만 동작하도록 한 계전기이다.

나. 종류

구조에 따라 유도형 비율차동계전기, 고조파 억제식 비율차동계전기 등이 있다.

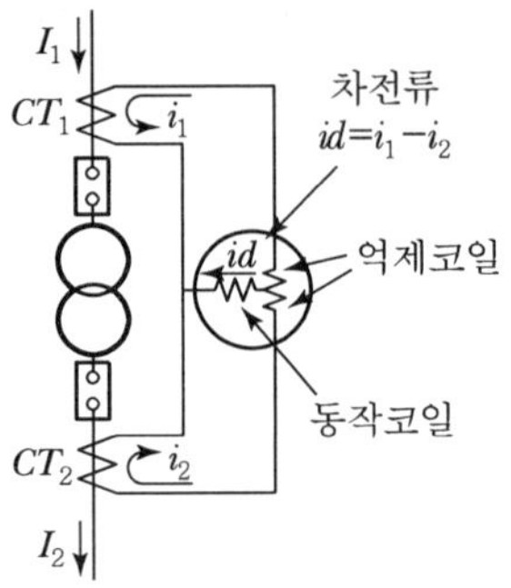

[그림 1] 비율차동계전기 원리

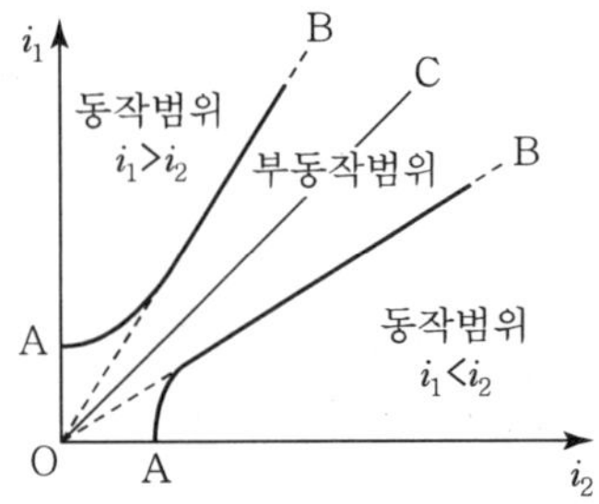

- 정상부하 혹은 외부고장 시 두 통과전류인 유입전류 i_1과 i_2는 거의 같은 크기이므로 차전류 $i_{OC}=|i_1-i_2|\fallingdotseq 0$이고, OC 선상에 있다.
- 내부고장인 경우 두 전류는 차이가 날 뿐만 아니라 특히 한쪽 전류만 방향(위상)이 반대가 되므로 차전류 $i_{OC}=|i_1-i_2|$는 매우 커진다. 따라서 이때는 위 그림처럼 어느 쪽이든 동작범위로 들어가게 된다.
- OB의 경사는 동작비율이고, OA는 계전기의 최소동작치로서 보통 2[A] 정도이다.

$$\text{동작비율}=\frac{|\ I_1-I_2\ |}{|\ I_1\ |\ \text{or}\ |\ I_2\ |}$$

[그림 2] 비율차동계전기 동작특성곡선

2. DCR의 적용

DCR은 보호하는 기기 내부고장 시만 동작하고, 외부고장 시는 절대동작하지 않는다.

가. DCR 적용개소

1) 변압기 : 내부회로의 보호장치로 3,000kVA 이상에 사용한다.
2) 발전기 : 대용량 발전기 권선의 단락 및 지락보호에 사용한다.
3) 리액터 : 대용량 리액터의 경우 권선 층간 단락이나 단선, 지락 등에 사용한다.

나. DCR 오차 원인

1) 변압기 경우 부하 시 Tap 전환기나 무부하 시 Tap 전환기 운전의 경우 오차가 발생한다.
2) 보조 CT를 사용하여 Tap을 분할하여 100% 적정값에 맞춰도 다소 오차가 발생한다.
   ① CT 1, 2차의 변류기 특성이 동일하지 않을 경우 발생한다.
   ② DCR 설치위치에 따라 CT 2차 케이블 포설 길이가 다르다.
3) DCR 자체 오차 발생을 감안하여 DCR이 예민하게 동작하지 않도록 Tap을 두는데 이를 Slope라 한다.

다. DCR 적용 시 주의사항

1) 중성점 고저항 접지 또는 비접지인 변압기의 경우 권선지락 시 지락전류가 고저항에 의하여 제한되어 차동계전기의 동작이 예민하지 못하거나 동작하지 않는다.
2) 보호하려는 변압기 1, 2차 측 CT 전류값의 위상각 및 과전류 특성이 같아야 한다.
3) 특히, CT 2차 부담은 동일하여야 한다. CT 2차 부담에 차이가 있을 경우 외부 고장 시 부담이 많은 CT에 오차가 발생하여 오동작하는 경우가 있다.
4) 비율차동계전기의 CT는 다른 계전기와 공용하지 않고 단독으로 사용하는 것이 안전하디.

PART 01 배전설비

라. 실제 사용하는 DCR

1) 2단자 또는 다단자

DCR은 2권선 변압기의 경우 2단자용을 사용하는 것과 같이 다권선인 경우 다단자용을 사용한다. 2권선 변압기나 발전기와 같이 2단자용이 많이 쓰인다.

2) 비율차동 방식(Ratio DCR)

보호대상이 TR이고 2단자인 경우 TR 2차 전압이 다르기 때문에 CT_1, CT_2의 2차에 유기되는 전류의 크기가 달라 그대로 사용 시 DCR은 동작하게 된다. 따라서 외부에 보조 CT를 설치하든가 DCR 내부에 억제코일을 내장한다.

3) 비율특성(Slope) 방식

DCR은 정상적으로 사용할 경우 고장을 확실히 검출하나 너무 예민할 경우 각종 오차에 의한 오동작이 문제가 된다. 따라서 Slope 방식으로 감도를 조정한다.

3. DCR CT 회로의 올바른 결선법

가. 변압기의 각 변위

1) 각 변위를 표시하는 방법은 문자로 표시하는 방법과 Vector로 표시하는 방법이 있다.
2) 각 변위에 따라 DCR용 CT 결선을 조정하는 변압기의 경우 1차 측 전류와 2차 측 전류의 위상을 다르게 해주어 차전류를 없앨 수 있다.

나. DCR용 CT

1) CT 극성은 감극성을 사용한다.
2) CT 2차 부담은 CT 2차 측 부하의 크기와 CT에 흐르는 전류에 의해 부담이 결정되는데 정격 부담치 이상의 부하가 걸리면 CT는 포화하게 되어 큰 오차를 발생한다.

다. 올바른 결선법

1) 변압기 고 · 저압 측 결선이 서로 다를 경우 CT 결선은 변압기 결선과 역으로 한다. 이는 변압기 결선이 $\Delta - Y$인 경우 변압기의 1차 3상 전류 Vector에 대하여 2차 3상 전류 Vector는 30° 진상으로 되어 있기 때문에 이를 보정한다.
2) 비율차동계전기용 CT의 결선은 변압기의 1차 및 2차 전류 Vector 차이로 인하여 변압기 결선과 특별한 관계가 있다.

[표] 비율차동계전기의 결선

변압기 결선	CT 결선
고압 측 Δ(Y) 저압 측 Δ(Y)	고압 측 CT 2차 결선 Y 또는 Δ 저압 측 CT 2차 결선 Y 또는 Δ
고압 측 Δ 저압 측 Y	고압 측 CT 2차 결선 Y 저압 측 CT 2차 결선 Δ
고압 측 Y 저압 측 Δ	고압 측 CT 2차 결선 Δ 저압 측 CT 2차 결선 Y

3) 올바른 결선 예시

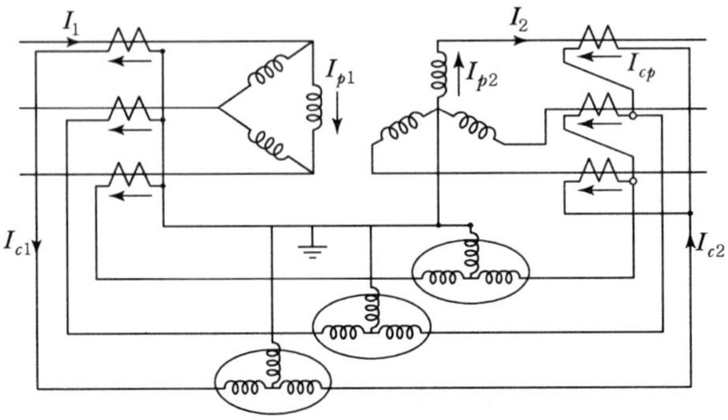

[그림 3] 비율차동계전기와 CT 결선

4. DCR(비율차동계전기)의 정정

비율차동계전기에서 정정하여야 할 값은 보호용에는 25~50%의 비율정정 한 가지뿐이다. 따라서 어떤 비율을 선정하면 오동작을 하지 않게 되는가를 검토하는 것이 비율차동계전기의 정정계산이 된다. 1, 2차 측 CT의 비율이 정해져 있다고 하면 다음과 같이 정정한다.

가. e_1(변압기 Tap Changer의 전압조정)

변압기 탭변환의 전압조정범위가 ±10%일 때 1차 전압을 +10%로 조정하면 2차 전압의 일정하므로 1차 전류만 10% 감소한다. 따라서 이 감소한 전류 10%는 고장이 아니므로 비율차동계전기는 동작하지 않는다. $e_1 = \dfrac{\text{maxTap} - \text{minTap}}{2 \cdot \text{meanTap}} \times 100\%$

예 154kV, ±10% 경우 $e_1 = \dfrac{154 \times 1.1 - 154 \times 0.9}{2 \times 154} \times 100 = 10\%$

PART 01 배전설비

나. e_2(CT 전류비의 차이 : 전류비 부정합)

1) 변압기 1차 전류 100A CT 150/5A, 변압기 2차 전류 500A CT 600/5A의 경우

① 1차 입력전류 $i_1 = 100 \times \dfrac{5}{150} = 3.33A$

② 2차 입력전류 $i_2 = 500 \times \dfrac{5}{600} = 4.17A$

③ 1, 2차 입력에서 0.84A, 즉 $\dfrac{4.17 - 3.33}{4.17} \times 100 = 20.1\%$ 전류차가 발생한다.

2) Inter-posing CT 또는 보조 CT를 사용하여 전류 부정합률이 5% 이내가 되도록 조정한다.

$$\text{탭 부정합률}[\%] = \frac{\text{변류기 2차 전류의 비} - \text{정정 탭의 비}}{\text{정정 탭의 비}} \times 100$$

① 보조 CT의 권선비 $n = \dfrac{i_1}{i_2} = \dfrac{3.33}{4.17} = 0.798 \fallingdotseq 0.8$

② 보조 CT는 반드시 큰 전류를 작은 전류로 변환하는 방향으로 사용하여야 한다.

다. e_3(CT 과전류 영역에서의 오차)

1) 예를 들어 CT 과전류 정수를 10이라 하면 CT 1차 정격 전류의 10배인 전류가 흐를 때 CT 2차 전류에는 −10% 오차가 발생한다.
2) 과전류 정수 이내의 사고전류에서는 오차가 대체로 10% 상한값이 된다. 따라서 외부 사고나 CT의 오차로 인하여 비율차동계전기가 동작해서는 안 된다.

라. e_4[유도(裕度)]

Safety Margin으로서 대체적으로 5~10% 정도를 말한다.

마. 비율차동계전기의 정정

1) 정정 비율은 $E = e_1 + e_2 + e_3 + e_4$가 된다.
2) 비율탭 선정 예시 : OLTC에 의한 부정합 10%, 변류비 부정합 5%, 변류기 오차 5%, 기타 오차 5%를 적용해서 합이 25% 이상의 탭을 선정한다.
3) 일반적으로 변압기 보호용에는 25~50%의 것이 사용된다.

5. 오동작 방지대책

비율차동계전기의 변압기 여자전류에 대한 오동작 방지대책에는 감도 저하법, 고조파 억제법, 비대칭파 저지법 등을 적용한다.

5.3 변압기 여자돌입전류에 의한 오동작 방지

- 변압기 여자전류란 2차 측에 부하를 걸지 않고 1차 측에 정격 전압을 가했을 때에 변압기의 주자속을 만들기 위해 전원에서 1차 권선으로 유입되는 전류를 의미한다.
- 여자돌입전류의 과도전류 현상은 무부하 · 무여자 상태의 변압기에 전원 투입 시에 철심 내부에 발생하는 자속의 순간적인 변화에 기인하는 것으로서 전원 투입 시의 전압위상에 따라 크게 좌우되며 정상상태에서는 무시될 정도로 적다.

■ 신전기설비기술계산 핸드북, 전력사용시설물 설비 및 설계, 제조사 기술자료, 정기간행물

1. 여자돌입전류(☞ 참고 : 변압기의 여자돌입전류)

변압기의 여자돌입전류는 무부하, 무여자 상태의 변압기에 순간 전원 투입 시 자속의 순간적 변화에 기인하며, 여자돌입전류의 크기는 투입 시의 전압위상, 전원임피던스 철심의 잔류자속, 변압기의 구조 등에 따라 다르다.

2. 여자돌입전류의 영향 및 대책

가. 여자돌입전류 영향

1) 변압기 고장보호용 차동계전기나 전원 측의 과전류보호장치에 오동작을 유발한다.
2) 전력퓨즈(단시간 허용특성 I^2t)를 열화 또는 용단시키기도 한다.

나. 여자돌입전류의 영향요인

1) 변압기 용량 및 계통용량
2) 변압기 철심의 종류(재료의 포화자속곡선)
3) 전원에서 변압기까지의 임피던스
4) 철심의 잔류자속 및 변압기의 투입전압 위상에 따라 영향을 받는다.

다. 오동작 방지대책

여자돌입전류의 특징은 시간이 경과됨에 따라 감쇄하고 고장전류와 비교할 때 파형이 다르다. 오동작 방지대책은 여자돌입전류의 특성을 이용해서 다음의 대책을 세우고 있다.

1) 비율차동계전기의 사용

① 감도 저하식 : 동작코일과 병렬로 By-pass 회로를 삽입하여 여자전류가 감쇄하는 수초 동안 동작감도를 낮추는 방식이다.

② 고조파 억제식 : 기본파 필터와 제2고조파 필터를 설치하여 기본파 필터는 동작력을, 고조파 필터는 억제력을 발생시키는 방식이다.

③ 비대칭파 저지법 : 반파 정류파에 가까운 비정현파를 차동동작계전기가 차단하여도 차단기 트립회로를 유지하는 방식이다.

2) 과전류계전기(OCR)의 정정

순시탭을 변압기 정격 전류의 10배 전류에서 동작시간 0.2초 정도로 정정한다.

3) 전력퓨즈와의 협조

변압기 전부하 전류의 10배 0.1초 점이 퓨즈의 단시간 허용특성 이하에 있도록 한다.

3. DCR 오동작 방지대책

변압기를 무부하에서 투입 시 큰 여자돌입전류가 DCR의 오동작을 발생시킨다. 여자돌입전류의 경우 시간이 경과됨에 따라 감쇄하고 고장전류와 비교할 때 파형이 다른 특징을 이용하여 오동작 방지대책을 세우고 있다.

가. 감도 저하법

DCR 동작코일에 병렬로 저항을 접속시켜 동작감도를 저하시킨다.

1) 변압기가 투입되어 전압이 인가되어도 어느 한시까지는 전압계전기의 접점이 닫혀 있어 전류가 저항을 통해 바이패스되므로 일정시간 계전기의 감도를 저하시킨다. 한시전압계전기의 한시는 보통 0.2초로 하고 있다.

2) 단점으로 계전기가 저감도 상태에 있는 동안에 내부사고가 발생하면 사고 제거시간이 길어지게 되어 사고가 확대된다.

3) 적용은 간단하여 30MVA 이하 변압기에 적용하는 것이 경제적이다.

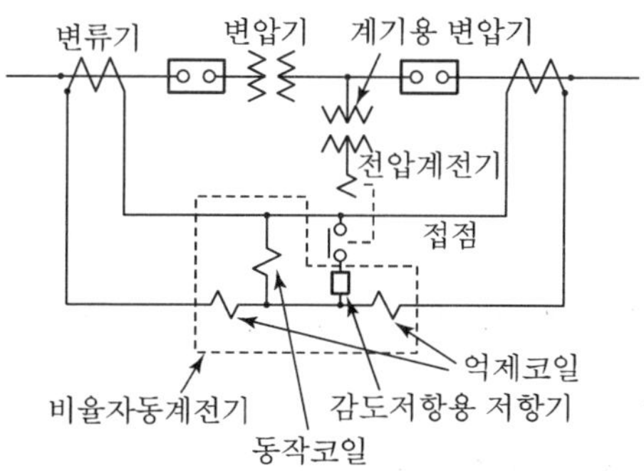

[그림 1] 감도저하방식

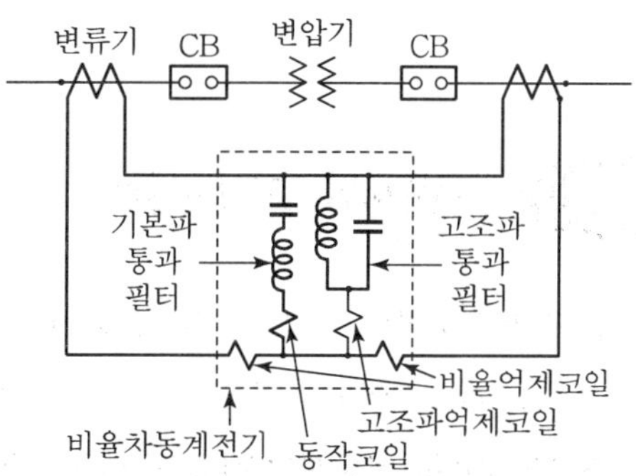

[그림 2] 고조파 억제방식

나. 고조파 억제법

DCR 억제 코일에 고조파 필터를 접속시켜 고조파 분을 억제시킨다.

1) 변압기 여자돌입전류에 고조파가 많이 포함되어 있는 것을 이용하여 기본파 필터회로를 통한 전류는 계전기에 동작력을 발생하고 고조파 필터회로를 통한 고조파 전류는 억제력을 발생하도록 한 것이다.
2) 기본파에 대한 고조파 함유율이 15~20% 이상 포함되면 억제코일이 동작한다.
3) 단점으로 변압기 내부 고장 시 변류기의 포화로 고조파가 발생되며 고조파 억제코일로 인한 계전기 동작이 안 된다.
4) 적용은 30MVA 이상 변압기의 고속도 보호에 적용한다.

다. 비대칭파 저지법

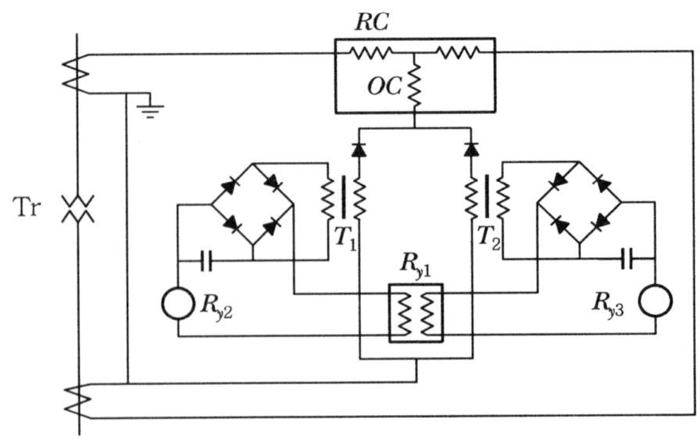

[그림 3] 비대칭파 저지법

1) 여자돌입전류의 가장 큰 특징은 파형이 반파정류파형에 가까울 정도의 비대칭파라는 점이다.
2) [그림 3]에서 차동동작계전기 R_{y1}은 전부 각 반파의 전류를 비교하여 그 차이가 어느 정도 이상 크면 동작하는 차단기 트립 회로를 개방시킨다.
3) 사고의 경우에는 과전류계전기 R_{y2}, R_{y3}가 동시에 동작하여 R_{y1}이 동작해도 차단기의 트립 회로가 유지되도록 한다.

5.4 콘덴서 고장보호

콘덴서에 고장이 발생할 경우 조기에 회로에서 분리하지 못하면 사고가 확대되어 콘덴서 자체 파괴는 물론 주변 전력계통에 사고가 파급된다.

■ 신전기설비기술계산 핸드북, 제조사 기술자료, 정기간행물

1. 콘덴서 보호방식의 종류

가. 콘덴서 파괴 진행현상

1) 내부소자의 단락 또는 선간단락, 아크 발생 → 절연유가 분해가스를 발생하여 압력 상승 → 케이스의 팽창으로 파괴된다.
2) 콘덴서 보호는 이러한 사고현상을 신속히 검출하여 콘덴서를 회로에서 분리해야 한다.

나. 보호방식의 종류

1) 퓨즈방식, 리느컷방식 : 검출동작과 전원개방 기능을 갖는다.
2) 전압 및 전류검출방식 : 안정적이고 동작이 신속하여 검출영역이 넓으며 고가이다.
3) 기계적 검출방식 : 콘덴서의 내부 압력 변화 및 Case 변위 검출로 동작시간이 늦다.
4) 소용량에는 Arm SW, 퓨즈방식이 좋고, 대용량에는 전압 · 전류 검출방식이 좋다.

2. 전력용 콘덴서 보호장치

가. 과전류계전기

콘덴서 내부소손보호에 사용한다.

나. 과전압계전기

1) 콘덴서에 직렬리액터가 설치되면 계통의 전압파형 왜곡 및 이상전압 상승을 억제한다.
2) 고조파에 의하여 단자전압이 상승하는 것을 보호하기 위하여 115~120%의 정정값을 사용한다.

다. 부족전압계전기

정전 후 전압이 회복되었을 때 무부하 상태에서 콘덴서만 투입되는 것을 방지하여 과여자를 방지한다.

라. 퓨즈

110~220V 정도까지 한류퓨즈에 의한 보호가 가능하다.

[표] 전력용 콘덴서의 보호장치

설비종별	뱅크용량의 구분	자동적으로 전로로부터 차단하는 장치
전력용 커패시턴스 및 분로리액터	500kVA 초과 15,000kVA 미만	내부에 고장이 생긴 경우에 동작하는 장치 또는 과전류가 생긴 경우에 동작하는 장치
	15,000kVA 이상	내부에 고장이 생긴 경우, 과전류가 생긴 경우, 과전압이 생긴 경우에 동작하는 장치
조상기	15,000kVA 이상	내부에 고장이 생긴 경우에 동작하는 장치

3. 콘덴서 내부보호방식

가. 퓨즈방식

1) 퓨즈의 정격 전류는 콘덴서 정격 전류의 150% 정도를 적용한다.
2) 콘덴서 돌입전류에 퓨즈가 열화하지 않게 선정한다.
3) 퓨즈의 차단 I^2t 특성은 콘덴서 외함의 내(耐) I^2t보다 작아야 한다.

나. 중성점 전류검출(NCS ; Neutral Current Sensing) 방식

1) NCS란 Y로 결선된 콘덴서 2조를 병렬로 결선하여 콘덴서 소자 고장 시 중성점 간 연결선에 흐르는 전류를 감지하여 고장회로를 제거하는 방식이다.

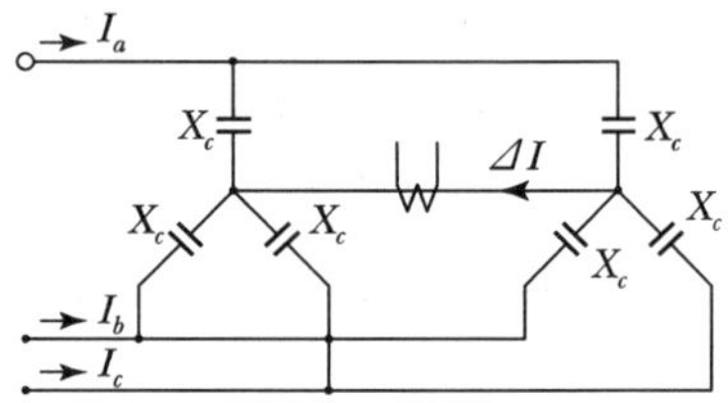

[그림 1] 중성점 전류검출방식

2) 특징
   ① 검출속도가 빠르고 동작 확실하다.
   ② 회로전압의 변동, 직렬 Reactor의 유무, 고조파의 영향을 받지 않는다.
   ③ 콘덴서 회로 투입 시 과도돌입전류에 의한 오동작이 없다.
3) 3.3~6.6kV 고압 및 특고압 계통의 용량 150~500kVA에 적용한다.

다. 중성점 전압검출(NVS ; Neutral Voltage Sensing) 방식

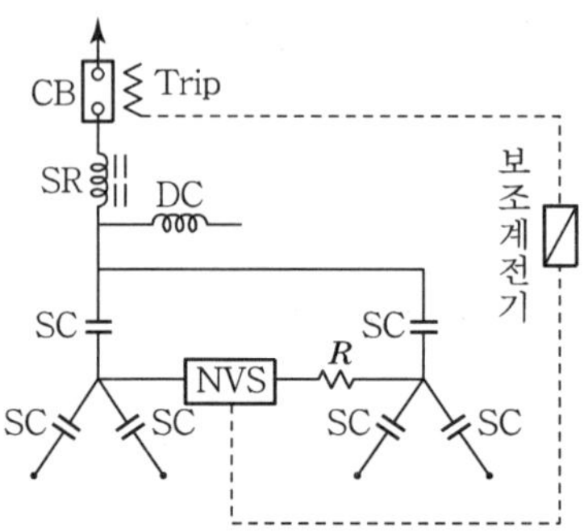

[그림 2] Double Star 방식

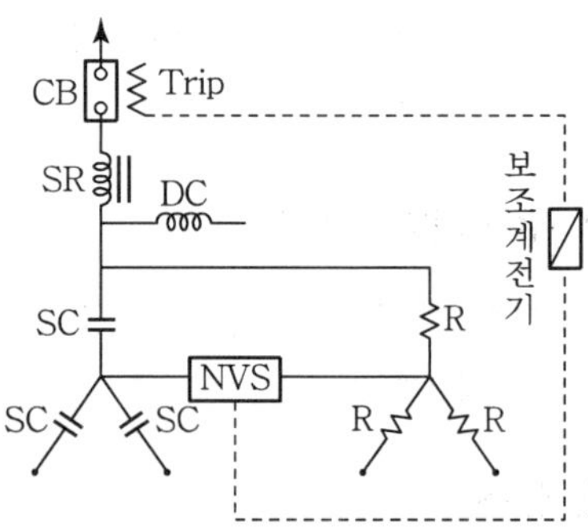

[그림 3] Single Star 방식

1) NVS란 콘덴서 소자 파손 시 NCS 방식이 불평형 전류를 검출하는 데 비하여 NVS 방식은 중성점 간의 불평형 전압을 검출하는 방식이다. 따라서 NCS는 반드시 이중스타 결선이어야 하나 NVS는 단일 스타결선에서도 보조저항을 단자 간에 설치하여 보조 중성점을 만들어 중성점의 불평형 전압을 검출하는 이점이 있다.
2) 고압계통에 널리 적용한다.

라. Open Delta 방식

1) 각 상당 콘덴서 소자의 방전코일 2차 측을 Open Delta로 결선한 것이다.
2) 평형상태의 V_{ry} 전압의 벡터 값이 0이나 콘덴서 고장 시는 전압이 검출되어 계전기에 인가된다.
3) 고압 및 특고압에 적용한다.

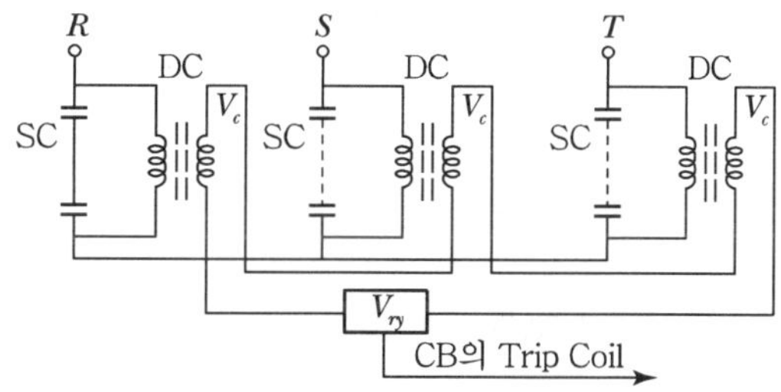

[그림 4] Open Delta 방식

마. 전압차동 보호방식

1) 각 상당 콘덴서 2대를 직렬로 접속하여 2차 단자 측을 역상 결선하여 V_{ry} 전압 벡터 값이 0이 되게 결선한 것
2) 콘덴서 소자의 단락 등 고장 시 V_{ry} 전압이 발생한다.
3) 절연처리의 이점이 있어 특고압에 적용한다.

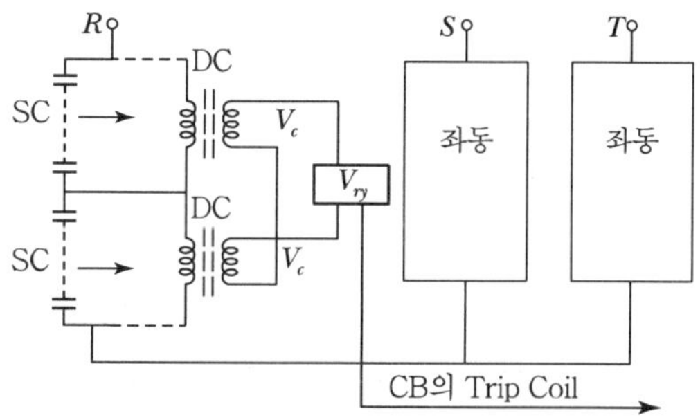

[그림 5] 전압차동 방식

바. Arm Switch(기계식)

콘덴서 내부 고장 시 내부압력에 의한 외함 변형을 마이크로 SW와 Arm으로 검출하여 차단기에 신호를 보낸다.

사. Lead Cut 방식

콘덴서의 절연이 파괴되면 내부압력이 상승하여 외함의 변형에 의해 보안장치가 동작하는 방식이다.

4. 콘덴서 설비의 보호

가. 과전압 보호

1) 콘덴서의 과전압은 직렬리액터 설치 또는 경부하 시 과진상에 의해 발생되므로 유도형 한시과전압 계전기를 사용한다.
2) 콘덴서의 최대허용전압은 정격 전압의 110%이다.
3) 오동작 방지차원에서 정격 전압의 130%에 계전기를 정정하며 시한은 2초로 한다.

나. 저전압 보호

1) 회로가 저전압 또는 무전압시 콘덴서가 투입되어 있으면 전압 회복 시에 콘덴서만이 운전되어 콘덴서로 인한 전압 상승으로 다른 기기에 손상을 주는 요인이 된다.
2) 유도형 한시부족전압계전기를 설치하고 정격 전압의 70% 이하, 동작시간 2초 이하로 정정한다.

다. 단락 보호

1) 일반적으로 콘덴서 설비의 모선단락 및 내부고장 보호에 한시과전류계전기를 사용하며, 정정치는 콘덴서 정격 전류의 150% 정도가 적당하다. 순시요소는 정격 전류의 5배이다.
2) 고압 소용량인 경우에는 전력퓨즈를 사용하고 고조파 전류, 투입전류에 오동작이 없는 것을 선정한다.

라. 지락 보호

1) 지락현상으로는 모선지락, 리액터를 통한 지락 및 중성점지락 등이 있으며 지락전류값은 전력계통의 중성점 접지방식, 대지분포용량, 고장점의 접지저항에 따라 그 영향이 다르기 때문에 일괄적인 보호는 곤란하다.
2) 특별히 지락보호가 필요한 경우에는 모선에 접속된 타 Feeder와 같이 선택차단방식을 적용한다.

마. 고조파에 대한 보호

1) SC(진상용 콘덴서)설비에 고조파가 유입되면 그 영향은 권선기기인 SR(직렬리액터)에 현저히 나타나 온도 상승, 소음 증가 현상이 발생하며 소손될 우려가 있다.
2) SR 온도감시센서를 부착하고 기본파와 고조파 전류 합성값을 검출할 수 있는 과전류계전기를 설치한다.

5.5 중성점 접지방식의 전기설비 보호방식

- 전력계통의 중성점은 고장 시 이상전압 발생 방지와 고장점에 적당한 전류를 보냄으로써 전력계통에 설치한 보호계전기로 하여금 고장점을 판별시킬 목적으로 사용한다.
- 중성점 접지방식은 지락 시 이상전압 상승 억제가 전제조건이며, 1선 지락 시 건전상의 이상전압은 접지방식에 따라 정해지는 계통의 유효접지전류와 계통의 충전전류의 관계에 의해 좌우된다.

■ 신전기설비기술계산 핸드북, 최신 송배전공학, 제조사 기술자료, 정기간행물

1. 개요

중성점의 접지(계통접지)는 송전선 · 기기의 절연설계, 통신선에의 유도장해, 고장구간 검출을 위한 보호계전기 동작 및 계통의 안정도 등에 커다란 영향을 미친다.

가. 중성점 접지의 목적

1) 고장 시 건전상의 대지전위 상승을 억제하여 전선로 및 기기의 절연레벨을 경감시킨다.
2) 뇌, 지락, 기타에 의한 이상전압을 경감시키거나 발생을 방지한다.
3) 지락 고장 시 접지 계전기의 동작을 확실하게 한다.
4) 비접지방식에서 1선 지락 고장 시 그대로 송전을 계속할 수 있게 한다.

나. 중성점 접지방식의 종류

접지는 크게 계통접지와 기기접지로 분류할 수 있으며 계통접지는 발전기 또는 변압기의 중성점 등을 접지시키는 것으로 직접접지, 비접지, 저항접지 방식 등이 있다.

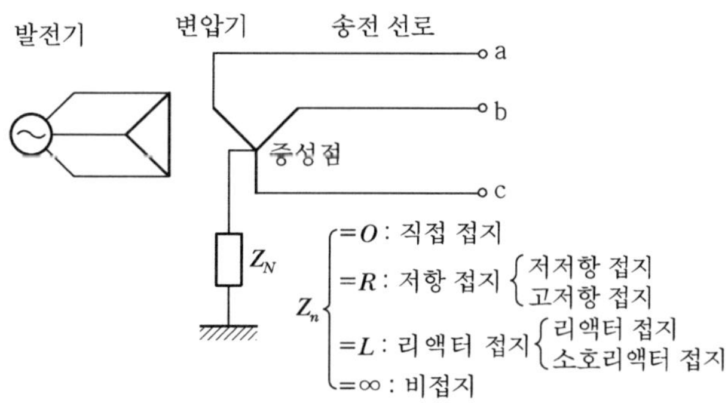

[그림 1] 중성점 접지방식

2. 계통접지방식의 분류

계통접지란 뇌 · 개폐 서지, 정전유도, 움직이는 물체 접촉에 의한 지락사고, 계통의 LC에 의한 공진, 간헐 지락, 고저압 혼촉 등에 의한 이상 고전압이 발생하여 전기설비의 절연파손 또는 열화 위험을 방지하기 위한 전력계통에서의 접지방식이다.

가. 수 · 변전설비의 구분

1) 특고압 수용가 구분

① 수전전압에 따른 분류 : 22.9kV는 10MVA 미만, 154kV는 10MVA 이상
② 변전설비에 따른 분류 : 1step 방식 1,000kV 이하 소규모, 2step 방식 중 · 대용량

2) 계통접지방식에 의한 구분

① 직접접지방식(22.9kV－Y) : 1선 지락 시 건전상의 전압 상승이 상규선간전압의 80% 이하 계통
② 비접지 방식(22kV－Δ) : 1선 지락 시 건전상의 전압 상승이 상규선간전압의 80% 초과 계통

나. 계통접지 접지방식의 비교

[표] 접지방식의 비교

구분		직접접지	비접지	저항접지
결선도		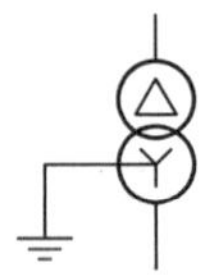	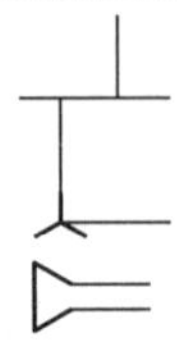	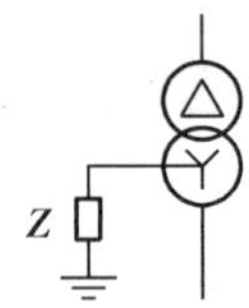
중성점저항		$Z \fallingdotseq 0$	$Z \fallingdotseq \infty$	$Z \fallingdotseq R$
1선 지락 시 건전상 전위 상승		$1.3E$(크다.)	$\sqrt{3}\,E$(작다.)	$\sqrt{3}\,E$(약간 크다.)
절연레벨/변압기		감소 가능/단절연 가능	감소 불능/전절연	감소 불능/ 비접지 보다 낮음
지락전류		최대(수백~수천 A)	작다(수 A 이하)	중간 정도(5~200A 정도)
보호계전기 동작		가장 확실	불확실	가능(R값에 영향)
통신선 유도장애		최대	작다.	중간
전원공급		차단기 트립	차단기 트립이 힘듦	차단기 트립
특징	장점	• 과도한 전압 상승이 없다. • 보호방식이 단순하다. • 보통의 절연강도를 요구	• 고장전류가 가장 작다. • 중단 없는 전원공급 가능	• 고장전류가 작다. • 지락보호가 용이하다. • 중간의 절연강도를 요구 • 과전압 강도가 크다.
	단점	• 고장전류가 크다. • 전원공급 중단이 발생 • 높은 접촉전압 발생	• 과전압 상승이 과도하다. • 지락보호가 어렵다. • 높은 절연강도를 요구	• 전원공급 중단 발생 • 열적 스트레스 발생

다. 계통접지의 보호계전방식

계통접지	적용
직접접지	Y 잔류회로를 이용한 OCR(단락), OCGR(지락)
저항접지	• CT비가 적은 경우 Y 잔류회로(300A 이하 회로) • CT비가 큰 경우 3권선 CT 또는 관통형 CT(300A 초과 회로)
비접지	GVT와 ZCT 사용 OVGR과 SGR 조합

3. 직접접지방식의 보호계전방식

가. 직접접지방식의 특징

1선 지락사고 시 건전상 전위 상승이 거의 없어 선로와 기기의 절연레벨을 낮출 수 있다.

1) 1선 지락 고장전류가 커서 시스템 영향이 크다.
2) 보호계전기 동작이 신속 · 확실하다.
3) 차단기 차단용량이 커진다.
4) 직렬기기의 열적 · 기계적 강도를 검토한다.
5) 통신선에 유도장애 대책을 마련한다.
6) 아크 지락사고 시 이상전압 발생이 없다.

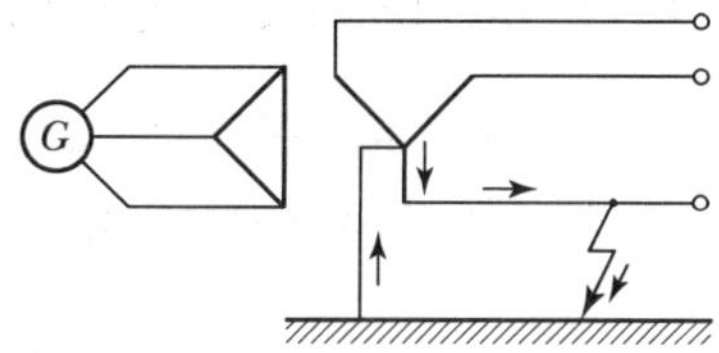

[그림 2] 직접접지방식에서의 1선 지락

나. 특고압 중성점 직접접지 보호계전방식

1) 보호계전방식

① 과전류 · 단락사고 보호는 과전류계전기를 적용한다.
② 지락사고 보호는 지락과전류계전기를 적용한다.

2) 설계 시 고려사항

① 수전 측 OCR · OCGR은 강반한시 특성을 사용한다.
② 수전 측 보호계전기용 CT는 수전용 차단기 1차 측에 설치하여 보호구간을 확보한다.
③ CT의 과전류내량은 전선로 등의 열적 · 기계적 강도를 충분히 검토한다.
④ CT 2차 배선은 오동작되지 않을 충분한 굵기의 전선을 선정한다.
⑤ 잔류회로의 불평형 부하전류에 의한 과전류 지락계전기 오동작에 주의한다.

다. 저압중성점 직접접지 보호계전방식

1) 변압기 2차 측 보호

① 과부하 및 단락사고 보호는 과전류계전기, ACB를 적용한다.
② 단락사고 보호는 MCCB, Fuse를 적용한다.

2) 지락사고 보호

① ELB를 사용한 지락차단방식
② CT Y결선 잔류회로에 의한 지락차단방식
③ 3권선 영상분로회로에 의한 지락차단방식(300A를 넘는 경우)
④ 저압 측 접지선 CT에 의한 지락차단방식

3) 설계 시 고려사항

① 3권선 CT 방식의 CT 2차 측 중성점은 접지하지 않는다.
② 분기회로에는 지락차단장치를 사용한다.

4. 비접지방식의 보호계전방식

최근 케이블 배선이 주류이므로 충전전류를 무시하고 계획할 수 없으며, 케이블의 충전전류는 선의 종류, 사이즈 등에 따라 다르다.

케이블의 3심 일괄 대지충전전류 $I_C = 2\pi f C_0 \times \frac{V}{\sqrt{3}} \times 10^{-6}$[A/km]

여기서, C_0 : 3상 일괄대지정전용량[μF/km], $C_0 = 3C$
V : 선간전압[V], $V = \sqrt{3}E$

가. 비접지방식의 특징

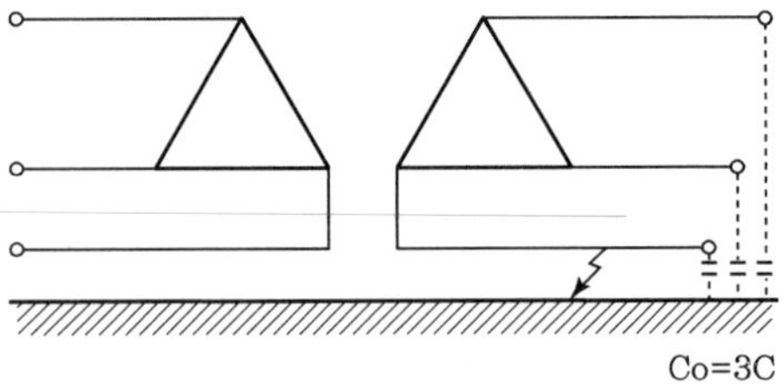

[그림 3] 비접지방식

1) 1선 지락사고 시에 건전상의 전위 상승이 높아 시스템절연에 영향을 준다.
2) 1선 지락 고장전류 대부분은 대지정전용량에 의한 충전전류이다.
   ① 시스템 통신선에 대한 영향이 적다.
   ② 고장전류가 적어 계속 운전에 영향이 적다.
   ③ 고장전류가 적어 보호계전기 동작이 곤란하다.
3) 지락사고 시 전원공급이 가능하여 작업연속성을 요구하는 제조 · 화학공장에 적용한다.
4) 전위 상승에 의한 절연부담과 충전전류에 의한 아크 지락사고 시 높은 이상전압이 발생한다.

나. 특고압 비접지 보호계전방식

1) 보호계전방식
   ① 단락사고 보호는 과전류계전기(선로길이가 긴 경우 OCR 3개, 보통 2대)를 적용한다.
   ② 지락사고 보호는 OVGR · SGR · GR 계전기를 적용한다.

2) 설계 시 고려사항
   ① SGR은 GVT 영상전압과 ZCT 영상전류의 위상차에 의하여 동작하므로 결선을 잘못할 경우 오동작 우려가 있다.
   ② SGR 동작에 적합한 CLR 용량을 적용한다.
   ③ ZCT 배선은 대전류 도체를 30cm 이내에 시설할 경우 유도장애 방지를 위하여 실드 차폐선을 사용한다.(30cm 이상 이격 필요함)
   ④ ZCT의 전원 측에 케이블 실드접지선을 시설하는 경우 ZCT를 관통하여 접지한다.

⑤ ZCT는 접속부하가 크면 영상 2차 전류가 감소한다.

⑥ GR은 ZCT에 의해 동작되므로 배선이 짧은 경우 접지콘덴서를 설치한다.

다. 저압 비접지 보호계전방식

1) 변압기 2차 측 보호

① 과부하 및 단락사고 보호는 과전류계전기, ACB를 적용한다.

② 단락사고 보호는 MCCB, Fuse를 적용한다.

2) 지락보호

① GVT와 OVGR에 의한 지락차단방법(GVT+OVGR)은 영상전압 검출에 적용한다.

② GVT와 ZCT를 사용한 OVGR과 SGR을 이용한 방법은 방향성 지락보호에 적용한다.

③ 접지형 콘덴서와 ELB을 사용한 방법은 Δ 결선의 영상전류 검출 배선이 짧을 경우 적용한다.

④ GVT 1차 접지 측에 ZCT를 사용한 EOCR(또는 CR)를 이용한 지락차단방법

3) 설계 시 고려사항

① 지락전류가 아주 작아서 사고전류 검출에 적절한 방법을 선정하여야 한다.

② 지락전류의 검출방식(영상전압 · 전류, 방향성)에 따라 적절한 방식을 선정한다.

5.6 저압회로의 지락차단장치 시설방법

저압회로에서 사용하고 있는 지락차단방법에는 특고압 또는 고압전로 변압기에 의하여 결합되는 사용전압 440V 이상의 저압회로에 지기가 생겼을 때 자동적으로 전로를 차단하는 지락차단장치를 사용한다. 지락보호의 목적은 인체의 감전 방지, 폭발 방지 및 전로기기의 손상 방지에 있다.

■ 신전기설비기술계산 핸드북, 제조사 기술자료, 정기간행물

1. 직접접지방식의 시설방법

가. ELB 사용

1) 검출방식 : ELB의 감도전류에 따라 지락차단전류가 정해진다.

2) 특이사항 : ELB의 정격지락감도전류는 30, 100, 200, 500mA의 종류가 있다.

나. CT Y결선 잔류회로

1) 검출방식 : CT Y결선의 잔류회로를 이용한 지락 과전류 계전기(OCGR)에 의한 지락전류를 검출하는 방식으로 가장 많이 사용한다.
2) 적용설비 : CT Ratio가 400/5 이하인 비교적 시설용량이 작은 설비에 사용한다.
3) 특이사항 : CT 오결선 시에는 지락과전류계전기가 오동작하게 된다.

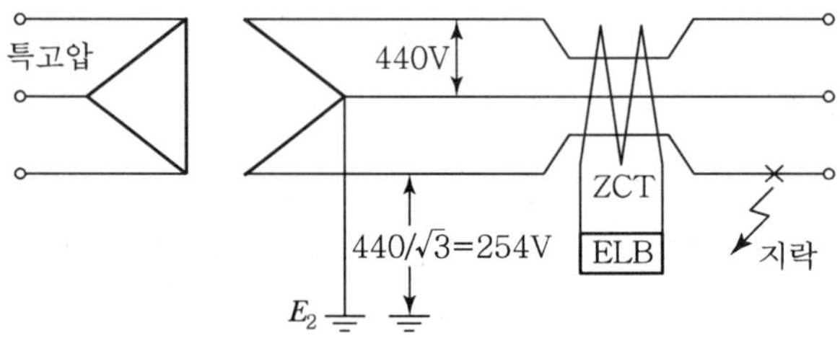

[그림 1] ELB를 설치하는 방법(2차 측을 Y결선 중성점 접지)

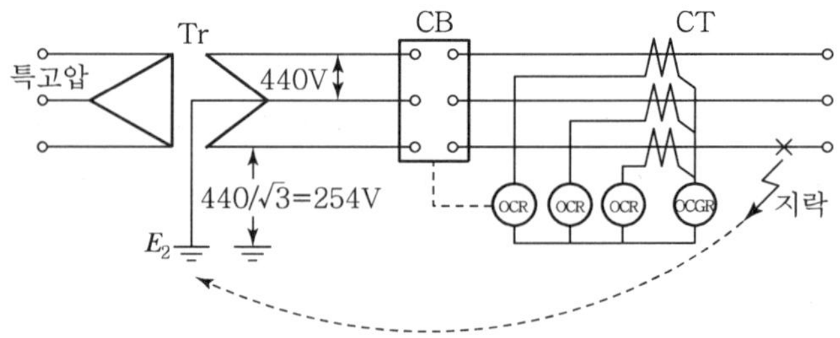

[그림 2] CT Y결선 잔류회로에 의한 지락차단회로

다. 3권선 영상분로회로

1) 검출방식 : 3권선 CT를 이용하는 방식으로 2차 권선은 Y결선하여 OCR을 접속하고, 3차 권선은 영상분로를 접속하여 지락전류를 검출하여 차단하는 방식이다.
2) 적용설비 : 제2종 접지선 이용방식과 같이 CT Ratio가 400/5를 넘는 비교적 시설용량이 큰 곳에 사용한다.

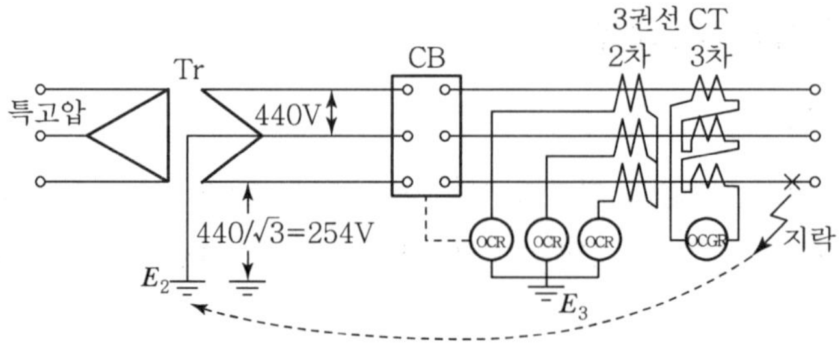

[그림 3] 3권선 영상분로회로에 의한 지락차단회로

3) 특이사항

① 2차 결선은 Y(잔류회로 없음)결선을 사용한다.

② CT 오결선 시는 지락과전류계전기의 오동작 우려가 있다.

③ 3권선의 1차와 3차 권선의 CT비율은 100/5를 사용한다.

라. 중성점 CT방식(저압 측 접지선 CT에 의한 지락차단방식)

1) 검출방식 : CT_1은 과부하 및 단락보호용, CT_2는 지락보호용으로 한다.

2) 특이사항

① 타 군 변압기와 2종 접지선을 공용사용하거나 수전설비 일부접지선을 공통으로 결선하여 사용하는 경우 타 접지선전류에 의해 영향을 받을 수 있다.

② CT_2의 변류비는 OCGR(& EOCR)의 Tap 범위를 고려하여 100/5를 사용한다.

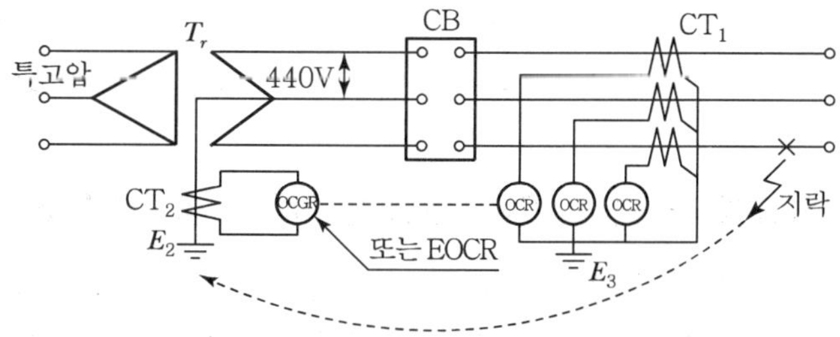

[그림 4] 저압 측 접지선 CT에 의한 지락차단 회로

2. 비접지방식의 시설방법

지락전류를 검출하는 방법은 콘덴서 접지와 누전차단기의 조합방법과 접지변압기(GVT)에 의한 방법을 적용한다.

$$\text{지락전류} : I_g = \sqrt{3} \times wCE_a[\text{A}]$$

$$\text{여기서, } E_a = \frac{V}{\sqrt{3}}$$

가. GVT와 OVGR에 의한 지락차단방법(영상전압 검출)

1) 검출방식

① 차단기 1차 측에 GVT를 설치하고 차단기 2차 측에 지락이 발생할 경우 GVT로 지락전류가 유입한다.

② 지락전류는 GVT 3차 측에 영상전압을 형성하게 되고 이 영상전압이 OVGR을 동작시켜 차단기를 차단하게 된다.

2) 적용설비 : 단독부하에 적용이 용이하다.
3) 특이사항 : 다수의 부하가 접속되어 있을 때 어느 한 곳에서 지락이 발생하면 건전상의 부하가 같이 정전되는 단점이 있다.

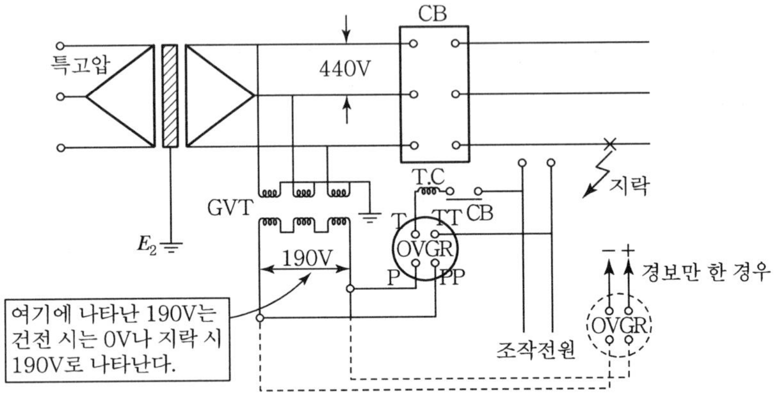

[그림 5] GVT와 OVGR에 의한 지락차단

나. GVT와 ZCT를 사용한 OVGR과 SGR을 이용한 방법(방향성 지락보호)

1) 검출방식 : 비접지 계통의 지락 시 영상전압 검출 GVT와 영상전류 검출 ZCT를 결합하여 선로의 지락보호가 지락과전압계전기(OVGR)과 조합한 고감도 전력형의 선택접지계전기(SGR)에 의하여 보호되는 방식이다.
2) 적용설비 : 고신뢰도를 요하는 설비에서 가장 많이 적용한다.
3) 특이사항 : 비접지 회로에서 가장 신뢰성이 있는 방식이다.

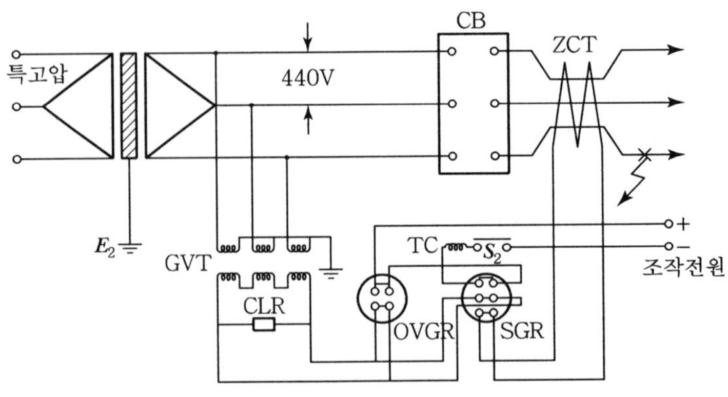

[그림 6] GVT와 ZCT, OVGR과 SGR을 이용한 차단

다. 접지형 콘덴서와 ELB를 사용한 방법(영상전류 검출)

1) 검출방식 : 배선이 짧아 충전전류가 작을 경우 지락 시 접지콘덴서에 흐르는 전류에 의하여 영상전류를 증폭하여 검출하는 방식이다.(2차 측 Δ결선 영상전류 검출방법)
2) 적용설비 : 충분한 지락전류값이 나오지 않은 설비에 적용한다.
3) 특이사항 : 지락전류에 따른 ELB 산정

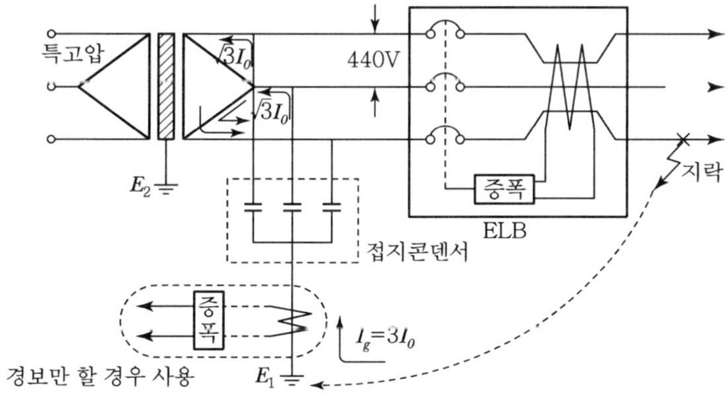

[그림 7] 접지형 콘덴서와 ELB를 이용한 차단

라. GVT 1차 접지 측에 ZCT와 EOCR(또는 GR)을 이용한 지락차단방법

1) 검출방식 : 지락 시 GVT 중성점에 흐르는 전류에 의해 보호되는 방식이다.
2) 적용설비 : 중요하지 않은 설비에 적용하여 지락 시 GVT 중성점에는 Noise 성분 전류가 발생한다.
3) 특이사항 : 단독설비에 적용이 쉽다.

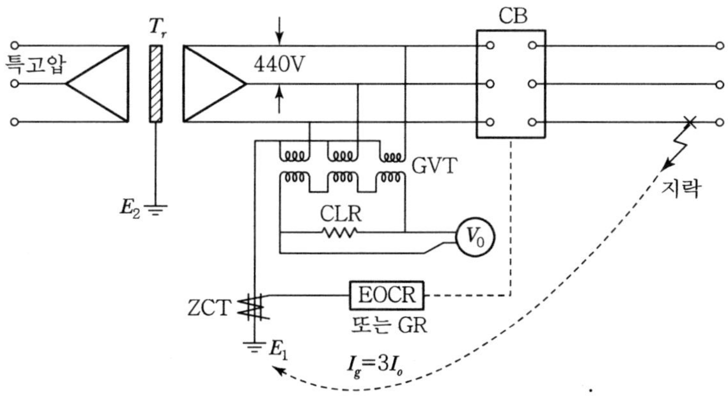

[그림 8] GVT 1차 접지 측에 ZCT와 EOCR을 이용한 차단

5.7 수전설비 보호방식(보호형식) 및 보호계전기 정정

- 수전설비 보호방식은 보호형식에 따라 PF－S형, PF－CB형, CB형으로 구분하고, 계통의 보호는 보호계전기의 종류 선정, 설치, 정정 및 운용 시 원인 해결만을 고려해서는 안 되며 자기 선로의 영향을 최소화하고 모선로에 영향을 주지 않도록 보호협조하는 것이 중요하다.
- 계전기 정정이라 함은 피보호 구간에서 이상상태가 발생했을 때 적절히 동작하도록 계전기의 동작값과 동작시간을 결정하는 것으로서 정상적인 동작을 하기 위해서는 매우 중요하다. 보호계전기에 관련된 여러 가지 오동작 및 부동작의 원인을 살펴볼 때 정정 불량의 경우도 많은 비중을 차지하고 있다.

■ 신전기설비기술계산 핸드북, 제조사 기술자료, 정기간행물

1. 수전설비 보호방식

가. PF－S형 구성

1) 보호형식 : PF는 단락보호, S는 정상부하전류를 개폐한다.
2) 수전설비 보호방식의 적용 : 경제성을 가장 고려한 방식인데 전력퓨즈와 교류 부하개폐기를 조합해서 보호를 하려는 것으로 300kW 이하의 수용가에 적용되고 있다.
3) 수전설비 보호방식의 특징
   ① 교류부하개폐기는 자동복구장치가 없기 때문에 과부하 및 지락보호를 할 수 없다.
   ② 경제성을 우선으로 하기 때문에 보호기능의 일부가 희생된다.
   ③ 최근에는 PF · S형의 수전형태 대신에 자동고장 구분개폐기(ASS)를 적용한다.
   ④ ASS는 수용가 구내에 지락 · 단락사고 등을 즉시 분리하여 사고의 파급 확대를 방지하고 구내 설비의 피해를 최소화하는 개폐기이다.

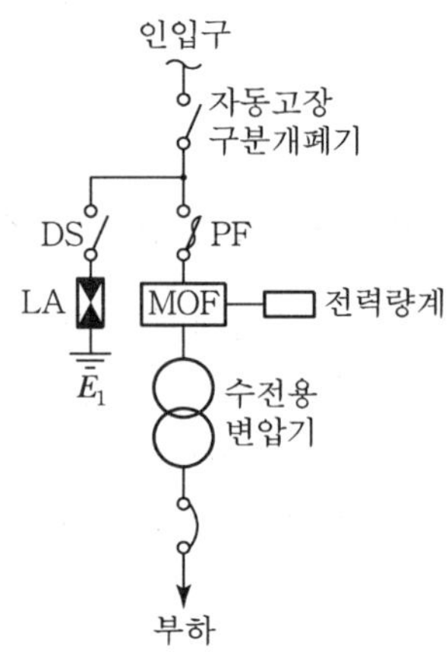

[그림 1] PF－S형

나. PF－CB형 구성

1) 보호형식 : PF는 단락보호, CB(Circuit Breaker)는 과부하, 단락, 지락보호를 한다.
2) 수전설비 보호방식의 적용 : 전력퓨즈를 병용하여 보호장치의 경제성을 도모하려는 방식으로 보통 500kW 미만의 수용가에 적용된다.

3) 수전설비 보호방식의 특징

① 수전설비 보호방식은 CB형에서는 설비비가 고가로 소요된다.

② 개조, 증설 등에 의한 배전사정의 변화가 생길 경우 종래 차단기의 차단용량 부족을 초래할 수 있다.

③ 전력퓨즈는 고압 및 특고압기기의 단락보호용 퓨즈인데 확률적으로 적은 단락사고 보호를 전력퓨즈(한류형)에 분담시켜서 차단기를 소형화한 것이다.

다. CB형 구성

1) 보호형식 : CB를 사용하여 과부하, 단락, 지락 보호를 한다.

2) 수전설비 보호방식의 적용 : 일반적으로 계약전력 500kW 이상인 수용가에 적용하고, 500kW 미만일지라도 완전한 보호를 하고자 하는 경우에 적용하고 있다.

3) 수전설비 보호방식의 특징

① 지락계전기, 과전류계전기와 차단기(CB)의 조합에 의해 과부하 · 단락 · 지락 등의 고장보호를 하는 구성형태이다.

② 차단기는 부하전류의 개폐 또는 부하 측에서 단락사고 및 지락사고가 발생했을 때 신속히 회로를 차단할 수 있는 능력을 가진다.

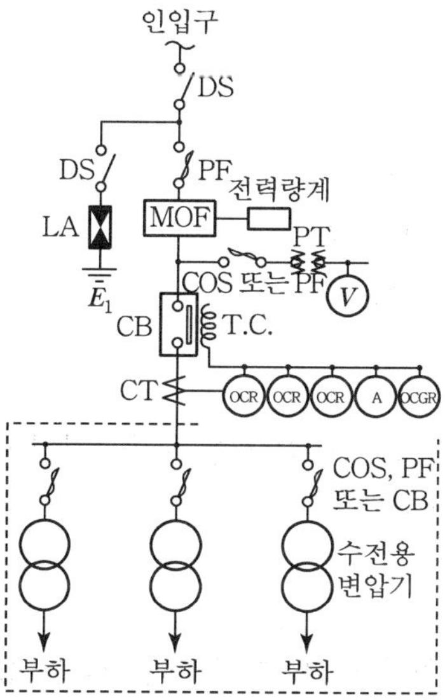

[그림 2] PF-CB형

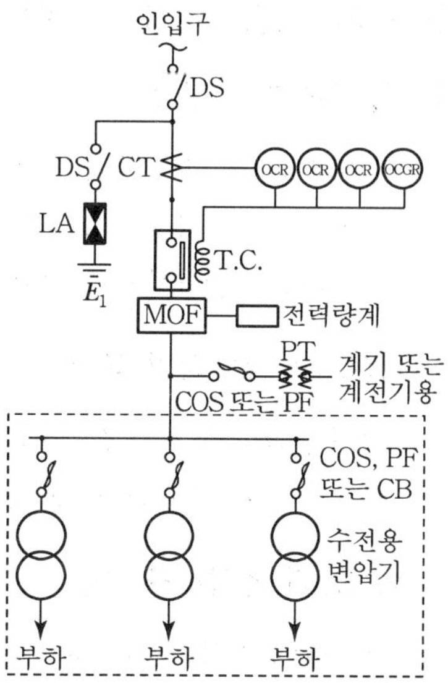

[그림 3] CB형

2. 보호계전기 정정

가. 정정의 목적

보호계전기의 정정은 신속한 사고제거, 건전부의 불필요한 차단 방지 및 후비보호가 가능하도록 하는 데 목적이 있다.

나. 정정의 시기

1) 전력설비의 신 · 증설 및 계통운전조건의 변경이 생긴 경우
2) 계전기용 변성기의 교체 또는 변압 · 변류비를 변경할 경우
3) 보호배전반 또는 보호계전기 교체의 경우
4) 기타 필요하다고 인정되는 변동요인이 발생한 경우

다. 정정결정에 필요한 자료

1) 고장전류 산출에 필요한 전력계통의 구성사항 및 설비의 정수와 특성
2) 보호계전기를 설치할 회로의 단락 및 지락고장전류의 분포
3) 보호계전방식 및 전력간선 계통도면 등이 필요

3. 보호계전기 정정 시 고려사항

가. 사용목적의 명확화

1) 전력설비의 과부하 방지를 목적으로 하는 것
2) 단락사고를 검출 · 제거하는 목적으로 하는 것
3) 과부하와 단락사고를 모두 검출하고자 하는 것

나. 계전기의 보호범위 구간

보호구간만의 사고를 검출하는 것인지 또는 그 구간은 물론 이웃구간의 사고까지 검출해야 하는 것인지 등에 관한 결정을 하여야 한다.

다. 정정값과 동작시간 결정

어느 정도 이상을 사고로서 차단시킬 것인가를 검출하고 최단시간에 동작시킬 것

라. 계통과 관련된 보호협조 문제

4. 보호계전기 정정기준

각 기기별 보호계전기 정정방법이 정해져 있는 것은 아니나, 기본원칙을 지켜 주면서 전체 전력계통을 보고 단계별로 수용가에서 가장 합리적인 판단에 의해 정정한다. 일반적으로 수용가에서 Setting하고 있는 기기별 주요 계전기 Setting은 다음과 같이 정정한다.

가. 수전회로용 보호계전기의 정정

1) 단락보호

① 한시 Tap : 수전계약 최대전력의 120~150%에 정정한다.

② 한시 Lever : 수전변압기 중 가장 큰 용량의 변압기 2차 3상 단락전류에 0.6초 이내에 동작하도록 선정한다.

③ 순시 Tap : 수전변압기 중 가장 큰 용량의 변압기 2차 3상 단락전류의 150~200%에 정정한다.

2) 지락보호

① 한시 Tap : 수전계약전류의 30% 이하로서 평시 부하불평형 전류의 1.5배 이상에 정정한다.

② 한시 Lever : 수전보호구간 최대 1선 지락고장전류에서 0.2초 이하로 선정한다.

③ 순시 Tap : 후위계전기와 협조가 가능하고 최소치에 정정한다.

3) 부족전압보호

① 한시 Tap : 정격 전압의 75% 정도에 정정한다.

② 한시 Lever : 정정치의 70% 전압에서 2.0초 정도로 조정한다.

4) 과전압보호

① 한시 Tap : 정격 전압의 110%에 정정한다.

② 한시 Lever : 정정치의 150% 전압에서 2.0초 정도로 조정한다.

나. 변압기 보호계전기의 정정

1) 단락보호

① 한시 Tap : 변압기정격 전류의 120~150%에 정정한다.

② 한시 Lever : 변압기 2차 3상 단락전류에 0.6초 이내에 동작하도록 선정한다.

③ 순시 Tap : 변압기 2차 3상 단락전류의 150~200%에 정정한다.(변압기 여자돌입 전류에 동작하지 않도록 정정)

2) 지락보호

① 한시 Tap : 변압기 정격 전류의 30% 이하에 정정한다.

② 한시 Lever : 수전보호구간 최대 1선 지락고장전류에서 0.2초 이하로 선정한다.

③ 순시 Tap : 돌입불평형 전류에 오동작하지 않는 최소치에 정정한다.

3) 비율차동보호

① 비율 Tap : 최대 외부 사고 시 발생 가능한 오차를 검토하여 30~40%에 정정한다.

② 순시 Tap : 전류보상 Tap의 100%에 정정한다.

다. 콘덴서 보호계전기의 정정

1) 단락보호

① 한시 Tap : 계통에 고조파가 함유된 경우 135%까지 전류가 흐른다. 따라서 콘덴서 정격 전류의 140%에 정정한다.

※ 콘덴서에 직렬리액터가 있는 경우 정격 전류의 120%까지 견딜 수 있도록 제작되므로 콘덴서 최대부하전류의 120%에 Setting(정정)한다.

② 한시 Lever : 돌입전류에 동작하지 않는 최소치에 선정한다.

③ 순시 Tap : 콘덴서 투입 시 돌입전류에 오동작하지 않도록 500% 이상에 정정하며, 계통의 말단이므로 최소고장전류에 동작하도록 정정한다.

2) 지락보호

계통의 말단이므로 오동작하지 않는 최소치에 정정한다.

3) 한류 Fuse 보호방식(PF)

정격 전류는 135%×1.1=148% 통전 능력의 PF를 적용한다.

4) 과전압보호

① 콘덴서의 최고허용전압은 정격 전압의 110%이다.

② 6% 직렬리액터를 설치 시 모선전압은 104%까지 상승하게 되며, 계통정격 전압의 115~120%로 정정한다.

5) 저전압보호

정격 전압의 70~75% 정도에 정정한다.

라. 전동기 보호계전기의 정정

1) 과부하 및 단락보호

① 한시 Tap : 전동기 정격 전류의 115%에 정정한다.

② 한시 Lever : 기동방식에 따라 기동전류 및 기동시간을 고려해야 하며, 기동전류에 계전기는 구동하지만 차단기는 동작하지 않도록 선정한다.

③ 순시 Tap : 기동전류의 150%에 동작하도록 정정한다.

2) 지락보호

계통의 말단부하이므로 오동작하지 않는 최소치에 정정한다.

3) 고압전동기 보호 시 고려사항

① 과전류보호 열동형 한시요소(49) : 전부하 전류의 105%에 정정한다.

② 상 불평형 전류보호 한시요소(46) : 전부하 전류의 20~50%에 정정한다.

③ 기동전류이상 지속보호 한시요소 : 전동기의 정상적인 기동시간과 열적 내력시간을 고려, 동작 지연시간은 최대 1초로 한다.(VCB : 0.2초, VCS : 1초)

④ 단락전류보호 순시요소(50) : VCS를 사용하는 회로에는 사용하지 않는다.

⑤ 과다기동보호요소(66) : 전동기 능력이 확인되지 않은 상태에서는 30분 동안에 1회 기동으로 정정한다.

⑥ 전동기 기동시간 및 기동전류 : 제작사 데이터를 적용, 데이터를 불비한 경우 기동시간은 6초, 기동전류는 전 부하전류의 6~6.5배를 적용한다.

⑦ 전동기의 열적내력(Thermal Capability) : 제작사 데이터를 적용하고 데이터를 불비한 경우는 기동 전류하에서 10초로 적용한다.

마. 동작정정 및 CT 선정

1) 동작전류의 정정

① 내부사고의 최소 고장전류에서도 확실히 동작할 것 : 모든 계전기는 정정 탭 근방의 입력전류에서 정정값에 따라 동작시간이 오래 걸린다.

② 외부사고 시 오차전류에 동작하지 않을 것 : 외부 사고 시 CT 특성차로 인한 오차전류에 의하여 동작하지 않아야 한다.

2) 동작시간의 정정

① 기기의 손상경감과 계통 안정도라는 측면에서 되도록 고속으로 고장차단이 필요하다.

② 모선은 전력계통의 연계점이므로 계통의 안정도 측면에서 고속차단되어야 한다.

③ 고저항 접지계통의 지락보호계전기는 단락보호와 비교하여 고감도로 할 필요가 있다.

④ 계전기의 동작시간이 빠른 경우 신뢰도가 떨어질 수 있다.

3) 한시정정(유도 원판형 계전기의 경우)

① 시간협조를 할 경우 한시계전기를 이용한다.

② 단락 및 과전류 계전기의 한시정정은 최대고장전류에서 결정한다.

③ 지락과전류계전기의 한시정정은 최대영상전압에서 결정한다.

④ 보호계전기의 협조시간 $T = B + O + N$

여기서, B : 전방 차단기 동작시간
O : 차단 후 계전기 원판의 관성회전시간
N : 안전시간(여유시간)

4) CT의 선정방법

① 1차 정격 전류와 과전류 정수를 곱한 값이 최대사고전류보다 커야 한다.

$$I_R \times n > I_S$$

여기서, I_R : CT 1차 정격 전류, n : 과전류 정수, I_S : 최대사고전류

㉠ CT 정격부담이 CT에 걸리는 부담보다 커야 한다.

㉡ CT의 포화를 감안하여 과전류 정수나 정격부담에 여유를 두어야 한다.

㉢ 전류차동방식 또는 전압차동방식에서는 변류기를 통일하여야 한다.

② 위 여러 가지 점을 고려하면 모선 보호용 CT는 단독으로 하는 것이 좋다.

③ CT의 설치위치는 출력 차단기의 선로 측으로 하는 것이 좋다.

5. 과전류계전기(OCR)의 정정

가. 부하전류(계약전류) 산출

1) 부하전류 $I = \dfrac{\text{부하전력(계약전력)}}{\sqrt{3} \times \text{수전전압[kV]} \times \text{역률}}$

2) 부하전류를 변류기(CT)의 2차 과전류계전기의 전류탭으로 정정한다.

$$\text{전류탭} = \text{부하전류} \times \frac{1}{CT\text{비}} \times \alpha \text{(순시요소분 : 5}\sim\text{15, 유도형 동작분 : 1.1}\sim\text{1.5)}$$

나. 과전류계전기의 한시정정값 계산 예

계약전력 300kVA, 수전전압 6.6kV, 역률 0.9, CT비 50/5A이고, 유도형 동작분은 정한시 부분에 1초 이하, 순시요소분은 0.02초 이하일 경우

1) 부하전류

$$I = \frac{300}{\sqrt{3} \times 6.6 \times 0.9} = 29.2\text{A}$$

2) OCR 유도형 동작분(α=1.5인 경우)

$$\text{전류탭} = 29.2 \times \frac{5}{50} \times 1.5 = 4.4\text{A} \quad \therefore \text{4A Tap에 정정}$$

3) OCR 순시요소분(α=15인 경우)

$$\text{전류탭} = 29.2 \times \frac{5}{50} \times 15 = 43.8\text{A} \quad \therefore \text{40A Tap에 정정}$$

6. 지락과전류계전기(OCGR)의 정정

가. 지락사고 보호

1) 3상 4선식 다중접지방식에서는 부하불평형으로 인한 오동작을 방지하고 감도를 높이기 위해 통상 최대정격전류 또는 최대부하전류의 30% 정도로 정정한다.
2) 3상 4선식 저항접지방식에서는 최대지락전류의 30% 정도에서 동작하도록 정정한다.

나. 지락 계전기의 정정값 계산 예(22.9kV 3상 4선식)

3상 4선식 회로에 접속된 변압기가 3상 1,000kVA이고 계기용 변류기(CT비 : 40/5A)를 결선하여 그 잔류회로에 지락계전기를 접속할 경우 이 지락계전기의 정정 탭 값은?

1) 정정 Tap$=\dfrac{\text{kVA}}{\sqrt{3}\times\text{kV}}\times 30\%\times\dfrac{1}{\text{CT비}}=\dfrac{1{,}000}{\sqrt{3}\times 22.9}\times 0.3\times\dfrac{5}{40}=0.945\text{A}$
2) 보통 유도형 지락과전류 계전기의 정정 Tap은 0.5－0.7－1.0－1.5－2.0A의 Tap을 가지고 있으므로 이 경우 1A Tap을 사용하는 것이 좋다.

다. OCGR의 정정값 계산 예(저항접지계통)

지락전류를 100A로 제한하기 위하여 변압기 중성점에 저항(NGR)을 설치한 저항접지계통에서 지락전류 검출방법 및 OCGR 정정값은?(단, OCGR의 최소탭은 0.5이다.)

1) CT비가 300/5인 경우

① 정정 Tap$=$지락전류$\times 0.3\times\dfrac{1}{\text{CT비}}=100\times 0.3\times\dfrac{5}{300}=0.5\text{A}$

② 0.5A가 계전기에 입력되어 지락 시 30% 보호가 가능하다.

2) CT비가 400/5인 경우(Y결선 잔류회로 검출방법)

① 정정 Tap$=$지락전류$\times 0.3\times\dfrac{1}{\text{CT비}}=100\times 0.3\times\dfrac{5}{400}=0.375\text{A}$

② 0.375A가 계전기에 입력되어 지락 시 30% 보호가 불가능하여 재검토가 필요하다.

3) CT비가 100/5A인 경우(3권선 CT 사용 방식)

① 정정 Tap$=$지락전류$\times 0.3\times\dfrac{1}{\text{3권선 CT비}}\times\dfrac{1}{3}=100\times 0.3\times\dfrac{5}{100}\times\dfrac{1}{3}=0.5\text{A}$

② 0.5A가 계전기에 입력되어 지락 시 30% 보호가 가능하다.

4) 결론

저항접지 계통에서 CT비가 300/5A 이상이면 잔류회로 검출방법으로는 3권선 CT를 이용하여 지락과전류 계전기를 동작시켜야 한다.

≫참고 수용가 수전설비의 보호 계전기 정정지침(한국전력)

구분	용도		동작치 정정	비고
과전류 계전기 (OCR)	단락 보호	한시 요소	• 최대계약전력(설비용량)의 150~170% • 전기로, 전철 등 변동부하는 200~250%	• 수전변압기 2차 3상 단락 시 0.6초 이하 • 최소고장전류에 동작
		순시 요소	수전변압기 2차 3상 단락전류의 150%(또는 정격전류의 200~250%)	최대 고장전류에서 0.05초 이하
지락과전류 계전기 (OCGR)	지락 보호	한시 요소	• 수전변압기 정격 전류의 30% 이하 • 3상 불평형 전류의 1.5배 이상	• 완전지락 시 0.2초 이하 • 최소고장전류에 동작
		순시 요소	최소치(30% 이상)에 정정	최소고장전류에서 0.05초 이하
과전압계전기 (OVR)	과전압 방지		정격 전압의 130%에 정정	정격치와 150% 전압에서 2초 정도 정정
저전압계전기 (UVR)	저전압 또는 무전압 방지		정격 전압의 70%에 정정	정정치의 70% 전압에서 2초 정도 정정
방향지락 계전기(SGR)	지락보호		표준규격의 경우 별도의 정정을 요하지 않음	표준규격의 경우 별도로 정정하지 않음
지락과전압 (OVGR)	지락보호		• 수용가 모선 1선 완전 지락 시 계전기에 인가되는 최대 영상전압의 30% 이하 • 상시 최대 영상잔류전압의 150% 이상	한시정정은 모선 1선 완전지락 시 2~3초

5.8 수 · 변전설비의 보호계전기 및 보호협조

- 계전기 보호협조는 일단 정정된 각 계전기가 서로 협조하여 최소 사고범위를 차단하여 불필요한 정전을 예방할 수 있는지에 대해 검토하여 보는 것으로 매우 중요한 일이다.
- 보호협조에 대하여는 각 계통의 상위 계전기와 하위 계전기간의 입력정정과 시한 정정치가 서로 보호협조가 되도록 검토하여야 한다.

■ 신전기설비기술계산 핸드북, 제조사 기술자료, 정기간행물

1. 보호계전기 정정 및 보호협조 검토사항

가. 수전설비의 보호방식

신뢰성 있는 CB형 보호방식을 적용하며 사고범위의 최소화, 건전구간은 전력공급을 계속할 수 있도록 계전기 정정 및 보호협조가 이루어져야 한다.

나. 보호협조 시 검토사항

1) 단락사고에 대한 상위 계전기와 하위 계전기의 보호협조
2) 지락사고에 대한 상위 계전기와 하위 계전기의 보호협조
3) 중성점 접지저항과 변압기 보호용 비율 차동계전기의 보호
4) 단락 보호용 계전기 및 지락 보호용 비율 차동계전기의 보호
5) 저압 회로 보호용 MCCB, ACB와 고압 측 퓨즈 또는 OCR 간의 단락보호협조

2. 단락 및 지락 보호협조

가. 단락 보호협조

1) 저압에 있어서는 피더용 차단기와 수전 차단기와의 협조곡선을 그리고 그 위에 변압기 1차 측 고압 퓨즈 또는 계전기와의 협조곡선을 중첩시켜서 보호협조가 되어 있는지 검토한다.
2) 고압은 특고 수전측과 고압을 일괄하여 협조곡선을 그려서 각 보호협조가 이루어져야 할 연관 계통은 연계하여 단락 보호협조를 검토한다.

나. 지락 보호협조

1) 지락전류 회로가 구성되는 전압별 계통으로 구분한다. 즉, 변압기 결선이 Δ로 되어 있는 경우에는 Δ결선점을 기준으로 구분하여 그린다.
2) [그림 1]에서 변압기 A에 있어서 지락 보호협조는 ① 지점부터 ② 지점까지의 협조를 한 그래프로 하고, ① 지점부터 ③ 지점까지의 협조를 한 그래프로 하여 별도의 보호협조를 검토한다.
3) B변압기 1차 Δ로 결선되어 ③ 지점 이후의 지락전류는 1차 회로에 흐르지 않기 때문이다.

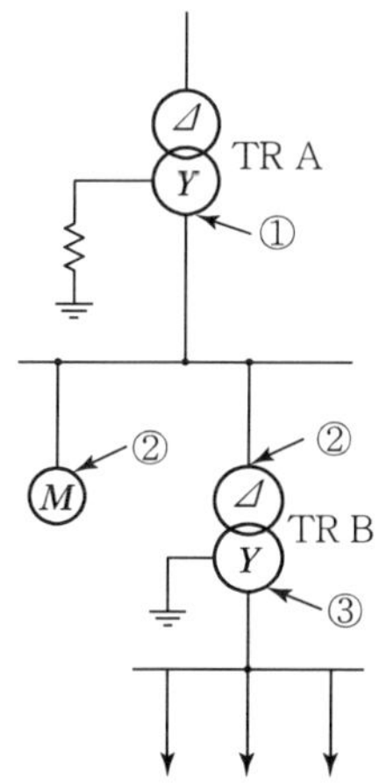

[그림 1] 지락보호협조

3. 저압계통과 고압퓨즈의 단락협조

가. 고압 측의 보호기기로 PF를 사용하는 경우

[그림 2]에서 PF는 변압기 2차 측의 ACB 또는 MCCB와 보호협조를 하지 않으면 안 된다. 이 경우 자동적으로 선택차단시스템이 된다.

나. 저압 피더에서의 단락사고 경우

[그림 2]에서 MCCB가 반드시 먼저 동작하고 PF는 동작하지 않아야 함은 물론 과부하전류가 반복하여 흘러도 퓨즈 소자가 열화되어서는 안 된다.

다. 특성곡선의 보호협조

[그림 3]에서 PF차단 특성곡선과 ACB 및 MCCB의 특성곡선을 중첩하여 양자가 과부하 영역에서 서로 교차하지 않도록 하여야 한다. 이 보호협조곡선에서 협조가 되기 어려운 부분은 2개의 특성곡선이 겹치는 Ⓐ로 표시한 부분이다. 이 경우 ACB에서 순시 Trip 값을 조정하는 것이 원칙이다.

라. 보호협조가 이루어지지 않는 경우

1) 계통의 말단에 순시과전류 계전기를 적용함으로써 말단 구간의 차단시간을 차단기의 차단 시간까지로 줄여 정정한다.
2) 변압기 1차 측에 순시 요소를 적용하여 그 정정치가 2차 측 단락사고에는 동작치 않으나 변압기 1차 측 회로 단락사고에는 동작하도록 정정함으로써 변압기 2차 측 사고와 분리하여 실제적으로 보호구간을 줄이는 효과를 얻을 수 있다.

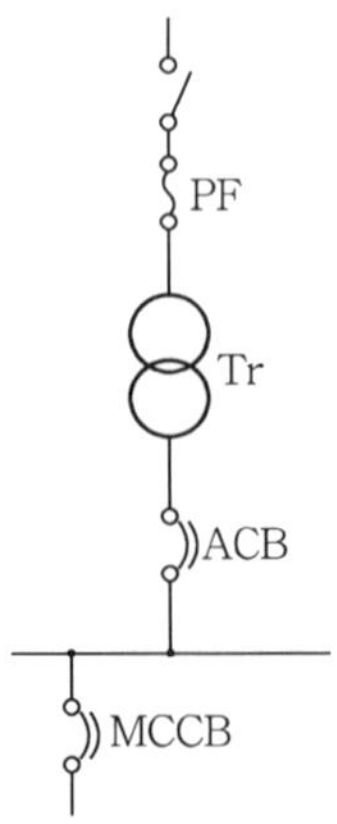

[그림 2] ACB와 PF의 보호협조

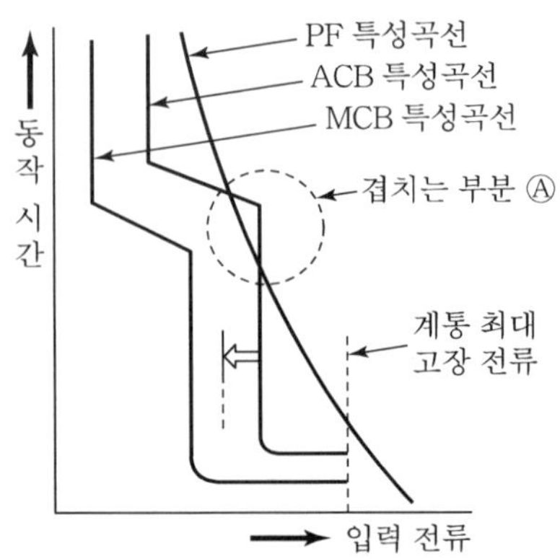

[그림 3] MCCB, ACB 및 PF의 보호협조

PART 02

반송설비

기출문제 **경향**분석 및 **학습**전략

PART Ⅰ 02 · 03 반송설비 · 정보설비

❶ 경향분석

1. **반송설비**는 크게 엘리베이터, 에스컬레이터, **정보설비**는 정보건물(인텔리전트 건물, 주차관제설비, 통신설비) 등으로 구성되어 있습니다.
2. **반송설비**의 **엘리베이터**에서 안전장치, 전동기 용량, 일주시간, 비상용 승강기, **에스컬레이터**에서 안전장치 등이 출제되었습니다.
3. **정보설비**의 **IB 건물**에서 IB 건물 개요, 전력감시제어(제어방식, SCADA, DVC & PLC), **주차관제설비 · 통신설비**에서 주차관제설비, 케이블, 통합배선, PLC 통신, LAN, 유비쿼터스 등이 출제되었습니다.
4. **출제되는 문제의 경우** 동일한 문제는 없으나, 방향의 동일성 또는 용어의 다중성 등 응용문제가 출제되고 있습니다.

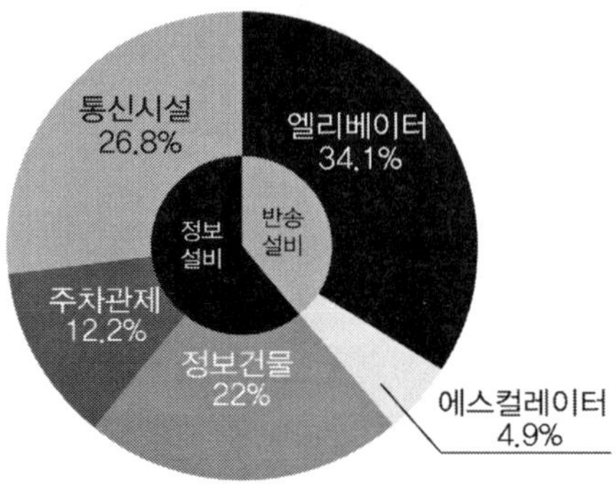

❷ 학습전략

1. **반송설비 · 정보설비**는 전체 문제의 **출제 비중이 4%**이며, 반송설비가 16번, 정보설비가 25번 출제되었으므로 "반송설비, 정보설비 용어정의 등"의 기초 학습과 "IB 건물의 설비, 주차관제설비 등"의 심화 학습 전략이 필요합니다.
2. **출제경향**은 일정한 방향성 또는 최신 경향의 용어, 정책, 전기업계에서 새롭게 부상되는 설비 등을 암기식 비밀노트로 정리하시기 바랍니다.
3. **학습전략 중 암기방법**은 자기만의 그림 · 주제 및 환경을 이용한 연상기억법 또는 기존 자기만의 암기방법과 병행하여 암기식 비밀노트를 만들기 바랍니다.

CHAPTER 01 엘리베이터

1.1 엘리베이터의 운전방식 및 설계

- 반송설비란 엘리베이터, 에스컬레이터, 덤웨이터, 컨베이어 및 슈터, 곤돌라 등 사람 또는 물건을 이송하는 설비를 말한다.
- 승강기란 건축물이나 고정된 시설물에 설치되어 일정한 경로에 따라 사람이나 화물을 승강장으로 옮기는 데 사용하는 시설을 말한다. 예 엘리베이터, 에스컬레이터, 휠체어리프트 등

■ 승강기 시설 안전관리법, 최신 전기설비, 전력사용시설물 설비 및 설계, 제조사 기술자료

1. 엘리베이터의 운전방식

가. 운전원 방식

1) 카 스위치 방식

시동 · 정지는 운전원이 버튼을 조작하고 정지는 수동 · 자동 착상방식으로 한다.

2) 레코트 컨트롤 방식

시동은 운전원의 스타트 버튼으로 정지는 운전원이 승객의 목적층과 승강장의 호출신호를 보고 조작반 단추를 누르면 자동정지하고 반전은 최단층에서 자동 전환된다.

3) 시그널 컨트롤 방식

시동은 운전원의 조작으로, 정지는 조작반의 목적층과 승강장 호출신호로부터 자동정지하고 반전은 최고 호출 자동 반전장치로 한다.

나. 무운전원 방식

1) 단식자동방식

운전 중 다른 호출신호가 있어도 운전 종료까지 다른 호출신호에 응하지 않는다.

2) 승합전자동방식

누른 순서에 관계없이 각 호출에 응하여 자동 정지한다.

3) 하강승합자동방식

아파트와 같이 도중에 층으로부터 상승하는 승객이 적은 건물에서 상승 중 최고호출에 응하여 정지 후 자동 반전한다.

다. 병용방식

1) 카 스위치 단식자동병용식 : 평시－카 스위치 자동착상방식, 한산할 때－단식자동방식
2) 카 스위치 승합전자동방식
3) 시그널 승합전자동방식

라. 군관리방식

1) 관리자, 운전원에 요하는 인건비가 절약된다.
2) 승객의 대기시간이 군관리를 실시하지 않는 경우에 비하여 대폭 단축된다.
3) 아침, 저녁의 러시가 자동 해소되며, 도중 층 대기시간이 하루 종일 일정하다.
4) 1 Bank 중 부하율, 승객 수, 시동횟수, 운전 총거리 등이 균등화, 보수상 수명이 길다.

2. 엘리베이터의 설계

<설계순서>

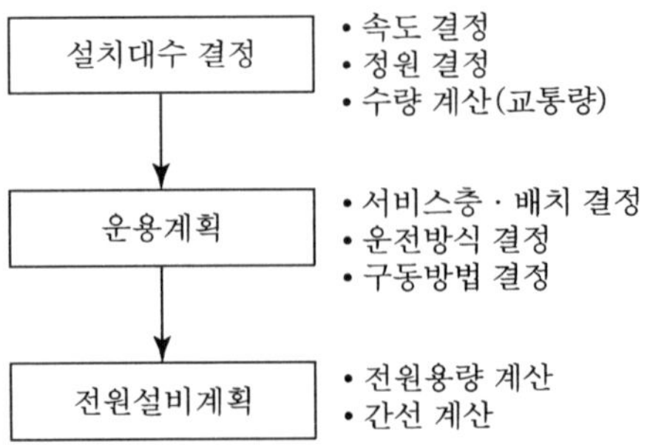

가. 엘리베이터 설계 및 시공 시 유의사항

1) E/V 설계 시 고려사항

① E/V의 수량 계산은 대상 건축물의 교통수요에 적합하여야 한다.
② 탑승자의 층별 대기시간은 설계 허용값 이하가 되어야 한다.
③ 엘리베이터의 배치는 운용 편리성을 고려하며 되도록 건물 중심부에 설치한다.
④ 기계실 바닥의 하중관계, 기계실의 발열량을 계산하여 하절기 냉방을 계획한다.
⑤ 건물의 출입층이 2개 층 이상의 경우 각 층의 교통수요 이상이 되어야 한다.
⑥ 초고층 및 대규모 빌딩의 경우 서비스 그룹을 분할한다.
⑦ 건축 · 전기 · E/V 설치자 간에 공사한계를 명시하여 공사시방서 등에 주기한다.

2) 시공 시 고려사항

① 분절시공, 연돌현상, 소음(풍음)현상을 초고층 건물 시공 시 특별히 고려한다.

② E/V 기계실 바닥의 상부에 설치하는 혹은 반드시 2톤 이상 하중에 견딜 수 있는 규격으로 건물 보 등에 설치한다.

③ 기계실 바닥 콘크리트 타설 시 기기 반입 작업을 위해 임시 개구부를 설계한다.

④ E/V 공사 시 피트 내에서 안전사고가 많이 발생하며 이에 대비 안전대책을 마련한다.

나. 승강기의 종류

1) 용도별 분류

① 엘리베이터

㉠ 승객용 엘리베이터 : 승객용, 침대용, 승객 · 화물용(인화용), 장애인용, 전망용

㉡ 화물용 엘리베이터 : 화물용, 덤웨이터, 자동차용

② 에스컬레이터(승객 · 화물용) : 에스컬레이터, 수평보행기

③ 휠체어 리프트(승객용) : 장애인용 경사형 리프트, 장애인용 수직형 리프트

2) 속도별 분류

① 초고속도형 : 매분 210～300m 정도, 540m 이상 또는 30층 이상 건축물

② 고속도형 : 매분 120m 정도, 15층～30층 정도

③ 중속도형 : 매분 60～105m 정도

④ 저속도형 : 매분 45m 이하

다. 건물별 엘리베이터의 가동특성(교통량 계산 시 사전검토사항)

1) 사무실 건물 : 아침 출근시간대 피크

① 수송능력은 아침출근시간대의 수송인원기준 연건축면적당 1인/5～12m^2 정도(미국식), 대규모 건물은 1인/8m^2 정도이다.

② 평균 운전 대기시간은 40초 이하이다.

2) 백화점 및 대형상가 : 정기세일 등 대형행사 시 피크

① 수송능력은 매장면적당 0.7～0.1인/1m^2, 1시간당 인원 80～90%가 E/V, E/S를 이용, 이중 E/V는 10% 정도이다.

② 평균 운전 대기시간은 사무실보다 길다.

3) 아파트 : 저녁 귀가시간 피크

① 수송능력은 피크시간 5분간 이용 승객 수(3층 이상 거주인원의 3.5～5% 정도, 상승비율 3%, 하강비율 2%, 거주인원 가구당 3～4인)

② 평균운전 대기시간은 1대당 약 150초 정도이다.

4) 병원 : 면회시간에 피크

수송능력은 5분간 교통량으로 0.2인/1베드당(상승비율 3%, 하강비율 2%)

5) 호텔 : 대부분 저녁시간에 피크

① 비즈니스호텔은 오전. 수송능력은 피크시간 5분간 교통량으로 숙박객 수(호텔정원 80%)의 약 10%(상승과 하강은 같은 비율)

② 평균 대기시간은 약 60초 정도이다.

라. 설비대수를 구하는 방법

1) 일정규모(6층 이상 연면적 2,000m² 이상)의 건축물에 설치되는 승객용 엘리베이터의 수량

구분	6층 이상의 거실면적에 따른 대수	
	3,000m² 이하	3,000m² 초과
문화 및 집회시설(공연장 · 집회장 및 관람장), 판매 및 영업시설(도매시장 · 소매시장 및 상점), 의료시설(병원 및 격리병원)	2대	$\frac{6층\ 이상\ 거실면적-3,000[m^2]}{2,000[m^2]}+2$
문화 및 집회시설(전시장 및 동 · 식물원), 업무시설, 숙박시설, 위락시설	1대	$\frac{6층\ 이상\ 거실면적-3,000[m^2]}{2,000[m^2]}+1$
공동주택, 교육연구 및 복지시설, 기타 시설	1대	$\frac{6층\ 이상\ 거실면적-3,000[m^2]}{2,000[m^2]}+1$

2) 비상용 엘리베이터는 일정높이(31m 초과) 이상 건축물에 다음 수량 이상으로 한다. 비상용 승강기 설치 수량

$$N_E=(31[m]\ 초과층\ 중\ 최대층\ 바닥면적-1,500[m^2])-3,000[m^2]+1[대]$$

3) 엘리베이터 수량은 전체 엘리베이터의 5분간 수송능력 합계가 대상 건물의 5분간 교통 수요량 이상이 되도록 한다.

엘리베이터 수량 $N=P_m \div P_1$

여기서, P_m : 수송능력 최대 5분간 교통 수요량, P_1 : 1대당 5분간 수송능력[인/min]

4) 5분간 수송능력은 엘리베이터 수량 계산을 위한 것

$$P_1=[5분\times 60초\times P]\div RTT[인/5min]$$

여기서, P_1 : 1대당 5분간 수송능력, P : 승객 수(사무실용 빌딩 : 정원 80%)
RTT : 일주시간[sec]

5) 일주시간(RTT ; Round trip time)

① 일주시간이란 엘리베이터가 출발 기준층에서 승객을 싣고 출발하여 각 층에 서비스 한 후 출발 기준층으로 되돌아와 다음 서비스를 위한 총시간을 말한다.

② 일주시간 계산식 $RTT = \sum(T_r + T_d + T_p + T_l)$[sec]

여기서, T_r : 주행시간[sec]

T_d : 일주 중 도어개폐시간[sec]

$T_d = td$(1개 층 도어개폐시간) $\times F$(예상정지층수)

T_p : 일주 중 승객출입시간[sec]

$T_p = P$(승객 수) $\times t_P$(승객 1인당 출입시간)

T_l : 일주 중 손실시간($T_d + T_p$의 10%), $T_l = 0.1(T_d + T_p)$

③ 일주시간 계산 시 서비스 형식은 편도급행, 편도구간급행, 전층자유운전, 왕복구간급행 등이 있다.

마. E/V 전원 측 권상전동기 용량 등의 산출

1) 권상전동기 용량

$$W_1 = \frac{L \times v \times F}{6,120\eta_1} + P_0[\text{kW}]$$

여기서, P_0 : 무부하운전동력[kW](2~4 : 기어드 권상기만)

L : 적재하중[kg], v : 정격속도[m/분]

F : 균형추 계수(승용 0.6, 화물 0.5), η_1 : 엘리베이터 전계수

2) 전원 변압기 용량

엘리베이터 전동기는 연속운전이 아니므로 전동기를 선정하는 경우 보통 1시간 정격이 채용되고 있다.

① 변압기 용량 $\geq \dfrac{\sqrt{3}\, EI_r Ny}{1,000}$

여기서, E : 변압기의 2차 정격 전압[V], N : 엘리베이터 대수

y : 엘리베이터에 적용되는 부등률

I_r : 엘리베이터 정격속도 시 전류[A](=전동기 정격 전류 1.25배)

② 엘리베이터 적용 부등률 : 수용률(부등률/수량)은 건축전기설비설계기준을 참고

3) 전원 측 차단기 용량 및 전원선의 굵기

① E/V용 과전류차단기의 용량 : 전원 측 과전류차단기 용량$\geq 2I_r Ny$[A]

② E/V 전원선의 굵기 : 전원선의 굵기는 허용전압강하와 통전전류를 감안하여 선정한다.

㉠ 통전전류≥ $I_r Ny$[A]

㉡ 전압강하= $\dfrac{34.1 I_a Ny \cdot l \cdot k}{1{,}000A}$[V]

여기서, I_a : E/V의 가속 시 전류[A]
l : 전선의 길이
k : 전압강하계수
A : 전선의 단면적[mm^2]

1.2 초고층 엘리베이터

초고층 건물에서의 전기설비의 특징은 건축물의 높이에 대한 것, 에너지 및 장비의 수송, 사람의 편리한 이동, 천재와 인재에 대한 추가적인 검토가 반드시 필요하다.

■ 승강기 시설 안전관리법, 건축물의 설비기준 등에 관한 규칙, 최신 전기설비, 제조사 기술자료

1. 초고층 엘리베이터의 기술요소

가. 제어시스템의 구성
나. Rope의 흔들림 대책
다. 유선형 Cage의 개발
라. Cage의 진동저감
마. Cage 내부의 기압제어시스템
바. 풍음 대책

2. 엘리베이터와 건물의 관계

가. 승강로 : 승강로 적재하중으로 카의 바닥면적을 정하고 이것으로 너비와 깊이치수를 구하여 승강로를 산출한다.
나. 기계실 : 기계실 넓이는 승강로 위에 설치하고 승강로 해당 면적의 2배의 넓이가 필요하며 2톤 정도의 훅을 설치한다.
다. 하중 : 기계실 보의 세기는 정하중과 동하중의 2배를 가한 총하중 T에 대한 상당하중과 기계실 높이는 2m 이상이 필요하다.

- M(정하중)=권상전동기 중량+로프차 중량기+계대자중
- D(동하중)=L(적재하중)+W(카 중량)+C(균형추 중량)+ω(로프 자중)
- T(총하중)=$M+2\times D=M+4W+0.8L+2\omega$(여기서, $C=W+0.4L$)

3. 건축적 고려사항

가. 진동의 영향(Sway Effect)

1) 엘리베이터 로프는 건물의 진동에 의하여 영향을 받아 진동하기 때문 건물 진동수와 공진한다.
2) 저층부에서 고층부로 갈수록 로프의 진동수가 커지고 주파수도 증가하여 로프의 손상이 심해진다. 따라서 초고층용 엘리베이터 발주 시 건물의 고유진동수에 대한 주기 및 크기, 기타 바람 등에 의한 건물조건을 반드시 기재한다.
3) 진동현상 방지대책은 이동식 로프가이드를 설치하여 로프 진동을 강제적으로 감소시켜 주는 것이다.

나. 바람의 영향(Wind Effect)

1) 고층건물에서 엘리베이터의 속도는 보통 210m/min의 초고속으로 운행되고, 운행거리도 길어 승강로 내 바람의 이동이나 충격을 완화하어야 한다.
2) 바람의 영향 방지대책은 건축적으로 공기 충격흡수공간을 설치하는 것이다.

다. 굴뚝의 영향(Stack Effect)

1) E/V 기계실의 창문 등이 열려 있는 경우 1층 로비의 현관이 열리면 공기는 1층에서 최상층까지 도달하는 굴뚝현상(연돌현상)이 발생하여 승강기의 문이 닫히지 않거나, 저층에 화재 발생 시 고층의 사람이 질식하는 경우가 발생한다.
2) 굴뚝현상의 방지대책은 현관 출입문을 2중문 또는 회전문으로 설치하고, 상부 엘리베이터 기계실의 창문 등은 항상 닫아 두는 것이다.

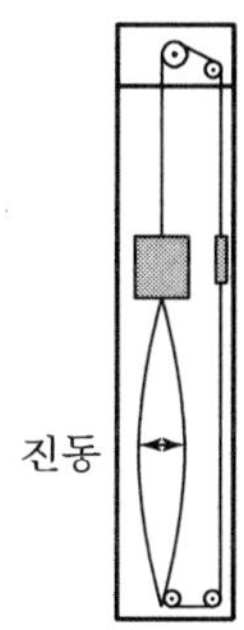

[그림 1] 진동의 영향

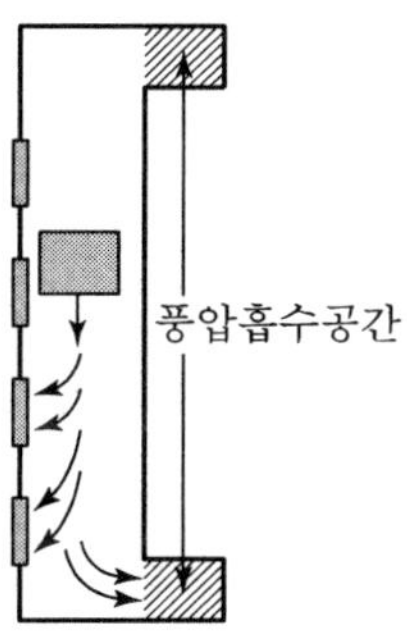

[그림 2] 바람의 영향

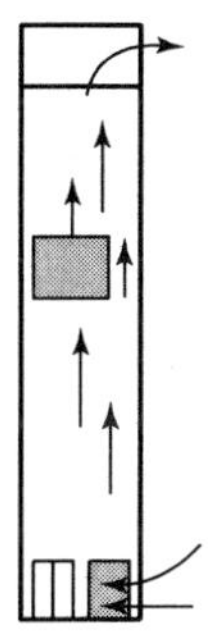

[그림 3] 굴뚝의 영향

라. 소음(풍음)의 영향

1) Car 내의 소음은 Car가 층간 통과 시 발생하는 소음으로 요철이 있는 승강로를 주행할 경우 또는 승강로 내의 요철 부분에 풍압이 작용하는 경우 발생한다.

예 운행 시 "바사바사"하는 소음이 발생

2) 승강장 소음은 운행 중 강제 흡입에 의한 소음으로 카가 좁은 승강로를 가속 주행할 때 카의 뒷부분에 압력이 발생하여 승강장의 틈으로 공기가 승강로 내로 흡입 시 발생

예 운행 중 "휴－"하는 강제 흡입음이 발생

3) 소음 방지대책은 공기흐름에 의한 원인으로 소음이 발생하므로 승강장 도어 하단에 차풍판을 설치하거나 네오프랜 테이프를 부착하여 차음효과를 향상시킬 수 있다.

1.3 엘리베이터의 안전장치

■ 승강기 시설 안전관리법, 건축물의 설비기준 등에 관한 규칙, 제조사 기술자료

1. 엘리베이터 구조

가. 권상기 및 주제어기

1) 전동기축의 회전력을 로프차에 전달하는 기구 전동기축에 웜기어가 직결되어 있으며 웜기어로서 로프차에 직접 연결된 기어를 회전시키는 기어형과 기어레스형이 있다.
2) 전기제어장치로는 수전반, 제어반, 신호반, 플로어 컨트롤반이 있다.

나. Car와 케이블

1) 카는 카실과 카틀로 구성되어 있으며 카틀 좌우에는 레일을 구르는 가이드 슈가 설치되어 있다.
2) 승용하는 카와 주제어기의 전기적 접속은 케이블에 의한다.

다. 안전장치

1) 문 안전스위치는 문을 닫을 때 승객의 신체 일부가 접촉되면 자동적으로 열리는 장치
2) 고리스위치란 정지하고 있는 층의 문만 열리고 완전히 닫히지 않으면 카가 움직이지 않는 스위치
3) 리타이어링 캠은 카의 문과 승강장의 문을 동시에 개폐한다.

라. 비상정지장치(엘리베이터의 안전장치)

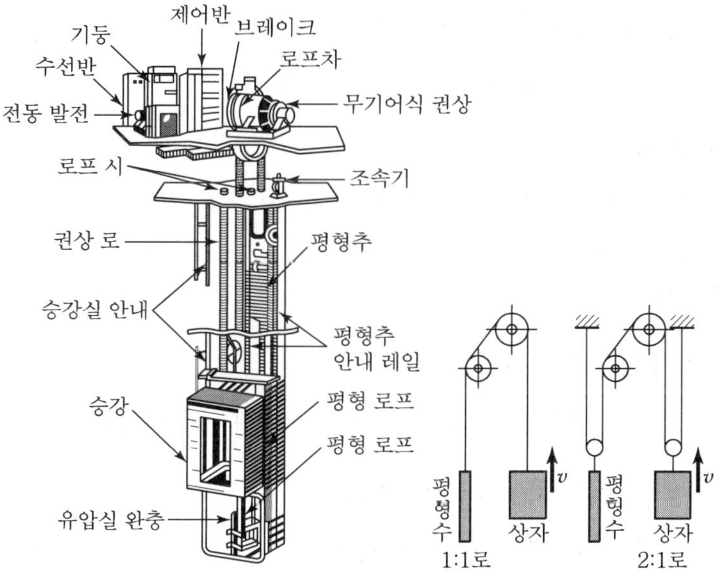

[그림] 엘리베이터 구조도

2. 엘리베이터의 안전장치

가. 전자브레이크(Magnetic Brake)

엘리베이터의 운전 중에는 전자력에 의해 브레이크슈를 개방시키고, 정지 시에는 전동기 주회로를 차단시킴과 동시에 스프링 압력에 의해 브레이크슈로 브레이크 휠을 조여서 엘리베이터가 확실히 정지하도록 한다.

나. 조속기(Governor)

엘리베이터의 속도를 항상 감시하여 속도가 비정상적으로 증가하는 경우, 다음 두 가지 방식에 따라 순차적으로 작동한다.

1) 제1동작으로는 엘리베이터의 속도가 정격속도의 1.3배를 넘지 않는 범위 내에서 과속스위치를 끊어 전동기회로를 차단함과 동시에 전자브레이크를 작동시킨다.
2) 제2동작으로는 정격속도의 1.4배를 넘지 않는 범위 내에서 비상정지장치를 움직여 확실히 가드레일을 붙잡아 카의 하강을 제지한다.

다. 비상정지장치(Safety Device)

만일 로프가 절단된 경우 또는 그 외 예측할 수 없는 원인으로 카의 하강속도가 현저히 증가한 경우에 그 하강을 멈추기 위해 가이드레일을 강한 힘으로 붙잡아 엘리베이터 카의 강하를 정지시키는 장치로서 조속기에 의해 작동된다.

라. 버퍼(Buffer)

1) 버퍼란 어떤 원인으로 카가 종단 층을 지나치는 경우 충격을 완화시키는 장치이다.
2) 통상 정격속도가 60m/min 이하인 경우는 스프링완충기를 60m/min 초과하는 것에는 유입완충기를 사용한다.

마. 리밋 스위치(Limit Switch)

최상 · 최하층에 근접한 때에 자동적으로 엘리베이터를 정지시켜 과주행을 방지한다.

바. 파이널 리밋 스위치(Final Limit Switch)

리밋 스위치가 어떤 원인에 의해서 작동하지 않을 경우 안전 확보를 위해 모든 전기회로를 끊고 엘리베이터를 정지시킨다.

사. 도어 인터록 스위치

1) 모든 승강장도어가 닫혀 있지 않을 때는 카가 승강할 수 없고 카가 그 층에 정지하고 있지 않을 때는 문을 열 수 없도록 하기 위해 승강장도어의 행거 케이스 내에 스위치와 자물쇠가 설치되어 있다.
2) 엘리베이터의 안전상 비상정지장치와 더불어 중요한 장치이다. 또한 비상해제장치 부착 인터록스위치는 특별한 키로 해제하여 승강장 측에서 손이 닿을 경우는 손으로 인터록을 벗겨 승강장 도어를 열 수 있도록 되어 있다.

아. 통화설비 또는 비상벨

카 내와 건물 관리실 등을 연결하는 엘리베이터 전용 통화설비 혹은 비상벨을 설치한다.

자. 정전등

정전 시에는 승객의 불안감을 완화시키기 위하여 곧바로 카 내에 설치된 정전등이 점등된다. 이 정전등은 바닥면에서 1lx 이상의 밝기를 유지하도록 되어 있는데 조도 유지시간은 보수회사 및 구조대의 이동시간 등을 고려할 때 1시간 이상이 적당하다.

차. 각 층 강제정지장치

심야 등 한산한 시간에 승객을 대상으로 한 범죄를 예방하기 위한 것으로서 이 장치를 가동시키면 목적층에 도달하기까지 각 층에 순서대로 정지하면서 운행할 수 있다.

1.4 비상용 엘리베이터

비상용 엘리베이터는 일반운전에서 소방운전으로 전환하며 탑승한 소방관의 지시에만 작동하고 각 층 승강로비에서의 호출에는 응하지 않으므로 일반 이용자는 화재 시 피난계단을 이용해서 피난하는 것을 원칙으로 해야 한다.

■ 건축물의 설비기준 등에 관한 규칙(비상용), 건축물의 피난 · 방화구조 등의 기준에 관한 규칙(피난용)

1. 비상용 엘리베이터의 설치 목적

비상용 엘리베이터의 설치 목적은 31m가 넘는 고층건물의 화재 시 피난과 소화활동을 원활히 하기 위한 것이다.

2. 비상용 엘리베이터의 설치 기준

가. 높이 31m를 넘는 각 층의 바닥면적 중 최대 바닥면적이 1,500m² 이하인 경우에는 1대 이상을 설치한다.

나. 높이 31m를 넘는 각 층의 바닥면적 중 최대 바닥면적이 1,500m²를 넘는 경우에는 1대에 1,500m²를 넘는 3,000m² 이내마다 1대씩 가산한 대수 이상을 설치한다.

$$\text{설치대수} = 1 + \frac{\text{31m를 넘는 각 층 중 최대바닥면적} - 1,500}{3,000}$$

다. 일반용 엘리베이터는 집중되어야 좋으나 비상용 엘리베이터는 분산해서 설치하는 것이 피난하거나 소방용으로 사용할 경우 효과적이다.

라. 비상용 엘리베이터는 일반용 엘리베이터로 겸용할 수 있다.

3. 비상용 엘리베이터의 전원

가. 비상용 엘리베이터의 전원은 비상용으로 예비전원에 의해 가동할 수 있어야 한다.

나. 사용전원이 차단되는 경우 60초 이내에 정격 용량을 낼 수 있는 것으로 자동전환 방식으로 해야 한다.

다. 비상시 2시간 이상 작동이 가능해야 한다.

라. 전원용 배선은 내화조치를 해야 한다.

4. 비상용 엘리베이터의 구비 조건

가. 비상용 엘리베이터의 크기와 적재하중은 건축법, 산업안전 보건법 등에서 정하는 수치 이상이어야 한다.

나. 비상용 엘리베이터에는 카를 불러 돌아오게 하는 장치가 있어야 하고 작동은 피난층, 방재실 또는 중앙감시 제어실에서 할 수 있도록 해야 한다.

다. 비상용 엘리베이터에는 카 내와 중앙감시 제어실을 연결하는 전화가 있어야 한다.

라. 비상용 엘리베이터는 카의 문을 열어둔 채로 승강시킬 수 있도록 해야 한다.

마. 비상용 엘리베이터 카의 속도는 60m/min 이상이어야 한다.

바. 비상용 엘리베이터에서 외부 출입구에 이르는 보행거리는 30m 이내로 해야 한다.

사. 비상용 엘리베이터에 설치되는 각종 스위치류는 방수형으로 한다.

›› 참고 건축물의 피난 · 방화구조 등의 기준에 관한 규칙(피난용 승강기의 설치기준)

1) 준초고층이란 30층 이상 49층 이하이거나 120m 이상 200m 미만인 건축물을 말한다.
2) 건축물의 피난 · 방화시설
   - 피난구역 : 준초고층 및 초고층 건축물에 설치 수용인원수에 $0.28m^2$를 곱한 면적 이상
   - 옥상 헬리포트장 : 11층 이상 바닥면적 $10,000m^2$ 건물의 옥상
   - 종합방재실 : 준고층 또는 초고층 건물에는 그 건축물의 건축 · 소방 · 전기 · 가스 등 안전관리 및 방법 · 보안 · 테러 등을 포함한 통합적인 재난관리를 위한 종합방재실을 설치한다.
   - 피난용 승강기 : 준초고층 및 초고층 건축물의 경우 일반용 승강기 중 1대 이상을 피난전용 승강기로 설치한다.

* 건축물의 설비기준 등에 관한 규칙(비상용 승강기의 승강장 및 승강로의 구조)

1.5 Double Deck Elevator

■ 제조사 기술자료, 승강기시설 안전관리법, 건축물의 설비기준 등에 관한 규칙

1. 목적

초고층 빌딩은 수직운송 극대화를 위하여 승객의 운송효율 상승과 승강기 점유면적을 줄여야 한다. 따라서 Double Deck Elevator는 건물 내 1개의 승강기 공간에 2대의 카가 상하로 연결되어 동시에 운행하는 방식을 활용하여 코어면적의 최소화를 이루고자 하는 데 목적이 있다.

2. Double Deck Elevator의 구조

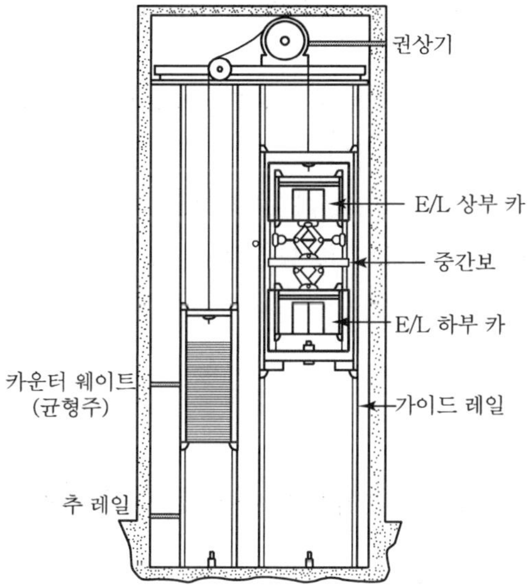

① 권상기(Traction Machine)
전동기의 회전력을 로프차에 전달하는 기구
② 조속기(Govener)
승강기가 일정속도 상승할 때 안전장치 작동
③ 중간보(Intermediate Girder)
상부와 하부 카 사이를 지탱하는 보
④ 가이드 레일(Guide Rail)
승강로 내의 양측면에 Car용, 균형추용 각 1개씩 설치
⑤ 균형추(Counter Weight)
전 중량+최대적재량×(0.4~0.6) 로프에 매달음

[그림 1] Double Deck Elevator의 구조

3. 운행방식

가. 운행 특성

1) 메인 로비층에서 도착하고자 하는 층의 홀/짝수 층을 구분하여 승차하여야 한다.
2) 일반적으로 홀수층에 가고자 하면 아래층 데크, 짝수층에 가고자 하면 위층 데크를 타야 한다.
3) 상하 카에 설치된 CCTV와 Monitor를 통하여 상대방 카의 상황을 실시간으로 확인할 수 있다.

나. 운행방법

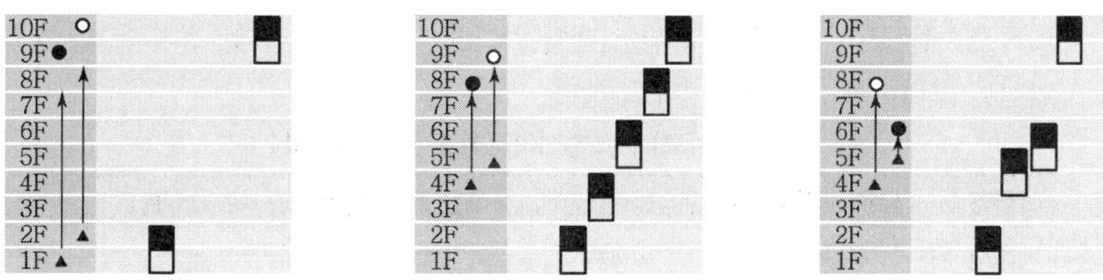

Skip Operation | Skip Operation | Flexible Double Deck Operation

(a) 로비층에서 홀/짝수층에 맞게 탑승 후 정지층 없이 최상층에 하차

(b) 전 층을 위층 데크는 짝수층만, 아래층 데크는 홀수층만 정지, 운행

(c) 로비층은 홀/짝수층 구분 운행, 기타 층은 제한없이 운행

[그림 2] E/L 운행 패턴

4. 특징

가. 초고층에 적용 시 싱글데크 엘리베이터에 비해 약 30~35%의 엘리베이터 대수를 줄일 수 있다.

나. 엘리베이터 대수 감소로 인해 승강로 코어를 최소화하며, 전체 임대면적이 늘어난다.

다. 싱글데크 엘리베이터 방식보다 '5분 수송능력'이 향상된다.

라. 승객의 엘리베이터 대기시간을 단축하는 효과(2~2.3초)가 발생한다.

마. 싱글데크 엘리베이터에 비하여 에너지를 Saving하는 효과가 발생한다.

바. 로비층에서 선택하여 탑승하는 불편함이 있다.

사. 로비층과 운행층의 층고가 동일하다.

1.6 에스컬레이터(Escalator and Moving Walkways)의 설계

에스컬레이터는 수평 및 경사면의 이동보드를 이용한 교통수단으로 건물, 백화점, 도시교통에 폭넓게 사용되고 있다.

■ 제조사 기술자료, 승강기시설 안전관리법, 최신 전기설비, 건축물의 설비기준 등에 관한 규칙

1. 에스컬레이터 계획 시 검토사항

가. 건물의 용도 : 백화점, 사무실, 호텔, 지하철 등

나. 층고 및 설치가 필요한 층수

다. 이용자 수 및 서비스의 방향

2. 에스컬레이터의 설계검토

가. 기본 시방

E/S 경사를 갖는 계단식으로 된 컨베이어로 30° 이하의 기울기, 정격속도는 하향 방향의 안전을 고려하여 30m/분 이하로 한다.

[표] 에스컬레이터의 종류와 표준치수

형명	유효너비[m]	수송능력[명/h]	사용 전동기[kW]	속도[m/분]	특징
800	0.8	5,000	7.5	30	짧은 거리
1,200	1.2	8,000	7.5, 11		대량 수송

나. E/S의 배치 · 배열 시 고려사항

1) 지지보다 기둥에 균등하게 하중이 걸리는 위치에 설치한다.

2) E/S의 바닥 면적을 작게 한다.

3) 승객의 시야가 넓게 되도록 한다.

4) 사람의 흐름 중심에 배치한다.

5) 주행거리가 짧도록 한다.

다. 각종 배열방식과 특징

형식	단열형	교차형	복열형
배열 방식	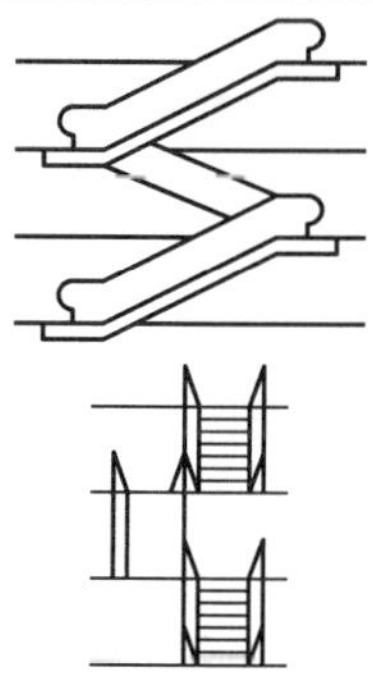	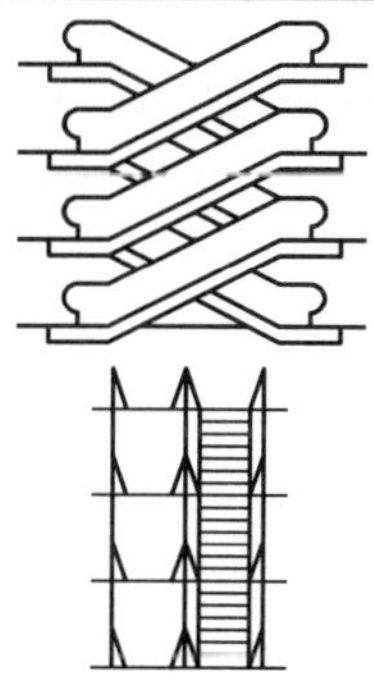	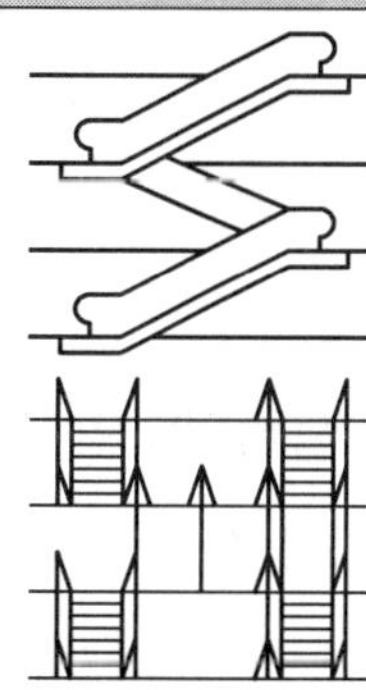
특징	• 장점 : 승객의 시야를 막지 않으며, 설치면적이 작아도 된다. • 단점 : 교통이 불연속하여 서비스가 나쁘고 승강객이 혼잡하다.	• 장점 : 교통이 연속되어 서비스가 양호하고, 승강객의 구분이 명확하므로 혼잡이 적고, 점유면적이 크지 않다. • 단점 : 승객의 시야가 좁아지고 에스컬레이터의 위치를 표시하기가 어렵다는 점이다.	• 장점 : 복열식은 교통이 연속되고, 타고 내리는 교통이 명확히 구분되어 혼잡이 없으며, 승객의 시야가 넓고, 에스컬레이터의 존재를 쉽게 알 수 있다. • 단점 : 설치면적이 커야 한다는 것 한 가지뿐이다. 따라서 공간이 허용한다면 가장 바람직한 배열방법이라고 할 수 있다.

라. 수송능력

단위시간당 수송인원 $C_0 = \dfrac{\eta \times v_0}{l} \times P \times 60$

여기서, η : 승용효율, v_0 : E/C의 운전속도[m/sec]

l : 발판 클리드 옆면 치수, P : 발판 1개당 승객정원(1,200형의 경우 2인)

마. 설치대수의 산정

승객의 서비스를 주목적으로 하는 장소는 사람의 흐름이나 혼잡의 비율에 중점을 둔다.

1) 밀도비(Density Ratio)

$$R = \frac{10 \times 2\text{층 이상의 유효바닥 면적}[m^2]}{1\text{시간의 수송능력}[\text{인/시간}]}$$

2) R의 값은 20~25가 양호하고, 25 이상이 되면 수송설비가 나쁘다고 판정한다.

바. 이동보드

1) 팔레트 방식 : 경사각 12°까지
2) 벨트 방식 : 경사각 15°까지

사. 에스컬레이터용 동력 전동기의 출력 산정

전동기 출력 $Q[\mathrm{kW}] = \dfrac{270\sqrt{3}\,HS \times 0.5v}{6120\eta} = 0.0382 \times \dfrac{H \cdot S \cdot v}{\eta}$

여기서, H : 계단높이[m], η : 에스컬레이터 효율(0.6~0.9)
S : 에스컬레이터 폭(800형, 1,200형)
v : 에스컬레이터 운행속도(30m/분)

3. 에스컬레이터의 안전장치

가. 조속기

정격하중보다 많이 탔거나 전원의 한 상이 단선된 경우 모터가 토크 부족으로 상승운전 중인데도 하강하거나 하강운전 중에는 하강속도가 올라가는데 이를 방지하기 위해서 모터 축에 조속기를 연결한다. 결상인 경우는 전기스위치를 연결 · 검출하여 조속기 및 결상스위치가 동작하면 전원을 차단하고 머신 브레이크가 걸린다.

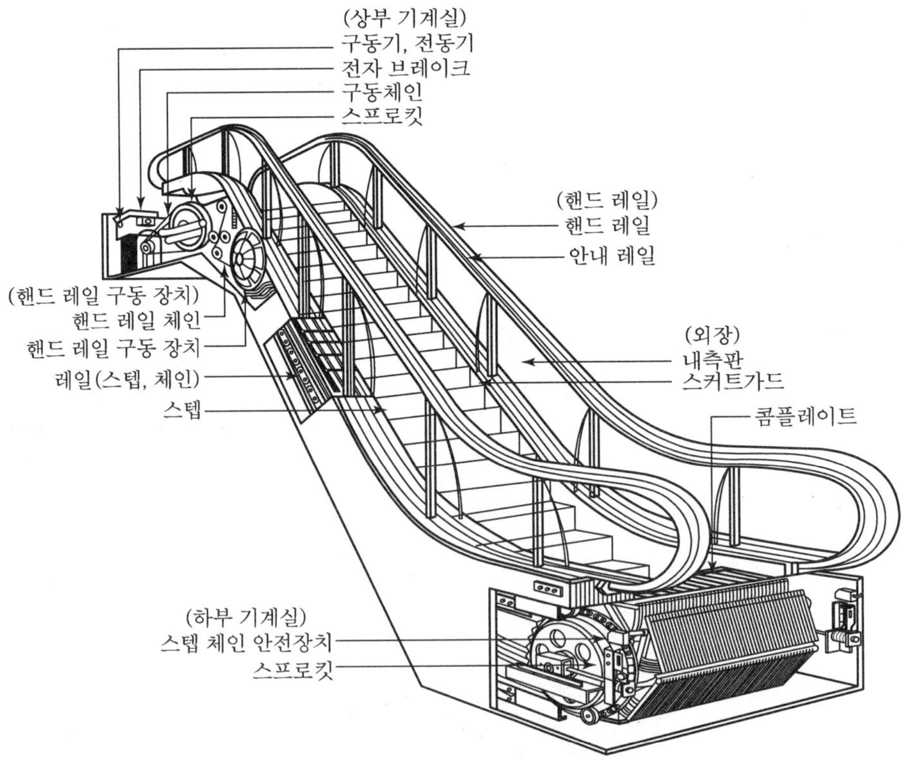

[그림] 에스컬레이터 구조도

나. 머신 브레이크

구동기의 검사나 보수 시 혹은 전원을 차단시킨 상태에서 에스컬레이터가 관성으로 움직이는 것을 방지하기 위하여 설치하는 기계적인 안전장치이다.

다. 구동체인 안전장치

구동기와 메인드라이브 간의 구동체인이 끊어지면 주 구동축에 브레이크가 걸려 구동장치를 세우는 장치로서 에스컬레이터가 상승 시와 하강 시 모두 유효하며 자체하중으로 미끄러지는 것을 방지한다. 이때 순간적으로 정지하면 승객이 넘어지므로 순차적으로 정지해야 한다.

라. 계단체인 안전장치(스텝체인 안전장치)

계단체인이 끊어지거나 과도하게 늘어나면 계단과 계단 사이에 틈이 발생되어 위험하게 되기 때문에 이를 방지하기 위하여 전원을 차단하는 안전장치이다.

마. 핸드레일 안전장치

핸드레일이 낡아서 늘어나면 핸드레일 구동용 시브와 핸드레일 간의 마찰력이 낮아져 계단 속도와 핸드레일의 속도가 일치하지 않아 위험하게 된다. 이를 방지하기 위해서 핸드레일의 늘어남을 감지하여 에스컬레이터의 운전을 중지시키는 안전장치이다. 그러나 핸드레일을 제작 시 늘어남을 방지하기 위해 와이어나 쇠로 보강한 경우는 생략할 수 있다.

바. 핸드레일 인입구 안전장치

핸드레일 인입구에 손 또는 이물질이 끼었을 때 즉시 작동되어 에스컬레이터를 중단시키는 안전장치이다.

사. 스커드가드 안전장치(디딤판 이상검출장치)

고정되어 있는 스커트가드와 움직이는 계단 사이에 수 밀리미터(mm)의 틈이 있기 때문에 어린이의 발이 끼거나 이물질이 끼면 위험하므로 이를 방지하기 위해 설치하는 안전장치이다.

아. 비상정지스위치

만일 사고가 발생하여 급히 에스컬레이터를 정지시켜야 할 경우 사용하기 위해 상하부 승강구에 비상정지스위치를 설치한다. 장난으로 이 스위치를 작동시키면 급히 정지하여 승객이 넘어지기 때문에 이를 방지하기 위해 스위치 커버를 설치한다.

자. 건물 측의 안전장치

1) 셔터 연동 안전장치

에스컬레이터의 승강구가 셔터로 닫혀 있는 경우에는 에스컬레이터를 운행하면 승객이 넘어지고 계단 위에서 충돌하여 대형사고가 일어날 가능성이 높다. 그래서 셔터가 닫혀 있는 경우에는 에스컬레이터의 운전을 차단해야 한다.

2) 삼각부 가드판

에스컬레이터와 건물층 바닥이 교차하는 곳에서 1,000mm 이상 떨어진 곳에 플라스틱으로 된 삼각판을 설치하여 손이나 머리가 충돌하는 것을 방지해야 한다.

차. 기타 시설

1) 난간 설치

승강부 주위에 난간을 설치해서 추락을 방지한다.

2) 칸막이 판

에스컬레이터 끝부분과 바닥 사이에 공간이 있을 때는 발이 빠지는 것을 방지하기 위해서 간막이 판을 설치한다.

3) 낙하물 방지장치

상부로부터의 낙하물로 인한 위험을 방지하기 위해서 낙하물 방지망을 설치한다.

PART 03

정보설비

기출문제 **경향**분석 및 **학습**전략

PART Ⅰ 02 · 03 **반송설비 · 정보설비**

❶ 경향분석

1. **반송설비**는 크게 엘리베이터, 에스컬레이터, **정보설비**는 정보건물(인텔리전트 건물, 주차관제설비, 통신설비) 등으로 구성되어 있습니다.
2. **반송설비**의 **엘리베이터**에서 안전장치, 전동기 용량, 일주시간, 비상용 승강기, **에스컬레이터**에서 안전장치 등이 출제되었습니다.
3. **정보설비**의 **IB 건물**에서 IB 건물 개요, 전력감시제어(제어방식, SCADA, DVC & PLC), **주차관제설비 · 통신설비**에서 주차관제설비, 케이블, 통합배선, PLC 통신, LAN, 유비쿼터스 등이 출제되었습니다.
4. **출제되는 문제의 경우** 동일한 문제는 없으나, 방향의 동일성 또는 용어의 다중성 등 응용문제가 출제되고 있습니다.

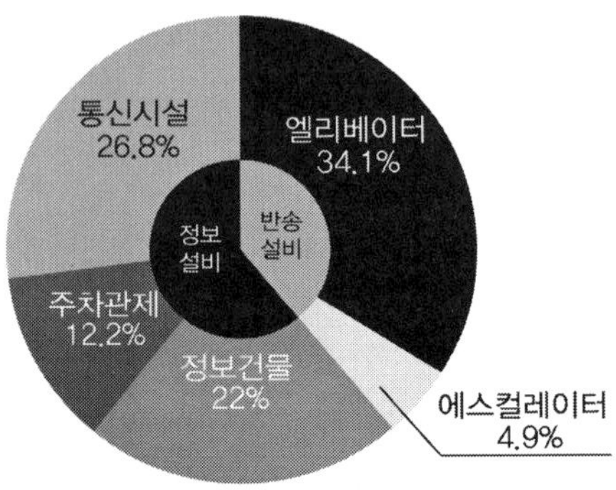

❷ 학습전략

1. **반송설비 · 정보설비**는 전체 문제의 **출제 비중이 4%**이며, 반송설비가 16번, 정보설비가 25번 출제되었으므로 "반송설비, 정보설비 용어정의 등"의 기초 학습과 "IB 건물의 설비, 주차관제설비 등"의 심화 학습 전략이 필요합니다.
2. **출제경향**은 일정한 방향성 또는 최신 경향의 용어, 정책, 전기업계에서 새롭게 부상되는 설비 등을 암기식 비밀노트로 정리하시기 바랍니다.
3. **학습전략 중 암기방법**은 자기만의 그림 · 주제 및 환경을 이용한 연상기억법 또는 기존 자기만의 암기방법과 병행하여 암기식 비밀노트를 만들기 바랍니다.

CHAPTER 01

정보건물

SECTION 01

인텔리전트 건물

1.1 종합정보설비 건물(Intelligent Building)의 기획설계

- 최근에는 각종 정보설비의 뉴미디어 설비가 건물이나 가정, 공장 등에 적용되면서 새로운 건축물의 형태와 특성이 나타나게 되었다. 그중 대표적인 것이 인텔리전트 빌딩(Intelligent Building)이다.
- 인텔리전트 빌딩(Intelligent Building)이란 업무의 합리화와 생산성 향상을 위하여 실내 환경의 쾌적성, 정보수집 · 교류의 효율성 및 전력공급의 신뢰성 등이 확보된 건물로서 사무자동화 기능(OA), 빌딩자동화(BA) 및 고도의 통신 기능(TC)을 갖춘 첨단 오피스건물이다.

■ 최신 전기설비, 건축법, 전력사용시설물 설비 및 설계, 건축전기설비설계기준, 정기간행물

1. IB의 구성 및 등급

가. 인텔리전트 빌딩의 구성

인텔리전트 빌딩은 최신의 빌딩시스템과 정보통신시스템, 양질의 건축자재 등으로 정보화에 완벽하게 대응할 수 있는 유연성(Flexibility) 건물로 다음과 같은 구성요건이 있다.

1) 고도통신망[25] 구축(TC) : 다기능 전자교환기를 설치하고 광케이블 등을 이용한 고도의 통신기능 수행시스템이 구축되어 있다.

2) 사무자동화 적용(OA) : LAN(근거리 통신망) 등에 의해 다양한 사무자동화 기기를 적용할 수 있는 다양성을 가지고 있다.

3) 빌딩자동화 관리(BA) : 건물관리, 방범관리 및 에너지 절약시스템 등을 다른 기능과 연계하여 효율적으로 관리하도록 하고 있다.

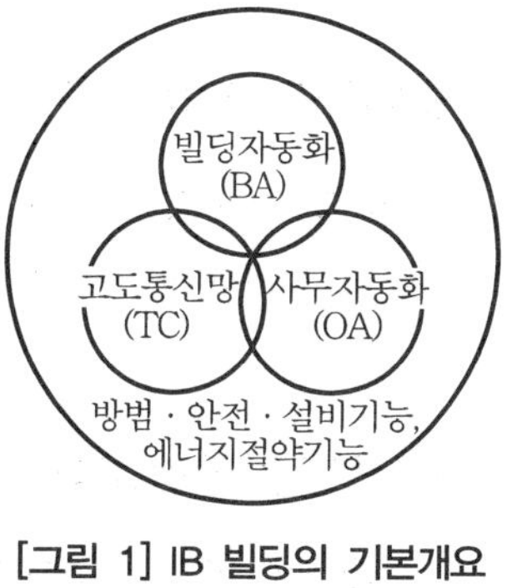

[그림 1] IB 빌딩의 기본개요

25) 고도 통신망(TC ; TeleCommunication)은 다기능 전자교환기와 광케이블을 이용한 고도 통신시스템

나. 인텔리전트 빌딩의 등급

1) 등급의 분류

① 등급 "0" : 현재의 대 · 중소기업용의 일반적인 수준의 빌딩
② 등급 "1" : 일단 인텔리전트 빌딩이라 칭할 수 있는 최소수준 빌딩
③ 등급 "2" : 인텔리전트 빌딩으로서 표준수준 빌딩
④ 등급 "3" : 실현가능한 대부분의 설비를 장비한 고도수준 빌딩

[표 1] IB 건물의 부하밀도[VA/m^2]

구분	0등급	1등급	2등급	3등급
부하밀도[VA/m^2]	110	125	157	250

2) 등급의 기능별 구분

① 등급 "0" : 음성중심의 통신시스템인 재래식 전자교환기에 의한 전화서비스, 팩스서비스와 개인용 컴퓨터, 워드프로세서 등 사무자동화가 실현된다.
② 등급 "1" : LAN(근거리 통신망)을 구축하여 개인용 컴퓨터 온라인화, 디지털 전자교환기에 다기능 전화기를 접속하여 고기능 전화서비스를 제공하고 TV, 회의장치 등 근거리 통신망을 이용한 데이터베이스를 활용하는 수준이다.
③ 등급 "2" : 디지털 전자교환기의 충분한 기능 활용을 위한 단말을 확충하고 LAN 도입에 의한 다양한 사무자동화 수준으로 디지털 PBX에 메시지 통신시스템, 다기능 전화기 등을 추가하며 LAN에 동축케이블 또는 광케이블에 의한 버스형 근거리 통신망을 적용하여 다기능 워크스테이션과 사무자동화 서비스를 제공한다.
④ 등급 "3" : 현세대에서 적용시킬 수 있는 모든 시스템을 전부 적용시킨 고도의 인텔리전트 빌딩 수준을 말할 수 있다. 통신시스템에서는 화상응답시스템(VRS)과 종합정보통신망(ISDN) 구축, 사무자동화 시스템에서는 LAN을 확대하여 루프형 또는 버스형으로 결합한 다기능 워크스테이션으로 종이 없는 사무실을 구현한다.

2. IB 빌딩의 기능(특징)

인텔리전트 빌딩의 구조는 종래 빌딩자동화와 사무자동화로 구분되던 구조와 기능을 통합하여 하나의 시스템으로 묶어 용이한 관리와 저렴한 가격으로 각종 정보를 사용하고 임대할 수 있는 구조이다.

가. 쾌적한 환경 조성 기능

쾌적한 환경을 조성하여야 하므로 시각환경과 적당한 온도와 습도는 물론 건축물 마감의 실내 색깔 등이 조명등과 조화를 이루어야 한다. 예 건축화 조명의 적용

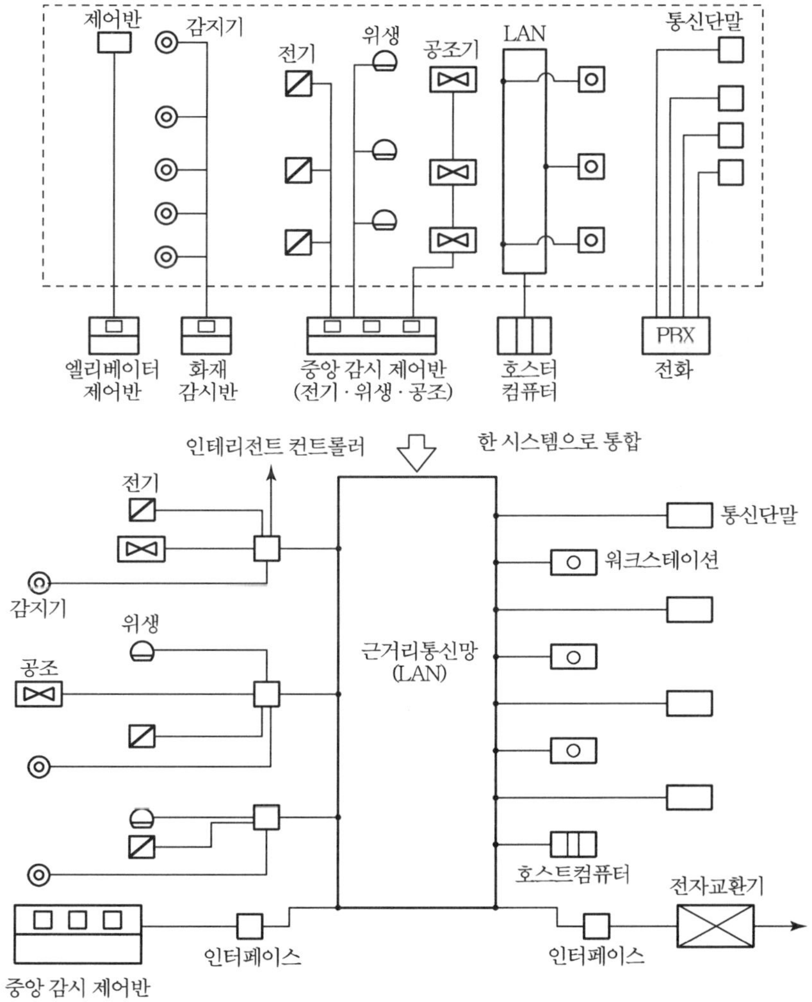

[그림 2] IB 건물의 구성도

나. 고도의 통신망 서비스 기능

1) 정보통신 기반서비스

각종 통신방식 변화에 따른 기본적인 배선방식으로 유연성을 갖도록 하는 기능이다.

예 이중바닥설비, 플로어덕트 설비, 무정전전원장치, 컴퓨터설치 건축구조, 분산공조방식, 광케이블 포설 등을 수행한다.

2) 기본통신 서비스

전화교환기에 의한 사무실 전화를 통한 기본적인 음성통신과 중간변환장치를 통한 데이터 자료전송, 영상회의 통신망 등의 기능을 수행한다.

3) 고도통신 서비스

고속디지털전송 등 건물 상호 간, 기업 상호 간, 지역 상호 간 종합정보서비스 기능을 수행한다.

다. 사무자동화 서비스 기능

건물 내 사무자동화 기기는 근거리 통신망 등을 구성하여 전 입주자가 상호정보교환이 원활하도록 하는 기능을 수행한다.

라. 빌딩자동화 서비스 기능

건물관리의 전기, 공조, 위생 중앙제어와 E/V, 방화방재, 방범설비 등을 다른 사무자동화 기능과 연결시켜 통합운영함으로써 시설관리의 에너지 절약을 추진할 수 있다.

3. 인텔리전트 건물의 기획 · 설계 시 고려사항

건물 기획설계의 경우 제일 중요한 것은 인텔리전트 빌딩 사업주의 적용의지와 업무범위의 결정이다.

가. 각종 기술계산 방식 및 적용 방식의 재검토

1) 등급별로 분류된 부하밀도에 따라 적정한 추정용량을 산정하여야 한다.
2) 고조파 등 새로운 문제점으로 기존에 적용하던 계산방식에서 문제가 발생할 수 있으므로 이러한 점을 별도로 고려하여야 한다.

나. 전기설비 기능 이해와 기존 개념 탈피

기존 빌딩자동화는 한 기능 내에서만 정보가 제한되었으나 인텔리전트 빌딩에서는 타 기능 정보와 상호교환을 하므로 자체적인 자동화만을 구축해서는 안 된다.

다. 건축평면 이해와 전기실 면적 산정

1) 의례적인 EPS실 및 발전기실의 면적 산정은 피하여야 한다. 각종 정보기기, 추후 설치 공간 확보 및 전기 · 전자적인 상호 부작용 등을 고려한 면적 확보와 배치가 필요하다.
2) 건축, 기계 등 타 공정의 설계개념 이해 및 긴밀한 협조가 필요하며 예로 건축물 각 층의 천장높이는 최소 4m를 확보하고, 공조방식을 중앙식 또는 개별식 등에서 선택한다. 바닥마감방식 등 타 공정의 인텔리전트 개념 적용을 협의한다.

라. 에너지 절약 시스템의 적극적인 고려와 적용

조명 자동제어, 고효율 모터, 빙축열 시스템 등 적용시킬 수 있는 모든 에너지 절감 항목을 적극 검토하여야 한다.

4. 지능형 건물의 인증심사기준[26)]

IBS Korea의 인증제공방법은 단일 인증마크와 등급별 인증방법으로 구분된다. 인증은 기본적으로 수요자와 관련 업체의 정보제공 및 홍보자료로의 활용에 사용된다.

[표 2] 건축물 인증제도 현황

구분	녹색 건축물	에너지효율 등급	지능형 건축물
목적	자원절약형이고 자연친화적인 건축물 건축 유도	에너지 성능이 높은 건축물 확대 및 효과적인 에너지 관리 유도	각종 기술의 통합으로 건축물의 생산성과 설비운영 효율성 유도
근거	녹색건축물 조성지원법	녹색건축물 조성지원법	건축법
운영	국토교통부 · 환경부 공동	국토교통부 · 산업통상자원부 공동	국토교통부
평가대상	건축법의 건축물	단독주택, 공동주택, 업무시설, 기타	업무용 건물
평가항목	7개 분야(토지이용 및 교통, 에너지 및 환경오염, 재료 및 자원, 물순환관리 · 유지관리, 생태 · 실내환경)	단위면적당 1차 에너지 소비량	6개 분야(건축계획 및 환경, 기계 · 전기설비, 정보통신 · 시스템통합, 시설경영관리)
인증기관	지정인증기관	지정인증기관	지정인증기관
인증등급	그린 1~4등급, 녹색건축물 인증기준	1~7등급, 건축물 에너지효율 등급 인증기준	1~5등급, 지능형 건축물 인증기준

[표 3] 지능형건물 등급인증 기준(예시)

등급	심사점수 / 과락점수	비고
1등급	90% 이상 득점 / 85% 미만	300점(100%) 만점 1등급 : 270점(90%) 이상 2등급 : 255점(85%) 이상 3등급 : 240점(80%) 이상 4등급 : 225점(75%) 이상 5등급 : 210점(70%) 이상
2등급	85% 이상 90% 미만 득점 / 80% 미만	
3등급	80% 이상 85% 미만 득점 / 75% 미만	
4등급	75% 이상 80% 미만 득점 / 70% 미만	
5등급	70% 이상 75% 미만 득점 / 65% 미만	

>>참고 IBS 시스템 구축기획

1. 빌딩자동화(BA) : 자동제어(조명 · 설비 · 공조 · 전력 · 누수감지), 보안(CCTV, 출입관리), 빌딩운영(주차관리)
2. 사무자동화(OA) : LAN(유선랜 · 무선랜), 배선(UTP, 광섬유케이블), 정보인프라(빌딩정보, VOD, 그룹웨어)
3. 정보통신(TC) : 교환기(PBX), 부가통신(디지털전화, ARS/VMS), 영상통신(CATV, 영상회의, PA)
4. 시스템 통합관리(SI) : BEMS(빌딩에너지 관리시스템)을 위한 통합관리

26) 지능형 건물의 인증심사기준은 "지능형 건물 인증제도 세부시행지침"을 참조

1.2 IDC 및 초고속 정보통신건물 인증제도

- IDC(Internet Data Center)는 인터넷서비스 사업자와 전자상거래(EC)를 행하는 기업의 전산장비를 안정적, 경제적으로 운영 · 관리하는 것은 물론 인터넷 비즈니스에 필요한 서비스를 제공하는 건물을 말한다.
- IDC에는 초고속 인터넷전용망, 무정전전원설비, 항온항습, 보안체계, 백업체계, 서버 등의 대용량 기간망과 서버 설치를 위한 최첨단 시설과 안정된 시스템을 보유하고 있다.

■ 정보통신망 이용촉진 및 정보보호 등에 관한 법률, 정보보호 관리체계 인증 등에 관한 고시, 최신 전기설비, 정기간행물

1. 관련 근거

가. 집적된 정보통신시설의 보호

타인의 정보통신서비스 제공을 위하여 집적된 정보통신시설을 운영, 관리하는 사업자는 정보통신시설의 안정적인 운영을 위하여 법률이 정하는 바에 의한 보호조치를 하여야 한다. (집적정보 통신시설 보호지침)

나. 집적된 정보통신시설의 보호조치

1) 출입자의 접근통제 및 감시를 위한 기술적 · 관리적 조치
2) 각종 재해와 테러 등의 각종 재난에 대비한 물리적 · 기술적 조치
3) 안정적 관리를 위한 관리인원 선발 및 배치 등의 조치
4) 안정적인 운용을 위한 시설보호계획 수립 및 시행

2. 집적정보통신시설 보호조치

사업자는 집적정보통신시설의 보호를 위하여 물리적 · 기술적, 인적 · 제도적 안전성을 점검 · 지도하여야 한다.

가. 물리적 · 기술적 보호조치

1) 접근제어 및 감시

① 출입통제장치 : 중요시설 중 중앙감시실, 전산실, 전력감시실, 통신장비실, 방재실의 출입구에 신원확인을 통해 개폐되는 잠금장치를 설치한다.

② 출입기록 : 주요시설에 대한 출입기록은 출입일로부터 2개월 이상 유지, 주요시설 이외의 시설은 1개월 이상 유지한다.

③ 고객정보시스템 장비보호 : 전산실 내 정보시스템장비는 잠금장치가 있는 구조물(Rack)에 설치한다.

④ 중앙감시실 : CCTV가 촬영한 영상을 24시간 감시할 수 있는 모니터를 설치한다.

⑤ CCTV : 주요시설의 출입구와 주요시설 중 전산실 및 통신장비실 내부에 설치한다.

⑥ 경보장치 : 방재실은 화재감지센서의 작동상황이 실시간으로 파악되도록 하고, 화재 발생 시에 경보신호를 통해 상황을 알 수 있도록 화재감시센서와 연동된 경보장치를 설치한다.

2) 가용성

① 전력 및 관련 설비 보호 : 전력감시실을 두되, 중앙감시시설과 통합 운영한다.

② 무정전전원장치 : 정보시스템 장비는 3개월 평균 순간사용전력의 130%에 해당하는 전력을 최소 20분 이상 공급할 수 있는 UPS를 설치한다.

③ 축전지설비 : 별도의 축전지실 또는 잠금장치가 있는 폐쇄형 패널로 설비한다.

④ 자가발전설비 : 발전용량은 전산실 내 고객의 정보시스템 장비 및 항온항습기와 집적정보 통신시설 내에 설치된 유도등의 3개월 평균 순간사용전력의 130%에 해당하는 전력을 공급하고 연료 보충 없이 2시간 이상 발전할 수 있는 연료공급 저장시설이 있어야 한다.

⑤ 수 · 변전설비 : 배전반에 단락 · 지락 및 과전류를 방지할 수 있도록 계전기를 설치하고, 누전 발생 시 이를 차단할 수 있도록 누전차단기 또는 누전경보기를 설치한다. 수 · 변전설비는 중앙감시실 또는 전력감시실과 연동되어야 한다.

⑥ 접지시설 : 정보시스템장비 등 각종 진원장비에 대한 집지시실을 한다.

⑦ 항온항습기 : 전산실에 24시간 항온 · 항습을 유지하기 위하여 항온항습기를 설치한다.

⑧ 비상조명 및 유도등설비 : 조명설비 정전 시 바닥 또는 작업면의 조도가 최소 10lx 이상이 유지되도록 비상조명을 설치한다.

3) 방호성

① 벽면의 구성 : 전산실은 천장을 통하여 외부와 왕래가 불가능하도록 차단 조치한다.

② 유리창문설비 : 창문은 강화유리를 사용하고 개폐가 되지 않도록 설치한다.

4) 방재성

① 하중안전성 : 변압기, 자가발전설비 등 설치장소의 바닥은 최소 $500kg/m^2$ 이상의 하중에 견디며, 적재하중치가 $500kg/m^2$를 초과할 경우 필요한 조치를 한다.

② 소방시설 : 집적정보 통신시설 전지역에 열 감지 또는 열 감지 센서를 설치한다. 주요시설은 가스 소화장비를 설치를 설치하고 방화문을 설치한다.

③ 건축자재 : 집적정보통신시설의 건물은 화재 및 물리적 충격에 견디기 위하여 철골조, 철근콘크리트를 사용하고, 건물 내부 사용자재는 불연재료 또는 난연재료를 사용한다.

④ 수해 방지 : 주요시설의 천장 및 바닥은 방수시공이 되어야 한다.

나. 관리적 보호조치

1) 보호관리 체계화

전문기술자, 관리책임자, 시설보호계획 등 보호관리 체계화

2) 관리용 정보시스템 장비 보호

네트워크, 침입차단시스템 및 기록관리, 사용자 계정관리, 비밀번호 관리 등 장비보호

3. 공동주택의 인증등급

가. 초고속 정보통신 건물인증제도의 목적

초고속 정보통신서비스가 원활하게 지원되도록 일정기준 이상의 구내 정보통신설비를 갖춘 건물에 대해 초고속 정보통신 건물인증을 부여하여 구내정보통신설비의 고도화를 촉진시키고 초고속 정보통신을 활성화하는 데 목적이 있다.

나. 인증제도 대상

1) 주거용 : 50세대 이상의 공동주택 예 APT 및 공동주택단지
2) 업무용 : 6층 이상 또는 연면적 3,300m^2 이상인 업무시설

다. 인증등급의 구분

1) 등급구분은 특등급, 1등급, 2 · 3등급으로 분류한다.
2) 등급표시는 인증마크 및 인증명판 부착한다.

4. 특등급 건물인증의 특징

가. 특등급 신설목적

1) 음성, 데이터, 영상통신의 통합 서비스 환경에 대비하기 위함
2) 차세대 구내통신선로 설비를 공동주택 내에 구축할 수 있도록 하기 위함
3) Digital Home 및 Home Networking을 수용할 수 있는 기반을 마련하기 위함
4) 고품질의 인터넷 접속서비스를 제공할 수 있도록 하기 위함

나. 특등급과 1등급의 차이점

1) 구내간선 : 주배선반 → 건물배선까지의 구간
2) 건물간선 : 건물배선반 → 중간배선반까지의 구간
3) 수평배선 : 중간배선반 → 세대 인출구까지의 구간

[표] 특등급과 1등급의 규격상 차이점

구분		특등급	1등급
케이블	구내간선	광케이블 6코어 이상+세대당 Cat3 4페어 이상	광케이블 4코어 이상+세대당 Cat3 4페어 이상
	건물간선	광케이블 4코어 이상+세대당 Cat3 4페어 이상	세대당 Cat3 8페어 이상
	수평배선	광케이블 4코어 이상+세대당 Cat3 4페어 이상	세대당 Cat5e 4페어×2 이상
		인출구당 Cat5e 4페어 이상	인출구당 Cat5e 4페어 이상
세대 단자함		광선로 종단장치, 광전변환장치, 접지형 전원시설이 있는 것	접지형 전원시설이 있는 것

>>참고 특등급 적용설비 예

1. 특등급과 1등급의 구성

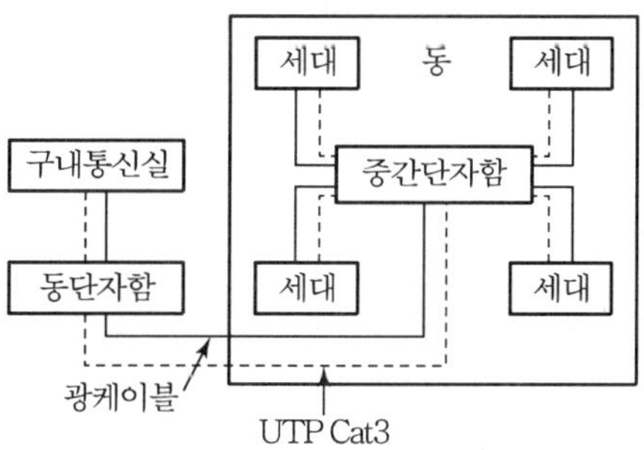

[그림 1] 특등급

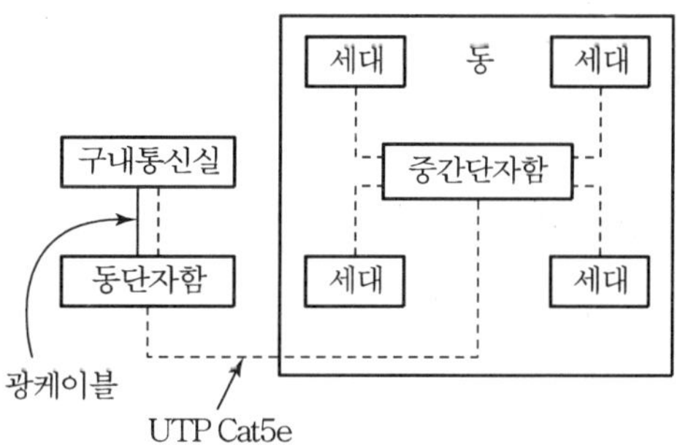

[그림 2] 1등급

2. 특등급을 적용한 배선시스템 계통도(집중구내통신실부터 세대 내 인출구까지)

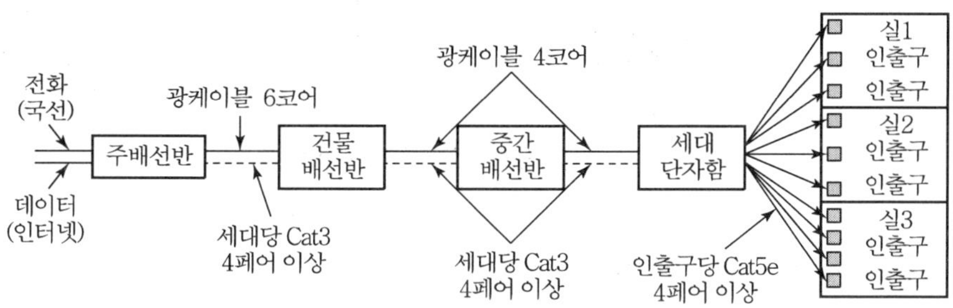

SECTION 02 주차관제설비

2.1 주차관제설비의 분류

주차관제설비의 설치목적은 주차장을 이용하는 차량을 안전하고 효율적으로 유도하여 주차장 운용에 필요한 설비를 자동화하여 인력절감을 하기 위함이다. 최근에는 방범관리와 겸용하여 운영하기도 한다.

■ 주차장법, 최신 전기설비, 정기간행물

1. 구성

주차관제설비의 표지장치 구성은 신호관제 시스템, 재차관리장치, 주차요금 계산장치 등으로 이루어진다.

2. 신호관제 시스템

신호관제 시스템의 기본 구성은 차체검지기, 신호제어장치, 표시장치로 되어 있다.

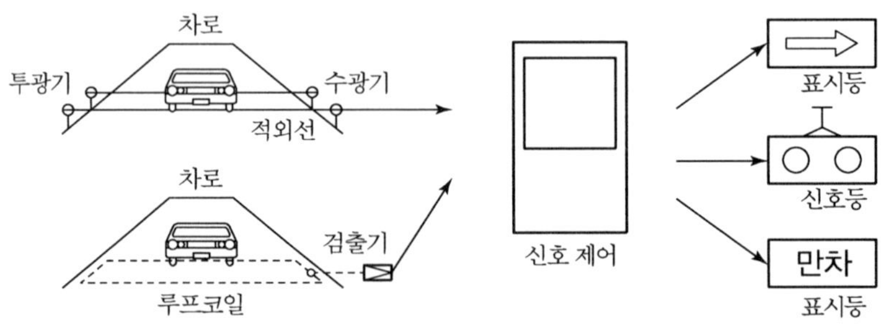

[그림 1] 신호관제 시스템

가. 차체 검지기(=차량검지장치)

1) 디딤판식

차고 출입구에 디딤판을 놓고 차가 그 디딤판 위에 타게 되면 스위치가 동작하는 방식이다. 현재 거의 사용되고 있지 않다.

2) 광전식(광전관식)

광전관의 투광기와 수광기의 신호를 이용하여 관제장치로 신호를 송출하는 방식이다.

3) 광전자식(적외선식)

검출기로 광전자를 응용하고 주차장 내의 조명을 이용한 것으로 자동차의 출입 시 광선을 차광하여 그 신호를 관제장치에 송출하는 방식이다.

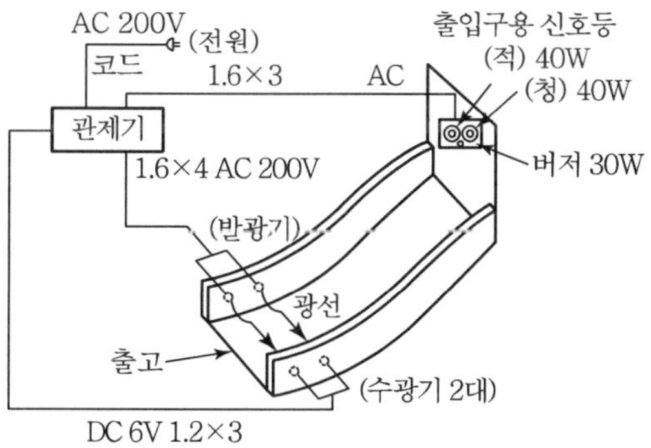

[그림 2] 광전관식

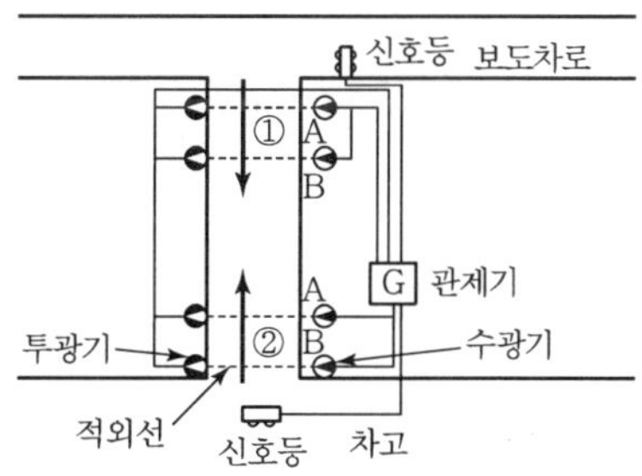

[그림 3] 적외선식

4) 초음파식

① 자동차용 도로와 벽면에 발음기와 수음기를 설치하여 자동차 출입 시에 음파를 반사시켜 반사 신호를 제어하는 방식이다.

② 공기의 이동이 심한 장소는 피해서 설치한다.

5) 인덕턴스식(Loop Coil 방식)

차로에 루프코일(Loop Coil)을 매설하여 자동차 출입 시 고유주파수를 발생하여 검출하고 신호를 관제장치에 보내는 방식이다. 가장 많이 사용하고 있는 방식이다.

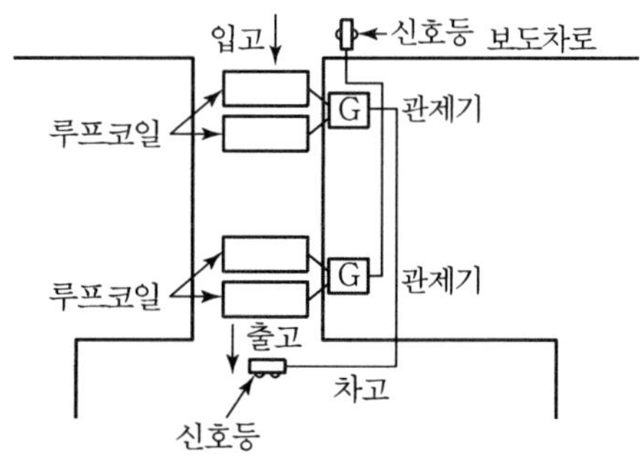

[그림 4] 루프코일 방식

나. 신호제어장치

1) 동작원리

검지장치가 차체를 검지하여 신호등과 경보를 통하여 벨이 작동한다.

2) 신호제어방식

① 시소제어식 : 차의 차로 통과 예정시간을 설정하는 타이머 복귀법이다.

② 폐색제어식 : 차로 내 공차가 되었을 때 신호를 복귀하는 방법으로 고속주행, 경사로 등에 해당된다.

3) 주차대수 카운터

① 만차, 공차 상황 등을 표시장치에 표시한다.

② 장내 · 외 혼잡의 경우 차의 유도를 효율적으로 제어한다.

다. 표시장치

1) 신호등 : 2위 신호등, 1위 신호등(상시 점멸등)이 있다.

2) 만차 표시등 : 전조식, 자막 필름 전환식, 문자판 회전식 등이 있다.

3. 재차관리장치

가. 설치목적

주차장의 재차, 공차 상황 등을 집중감시하고 유도하는 장치이며 주차 상황을 판단하고 국부 감시기능을 하기 위함이다.

나. 재차 검지기

1) 광전식 반사형 검지기

① 검지기는 발광부, 수광부 등으로 구분된다.

② 수광 상태의 빔(Beam)은 차가 차광하면 재차 신호를 송출한다.

③ 오동작을 방지하기 위해 3초 이상 계속 차광 시 검지사항을 송출한다.

2) 초음파식 검지기

① 25~40kHz 정도의 초음파를 사용한다.

② 차량에 발사한 초음파 반사로 차량의 상황을 파악하는 검지방식이다.

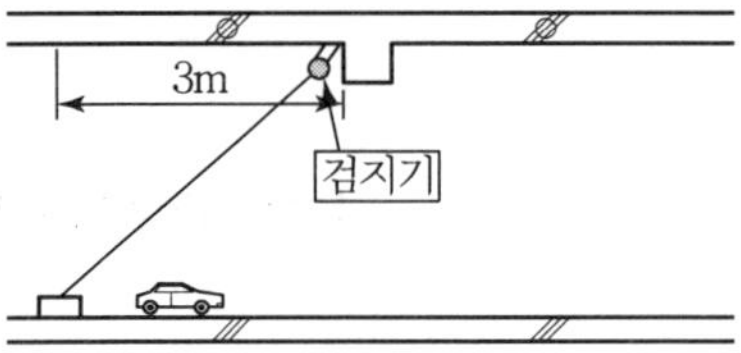

[그림 5] 광전식 반사형 검지기

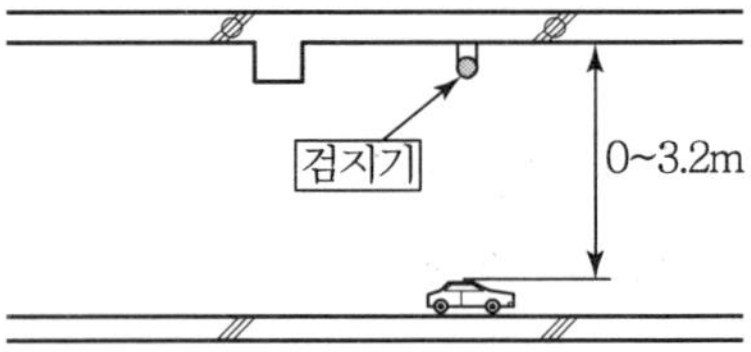

[그림 6] 초음파식 검지기

4. 주차요금 계산장치

가. 설치목적

유료주차장은 주차권을 발행하고 주차요금 징수 및 집계를 함으로써 주차요금업무를 자동화하여 신속, 정확하게 처리하기 위함이다.

나. 구성

주차권 발행기, Car-Gate, 주차요금 계산기, 전자동 요금 정산기 등이 있다.

다. 기능

1) 반자동 시스템 : 입구에는 사람이 없고 출구에는 사람이 있는 관리시스템
2) 전자동 시스템 : 입구와 출구가 전부 무인으로 관리되는 시스템

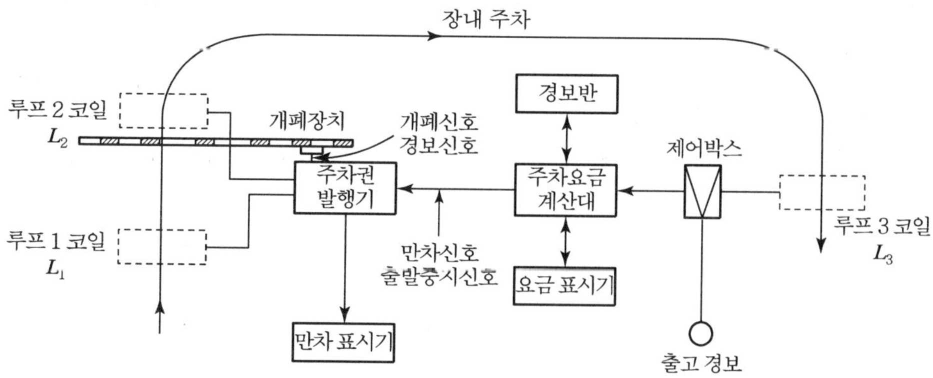

[그림 7] 주차요금 계산장치

5. 설계 시 검토사항

가. 건물 지하주차장에는 70lx 이상의 조도를 유지하는 조명장치를 시설한다.
나. 주차장 출입구 부근은 Snow Melting 장치 설치한다.
다. 주차대수 30대 이상의 경우 감시용 CCTV를 설치한다.
라. 신호제어반은 주차장 관리실 및 관리자가 상주하는 곳에 설치해야 한다.
마. 신호등과 주차검지기와의 간격은 약 10m 정도가 좋다.
바. 주차권 발행기 및 Car-Gate 등은 입구 측 기기와 경사진 도로에는 충돌위험이 없도록 설계하여야 한다.

사. 설계 시 기본적인 검토사항

1) 발권, 계산처리 소요시간과 적정 처리대수를 산정한다.

① 입장처리 평균소요시간 약 10~15초, 계산처리 평균소요시간 약 15~20초

② 1일 출입대수가 1,000대 이상이 될 경우 출입구가 복수 개 필요하며 주차관제설비도 분산 배치한다.

2) 주차권발행기 및 기타 기기를 옥외에 설치할 경우 방수성 및 내구성 확보가 필요하다.

3) 주차발매기는 차로면에서 1~1.02m가 적당하며 1.05m를 넘지 않도록 하는 것이 좋다.

4) 차량유도, 방향 전후표시등을 적절히 하여야 한다.

>>참고 주차장법 시행규칙(노외주차장)

1. 출입구 너비는 3.5m 이상으로 주차대수 규모가 500대 이상일 경우 출구와 입구를 분리하거나 너비를 5.5m 이상으로 한다.
2. 주차대수 30대 초과 지하 또는 건물식 주차장에는 관리사무소에서 주차장 내부를 볼 수 있는 CCTV 방범설비를 시설한다.
3. 바닥으로부터 85cm 높이에 있는 지점에 평균 70lx 이상의 조도를 유지하는 조명장치를 설치한다.
4. 출입 및 안전 확보를 위하여 필요한 경보장치를 설치하여야 한다.

SECTION 03 통신시설

3.1 전력선 통신(PLC ; Power Line Communication)

■ 배전규정, 정기간행물, 제조사 기술자료

1. 개요

가. PLC란 전력을 공급하는 전력선을 이용하여 데이터를 고주파 신호(수백 kHz~수십 MHz 이상)와 함께 실어 보내고 접속장비를 이용하여 고주파 신호만을 분리하는 데이터 통신기술을 말한다. 예 홈오토메이션, 원격자동제어 등

나. 국내에서 사용되는 전력은 60Hz의 교류신호로서 가전제품은 이를 전력변환기를 통해 직류로 바꾸어 사용하며, 전력선 통신에서의 고주파 신호는 저전력의 출력신호이므로 일반 가전기기 작동에는 영향을 미치지 않는다.

2. PLC 구성도

<전력선통신(PLC) – 고압PLC 시스템>

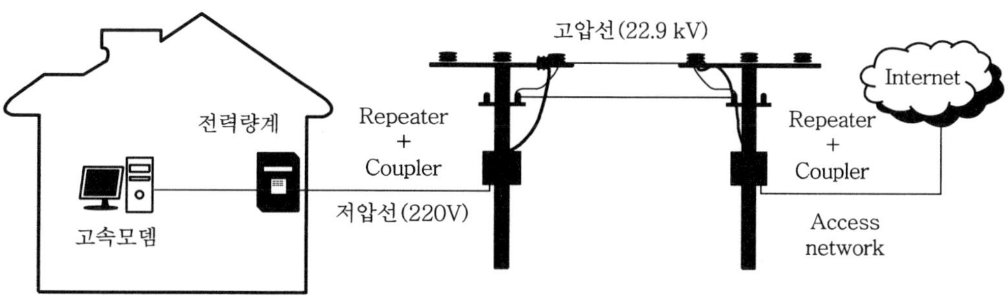

가. 통신 네트워크 구성

1) HV 망(High Voltage)

기간 망(Backbone Network)은 각 도시 간을 연결하는 네트워크로 노드 간 거리가 수십 km 이상으로 사용전압은 765kV, 345kV를 이용한다.

2) MV 망(Medium Voltage)

시내 망(Access Network)은 도시 내의 네트워크를 구성하는 것으로 거리는 20km 이내이며 사용전압은 22.9kV이다.

3) LV 망(Low Voltage)

단말거리가 수 km 이내인 각 가정을 연결하는 가입자 망 사용전압은 220V이다.

나. 구성 요소

1) Internet Backbone

전산망 네트워크 부분(LAN ↔ WAN 간)을 연결시켜주는 대규모 전송회선으로 인터넷 망에서 PLC Router를 통해서 전력선에 신호를 전향시키는 장치이다.

2) PLC Router

인터넷 네트워크 장비(LAN과 LAN, LAN과 WAN)로서 임의 내부 네트워크와 외부 네트워크를 연결, 데이터 신호를 추출하여 그 위치에 대한 최상의 경로를 지정하며 데이터 신호를 다음 장치로 전향시키는 장치이다.

3) PLC Repeater

PLC 신호는 전송되는 과정에서 감쇄되고 왜곡되므로 신호 증폭, 파형의 정형을 통하여 PLC 신호를 재생시켜주는 중계장치이다.

4) PLC Coupler

여러 개의 입력 데이터를 하나의 출력으로 형성하기 위한 결합기로서 분전반이나 전력량계를 By-pass해서 통신신호를 배분해주는 장치이다.

5) PLC Modem

통신신호를 변조/복조해주는 장치이다.

3. 전력선 통신의 특징

가. 전력선 통신 또는 전력선 반송통신은 전력선의 60Hz 전력주파수에 10~450kHz의 고주파 통신신호를 중첩시켜서 통신하는 방식이다.

나. PLC가 일반화되면 통신선을 따로 가설하지 않아도 전력선만 있으면 콘센트를 통신단자로 사용하여 어디서나 편리하고 경제적인 통신망을 구축할 수가 있다.

다. 별도의 통신선이 필요하지 않으므로 통신망 건설비용이 절감되어 경제적이다.

라. 배전선로가 설치되어 있는 장소는 전국 어디서나 통신망을 구축할 수 있다.

마. 변압기 등 전력기기 상호 간의 부하간섭과 잡음으로 인하여 노이즈 발생 가능성이 높다.

바. 저주파 대역에서는 감쇄는 적고 잡음이 크며, 고주파 대역에서는 반대로 잡음은 적고 감쇄가 크다.

사. 부하임피던스의 변동, 신호레벨의 제한(60Hz 기본파에 반송파를 추가하는 것) 등으로 적정한 신호대 잡음비(S/N Ratio ; Signal to Noise Ratio)를 유지하는 것이 어렵다.

아. 전력계통에 발생하는 사고(단선, 단락, 지락) 등으로 인하여 상시 양호한 통신상태가 보장되기 어렵다.

4. 전력선통신의 핵심기술

가. Front End Skill

전력선에 신호를 실어주거나 분리하는 기술로서 대역필터와 임피던스 정합기술이 있다.

1) 대역필터 기술 : 원하는 신호만 수신하고 노이즈는 제거하는 기술
2) 임피던스 정합 기술 : 최대의 신호전력을 전달하는 기술

나. 채널코드화

전력선의 신호를 Encode(부호화) 및 Decode(복호기)하는 기술

다. 모뎀

신호의 변·복조 기술로서 전송속도의 향상을 위한 통신방식

예 FSK, DS-CDMA 방식

라. MAC(Multiple Access)

신호의 충돌로 낭비되는 시간과 대역폭을 줄여 신호를 안정적으로 보내기 위한 기술로 이더넷, CSMA/CD 방식, 토큰패싱방식 등이 있다.

5. PLC의 활용

가. PC, TV 등 가전기기 간의 홈네트워크를 구현
나. 초고속 인터넷의 가입자망 구축
다. 전기, 가스, 수도 등 원격검침의 부가서비스망
라. 원격 전력 및 부하 제어 등 전력부가서비스 창출

[표] PLC 응용 예

구분	범위	목적	응용	비교통신수단
홈네트워크	옥내전력선	가전 및 에너지기기 네트워킹	컴퓨터 네트워크, 정보가전, 가정자동화제어	블루투스, PNA 등
가입자망	고압 및 저압배전선	전화 및 인터넷서비스	VoIP, 인터넷홈쇼핑, 홈뱅킹, 화상회의, 원격진료, 원격교육 등	전화/무선/케이블 가입자망 등
부가 서비스망	고압 및 저압배전선	유틸리티(전력, 가스, 수도) 부가서비스망	원격검침, 원격제어, 수요관리, 설비감시 및 제어 등	전용선 서비스

≫ Basic core point

가. 전력망(PLC)의 최대 장점은 이미 구축되어 있는 전력선을 통신매체로 사용하기 때문에 타 통신방식에 비해 초기 투자 구축비용이 저렴한 통신망 공급이 가능해지고 전력설비 유지 · 보수뿐만 아니라, 새로운 전력부가 서비스 창출, 전력망 임대사업 등과 같은 관련 산업 전반에 경제적 효과가 기대된다.

나. 고속 PLC 상용화칩 개발 동향

회사별/국가	전송속도	변조/Duplex 방식	사용대역	향후
젤라인/한국	24Mbps	DMT/Half	2~23MHz	200Mbps 완료
Intellon/미국	14Mbps	OFDM/Half	4~21MHz	100Mbps 완료
DS2/스페인	24Mbps	DMT/Full	2~21MHz	200Mbps 진행 중

다. 전력 IT와 UPCN(Ubiquitous Powerline Communication Network) 관계도

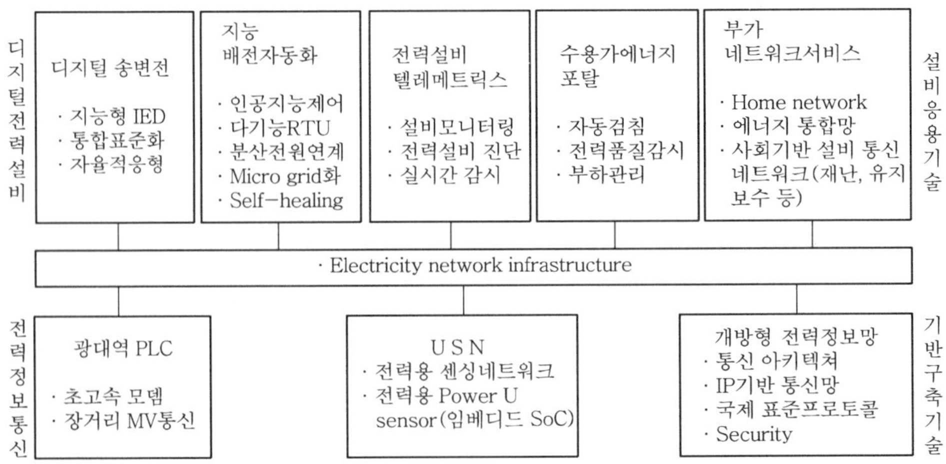

3.2 LAN(Local Area Network)

LAN(근거리 통신망)이란 특정하게 제한된 지역에 분산적으로 설치된 PC 및 각종 장치들을 서로 연결해서 DATA를 상호 통신함으로써 자원의 공유를 꾀하기 위한 고속 정보통신 시스템이다.

■ 배전규정, 최신 전기설비, 정기간행물, 제조사 기술자료

1. LAN의 특징

가. 전달거리가 좁은 범위에서 사용한다.

나. 광대역 전송으로 고속 통신이 가능하다.

다. 통신망을 통한 H/W, S/W의 공유가 가능하다.

라. 확장 및 재배치가 용이하다.(다양한 망 구성이 가능하다.)
마. 다양한 통신장치와의 통신이 가능하다.(호환성)
바. 데이터(문자, 음성, 화상 등)를 처리한다.
사. 분산처리가 가능하므로 시스템 전체 성능이 향상되어 오류율이 낮다.

2. LAN의 구성요소

가. 망 운영체계(NOS ; Network Operating System)

1) LAN은 하드웨어 기능과 프로그램, 데이터베이스 등의 자원을 공유하여 사용하므로 모든 컴퓨터에게 자원을 이용할 수 있게 하여야 한다.
2) 다른 종류의 LAN은 게이트웨이를 사용하여 LAN 망에 연결된 컴퓨터(Client)가 서버 기능이나 클라이언트 기능을 할 수 있도록 하는 프로그램이다.

나. 서버

네트워크상의 워크스테이션(Client)들이 필요로 하는 자원을 제공해 주는 H/W, S/W의 결합체로 파일 서버, 통신 서버, 프린터 서버 등이 있다.

다. HUB

LAN에서 여러 전송케이블을 한곳에 모아서 접속하기 위한 장치로 전기신호를 증폭해서 각 포트로 전달한다.

라. 워크스테이션

네트워크상에 접속된 컴퓨터로, 일반적인 PC를 말한다.

마. LAN 카드

컴퓨터와 LAN 망을 접속하는 장치이다.

바. 전송매체

전송매체로는 트위스트선, 동축케이블, 광케이블이 사용된다.

3. LAN의 종류별 특징

LAN의 종류는 변조방식별 분류, 전송매체에 의한 분류, 네트워크 구조에 의한 분류, Access 방식에 의한 분류(매체접속제어)로 구분한다.

가. 변조방식에 의한 분류

LAN은 원래 신호파형의 주파수를 바꾸지 않고 전송하는 Baseband 방식과 원래 신호파형을 다른 교류인 전송파에 실어 보내는 Broadband 방식이 있다.

1) Baseband 방식

① 컴퓨터 내부 코드에 해당하는 디지털 신호를 직접 전송하는 방식이다.
② 비용이 저렴하고 단거리 전송에 적용한다.
③ 소 · 중규모의 데이터 전송에 적용한다.

2) Broadband 방식

① 주파수 분할 다중방식으로 Digital Signal을 Analog Signal로 변조하여 전송하는 방식이다.
② 1개의 전송로에 다중채널로 전송한다.
③ 모뎀이 필요하고 비용이 증가하며 장거리 전송에 적용한다.
④ 대규모의 시스템에 적용한다.

나. 전송매체에 의한 분류

1) Twisted Pair Cable : UTP(100Base－T), STP(Sheld Twisted Pair)
2) 동축 Cable : 10Base2(Thin cable)과 100Base5(Thick Cable)
3) 광 Cable : 10Base－F

다. 네트워크 구조에 의한 분류

1) Ring형

① 형태 : 환상 모양의 전송로에 단말을 설치하여 토큰이라는 제어패킷을 링 내부에 순환시켜 통신을 한다.
② 특징 : 통신제어기능이 각 장치에 분산되어 신뢰성이 높다.
③ 문제점 : 장치 장애 시 시스템의 정지에 대비하여야 한다.
④ 적용 : 중규모에 적용한다.

2) Bus형

① 형태 : 1개의 전송로에 여러 개의 단말을 접속하는 방식이다.
② 특징 : 저가격, 단말의 추가 및 제거가 용이하다.
③ 문제점 : 망 제어장치가 없어 송신 시 충돌이 생긴다.
④ 적용 : 소규모에 적용한다.

3) Star형

① 형태 : 중앙제어장치에서 방사상의 전송로에 각 단말장치를 접속한다.

② 특징 : 통신제어는 중앙제어장치가 집중제어한다.

③ 문제점 : 트래픽 증가 시 병목현상이 발생한다.

④ 적용 : 소규모에 적합한 방식이다.

4) 복합방식

① 형태 : 링 형태의 간선부분과 스타형으로 분기하는 지선부분으로 구성되고, 간선에는 광케이블(FDDI)을, 지선에는 UPT를 사용한다.

② 특징 : 신뢰성이 높고 초고속이며 고가이다.

③ 적용 : 대규모 LAN에 적용한다.

분류	형태
링형	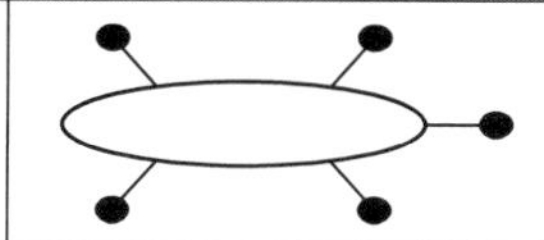
버스형	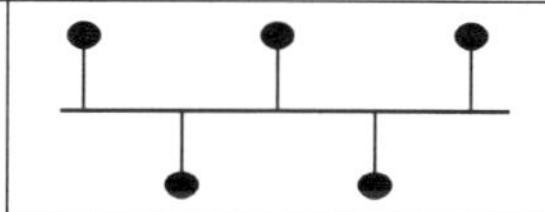
스타형	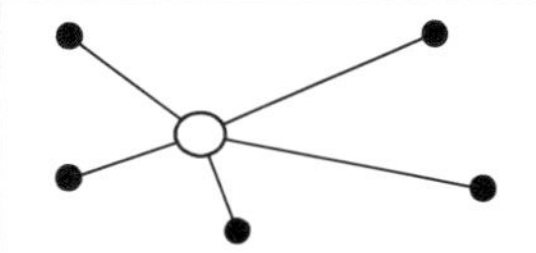
복합형	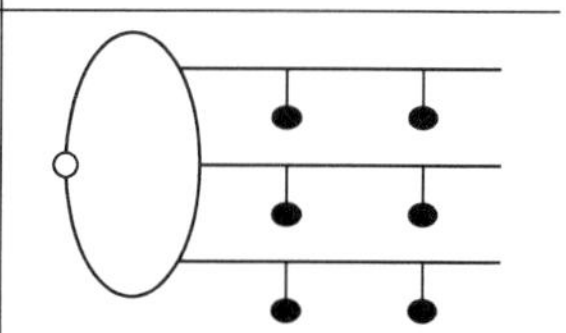

○ 제어장치 ● 단말장치류

라. Access에 의한 분류

LAN 전송방식은 전송로를 공용하기 때문에 각 단말기가 통신하면 데이터 충돌로 오류가 발생하여 데이터를 송수신하는 제어순서가 필요하다.

1) ATM(Asynchronous Transfer Mode) 방식

① ATM 교환기를 중심으로 한 스타형 토폴리지로서 단말기별로 임의의 속도에서 통신이 가능하다.

② 데이터, 음성, 화상정보 등을 다중화하여 한 개의 전송로에서 효율적으로 전송이 가능하다.

2) CSMA/CD(Carrier Sense Multiple Access with Collision Detection) 방식

① 네트워크를 감시하여 통신로가 비어 있는 경우에 데이터를 송출하고 데이터 충돌 시는 일정 시간 후 재송신한다.

② 통신망 데이터 전송에 표준으로 버스형 및 스타형에서 사용하는 액세스 방식이다.

3) Token Ring 방식

① 토큰이라는 제어패킷을 LAN 상을 순회시켜 단말기는 토큰이 자기에게 돌아오면 송신권을 얻어 데이터를 송신한다.

② 링형에 주로 사용하는 액세스 방식이다.

4) TDMA(Time Division Multiple Access) 방식

① 전송로를 시간적으로 분할해서 논리적으로 복수의 전송로를 구성하는 방식이다.

② 각 단말기에 확실한 송신권을 주어 자동제어시스템 등에 사용된다.

PART 04

방재설비

기출문제 **경향**분석 및 **학습**전략

PART | 04 방재설비

❶ 경향분석

1. **방재설비**는 크게 **접지설비**의 접지공사, 접지설계, 접지시공, **피뢰설비**의 낙뢰보호, **방재시설**의 내진설비, 전기방폭, 방재센터 등으로 구성되어 있습니다.
2. **접지설비**의 **접지공사에서** 대지저항률, 접지선 굵기, 등전위 접지, **접지설계에서** 접지저항 계산, 접지극 설계, 계통접지, **접지시공에서** 감전 방지, 누전차단기 등이 출제되었습니다.
3. **피뢰설비**의 LPMS, 피뢰시스템 구성요소, 전기설비에 미치는 영향 등이 출제되었습니다.
4. **방재설비**의 내진설비, 전기방폭 보호, 소방전기설비 등이 출제되었습니다.
5. **출제되는 문제의 경우** 동일한 문제는 없으나, 방향의 동일성 또는 용어의 다중성 등 응용문제가 출제되고 있습니다.

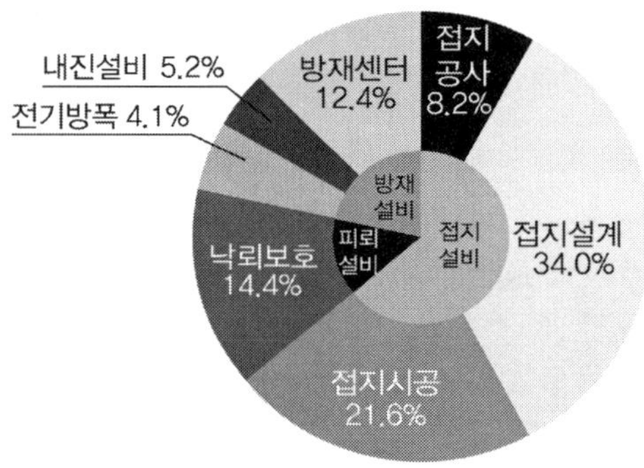

❷ 학습전략

1. **방재설비**는 전체 문제의 **출제 비중이 10%**이며, 접지설비가 62번, 피뢰설비가 14번, 방재설비가 21번 출제되었으므로 "피뢰설비, 방재설비 용어정의 등"의 기초 학습과 "피뢰설비의 영향 등"의 심화 학습 전략이 필요합니다.
2. **출제경향**은 일정한 방향성 또는 최신 경향의 용어, 정책, 전기업계에서 새롭게 부상되는 설비 등을 암기식 비밀노트로 정리하시기 바랍니다.
3. **학습전략 중 암기방법**은 자기만의 그림 · 주제 및 환경을 이용한 연상기억법 또는 기존 자기만의 암기방법과 병행하여 암기식 비밀노트를 만들기 바랍니다.

CHAPTER 01 전기안전

SECTION 01 전기설비의 안전보호

1.1 전기안전을 위한 보호

안전을 위한 보호의 기본 요구사항은 전기설비를 적절히 사용할 때 발생할 수 있는 위험[27]과 장애로부터 인축 및 재산을 안전하게 보호함을 목적으로 하고 있다.

■ 전기설비기술기준 고시, 한국전기설비규정(KEC), 전기설비기술기준 해설서, 정기간행물

1. 개요

전기설비를 사용 중에 발생할 수 있는 위험성을 방지하기 위하여 적절한 보호장치를 시설하고 있다. 따라서 저압전기설비의 적용범위 및 전기안전을 위한 보호에 대해 설명한다.

가. 사람이나 다른 물체에 위해 또는 손상을 주지 않도록 할 것
나. 내구기능의 부족 또는 기기 오동작에 의하여 전기공급에 지장을 주지 않도록 할 것
다. 다른 전기설비 그 밖의 물건의 기능에 전기적 또는 자기적인 장해를 주지 않도록 할 것
라. 에너지의 효율적인 이용 및 신기술 · 신공법의 개발 · 활동 등에 지장을 주지 않도록 할 것

2. 전기안전의 보호 분류

저압의 범위는 AC 1,000V 이하, DC 1,500V 이하이며, 전기를 공급 · 사용에 적용한다.

가. 감전에 대한 보호
나. 열 영향에 대한 보호
다. 과전류에 대한 보호
라. 고장전류에 대한 보호
마. 과전압 및 전자기 장애에 대한 보호

27) 전기설비 사용의 위험성은 감전, 화상, 화재와 기타 유해한 영향을 줄 수 있는 과도한 온도, 폭발 위험성이 있는 분위기에서의 점화, 상해나 손상을 유발하는 저전압 · 과전압 및 전자기 영향, 전원공급의 차단 또는 안전설비의 중지, 실명에 이르게 할 수 있는 아크, 전기로 구동되는 기기의 기계적 이동 등

3. 전기설비의 안전을 위한 고려사항

가. 안전을 위한 보호전압

1) 교류전압은 실효값으로 한다.
2) 직류전압은 리플프리[28)]로 한다.

나. 보호대책의 구성

1) 기본보호와 고장보호를 독립적으로 적절하게 조합하여 적용
2) 기본보호와 고장보호를 모두 제공하는 강화된 보호 규정을 적용
3) 추가적 보호는 외부영향의 특정 조건과 특정한 특수장소의 보호대책을 적용

다. 설비의 각 부분에서 보호대책 외부영향을 고려하여 적용

1) 일반적인 보호대책은 전원의 자동 차단, 절연(이중절연 또는 강화절연), 전기적 분리, 특별저압보호(SELV와 PELV) 등을 적용한다.
2) 전기기기의 선정과 시공을 할 때는 설비에 적용되는 보호대책을 고려한다.

라. 장소별 보호대책의 적용

1) 특수설비 또는 특수장소의 보호대책을 적용한다.
2) 장애물을 두거나 접촉범위 밖에 배치하는 보호대책은 관계인이 접근할 수 있는 설비에 사용한다.
3) 숙련자와 기능자의 통제 또는 감독이 있는 설비의 경우 "비도전성 장소, 비접지 국부등전위본딩, 두 개 이상의 전기사용기기에 공급하기 위한 전기적 분리" 등에 적용한다.
4) 보호대책의 특정 조건을 충족시킬 수 없는 경우에는 보조대책을 적용하는 등 동등한 안전수준을 달성할 수 있도록 시설하여야 한다.
5) 동일한 설비, 설비의 일부 또는 기기 안에서 달리 적용하는 보호대책은 보호대책의 고장이 다른 보호대책에 나쁜 영향을 줄 수 있으므로 상호 영향을 주지 않도록 한다.

마. 생략할 수 있는 고장보호에 관한 규정

1) 건물에 부착되고 접촉범위 밖에 있는 가공선 애자의 금속 지지물
2) 가공선의 철근강화콘크리트주로서 그 철근에 접근할 수 없는 것
3) 볼트, 리벳, 명판, 케이블 클립 등과 같이 크기가 작은 경우(약 50mm×50mm 이내) 또는 인체의 일부가 접촉할 수 없는 노출도전부로서 접속의 신뢰성이 없는 경우
4) 고장보호 요구사항에 따라 전기기기를 보호하는 금속관 또는 다른 금속제 외함

---

28) 리플프리(Ripple Free)직류란 교류를 직류로 변환할 때 직류성분에 대하여 리플성분의 실효값이 10% 이하로 포함된 직류전압을 말한다.

4. 전기안전 보호 시 고려사항

가. 감전에 대한 보호

인축에 대한 기본보호와 고장보호를 위한 필수 조건을 외부영향과 특수설비 및 특수장소의 시설에 있어서의 추가적인 보호의 적용이 필요하다.

1) 기본보호

기본보호는 일반적으로 직접접촉을 방지하는 것으로, 전기설비의 충전부에 인축이 접촉하여 일어날 수 있는 위험으로부터 보호되어야 한다. 기본보호는 다음 중 어느 하나에 적합하여야 한다.

① 인축의 몸을 통해 전류가 흐르는 것을 방지[29]

② 인축의 몸에 흐르는 전류를 위험하지 않은 값 이하로 제한[30]

2) 고장보호

고장보호는 일반적으로 기본절연의 고장에 의한 간접접촉을 방지하는 것이다.

① 노출도전부에 인축이 접촉하여 일어날 수 있는 위험으로부터 보호되어야 한다.

② 고장보호는 다음 중 어느 하나에 적합하여야 한다.

㉠ 인축의 몸을 통해 고장전류가 흐르는 것을 방지

㉡ 인축의 몸에 흐르는 고장전류를 위험하지 않은 값 이하로 제한

㉢ 인축의 몸에 흐르는 고장전류의 지속시간을 위험하지 않은 시간까지로 제한

나. 열 영향에 대한 보호

고온 또는 전기 아크로 인해 가연물이 발화 또는 손상되지 않도록 전기설비를 설치하여야 한다. 또한 정상적으로 전기기기가 작동할 때 인축이 화상을 입지 않도록 하여야 한다.

다. 과전류에 대한 보호

1) 도체에서 발생할 수 있는 과전류[31]에 의한 과열 또는 전기 · 기계적 응력에 의한 위험으로부터 인축의 상해를 방지하고 재산을 보호하여야 한다.

2) 과전류에 대한 보호는 과전류가 흐르는 것을 방지하거나 과전류의 지속시간을 위험하지 않은 시간까지로 제한함으로써 보호할 수 있다.

---

29) 일반적인 장소에서 전원의 공급전압을 50V 이하로 제한하면 인체가 충전부에 접촉되어도 인체에 통전하는 전류가 30mA 이하가 되어 안전하다.

30) 절연고장설비의 노출도전부를 접속하더라도 인축의 몸에 전류가 30mA 이상 흐르는 경우 전원 측에 보호장치를 설치하여 고장전류의 지속시간을 단축시켜 인체에 흐르는 전기량이 30mA · s 이하가 되도록 하는 방식이다.

31) 도체에 과전류가 흐르면 도체의 저항성분에 의하여 줄열이 발생한다. 이 열은 과전류 크기의 제곱에 비례하여 발생하며, 이 열로 인하여 절연손상, 화재, 화상 등이 발생할 수 있다.

라. 고장전류에 대한 보호

1) 고장전류[32)]가 흐르는 도체 및 다른 부분은 고장전류로 인해 허용온도 상승 한계에 도달하지 않도록 하여야 한다. 도체를 포함한 전기설비는 인축의 상해 또는 재산의 손실을 방지하기 위하여 보호장치가 구비되어야 한다.
2) 도체는 과전류에 따른 고장으로 인해 발생하는 고장전류에 대하여 보호되어야 한다.

마. 과전압 및 전자기 장애에 대한 대책

1) 회로의 충전부 사이의 결함으로 발생한 전압에 의한 고장으로 인한 인축의 상해가 없도록 보호하여야 하며, 유해한 영향으로부터 재산을 보호하여야 한다.
2) 저전압과 뒤이은 전압 회복의 영향으로 발생하는 상해로부터 인축을 보호하여야 하며, 손상에 대해 재산을 보호하여야 한다.
3) 설비는 규정된 환경에서 그 기능을 제대로 수행하기 위해 전자기 장애로부터 적절한 수준의 내성을 가져야 한다. 설비를 설계할 때는 설비 또는 설치 기기에서 발생되는 전자기 방사량이 설비 내의 전기사용기기와 상호 연결 기기들이 함께 사용되는 데 적합한지를 고려하여야 한다.

바. 전원공급 중단(정전)에 대한 보호

전원공급 중단으로 인해 위험과 피해가 예상되면, 설비 또는 설치기기에 적절한 보호장치를 구비하여야 한다.

예 전원공급 중단으로 인한 위험성과 피해가 예상될 수 있는 설비로는 소방설비, 기타 전원동급의 중단으로 위험성을 초래할 수 있는 설비(전자석 크레인, 방범설비, 가스 누출 경보설비 등)가 있다.

1.2 감전에 대한 보호대책

전기설비에서는 감전, 화재, 화상의 위험이 항상 존재한다. 이러한 위험 및 장해로부터 사람, 가축 및 재산을 안전하게 확보하는 방법으로 감전보호(직접, 간접접촉 및 직 · 간접접촉에 의한 보호), 과전류보호(온도 상승의 제한), 과전압보호(전위차의 제한) 등의 보호수단으로 구성되어 있다.

■ 전기설비기술기준 고시, 한국전기설비규정(KEC), 전기설비기술기준 해설서, 정기간행물

32) 고장전류 : 선도체 상호 간, 선도체와 중성도체 또는 보호도체 사이에 낮은 임피던스로 접촉되는 경우 흐르는 전류

1. 감전에 대한 보호대책 요구사항

감전이란 사람이나 가축의 몸을 통과하는 전류로 인한 생리적인 영향으로 정의되며, 이는 전류감지, 근육반응, 심실세동 · 화상 등을 말한다. 전기설비에서의 감전을 방지하기 위한 보호대책으로 기본보호, 고장보호 및 특별저압에 의한 보호 대책을 실시한다.

가. 기본보호 : 정상 운전 상태에서 사람이나 가축이 충전부에 직접적인 접촉을 방지
나. 고장보호 : 누전고장 등이 발생한 전기설비에 사람이나 가축이 접촉할 경우 감전방지
다. 특별 저압보호 : 인축(人丑)이 접촉해도 위험을 초래하지 않을 정도의 저압 전원보호

[표 1] 감전보호를 위한 방법

구분	기본보호	고장보호	특별저압보호
정의	• 전기설비의 충전부에 접촉하는 경우 감전 위험으로부터 보호 • 기본은 직접접촉을 방지	기본절연의 고장(누전 등)에 의한 기기에 접촉하는 경우 감전보호	특별저압전원에 의한 보호는 허용접촉전압보다 낮은 저압 전원회로(AC 50V 이하, DC 120V 이하)에 의한 보호
보호방법	• 충전부 절연 • 격벽 또는 외함 • 접촉범위 밖에 배치	• 이중절연, 강화절연 • 전원의 자동차단 • 등전위본딩 • 전기적 분리	• 비접지회로 적용 SELV • 접지회로 적용 PELV • 기능적 특별저압 FELV

2. 전원의 자동차단에 대한 보호대책(KEC 211.2)

가. 일반적인 요구사항

1) 전원의 자동차단에 의한 보호대책
   ① 기본보호에는 충전부의 기본절연 또는 격벽이나 외함에 의한 보호
   ② 고장보호에는 보호등전위본딩 및 자동차단에 의한 보호
   ③ 추가적인 보호에는 누전차단기를 시설

2) 전기설비의 누설전류를 감시하는 누설전류감시장치는 누설전류의 설정값을 초과하는 경우 음향 또는 음향과 시각적인 신호를 발생시켜 보호한다.

나. 고장보호의 요구사항

1) 보호접지
   ① 노출도전부는 계통접지별로 규정된 특정조건에서 보호도체에 접속하여 보호한다.
   ② 동시에 접근 가능한 노출도전부는 개별적 또는 집합적으로 같은 계통접지에 접속하고, 보호도체는 각 회로의 해당 접지단자에 접속된 보호도체를 이용한다.

2) 보호등전위본딩

도전성부분은 보호등전위본딩으로 접속하여야 하며, 건축물 외부로부터 인입된 도전부는 건축물 안쪽의 가까운 지점에서 본딩하여야 한다.

3) 고장 시의 자동차단

① 보호장치는 회로의 선도체와 노출도전부 또는 선도체와 기기의 보호도체 사이의 임피던스가 무시될 정도의 고장의 경우 규정된 차단시간 내에서 회로의 선도체 또는 설비의 전원을 자동으로 차단하여야 한다.

② [표 2]에 최대차단시간은 32A 이하 분기회로에 적용한다.

[표 2] 32A 이하 분기회로의 최대차단시간

[단위 : 초]

계통	120V< U_0 ≤ 230V		230V< U_0 ≤ 400V	
	교류	직류	교류	직류
TN	0.4	5	0.2	0.4
TT	0.2	0.4	0.07	0.2

TT 계통에서 차단은 과전류보호장치에 의해 이루어지고 보호등전위본딩은 설비 안의 모든 계통외도전부와 접속되는 경우 TN 계통에 적용 가능한 최대차단시간이 사용될 수 있다.
U_0는 대지에서 공칭교류전압 또는 직류 선간전압이다.

4) 추가적인 보호

교류계통에서는 누전차단기에 의한 추가적 보호를 하여야 한다.

① 일반적으로 사용하는 정격전류 20A 이하 콘센트

② 옥외에서 사용하는 정격전류 32A 이하 이동용 전기기기

다. 누전차단기의 시설(☞ 참고 : 누전차단기)

전원의 자동차단에 의한 저압전로의 보호대책으로 누전차단기를 시설해야 할 대상은 다음과 같다.

1) 누전차단기의 정격 동작전류, 정격 동작시간 등은 적용대상에서 요구하는 조건으로 시설

① 금속제 외함을 가지는 사용전압이 50V를 초과하는 저압의 기계 · 기구로서 사람이 쉽게 접촉할 우려가 있는 곳에 전기를 공급하는 전로

② 주택의 인입구 등 다른 전로에서 누전차단기 설치를 요구하는 전로

③ 특고압전로, 고압전로 또는 저압전로와 변압기에 의하여 결합되는 사용전압 400V 이상의 저압전로 또는 발전기에서 공급하는 사용전압 400V 이상의 저압전로

④ 다음의 전로에는 자동복구 기능의 누전차단기를 시설할 수 있다.

㉠ 독립된 무인 통신중계소 · 기지국

㉡ 관련 법령에 의해 일반인의 출입을 금지 또는 제한하는 곳

㉢ 옥외의 장소에 무인으로 운전하는 통신중계기 또는 단위기기 전용회로. 단, 일반인이 머물러 있는 장소(버스정류장, 횡단보도 등)에는 시설할 수 없다.

2) 저압용 비상용 조명장치 · 비상용승강기 · 유도등 · 철도용 신호장치, 비접지 저압전로, 기타 그 정지가 공공의 안전 확보에 지장을 줄 우려가 있는 기계 · 기구에 전기를 공급하는 전로의 경우, 기술원 감시소에 경보하는 장치를 설치한 때에 시설하지 않을 수 있다.

3) IEC 표준을 도입한 누전차단기를 저압전로에 사용하는 경우 일반인이 접촉할 우려가 있는 장소(세대 내 분전반 및 이와 유사한 장소)에는 주택용 누전차단기를 시설한다.

라. TN 계통에서 보호

1) TN 계통에서 설비의 접지 신뢰성은 PEN 도체 또는 PE 도체와 접지극과의 효과적인 접속하여야 하며, 전기공급자는 PEN 도체의 여러 지점을 접지하여 단선 위험을 최소화하여야 한다.

2) 전원 공급계통의 중성점이나 중간점을 접지할 수 없는 경우에는 선도체 중 하나를 접지하여야 하며, 다른 유효한 접지점이 있다면, 보호도체(PE 및 PEN 도체)는 건물이나 구내의 인입구 또는 추가로 접지하여야 한다.

3) 고정설비에서 보호도체와 중성선을 겸하여(PEN 도체) 사용될 수 있다. 이 경우 PEN 도체에는 어떠한 개폐장치나 단로장치가 삽입되지 않아야 한다.

4) 보호장치의 특성과 회로의 임피던스는 다음 자동차단 조건을 충족하여야 한다.

$$Z_S \times I_a \leq U_0$$

여기서, Z_S : 고장루프임피던스[Ω]

I_a : 규정시간 내에 보호장치를 자동 차단시키는 전류[A]

U_0 : 공칭전압

5) TN-C, TN-S 및 TN-C-S 계통의 접촉전압

부하점에서 절연불량인 경우 노출도전부 대지전위는 전원전압의 1/2로 저감된다. 단락 및 부하기기의 절연불량이 발생했을 때 노출도전부에 약 $U_0/2$의 전압이 나타나므로 동시에 접촉이 가능한 다른 노출도전부 또는 계통외도전부에 등전위본딩을 한다.

>>참고 TN 계통의 고장임피던스(Z_S), 고장전류(I_S) 및 보호장치의 설치조건

1. TN－C 계통

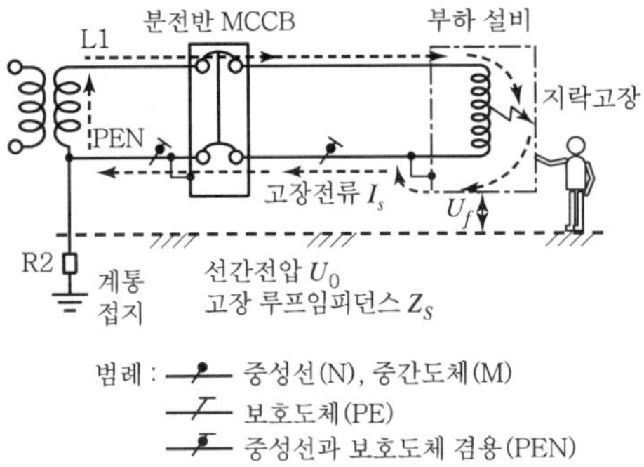

[그림 1] TN－C 계통

고장루프 임피던스(Z_S)	매우 작음
고장전류(I_S)	큰 고장전류
보호장치 설치조건	• 과전류 차단기만 사용 • 누전차단기 사용 불가 • PEN 도체의 단선 위험에 대해 특별한 주의가 필요, TN－S 계통의 부하 측에 TN－C 계통을 시설하지 말 것, PEN 도체에 이동 케이블 · 전선은 사용할 수 없다.

2. TN－S 계통

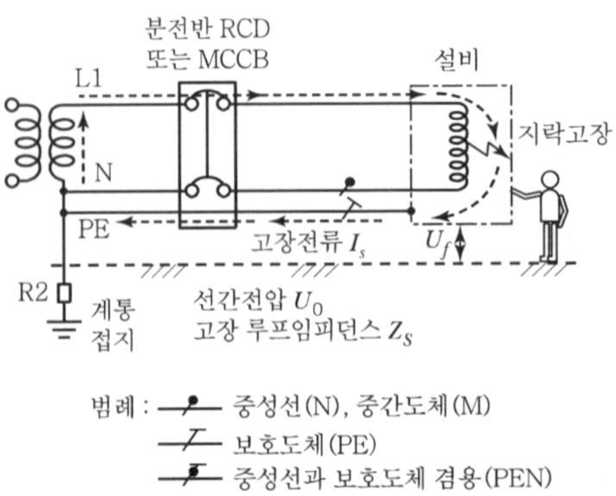

[그림 2] TN－S 계통

고장루프 임피던스(Z_S)	매우 작음
고장전류(I_S)	큰 고장전류
보호장치 설치조건	• 과전류 차단기만 사용 순시차단 특성(Type B, C, D)이 고장전류 이하가 되도록 선정 • 누전차단기(ELCB, RCD)에 의한 추가보호 : 일반인 사용 20A 이하 콘센트 회로, 32A 이하 이동용 전기기기 • 설비고장 또는 부주의에 의한 고장 발생 시 추가적 보호를 위해 정격감도전류 30mA 이하 누전 차단기 설치 권장

3. TN－C－S 계통

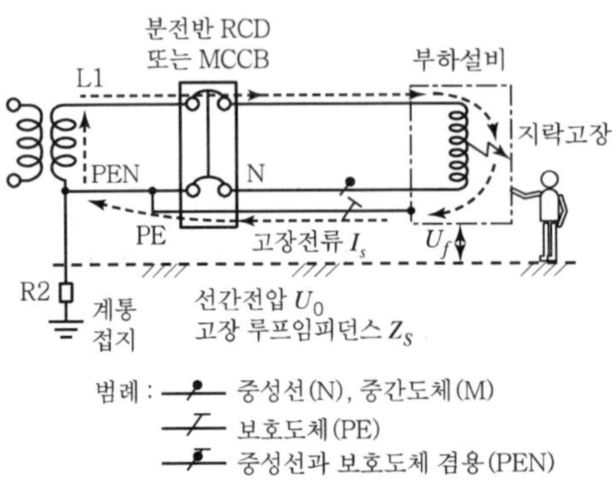

[그림 3] TN－C－S 계통

고장루프 임피던스(Z_S)	매우 작음
고장전류(I_S)	큰 고장전류
보호장치 설치조건	• 과전류 차단기만 사용 과전류 차단기 순시차단 특성(Type B, C, D)이 고장전류 이하가 되도록 선정 • 누전차단기 설치 시 RCD 부하 측에 PEN 도체를 사용해서는 안 되며, 노출도전부에 접속한 보호도체는 RCD의 전원 측에 접속 • PEN 도체의 단선 위험에 대해 특별한 주의가 필요

마. TT 계통의 전원 자동차단에 의한 보호

1) 전원계통의 중성점이나 중간점은 접지하여야 한다. 중성점이나 중간점을 이용할 수 없는 경우, 선도체 중 하나를 접지하여야 한다.
2) TT 계통은 누전차단기를 사용하여 고장보호를 하여야 한다. 다만, 고장 루프임피던스가 충분히 낮을 때는 과전류보호장치에 의하여 고장보호를 할 수 있다.
3) TT 계통에서 자동차단으로 고장보호를 하는 경우(누전차단기)

$$R_A \times I_{\Delta n} \leq 50\text{V}$$

여기서, R_A : 노출도전부에 접속된 보호도체와 접지극 저항의 합[Ω]
$I_{\Delta n}$: 보호장치를 자동차단시키는 전류, 누전차단기의 정격동작 전류[A]

4) TT 계통의 고장보호를 위한 자동차단 설치조건(과전류보호장치)

$$Z_S \times I_a \leq U_0$$

여기서, Z_S : 고장루프임피던스[Ω]
I_a : 요구 차단시간 내에 차단장치가 자동으로 동작하게 하는 전류[A]
U_0 : 공칭대지전압[V]

≫참고 TT 계통에서 고장임피던스(Z_S), 고장전류(I_S) 및 보호장치의 설치조건

TT 계통의 회로와 고장임피던스(Z_S), 고장전류(I_S) 및 보호장치의 설치소선을 요약하면 [그림 4]와 같다.

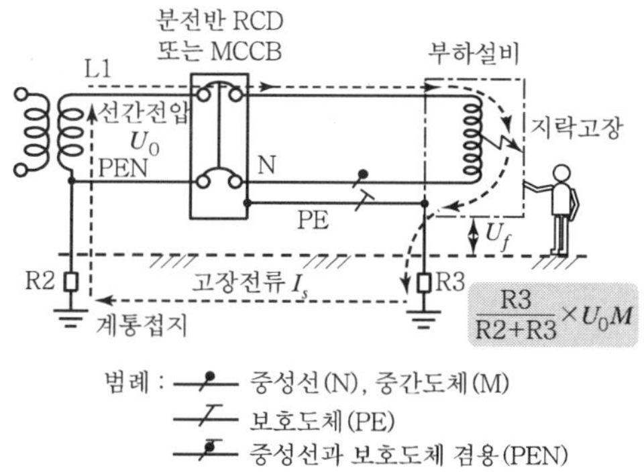

[그림 4] TT 계통

고장루프 임피던스(Z_S)	크다.(극히 작은 보호 접지저항을 얻기 곤란하고, 그 값을 장기적으로 유지하기 곤란)
고장전류(I_S)	매우 작다.
보호장치 설치조건	• 누전 차단기 사용 : 정격 감도전류 30mA 이하인 경우 $I_{\Delta n} \leq 50/R_3$, R_3=50/0.03 ⇒ 1.6kΩ 이하 • 고장 루프임피던스가 충분히 낮고, 영구적이며 신뢰성이 보장되는 경우에는 과전류 차단기 사용 가능

바. IT 계통

1) 노출도전부 또는 대지로 단일고장이 발생한 경우 고장전류가 작기 때문에 자동차단이 절대적 요구사항은 아니다. 그러나 두 곳에서 고장 발생 시 동시에 접근이 가능한 노출도전부에 접촉되는 경우에는 인체에 위험을 피하기 위한 조치를 하여야 한다.

2) 노출도전부는 개별 또는 집합적으로 접지하는 자동차단조건

   ① 교류계통 : $R_A \times I_d \leq 50\text{V}$

   ② 직류계통 : $R_A \times I_d \leq 120\text{V}$

   여기서, R_A : 접지극과 노출도전부에 접속된 보호도체 저항의 합

   I_d : 1차 고장이 발생했을 때의 고장전류[A], 누설전류와 총접지임피던스 고려

3) IT 계통은 다음과 같은 감시장치와 보호장치를 사용하며, 1차 고장 시 작동되어야 한다.

   ① 절연감시장치(음향 및 시각신호)　② 누설전류감시장치

   ③ 절연고장점검출장치　④ 과전류보호장치

   ⑤ 누전차단기

4) 1차 고장이 발생한 후 다른 충전 도체에서 2차 고장이 발생하는 경우 전원 자동차단

5) IT 계통에서 누전차단기를 이용하여 고장보호를 하고자 할 경우, 누전차단기를 준용하여야 한다.

사. 기능적 특별저압(FELV)(☞ 참고 : 특별저압에 의한 보호)

기능상의 이유로 교류 50V, 직류 120V 이하인 공칭전압을 사용하지만, SELV 또는 PELV에 대한 모든 요구조건이 충족되지 않고 SELV와 PELV가 필요치 않은 경우에는 기본보호 및 고장보호의 보장을 위해 조건의 조합을 FELV을 적용한다.

1) 기본보호
2) 고장보호
3) FELV 계통의 전원
4) FELV 계통용 플러그와 콘센트

1.3 특별저압(Extra Low Voltag)에 의한 보호

특별저압(Extra Low Voltag : 2차 전압이 AC 50V, DC 120V 이하)에 의한 보호는 직접접촉보호와 간접접촉보호를 동시에 구현하고 허용접촉전압보다 낮은 사용전압으로 제한하여 보호한다.

■ 전기설비기술기준 고시, 한국전기설비규정(KEC), 전기설비기술기준 해설서, 정기간행물

1. 보호대책 일반 요구사항

가. 특별저압 계통에 의한 보호대책

1) SELV(Safety Extra－Low Voltage : 안전 특별저압)
2) PELV(Protective Extra－Low Voltage : 보호 특별저압)
3) FELV(Function Extra－Low Voltage : 기능적 특별저압) : 위 SELV 및 PELV에 대한 모든 요구조건이 충족되지 않고, SELV 및 PELV가 필요치 않는 경우에는 기본보호 및 고장보호의 보장을 위한 조건의 조합을 말한다.

[표 1] SELV, PELV, FELV의 절연저항

전로의 사용전압	DC 시험전압[V]	절연저항[Ω]
SELV 및 PELV	250	0.5
FELV, 500V 이하	500	1.0
500V 초과	1,000	1.0

[주] 특별저압으로 SELV 및 PELV는 1차와 2차가 전기적으로 절연된 회로, FELV는 1차와 2차가 전기적으로 절연되지 않은 회로

나. 보호대책의 요구사항

1) 특별저압 계통의 전압한계는 '건축전기설비의 전압밴드'에 의한 전압밴드 I의 상한값인 교류 50V 이하, 직류 120V 이하이어야 한다.
2) 특별저압 회로를 제외한 모든 회로로부터 특별저압 계통을 보호 · 분리하고, 특별저압 계통과 다른 특별저압 계통 간에는 기본절연을 하여야 한다.
3) SELV 계통과 대지 간의 기본절연을 하여야 한다.

2. 특별저압전원(ELV ; Extra Low Voltage)에 의한 보호

가. SELV와 PELV용 전원

특별저압 계통에는 다음의 전원을 사용해야 한다.

1) 안전절연변압기 전원
2) "1)"의 안전절연변압기 및 이와 동등한 절연의 전원
3) 축전지 및 디젤발전기 등과 같은 독립전원
4) 내부고장이 발생한 경우에도 출력단자의 전압이 규정된 값에 적절한 표준의 전자장치
5) 저압으로 공급되는 안전절연변압기, 이중 또는 강화절연된 전동발전기 등 이동용 전원

나. SELV(Safety ELV)와 PELV(Protective ELV) 회로의 요구사항

1) SELV 및 PELV 회로
   ① 충전부와 다른 SELV와 PELV 회로 사이의 기본절연
   ② 이중절연 또는 강화절연 또는 최고전압에 대한 기본절연,
   보호차폐에 의한 SELV 또는 PELV 이외의 회로들의 충전부로부터 보호분리
   ③ SELV 회로는 충전부와 대지 사이에 기본절연
   ④ PELV 회로 및 PELV 회로에 의해 공급되는 기기의 노출도전부는 접지

2) 기본절연이 된 다른 회로의 충전부로부터 특별저압 회로 배선계통의 보호분리
   ① SELV와 PELV 회로의 도체는 기본절연을 하고 비금속외피 또는 절연된 외함으로 시설하여야 한다.
   ② SELV와 PELV 회로의 도체들은 전압밴드 I보다 높은 전압회로의 도체들로부터 접지된 금속 시스 또는 접지된 금속 차폐물에 의해 분리하여야 한다.
   ③ SELV와 PELV 회로의 도체들이 사용 최고전압에 대해 절연된 경우 전압밴드 I보다 높은 전압의 다른 회로 도체들과 함께 수용할 수 있다.

3) SELV와 PELV 계통의 플러그와 콘센트
   ① 플러그는 다른 전압계통의 콘센트에 꽂을 수 없어야 한다.
   ② 콘센트는 다른 전압계통의 플러그를 수용할 수 없어야 한다.
   ③ SELV 계통에서 플러그 및 콘센트는 보호도체에 접속하지 않아야 한다.

4) SELV 회로의 노출도전부는 대지 또는 다른 회로의 노출도전부나 보호도체에 접속하지 않아야 한다.

5) SELV 또는 PELV 계통의 기본 보호조건
   ① 공칭전압이 교류 25V 또는 직류 60V를 초과하거나 기기가 (물에)잠겨 있는 경우 특별저압 회로의 기기 충전부에는 "절연, 격벽 또는 외함" 최소한 IPXXB 또는 IP2X 보호등급[33)]의 기본 보호를 하여야 한다.
   ② 건조한 상태에서 SELV 또는 PELV 계통의 공칭전압이 AC 25V 또는 DC 60V를 초과하지 않는 경우는 기본 보호를 생략할 수 있다.

---

33) IP기호(KS C IEC 60529) 외함의 밀폐보호등급 구분(IP 코드)
   ① 코드 문자(국제 보호)
   ② 제1특성숫자(0~6의 수 또는 문자 X)
   ③ 제2특성숫자(0~9의 수 또는 문자 X)
   ④ 추가문자(선택 A, B, C, D)
   ⑤ 보충문자(선택 H, M, S, W)
   – 특성숫자가 명기될 필요가 없는 경우 그 자리를 문자 "X"로 대신한다.
   – 추가문자나 보충문자는 대체 없이 생략 가능하다.

③ SELV 또는 PELV 계통의 공칭전압이 교류 12V 또는 직류 30V를 초과하지 않는 경우에는 기본 보호를 생략할 수 있다.

3. SELV, PELV, FELV의 비교

[표 2] SELV, PELV, FELV의 개요 및 비교

기호	전원과 회로	접지와 보호도체의 관계
SELV	• 회로 및 전원은 안전하게 전기적으로 분리되어 있다. • 안전절연변압기 등으로 분리되어 있다.	• 회로는 비접지 회로 • 노출 도전성 부분은 대지 및 보호도체와 접속되지 않는다.
PELV		• 회로는 접지회로 • 노출 도전성 부분은 접지 또는 보호도체와 접속한다.
FELV	• 회로 및 전원은 기초절연 • 안전절연변압기를 사용하지 않아 구조적 분리 없음	• 회로는 접지해도 좋다. • 노출 도전성 부분은 전원 1차 회로의 보호도체에 접속하여야 한다.

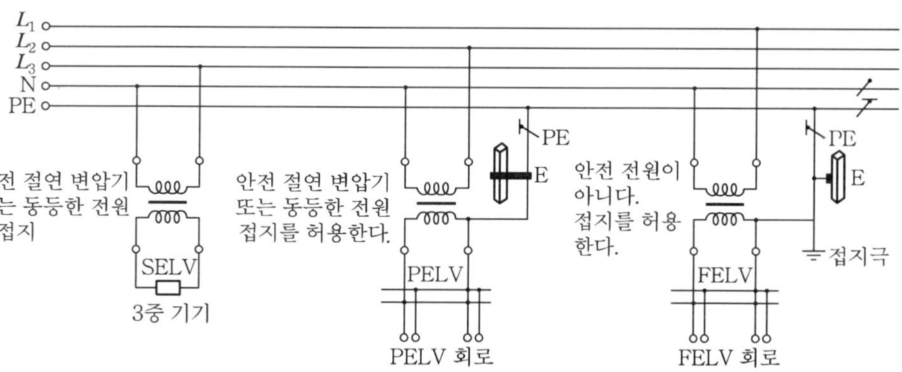

주 1) 특별 저압을 위한 전압 제한
－교류 50V
－직류 120V

주 2)
－ E : 외부 도체로의 접지, 예를 들어 금속 배관의 건물의 철근
－ PE : 보호 도체

[그림] SELV, PELV 및 FELV 회로의 비교

1.4 과전류에 대한 보호

과전류 보호의 원칙은 전선(회로도체)의 과부하 및 단락고장이 발생할 때 전원을 자동차단하는 하나 이상의 장치에 의해 보호하여야 한다.

■ 전기설비기술기준 고시, 한국전기설비규정(KEC), 전기설비기술기준 해설서, 정기간행물

1. 회로 특성에 따른 조건

가. 선도체의 보호

1) 과전류 검출기 설치

① 모든 선도체에 대하여 과전류 검출기를 설치하여 안전하게 차단해야 한다.

② 과전류가 검출된 도체는 차단하고, 이외의 다른 선도체는 차단하지 않아도 된다.

③ 3상 전동기같이 단상 차단이 위험을 일으킬 수 있는 경우 적절한 보호 조치를 한다.

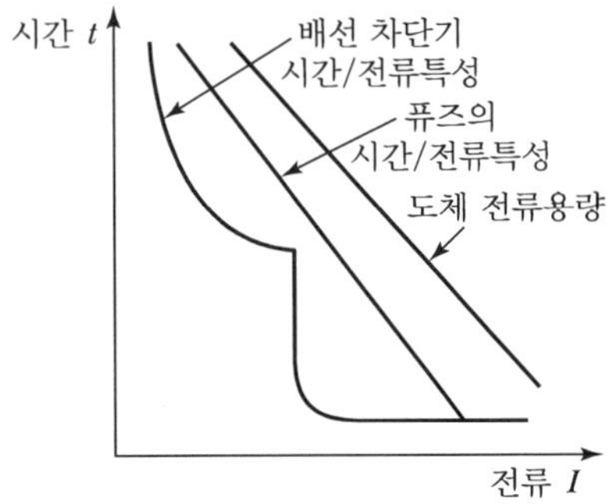

[그림 1] 과전류 보호

2) 과전류 검출기 설치 예외

중성선의 배선이 없는 TT 계통 또는 TN 계통에서 선도체만을 이용하여 전원을 공급하는 회로의 경우, 다음 조건을 동시에 충족할 때는 선도체 중 어느 하나에는 과전류 검출기를 설치하지 않아도 된다.

① 동일 회로 또는 전원 측에서 부하 불평형을 감지하고 모든 선도체를 차단하기 위한 보호장치(누전차단기 등)를 갖춘 경우

② "①"에서 규정한 보호장치의 부하 측에 위치한 회로의 인위적 중성점으로부터 중성선을 배선하지 않는 경우, 또는 3상 모터 등과 같이 1상의 차단이 위험해지는 경우는 적절한 조치를 해야 한다.

나. 중성선의 보호

1) TT 계통 또는 TN 계통

① 중성선의 단면적이 선도체의 단면적과 동등 이상의 크기이고, 그 중성선의 전류가 선도체의 전류보다 크지 않을 경우, 중성선에 과전류 검출기 또는 차단장치를 설치하지 않아도 된다.

② 중성선 단면적이 선도체의 단면적보다 작은 경우 과전류 검출기를 설치한다.

③ "①"과 "②"의 경우 모두 단락전류로부터 중성선을 보호해야 한다.

④ 중성선에 관한 요구사항은 차단을 제외하고 중성선과 보호도체 겸용(PEN) 도체에도 적용한다.

2) IT 계통

중성선을 배선하는 경우 중성선에 과전류검출기를 설치해야 하며, 과전류가 검출되면 중성선을 포함한 해당 회로의 모든 충전도체를 차단해야 한다.

다. 중성선의 차단 및 재폐로

중성선을 차단 및 재폐로하는 회로에 설치하는 개폐기 및 차단기는 차단 시에는 중성선이 선도체보다 늦게 차단되며, 재폐로 시에는 선도체와 동시 또는 이전에 되는 것을 설치

2. 과전류 보호장치의 종류 및 특성(KEC 212.3)

가. 과전류 보호장치의 종류

1) 과부하 전류 및 단락전류를 모두 보호하는 장치

① 과부하 분리기능을 내장한 차단기

② 퓨즈와 결합한 차단기

2) 과부하만 보호하는 장치

일반적으로 반한시형 과전류 보호장치

나. 과전류 보호장치의 특성

1) 과전류 보호장치는 배선차단기, 누전 차단기 및 퓨즈 등 동작특성에 적합한 것이어야 한다.

2) 과전류 차단기로 저압전로에 사용되는 [표 1], [표 2]에 적합한 것을 시설하여야 한다.

[표 1] 과전류 트립 동작시간 및 특성(산업용)

정격전류의 구분	시간	정격전류배수	
		부동작전류	동작전류
63A 이하	60분	1.05배	1.3배
63A 초과	120분	1.05배	1.3배

[표 2] 과전류 트립 동작시간 및 특성(주택용)

정격전류의 구분	시간	정격전류배수	
		부동작전류	동작전류
63A 이하	60분	1.13배	1.45배
63A 초과	120분	1.13배	1.45배

3. 과부하 보호장치 조건(KEC 212.4)

과부하에 대해 전선을 보호하는 장치의 동작특성은 다음의 조건을 충족하여야 한다.

$I_B \le I_n \le I_Z$(Nominal Current Rule), $I_2 \le 1.45 I_Z$(Tripping Current Rule)

여기서, I_B : 회로의 설계전류

I_Z : 케이블의 허용전류

I_n : 보호장치의 정격전류

I_2 : 보호장치가 규약시간 이내에 유효하게 동작하는 것을 보장하는 전류

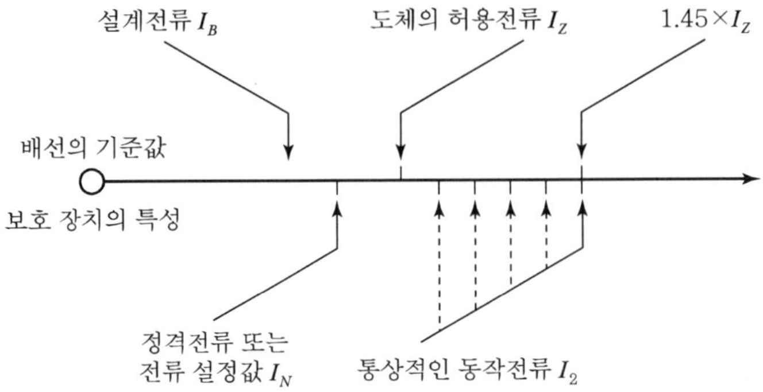

[그림 2] 과부하 보호 설계 조건도

가. 정격전류 I_N은 사용현장에 적합하게 조정된 전류의 설정값이다.

나. 보호장치의 유효한 동작을 보장하는 전류 I_2는 제조자로부터 제공되거나 제품에 표시한다.

다. I_B는 선도체를 흐르는 설계전류이거나, 영상분 고조파의 중성선에 흐르는 전류이다.

라. 보호가 불확실한 경우에는 식에서 선정된 케이블보다 단면적이 큰 케이블을 선정한다.

4. 과부하 보호

가. 과부하 보호장치의 설치위치

과부하 보호장치는 전로 중 도체의 단면적, 특성, 설치방법, 구성의 변경으로 도체의 허용전류값이 줄어드는 곳(이하 분기점이라 함)에 설치해야 한다. 다만, 다음의 경우는 분기점에서부터 부하 측의 어느 곳에서나 설치할 수 있다.

1) 분기점과 보호장치 설치점 사이의 배선에 분기회로 및 콘센트가 접속되어 있지 않고, 다음 조건 중 하나에 적합한 경우
   ① 단락전류 보호요건에 따라 단락보호가 이루어질 때
   ② 보호장치의 설치위치가 분기점으로부터 3m를 넘지 않고 단락, 화재 및 인체에 대한 위험이 최소가 되도록 시설했을 때

2) 규정에 의해 과부하 보호장치를 생략할 수 있을 때

나. 과부하 보호장치의 생략

화재 또는 폭발 위험성이 있는 장소에 설치되는 설비 또는 특수설비 및 특수장소의 요구사항들을 별도로 규정하는 경우에는 과부하 보호장치를 생략할 수 없다.

1) 전선의 단면적 등이 변경되는 분기점의 부하 측 배선이 그 전원 측에 설치된 보호장치에 의해 유효하게 과부하 보호되고 있는 분기회로

2) 과부하전류가 흐를 우려가 없는 배선으로 단락보호 요건에 따라 단락보호되고, 또한 도중에 분기회로 및 콘센트가 없는 경우

3) 통신회로, 제어회로, 신호회로 및 이와 유사한 설비

4) IT 계통에서 과부하 보호장치의 설치위치 또는 생략 : IT 계통에서는 과부하 보호를 하지 않는 회로를 누전차단기로 보호하거나, 이런한 회로에 공급되는 배선을 포함한 모든 기기에 대해 동등한 절연에 의한 보호방식으로 시설하는 경우에는 과부하 보호장치를 생략할 수 있다.

① P_1 정격전류의 35% 이상 : 8m 이하

② P_1 정격전류의 55% 이상 : 제한 없음

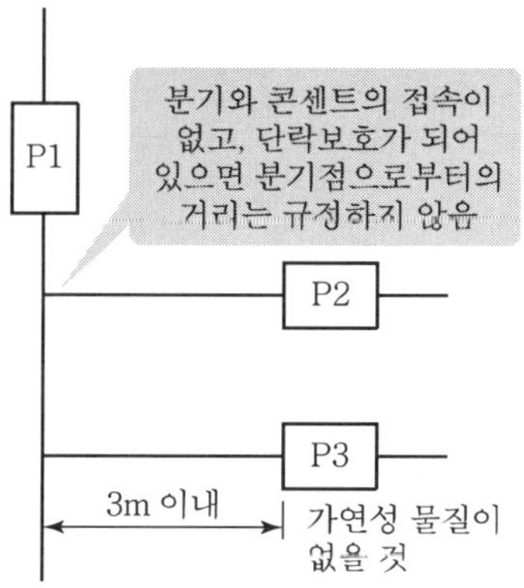

[그림 3] 과부하 보호장치의 설치위치

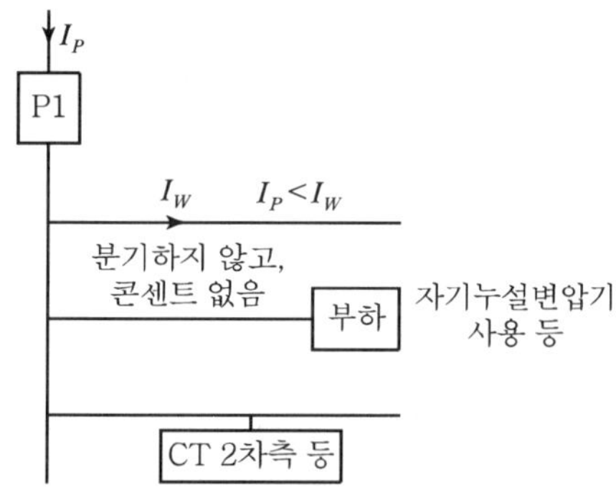

[그림 4] 과부하 보호장치를 생략할 수 있는 경우

5. 단락보호

회로에는 전선 및 접속부에 위험한 열적, 기계적 영향이 발생하기 전에 보호장치 부하 측의 어떠한 점에서의 단락전류[34]도 차단하는 단락보호장치를 시설하여야 한다.

가. 단락보호장치의 보호조건

1) 정격차단전류

보호장치의 정격차단전류는 그 설치점의 예상 단락전류 이상일 것

2) 단시간 허용전류

단락보호장치는 회로의 어떤 점에서 발생하는 단락전류라도 그 전선의 단시간 허용온도를 초과하기 전에 차단할 수 있을 것

34) '어떠한 단락전류' 보호기로부터의 거리에 따라 단락전류가 다르므로 모든 조건하에서 발생하는 단락전류의 차단이 가능해야 한다.

3) 단락전류 지속시간이 5초 이하인 경우

통상 사용조건에서 단락전류에 의해 절연체의 허용온도에 도달하기까지의 시간 t는 아래 식으로 산정한다.

$$단락전류\ 지속시간(초) : t = \left(\frac{kS}{I_s}\right)^2 (시간간격 : 0 < t \le 5)$$

여기서, t : 지속시간[s]

S : 전선단면적[mm^2]

I_s : 단락전류 실횻값

k : 도체 재료의 저항률, 온도계수, 열용량, 온도에 따른 계수

나. 단락보호기 설치위치

단락보호기는 전선단면적, 종류, 시설방법 또는 구성의 변경에 따라 그 허용전류가 감소되는 개소에 시설할 것

1) 다음의 조건을 동시에 만족할 경우 적용하지 않는다.
   ① 배선의 전체길이 3m 이하일 것
   ② 배선은 단락위험이 최소가 되도록 시설할 것
   ③ 배선은 가연성 물질에 근접되어 시설되지 않을 것

2) 전선 단면적 등의 변경지점에서 전원 측으로 설치한 단락보호기로 전체를 단락보호할 수 있는 동작특성을 갖는 경우
3) 배선의 단락위험을 최소화할 수 있는 방법으로 설치하고, 배선을 가연성 물질 근처에 설치하지 않는 경우 생략이 가능하다.

다. 병렬도체의 단락보호

1) 여러 개의 병렬도체를 1개의 보호장치로 단락보호하는 경우 해당 보호장치 1개를 이용하여 그 병렬도체 전체의 단락보호장치로 사용할 수 있다.
2) 1개의 보호장치에 의한 단락보호가 효과적이지 못하면, 다음 중 1가지 이상의 조치를 취해야 한다.
   ① 배선은 병렬도체에서의 단락위험을 최소화할 수 있는 방법으로 설치하고, 화재 또는 인체에 대한 위험을 최소화할 수 있는 방법으로 설치하여야 한다.
   ② 병렬도체가 2가닥인 경우 단락보호장치를 각 병렬도체의 전원 측에 설치해야 한다.
   ③ 병렬도체가 3가닥 이상인 경우 단락보호장치는 각 병렬도체의 전원 측과 부하 측에 설치해야 한다.
   ④ 단락보호기를 생략할 수 있는 경우
      ㉠ 발전기, 변압기, 정류기, 축전지와 보호장치가 설치된 제어반에 연결하는 도체

㉡ 전원차단이 설비의 운전에 위험을 가져올 수 있는 회로

㉢ 특정측정회로에서 단락 시 위험이 없고, 가연성 물질에 근접하지 않는 경우

1.5 과도과전압에 대한 보호

고압 · 특고압 계통의 지락고장으로 인한 일시적 과전압과 뇌방전 또는 개폐로 인해 발생하는 과도과전압에 대한 전기설비의 보호를 규정하고 있다.

■ 전기설비기술기준 고시, 한국전기설비규정(KEC), 전기설비기술기준 해설서, 정기간행물

1. 고압계통의 지락고장 시 저압계통에서의 과전압

고압계통의 변전설비에서 고압 · 특고압 측에서 지락이 발생했을 때, 저압설비에서 발생하는 상용주파 스트레스 전압(U_1) 및 상용주파 스트레스 전압(U_1 및 U_2)으로부터 인체 및 저압계통에 접속되는 기기를 보호하기 위한 것이다.

다음 [그림 1]은 변전소에서 고압 측 지락고장의 경우, 과전압 발생관계를 나타낸 것이다.

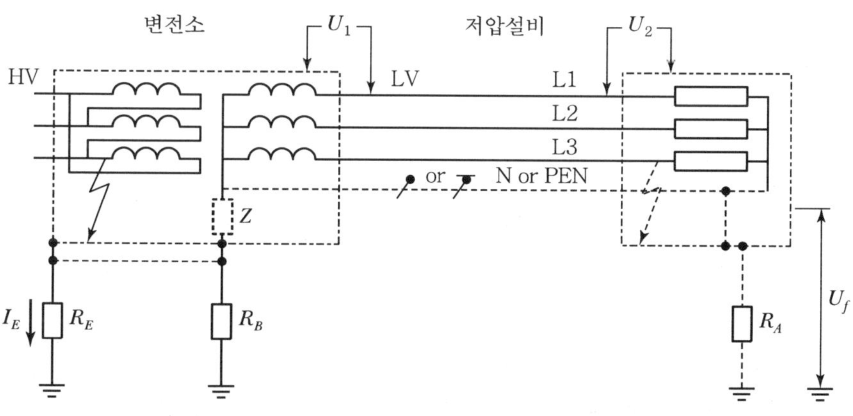

I_E : 지락고장전류(변전소의 접지설비를 통해 흐르는 고압계통의 지락고장전류의 일부)

R_E : 변전소 접지설비의 저항

R_A : 저압설비기기에서의 노출도전부의 접지저항

R_B : 변전소와 저압계통의 중성점이 전기적으로 독립된 저압게통 접지설비의 저항

U_0(TN, TT 계통) : 공칭 교류 대지전압 실효값(rms)

(IT 계통) : 선도체와 중성선 또는 중점도체 사이의 공칭 교류 전압

U_f : 고장전압(저압계통에서 고장 시 노출도전부와 대지 사이에 발생하는 상용주파 고장전압)

U_1 : 스트레스 전압(고장 시 변전소 저압기기의 노출도전부와 선도체 사이의 상용주파 스트레스 전압)

U_2 : 스트레스 전압(고장 시 저압설비의 저압기기 노출도전부와 선도체 사이의 상용주파 스트레스 전압)

[그림 1] 고압계통 지락 고장 시 저압설비의 과전압 발생도

2. 고압 · 특별고압 접지계통(R_E)과 저압 접지계통(R_B) 관계

가. 저압설비 상용주파 스트레스 전압(U_1, U_2)과 고장전압(U_f)

[표 1]은 TT와 TN 계통에서 발생하는 상용주파 고장전압(U_f) 및 상용주파 스트레스 전압(U_1, U_2)의 산정에 관한 것을 나타낸 것이다. 서로 인접하는 고압 · 특고압 계통과 저압계통은 모든 고압 · 특별고압 접지계통(R_E)과 저압 접지계통(R_B)을 상호접속하거나 분리하는 방법을 사용한다.

[표 1] 저압설비 상용주파 스트레스 전압(U_1, U_2)과 고장전압(U_f)

계통접지	TT		TN	
R_E와 R_B 접속형태	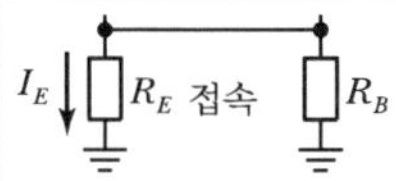	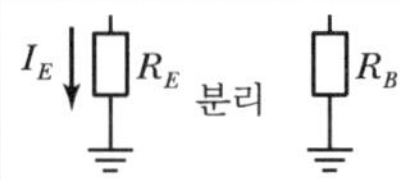	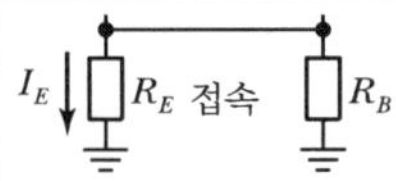	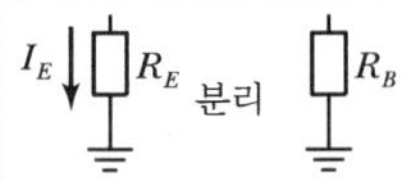
U_1(변전소)	U_o*	$R_E \times I_E + U_o$	U_o*	$R_E \times I_E + U_o$
U_2(부하설비)	$R_E \times I_E + U_o$	U_o*	U_o*	U_o*
U_f	0*	0*	$R_E \times I_{E**}$	0*

* : 고려 필요 없음

** : 다중 접지된 PEN 도체들의 고장전압(U_f) 계산 : $U_f = 0.5R_E \times I_E$

나. 상용주파 고장전압(U_f)의 크기와 지속시간(T)

1) [그림 2]의 곡선에 의한 값을 초과하지 않아야 한다. 이 곡선은 확률적 및 통계적 근거를 바탕으로 저압계통의 중성선이 변압기 변전소의 접지설비에만 접지된 경우와 같은 최악의 조건에 대하여 낮은 위험수준을 나타낸다.
2) 인체의 안전 확보를 위한 목적 : 고압계통의 지락고장으로 고장전압이 저압기기의 외함에 인가되면 인체의 안전에 영향을 미친다. 따라서 고압계통의 지락고장에 기인하는 고장전압(F) 및 접촉전압(T)의 크기와 지속시간은 [그림 2] 곡선 F와 T가 나타낸 값 이하이어야 한다.

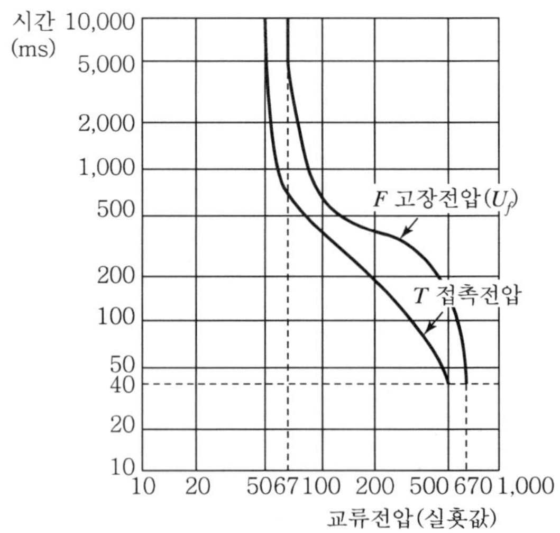

[그림 2] 고압계통의 F 및 T의 최대지속시간

>> **참고** **인체감전 보호대책**

1) 허용접촉전압 : 지락전류(I_g)×공통접지저항(R)≤허용접촉전압(U_T=50V)
2) 지속시간 : 특별고압회로 차단시간과 저압회로 차단시간이 허용접촉전압 한계곡선 이하
   (T_F=0.1초 → U_T=230V)

다. 상용주파 스트레스 전압(U_1, U_2)의 크기와 지속시간

고압계통의 지락사고로 인하여 수용가설비의 저압기기에 인가되는 스트레스 전압은 [표 2]의 값을 초과해서는 안 된다.

[표 2] 허용상용주파 스트레스 전압(U_1, U_2)

저압기기의 허용스트레스 전압[U]	고압계통의 지락고장 차단시간[S]	비고(적용 접지계통)
U_0+250V	> 5s	비접지 고압계통 등
U_0+1,200V	≤ 5s	저임피던스 고압계통 등

라. 상용주파 스트레스 전압 보호의 검토 및 확인

1) 고압 측에서 지락 고장 시 발생하는 과전압은 지락전류값, 지락고장 지속시간(차단시간), 접지저항값 및 저압 측 상전압값으로, 고·저압 접지 접속 여부에 따라 고장전압과 스트레스 전압을 산정하여 적합 여부를 검토한다.
2) 공공 배전계통으로부터 저압으로 전원을 공급받는 설비들은 과전압 제한값을 충족하는 것으로 간주된다.
3) 변전설비의 접지저항은 고장전압 및 스트레스 전압 기준에 다음 경우 충족하는 값
   ① TN, TT, IT 계통에서 접지저항 1Ω 이하인 경우
   ② 변전설비에 접속된 금속외피를 가진 케이블의 합계 길이가 1km를 초과하는 케이블로서, 그 케이블의 금속외피가 적절하게 접지된 경우

3. 낙뢰 또는 개폐에 따른 과전압 보호(☞ 참고 : 뇌 이상전압이 전기설비에 미치는 영향)

기상현상으로 인하여 발생하는 과도 과전압이 전원공급 배전계통으로부터 침입하는 과도 과전압 및 설비 내의 기기에서 발생하는 개폐 과전압에 대하여 전기설비를 보호하는 목적이다. 기기의 개폐 과전압은 기상현상으로 인한 과전압보다 낮으므로 과전압 보호요건을 충족하면 기기의 개폐과전압 보호도 동시에 이루어진다.

가. 기상현상으로 인한 과도 과전압

1) 기상현상으로 인한 전기전자설비를 보호하기 위한 규정을 도입, 공급 배전계통으로부터 전파되는 과도 과전압으로부터 전기설비를 보호하는 것을 목적으로 한다.

2) 전원의 안정적인 공급, 사람과 재산의 안전을 위해 과전압 스트레스로 인한 사고 확률을 허용수준으로 감소시킬 필요성이 있다.

[표 3] 기기에 요구되는 정격 임펄스 내전압

<table>
<tr><th rowspan="3">설비의 공칭전압 (V)</th><th rowspan="3">AC 또는 DC 공칭전압에서 산출한 상전압 (V)</th><th colspan="4">요구되는 임펄스 내전압[a](kV)</th></tr>
<tr><th>과전압 범주 Ⅳ</th><th>과전압 범주 Ⅲ</th><th>과전압 범주 Ⅱ</th><th>과전압 범주 Ⅰ</th></tr>
<tr><th>설비 전력 공급점의 기기</th><th>배전반 및 회전기기</th><th>전기제품 및 전류 사용기기</th><th>민감한 전자장비</th></tr>
<tr><td>120/208</td><td>150</td><td>4</td><td>2.5</td><td>1.5</td><td>0.8</td></tr>
<tr><td>(220/380)[b]
230/400
277/480</td><td>300</td><td>6</td><td>4</td><td>2.5</td><td>1.5</td></tr>
<tr><td>400/690</td><td>600</td><td>8</td><td>6</td><td>4</td><td>2.5</td></tr>
<tr><td>1,000</td><td>1,000</td><td>12</td><td>8</td><td>6</td><td>4</td></tr>
<tr><td>직류 1,500</td><td>직류 1,500</td><td></td><td></td><td>8</td><td>6</td></tr>
</table>

※ a : 이 임펄스 내전압은 충전도체와 보호도체(PE) 사이에 적용된다.

※ b : 우리나라 현재 사용전압으로 향후 IEC 60038에 따른 전압 사용

[표 4] 과전압 범주에 따른 기기의 예

<table>
<tr><th rowspan="2">구분</th><th>과전압 범주 Ⅳ</th><th>과전압 범주 Ⅲ</th><th>과전압 범주 Ⅱ</th><th>과전압 범주 Ⅰ</th></tr>
<tr><th>6kV</th><th>4kV</th><th>2.5kV</th><th>1.5kV</th></tr>
<tr><td>기기의 예</td><td>• 전력량계
• 누전차단기
• 인입선</td><td>• 설비 내 배분전반
• 차단기, 전선(케이블)
• 배선설비(모선, 개폐기, 콘센트, 접속함 등)
• 산업용 기기, 고정 설치 전동기</td><td>• 가정용 전기기기 (냉장고 · 에어컨 · 세탁기 등)
• 조명기구
• TV · 비디오
• 다기능 전화기</td><td>컴퓨터, 가전제품과 같은 전자회로를 포함하는 것</td></tr>
</table>

나. 과전압 억제시설

1) 본질적 과전압 억제

과전압 범주의 보호레벨에 따른 SPD를 시설한다.

2) 보호에 의한 과전압 억제

보호에 의한 과전압 억제를 위하여 서지 보호장치의 설치를 결정한다.

① 외부 영향조건에 기초한 보호에 의한 과전압 억제

② 위험평가에 기초한 보호에 의한 과전압 억제

>> 참고

1. 스트레스 전압(상용주파과전압) 해설
   1) 스트레스 전압(U) : 저압계통으로 공급하는 변전설비 고압계통에서 1선 지락사고의 경우에 기인하는 설비의 노출 도전성 부분과 저압전로에 발생하는 전압
   2) 스트레스 전압(U_1) : 저압계통 지락사고 시 변전설비(변압기)의 노출 도전성 부분과 저압전로 간에 발생하는 스트레스 전압
   3) 스트레스 전압(U_2) : 지락사고 시 저압기기 노출 도전성 부분과 저압전로 간에 발생하는 스트레스 전압

2. 우리나라 저압계통에 접속된 전기설비의 설계, 시공 및 기술기준에 따라 실시할 경우의 허용 스트레스 전압
   1) 고압계통의 지락고장에 의해 발생하는 과전압에 대해서 저압기기의 절연강도를 초과한 전압이 인가되면 저압기기의 절연이 파괴될 우려가 있다.
   2) 고압계통의 지락사고로 수용가설비의 저압기기에 가해지는 상용주파수 스트레스 전압의 크기와 계속시간은 허용교류 스트레스 전압을 초과해서는 안 된다.

[표] 판단기준의 허용 스트레스 전압

고압 또는 특고압전로의 1선지락 시 차단시간[s]	저압설비 기기의 허용교류 스트레스 전압[V]
$t>2$	U_0+150
$1<t\leq 2$	U_0+300
$t\leq 1$	U_0+600

1.6 열 영향에 대한 보호

전기설비 안전의 일반원칙은 "전기설비는 감전, 화재 그 밖에 사람에게 위해를 주거나 물건에 손상을 줄 우려가 없도록 시설하여야 한다."라는 원칙과 제조업체의 요구사항을 고려함으로써 전기설비에 의해 전파되는 열이나 화재로 인한 손해나 손상에 대하여 인축 및 재산을 보호해야 한다는 원칙이다.

■ 전기설비기술기준 고시, 한국전기설비규정(KEC), 전기설비기술기준 해설서, 정기간행물

1. 적용범위

다음과 같은 영향으로부터 인축과 재산의 보호방법을 전기설비에 적용하여야 한다.

가. 전기기기에 의한 열적인 영향, 재료의 연소 또는 기능 저하 및 화상의 위험
나. 화재 재해의 경우, 전기설비로부터 격벽으로 분리된 인근의 다른 화재 구획으로 전파되는 화염
다. 전기기기 안전 기능의 손상

2. 화재 및 화상방지에 대한 보호

가. 전기기기에 의한 화재방지

1) 전기기기에 의해 발생하는 열은 인접한 재료에 화재 위험이 없도록 하여야 한다.
2) 고정기기의 온도가 화재의 위험을 줄 온도까지 도달할 경우 필요한 조치를 할 것
   ① 그 온도에 견디고 열전도율이 낮은 재료 위 또는 내부에 기기를 설치
   ② 그 온도에 견디고 열전도율이 낮은 재료로 건축구조의 부재로부터 기기를 차폐
   ③ 그 온도에서 열이 안전하게 발산되도록 유해한 열적 영향으로부터 충분한 거리를 유지하고 열전도율이 낮은 지지물을 사용하여 설치

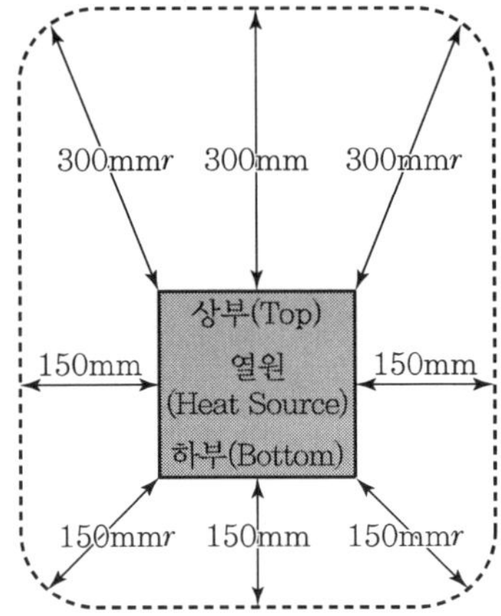

[그림 1] 표면온도가 90℃를 초과하는 기기의 이격거리

나. 정상 운전 중에 아크 또는 스파크가 발생할 수 있는 전기기기의 보호조치

1) 내 아크 재료로 기기 전체를 둘러싼다.
2) 분출이 유해한 영향을 줄 수 있는 재료로부터 내 아크 재료로 차폐
3) 분출이 유해한 영향을 줄 수 있는 재료로부터 충분한 거리에서 분출을 안전하게 소멸시키도록 기기를 설치

다. 열의 집중을 야기하는 고정기기

어떠한 고정물체나 건축부재가 정상조건에서 위험한 온도에 노출되지 않도록 충분한 거리를 유지하도록 하여야 한다.

라. 단일 장소에 있는 전기기기가 상당한 양의 인화성 액체를 포함하는 경우

액체, 불꽃 및 연소 생성물의 전파를 방지하는 예방책을 취하여야 한다.

1) 누설된 액체를 모을 수 있는 저유조를 설치하고 화재 시 소화를 확실히 한다.
2) 기기를 적절한 내화성이 있고 연소 액체가 건물의 다른 부분으로 확산되지 않도록 방지턱 또는 다른 수단이 마련된 방에 설치한다.

마. 설치 중 전기기기의 주위에 설치하는 외함의 재료

그 전기기기에서 발생할 수 있는 최고 온도에 견디어야 한다.

바. 아크차단기(권고사항)

1) 전기설비의 화재 발생 원인을 분석하면 합선, 과부하, 누전 등의 순으로 발생하고 있으며 이 중 대부분이 과부하(Over Load), 단락(Short-circuit)이 아닌 아크로 인한 전기화재이다. 기존의 배선용 차단기나 누전차단기는 전기선로상에서 여러 사고의 원인 중 과부하, 누설전류 등 인체의 감전 사고를 예방하기 위한 목적으로 설계되어, 접속불량과 도체 단선으로 인한 직렬아크 및 병렬아크로 발생하는 전기화재 사고를 방지할 수 없으며 또한, AFCI에 의한 보호효과를 기대할 수 없다.

2) 국제표준에서 권장하는 아크고장의 영향에 대한 특별보호대책 장소 및 건물
   ① 숙박시설의 구내
   ② 화재 위험이 있는 장소(헛간, 목공소, 가연성 물질 저장소)
   ③ 가연성 건축자재가 있는 장소(목조 구조물)
   ④ 소실 시 대체 불가능한 물품(문화재 등)이 있는 장소

3. 전기기기에 의한 화상 방지

접촉범위(Arm's Reach) 내에 있고, 접촉 가능성이 있는 전기기기의 부품류는 인체에 화상을 일으킬 우려가 있는 온도에 도달해서는 안 되며, [표]에 제시된 제한값을 준수하여야 한다. 이 경우 우발적 접촉도 발생하지 않도록 보호를 하여야 한다.

[표] 접촉 가능성이 있는 부분에 대한 온도 제한

접촉할 가능성이 있는 부분	접촉할 가능성이 있는 표면의 재료	최고표면온도[℃]
손으로 잡고 조작하는 것	금속 비금속	55 65
손으로 접촉하는 부분	금속 비금속	70 80
통상 조작 시 접촉이 불필요한 부분	금속 비금속	80 90

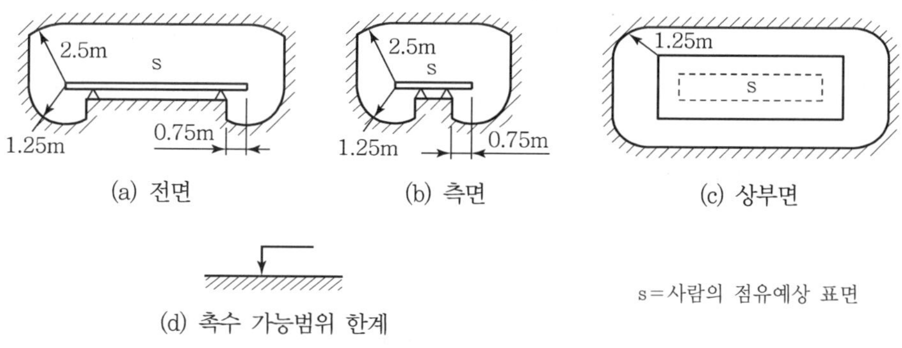

[그림 2] 접촉범위(Arm's Reach)

4. 과열에 대한 보호

가. 강제 공기 난방시스템(Forced Air Heating Systems)

1) 중앙 축열기의 발열체가 아닌 발열체는 정해진 풍량에 도달할 때까지는 동작할 수 없고, 풍량이 정해진 값 미만이면 정지되어야 한다. 또한 공기덕트 내에서 2개의 서로 독립된 온도 제한 장치가 있어야 한다.
2) 열소자의 지지부, 프레임과 외함은 불연성 재료이어야 한다.

나. 온수기 또는 증기발생기(Appliances Producing Hot Water or Steam)

1) 온수 또는 증기 발생장치는 과열 보호가 되도록 설계 또는 공사를 하여야 한다. 보호장치는 독립된 자동 온도조절장치로부터 비자동 복귀형 장치이어야 한다.
2) 장치에 개방 입구가 없는 경우에는 수압을 제한하는 장치를 설치하여야 한다.

다. 공기난방설비(Space Heating Appliance)

1) 공기난방설비의 프레임 및 외함은 불연성 재료이어야 한다.
2) 열 복사에 의해 접촉되지 않는 복사 난방기의 측벽은 가연성 부분으로부터 충분한 간격을 유지하여야 한다. 불연성 격벽으로 간격을 감축하는 경우, 복사 난방기의 외함 및 가연성 부분에서 0.01m 이상의 간격을 유지하여야 한다.
3) 제작자의 별도 표시가 없으면, 복사 난방기는 복사 방향으로 가연성 부분으로부터 2m 이상의 안전거리를 확보할 수 있도록 부착하여야 한다.

1.7 전기안전 중 신체접촉 보호를 위한 감전보호

감전이란 사람이나 가축의 몸을 통과하는 전류로 인한 생리적 영향을 말한다. 감전보호 개념은 사람 또는 가축의 감전보호로서 직접접촉보호, 간접접촉보호를 실시하여야 하며, 직접접촉보호란 전기설비 충전부에 접촉해서 생기는 위험에 대한 보호를 말하며, 간접접촉보호란 고장 시 노출 도전성 부분에 접촉해 생길지도 모르는 위험에 대한 보호를 말한다.

■ 전기설비기술기준 고시, 한국전기설비규정(KEC), 전기설비기술기준 해설서, 정기간행물

1. 감전보호의 기본원칙(☞ 참고 : 감전에 대한 보호대책)

가. 기본보호

전기설비의 충전부에 직접접촉하여 일어날 수 있는 위험으로부터 보호하기 위한 것으로, ① 인축의 몸을 통해 전류가 흐르는 것을 방지하거나, ② 인축의 몸에 흐르는 전류를 위험하지 않은 값 이하로 제한해야 한다.

나. 고장보호

기본절연이 파괴된 설비의 노출도전부에 간접접촉하여 일어날 수 있는 위험으로부터 보호하기 위한 것으로, 인축의 몸을 통해 고장전류가 흐르는 것을 방지하고, 인축의 몸에 흐르는 고장전류를 위험하지 않은 값 이하로 제한하며, 인축의 몸에 흐르는 고장전류의 지속시간을 위험하지 않은 시간까지로 제한한다.

다. 고장보호의 기본

규약접촉전압(AC 50V 또는 DC 120V)을 초과하는 접촉전압이 생리적으로 유해한 영향을 미치는 시간이 지속되지 않도록 한다.

2. 인체에 미치는 전류의 요소

인체를 통과하는 영향 요소는 전류의 크기, 통과시간, 인체 내부의 경로(심장을 흐르는 전류의 밀도), 접촉전압 크기에 따른 인체의 전기임피던스 변화이다.

가. 전류의 크기와 시간관계

1) 전원 자동차단에 의한 보호의 경우 [그림 1]의 L_C(차단시간과 전류의 함수)는 영역 AC−4 경계 이하로 안전상의 여유를 갖고 선정한 것으로 전원 자동차단에 의한 보호수단으로 사용할 것, 즉 통상의 상태에서 최대허용접촉전압은 50V이며, 이 50V를 규약접촉전압한도로 규정하여 연속허용접촉전압이라 한다.

   ① C_1곡선 : 심실세동전류의 시간적 한계 50mA · s

   ② b곡선 : 이탈한계전류 10mA와 관련 곡선

   ③ 통전지속시간이 10ms 미만인 경우 b곡선의 인체통과전류의 한계치는 200mA로 일정하다.

2) 인체에 미치는 교류전류(15∼100Hz)의 영향

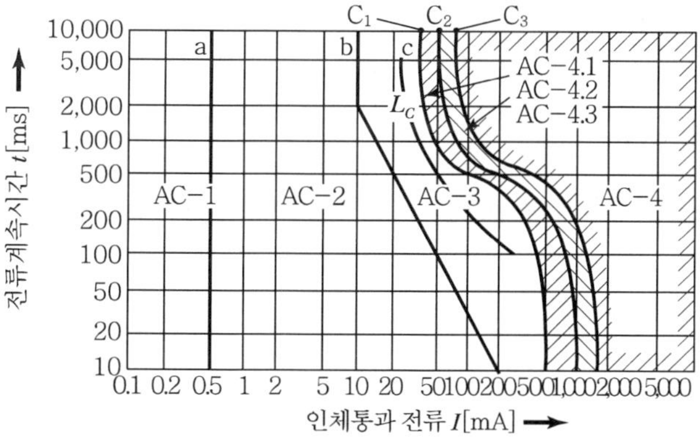

[그림 1] 교류전류의 인체에 미치는 영향

[표] 인체통과 전류의 생리학적 영향

영역	영역한계	생리학적 영향
AC－1	a선 이하	일반적으로 생리학적 반응 없음(지각한계＝0.5mA)
AC－2 (이탈전류)	곡선 a선과 b선 사이	• 일반적으로 유해한 생리학적 반응 없음(이탈한계＝10mA) • 통증을 느끼지만 자력으로 충전부로부터 벗어날 수 있는 경우
AC－3 (불수전류)	곡선 b선과 C_1선 사이	• 일반적으로 장기에 대한 예상되는 손상 없음 • 근육경련 및 호흡곤란 가능성, 스스로 감전에서 벗어날 수 없음 • 전류의 크기와 경과시간에 따라 심실세동과 심실세동이 없는 일시적인 심장박동정지를 포함한 심각한 심장박동 장해 가능성이 있음
AC－4 (심실세동)	곡선 C_1 초과 영역	• 영역 AC－3 영향과 함께 심실세동 발생확률은 곡선 C_2의 곡선 5%에서 곡선 C_3의 50%까지이며, 곡선 C_3를 초과하면 50%를 초과함 • 전류크기와 시간 경과에 따라 심장정지, 호흡정지, 심한 화상 등 병태생리학적 영향이 나타날 수도 있음(심실세동한계 C_1 곡선) • 심실세동 한계곡선

※ IEEE : Dalziel의 인체안전전류, 즉 심실세동전류는 몸무게와 무관 $I=\frac{165}{\sqrt{t}}$[mA]

$I^2T=K$(일정)

- $I \cdot T=50$[mA · s]
- 안전율 1.67을 고려, $I \cdot T=\frac{50}{1.67} \fallingdotseq 30$[mA · s]

나. 인체의 임피던스

1) 통전경로의 영향

인체에 전류가 흘렀을 경우의 통전부위, 특히 심장 또는 그 부위를 통과하게 되면 심장에 영향을 주어 위험하게 된다.

2) 인체의 임피던스

① 인체의 총 임피던스(Zt)는 인체전류의 유입점과 유출점의 피부임피던스(Zp)와 인체내부임피던스(Zi)로 구분된다.

② 인체의 임피던스는 건조한 상태의 경우 4,000~6,000Ω, 젖은 상태의 경우 1,500Ω

다. 허용접촉전압

1) 인체가 안전하기 위한 허용접촉전압이라는 것은 심실세동이 발생하지 않는 최대전압을 말한다.

2) 허용접촉전압은 인체임피던스, 인체전류, 전류경로계수(심실세동) 등에 의해 좌우된다.

① 허용접촉전압(Ut)＝인체임피던스(Zt)×인체의 전류(Ib)×(경로별 심실세동 계수)

② 국제규격(IEC)에서는 교류전압의 경우 50V, 직류전압의 경우 120V로 규정하고 있다.

3. 보호대책

가. 일반요건

1) 보호대책은 기본보호와 고장보호를 적절하게 조합하거나, 기본보호와 고장보호를 모두 제공하는 강화된 보호 규정을 적용한다.
2) 설비의 각 부분에서 보호대책은 외부영향의 조건을 고려하여 적용하며 방법은 다음과 같다.
   ① 전원의 자동차단
   ② 이중절연 또는 강화절연
   ③ 한 개의 전기사용기기에 전기를 공급하기 위한 전기적 분리
   ④ SELV와 PELV에 의한 특별저압 등, 가장 일반적인 것은 전원 자동차단보호
3) 설비에 적용되는 보호대책은 기기의 선정과 시공 때 고려되어야 한다.
4) 장애물 사용 및 접촉범위 밖에 배치의 보호대책은 숙련자, 기능자 또는 숙련자나 기능자가 접근 가능한 설비에만 사용하여야 한다.
5) 비도전성 장소, 비접지 국부 등전위본딩 및 두 개 이상의 전기사용기기에 전원공급을 위한 전기적 분리에 의한 보호대책은 숙련자 또는 기능자의 통제 또는 감독이 있는 설비에 적용한다.

나. 특수설비 또는 특수장소의 특별한 보호대책

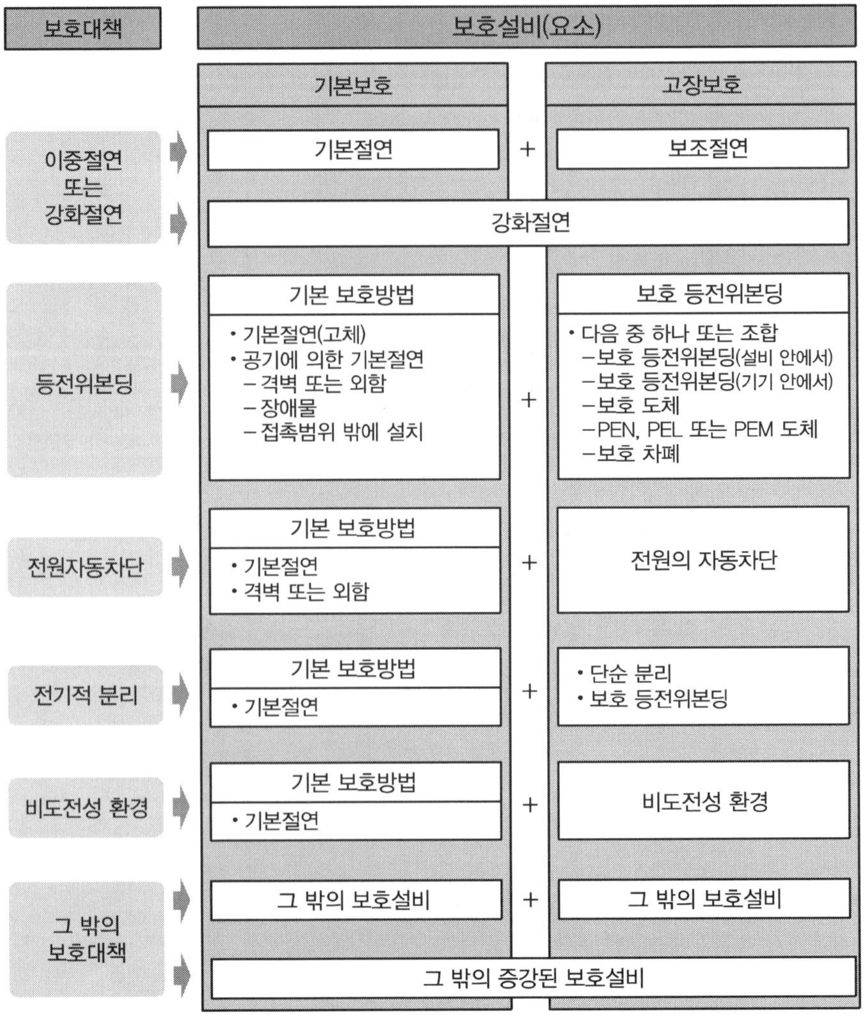

[그림 2] 기본보호 및 고장보호에 적용하는 보호대책

4. 보호설비의 적용에 따른 보호대책

인체감전을 방지하기 위한 보호설비와 각 보호대책의 관계는 [그림 2]와 같으며, 모든 보호대책이 저압과 고압 모두에 적용될 수 있는 것은 아니다.

가. 이중절연 또는 강화절연에 의한 보호

1) 기본보호는 위험 충전부의 기본절연에 의해, 고장보호는 보조절연에 의해 보호한다.
2) 기본보호와 고장보호는 위험 충전부와 접근가능 부위 사이에 강화절연에 의해 보호한다.

[그림 3] 케이블의 위험 충전부 직접접촉에 대한 기본보호 예

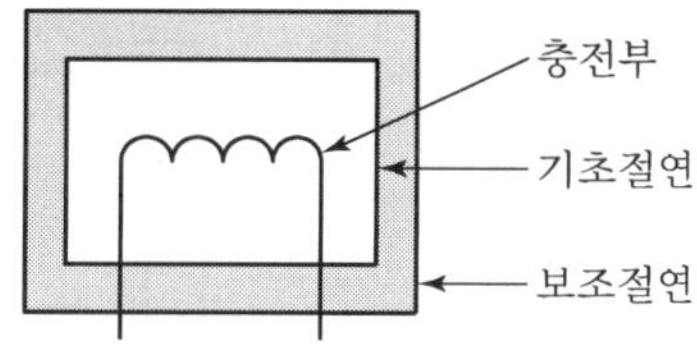

[그림 4] 이중절연 개념도

나. 등전위본딩에 의한 보호

1) 기본보호는 위험 충전부와 노출도전부 사이의 기본절연에 의해 보호한다.
2) 고장보호는 동시접근 가능한 노출도전부와 계통외도전부 사이의 위험전압을 방지하는 보호등전위본딩 시스템에 의해 보호한다.

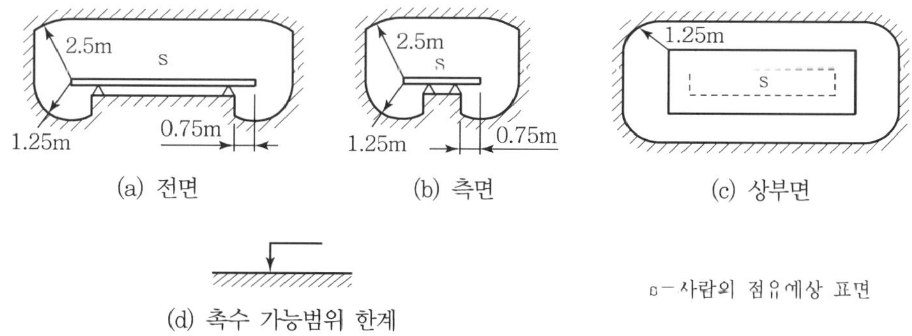

[그림 5] 위험충전부와 노출도전부 사이의 공기에 의한 기본절연의 예

3) 보호등전위시스템에 의한 보호
   ① 저압설비에서 집지된 보호등전위본딩을 위한 조치
      ㉠ 상호 접속된 주 등전위본딩
      ㉡ 보호도체(PE), PEN 도체, 보호 차폐
      ㉢ 전원의 접지점 또는 인위적 중성점
      ㉣ 접지극(전위경도완화용 접지극 포함), 접지도체
   ② 고압설비 또는 시스템의 등전위본딩시스템은 높은 접촉전압 및 보폭전압의 위험과 방전에 의해 노출도전부가 충전되는 위험을 방지하기 위해 접지해야 한다.

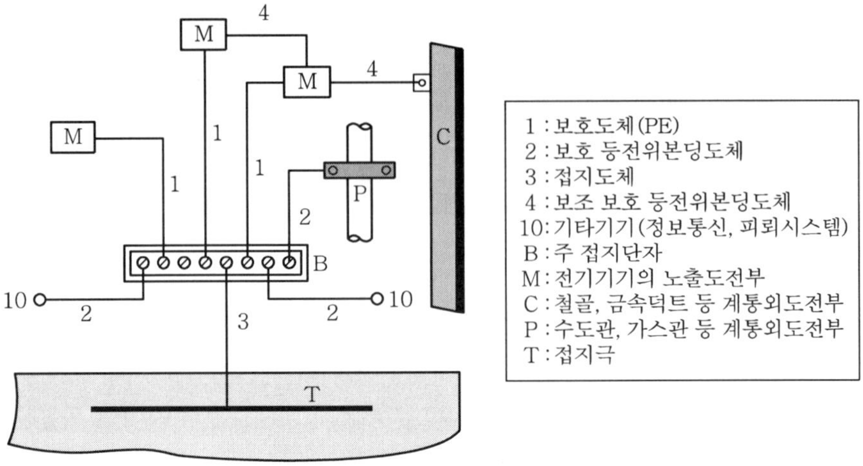

[그림 6] 등전위본딩의 구성

다. 전원 자동차단에 의한 보호

1) 기본보호는 위험충전부와 노출도전부 사이의 기본절연에 의해 이루어진다.
2) 고장보호는 전원 자동차단에 의해 이루어지는데 보호등전위본딩이 필요하다.

라. 전기적 분리에 의한 보호

1) 기본보호는 위험충전부와 노출도전부 사이의 기본절연에 의해 이루어진다.
2) 고장보호는 회로의 단순분리, 둘 이상의 부품이 분리된 회로에 접속된 경우 분리된 회로의 노출도전부를 상호접속하는 비접지 국부등전위본딩에 의해 이루어진다.
3) 노출도전부를 보호도체나 접지도체에 의도적으로 연결하는 것은 허용되지 않는다.

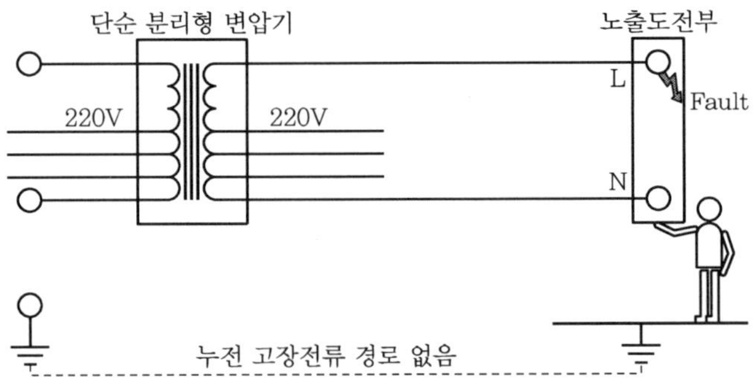

[그림 7] 전기적 분리에 의한 보호

마. 비도전성 환경에 의한 보호

1) 기본보호는 위험충전부와 노출도전부 사이의 기본절연에 의해 이루어진다.
2) 고장보호는 비도전성 환경에 의해 제공된다.
3) 비도전성 환경의 임피던스 계통전압이 AC 또는 DC 500V 이하일 경우 50kΩ, 임피던스 계통전압이 AC 또는 DC 500V를 초과하고, 교류 1,000V 또는 직류 1,500V 이하일 경우 100kΩ의 임피던스 값을 가져야 한다.

바. 그 밖의 보호대책

1) 그 밖의 어떠한 보호조치도 기본원칙을 따라야 하고, 기본보호 및 고장보호가 제공되어야 한다.
2) 전위경도 완화 보호대책은 고압설비 및 기기에서 정상상태에서 위험한 보폭전압 및 접촉전압으로부터 사람과 동물을 보호하기 위한 것

SECTION 02

전기설비의 안전사고

2.1 감전사고의 방지대책

감전이란 인체 내에 전류가 흘러서 나타나는 현상으로 고통, 근육의 수축, 호흡의 곤란 또는 심실세동에 의한 사망까지 발생한다. 감전보호에 있어 심실세동전류 한계치를 30mA · s로 하여 보호대책을 세우고 있으며, 감전보호용 누전차단기의 성능기준으로 하고 있다.

■ 전기설비기술기준 고시, 한국전기설비규정(KEC), 전기설비기술기준 해설서, 정기간행물

1. 감전사고의 형태

가. 전기기기의 충전부분에서 직접 닿아서 감전되는 직접접촉사고와 누전되는 전기기기의 비충전부분에 닿아서 감전이 발생하는 간접접촉사고로 분류된다.

나. 직접접촉보호와 간접접촉보호가 동시에 구현되도록 허용접촉전압값보다 낮은 전압, 즉 교류 50V 이하 직류 120V 이하의 전압으로 제한하는 보호수단은 특별저압전원이다.

2. 감전의 영향요소

감전의 영향은 인체통과전류의 크기, 통전시간, 주파수, 통전경로 등에 관계된다. 특히, 중요한 것은 인체통과전류의 크기와 통과시간이다.

가. 통과전류의 인체영향(KS C IEC 60364)

[표 1] 통전에 대한 인체의 생리반응

전류구분	생리반응	통과전류[mA]
감지전류	인체에 전격을 느끼는 자극 정도의 전류	0.5~1
이탈전류 (가속전류)	인체감지전류에 의해 고통을 느끼고 고통을 참을 수 있으며 생명에 위험이 없는 한계의 전류	7~10
불수전류 (이탈한계전류)	이탈전류 한계를 넘어 근육이 수축, 경직되거나 신경이 마비되어, 도체로부터의 이탈이 불가능하게 되는 전류	10~20
심실세동전류	심장을 움직이는 근육, 즉 심근의 팽창 · 수축이 정지되고 가늘게 떨리기 시작하여 심실세동이 일어나게 될 때의 전류	$I=\frac{165}{\sqrt{T}}$

나. 통과전류의 통과시간

1) [그림 1]에서 a는 달지엘(Dalziel)에 의한 것으로 체중 50kg 남자의 경우이다.

① 심실세동전류는 통과시간의 제곱근에 반비례하며 $I=\frac{165}{\sqrt{T}}$[mA]로 표현된다.

② 이 식의 적용 범위는 8ms~5s의 범위이고, 5초 통전한 경우 심실세동전류 한계치는 52mA가 된다. 또한 5초 이상 연속 통전한 경우는 확인되고 있지 않다.

2) b는 쾨펜(Koeppen)에 의한 것으로 전류·시간곱을 50mA·s로 일정하게 하고 1초를 초과하는 영역에서는 50mA로 일정하게 하고 있다.

3) 위 두 사람의 보고치를 비교하면 쾨펜(Koeppen)의 허용한계치가 하회하고 있으며, 서부 유럽의 여러 나라에서는 쾨펜의 한계치 50mA·s에 대해 안전율 1.67을 고려하여 30mA·s를 실용상의 허용전류·시간 보호대책으로 운용하고 있다.

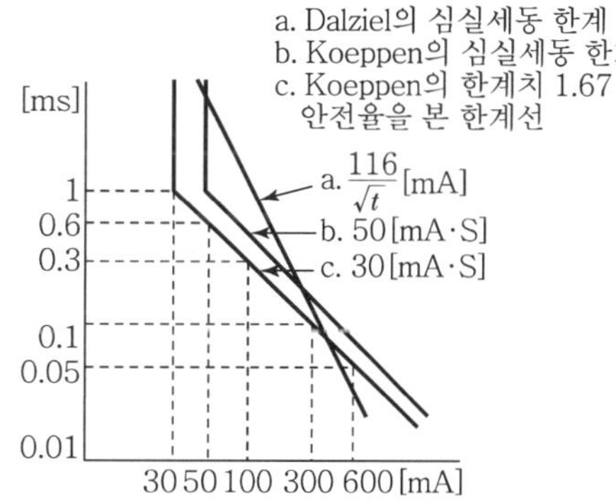

[그림 1] 심실세동전류-통과시간 한계

4) 결론 : 감전전류 안전한계는 실용상 30mA·s를 적용한다.

다. 주파수

교류의 사용주파수 60Hz만 고려한다. 그러나 사람은 25Hz에서는 좀 더 큰 전류에 견딜 수 있고, 직류는 상용주파수 교류의 5배까지 견딜 수 있다. 또한 충격전류는 수백 Ampere까지 견딜 수 있다.

라. 통전경로의 영향

인체에 전류가 흘렀을 경우의 통전부위, 특히 심장 또는 그 부위를 통과하면 심장에 영향을 주어 위험하게 된다.

3. 접촉전압과 보폭전압

가. 접촉전압

1) 접촉전압(Etouch)이란 접지 구조물에 사고전류가 흘렀을 때 구조물과 지표면상의 점과의 전위차(보통 1m), 즉 사고전류 구조물 근처에 있는 사람이 구조물에 접촉했을 때의 구조물과 전위차를 말한다.

2) IEEE의 정의에 의하면 접촉전압은 구조물과 대지면 사이의 거리 1m의 전위차이다.

3) 인체전류 I_B를 Dalziel 식을 이용하면, 인체가 구조물과 접촉 시 인체에는 전류 I_B가 흐른다. 이를 등가회로로 표시하면 [그림 2]와 같다.

$$E_{touch} = I_B \cdot R_1 = \left(R_H + R_B + \frac{R_F}{2}\right) \cdot I_B \ [\mathrm{V}]$$

여기서, R_H : 손의 접촉저항, R_B : 인체저항(보통 1,000[Ω]), R_F : 다리의 접촉저항

PART 04 방재설비

$$I_B = \left(\frac{0.165}{\sqrt{T}}\right) : 인체통과전류^{35)},\ T : 통전시간$$

나. 보폭전압

1) 보폭전압(Estep)이란 뇌격전류나 지락 등에 의한 고장전류가 유입하였을 때 접지전극과 지표면상의 격리된 두 점의 전위차(보통 1m), 즉 고장전류에 의한 전위차가 생겼을 때 근접한 사람의 양다리에 걸리는 전위차를 말한다.
2) IEEE의 정의에 의하면 보폭전압은 접지전극 부근 대지면의 두 점 간(양다리)의 거리 1m의 전위차이다.

$$E_{step} = I_B \cdot R_2 = (R_B + 2R_F) \cdot I_B = (R_B + 2R_F) \cdot \frac{0.165}{\sqrt{T}} [\mathrm{V}]$$

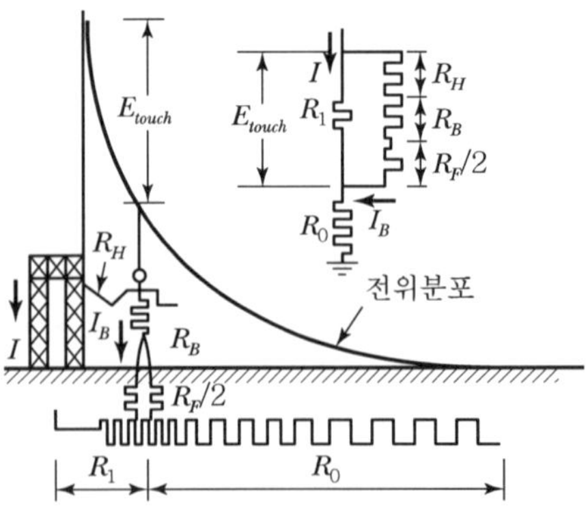

[그림 2] 접촉전압의 표현

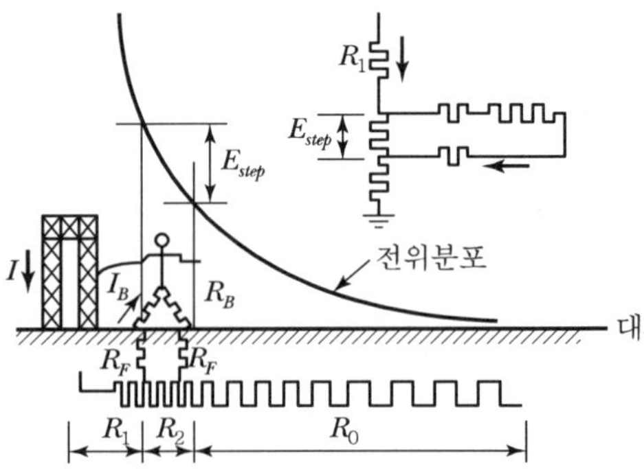

[그림 3] 보폭전압의 표현

4. 감전사고 방지대책

가. 보호접지방식

전기기기의 금속제 외함, 전선로 및 배선의 금속제 외함 등을 접지해서 감전보호를 하는 방법이다.

1) 고장전압 $E_F = I_G \cdot R_E$ ·· ①
   저압전로의 사용전압 $E = I_G \cdot (R_2 + R_E)$ ·· ②
   식 ①을 변형하여 $I_G = \frac{E_F}{R_E}$를 식 ②에 대입하면 $E = \frac{E_F}{R_E} \cdot R_2 + E_F$가 된다.

---

35) 인체통과전류는 체중에 따라 50[kg]=0.116[A], 60[kg]=0.155[A], 70[kg]=0.165[A]를 적용한다.

2) 부하기기의 접지저항

$$R_E = \frac{E_F \cdot R_2}{E - E_F} \qquad \therefore \; R_E = \frac{50[\mathrm{V}] \cdot 10[\Omega]}{220[\mathrm{V}] - 50[\mathrm{V}]} = 2.9[\Omega] \text{ 이하}$$

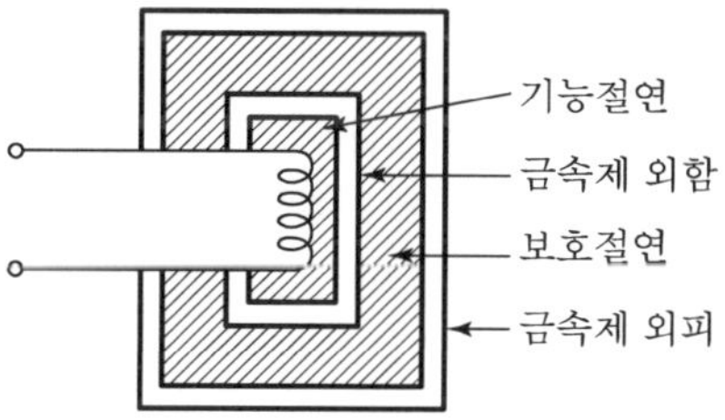

[그림 4] 2중절연의 개략도

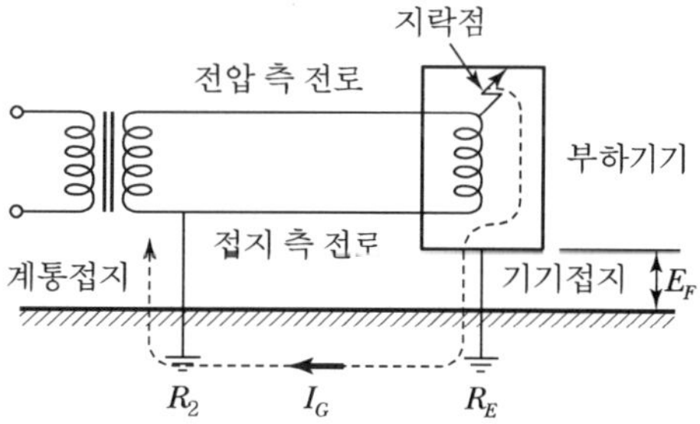

[그림 5] 보호접지방식의 사고 상정도

[표 2] 접촉상태와 허용접촉전압

종별	접촉상태	허용접촉전압	비고
제1종	인체의 대부분이 수중에 있는 상태	2.5V 이하	
제2종	인체가 심하게 젖은 상태, 금속제의 전기기계 장치나 구조물에 인체의 일부가 항상 닿아 있는 상태	25V 이하	$R_E \leq \frac{25}{E-25} \times R_2$
제3종	제1 · 2종 이외의 경우로 보통의 인체상내에서 접촉전압이 가해지면 위험성이 높은 상태	50V 이하	$R_E \leq \frac{50}{E-50} \times R_2$
제4종	제1 · 2종 이외의 경우로 보통의 인체상태에서 접촉전압이 가해지면 위험성이 적은 상태, 접촉전압이 가해질 우려가 없는 경우	제한 없음	$R_E \leq 100$

나. 누전차단기 설치방식(누전검출방식)

누전차단기를 전로시스템에 적용하여 감전사고를 보호한다.

1) 원리 : 정상 시 누전차단기에 내장된 ZCT에서 평형을 이루고 부하기기에 지락이 발생하면 1차 도체에 흐르는 전류가 평형이 되지 못하고 ZCT 2차에 전류불평형이 발생하여 누전차단기가 작동한다.

2) 접촉전압 : 인체가 부하기기에 접촉했을 때 가해지는 접촉전압을 E_r, 지락전류 I_g, 부하의 접지저항을 R_1이라고 하면 $E_r = R_1 \cdot I_g$

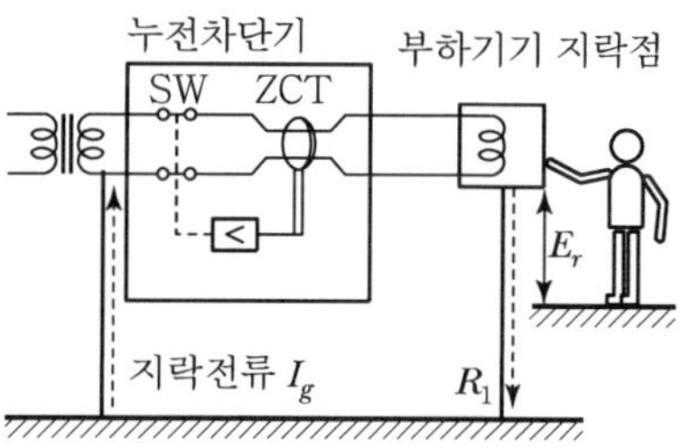

[그림 6] 지락사고 상정도

3) 대책 : 허용접촉전압 이하로 하기 위해서는 부하기기의 접지저항 R_1을 현실적으로 낮추기 곤란하므로 누전차단기를 적용한다. 허용접촉전압이 2.5V, 25V, 50V인 부하기기의 접지저항은 누전차단기 사용 시는 500Ω 이하로 해야 한다.

4) 감전보호용 누전차단기의 정격감도전류는 30mA, 동작시간 0.03초이다.

예 정격감도전류 30mA, 접촉전압 25V의 경우 접지저항

$$\text{접지저항값} \le \frac{25}{\text{ELB 정격감도}} = \frac{25}{0.03} = 833[\Omega]$$

다. 2중 절연구조

전기기기의 절연을 강화해서 안전을 도모하는 것이다. 2중 절연구조 전기기계 · 기구에 있어서는 기기의 금속제 외함 위에 다시 한 층의 절연을 하는 것이다. 기능절연이 나빠져도 보호절연이 되어 있어 기기 외부에 전압이 인가되지 않는다.

라. 전용접지선 방식

전기기기의 접지선을 전원공급선과 함께 3심 코드를 사용하는 방법으로 접지형 콘센트와 플러그로 구성한다. 2P 콘센트의 경우 분전반에는 접지시스템 규정에 의한 접지공사를 하고 있어 그 접지를 기기의 접지로 이용할 수 있는 방법이다.

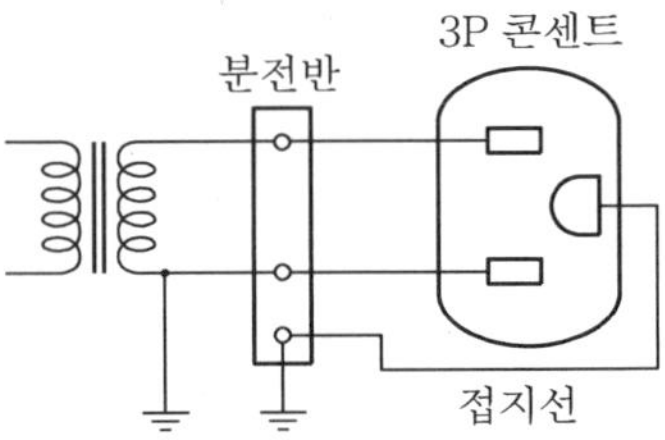

[그림 7] 3P 콘센트용 배선개념도

1) 3P 플러그 콘센트
2) 2P, 3P 변환어댑터
3) 3P 플러그 · 콘센트 방식의 배선

마. 절연변압기 사용(☞ 참고 : 의료실의 접지)

대지저항률 $\rho = 100[\Omega \cdot \text{m}]$ 토지에 $R = 20[\text{cm}]$ 반구형 접지전극을 신설하였다. 접지전류가 100A 흐를 때 접지극 중심에서 1m 떨어진 점에서의 보폭전압은?

1) 반구형 접지저항 $R = \dfrac{\rho}{2\pi r}$

2) 반구형 접지전극의 전위분포와 전위경도 $x > r$일 때

전위분포 $V(x) = RI = \dfrac{\rho}{2\pi x} I$, 전위경도 $\left| \dfrac{d}{dx} V(x) \right| = \dfrac{\rho}{2\pi x^2} I$

3) 전위분포에 의한 보폭전압

$$\text{전위분포 } V_1 = \frac{100 \times 100}{2\pi \times 1} = 1,592[\text{V}]$$

1m 떨어진 점의 보폭전압 $V_2 = \frac{100 \times 100}{2\pi \times 2} = 796[\text{V}]$

$\therefore\ V_{12} = 1{,}592 - 796 = 796[\text{V}]$

2.2 전기적 재해

전기에너지는 존재하는 형태에 따라 동전기, 정전기, 낙뢰, 전자파로 구분되며 이와 같은 전기에너지가 위험원인으로 작용하여 사고가 발생하고 그 결과 인명 및 재산의 손해가 일어나는 것을 전기적 재해라고 한다.

■ 전기설비기술기준, 신전기설비기술계산 핸드북, 한국전기설비규정(KEC), 정기간행물

1. 전기재해의 분류

전기재해의 형태에는 인체에 전기가 흘러 발생하는 전격, 전기가 점화원으로 작용하여 발생되는 화재 · 폭발 그리고 정전기와 전자파에 의한 자동화 설비의 오동작 등이 있다.

가. 전기에너지의 존재형태

1) 동전기 : 전선로를 따라 흐르는 전기에너지로 일반적인 전기에너지
2) 정전기 : 절연된 금속체나 절연체에 존재하는 전기에너지로 회로를 구성해 주지 않으면 대전된 상태를 유지하는 전기에너지
3) 낙뢰 : 대전된 뇌운과 대지와의 사이에서 방전현상이 발생하여 방전통로를 흐르게 되는 거대한 전기에너지
4) 전자파 : 시변전류에 의해 공간에 발생하는 전자파가 가지고 있는 에너지

나. 주요 전기적 재해

1) 전격재해 : 전기나 정전기 또는 낙뢰에 인체가 접촉하는 감전사고로 인체가 상해를 당한 것으로 사망, 실신, 화상, 열상 또는 충격에 의해 2차로 발생하는 추락, 전도 등으로 인한 인명상해까지 포함하는 재해
2) 전기화재 : 전기에너지가 점화원으로 작용하여 가연성 물질, 건축물, 시설물 등에 화재가 발생하는 재해
3) 전기폭발 : 전기에너지가 폭발성 가스나 물질에 대해 점화원으로 작용하여 발생하는 폭발과 전기설비 자체의 폭발 등의 재해

2. 전기의 위험성

가. 인체의 전기적 특성

1) 감전이란 인체 일부 또는 전체에 전류가 흘렀을 때 인체 내에서 일어나는 생리적인 현상, 그 위험도는 다음과 같은 요소의 순이다.
   ① 통전전류의 크기
   ② 주파수
   ③ 통전의 시간
   ④ 통전경로

2) 감전에 대한 인체 영향
   ① 신경과 근육에 전기신호가 가해져 근육의 수축 또는 심실세동을 일으키는 현상
   ② 전기에너지가 생체조직의 파괴, 소손 등의 구조적 손상을 일으키는 현상

나. 통전전류의 영향(☞ 참고 : KS C IEC60364)

1) 통전전류의 크기와 생리적 영향

감전 시 인체에 흐르는 전류 $I=\dfrac{E}{R}[\mathrm{A}]$

여기서, E : 인체의 접촉전압
R : 통과전류에 대한 인체의 전기저항

① 최소 감지전류 : 통전전류의 크기가 인체에 전격을 느끼는 전류값(교류 : 0.5~1.0mA)
② 이탈전류 : 통전전류가 인체 감지전류에 의해 고통을 느끼고 이 고통을 참을 수 있으면서 생명에는 위험이 없는 한계의 전류(교류 : 10mA)
③ 불수전류[36](마비한계전류) : 통전전류가 이탈전류의 한계를 넘게 되면 전류가 흐르는 부위의 인체는 근육이 경련현상을 일으키거나 신경이 마비되어 자력으로 위험지역을 벗어날 수 없게 되는 전류(교류 : 10~20mA)
④ 심실세동전류 : 인체의 통전전류가 일정값을 넘게 되면 심장계의 펄스전압에 중대한 영향을 미치게 되어 심장 제어계가 교란 또는 파괴되어 심실세동이 일어나게 될 때의 전류

$$I=\frac{165}{\sqrt{t}}[\mathrm{mA}]$$

여기서, 165는 모든 인체에 동일하게 적용되는 상수

---

36) 불수전류는 누전차단기의 최소동작전류 설정값 기준이 된다.
∴ 누전차단기의 최소동작전류 = 정격감도전류(30mA)×50%

2) 통전경로에 의한 영향

인체에 전류가 흘렀을 경우 통전부위, 특히 심장 또는 그 부위를 통과하게 되면 심장에 영향을 주어 위험하게 된다.

다. 인체의 전기저항

전격에 의한 위험도는 통전전류 크기에 의해 결정된다. 인체의 전기저항은 남녀별, 노소간, 접촉부위, 습기, 면적 등에 따라 변화한다.

1) 인체의 전기적 등가회로

인체의 전기저항은 피부저항과 내부저항의 합으로 나타내며 피부저항은 저항과 콘덴서가 병렬로 접속되어 있다.

2) 인체 각 부위의 저항

① 인체의 피부저항 : 인체의 저항 중 가장 크다. 즉, 손발이 건조할 때에는 수천 Ω이지만, 물에 젖거나 땀이 있을 경우는 약 1/10～1/25 정도로 저하되어 500～1,000Ω이 된다.

② 인체의 내부저항 : 500～1,000Ω(인체의 전기저항 : 미국의 경우 1,000Ω)

라. 위험전압과 안전전압

1) 위험전압

전원과 인체가 접촉함으로써 인체에 인가되는 전압을 위험전압이라 하며, 위험전압에는 접촉전압과 보폭전압이 있다.

2) 안전전압

회로에 인가된 정격 전압이 일정수준 이하의 낮은 전압으로 인체에 접촉되어도 전기적 충격을 주지 않는 안전한 전압의 크기이다.(우리나라는 30V)

3. 감전사고(전격사고)

전기재해에는 감전사고, 전기화재, 전기폭발 등이 있으며 가장 많은 사고는 감전사고이다.

가. 감전사고의 원인

1) 충전부 접촉에 의한 감전회로(직접접촉사고) : 인체의 양손이 충전부에 접촉되는 경우와 한손이 충전부에 접촉되는 경우가 있다.

2) 비충전부 접촉에 의한 감전회로(간접접촉사고) : 비충전부에 의한 감전사고는 전기기계 · 기구의 철대 및 외함 등 절연처리가 불완전한 경우에는 누전 등에 의하여 감전회로가 구성된다.

나. 감전사고 방지대책

1) 설비적인 측면

① 전로를 전기적으로 절연
② 충전부로부터 격리
③ 설비의 적법시공 및 운용
④ 고장 시 전로를 신속히 차단

2) 안전장비의 측면

① 보호구 및 방호구 사용
② 검출용구 및 접지용구 사용
③ 경고표지 및 구획 로프의 설치
④ 활선접근 경보기 착용

3) 인적인 측면

① 기능 숙달
② 교육훈련으로 안전지식 습득
③ 안전거리 유지

4) 감전방지를 위해서는 통전전류를 작게 한다. $\left(I = \dfrac{E}{R} \right.$[A]에서 I를 작게$\left. \right)$

① 전압(E)을 작게 한다.
㉠ 안전전압(30V) 이하의 기기를 사용한다.
㉡ 모든 기기에 접지를 한다.
㉢ 용접 작업 시 자동전격방지기를 부착한다.

② 저항(R)을 크게 한다. 즉, 보호절연, 충전부 방호, 격리, 절연용 보호구를 착용한다.

③ 전격시간(t)을 짧게 한다. 즉, $I = \dfrac{165}{\sqrt{t}}$ [mA] 시간을 짧게 하기 위한 누전차단기를 설치한다.

4. 전기화재

전기화재는 전기가 발화원이 되는 화재를 총칭한다. 주로 전로나 전기 기계 기구의 이상과열, 누전 또는 정전기 불꽃에 의하여 발생한다.

가. 전기화재 원인

1) 발화원에 의한 전기화재(화재 발생 부위) : 배선, 배선기구, 이동전열기 등
2) 출화경과[37]에 의한 전기화재(화재 발생 원인) : 단락, 과전류, 누전 등

나. 방지대책

1) 누전 및 지락 방지대책 : ELB, GFCI[38], Fuse를 사용한다.
2) 단락 및 혼촉 방지대책 : 누전차단기, 퓨즈를 시설한다.
3) 과전류(과부하)에 의한 발화대책 : MCCB, AFCI[39] 등을 사용한다.

PART 04 방재설비

5. 전기폭발

가. 전기폭발 원인

1) 폭발이란 연소라고 하는 화학반응에 의해 체적이 팽창하여 압력이 급격히 증가하는 현상으로 공기, 가연물, 열의 3요소에 의한다.
2) 폭발한계는 연소 폭발을 일으키는 가연성 가스의 일정농도를 말한다.

나. 방지대책

1) 시설장소에 적합한 공사방법에 의하여야 한다.
2) 적정한 전선 및 굵기의 것을 선정한다.
3) 누전을 방지하기 위하여 배선 피복, 이격거리, 접지 등을 정기적으로 점검한다.

---

37) 출화경과 : 단락 · 과전류 · 지락 · 전기스파크, 열화, 접속부 과열, 정전기 스파크, 낙뢰, 열적경과 등
38) GFCI(Groung Fault Circuit Interrupter)는 AFCI와는 달리 감전예방을 주 목적으로 한다. 전기장치 또는 시스템으로부터 낮은 저항의 접지단에 문제가 발생하였을 경우 발생하는 Ground Fault를 차단한다.
39) AFCI(Arc Fault Circuit Interrupter)란 전기배선상의 절연파괴, 연결결함, 노화현상 등으로 인해 발생하는 전기화재의 주 원인이 되는 아크를 검출하는 기능을 가진 전기기기를 말한다. 아크 회로 차단기는 전기기구에서 발생하는 노이즈와 전기도선에서 발생하는 아크전류를 분류하여 전기도선의 아크전류만 검출 · 차단할 수 있어야 한다.

》참고 전기기계 · 기구에 의한 감전사고 방지대책(☞ 참고 : KS C IEC 60364－4)

전기기계 · 기구에 의한 감전사고는 전기기기의 노출된 충전부에 직접접촉하거나 누전되는 전기기기의 비충전 부분에 접촉해서 감전이 발생하는 간접접촉사고가 있다.

가. 직접접촉에 의한 감전 방지
1) 전기기계 · 기구 등의 충전부 방호
① 충전부가 노출되지 않도록 폐쇄형 외함 구조로 제작한다.
② 충전부에 방호망 또는 절연덮개를 설치한다.
③ 발전소, 변전소 및 개폐소 등 구획되어 있는 장소로서 관계근로자 외의 자가 출입하는 것을 금지하는 장소에 설치한다.
④ 전주 위 및 철탑 위 등 격리되어 있는 장소로서 관계근로자 외의 자가 접근할 우려가 없는 장소에 설치한다.
2) 작업공간 확보(내선규정) : 모든 기기에 대해서는 출입 및 작업할 수 있는 공간이 확보되어 기기의 안전운전과 보수작업을 용이하게 할 수 있어야 한다.
3) 보호절연 : 충전부의 절연이 불가능한 것은 작업장 주위의 바닥이나 기타 도전성 물체를 절연물로 방호하고 작업자는 절연화, 절연공구 등의 보호장구를 사용하는 방법을 적용한다.
4) 안전전압(30V) 이하의 기기를 사용한다.

나. 간접접촉에 의한 감전 방지
1) 접지와 본딩(☞ 참고 : 산업안전기준)
① 계통접지란 발전기 또는 변압기의 중성점 등을 접지시키는 것으로 직접접지, 비접지, 저항접지 등으로 구분되어 있다.
② 기기접지란 인명의 보호를 주목적으로 하여 실시하는 것을 말한다.
2) 누전차단기 설치(☞ 참고 : 산업안전기준) : 누전차단기는 교류 600V 이하의 저압전로에서 감전, 화재 및 기계 · 기구의 손상 등을 방지하기 위해 설치하는 것
① 감전보호
② 전기설비 및 전기기기의 보호
③ 누전화재 보호
④ 기타 다른 계통으로 사고 파급 방지
3) 이중절연구조의 전기기계 · 기구(☞ 참고 : 산업안전기준)
4) 비접지방식의 전로(☞ 참고 : 산업안전기준) : 지락사고가 발생해도 접지회로가 구성되지 않는 방식. 그러나 변압기 내부의 고 · 저압 혼촉에 의한 위험 방지를 위해 제2종 접지를 실시한 혼촉방지판이 붙어 있는 변압기를 사용하거나 저압전로의 도중에 절연 변압기(2차 전압 300V 이하, 정격 용량 3kVA 이하)를 사용하는 것

2.3 정전기 재해

정전기란 어떤 물체가 대전입자(양전기 또는 음전기 만의 전하)를 가지고 있을 때 그 특성이 외부로 나타나는 전기현상을 말한다. 최근 고분자 물질의 사용 증가로 사고 위험을 가중시키고 있다.

■ 신전기설비기술계산 핸드북, 전력사용시설물 설비 및 설계, 정기간행물

1. 정전기 발생 형태(☞ 참고 : 정전기)

가. 마찰에 의한 대전
나. 박리에 의한 대전
다. 유동에 의한 대전
라. 분출에 의한 대전
마. 유도에 의한 대전
바. 충돌에 의한 대전
사. 교반에 의한 대전

2. 정전기 발생 영향요소

가. 물질의 특성
나. 물체의 표면상태
다. 물체의 이력
라. 접촉면적과 압력
마. 분리 속도

3. 정전기 방전

물체의 대전량이 많아지면 그 부근 공기 중의 정전계 강도가 높아져 공기의 절연파괴 강도(약 30kV/cm)에 도달하게 되어 기체의 전리작용이 일어나게 되는데 이를 방전(Spark)이라 한다. 정전기가 방전되면 축적되었던 정전에너지가 방전에너지로서 방출되어 그 대부분이 열, 그 밖에 소리, 빛, 전자파로 변환되어 소멸된다.

가. 코로나 방전(Corona Discharge)

코로나 방전은 대기 중에 발생하는 기중방전으로 브러시 · 불꽃방전과 같은 형태로서 한쪽이나 양쪽의 전극이 봉상 또는 침상일 때 극 부분을 통하여 방전이 일어나는 현상이다.

1) 코로나 방전은 도전체(5mm 이하)가 고전위로 축적되거나 접지도체가 고전계 영역에 있을 때 발생하는 방전현상으로, 임계전압이 낮아지면 방전이 쉽다.

$$임계전압\ E_0 = 24.3 \cdot m_0 \cdot m_1 \cdot \delta \cdot d \cdot \log_{10}\frac{D}{r} [\mathrm{kV}]$$

여기서, m_0 : 전선표면계수, m_1 : 기후에 관한 계수
δ : 상대공기밀도, D : 선간거리

PART 04 방재설비

2) 대전물체에 저장된 에너지의 크기와 관계없이 방전에너지가 적어 가스증기를 점화시키지 않는다.

나. 브러시 방전(Brush Discharge)

1) 상당량 대전 전하량을 갖는 물체가 곡률반경이 큰(10mm 이상) 도체와 절연물질이나 저도전율 액체 사이에서 발생하는 수지상의 발광과 파괴음을 수반하는 방전현상이다.
2) Streamer라는 선상방전이 반복되는 것으로서 코로나 방전의 일종으로, 방전에너지가 크므로 재해나 장해의 원인이 된다.

다. 불꽃 방전

1) 표면 전하밀도가 아주 높게 축적되어 분극화된 절연판 표면 또는 도체가(정전기로 대전된 물체가) 넓은 면적의 접지도체를 통하여 대전하는 방전현상이다.
2) 위 경우 접지된 도체 사이에서 발생하는 강한 발광과 파괴음을 수반한다.
3) 방전에너지가 높아서 재해나 장해의 원인이 된다.

라. 연면 방전(沿面放電)

정전기로 대전된 물체가 고체 절연물의 표면이나 접지도체를 따라 생기는 방전현상이다.

1) 드럼이나 사일로 내의 분진이 높은 전하를 보유할 때 대전이 엷은 층상의 부도체가 박리할 경우 방전현상이 발생한다.
2) 엷은 층상의 대전된 부도체의 뒷면에 근접한 접지체가 있을 때에 표면에 연한 복수의 수지상 발광을 수반하여 발생하는 방전현상이다.
3) 불꽃 방전과 마찬가지로 방전에너지가 장해의 원인이 된다.

마. 뇌상 방전

1) 전하가 축적된 대전구름에서 구름과 지표면 두 전하 간의 전계강도가 증가하여 공기의 절연파괴내력을 넘으면 뇌운과 지표면 사이에 발광과 파괴음을 동반하는 방전형태이다.
2) 방전에너지가 크고 강력하여 재해나 장해의 원인이 된다.

4. 정전기에 의한 재해

정전기에 의한 장해와 재해는 크게 생산 장해, 전격, 화재 · 폭발로 나눌 수 있다.

가. 생산계통의 장해

제조업의 작업자에게 정전기가 발생하면 방전에 의하여 작업 능률 저하, 품질 불량 등 생산 장해를 초래한다.

1) 정전기의 흡인 · 반발력에 의한 장해

계기류의 오차에 의한 장해, 분진에 의한 품질 불량, 인쇄 종이의 파손 및 겹침 등

2) 방전에 의한 장해

반도체 전자부품의 경우 파괴나 오동작, 전자파에 의한 잡음과 오동작, 필름의 감광 장해

나. 전격(Electric Shock) : 인체영향 재해

1) 화학 섬유 옷에 의하여 금속 도체를 접촉할 경우 발생하는 방전 쇼크($2 \sim 3 \times 10^{-7} C$ 이상)
2) 정전기에 대전된 물체에 인체가 접촉될 때 인체를 통하여 흐르는 전류에 의한 인체 쇼크

다. 화재 · 폭발의 재해

방전에너지가 가스나 분진 등 최소 착화에너지를 넘을 때 화재나 폭발이 발생한다.

1) 대전물체가 도체인 경우는 방전 시 모든 전하가 일시에 방출되어 화재 · 폭발이 일어난다.

정전에너지 $W = \frac{1}{2}QV = \frac{1}{2}CV^2[J]$

① 혼합 가스는 대지 전위가 1kV 이상이면 위험의 전위가 된다.

② 분진은 대지 전위가 5kV 이상이면 위험의 전위가 된다.

2) 대전물체가 부도체인 경우는 방전 시 축적된 에너지가 일시에 모두 방출되지 않는다.

5. 정전기 재해 방지대책

정전기 방지는 기본적으로 정전기 발생 억제, 발생전하의 축적 방지, 축전전하의 위험 조건하에서 방전 방지가 되어야 한다.

가. 도체의 접지와 본딩

1) 접지란 금속 등 도체와 대지 사이의 전위를 최소화하기 위해 동판(접지극)을 땅속에 매설하여 도체와 접속하는 것

① 정전기 계통은 대지와 저항이 $10^4\Omega$ 이하이면 대지로 전류가 흘러 전하 축적이 없다.

② 접지저항이 $10^6\Omega$ 이면 정전기의 방전전류는 수 μA 의 미소전류로 장해 발생이 없다.

2) 본딩이란 금속물체 전부를 접지하기 곤란한 경우 도체 사이를 저저항도체로 연결하여 전위를 등전위화하는 것

나. 정전기 발생 및 대전 방지

1) 인체의 대전 방지를 위하여 정전 작업화, 정전 작업복 및 손목띠(Wrist Strap)를 착용한다.
2) 전기 누설에 의한 대전 전하가 시간이 경과함에 따라 감쇄하는 정전 완화방법
3) 정전기 물체를 금속체로 둘러싸 대전 물체가 일으키는 재해를 방지하는 정전 차폐방법

다. 도전성 향상

플라스틱, 화학섬유에 대전방지제, 금속분 및 반도체를 첨가하거나 도포 · 도착하는 방법으로 도전성을 향상시켜 고유저항을 저하시킨다.

라. 습도 증가(가습에 의한 대전방지법)

공기의 상대습도를 높여 물체의 표면 저항률을 낮추는 가습을 통하여 정전기 축적을 억제한다. 공기의 상대습도는 60~70% 범위가 적당하다.

마. 제전기 사용(부도체)

물체에서 발생하는 정전기 또는 대전되어 오는 정전기를 제거하는 제전기를 이용한 부도체의 정전기 축적 방지대책이다.

1) 제전기의 접지저항은 $10^6 \sim 10^8\Omega$으로 방전전류를 수 μA 정도의 누설 전류로 억제한다.
2) 제전기 원리상 분류로는 전압 인가식 제전기, 이온식 제전기, 자기 방전식 제전기가 있다.

바. 유속제한

탱크, 탱크차 및 드럼통 등에 액체의 위험물을 주입하는 경우 배관의 유속을 제한한다.

1) 저항률이 $10^{10}\Omega \cdot m$ 미만인 도전성 위험물의 배관유속은 7m/s 이하
   ① 유동성이 심하고 폭발 위험성이 높은 것 1m/s 이하
   ② 물이나 기체를 혼합한 비수용성 위험물 1m/s 이하
2) 저항률이 $10^{10}\Omega \cdot m$ 이상인 위험물 배관 내부 유속은 규정한 값 이하

CHAPTER 02

접지설비

SECTION 01

접지시스템

1.1 접지방식의 용어 정의

한국전기설비규정(KEC ; Korea Electro－technical Code)은 전기설비기술기준 고시(이하 "기술기준"이라 한다)에서 정하는 기술기준 및 판단기준의 용어 이외에 국제표준에 기초한 접지설비와 피뢰설비에 관한 용어 정의를 규정하고 있다.

■ 한국전기설비규정(KEC), 전기설비기술기준 고시, 정기간행물

PART 04 방재설비

1. 전압밴드

가. 전압범위 및 전압밴드

전압구분	전압범위	
저압	AC 600V 이하, DC 700V 이하	
고압	AC 600V 초과 DC 700V 초과	7kV 이하
특고압	7kV 초과	

종류	전압밴드의 적용범위
전압밴드 Ⅰ	전압값의 특정조건에 따라 감전보호를 실시하는 경우 통신, 신호, 제어, 경보설비 등 기능상 이유로 전압 제한
전압밴드 Ⅱ	가정, 상업, 공업용 설비에 전기를 공급하는 전압 및 공공 배전계통의 전압도 포함

나. 교류 및 직류 전압밴드

전압밴드	교류 전압밴드			직류 전압밴드		
	접지 계통		비접지 계통	접지 계통		비접지 계통
	대지	선간	선간	대지	선간	선간
Ⅰ	$u \le 50$	$u \le 50$	$u \le 50$	$u \le 120$	$u \le 120$	$u \le 50$
Ⅱ	$50 < u \le 60$	$50 < u \le 1,000$	$50 < u \le 1,000$	$120 < u \le 900$	$120 < u \le 1,500$	$120 < u \le 1,500$

2. 손의 접근한계 등

가. 손의 접근한계(Arm's Reach)

1) 손의 접근한계란 사람이 통상 서있는 면의 임의의 지점에서 보조기구 없이 손이 미칠 수 있는 한계를 말한다.
2) 통상 "사람에 의해 점유가 예상된 지역 내"에서 사람이 무의식적으로 손, 발을 펴는 경우에 충전부 및 노출 도전성 부분 등에 접촉되는 거리(공간)를 말하고, 손의 접근한계 외측에 있는 것에 의한 보호는 직접접촉보호 중 하나의 수단이다.

나. 공통접지 및 통합접지 공사를 하는 경우

사람이 접촉할 우려가 있는 범위는 수평방향 2.5m, 높이 2.5m이며 이 범위에 있는 모든 고정설비의 노출 도전성 부분 및 계통 외 도전성 부분은 등전위 접속(Equipotential Bonding)을 하여야 한다.

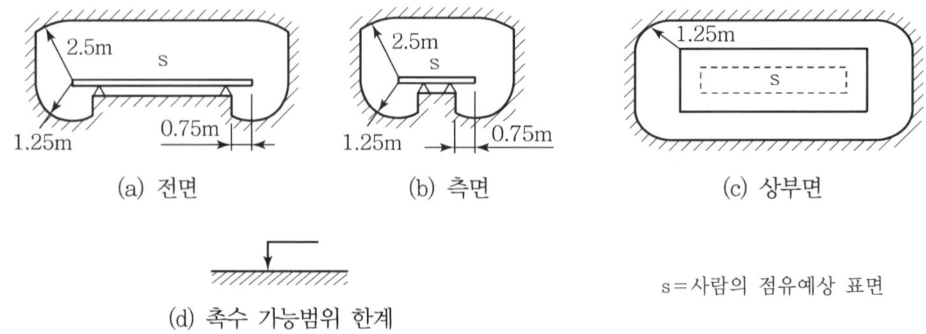

내선규정에서 사람이 접촉될 우려가 있는 장소(1.25m)
1. 옥내 바닥에서
   저압인 경우 1.8m 이상 2.3m 이하
   고압인 경우 1.8m 이상 2.5m 이하
2. 옥외 지표면에서 2m 이상 2.5m 이하 장소
3. 그 밖에 계단의 중간 창 등에서 손을 뻗쳐 닿을 수 있는 범위
   S=사람에 의해 점유될 것으로 예상되는 표면

[그림 1] 손의 접근한계 범위

다. 등전위

환자가 직·간접적으로 접속할 수 있는 범위는 환자가 점유한 장소로부터 수평 2.5m, 의료실 바닥으로부터의 높이 2.3m의 부분을 말한다.

3. 기기의 안전보호조치

가. 기기의 보호등급

[표] 전기기기의 안전보호조치

기기 보호등급	보호조치
Class 0등급	0등급 기기란 기본보호조치로 기초절연과 고장보호용 조치가 없는 기기를 말한다.
Class Ⅰ등급	Ⅰ등급 기기란 기본보호용 조치로 기초절연 및 고장보호용 조치로 보호본딩을 갖춘 기기를 말한다.(기초절연+보호본딩)
Class Ⅱ등급	Ⅱ등급 기기란 기본보호용 및 고장보호용 조치로 보조절연을 구비 또는 이동 중 기본보호 및 고장보호를 강화한 절연을 갖춘 기기를 말한다. (보조절연, 이동 중 기본 및 고장보호를 강화한 절연)
Class Ⅲ등급	Ⅲ등급 기기란 기본보호 조치가 특별저압값으로 전압제한이 이루어지고 고장보호용 조치를 갖추지 않은 기기를 말한다.(특별저압으로 전압제한, 고장보호조치 무)

나. 절연의 구분

1) 기초절연 : 감전에 대한 기본적 보호가 이루어진 위험충전부의 절연
2) 보조절연 : 고장보호용으로 기초절연에 추가 절연하는 독립된 절연
3) 이중절연 : 기초절연과 보조절연을 하는 경우
4) 강화절연 : 이중절연과 동등한 위험충전부의 절연

4. 접지설비와 피뢰설비

일반적인 건축물에서 보호도체 및 접지설비의 예를 나타내면 [그림 2]와 같다.

가. 기본보호란 충전부에 직접 접촉하지 않도록 하는 보호

나. 고장보호란 고장이 발생한 기기의 노출도전부에 접촉하여 발생할 수 있는 위험으로부터 보호

다. 외부 및 내부 피뢰시스템과 피뢰레벨, 감전에 대한 보호를 목적으로 시설하는 보호장치와 보호도체

라. 보호도체란 안전을 목적으로 설치된 도체로, 보호도체의 용어는 일반적이며, 접지도체, 보호등전위본딩도체, 보조 보호등전위본딩도체, 회로 보호도체를 포함한다.

마. 접지도체란 계통, 설비 또는 기기의 1점과 접지극 간의 도전성 경로 또는 도전성 경로의 일부를 구성하는 도체를 말한다.

바. 계통외도전부는 근본적으로 전기가 흐르는 것을 의도하지는 않으나 고장이 발생했을 때 위험전압이 발생할 가능성이 있는 건축 구조물의 금속제 부분, 가스, 수도, 난방 등의 금속배관, 절연되지 않은 바닥이나 벽 등을 말한다.

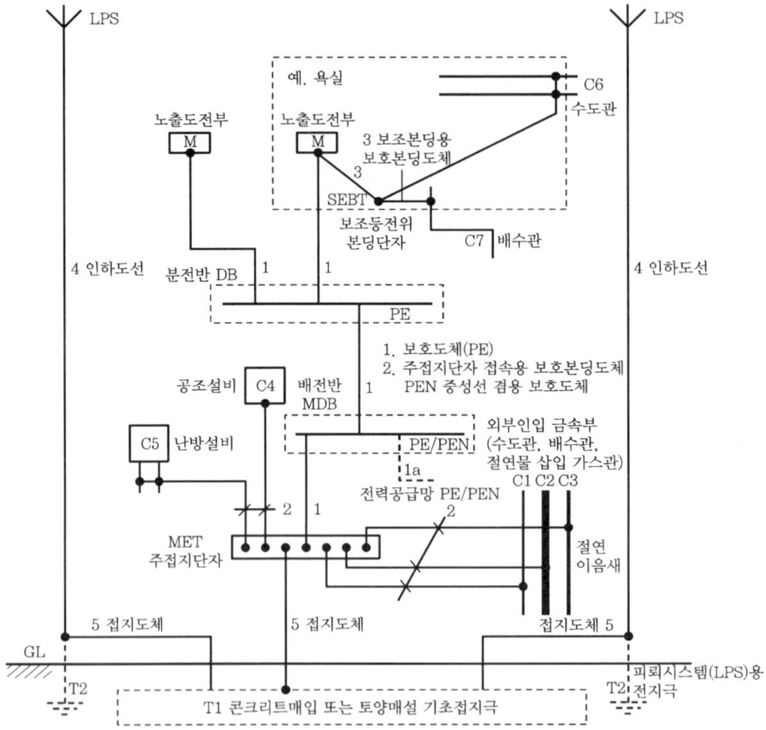

C : 계통외도전부
C1~C7 : 수도관 등 금속부, 공조 · 난방설비
D : 절연이음새
MDB : 주배전반
DB : 분전반
MET : 주접지단자
SEBT : 보조 보호등전위본딩단자
T1 : 기초접지극
T2 : LPS용 접지극
LPS : 피뢰시스템
PE : 분전반 안의 단자
PE/PEN : 주배전반 안의 단자
M : 노출도전부
1 : 보호도체(PE)
2 : 보호등전위본딩도체
3 : 보조 보호등전위본딩도체
4 : 피뢰시스템의 인하도선
5 : 접지도체

[그림 2] 보호도체 및 접지설비의 예

1.2 접지시스템의 구성요소(접지극, 접지도체, 보호도체 및 기타)

- 접지시스템[40](Earthing System)이란 기기나 계통을 개별적 또는 공통으로 접지하기 위하여 필요한 접속 및 장치로 접지극, 접지도체, 보호도체 및 기타 설비로 구성된 설비를 말한다. 그 이외에는 전기기기의 선정 및 설치에 따른 접지설비 및 보호도체에 의한다.
- 접지시스템은 사용목적에 따라 계통접지, 보호접지, 피뢰시스템접지로 구분하며, 시설 종류에는 단독접지, 공통접지, 통합접지가 있다.

■ 한국전기설비규정(KEC), 전기설비기술기준 고시, 정기간행물

---

40) 시스템(System)이란 각 구성 요소(기계, 재료, 설비 등)들이 상호 관계를 가지며, 정해진 조건하에서 전체가 하나와 같이 작업 또는 일을 수행하기 위한 집합적 구성체를 말한다. 전기설비분야의 기술기준과 국제규격은 IEC(국제전기표준회의)의 조직 중에서 건축전기설비에 관해서는 TC64의 기술위원회가 담당하고 있다.

1. 접지시스템의 구분 및 종류(☞ 참고 : KS C IEC 60364)

가. 접지시스템의 구분

1) 계통접지 : 전력계통에서 돌발적으로 발생하는 이상현상에 대비하여 계통을 연결하는 것으로 변압기 중성선을 대지에 접속하는 것을 말하며 중성점 접지라고도 한다. 계통접지의 구성은 저압전로의 보호도체 및 중성선의 접속방식에 따라 TN 계통, TT 계통, IT 계통의 3종류의 접지계통으로 분류된다.
2) 보호접지 : 고장 시 감전에 대한 보호를 목적으로 기기의 한 점 또는 여러 점을 접지하는 것을 말한다.
3) 피뢰시스템 접지 : 보호 대상물에 근접하는 뇌격을 확실하게 흡인해서 뇌격전류를 대지로 안전하게 방류함으로써 건축물을 보호하는 것을 목적으로 피뢰설비에 흐르는 뇌격전류를 안전하게 흘려보내기 위한 접지극을 대지에 접속한 설비이다.

[표 1] 접지대상 및 접지방식

접지대상	접지방식
(특)고압설비	계통접지 : TN, TT, IT
600V 이하 설비	보호접지 : 등전위본딩 등
400V 이하 설비	피뢰시스템 접지 : 허용접촉전압
변압기	변압기 중성점접지

나. 접지시스템의 종류

1) 단독접지 : 고압 · 특고압 계통의 접지극과 저압 계통의 접지극을 독립적으로 설치하는 방식 예 TN 계통, TT 계통, IT 계통
2) 공통접지 : 등전위가 형성되도록 고압 · 특고압 접지계통과 저압 접지계통을 공통으로 접지하는 방식 예 TN−C 계통, TN−S 계통, TN−C−S 계통
3) 통합접지 : 전기설비 접지 계통 · 건축물의 피뢰설비 및 전기통신설비 등의 접지극을 통합하여 접지하는 방식. 본질적 목적은 건물 내에 사람이 접촉할 수 있는 모든 도전부가 항상 같은 대지전위를 유지할 수 있도록 등전위를 형성하는 것이다.

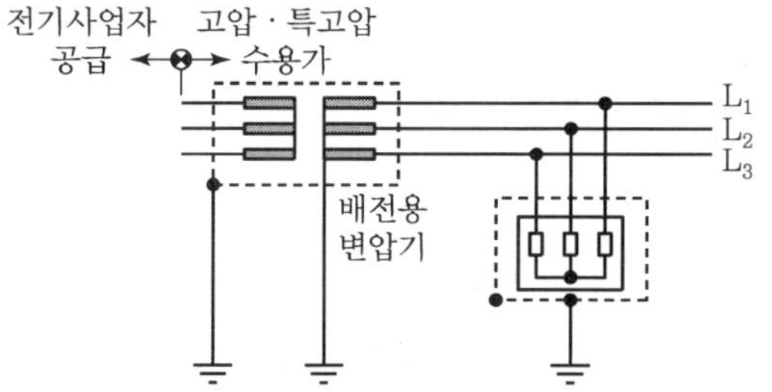

[그림 1] TT 계통의 단독접지

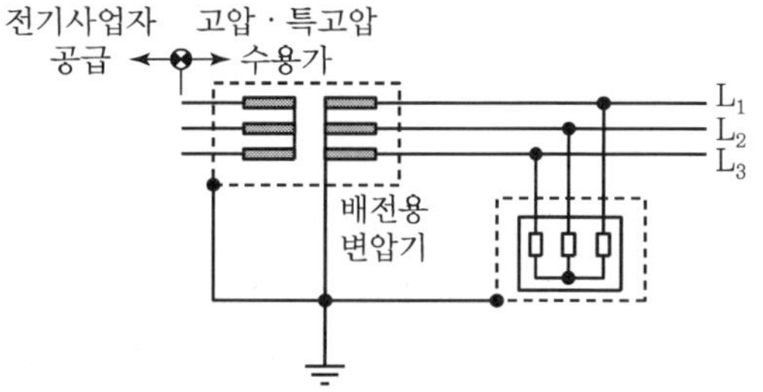

[그림 2] TN 계통의 공통접지

2. 접지시스템의 시설

가. 구성요소 및 요구사항

1) 접지시스템 구성요소

접지시스템은 접지극, 접지도체, 보호도체 및 기타 설비로 구성하고, 그 이외에는 저압 전기설비의 전기기기의 선정 및 설치에 따른 접지설비 및 보호도체에 의한다.

2) 접지시스템 요구사항

① 전기설비의 보호 요구사항을 충족하여야 한다.
② 지락전류와 보호도체 전류를 대지에 전달하여야 한다.
③ 열적, 열 · 기계적, 전기 · 기계적 응력 및 이러한 전류로 인한 감전 위험이 없어야 한다.
④ 전기설비의 기능적 요구사항을 충족하여야 한다.

나. 접지저항값

1) 부식, 건조 및 동결 등 대지환경 변화에 충족되어야 한다.
2) 인체감전보호를 위한 값과 전기설비의 기계적 요구에 의한 값을 만족하여야 한다.

3. 접지극의 시설기준

가. 접지극의 시설

1) 토양 또는 콘크리트에 매입되는 접지극의 재료 및 최소 굵기 등은 접지설비 및 보호도체의 토양 또는 콘크리트에 매설되는 접지극으로 부식방지 및 기계적 강도를 대비하여 일반적으로 사용되는 재질의 최소 굵기에 따라야 한다.
2) 피뢰시스템의 접지는 "지상으로부터 높이 60m를 초과하는 건축물 · 구조물"에 우선 적용하여야 한다.

나. 접지극의 시설방법

1) 콘크리트에 매입된 기초 접지극
2) 토양에 매설된 기초 접지극
3) 토양에 수직 또는 수평으로 직접 매설된 금속전극(봉, 전선, 테이프, 배관, 판 등)
4) 케이블의 금속외장 및 그 밖에 금속피복
5) 지중 금속구조물(배관 등)
6) 대지에 매설된 철근콘크리트의 용접된 금속 보강재. 다만, 강화콘크리트는 제외한다.
7) 접지극의 접속은 발열성 용접, 압착접속, 클램프 또는 그 밖의 적절한 기계적 접속장치로 하여야 한다.

다. 접지극의 매설

1) 접지극은 매설하는 토양을 오염시키지 않아야 하며, 가능한 다습한 부분에 설치한다.
2) 접지극은 지표면으로부터 지하 0.75m 이상으로 하되 동결 깊이를 감안하여 매설 깊이를 정해야 한다.
3) 접지도체를 철주 기타의 금속체를 따라서 시설하는 경우에는 접지극을 철주의 밑면으로부터 0.3m 이상의 깊이에 매설하는 경우 이외에는 접지극을 지중에서 그 금속체로부터 1m 이상 떼어 매설하여야 한다.

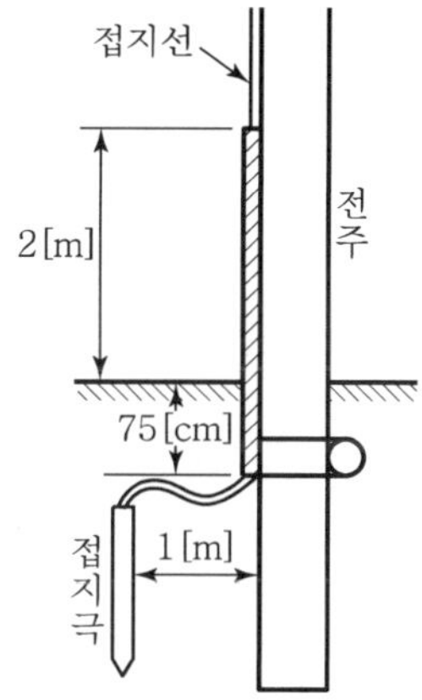

[그림 3] 접지극 시공도

라. 접지시스템 부식에 대한 고려

1) 접지극에 부식을 일으킬 수 있는 폐기물 집하장 및 번화한 장소에 접지극 설치는 피해야 한다.
2) 서로 다른 재질의 접지극을 연결할 경우 전식을 고려하여야 한다.
3) 콘크리트 기초 접지극에 접속하는 접지도체가 ~~용융~~아연도금강제인 경우 접속부를 토양에 직접 매설해서는 안 된다.

마. 가연성 액체나 가스를 운반하는 금속제 배관

접지설비의 접지극으로 사용할 수 없다.

바. 수도관 등을 접지극으로 사용하는 경우

1) 지중에 매설되어 있고 대지와의 전기저항값이 3Ω 이하의 값을 유지하고 있는 금속제 수도관로의 경우 접지극으로 사용이 가능하다.
   ① 접지도체와 금속제 수도관로의 접속은 안지름 75mm 이상인 부분 또는 여기에서 분기한 안지름 75mm 미만인 분기점으로부터 5m 이내의 부분에서 하여야 한다. 다만, 금속제 수도관로와 대지 사이의 전기저항값이 2Ω 이하인 경우에는 분기점으로부터의 거리는 5m를 넘을 수 있다.
   ② 접지도체와 금속제 수도관로의 접속부를 수도계량기로부터 수도 수용가 측에 설치하는 경우 수도계량기를 사이에 두고 양측 수도관로를 등전위본딩한다.
   ③ 접지도체와 금속제 수도관로의 접속부를 사람이 접촉할 우려가 있는 곳에 설치하는 경우에는 손상을 방지하도록 방호장치를 설치하여야 한다.
   ④ 접지도체와 금속제 수도관로의 접속에 사용하는 금속제는 접속부에 전기적 부식이 생기지 않아야 한다.

2) 건축물 · 구조물의 철골 기타의 금속제는 대지와의 사이에 전기저항값이 2Ω 이하인 값을 유지하는 경우, 이를 비접지식 고압전로의 접지공사 또는 저압전로를 결합하는 변압기의 저압전로의 접지공사의 접지극으로 사용할 수 있다.

4. 접지도체의 시설

가. 접지도체의 선정

1) 접지도체의 최소 단면적

① 구리는 6mm² 이상

② 철제는 50mm² 이상

2) 접지도체에 피뢰시스템이 접속되는 경우, 접지도체의 단면적

구리 16mm² 또는 철 50mm² 이상

[표 2] 접지도체, 보호도체 및 보호본딩도체의 최소단면적

<table>
<tr><th colspan="2">접지도체 최소단면적[mm²]</th><th colspan="2">보호도체 최소단면적[mm²]</th><th colspan="2">보호도체 및 보호본딩도체
최소단면적[mm²], 구리</th></tr>
<tr><th>구리</th><th>철</th><th>설비 상도체
S</th><th>보호도체</th><th colspan="2">케이블이 아니거나
상도체와 공동수납이 아닌 것</th></tr>
<tr><td>6</td><td>50</td><td>$S \le 16$</td><td>S</td><td rowspan="2">기계적 손상에
대한 보호 있음</td><td rowspan="2">기계적 손상에
대한 보호 없음</td></tr>
<tr><td colspan="2">접속도체에 LPS가 접속된 때</td><td>$16 < S \le 35$</td><td>16</td></tr>
<tr><td>16</td><td>50</td><td>$35 < S$</td><td>$S/2$</td><td>2.5</td><td>4</td></tr>
</table>

나. 접지도체와 접지극의 접속

1) 접속은 견고하고 전기적인 연속성이 보장되도록, 접속부는 발열성 용접, 압착접속, 클램프 또는 그 밖에 적절한 기계적 접속장치에 의하여야 한다.

2) 클램프를 사용하는 경우, 접지극 또는 접지도체를 손상시키지 않아야 한다. 납땜에만 의존하는 접속은 사용해서는 안 된다.

다. 접지도체와 접지극이나 접지의 접속

접지도체를 접지극이나 접지의 다른 수단과 연결하는 것은 견고하게 접속하고, 전기적 · 기계적으로 적합하여야 하며, 부식에 대해 적절하게 보호되어야 한다.

1) 접지극의 모든 접지도체 연결지점

2) 외부도전성 부분의 모든 본딩도체 연결지점

3) 주 개폐기에서 분리된 주 접지단자

라. 접지도체의 보호

접지도체는 지하 0.75m부터 지표상 2m까지 부분은 합성수지관 또는 이와 동등 이상의 절연효과와 강도를 가지는 몰드로 덮어야 한다.

마. 중성점 접지시스템의 고정설비

특고압 · 고압 전기설비 및 변압기 중성점 접지시스템의 경우 접지도체가 사람이 접촉할 우려가 있는 곳에 시설되는 고정설비인 경우

1) 접지도체는 절연전선(옥외용 비닐절연전신은 제외) 또는 케이블(통신용 케이블은 제외)을 사용하여야 한다.
2) 접지극 매설은 전항의 "접지극의 시설 및 접지저항"에 따른다.

바. 접지도체의 굵기

고장 시 흐르는 전류를 안전하게 통할 수 있는 것으로 한다.

1) 특고압 · 고압 전기설비용 접지도체는 단면적 $6mm^2$ 이상의 연동선 또는 동등 이상의 단면적 및 강도
2) 중성점 접지용 접지도체는 공칭단면적 $16mm^2$ 이상의 연동선 또는 동등 이상의 단면적 및 세기를 가진다.
3) 고압 이하(7kV 이하의 진로) 또는 사용전압이 25kV 이하인 특고압 가공선선로의 경우에는 공칭단면적 $6mm^2$ 이상의 연동선 또는 동등 이상의 단면적 및 강도
4) 이동하여 사용하는 전기기계기구의 금속제 외함 등의 접지시스템의 경우
   ① 특고압 · 고압 전기설비용 접지도체 및 중성점 접지용 접지도체는 1개 도체 또는 기타의 금속체로 단면적이 $10mm^2$ 이상인 것을 사용한다.
   ② 저압 전기설비용 접지도체는 다심 코드 또는 다심 캡타이어케이블의 1개 도체의 단면적이 $0.75mm^2$ 이상인 것을 사용한다.

5. 보호도체

가. 보호도체의 최소단면적

1) 보호도체의 최소단면적은 "2)"에 따라 계산하거나, [표 3]에 따라 선정할 수 있다. 보호도체용 단자도 이 도체의 크기에 적합하여야 한다. 다만, "3)"의 요건을 고려하여 결정한다.

PART 04 방재설비

[표 3] 보호도체의 최소단면적

상도체의 단면적 S (mm², 구리)	보호도체의 최소단면적(mm², 구리)	
	보호도체의 재질	
	상도체와 같은 경우	상도체와 다른 경우
$S \le 16$	S	$(k_1/k_2)\times S$
$16 < S \le 35$	16(a)	$(k_1/k_2)\times 16$
$S > 35$	S(a)/2	$(k_1/k_2)\times(S/2)$

여기서,

- k_1 : 도체 및 절연의 재질에 따라 KS C IEC 60364-5-54(저압전기설비-접지설비 및 보호도체)의 표A 54.1(여러 가지 재료의 변수값) 또는 KS C IEC 60364-4-43(저압전기설비 - 과전류에 대한 보호)의 표 43A(도체에 대한 k값)에서 선정된 선도체에 대한 k값
- k_2 : KS C IEC 60364-5-54(저압전기설비 - 접지설비 및 보호도체)의 표A 54.2(케이블에 병합되지 않고 다른 케이블과 묶여 있지 않은 절연 보호도체의 k값)~A 54.6(제시된 온도에서 모든 인접 물질에 손상 위험성이 없는 경우 나도체의 k값)에서 선정된 보호도체에 대한 k값
- a : PEN 도체의 최소단면적은 중성선과 동일하게 적용한다[KS C IEC 60364-5-52(저압전기설비-배선설비) 참조].

2) 보호도체의 단면적은 다음의 계산값 이상이어야 한다.

① 차단시간이 5초 이하인 경우에만 다음 계산식을 적용한다.

$$S = \frac{\sqrt{I^2 t}}{k}$$

여기서, S : 단면적[mm²]

I : 보호장치를 통해 흐를 수 있는 예상 고장전류 실횻값[A]

t : 자동차단을 위한 보호장치의 동작시간[s]

k : 보호도체, 절연, 기타 부위의 재질 및 초기온도와 최종온도에 따라 정해지는 계수

② 계산 결과가 표의 값 이상으로 산출된 경우, 계산값 이상의 단면적을 가진 도체를 사용한다.

3) 보호도체가 케이블의 일부가 아니거나 상도체와 동일 외함에 설치되지 않을 경우

① 기계적 손상에 대해 보호가 되는 경우 구리 2.5mm², 알루미늄 16mm² 이상

② 기계적 손상에 대해 보호가 되지 않는 경우 구리 4mm², 알루미늄 16mm² 이상

③ 케이블의 일부가 아니라도 전선관 및 트렁킹 내부에 설치되거나, 이와 유사한 방법으로 보호되는 경우 기계적으로 보호되는 것으로 간주한다.

4) 보호도체가 2개 이상의 회로에 공통으로 사용되는 경우

① 회로 중 가장 부담이 큰 것으로 예상되는 고장전류 및 동작시간을 고려하여 "1)" 또는 "2)"에 따라 선정한다.

② 회로 중 가장 큰 상도체의 단면적을 기준으로 “가”에 따라 선정한다.

나. 보호도체의 종류

1) 보호도체는 다음 중 하나 또는 복수로 구성한다.
   ① 다심 케이블의 도체
   ② 충전도체와 같은 트렁킹에 수납된 절연도체 또는 나도체
   ③ 고정된 절연도체 또는 나도체
   ④ “2)”의 ①, ② 조건을 만족하는 금속케이블 외장, 케이블 차폐, 케이블 외장, 전선묶음(편조전선), 동심도체, 금속관

2) 전기설비에 저압개폐기, 제어반 또는 버스덕트와 같은 금속제 외함을 가진 기기가 포함된 경우, 금속함이나 프레임이 다음과 같은 조건을 모두 충족하면 보호도체로 사용이 가능하다.
   ① 구조 · 접속이 기계적, 화학적 또는 전기화학적 열화에 대해 보호할 수 있으며 전기적 연속성을 유지하는 경우
   ② 도전성이 보호도체의 최소단면적 또는 $S=\frac{\sqrt{I^2t}}{k}$(차단시간이 5초 이하)의 조건을 충족하는 경우

3) 다음과 같은 금속부분은 보호도체 또는 보호본딩도체로 사용해서는 안 된다.
   ① 금속 수도관
   ② 가스 · 액체 · 분말과 같은 잠재적인 인화성 물질을 포함하는 금속관
   ③ 상시 기계적 응력을 받는 지지 구조물 일부
   ④ 가요성 금속배관
   ⑤ 가요성 금속전선관
   ⑥ 지지선, 케이블 트레이 및 이와 비슷한 것

다. 보호도체의 전기적 연속성

1) 보호도체의 보호
   ① 기계적인 손상, 화학적 · 전기화학적 열화, 전기역학적 · 열역학적 힘에 대해 보호되어야 한다.
   ② 나사접속 · 클램프접속 등 보호도체 사이 또는 보호도체와 타 기기 사이의 접속은 전기적연속성 보장 및 충분한 기계적강도와 보호를 구비하여야 한다.
   ③ 보호도체를 접속하는 나사는 다른 목적으로 겸용해서는 안 된다.
   ④ 접속부는 납땜(Soldering)으로 접속해서는 안 된다.

2) 보호도체의 접속부는 검사와 시험을 받아야 한다.
   ① 화합물로 충전된 접속부
   ② 캡슐로 보호되는 접속부
   ③ 금속관, 덕트 및 버스덕트에서의 접속부
   ④ 용접(Welding)이나 경납땜(Brazing)에 의한 접속부

3) 보호도체에는 어떠한 개폐장치를 연결해서는 안 된다.
4) 접지에 대한 전기적 감시를 위한 전용장치(동작센서, 코일, 변류기 등)를 설치하는 경우, 보호도체 경로에 직렬로 접속하면 안 된다.
5) 기기 · 장비의 노출도전부는 다른 기기를 위한 보호도체의 부분을 구성하는 데 사용할 수 없다.

라. 보호도체와 계통도체 겸용

보호도체와 계통도체를 겸용하는 겸용도체(중성선과 겸용, 상도체와 겸용, 중간도체와 겸용 등)는 해당 조건을 만족하여야 한다.

1) 겸용도체는 고정된 전기설비에서만 사용할 수 있는 경우
   ① 단면적은 구리 $10mm^2$ 또는 알루미늄 $16mm^2$ 이상이어야 한다.
   ② 중성선과 보호도체의 겸용도체는 전기설비의 부하 측으로 시설하여서는 안 된다.
   ③ 폭발성 분위기 장소는 보호도체를 전용으로 하여야 한다.

2) 겸용도체의 성능은 다음에 의한다.
   ① 공칭전압과 같거나 높은 절연성능을 가져야 한다.
   ② 배선설비의 금속 외함은 겸용도체로 사용해서는 안 된다.

3) 겸용도체는 다음 사항을 준수하여야 한다.
   ① 전기설비의 일부에서 중성선 · 중간도체 · 상도체 및 보호도체가 별도로 배선되는 경우, 겸용도체를 전기설비의 다른 접지된 부분에 접속해서는 안 된다.
   ② 겸용도체는 보호도체용 단자 또는 바에 접속되어야 한다.
   ③ 계통외도전부는 겸용도체로 사용해서는 안 된다.

마. 보호접지 및 기능접지의 겸용도체

1) 보호접지와 기능접지 도체를 겸용하여 사용할 경우 보호도체에 대한 조건과 감전보호용 등전위본딩 및 피뢰시스템 등전위본딩의 조건에도 적합하여야 한다.
2) 전자통신기기에 전원공급을 위한 직류귀환 도체는 겸용도체(PEL 또는 PEM)로 사용 가능하고, 기능접지도체와 보호도체를 겸용할 수 있다.

6. 기타 설비

가. 전기수용가 접지

1) 저압수용가 인입구 접지
2) 주택 등 저압수용장소 접지

나. 변압기 중성점 접지

1) 일반적으로 변압기의 고압 · 특고압 측 전로 1선 지락전류로 150을 나눈 값과 같은 저항값 이하
2) 변압기의 고압 · 특고압 측 전로 또는 사용전압이 35kV 이하의 특고압전로가 저압 측 전로와 혼촉하고 저압전로의 대지전압이 150V를 초과하는 경우 저항값
   ① 1~2초 이내에 고압 · 특고압 전로를 자동차단하는 장치를 설치할 때 300을 나눈 값
   ② 1초 이내 고압 · 특고압 전로를 자동차단하는 장치를 설치할 때 600을 나눈 값

다. 공통접지 및 통합접지(☞ 참고 : 접지시스템의 시설 종류)

라. 기계기구의 철대 및 외함의 접지

>>참고 접지시스템의 구성요소의 예

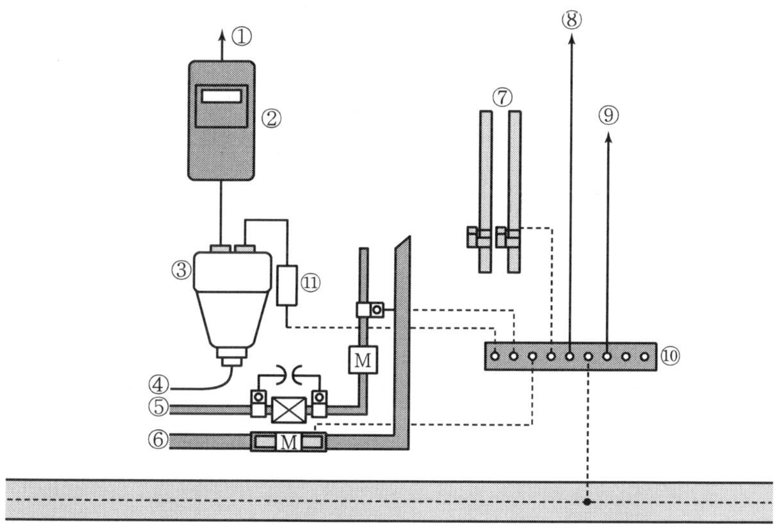

① 수용가 전원
② 전력량계
③ 인입구 접속함
④ 전원 인입선
⑤ 가스관
⑥ 수도관
⑦ 중앙난방시스템
⑧ 가전기기
⑨ 안테나케이블의 차폐선
⑩ 등전위본딩 바
⑪ 서지보호장치
⑫ 절연방전갭
M : 가스 계량기

[그림] 건축물 내부에서 등전위본딩 예

1.3 접지저항 측정(전위강하법)

접지저항 측정은 전위강하법에 의한 측정이 일반적이며, 이 방법은 무한원점에 대한 전위 상승을 기준하여 현실적으로 유한구간의 전위 상승을 채택하고 있다.

■ 전기설비기술기준 고시, 최신피뢰시스템과 접지기술, 정기간행물

1. 전위강하법 이론

가. 원리

하나의 전극에 접지전류 I를 유입하면 접지전극의 전위가 주변의 대지에 비해 V만큼 높아지는데, 이 때 전위 상승값과 접지전류의 비 V/I를 그 접지전극의 접지저항으로 한다.

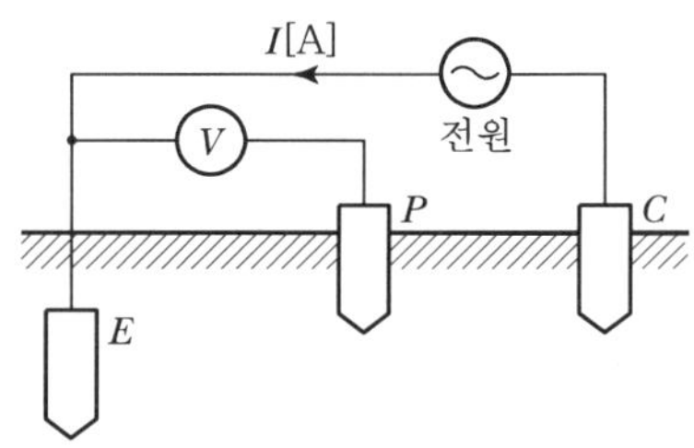

[그림 1] 전위강하법의 구성도

나. 구성

[그림 1]에서 E는 접지전극, C와 P는 보조전극으로 C가 전류 보조극, P가 전위 보조극이다.

다. 측정

1) 직류전원을 사용하면 전기화학작용이 생기기 때문에 교류를 사용한다.
2) 교류 주파수로는 전력계통으로부터의 유도신호를 분리하기 쉽도록 1kHz 이하가 좋다.
3) 전위 보조극 P에 의해 EP 간의 전위차를 측정하는데, 대지에 흘린 전류를 I, EP 간의 전위차를 V라 한 경우

   ∴ 접지저항의 측정값 $R = \frac{V}{I}[\Omega]$

라. 특징

2개의 보조전극의 위치는 접지저항이 측정값에 영향을 미치지 않는 점까지 이격하여 측정하여야 한다.

2. 전위분포곡선

가. 전위분포곡선의 판정

접지저항의 오차를 검토하는 수단이 바로 전위분포곡선의 판정이다.

1) 접지전극과 전류전극이 너무 접근하면 [그림 2]의 P_1처럼 전위분포곡선에 수평부분이 발생하지 않는다.

2) 접지전극과 전류전극을 충분히 이격시키면 [그림 2]의 P_2처럼 전위분포곡선의 중앙에 수평부분이 발생한다.

3) 전위분포곡선의 중앙에 수평부가 발생할 때까지 접지전극과 전류전극을 이격시켜야 양전극이 관계가 없으며 수평부분의 전위차 E_x를 그때의 전류값으로 나누면 E의 접지저항값을 구할 수 있다.

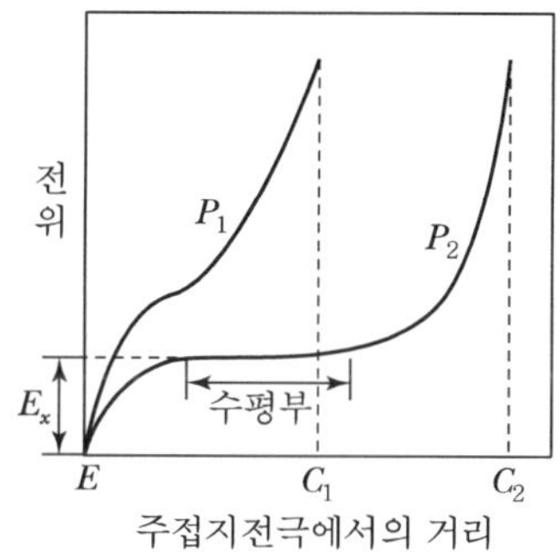

[그림 2] 전위분포곡선

나. 저항구역

접지전극과 전류전극을 이격시키면 왜 전위분포곡선에 수평부분이 발생하고 양쪽 전극은 관계가 없다고 판단할 수 있는지를 설명하기 위한 개념이다.

1) 저항구역은 접지전극을 중심으로 대부분의 접지저항이 포함되어 있는 범위를 말한다.
2) 접지저항은 무한원점까지 포함되나 실제로는 접지저항 대부분은 접지전극을 중심으로 하는 범위 내에 들어 있다.

다. 전위분포와 저항구역의 관계

저항구역과 전위분포의 관계는 [그림 3]처럼 고립된 전극에 전류를 흘릴 경우 지표면의 전위 상승은 저항구역에서 끝나며, 그 이외에는 미치지 않는다.

1) E전극과 C전극이 가까운 경우

E전극과 C전극이 너무 접근하여 양쪽의 저항구역이 오버랩한 경우로서 중앙에 수평부분은 생기지 않는다.

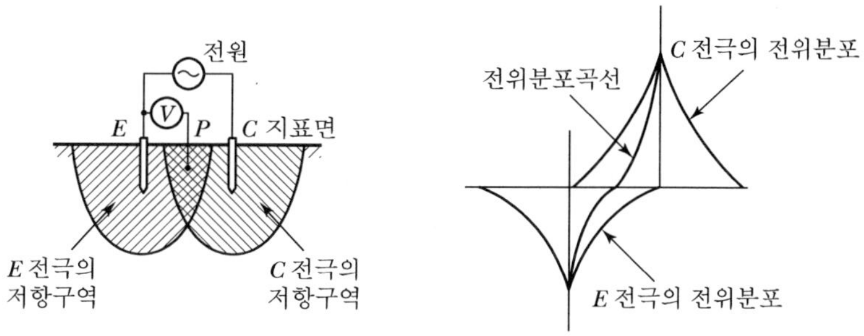

(a) 저항구역 (b) 전위분포

[그림 3] E 전극과 C 전극이 가까운 경우

2) E전극과 C전극이 충분히 떨어진 경우

① 양전극의 저항구역이 오버랩하지 않고 있으며 중앙에 수평부분이 생긴다.

② 전위분포곡선의 중앙에 수평부분이 생기면 접지전극과 전류극은 서로 관계없다고 보면 되고 이 수평부분에서 정도가 높은 측정값을 얻을 수 있다.

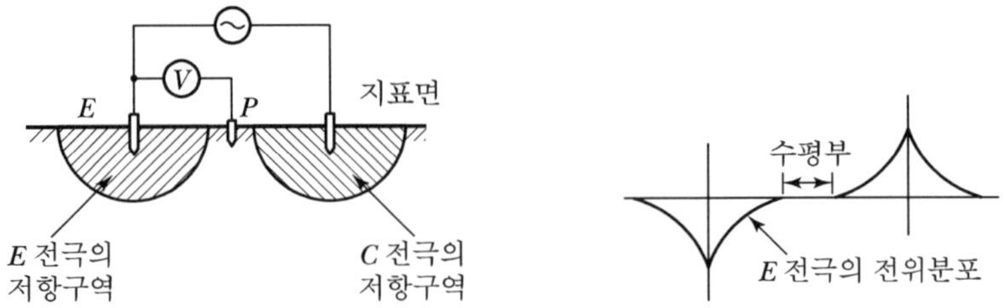

(a) 저항구역 (b) 전위분포

[그림 4] E 전극과 C 전극이 충분히 떨어진 경우

라. 전류보조극 61.8%의 법칙

접지전극 E로 접지전류가 유입되고 전류전극 C로부터 전류 I로 유출된다고 가정하면

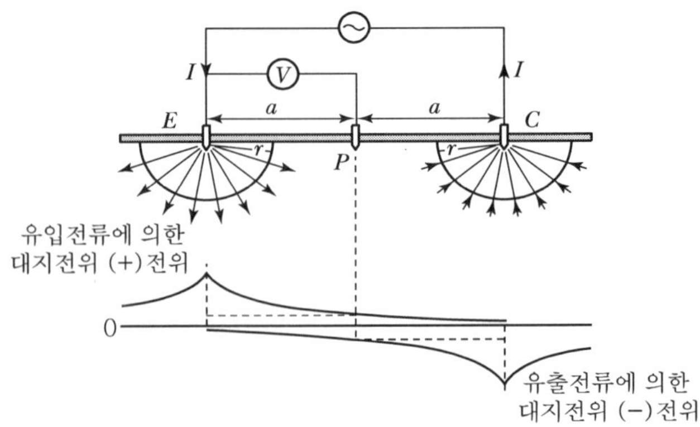

1) 등가반경 r인 접지극의 접지저항 $R=\dfrac{\rho}{2\pi r}[\Omega]$이므로

   접지전류 I 유입 시 전위 상승 $V=\dfrac{\rho}{2\pi r}\times I[\mathrm{V}]$

2) P점의 전위 V 계산

   ① 유입전류 I에 의한 E점과 P의 전위차 V_1

   $$V_1=\frac{\rho}{2\pi r}I-\frac{\rho}{2\pi P}I=\frac{\rho I}{2\pi}\left(\frac{1}{r}-\frac{1}{P}\right)[\mathrm{V}]$$

   ② 유출전류 $-I$에 의한 C점과 P점의 전위차 V_2

   $V_2=-\dfrac{\rho}{2\pi C}I+\dfrac{\rho}{2\pi(C-P)}I[\mathrm{V}]$에서 $V_2=-\dfrac{\rho I}{2\pi}\left(\dfrac{1}{C}-\dfrac{1}{C-P}\right)[\mathrm{V}]$이므로

   P점의 전위 V는 중첩의 원리로 계산하면

   $V=V_1+V_2=\dfrac{\rho I}{2\pi}\left(\dfrac{1}{r}-\dfrac{1}{P}-\dfrac{1}{C}+\dfrac{1}{C-P}\right)[\mathrm{V}]$가 된다.

   ③ 위 식에서 $\dfrac{1}{P}+\dfrac{1}{C}-\dfrac{1}{C-P}=0$이 되면 된다. 즉, 접지전극 E와 전류전극 C 간에

전위간섭이 없어야 정확한 접지저항을 측정할 수 있다.

3) $\frac{1}{P}+\frac{1}{C}-\frac{1}{C-P}=0$에서 분모를 $P \cdot C \cdot (C-P)$로 통분

$C(C-P)+P(C-P)-PC=0$을 정리하면 $C^2-PC+PC-P^2-PC=0$로

$C^2-PC-P^2=0$에서 변수를 P로 정리하면 $P^2+CP-C^2=0$에서

$P=\frac{-C\pm\sqrt{C^2-(-4C^2)}}{2}=\frac{-C\pm\sqrt{5C^2}}{2}\quad \therefore P=-0.5C\pm1.118C$

여기서 P값은 거리이므로 양의 값을 취하면 $P=0.618C$가 된다.

4) 결론적으로 전위보조극 P는 접지극 E와 전류보조극 C 사이의 거리가 61.8%가 되는 지점이 전위간섭 없이 접지저항 측정이 가능하다.

3. 접지저항 측정

가. 접지저항 측정방법의 종류

장소 및 설비	측정규정	접지저항 측정방법
대규모 접지체 • 변전소 등의 메시접지 • 건축구조체의 접지극	IEEE 81.2	시험전압강하법(전위강하법)
소규모 접지체	KS C 1310	전위차계식, 전압강하식
심매설 접지	IEEE 81.2, NEC 250-84	전위차계식

나. 전위강하법(Ⅰ)

1) 회로 구성

절연변압기, 슬라이더(전압조정기), 진공관 전압계의 전위극, 전류계의 보조극으로 구성된다.

① 절연변압기 : 공급전원계통이 접지되어 있기 때문에 그 영향을 없애기 위해 쓰이며 권수비는 1 : 1로 되어 있다.

② 슬라이더 : 측정전류를 조정하기 위한 것(물 저항을 쓰는 경우도 있다.)

③ 진공관 전압계(디지털 전압계) : 전위 분포의 전압을 측정 시 내부임피던스가 큰 것을 사용하는데 전위극의 접지저항에 의한 측정오차의 영향을 적게 하기 위하여 사용한다.

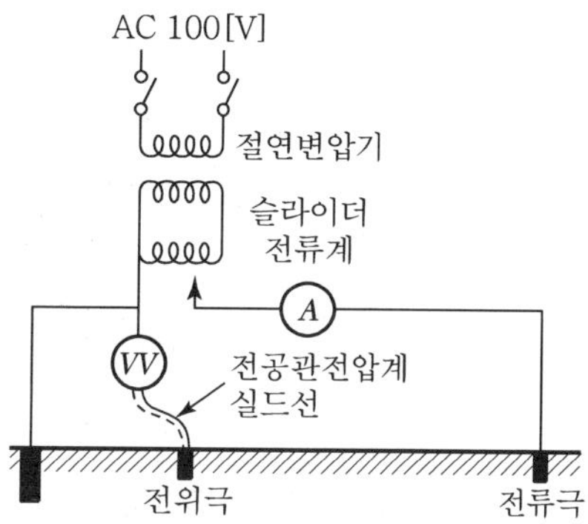

[그림 5] 전위강하법(Ⅰ)

2) 측정방법

전위극을 이동시켜 그때의 전압을 읽어 전위분포곡선을 작성해서 접지저항을 구한다.

다. 전위강하법(Ⅱ)

1) 회로 구성

전위강하법(Ⅰ)과 마찬가지이나 극성 전환스위치가 들어 있다. 회로도 약간 다른데, 이유는 전위전극이 측정대상 접지극과 전류극 사이에 있지 않고 멀리 떨어진 곳에 박혀 있기 때문이다.

2) 사용장소

대규모 접지체(메시 전극, 건축물구조체 등)의 측정에 사용한다.

3) 측정전류

접지저항값이 아주 낮아 유도의 영향을 받기 쉽기 때문에 20～30A 값으로 측정한다.

4) 측정법

극성 전환 스위치를 사용해서 V_{S1}, V_{S2} 값을 얻어 벡터로 표기한다.

$$R = \frac{V}{I},\quad V = \sqrt{\frac{V_{s1}^2 + V_{s2}^2 - 2V_0^2}{2}}$$

여기서, V_0 : 대지의 부유전위($I=0$)
V_{s1} : 진공관 전압계[41] 기록치
V_{s2} : 전류극성의 역전에 따른 진공관 전압계의 기록치

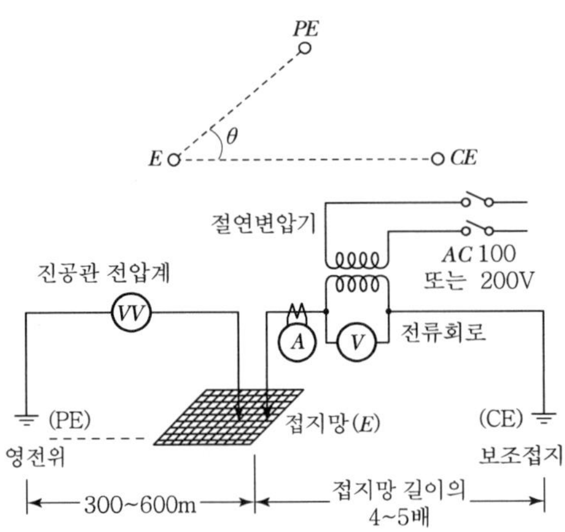

[그림 6] 전위강하법(Ⅱ)에 따른 망상접지저항 측정

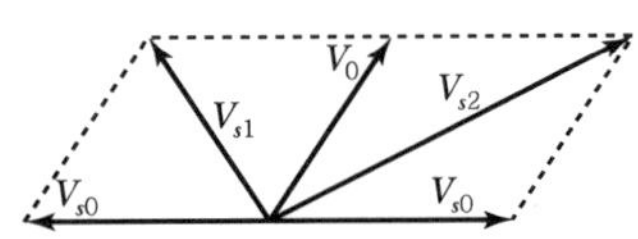

$V_o = I_s = 0$일 때의 진공관 전압계
V_{s1} : 진공관 전압계의 눈금
V_{s2} : 전류 극성을 바꿨을 때의 진공관 전압계 눈금
V_{s0} : 교정치

[그림 7] 단상 전원 측정의 벡터도

41) 진공관 전압계(Vacuum Tube Voltmeter) : 진공관을 사이에 넣어 전압을 측정하는 계기 2극, 3극의 진공관을 사용하므로 입력임피던스를 높게 취할 수 있고, 전압계를 직접 연결할 때보다 적은 에너지로 미터침을 움직이므로 측정이 정밀하다.

라. 간이형 접지저항 계산법

현재 접지저항계는 모두 전압강하법의 원리를 이용하고 있다. 종전에 소형 수동발전기를 내장한 타입에서 최근에는 트랜지스터식 접지저항계를 사용한다. 트랜지스터식은 전원을 건전지로 사용하기 때문에 건전지를 체크하여 접지저항을 측정한다.

1) 전위차계식 접지저항계

2) 전압강하식 접지저항계

4. 접지저항 측정 시 유의사항

가. 접지저항계는 전위강하법의 원리를 이용한다.

나. 전위보조극, 전류보조극은 접지전극과 일직선이 되게 측정한다.

다. 일직선이 어려운 경우 전류보조극($\overline{EC}$)의 61.8%가 되는 P점을 전류전극을 중심으로 이루어지는 음극상에 배치하면 정확도가 좋은 측정값을 얻을 수 있다.

PART 04 방재설비

1.4 접지시스템의 구분(계통 · 보호 및 피뢰시스템 접지)

계통접지란 전력계통에서 돌발적으로 발생하는 이상 현상에 대비하여 대지와 계통을 연결하는 것으로 변압기의 중성점(저압 측의 1단자 시행 접지계통 포함)을 대지에 접속하는 것을 말하며 중성점 접지라고도 한다.

■ 한국전기설비규정(KEC 203), 전기설비기술기준 고시, 최신피뢰시스템과 접지기술

1. 계통접지 구성

저압전로의 보호도체 및 중성선의 접속방식에 따라 접지계통은 TN 계통, TT 계통, IT 계통으로 분류되며, 전원의 종류(교류, 직류)에 따라 구분한다.

가. 계통접지에서 사용되는 문자의 정의

1) 제1문자 : 전원계통과 대지의 관계

① T(Terra, 대지) : 한 점을 대지에 직접 접속

② I(Insulation, 절연) : 모든 충전부를 대지와 절연시키거나 높은 임피던스를 통하여 한 점을 대지에 직접 접속

2) 제2문자 : 전기설비의 노출도전부와 대지의 관계

① T(Terra) : 노출도전부를 대지에 직접 접속, 전원계통의 접지와는 무관

② N(Neutral, 중성점) : 노출도전부를 전원계통의 접지점(교류 계통에서는 중성점, 중성점이 없는 경우는 선도체)에 직접 접속

3) 그 다음 문자(문자가 있을 경우) : 중성선 및 보호도체의 배치

① S(Separated, 분리) : 중성선 또는 접지된 선도체 외에 별도의 도체에 의해 제공되는 보호 기능

② C(Combined, 결합) : 중성선 및 보호 기능을 한 개의 도체로 겸용(PEN 도체)

나. 접지시스템의 용어 정의

1) 노출도전부(Exposed Conductive Part)

충전부는 아니지만 고장 시에 충전될 위험이 있고, 사람이 쉽게 접촉할 수 있는 기기의 도전성 부분을 말한다.

2) 보호도체(Protective Conductor)

감전 방지와 같은 안전을 위해 준비된 도체로 보호접지도체(Protective Earthing Conductor)라고도 한다.

예 PEN 도체(교류회로에서 중성선 겸용 보호도체), PEM 도체(직류회로에서 중간선 겸용 보호도체를 말한다), PEL도체(직류회로에서 선도체 겸용의 도체)

다. 계통접지의 접지방식의 표시

[표] 접지방식에 따른 표시방법

전기 종류	접지계통의 종류	표시방법(KS C IEC 규격)
교류	TN	TN−S 계통
		TN−C−S 계통
		TN−C 계통
	TT	TT 계통
	IT	IT 계통

2. 계통접지의 접지방식

가. TN 계통(자가용 배전계통, 건물설비, 공장설비에 주로 사용)

전원 측의 한 점을 직접 접지하고 설비의 노출도전부를 보호도체를 이용하여 전원의 한 점에 접속하는 방식으로, 중성선 및 보호도체(PE 도체)의 배치 및 접속방식에 따라 다음과 같이 3가지로 분류한다. TN 계통의 경우 고장 시 고장전류는 과전류 보호장치에 의해 자동 차단이 가능하다.

1) TN-C 접지계통

① TN-C 접지방식은 전원 측은 접지되어 있고 중성선(N)과 보호도체(PE)를 하나의 도체(PEN)로 겸용하는 접지방식으로, 배전계통에서 PEN 도체를 추가로 접지할 수 있다.

② TN-C 접지방식은 기기의 외함 등 노출도전부를 중성선(N)과 보호도체(PE)의 기능을 겸용한 PEN 도체를 접속하는 방식으로, 고장 시 고장전류가 PEN 도체를 통해 흐르므로 누전차단기로 보호가 곤란하고 제3고조파와 같은 상불평형 부하전류가 흘러 잡음에 약하며, 접지방식은 경제적일 수 있으나 안전상 사용하지 않는 방식이다.

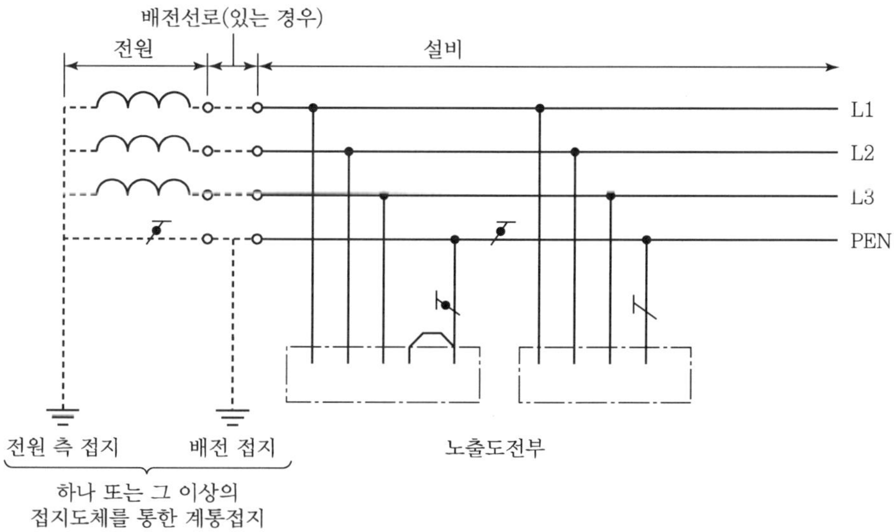

[그림 1] TN-C 방식

2) TN-S 계통

① TN-S 접지방식은 전원 측은 접지되어 있고, 보호도체(PE)와 중성선(N)이 완전히 분리되어 있는 접지방식, 기기의 외함 등 노출도전부를 보호도체에 접속하며 보호도체를 중성선 N의 접지점에 접속하는 방식으로 보호도체를 접지도체로 이용한다.

② PE와 N이 완전히 독립되어 있으므로 PE에는 부하전류가 흐르지 않아 통신기기의 잡음 방지에 유효하고, EMC에 대한 고려가 필요한 전원회로에 적용한다.

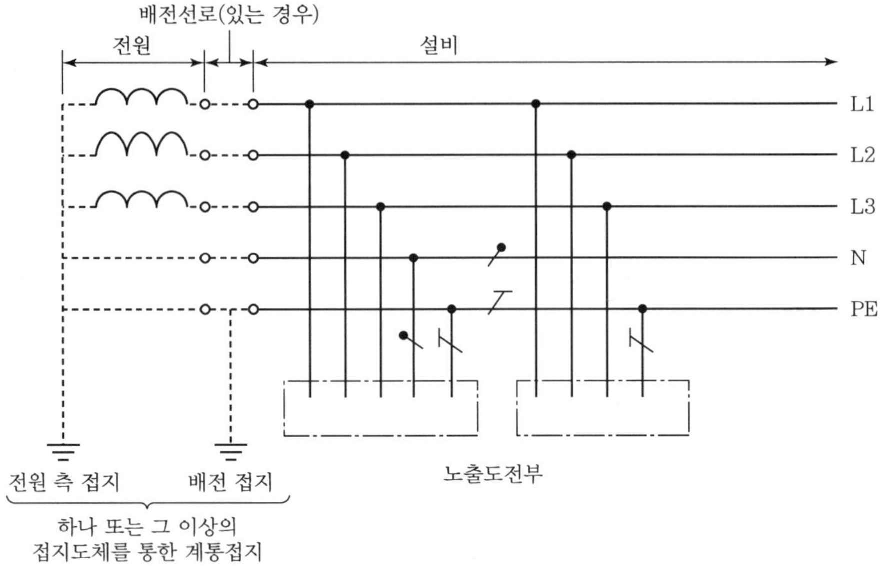

[그림 2] TN-S 방식(별도의 중성선과 보호도체가 있는)

3) TN-C-S 계통

① TN-C-S 접지방식은 전원 측은 접지되어 있고, 중성선과 보호도체를 일부 구간에서 겸용하는 방식으로, TN-S 접지방식과 TN-C 접지방식이 결합된 형태이다. 배전계통에서 PEN 도체와 PE 도체를 추가로 접지할 수 있다.

② TN-C-S 접지방식은 간선계통 일부에선 중성선과 보호도체를 겸용한 단일도체를 사용하고, 수용가 설비의 수전단이나 배전반에서 중성선과 보호도체를 분리하는 방식이다.

㉠ 수용가 설비 인입점에서 PEN 도체를 중성선과 보호도체로 분리하고, 모든 부하기기의 노출도전부를 보호도체에 접속하는 경우 누전차단기를 적용할 수 있고, EMC 영향 억제가 필요한 전원회로(데이터 처리설비)에 적용할 수 있다.

㉡ PEN 도체에 국부적인 보조 등전위본딩이 실시되어 있는 경우 TN-C 접지방식과 동일하게 불평형전류가 PEN 도체로 흐르고 등전위본딩이 실시되어 있는 건물의 철골 · 철근 등의 계통외도전부에도 전류가 분류되어 전위차가 발생할 수 있다.

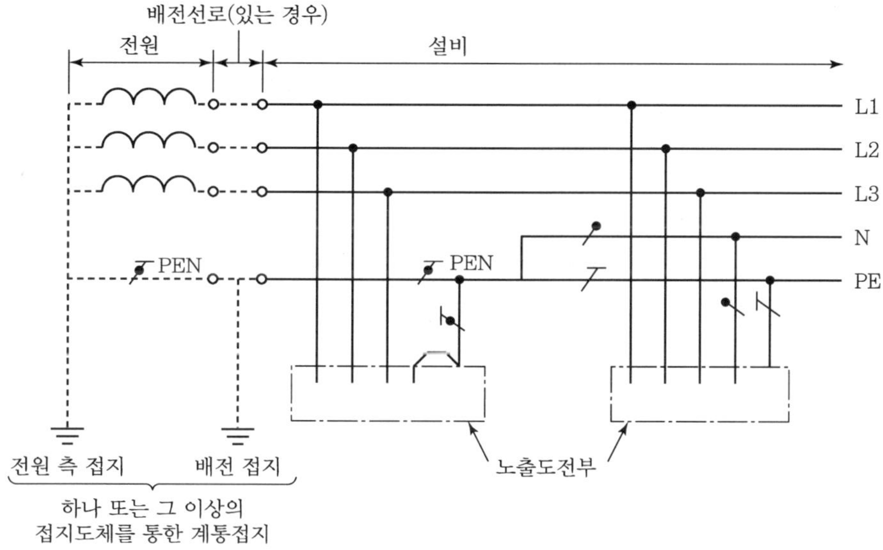

[그림 3] TN-C-S 방식(PEN에서 PE와 N이 분리된)

나. TT 계통(자가용 배전계통, 농장의 전기설비에 주로 사용)

1) TT 접지계통 방식은 전원의 한 점을 직접 접지(계통접지)하고, 설비의 노출도전부를 전력계통의 접지극과 전기적으로 독립적인 접지극으로 접속시킨다. 이 방식은 저압 수전의 일반용 전기시설물의 경우 전력회사의 계통 접지방식과 수용가 구내의 기기접지의 접지극을 분리하는 방식으로 국내에 적용한다.
2) 고장 시 과전류 차단기로 규정된 시간 이내에 전원 차단이 곤란한 경우가 발생할 수 있으므로 누전차단기를 사용해서 고장구간을 자동 차단한다.

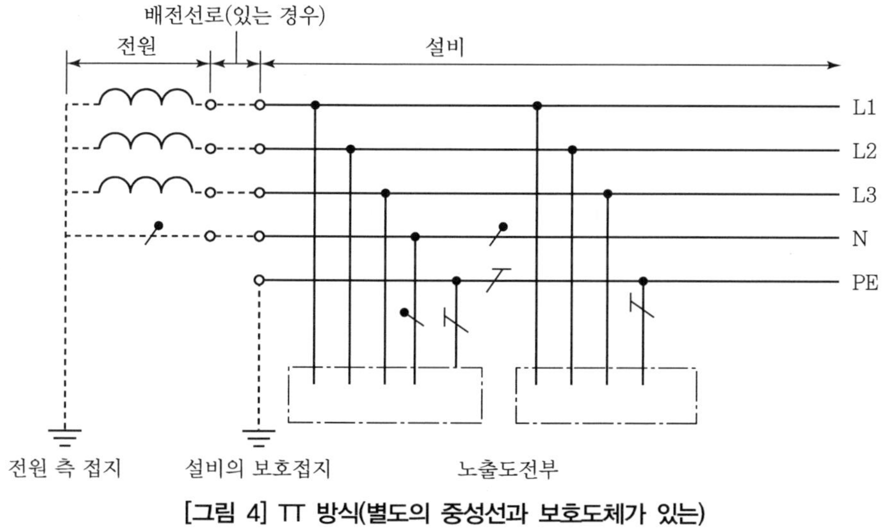

[그림 4] TT 방식(별도의 중성선과 보호도체가 있는)

다. IT 계통(병원의 전기설비나 화학공장에 주로 사용)

IT 계통이란 전원 측은 대지로부터 절연시키거나 또는 높은 임피던스를 통해 대지에 접속시키고, 설비의 노출도전부를 전원계통의 접지극과 전기적으로 독립된 접지극의 보호도체에 의해 접지하는 접지계통

1) 충전부 전체를 대지로부터 절연시키거나 한 점을 임피던스를 통하여 대지로 접지시키고, 전기설비의 노출도전부를 단독 또는 일괄적으로 계통의 보호도체(PE)에 접속한다.
2) 계통은 높은 임피던스를 통하여 접지할 수 있다. 이 접속은 중성점, 인위적 중성점, 선도체 등에서 할 수 있다. 전원 공급의 연속성이 요구되는 병원, 플렌트 등에 적용한다.

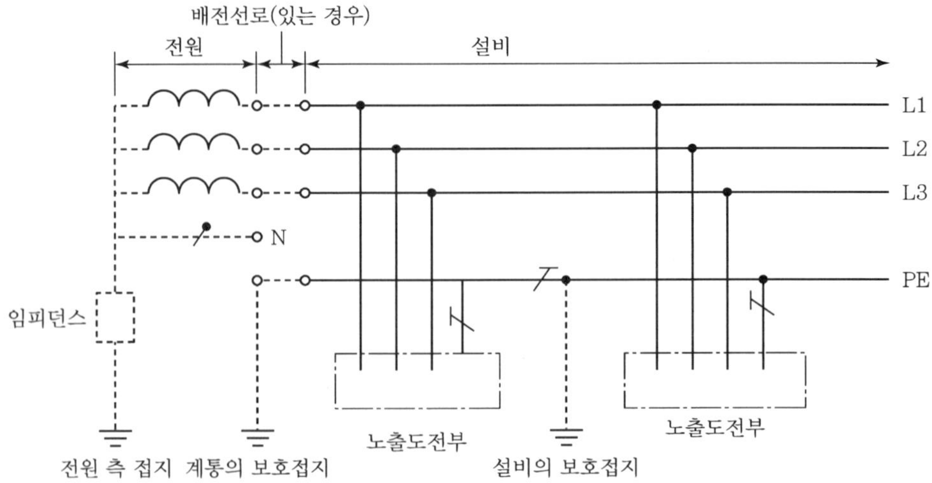

[그림 5] IT 방식(일괄 접지)

3. 보호접지

가. 보호접지란 고장 시 감전에 대한 보호를 목적으로 기기의 한 점 또는 여러 점을 접지하는 것을 말한다.

나. 보호접지는 계통접지 구성과 같이 3종류의 접지계통으로 분류되며, 이러한 접지계통에 따라 사고 시 고장전류 차단시간 및 인체 허용접촉전압의 기준이 각기 적용된다.

다. 보호접지는 감전(KE C 211), 전원의 자동차단, 누전차단기, 보조 보호등전위본딩, 비접지 국부등전위본딩 보호에 의한 보호에 따라 적절히 시행되어야 하며, 또한 과전류, 고장전류에 대한 규정에 따라 고장지속시간 제한, 도체의 허용온도 상승한계 등 고장보호의 요구사항(KE C 211.2.3)을 일부 규정하고 있다.

4. 피뢰시스템 접지

가. 피뢰시스템이란 보호하고자 하는 대상물에 근접하는 뇌격을 확실하게 흡인해서 뇌격전류

를 대지로 안전하게 방류함으로써 건축물 등을 보호하는 것이며, 피뢰시스템 접지는 그러한 피뢰설비에 흐르는 뇌격전류를 안전하게 대지로 흘려보내기 위해 접지극을 대지에 접속하는 설비를 말한다.

나. 지상으로부터 높이 60m를 초과하는 건축물 · 구조물에 측뢰보호가 필요한 경우(152.1.3)에서는 "뇌격전류를 대지로 방류시키시 위한 접지극 시스템은 다음에 의한다."로 피뢰시스템의 접지를 규정하고 있으며 피뢰시스템의 접지는 152.1.3을 우선 적용한다.

다. 피뢰시스템의 접지는 피뢰시스템(KEC 150)의 규정에서 "접지극 시스템", "피뢰등전위본딩" 및 "등전위본딩 바" 등에 따라 접지설비가 시행되어야 한다.

>>참고 기존 접지 시스템의 비교

가. 수용가 내부는 개별접지방식이 사용되어 각 접지 종별 간 전위간섭으로 접촉전압과 보폭전압의 기준을 정하기가 어려우며, 접지방식의 혼용으로 누전차단기의 확실한 동작을 보장하기 어렵다.

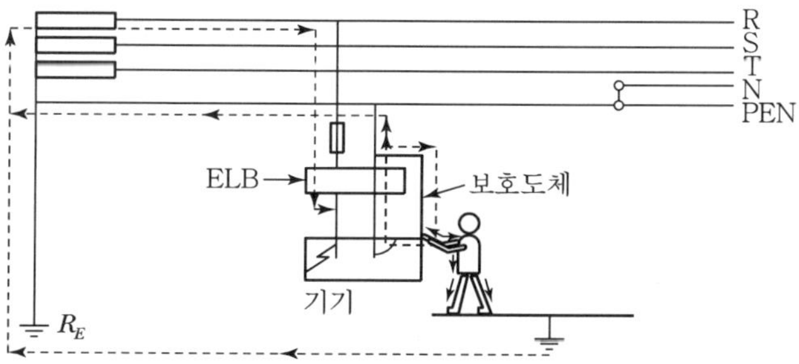

[그림 1] TN 계통에서의 고장전류 경로

나. 각 접지 종별(1종, 3종, 특별 3종)에 대한 기준 근거가 부족하다. 예 제1종 보호접지(허용접촉전압 2.5V)에서의 제3종 접지의 위험성

$$R_E = \frac{E_F \times R_2}{(E - E_F)}[\Omega]$$

여기서, R_E : 기기접지저항
R_2 : 계통접지저항
E_F : 허용접촉전압
E : 전원전압

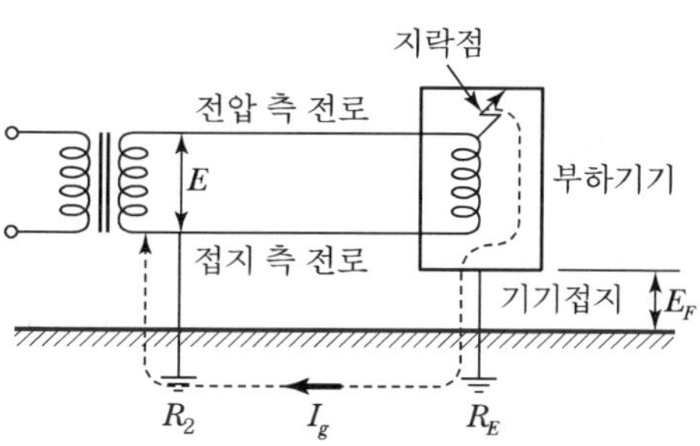

[그림 2] 지락사고 상정도

예 $E = 220[\text{V}]$, $R_2 = 10[\Omega]$, $E_F = 2.5[\text{V}]$일 때 $R_E = \frac{(2.5 \times 10)}{(220 - 2.5)} = 0.115[\Omega]$이 되어야 한다.

다. 수용가와 전력회사의 시스템이 상이하여 보호계전기의 정정에 어려움이 있다.

라. TN 시스템인 경우는 지락 시 단락전류와 같은 대전류가 흐를 수 있기 때문에 접지선의 굵기는 열적 용량에 견딜 수 있는 규격의 선정이 필요하다.

마. 강전용 접지와 약전용 접지가 분리되어 시공되고 있으나 이격거리의 확보가 어려워 뇌격 시 전위 상승으로 인한 정보통신기기의 소손사고가 빈번하게 발생하고 있다.

바. 건물의 고층화 및 용적률의 상승으로 개별접지의 유효이격거리를 확보하기 어렵다.

사. 국내 접지 시스템은 IEC에서 권고하는 방식에 일치하지 못한다.

[표] 한국과 국제 접지 시스템의 비교

한국	IEC	NEC
• 인입(다중접지) – TN – C 방식 • 부하(비접지) – TT 방식 • 세계 CODE에 부합되지 않음 • 필요충분조건 기능＝접지(안전≠접지)	• TN – S(분리 → G, N) • TN – C(G＋N) • TT방식(비접지) • IT방식(고저항접지)	※ TN – C 방식을 전제 • 다중연접을 원안 • IEEE에서 권장하는 DATE 인용 → 정부 인정 • 안전조건 → 필요충분조건

1.5 접지시스템의 시설 종류(단독 · 공통 · 통합 접지)

KEC, KS C IEC의 규격 및 적용 등으로 국내 접지시스템의 시설 종류로 단독접지, 공통접지와 통합접지에 대한 새로운 규정이 도입되어 국내 도심지 밀집지역에서의 접지에 대한 인체보호 및 기기보호에 대한 신뢰도가 향상되었다.

■ 한국전기설비규정(KEC), 전기설비기술기준, 최신피뢰시스템과 접지기술, 정기간행물

1. 접지방식의 형태

한 건축물에서 구내에 접지해야 할 기계 · 기구가 여러 개 있는 경우 단독접지와 공통접지로 대별된다.

가. 개개를 단독접지한다.(a)

나. 독립적으로 접지한 접지선을 연접한다.(b)

다. 공용으로 접지한다.(c)

라. 건축물구조체 철골, 철근부분에 접지선을 연결한다.(d)

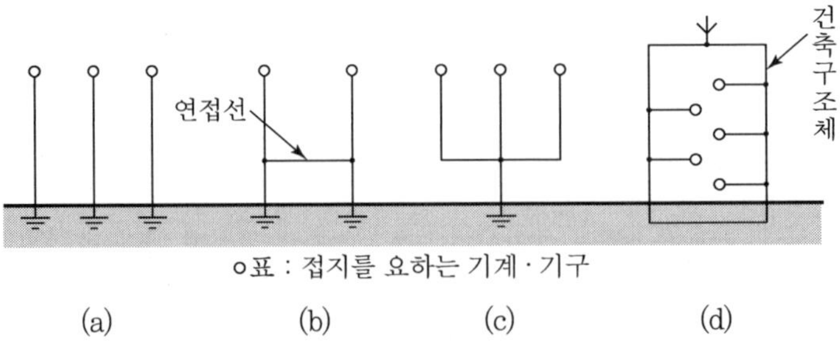

[그림 1] 접지방식의 형태

2. 접지계의 전위간섭

이상적인 단독접지는 2개의 접지전극이 있는 경우 한편의 접지전극에 접지전류가 흘러도 다른 접지전극에는 절대로 전위 상승이 발생하지 않는 경우로서 무한대의 거리로 이격되어 있지 않으면 완전하게 독립되어 있다고 할 수 없다. 그러나 현실적으로 전위 상승이 일정범위 이내이면 상호 간에 독립된 것으로 간주한다.

가. 전위간섭계수

1) 전위간섭의 근본원인은 접지극(A) 및 전위간섭을 받는 접지극(B)의 개별접지된 2개의 접지계에서 접지극(A)의 전위 상승으로 발생한다.
2) 전위간섭계수란 접지극 A의 전위에 의하여 접지극 B에 미치는 전위간섭의 정도를 평가하는 척도를 말한다.

$$\text{전위간섭계수 } k = \frac{V_x}{V_0}$$

여기서, V_x : 다른 전극의 전위
V_0 : 자체 전극의 전위

나. 이격거리의 결정요인

1) 접지진극의 이격거리 $S = \dfrac{\rho I}{2\pi \Delta V}$[m]
2) 이격거리는 접지장소의 대지저항률 ρ[Ω · m], 접지전류의 최댓값 I[A], 전위 상승의 허용값 ΔV[V]에 따라 결정된다.

[표 1] 단독접지의 이격거리[m]

상정 접지전류[A]	전위 상승 허용값(ΔV)		
	2.5V	25V	50V
10	63	6	3
50	318	32	16
100	637	64	32

※ 대지저항률 ρ=100[Ω · m] 경우

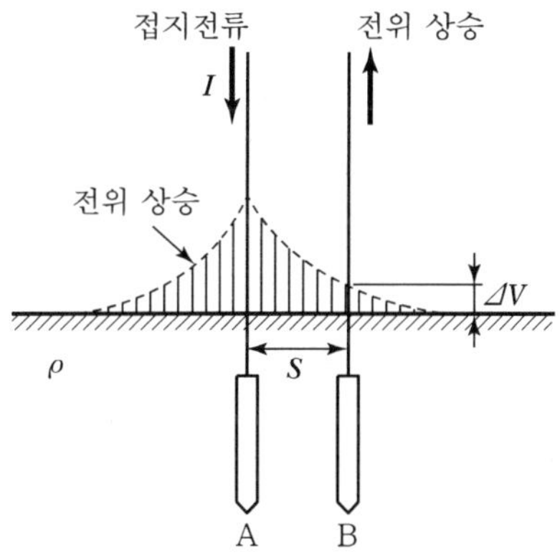

[그림 2] 단독접지의 전위 상승

3. 접지시스템의 시설 종류

가. 단독접지(Single Earthing System)

1) 고압 · 특고압 계통의 접지극과 저압 계통의 접지극를 독립적으로 설치하는 방식
2) TN 계통, TT 계통, IT 계통에 따라, 전력계통, 변압기 중성점 접지와 노출도전부의 보호접지 규정을 적용하여 통신, 피뢰접지를 개별적으로 접지하는 방식이다.
3) 뇌격전류로 인한 기기 손상 시 따로 접지하여 피해를 방지할 수 있다.

나. 공통접지(Common Earthing System)

1) 등전위가 형성되도록 고압 · 특고압 접지계통과 저압 접지계통을 공통으로 접지하는 방식
2) 고압 및 특고압과 저압 전기설비의 접지극이 서로 근접하여 시설되는 변전소 또는 이와 유사한 곳에는 공통접지시스템으로 할 수 있다. 예 TN 계통
3) 도심지 등과 같이 건물이 밀접된 지역에서는 접지극 상호간의 전위간섭이 없도록 시설하기에 공간적 제약이 따르는 장소에 적합하다.
   예 저압, 고압 및 특고압 접지극의 접지저항 형성영역에 완전히 포함되어 있는 경우 접지극을 상호 공동접속하면 서지, 노이즈 전류 방전 및 보수점검에 좋다.

다. 통합접지(Global Earthing System)

1) 전기설비 접지계통 · 건축물의 피뢰설비 · 전자통신설비 등의 접지극을 통합하여 접지하는 방식
2) 본질적 목적은 건물 내에 사람이 접촉할 수 있는 모든 도전부가 항상 대지전위를 유지할 수 있도록 등전위를 형성하는 접지방식이다.
3) 전기설비 접지계통 · 건축물의 피뢰설비 · 전자통신설비 등의 접지극을 통합접지방식을 채용할 경우, 반드시 뇌서지에 의한 전기설비 손상 방지장치인 "서지보호장치 시설(KEC 153)"에 따라 SPD를 시설하도록 규정한 것

4. 단독접지 시스템

가. 단독접지의 특징

1) 타 접지에 전위 상승의 영향이 없다.
2) 선로의 Noise를 피할 수 있다.
3) 다른 기기계통에 영향이 적다.
4) 소요접지 저항값을 얻기 힘들다.
5) 공통접지에 비하여 접지신뢰도가 낮다.

6) 제한면적에서 시공에 어려움이 많다.

7) 접지계통이 복잡하고 접지공사비가 상승한다.

나. 단독접지전극의 전위간섭

1) 이상적인 단독접지는 2개의 접지전극이 있는 경우에 한 편의 접지전극에 접지전류가 흘러도 다른 접지전극에는 절대로 전위 상승이 발생하지 않는 경우이다.

2) 전위 상승 허용값은 접지전류가 작아도 대지저항률이 높으면 전위 상승은 높게 되므로, 이격거리를 크게 하여야 전위 상승이 억제된다.

3) 보폭전압의 관점에서 전위경도가 문제가 된다. 따라서 제한된 부지 내에서 다수 계통의 접지공사를 시행하는 경우에 상호 간에 단독접지로 하는 것은 대단히 곤란하다.

다. 적용대상

1) 피뢰기, 피뢰침 설비, 통신 컴퓨터 시스템 등에 적용한다.

2) 건축물의 피뢰설비, 통신설비 등의 접지극은 통합접지할 수 있다. 단, 낙뢰 등 과전압보호를 위하여 SPD를 설치하여야 한다.

5. 공통접지 시스템

가. 공통접지의 특징

1) 각 접지전극이 병렬로 접속되므로 접지저항이 낮다.

2) 접지전극 1개가 불량이 되어도 다른 접지전극으로 보완하여 접지신뢰도가 향상된다.

3) 건축 저항값을 이용한 구조체 접지를 하면 접지저항을 대단히 낮게 할 수 있다.

4) 접지전극의 수량을 경감시킬 수 있으므로 경제적이다.

5) 부하 측 기기의 절연이 열화되어 지락사고가 발생하는 경우 금속체 회로를 통하여 지락전류가 전원에 흘러 보호계전기로 지락보호가 가능하다.

6) 절연 열화된 부하기기의 금속제 외함 등에 인체가 접촉되는 경우 인체에 큰 지락전류가 흐르지 않으므로 안전성이 높다.

나. 공통접지의 전위간섭

접지를 공용 시에 일부 설비에서 지락전류가 발생하는 경우에 전위 상승이 다른 설비로 파급되는 위험이 있어 접지공용을 회피하였다.

1) 대형건물에서의 단독접지

접지극 간의 거리를 20m 이상 이격하여야 한다.

2) 다른 설비에서 발생하는 접지전류의 특성

① 피뢰설비, 피뢰기에는 큰 접지전류가 발생할 수 있다.

② 변압기 중성점 접지의 접지전극에는 부하기기의 누설전류가 환류한다.

③ 컴퓨터와 주변기기에서는 전원에서의 Noise 침입을 방지해야 한다.

3) 전위 상승이 타 전기기기에 미치는 영향

① 컴퓨터와 주변기기의 경우 접지선에서 잡음이 침입하면 오동작 우려가 있다.

② 의료용 전기설비의 경우 접지선 전위 상승이 환자의 감전사고를 유발한다.

③ 측정장치의 경우 접지선 전위 상승이나 임펄스 잡음으로 측정값 오차가 발생한다.

다. 적용대상

1) 저압 접지극과 고압 · 특고압 접지극이 접지저항 형성영역에 포함되어 있는 경우

2) 일반기기 및 제어반 등에 적용한다.

[표 2] 단독접지와 공통접지 비교

구분	단독접지	공통접지
추세	감소 추세	증가 추세
신뢰도	신뢰도가 낮다.	신뢰도가 높다.
전위 상승	전위 상승이 높다.	전위 상승이 낮다.
타 기기에 미치는 영향	인접기기에 영향이 크다.	인접기기에 영향이 작다.
설치비용	비용이 작게 든다.	비용이 많이 든다.
접지저항 확보	접지저항 확보가 어렵다.	접지저항 확보가 쉽다.

6. 접지 시스템의 비교

가. 공통접지

고압 및 특고압 계통의 지락사고로 인해 저압 계통에 가해지는 경우 상용주파 과전압은 [표 3] 값을 초과해서는 안 된다.

[표 3] 지락 고장 시 허용과전압

고압 계통에서 지락고장시간[s]	저압 설비의 허용상용주파 과전압[V]
>5	U_0+250
≤ 5	$U_0+1,200$
중성선도체가 없는 계통에서 U_0는 선간전압을 말한다.	

※ • 1행은 중성점 비접지나 소호리액터 접지된 고압계통과 같이 긴 차단시간의 고압계통

• 2행은 저저항 접지된 고압계통과 같이 짧은 차단시간의 고압계통

나. 통합접지

통합접지의 경우 낙뢰 등에 의한 과전압으로부터 전기설비 등을 보호하기 위하여 SPD를 설치하여야 한다.

7. 공사 시 유의사항

가. 공통접지공사, 통합접지공사의 보호도체(☞ 참고 : 접지도체의 굵기 계산)

"보호도체의 최소단면적(KS C IEC 60364)의 [표 4]"에서 정한 값 이상의 단면적을 가지는 것을 사용하여야 한다.

예 $S^2k^2 = I^2t$

여기서, I : 최대지락전류[A], t : 차단장치의 동작시간[S]
k : 보호도체절연과 기타 부분의 재료, S : 상도체의 단면적[mm²]

나. 등전위 접속(Equipotential Bonding)

사람이 접촉할 우려가 있는 범위(수평방향 2.5m, 높이 2.5m)에 있는 모든 고정설비의 노출 도전성 부분 및 계통 외 도전성 부분은 등전위 접속하여야 한다.

다. TN-C-S 접지방식 보호도체 시설(주택 등 저압수용장소 접지)

1) "보호도체의 최소단면적(KS C IEC 60364)"에서 정한 값 이상이어야 한다.
2) 중성선 겸용 보호도체(PEN)는 고정 전기설비에만 사용할 수 있고, 그 도체의 최소단면적 이상이어야 하며, 그 계통의 최고전압에 대하여 절연시켜야 한다.
3) 다음의 것을 접지극으로 사용하여 접지시스템에 의한 접지공사를 한 저압전선로의 중성선 또는 접지극 전선에 추가로 접지공사를 할 수 있다.
   ① 대지와 전기저항값 이하의 금속제 수도관로가 있는 경우
   ② 대지 사이의 전기저항값 이하인 값을 유지하는 건물의 철골이 있는 경우
   ③ TN-C-S 접지계통으로 시설하는 저압 수용장소의 접지극
   ④ 접지선은 공칭단면적 6mm² 이상의 연동선 또는 동등 이상 세기와 굵기를 사용

[표 4] 접지도체, 보호도체 및 보호본딩도체의 최소단면적

<table>
<tr><th colspan="2">접지도체 최소단면적[mm²]</th><th colspan="2">보호도체 최소단면적[mm²], 구리</th><th colspan="2">보호도체 및 보호본딩도체의 최소단면적[mm²], 구리</th></tr>
<tr><th>구리</th><th>철</th><th>설비 상도체 단면적 S</th><th>상도체와 같은 재질 보호도체</th><th colspan="2">케이블의 일부가 아니거나 상도체와 공통 수납되어 있지 않은 경우</th></tr>
<tr><td>6</td><td>50</td><td>$S \le 16$</td><td>S</td><td rowspan="2">기계적 손상에 대한 보호 있음</td><td rowspan="2">기계적 손상에 대한 보호 없음</td></tr>
<tr><td colspan="2">접지도체에 LPS가 접속된 때</td><td>$16 < S \le 35$</td><td>16</td></tr>
<tr><td>16</td><td>50</td><td>$S > 35$</td><td>$S/2$</td><td>2.5</td><td>4</td></tr>
</table>

8. 공통접지의 문제점

공통접지의 가장 큰 문제점은 접지사고의 경우 접지점의 전위가 상승하여 접지를 공용한 전체 설비에 파급된다는 점이다.

가. 변압기 중성점 접지선과 누설전류

1) 변압기 중성점 접지전극에는 부하기기의 누설 전류가 환류되어 장시간에 걸쳐 접지전류가 흐를 가능성이 있다.
2) 라인 필터의 경우 콘덴서를 통하여 접지전류 흐름이 형성되어 누설전류가 흐른다.

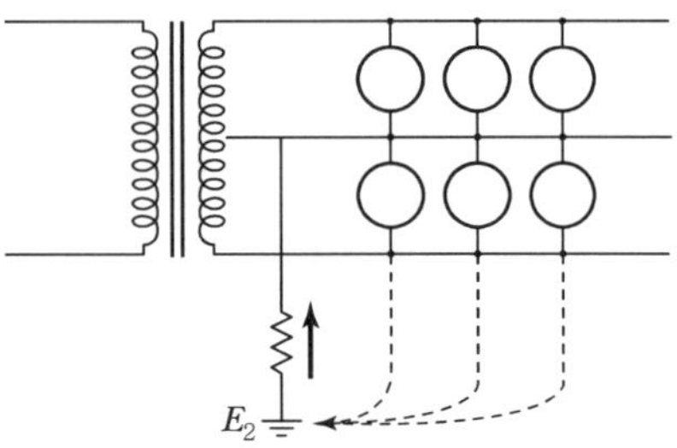

[그림 3] 부하기기 누설전류의 환류

나. 전위 상승 문제

1) 큐비클 외함과 제2종 접지를 공용했을 경우
   ① 피뢰기가 동작하는 경우 접지전위가 상승할 우려가 있어 별도로 접지한다.
   ② 부하기기의 절연저하로 누설전류가 흐르면 모두 제2종 접지극에 환류 접지점의 전위가 상승한다.

2) 기기의 프레임 전압의 경우

   [그림 5]에서 A, B, C의 기기 중 C의 기기 내에서 단락사고 발생 시 전원에서 C점까지 접지선 저항이 2Ω 지락전류가 100A이고 분기회로용 과전류차단기 정격 전류가 125A인 경우를 가정하면, 지락전류는 차단되지 않고 전원으로 접지선의 거리에 비례해서 각 부하기기에 접촉전압이 발생한다.

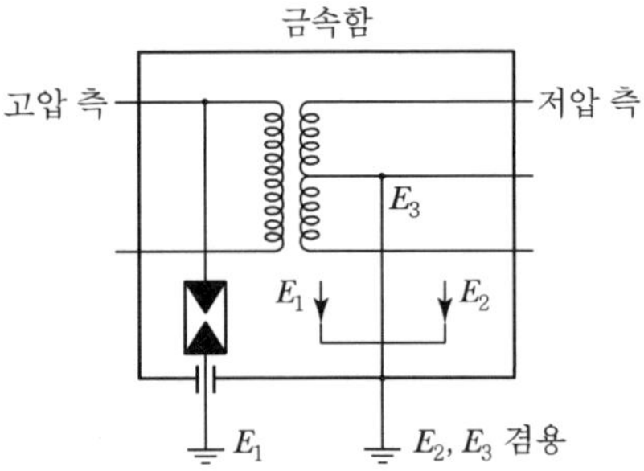

[그림 4] 큐비클 접지

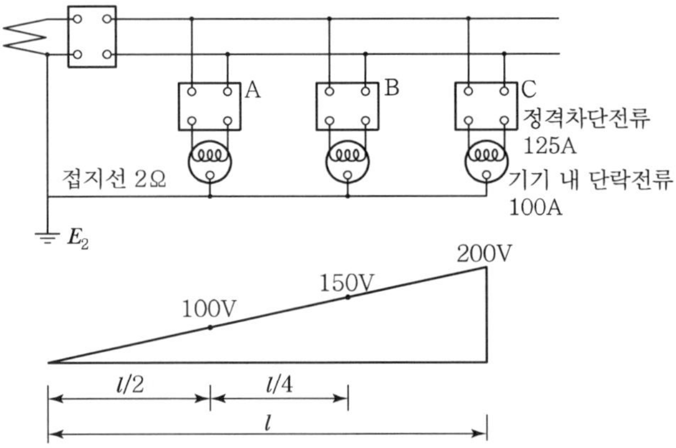

[그림 5] 기기의 프레임 전압

1.6 접지시스템의 시설(KEC 140)

- KEC 접지시스템(Earthing System)은 기기나 계통을 개별적 또는 공통으로 접지하기 위하여 필요한 접속 및 장치로 구성된 설비를 말하며, 접지시스템의 구성요소에는 접지극, 접지도체, 보호도체 및 기타 설비로 구성하고 접지시스템에 의하는 것 이외에는 KS C IEC(저압전기설비, 전기기기의 선정 및 설치–접지설비 및 보호도체)에 의한다.
- 기초 접지극, 보호도체 및 보호본딩도체에 관한 접지설비를 중심으로 기술한다.

■ 한국전기설비규정(KEC), 전기설비기술기준 고시, 전기설비기술기준 해설서, 정기간행물 등

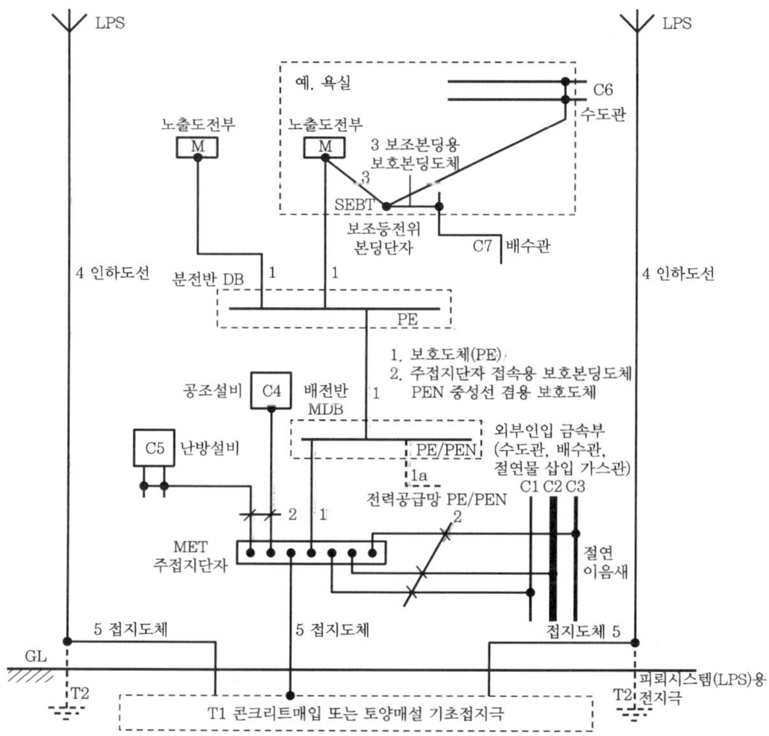

[그림 1] 기초 접지극, 보호도체 및 보호본딩도체에 관한 접지설비

1. 접지시스템의 시설(☞ 접지시스템 시설의 종류)

접지시스템에서는 접지시스템의 구분 및 종류, 접지시스템의 시설방법에서는 접지극, 접지도체 및 보호도체에 관한 기술, 감전보호용 등전위본딩에 대하여 규정하고 있으며, 인축의 감전보호를 위한 접지설비는 국제표준에서 정한 허용접촉전압을 기준으로 정하는 것이 합리적이다.

가. 접지시스템 접지저항 도체의 최소단면적

접지시스템을 계통접지, 보호접지와 피뢰시스템접지 등으로 구분하고, 접지시스템의 시설

종류로는 단독접지, 공통접지 및 통합접지로 명시하고 있다. 그리고 접지시스템은 접지극, 접지도체, 보호도체 및 기타 설비로 구성되는데, 접지시스템은 다음 사항을 충족하여야 한다.

[표] 접지도체, 보호도체 및 보호본딩도체의 최소단면적

<table>
<tr><th colspan="2">접지도체 최소단면적[mm²]</th><th colspan="2">보호도체 최소단면적[mm²], 구리</th><th colspan="2">보호도체 및 보호본딩도체 최소단면적[mm²], 구리</th></tr>
<tr><th>구리</th><th>철</th><th>설비 상도체 단면적 S</th><th>상도체와 같은 재질 보호 도체</th><th colspan="2">케이블의 일부가 아니거나 상도체와 공통 수납되어 있지 않은 경우</th></tr>
<tr><td>6</td><td>50</td><td>$S \le 16$</td><td>S</td><td rowspan="2">기계적 손상에 대한 보호 있음</td><td rowspan="2">기계적 손상에 대한 보호 없음</td></tr>
<tr><td colspan="2">접속도체에 LPS가 접속된 때</td><td>$16 < S \le 35$</td><td>16</td></tr>
<tr><td>16</td><td>50</td><td>$35 < S$</td><td>$S/2$</td><td>2.5</td><td>4</td></tr>
</table>

1) 지락고장전류 및 보호도체 전류(누설전류 등)를 열적, 기계적 및 전자력에 의한 스트레스로 인한 위험 없이 흘릴 것
2) 접지저항값은 고장보호에서 정해진 인체감전 보호를 위한 값과 전기설비의 기계적 요구에 따라 정해진 값을 충족할 것
3) 부식, 건조 또는 동결로 인한 접지저항의 변화에 의해 영향을 받지 않을 것

나. 접지극

1) 콘크리트매입 기초 접지극
2) 토양매설 기초 접지극
3) 토양에 매설된 접지봉 또는 관, 접지선 또는 판
4) 요건에 적합한 케이블 금속 외장 또는 지중 금속 구조물
5) 콘크리트(SP 콘크리트 제외)의 용접된 철근 등을 사용할 수 있다.

다. 접지도체와 보호도체 및 보호본딩도체의 최소단면적 표의 값을 유지

라. 등전위본딩 : 건축물의 공간에서 금속도체를 서로 접속하여 전위를 같게 하는 것

2. 보호등전위본딩

가. 감전보호용 등전위본딩

1) 입입구 부근에서 인입금속배관 본딩과 건축물 · 구조물의 철근, 철골 등 보호등전위본딩
2) 고장 시 전원 자동 차단시간이 계통별 최대 차단시간을 초과하는 경우 2.5m 이내의 노출도전부 및 계통외도전부를 본딩하는 보조 보호등전위본딩
3) 절연성 바닥으로 된 비접지 장소에서 2.5m 이내 전기설비 상호 간 및 전기설비를 지지하는 금속체를 본딩하는 비접지 국부적 등전위본딩으로 구분하여 규정하고 있다.

나. 등전위본딩의 분류

보호등전위본딩이란 감전에 대한 보호 등과 같은 안전을 목적으로 하는 등전위본딩을 말하며, 감전보호용 등전위본딩의 목적은 위험전압의 저장 및 등전위화를 도모하여 인체의 안전을 확보하기 위하여 다음과 같이 분류한다.

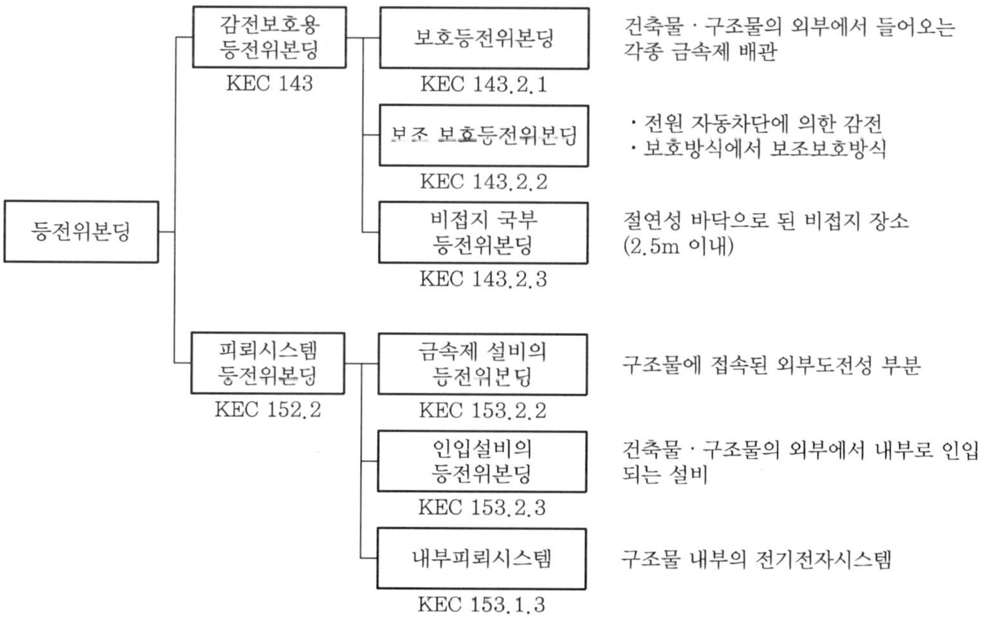

[그림 2] 등전위본딩의 분류 및 그 대상 설비

3. 보호용 등전위본딩의 적용

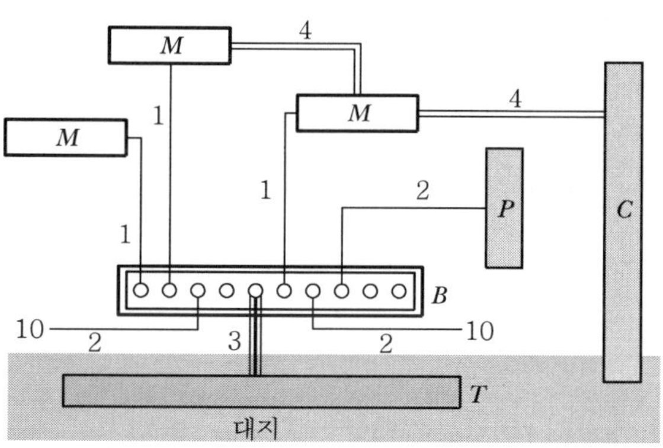

1 : 보호선(PE)
B=주 접지단자
2 : 주 등전위본딩용 도체
M=전기기기의 노출 도전성 부분
3 : 접지선
C=철골, 금속덕트의 계통외 도전성 부분
4 : 보조 등전위본딩용 도체
P=수도관, 가스관 등 금속배관
10 : 기타 기기(예 : 통신설비)
T=접지극

[그림 3] 보호용 등전위본딩의 형태

가. 저압전로설비에 있어서 등전위본딩

1) 건축물 · 구조물에서 접지도체, 주접지단자와 다음의 도전성부분은 등전위본딩하여야 한다.
   ① 수도관 · 가스관 등 외부에서 내부로 인입되는 금속배관
   ② 건축물 · 구조물의 철근, 철골 등 금속보강재
   ③ 일상생활에서 접촉이 가능한 금속제 난방배관 및 공조설비 등 계통외도전부
2) 주접지단자에 보호등전위본딩 도체, 접지도체, 보호도체, 기능성 접지도체를 접속하여야 한다.

나. 등전위본딩의 시설

1) 건축물 · 구조물의 외부에서 내부로 들어오는 각종 금속제 배관은 다음과 같이 설치하여야 한다.
   ① 1개소에 집중하여 인입하고, 인입구 부근에서 서로 접속하여 등전위본딩 바에 접속
   ② 대형건축물 등으로 1개소에 집중하여 인입하기 어려운 경우에는 본딩도체를 1개의 본딩바에 연결
2) 수도관 · 가스관의 경우 내부로 인입된 최초의 밸브 후단에서 등전위본딩을 한다.
3) 건축물 · 구조물의 철근 · 철골 등 금속보강재는 등전위본딩을 한다.

4. 보조 보호등전위본딩

보조 보호등전위본딩이란 고장에 대한 추가 보호 대책으로 화재, 기기의 응력에 대한 보호 등 다른 이유에 의하여 차단이 필요한 경우도 포함되며, 설비 전체 또는 기기에 적용

가. 보조 보호등전위본딩의 대상은 전원 자동차단에 의한 감전보호방식에서 고장 시 자동차단시간이 요구하는 계통별 최대차단시간의 초과하는 경우이다.

나. 차단시간을 초과하고 2.5m 이내에 설치된 고정기기의 노출도전부의 계통외도전부는 보조 보호등전위본딩을 하여야 한다. 다만, 접근 가능한 노출도전부와 계통외도전부 사이의 저항값[R]이 다음 조건을 충족하는지 확인하여야 한다.

1) 교류 계통 $R \le \frac{50\,V}{I_a}[\Omega]$
2) 직류 계통 $R \le \frac{120\,V}{I_a}[\Omega]$

여기서 I_a : 보호장치의 동작전류[A] (누전차단기 : $I_{\Delta H}$)

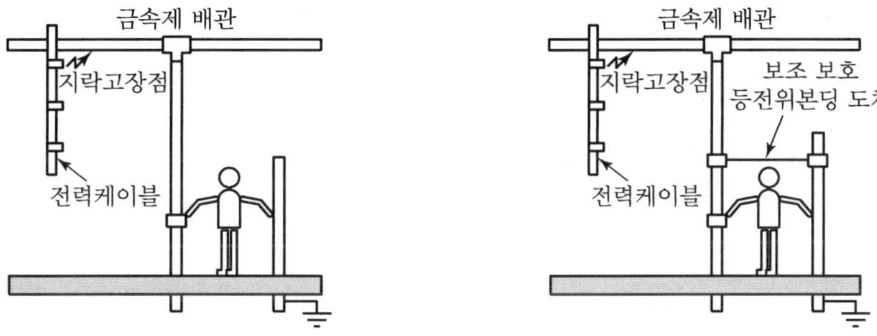

(a) 본딩도체가 시설되지 않은 경우　　　(b) 본딩도체가 시설된 경우

[그림 4] 보조 보호등전위본딩의 예

5. 비접지 국부 등전위본딩

가. 절연성 바닥으로 된 비접지 장소에서 다음의 경우 국부 등전위본딩한다.

1) 전기설비 상호 간이 2.5m 이내인 경우

2) 전기설비와 이를 지지하는 금속제 사이

나. 전기설비 또는 계통외도전부를 통해 대지에 접촉하지 않아야 한다.

6. 등전위본딩 도체의 시설

가. 보호등전위본딩 도체

1) 접지단자 접속용 보호등전위본딩 도체는 설비 내에 있는 보호도체 단면적의 1/2 이상 단면적으로 한다.

① 구리 도체 : $6mm^2$

② 알루미늄 도체 : $16mm^2$

③ 강철 도체 : $50mm^2$

2) 주접지단자에 접속하기 위한 보호본딩도체의 단면적은 구리 도체 $25mm^2$ 또는 다른 재질의 동등한 단면적을 초과할 필요는 없다.

나. 보조 보호등전위본딩 도체

1) 2개의 노출도전부를 접속하는 보호본딩도체의 도전성은 노출도전부에 접속된 더 작은 보호도체의 도전성보다 커야 한다.

2) 보조 보호본딩도체의 도전성은 같은 단면적을 갖는 보호도체의 1/2 이상이어야 한다.

3) 케이블의 일부가 아닌 경우 또는 선로도체와 함께 수납되지 않는 본딩도체는 다음 값 이상이어야 한다.

① 기계적 보호가 된 것 : 구리 도체 $2.5mm^2$, 알루미늄 도체 $16mm^2$

② 기계적 보호가 없는 것 : 구리 도체 $4mm^2$, 알루미늄 도체 $16mm^2$

7. 정보 · 통신설비의 등전위본딩(기능용 등전위본딩)

가. 스타형 등전위본딩

1) 모든 정보기기를 1점에 집중시켜 등전위를 실현하는 본딩이다.
2) 건물의 구조체와 절연시킨 타입으로 소위 "아이솔레이드 접지(절연계 1점 접지)"라고 불린다.
3) 외부의 잡음 영향이 적고, 보수점검이 용이하다.
4) 직류전원으로 가동하는 기기의 경우에 유효하다.

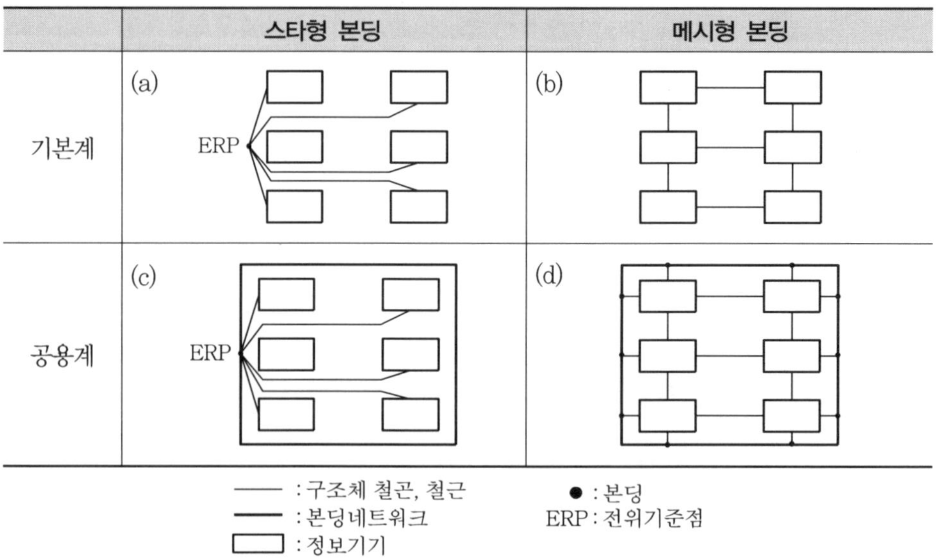

[그림 5] 본딩 네트워크의 기본형

나. 메시형 등전위본딩

1) 모든 정보통신기기를 연결해서 면적에 의한 등전위화를 도모한다.
2) Intergrade 접지(공통 접지계)라고 한다.
3) 등전위화가 쉽고 외부의 잡음 등으로부터 영향을 받기 쉽다.
4) 접지계가 복잡하다.

8. 뇌보호설비에 있어서 등전위본딩

뇌를 보호하기 위하여 뇌보호설비, 금속구조체, 금속제공작물, 계통외 도전성 부분 및 피보호 범위 내 동력 · 통신설비를 본딩용 도체, 뇌서지 보호장치에 접속함으로써 등전위화를 확보할 수 있다.

가. 외부 뇌보호

외부 뇌보호는 수뢰부, 인하도선, 접지극의 3개 요소로 구성된다.

나. 내부 뇌보호

내부 뇌보호는 서지보호장치(SPD)에 의해 과전압을 방호하고, 등전위본딩용 모선(또는 바)을 설치하여야 한다.

SECTION 02 접지설계 및 시공

2.1 접지극의 접지저항 계산 및 저감방법

접지저항은 접지선의 저항, 접지극 자신의 저항, 전극표면과 토양이 접하는 부분의 접촉저항 및 전극 주위의 토양이 접지전류에 대하여 나타내는 저항에 의하여 결정된다.

■ 전기설비기술기준, 신전기설비기술계산 핸드북, 최신피뢰시스템과 접지기술, 정기간행물

1. 접지저항 산출의 메커니즘

가. 접지저항 산출 인자

1) 접지저항은 접지선, 접지전극의 도체저항(R), 접지극과 토양의 접촉저항(ε) 및 대지저항률(ρ)에 의하여 결정된다.

2) 저항구역(저항형성구역)

① 저항구역이란 접지전극을 중심으로 대부분의 접지저항이 포함되어 있는 범위로, 전위 상승이 일어나는 부분이다.

② 전위 상승은 접지장소의 대지저항률, 접지전류(I_g) 및 이격거리에 영향을 받는다.

나. 접지저항의 정의

1) 접지원리

① 임의 전하량을 가지고 있는 상태에서 전하량 dQ가 유입되거나 유출되면 그 물체의 전위는 $dV=\dfrac{dQ}{C}$만큼 변동한다.

② 접지전류 $I=d\int_0^t Idt$가 유입하면 전위는 $dV=\dfrac{dI}{C}$만큼 상승하게 된다. 여기서 C 값이 대단히 크면 dQ 또는 $d\int_0^t Idt$의 큰 변동에도 전위 dV의 변화는 대단히 적게 되는데 이것이 접지원리이다.

2) 접지저항 계산

대지에 전극을 설치한 축전지를 가정하면 축전지로 대전되었을 때 유전체 내부의 전기력선 분포와 전류를 통할 때의 도전물질 내의 전기력선 분포는 같다.

따라서 저항 $R=\frac{V}{I}[\Omega]$에서 대지를 유전체의 전기쌍극자 변위전류로 이용한 Gauss 표면으로 계산하면

① 유전체 내부의 전류 $I=\oint i\cdot ds=\sigma\oint E\cdot ds=\frac{V}{R}$

② 축전지의 전하량 $Q=\oint D\cdot ds=\varepsilon\oint E\cdot ds=CV$

③ $\frac{Q}{I}=\frac{C\cdot V}{\frac{V}{R}}=R\cdot C,\ \frac{Q}{I}=\frac{\varepsilon\oint E\cdot ds}{\sigma\oint E\cdot ds}=\frac{\varepsilon}{\sigma}=\rho\cdot\varepsilon$

$\therefore\ R\cdot C=\rho\cdot\varepsilon$

여기서, ρ : 비저항, ε : 절연체 유전율

3) 반구의 정전용량이 $C=2\pi r\cdot\varepsilon$이라면 등가반경 r인 접지전극의 접지저항

$R=\frac{\rho\cdot\varepsilon}{2\pi r\cdot\varepsilon}=\frac{\rho}{2\pi r}[\Omega]$

다. 주파수에 의한 접지저항 영향

접지전류	상용주파수	고유주파수
접지도체 토양 임피던스	R 저항체 접지저항(R)	$Z(X_L\cdot X_C)$ 유전체 접지임피던스 $Z=\sqrt{L/C}$

2. 접지저항의 계산

가. 접지저항의 기본조건

1) 접지전극의 형상, 구조, 크기, 재질
2) 접지전극의 배치, 매입 또는 매설방법
3) 접지저항의 저감방법
4) 접지시설의 시공장소 선정 등

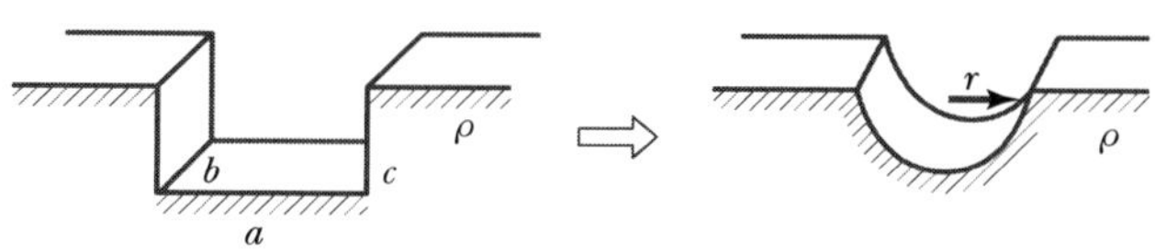

$S=2ac+2bc+ab$ $\qquad$ $r=\sqrt{\frac{S}{2\pi}}$

(a) 등가표면적 치환법

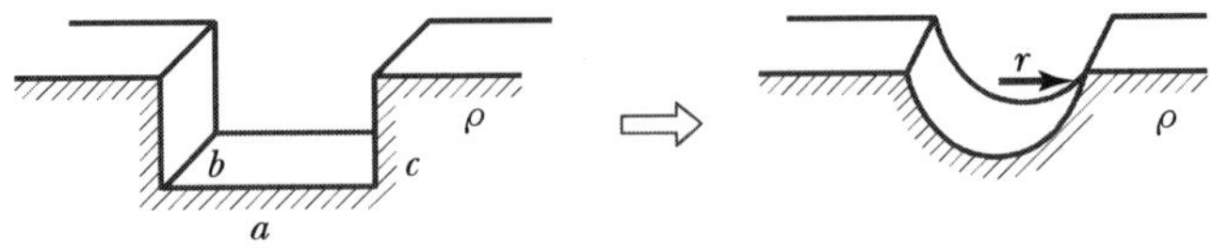

$V = abc$　　　　　　$r = 0.79\sqrt[3]{V}$

(b) 등가체적 치환법

[그림 1] 등가치환법에 의한 접지저항 계산

나. 접지저항 계산방법

1) 반구모양 접지저항의 계산식

$R = \dfrac{\rho}{2\pi r}[\Omega]$ 여기서, ρ : 대지고유저항률$[\Omega \cdot \text{m}]$, r : 접지구 반경

2) 봉형 접지저항의 계산식

① 접지봉 1개의 계산식

$$R = \frac{\rho}{2\pi l}\left(\log_e \frac{4l}{r} - 1\right)[\Omega]$$

여기서, r : 접지봉의 반경[m], l : 접지봉 매설깊이[m]

② 접지봉이 다수인(n개) 접지저항 계산식

$$R_n = \eta \frac{R}{n}[\Omega]$$

여기서, R_n : 접지봉다수의 접지저항$[\Omega]$
η : 집합계수, n : 집합전극 매설 수

③ 집합계수의 성질은 전극간격이 좁을수록 커지고, 항상 1보다 큰 값을 갖는다. 또, 전극간격이 넓을수록 1에 가까워진다.

3) 망상(Mesh) 접지저항의 계산식

① $R = \rho\left(\dfrac{1}{4r} + \dfrac{1}{L}\right)[\Omega]$

여기서, r : 등가반경$\left(r = \sqrt{\dfrac{a \times b}{\pi}}\,[\text{cm}]\right)$
L : 망상의 전체길이
$(L = a(n+1) + b(m+1)\,[\text{cm}])$

② 사용 장소 : 고장전류가 큰 곳, 대지가 넓은 공장, 건물 변전소 등 대규모 접지 시스템에 적용한다.

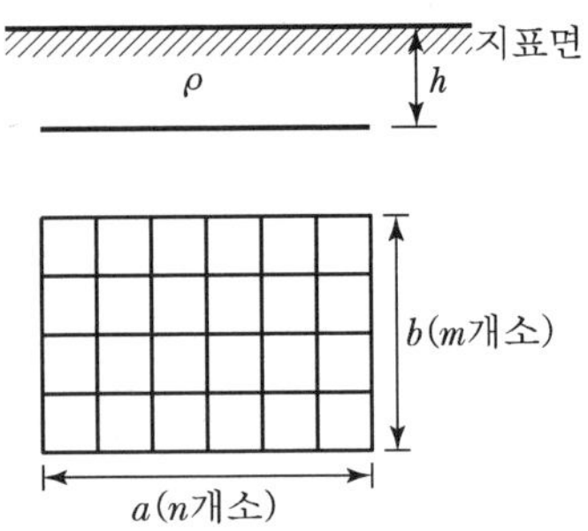

[그림 2] 망상 접지전극의 매설상태

4) 건축물 구조체 접지저항의 계산식

접지저항 $R=\dfrac{\rho}{2\pi r}=\dfrac{\rho}{\sqrt{2\pi A}}[\Omega]$

여기서, r : 반구의 등가반경$\left(r=\sqrt{\dfrac{A}{2\pi}}[\mathrm{m}]\right)$, A : 연표면적($A=2ac+2bc+ab[\mathrm{m}^2]$)

5) 매설지선 접지저항의 계산식

$$R=\frac{\rho}{2\pi L}\left[\left(\log_e\frac{2l}{a}\right)+\left(\log_e\frac{l}{t}\right)-2\right][\Omega]$$

여기서, L : $l/2$[m], l : 매설지선길이[m]
a : 매설지선반경[m], t : 매설깊이[m]

6) 접지판 접지저항의 계산식

$$R=\frac{\rho}{2\pi t}\ln\frac{r+t}{r}[\Omega]$$

여기서, ρ : 대지고유저항률[Ω · m], r : 반지름$\left(r=\sqrt{\dfrac{a\times b}{2\pi}}[\mathrm{cm}]\right)$, t : 매설깊이[cm]

3. 접지저항 저감방법

물리적 저감방법은 한 번 시공하면 사후관리할 수 없는 영구적인 공법이며, 화학적 저감방법은 사후관리가 가능하며 경년변화에 따른 접지저항값 변화 역시 낮다.

가. 물리적 저감방법

1) 물리적 저감법의 종류(영구적 시공방법)

① 수평공법 : 봉형 접지(접지극의 치수 확대, 접지극의 병렬접속), Mesh 공법, 매설지선과 평판 접지극, 다중접지 Sheet

② 수직공법 : 보링공법, 접지봉 깊이박기(심타법)

2) 봉형 접지

① 접지전극의 치수 확대방법

$$R=\frac{\rho}{2\pi l}\left(\ln\frac{4l}{r}-1\right)[\Omega]$$

여기서, r : 접지봉 반경[m], 접지봉 지름을 2배로 하면 접지저항은 약 10% 감소

② 접지전극의 직 · 병렬접속 방법

$$R_n=\eta\frac{R}{n}[\Omega]$$

여기서, η : 집합계수, R : 전극 1개의 접지저항

③ 접지전극의 매설깊이를 증가시키는 방법

㉠ 일반적으로 깊이 매설할수록 저항률이 낮아진다.

㉡ 반드시 깊이에 비례하지는 않으며, 대지저항이 낮은 조건의 지층에서 급격히 접지저항이 낮아지는 수가 있다.

㉢ 깊게 매설하는 경우 계절의 온도 변화에 영향이 적다.

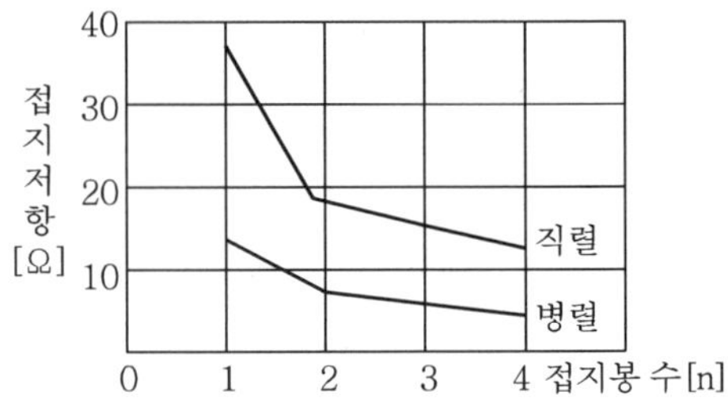

[그림 3] 접지봉 수에 따른 접지저항 감소 특성

④ 봉형 접지의 특징

㉠ 병렬접지 극수가 3~4본, 직렬접지 극수가 4~5본일 때 접지효과가 좋고 경제적이다.

㉡ 전극의 병렬 수 및 상호간격을 크게 하면 병렬합성저항이 감소한다.

㉢ 전극 상호거리가 너무 가까우면 상호전계가 간섭하여 효과가 감소된다.

㉣ 대지면적을 고려한 직 · 병렬 접지를 선정한다.

3) 건축물 구조체 접지

① $R = \frac{\rho}{2\pi r} = \frac{\rho}{\sqrt{2\pi A}} [\Omega] \left(반구의\ 면적\ 2\pi r^2 = A,\ r = \sqrt{\frac{A}{2\pi}} \right)$

② 건물의 지하부분 면적(A)이 크면 등가반경이 커져 접지저항이 저감된다.

4) 메시 공법(Mesh)

① 메시 간격을 조절하고 막대전극을 병렬로 접속하면 접지저항 저감효과가 있다.

② 메시 전극을 깊게 박고 면적을 크게 하여 대지저항률이 낮은 지층에 매설한다.

③ 접지저항 저감의 경우 대지전위경도가 낮아지고 접촉전압, 보폭전압이 저하된다.

5) 매설지선 공법

① 매설지선이 어느 정도 길고 형상을 8방향으로 할 경우 저감효과 크게 나타난다.

② 철탑, 소규모 발전기, 피뢰기 등 낮은 저항값을 요구하는 곳에 채용한다.

나. 화학적 저감방법

1) 화학적 저감법 종류

① 반응형 저감재

㉠ 접지극 주위에 저감재를 주입하여 사용하는 것으로 비반응형보다는 효과가 오래 지속되나, 4~5년이 경과하면 접지저항값이 다시 높아진다.

㉡ 화이트 아스론, 티코겔 등이 있다.

② 비반응 저감재

㉠ 접지극 주변의 토양에 혼합하면 토양의 고유저항이 작아지나 이는 일시적인 효과이고 1~2년 시일이 경과하면 거의 효과가 없어진다.

㉡ 염, 황산 암모니아, 탄산소다, 카본 분말, 벤토나이트 등이 있다.

2) 접지저감재의 구비조건

① 접지저항 저감특성이 좋아야 한다.

㉠ 접지저항을 충분히 낮출 수 있어야 한다.

㉡ 주위토양에 비해 도전도가 좋아야 한다.

㉢ 체류제의 역할을 하여야 한다.

② 화학적 처리로 인축이나 식물에 대한 안전성을 고려하여야 한다.

③ 접지저항의 저감성능에 지속성이 있을 것

㉠ 경년변화에 따른 접지저항값의 변동이 심해서는 안 된다.

㉡ 계설에 따른 계설적 변농 또한 변동이 적어야 한다.

④ 접지전극을 부식시키지 않을 것

㉠ 접지전극은 토양에서 공기 중의 산소가 접지극 표면에 닿아 부식이 있다.

㉡ 저감재를 처리하여 접지극에 이러한 부식을 억제한다.

4. 접지저항 저감 시공

가. 접지저감재의 시공방법 종류

저감재의 종류나 접지전극의 종류, 공사 지점의 토질에 따라 다양하고 또 작업성이나 효과의 측면도 고려한다.

1) 유입법

① 타입법 : 막대모양 접지전극에 대한 것으로 타입할 구멍에 저감재를 유입하는 방법이다.

② 보링법 : 선 모양, 띠 모양 접지 전극을 포설하는 경우로 보링공법으로 구멍을 뚫어 전극을 설치한 후 그 속에 저감재를 주입한다.

③ 수반법 : 접지전극의 대지에 저감재를 뿌리는 방법이다.

④ 구법 : 접지전극 주변에 고리모양의 홈을 파서 그 속에 저감재를 유입한다.

2) 체류조법

① 방법 1([그림 5]의 (a) 참조) : 접지전극의 주위에 저감재를 넣어 되메우기를 하는데 구덩이의 바닥면, 벽면은 밀도가 큰 진흙 등으로 어느 정도의 방수를 하여 물의 침입을 막는 동시에 저감재가 흩어지는 것을 막는 역할도 한다.

② 방법 2([그림 5]의 (b) 참조) : (a)의 시공방법과 동일하며 그물모양 접지전극의 경우에 시공한다.

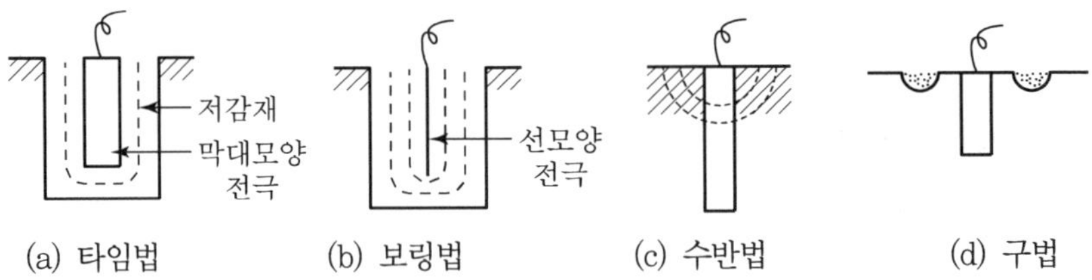

[그림 4] 유입법

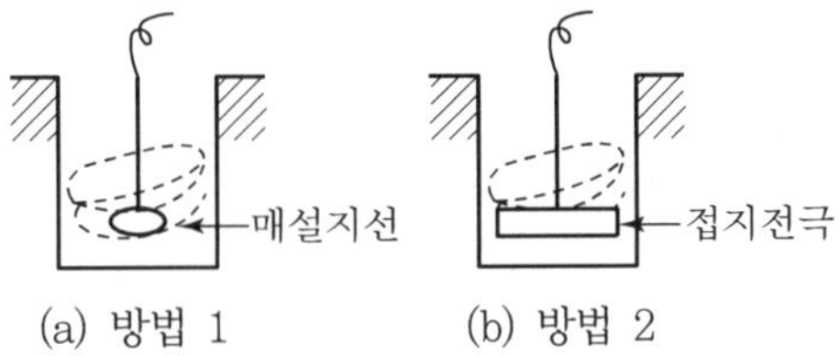

[그림 5] 체류조법

나. 접지저항 저감재가 환경에 미치는 영향 및 대책

1) 접지저항 저감재에 의한 영향

시간이 경과함에 따라 지중에 침투되어 토양과 지하수를 오염시킨다.

2) 환경오염을 방지하는 대책

① 화학적 저감재를 지양하고 물리적인 방법으로 접지저항을 저감시키는 방법이다.

② 화학적 저감재를 사용 시 환경에 무해한(천연염토 및 산어스) 저감재를 사용한다.

2.2 접지전극의 설계

접지저항의 목표값이 결정되면 이 값을 얻기 위하여 접지목적에 맞는 설계를 해야 한다. ① 대지 파라미터 파악, ② 접지규모에 따른 접지공법 선택, ③ 설계도서 작성, ④ 접지공사를 시공하는 순서를 밟는다. 접지 설계 시 경제성, 신뢰성, 보전성 등을 고려한다.

■ 전기설비기술기준 고시, 최신피뢰시스템과 접지기술, 정기간행물

1. 접지의 목적

가. 지표면의 국부적인 전위경도에서 운전원 등을 감전사고에서 보호한다.

나. 고장전류나 뇌격전류가 유입할 때 접지부분과 대지면 전위 변동 시 기기를 보호한다.

다. 회로계통에서 회로전압, 보호계전기 동작과 정전차폐 효과를 유지한다.

2. 접지전극의 설계 기본순서

가. 기준접지저항의 결정

접지목적을 만족하는 인체에 대한 허용전류, 고장전류 유입에 의한 접지전위 상승, 접촉전압 및 보폭전압 계산 등을 고려하여 저압 및 고압에 따른 접지저항을 결정한다.

나. 접지형태의 선정

토지고유저항, 접지저항 측정방법, 접지극 · 접지선 사이즈 형상 등 대지저항률에 적합한 접지규모별 접지공법을 선택한다.

다. 접지전극 설계의 흐름도

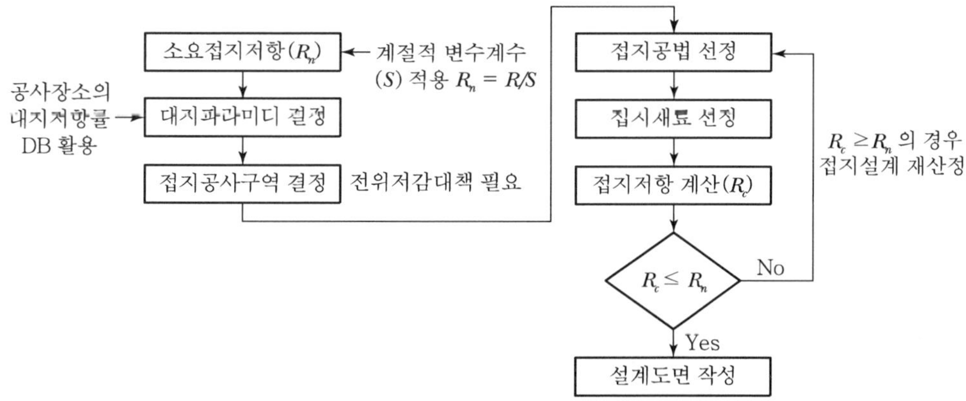

3. 대지저항률

대지저항률이란 대지에 전류가 흐르기 어려운 정도를 나타내는 상수[Ω · m]이다. 감전 방지를 위한 보폭전압 및 접촉전압은 대지저항률의 값에 크게 좌우되므로 대지저항률 측정은 중요하다.

가. 대지저항률의 일반특성

1) 접지저항은 지질조건이 복잡하기 때문에 대지저항률 분포에 따라 크게 좌우된다.
2) 토양이 같은 종류이어도 수분함량, 온도, 토양 속에 포함된 화학물질에 따라 고유저항이 크게 변화된다.
3) 광물 · 암석 등의 저항, 해수의 저항, 콘크리트의 저항 등 각종 광물의 종류에 따라서 대지저항률은 다음과 같이 구분된다.

[표] 저항률에 의한 대지 분류

분류	저항률 $\rho[\Omega \cdot m]$	특징
저저항률 지대	$\rho < 100$	항상 토양에 수분이 많이 함유되어 있는 하구 또는 바다
중저항률 지대	$100 \le \rho < 1{,}000$	지하수를 쉽게 얻을 수 있는 내륙의 평야지대
고저항률 지대	$1{,}000 \le \rho$	구릉지대, 고원

나. 대지저항률에 영향을 주는 요인

1) 흙의 종류나 수분의 영향

① 흙의 종류와 그 저항률 : 흙의 종류는 진흙, 점토, 모래, 사암 등

흙의 종류	저항률[Ω · m]
늪지 및 진흙	80~200
점토질, 모래질	150~300
모래질	250~500
사암 및 암반지대	10,000~100,000

② 흙에 함유된 수분의 양 : 습지, 밭, 산지, 강변 등과 같이 지질의 수분함량에 따라 다르다.

수분함량[%]	2	10	16	20	28
고유저항[Ω · m]	1,800	380	130	90	60

2) 온도의 영향

① 모든 물질의 저항률은 온도에 따라 변화하며, 온도의 변화에 따라 물질의 저항값이 변화하는 정도는 물질의 온도계수에 따라 다르다.

$$R_2 = R_1[1 + \alpha(T_2 - T_1)]$$

여기서, R_1 : T_1일 때 저항, R_2 : T_2일 때 저항, α : T_1에서의 저항온도계수

② 일반적으로 온도의 상승에 따라 저항이 증가하는데 반도체, 전해액, 절연체 등은 감소하는 부저항 특성을 갖는다.

3) 계절적 영향(계절에 따른 변화)

① 접지저항은 계절에 따라 크게 변동하는데 이 변화는 토양의 함수량과 온도의 변화가 복합적으로 작용해서 발생하는 것이다.

② 접지봉의 접지저항 변화를 연간 그래프로 표시하면 최대와 최소가 약 2배 정도 접지저항 차이가 난다.

4) 토양 속에 분포된 각종 물질의 함유량, 알맹이의 크기 및 조밀도 등에 따라 다르다.

다. 대지저항률의 측정

대지저항률 측정에는 Wenner의 4전극법과 전기검층법, 역산법 등이 있는데 현재 Wenner의 4전극법이 가장 많이 쓰이고 있다.

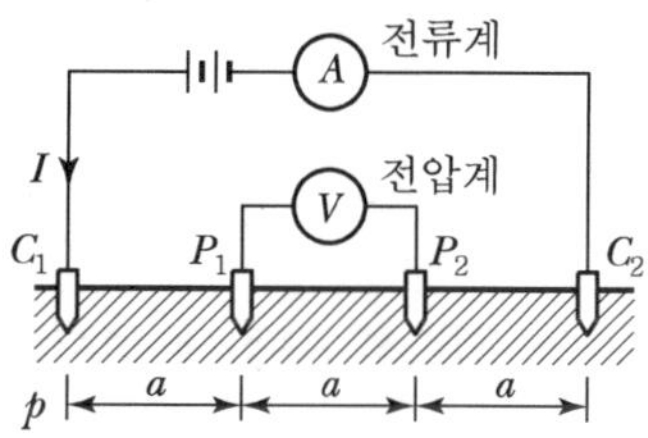

[그림 1] Wenner의 4전극법

1) 대지저항률 측정조건

① 건기를 선택할 것

② 기온이 낮을 때를 선택할 것

③ 플랜트에 가까운 토지조성 상태를 선택할 것

④ 접지봉과 매설지선을 설치하는 경우 그 깊이를 측정할 것(3[m] 깊이까지 평균값)

2) 측정원리

① [그림 1]과 같이 전극 C_1과 C_2 사이에 전원을 접속하여 대지에 전류를 흘리면서 전극 P_1과 P_2 사이의 전위차를 측정하여 접지저항값을 산출한 다음 대지저항률을 구하는 방법$\left(\text{전극깊이 } d \geq \dfrac{1}{20a}\right)$이다.

② 대지저항률 $\rho = 2\pi a R[\Omega \cdot \text{m}]$

여기서, R : 접지저항값$[\Omega] = V/I$

a : 전극간격[m]

4. 접지공법의 종류

접지 목적과 요구하는 접지저항값을 얻기 위해서는 대지구조에 따라 경제적이고 신뢰성 있는 접지공법을 채택해야 한다.

가. 봉형 접지공법

건물의 부지면적이 제한된 도시지역 등 평면적인 접지공법이 곤란한 지역에 적용한다.

1) 심타공법

[그림 2]의 대지저항률이 깊이에 따라 점차 감소하는 경우, 즉 $\rho_1 > \rho_2 > \rho_3$일 경우 효과적이다.

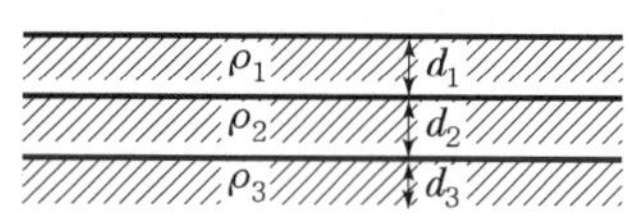

[그림 2] 지층 모델

2) 병렬접지공법

[그림 2]의 대지저항률이 깊이에 따라 점차 증가하는 경우, 즉 $\rho_1 < \rho_2 < \rho_3$일 경우 효과적이다.

나. 망상 접지공법(Mesh 공법)

1) 서지임피던스 저감효과가 대단히 크고 공통접지 방식으로 채택 시 안전성이 뛰어나다.
2) 공장이나 건물, 발 · 변전소 등에 주로 적용한다.

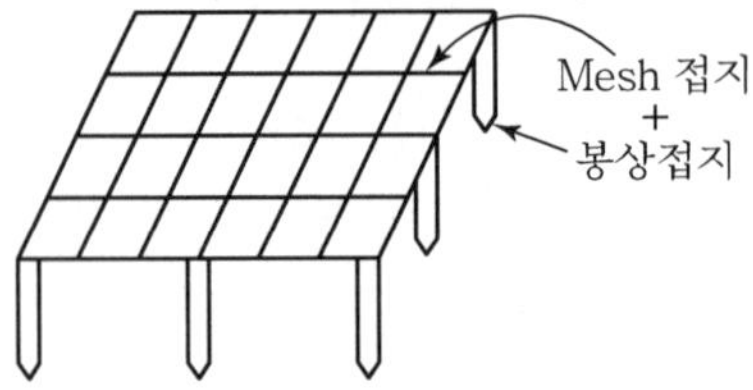

[그림 3] 병용 메시 접지전극

다. 건축물 구조체 접지공법(기초접지)

1) 특징

① 철골, 철근끼리 전기적 접속방법에 의한 자연적인 Cage형의 가장 이상적인 접지방식이다.
② 철골, 철근 콘크리트, 철골 철근 콘크리트 등 일체화된 건축물 구조에 적용한다.
③ 설치위치는 도시지역의 부지면적이 한정되어 있는 고층건물에 적용한다.

2) 건축물 구조체의 영향

① 상시 누설전류에 의한 구조체 부식이 우려된다.
② 상시 누설전류에 의한 구조체 온도가 상승한다.
③ 열팽창에 의한 콘크리트 강도가 저하한다.

3) 시공 시 유의사항(☞ 참고 : 도심지 건물의 접지공사 및 접지 겸용)

라. 매설지선 공법

접지극 대신 지선을 땅에 매설하는 방법으로 송전선의 철탑 또는 피뢰기 등에 낮은 저항값을 필요로 할 때 사용한다.

마. 평판 접지전극의 사용

1) 접지봉 대신 접지판을 사용하는 방법이다.
2) 전극과 토양 간의 빈 간격으로 접촉저항이 커지는 단점이 있다.

5. 접지저항 계산(☞ 참고 : 접지저항 계산 및 저감방법)

2.3 접지도체의 굵기 계산

일반적으로 접지선의 굵기를 결정하는 경우 기계적 강도, 내식성, 전류용량의 3가지 요소를 고려하여 결정한다. 전기설비기준, 내선규정으로 규정되어 있는 접지선 굵기는 기계적인 최소 수치이며, 현장에서는 고장전류가 안전하게 통전할 수 있는 충분한 굵기를 사용한다.

■ 전기설비기술기준 고시, 최신피뢰시스템과 접지기술, 정기간행물

1. 특고압 기기의 접지선 굵기 계산

가. 도체 단면적 계산식

1) 도체의 단면적은 전류, 통전시간, 온도, 재료의 특성값 등을 이용하여 도체의 단면적 계산식을 이용하여 구한다.

2) 나연동선의 경우

$$S = \sqrt{\frac{8.5 \times 10^{-6} \times t_s}{\log_{10}\left(\frac{T}{274}+1\right)}} \times I_g [\text{mm}^2]$$

여기서, S : 접지선의 단면적[mm^2], t_s : 고장계속시간[sec]
T : 접지선의 용단에 대한 최고허용온도
(나연동선 : 850℃, 접지용 비닐전선 : 120℃)
I_g : 접지선의 고장전류[A]

나. 간략식

상기와 같이 분모계수는 도체의 재료, 절연물의 종류, 주위온도에 따라 결정되는 상수로 생각할 수 있다. 접지도체에 동(Cu)을 사용할 경우 간략식으로 계산할 수 있다.

1) 동선의 경우 $S = \frac{\sqrt{t_s}}{K} \times I_g [\text{mm}^2]$

여기서, K : 접지도체의 절연물 종류 및 주위온도에 따라 정해지는 계수
t_s : 고장계속시간[sec](22kV, 22.9kV 계통 1.1초, 66kV 비접지계통 1.6초)

[표 1] K의 값

접지선의 종류 / 주위온도	나연동선	IV, GV	CV	부틸고무
30℃(옥내)	284	143	176	166
55℃(옥외)	276	126	162	152

2) 접지용 나연동선을 옥외에 설치하는 경우 $S = \frac{\sqrt{t_s}}{276} \times I_g$

3) 접지용 절연전선을 옥내에 설치하는 경우 $S = \frac{\sqrt{t_s}}{143} \times I_g$

>>참고 **동선의 접지선 굵기 계산**

$$S = \frac{\sqrt{t_s}}{\sqrt{\frac{Q}{\alpha \cdot \gamma}\log_{10}\left(\frac{T_m - T_0}{K_0 + T_0} + 1\right)}} \times I_g\,[\text{mm}^2] \;\&\; S = \sqrt{\frac{8.5 \times 10^{-6} \times t_s}{\log_{10}\left(\frac{T_m - T_0}{234 + T_0} + 1\right)}} \times I_g\,[\text{mm}^2]$$

여기서, t_s : 고장계속시간[sec]

Q : 도체의 단위체적당 열용량[J/℃ · mm³](동선 3,422, Al 2,556)

α : 20℃에서의 도체 저항온도계수(동선 0.00393, Al 0.00404)

γ : 20℃에서의 도체저항(연동선 0.01724, 경동선 0.017774)

K_0 : 연동선(234.5), 경동선(242), Al(228)

T_m : 최대허용온도(나연동선 1,830℃, PVC 절연전선 160℃, XLPE 250℃)

T_0 : 주위온도(옥내 30℃, 옥외 직사일광 55℃)

2. 저압기기 접지선의 굵기 계산

가. 접지선의 온도 상승

접지선에 단시간 전류가 흘렀을 경우 동선의 허용온도 상승 $\theta = 0.008\left(\frac{I}{A}\right)^2 \cdot t$ [℃]

여기서, I : 통전전류[A]

A : 동선의 단면적[mm²]

t : 통전시간[sec]

나. 계산조건

1) 접지선에 흐르는 고장전류의 값은 전원 측 과전류차단기 정격 전류의 20배이다.
2) 과전류차단기는 정격 전류의 20배 전류에 의해 0.1초 이하에서 끊어진다.
3) 고장전류가 흐르기 전의 접지선 온도는 30℃로 한다.
4) 고장전류가 흘렀을 때의 접지선의 허용온도 160℃(허용온도 상승은 130℃)가 된다.

다. 계산식

위의 계산조건을 대입하면 $130 = 0.008\left(\frac{20I_n}{A}\right)^2 \times 0.1$ 에서 $A = 0.0496 I_n$[mm²]

여기서, I_n : 과전류차단기의 정격 전류

3. 보호도체의 최소단면적(KS C IEC 60364)

보호도체의 최소단면적은 다음의 계산식으로 구하거나 [표 2]에 의한다.

가. 최소단면적 산출

$$단면적\ S = \frac{\sqrt{I_g{}^2 \cdot t}}{K} = \frac{\sqrt{t}}{K} \cdot I_g[\mathrm{mm}^2]$$

여기서, I_g : 보호계전기를 통한 지락고장전류값(교류실횻값)

t : 고장계속시간[s]

K : 도체절연물 종류 및 주위 온도에 따라 정해지는 계수([표 1] 참고)

나. 보호도체의 단면적 선정

보호도체의 단면적은 [표 2] 값 이상의 표준규격의 도체 굵기를 선정하여야 한다.

[표 2] 보호도체의 단면적

상도체의 단면적 S [mm²]	대응하는 보호도체의 최소단면적[mm²]	
	보호도체의 재질이 상도체와 같은 경우	보호도체의 재질이 상도체와 다른 경우
$S \le 16$	S	$k_1/k_2 \times S$
$16 < S \le 35$	16^a	$k_1/k_2 \times 16$
$S > 35$	$S^a/2$	$k_1/k_2 \times S/2$

여기서, k_1 : 도체 및 절연의 재질, k_2 : KS C IEC 60364－5－54 보호도체

□^{a} : PEN 도체의 경우 단면적의 축소는 중성선의 크기 결정에 대한 규칙에만 허용한다.

다. 보호도체의 최소 굵기

보호도체가 전원케이블 또는 케이블 용기의 일부로 구성되어 있지 않은 경우에는 단면적이 어떠한 경우에도 다음 값 이상이 되어야 한다.

1) 기계적 보호가 되는 것 : 단면적 2.5mm²(Cu 기준), 16mm²(Al 기준)
2) 기계적 보호가 되지 않는 것 : 단면적 4mm²(Cu 기준), 16mm²(Al 기준)

2.4 변전설비의 접지설계

변전설비의 접지설계는 ANSI/IEEE의 규정을 우리나라뿐만 아니라 전 세계적으로 널리 적용하고 있다. 이 규정에서 정하고 있는 접지설계는 접지전극에 대한 대지 표면의 전위 상승에 관련된 전위경도를 경감시키는 방법(접촉전압과 보폭전압)을 고려한 설계를 중요시하고 있다.

■ IEEE Std 80 ANSI/IEEE의 접지설계, KS C IEC 61936-1 글로벌 접지시스템, 정기간행물

1. 접지설계 시 고려사항

가. 국내의 접지설비는 접지저항값을 기준으로 정하고 있어 접지설계 시 접지저항을 낮추기 위한 설계를 위주로 하고 있다.

나. IEEE 규정은 접지저항보다는 접지전극에 대한 대지표면의 전위 상승에 관련된 접촉전압, 보폭전압, 메시전압 등을 검토하여 전위경도를 경감시키는 방법으로 설계한다.

다. 인체 감전은 전위경도와 직접 관계되므로 변전실 접지는 인체 안전성이 평가된 설계가 되어야 한다.

2. ANSI/IEEE 접지설계 순서

가. 토양 특성조사(대지고유저항, 대지면적)

토양의 특성, 변전설비 평면계획, 대지저항률, 대지구조 등 현장조건을 확정한다. 대지고유저항은 토양의 종류, 수분의 양, 온도, 계절적 영향 및 토양 속의 물질에 따라 달라지므로 측정 시 유의해야 한다.

1) Wenner의 4전극법 이용
2) 대지고유저항 수식
3) 대지고유저항 측정기를 이용한 측정

나. 접지고장전류 및 접지선 굵기 선정

접지고장전류, 고장지속시간, 접지도체의 굵기 등을 결정한다.

1) 1선 지락고장전류

$$I_g = 3I_0 = \frac{3E}{Z_0 + Z_1 + Z_2 + 3R_g}[\mathrm{A}]$$

여기서, Z_0, Z_1, Z_2 : 고장점에서 본 계통 측의 영상, 정상, 역상 임피던스
R_g : 지락접지저항

2) 고장지속시간

① 22kV(22.9kV) 계통은 1.1초, 66kV 비접지계통은 1.6초
② 보통 0.5~3초(한전규격 2.0초 권장)

3) 접지도체의 굵기

기계적 강도, 내식성, 전류용량의 3가지 요소를 고려하여 결정한다.

$$S = \frac{\sqrt{t_s}}{K} \times I_g[\mathrm{mm^2}]$$

여기서, K : 접지도체의 절연물 종류 및 주위온도에 따라 정해지는 계수
t_s : 고장지속시간[sec]

[표] K의 값

주위온도 \ 접지선의 종류	나연동선	IV, GV	CV	부틸고무
30℃(옥내)	284	143	176	166
55℃(옥외)	276	126	162	152

다. 안전한계치 전압 결정(보폭전압 및 접촉전압의 설정)

1) 최대 허용접촉전압은 도전성 구조물과 대지면 사이의 거리 1m의 전위차를 말한다.

$$E_{Touch}=\left(R_H+R_B+\frac{R_F}{2}\right)I_B=(1{,}000+1.5C_s\ \rho_s)\frac{0.165}{\sqrt{t}}[\mathrm{V}]$$

여기서, R_H : 손의 접촉저항
R_B : 인체저항(보통 1,000Ω으로 가정)
R_F : 발의 접촉저항, C_s : 계수
ρ_s : 표면재의 고유저항, t : 통전시간

2) 최대 허용보폭전압은 접지전극 부근 대지면 두 점 간의 거리 1m의 전위차를 말한다.

$$E_{Step}=(R_B+2R_F)I_B=(1{,}000+6C_s\rho_s)\frac{0.165}{\sqrt{t}}[\mathrm{V}]$$

여기서, R_H : 손의 접촉저항
R_B : 인체저항(보통 1,000Ω으로 가정)
R_F : 발의 접촉저항, C_s : 계수
ρ_s : 표면재의 고유저항, t : 통전시간
$I_B=\frac{0.165}{\sqrt{t}}$[A] (Dalziel의 실험식)

※ Dalziel의 실험식 I_B 인체전류 0.165[A]는 모든 인체에 동일하게 적용되는 상수

라. 예비 접지전극의 설계

1) 변전실 접지설비의 Mesh 접지에 의한 설계 검토

① 포설간격(D), 접지선의 길이(L)

② 접지선 매설깊이(h)

③ 접지봉 수량(n)

2) 접지저항 계산

① 메시도체의 격자 수, 간격, 접지도체의 전체길이, 매설깊이 등을 설정하고 접지저항 값을 계산한다.(IEEE 80－86 Gide : Severak 식)

② Mesh 접지저항(☞ 참고 : 메시접지저항)

$$R=\rho\left[\frac{1}{L}+\frac{1}{\sqrt{20A}}\left(1+\frac{1}{1+h\sqrt{20/A}}\right)\right][\Omega]$$

여기서, ρ : 대지저항률[Ω · m]
A : 메시 면적(접지부지면적 : m^2)
L : 접지선의 길이[m]
h : 접지선의 매설깊이[m]($0.25 \le h \le 2.5$)

마. 최대 접지전류(I) 계산

1) 계통의 지락고장 시 변전소 접지를 통해서 대지로 흐르는 접지전류의 최댓값을 산출
2) 접지전극으로 흐르는 최대접지전류를 지락고장전류의 60%로 한다.

$$I_g=3I_0=\frac{3E}{Z_0+Z_1+Z_2+3R_g}[\mathrm{A}] \qquad \therefore\ I=I_g\times 0.6$$

바. 접지안전성평가[접지망 대지전위 상승(GPR ; Ground Potential Rise)과 최대 허용 접촉전압의 비교]

접지망 전체의 접지저항이 계산되는 접지망의 최대전위 상승은 $GPR(=I_g\times R_g)$로 표시되며 허용접촉전압과 검토가 필요하다.

1) GPR < 허용접촉전압의 경우 : 설계는 적절
2) GPR > 허용접촉전압의 경우 : 재설계

사. 안전한계전압과 비교

최대 메시전압(E_m) < 최대 허용접촉전압(E_{touch})과 최대 보폭전압(E_s) < 최대 허용보폭전압(E_{step})을 만족해야 하며, 불만족할 경우 전위경도 완화대책을 수립한다.

아. 전위경도 완화대책 또는 재설계

1) 전위경도 완화대책(보폭전압 및 접촉전압이 한계치 허용값보다 높을 경우)

① 접지전극의 저항 저감방법(☞ 참고 : 접지저항 계산 및 저감방법)

② 변전실 접지설비 저감

㉠ 메시전극을 깊게 박고, 전극의 면적을 크게 한다.
㉡ 메시전극의 간격을 조정하여 봉형 전극을 병렬로 접속한다.
㉢ 메시전극을 대지저항률이 낮은 지층에 매설 또는 토양의 저항률을 저감시킨다.

③ 보폭전압과 접촉전압의 저감방법

㉠ 접지기기 철구 등의 주변 1m 위치에 깊이 0.2~0.4m의 환상보조접지선을 매설하고 이를 주 접지선과 접속한다.(저감률 : 약 25% 정도 저감)

㉡ 접지기기 철구 등의 주변 약 2m에 자갈을 0.15m 두께로 깔거나 또는 콘크리트를 0.15m 두께로 타설한다.(저감률 : 건조 시 19%, 습윤 시 14% 저감)

㉢ 접지망 접지간격을 좁게 한다. 메시 망의 간격을 좁게 하면 전위경도가 완화된다.

④ 고장전류를 다른 경로로 돌리는 방법

송전선로의 가공지선에 연결 등으로 접지고장전류를 다른 경로로 분류시킨다.

2) 재설계의 경우

① 메시전압을 계산하여 "메시전압 < 허용접촉전압"의 조건을 만족하는 재설계

$$\text{메시전압 } E_m = \frac{\rho \times I_g \times K_m \times K_i}{Lk}$$

여기서, I_g : 최대접지망 유입전류[A]

K_m : 메시전압 산출을 위한 간격계수

K_i : 전위경도의 변화에 대한 교정계수

* $K_i = 0.656 + 0.172n$ 본 식을 적용할 경우 고려사항

- 도체 수 : $n \le 25$, 매설깊이 : $0.25\text{m} \le h \le 2.5\text{m}$
- 도체 굵기 : $d < 0.25 \times h[\text{m}]$, 그리드 간격 : $D > 2.5\text{m}$

② 접지부 내의 허용접촉전압과 보폭전압의 관계에 있어서 보폭전압을 기준치 이하로 유지하기 위한 Mesh 접지도체의 길이 결정은 다음 식에 의한다.

망상접지 시스템에 소요되는 최소 접지도체의 길이는

$$K_m K_i \rho \frac{I}{L} \le E_{touch}\left[(1{,}000 + 1.5\,C_s \cdot \rho_s)\frac{0.165}{\sqrt{t}}\right]$$

③ 보폭전압을 계산하며 그 값이 허용보폭전압보다 낮아야 한다.

자. 기타

1) 전위경도가 만족하는 경우

① 접지할 기기의 주변에 매설 접지도선이 없을 경우 추가로 접지도선을 매설한다.

② 피뢰기, 변압기의 중성점에는 접지봉을 추가로 타입한다.

2) 전위경도가 불만족하는 경우

접지전극의 대지 표면에 자갈을 깔거나 전기저항이 큰 재료로 마감하여 허용접촉전압 및 보폭전압을 높이는 방법도 효과적이다.

>>참고 **접지설계순서 흐름도**

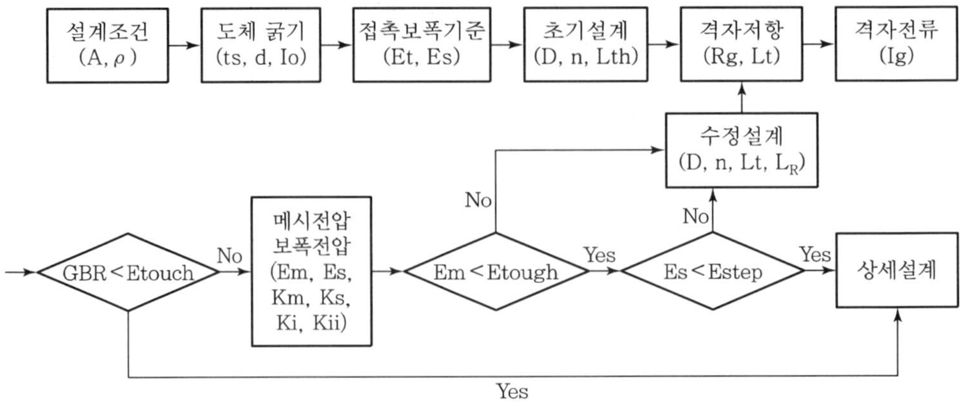

- 설계조건(A, ρ) : A(접지망 포설면적), ρ(대지저항률)
- 도체굵기(ts, d, Io) : ts(인체 안전허용전류), d(접지도체 굵기), Io(감전시간)
- 접촉보폭기준(Et, Es) : Et(최대 허용접촉전압), Es(최대 허용보폭전압)
- 초기설계(D, n, Lt, h) : D(접지망 도체간격), n(접지봉 수량), Lt(매설접지도체의 총길이), h(접지망 매설깊이)
- 격자저항(Rg, Lt) : Rg(접지저항), Lt(매설접지도체의 총길이)
- 격자전류(Ig) : Ig(접지전류) $= \beta \times Df \times Cp \times If$
  ※ 지락전류분류계수(β), 비대칭분에 의한 교정계수(Df), 향후 확장을 고려한 교정계수(Cp), 최대지락전류(If)
- GPR(대지전위 상승) : GPR $=$ Ig $\times$ Rg
- Mesh & Step Voltage : Em(Mesh Voltage), Es(Step Voltage), Km(메시전압 산출을 위한 간격계수, Ks(보폭변압 산출을 위한 간격계수), Ki(전위경도 변화에 대한 교정계수), Kii(외곽도체에 대한 내부도체의 보정계수)
- 수정설계(D, n, Lt, L_R) : D(접지망 도체간격), n(접지봉 수량), Lt(매설접지도체의 총길이), L_R(접지봉의 총길이)

2.5 도심지 건물의 접지공사

도심의 접지환경은 건설용지 제한으로 접지극의 접지저항 형성영역(저항구역)의 독립적 확보가 어렵다. 따라서 접지전극의 설계와 시공에 제약이 많아 접지공사의 종류가 한정되므로 시공장소에 적합한 공통접지 또는 통합접지를 적극적으로 검토할 필요가 있다.

■ 한국전기설비규정(KEC), 전기설비기술기준 고시, 신전기설비기술계산 핸드북, 최신피뢰시스템과 접지기술, 정기간행물

1. 도심지 건물의 접지환경

가. 최근 도심지역에서는 건설용지가 제한되어 건물의 부지면적이 협소하다.
나. 건물 인텔리전트화 경향으로 건물 내에 전기, 통신, OA 기기 등 다양한 기기가 시설되어 있다.
다. 부지면적이 한정되어 접지종별 이격거리 확보가 어렵다.
라. 시공 후 유지보수 및 확인이 어렵다. 따라서 공통접지시스템이 검토되고 있다.

2. 도심지 건물의 접지공사 종류

가. 공통접지

등전위가 형성되도록 고압, 특고압 계통과 저압접지 계통을 공통으로 하는 접지방식이다.

나. 통합접지

전기설비 접지계통, 피뢰설비 및 전기통신설비 등의 접지극을 통합하여 접지시스템을 구성하는 것을 말하며, 설비 사이의 전위차를 해소하여 등전위를 형성하는 접지방식이다.

다. 건축물 구조체 접지

구조체 접지란 건물의 일부인 철근 또는 철골에 접지선을 고정시킴으로써 구조체를 대용 접지선 및 접지전극으로 하는 접지방식이다.

1) 전기적인 특징

① 철근, 철골끼리 전기적 접속방법에 의한 자연적인 격자(Cage)형의 접지방식이다.
② 건축구조체의 각 부분은 낮은 전기저항(2Ω 이하)으로 접속되어 건물 전체가 양도체로 구성된 전기적 격자(Cage) 구조이다.
③ 철골, 철근콘크리트, 철골철근콘크리트 구조로서 대지와의 접촉 면적이 큰 접지방식이다.

2) 시공 시 유의사항

① 접지극의 조건은 건물구조가 철골 또는 철근 콘크리트조로서 대지와 큰 지하부분을 가지고 접촉면적이 커야 한다. 또한 대지저항률이 어느 정도 낮아야 한다.
② 구조체에 접속하는 접지선은 용접으로 기계 · 전기적으로 완벽하게 접속하도록 시공해야 한다.
③ 전기기기와 구조체를 연결하는 연접접지선은 $25mm^2$ 이상의 연동선을 사용하고 접지선의 길이는 되도록 짧게 한다.
④ 접지간선을 구조체와 연결할 때는 주 철근 2개 이상의 개소에 접속한다.
⑤ 건물 전체가 대지와 등전위가 되도록 건물설비의 비충전 금속부는 모두 구조체에 접지하여 한다. 단, 건물구조체는 대지와 등전위로 전위변동이 없도록 시공한다.

⑥ 건물에서 인 · 출입하는 전기회로(전력, 통신) 및 금속체(수도, 가스관)에는 해당 인출점 부분에 서지보호기(SPD)를 설치하고 구조체에 접지한다.

라. 기준전위 확보용 접지

1) 개요

기준전위 확보용 접지는 컴퓨터, 통신기기, 계장설비 등을 안정적으로 가동하기 위하여 기준전위를 확보하여 대지전위의 변동을 가능한 적게 하기 위한 접지이다.

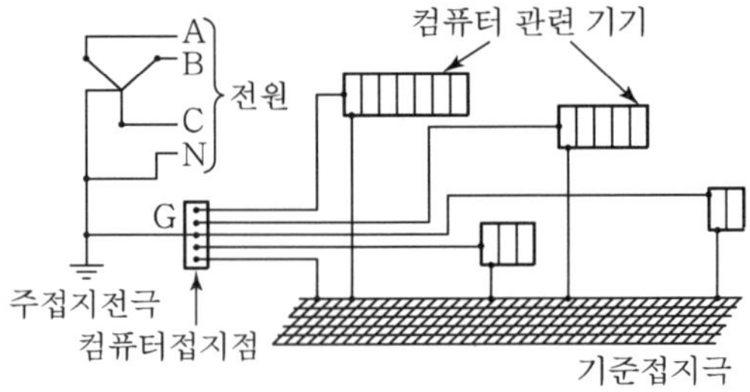

[그림 1] 기준 접지 시스템

2) 시공 시 유의사항

① 기준 접지극을 설치하여 컴퓨터 관련 기기는 모두 기준 접지극에 접지한다.

② 접지선은 짧게 하고 1점 접지를 한다.

③ 접지극은 전기적 Noise를 발생하는 다른 전기기기와 공통접지는 피하는 것이 좋다.

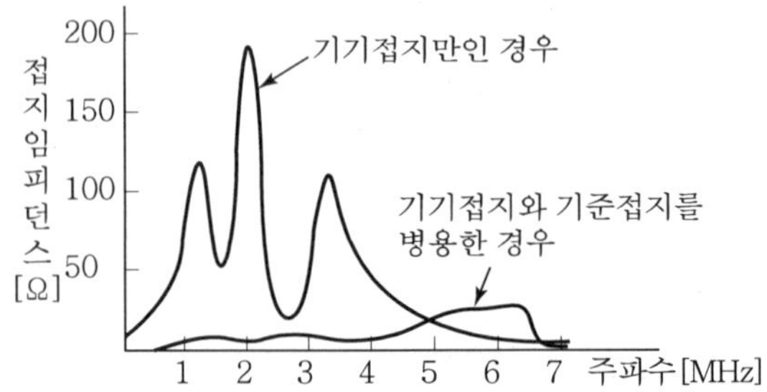

[그림 2] 기준접지에 의한 접지임피던스의 저감

마. 뇌해 방지용 접지

1) 뇌 전류를 대지로 안전하게 흘려보내기 위한 접지로서 피뢰침, 피뢰기가 포함된다.

2) 뇌 전류는 대단히 커서 접지전극 주변에 대지전위 상승을 일으켜 인축에 위험한 전압이 인가될 수 있으므로 전위경도를 낮게 하여야 한다.

바. Noise 장해 방지를 위한 접지

1) 외부 Noise의 침입을 억제하기 위한 접지로서 차폐실 접지, 케이블 실드접지, 필터접지 등이 있다.
2) Noise는 고주파이기 때문에 접지계가 저임피던스이어야 한다.

3. 접지의 겸용

가. 접지공사의 종류별 겸용

1) 동일 개소에 2종류 이상의 접지공사를 시행하는 경우에는 접지저항값이 낮은 쪽의 접지공사로서 다른 접지공사를 겸용할 수 있다.
2) 누전차단기로 보호되고 있는 전로와 보호되지 않는 전로에 시설되는 기기 등의 접지선과 접지극은 공용하지 않는 것을 원칙으로 한다. 다만 2Ω 이하 저저항의 접지극을 사용하는 경우에는 그러하지 아니하다.
3) 하나의 접지극을 공용하는 접시선의 공동모선 또는 접지전용선의 굵기는 공용하는 접지극과 접지를 필요로 하는 개개의 것에 의하여 선정한 굵기의 것 중 가장 굵은 것을 사용할 수 있다.

나. 건물에서 단독접지의 문제점

1) 이상적인 단독접지의 경우에는 타 접지에 전위 상승의 영향이 없고 선로의 Noise를 피할 수 있으나 소요 접지저항값을 얻기 힘들고, 신뢰도가 낮으며, 접지면적이 제한되어 있어 이격거리 확보가 어렵게 된다.
2) 특히 시스템 간 이격거리가 충분하지 못하면 뇌전류 등 서지전압의 침입으로 시스템 간에 전위차가 발생하여 전위 상승 파급으로 다른 기기에 손상을 일으키게 된다.

>>참고 **1점 접지**

1점 접지란 접지를 한 점에 모으는 것이 아니라 접지선을 연결하여 등전위를 유지하고 다른 경로의 접지라인이 생기지 않게 하는 것이다.

가. 필요성 : 현재의 접지 시스템에서 지락 발생 시 지락전류가 접지선만을 통해 흐르는 것이 아니라 분전함 → 철골 → 대지 또는 접지단자 → 덕트 → 대지 등 무수히 많은 경로를 통해 계통으로 귀환한다. 따라서 지락 발생 시 자계가 형성되어 주변 신호선에 영향을 주어 잡음 · 오작동이 발생한다.

나. 다른 경로가 생기지 않게 하는 방법
1) 덕트 지지점을 절연
2) 주 배전관과 덕트 연결점을 절연
3) 분전함은 벽과 이격하고 연결부위는 절연

PART 04 방재설비

CHAPTER 03

피뢰설비

SECTION 01

낙뢰보호

1.1 뇌격의 메커니즘 및 뇌격전류

낙뢰의 위험으로부터 사람을 비롯하여 정보 · 통신설비, 전기설비 등 재산과 생명을 보호하기 위한 뇌 서지에 대한 보호대책은 21세기의 고도화 · 정보화 사회를 지탱하는 중요한 기술과제이다.

■ 전기설비기술기준 고시, 최신피뢰시스템과 접지기술, 정기간행물

1. 낙뢰의 발생원인

가. 뇌방전 발생원인

뇌방전 발생원이 되는 가장 보통의 것은 뇌운(적란운)으로 뇌운은 위쪽에는 차고 밀도가 높은 공기가 존재하고, 아래쪽에는 따뜻하고 습도가 높은 공기가 존재하는 경우에 발생하며 뇌운의 종류에는 계뢰와 열뢰가 있다.

1) 계뢰 : 따뜻한 대기층 위쪽에 차가운 공기가 침입한 경우
2) 열뢰 : 태양에 의해 가열되어 지표면 부근의 공기온도가 현저하게 상승한 경우

나. 외뢰의 종류

1) 직격뢰

뇌방전이 직접 선로도체에 이상전압을 유기하는 현상을 말하며, 뇌서지가 침입하는 경로에는 도체에 직격되는 서지, 역플레시오버[42], 경간 역플레시오버 등이 있다.

2) 유도뢰

뇌운 간의 방전 또는 뇌운에서 대지에의 방전에 의해 선로도체에 이상전압이 유기되는 현상을 말한다.

---

42) 선로의 뇌에 의한 역플레시오버 방지대책
① 가공지선에 의한 선로도체를 차폐한다. ② 탑각 접지저항을 낮은 값으로 시공한다.
③ 가공지선과 선로도체 사이에 충분한 절연거리를 유지한다.
④ 철탑 전위 상승에 의해 역플레시오버가 생기지 않도록 애자 개수를 선정한다.

다. 피뢰시설

경제적인 피뢰설비를 설계 · 시공하는 데 있어서는 뇌현상을 충분히 이해하고 건축물의 중요성, 인간에 대한 안전성, 뇌의 국지적 특성 등을 아울러 고려할 필요가 있다.

2. 낙뢰의 일반적인 현상

가. 열적효과

1) 뇌방전로 온도는 스펙트럼에서 측정한 값으로 30,000°K에 가까운 경우가 있다.
2) 금속판에 방전한 경우 통전 후 50ms에 약 300℃의 온도 상승에 달하고 있다.

나. 기계적 파괴효과

1) 파괴효과가 큰 낙뢰는 전류 파고값이 비교적 높고, 지속시간이 짧은 경우이다.
2) 콘크리트를 관통하여 철근에 뇌격전류가 유입하면 그 부분의 콘크리트는 파괴되어 비산한다.

다. 전기적 효과

1) 도체에 낙뢰전류가 흐를 경우 도체 전위 상승 $u = iR + L\dfrac{di}{dt}$

   여기서, i : 뇌전류, R : 접지저항, L : 도체 인덕턴스, di/dt : 뇌전류의 파두준고

2) 낙뢰 통로 근방에 금속관, 루프코일 등이 있으면 유도전압, 코로나 방전, 절연파괴 등이 발생하여 장애의 요인이 된다.

3. 뇌방전의 종류

가. 운내방전(Intra-cloud or Cloud Discharge) : 동일 뇌운 내의 (+)와 (−)전하 사이에서 발생하는 방전
나. 운간방전(Cloud-to-Cloud Discharge) : (+) 뇌운과 (−) 뇌운 사이에서 발생하는 방전
다. 대기방전(Air Discharge) : 뇌운과 대기 사이에서 발생하는 방전
라. 대지방전(Cloud-to-Ground Discharge) : 뇌운과 대지 사이에서 발생하는 방전

4. 뇌격 메커니즘

가. 뇌격방전

1) 낙뢰는 구름 속에 전하가 축적됨에 따라 발생된 뇌운과 대지와의 전하방전이다.
2) 뇌운이 형성되면 지표면에는 뇌운 하부전하와 반대 극성의 전하가 유기되어 두 전하 간의 전계강도가 점점 증가하여 공기의 절연파괴내력을 넘으면 뇌운과 지표면 사이에 불꽃 방전이 발생하는 뇌격이 발생한다.

나. 뇌격방전의 메커니즘

1) 뇌격은 먼저 뇌운에서 선행방전이 발생하여 대지로 향하여 전진하게 되고 그 선행방전의 선단이 대지에 접근하였을 때 대지면에서 상향 스트리머가 발생한다.

   ① 스탭 리더는 50m 정도 진전하면 약 50μs 동안 휴지하는 과정을 반복하면서 대지에 접근한다.

   ② 스탭 리더의 평균 진전속도는 약 1.5×10^5m/s이다. 따라서 3km이면 약 20ms가 필요하다.

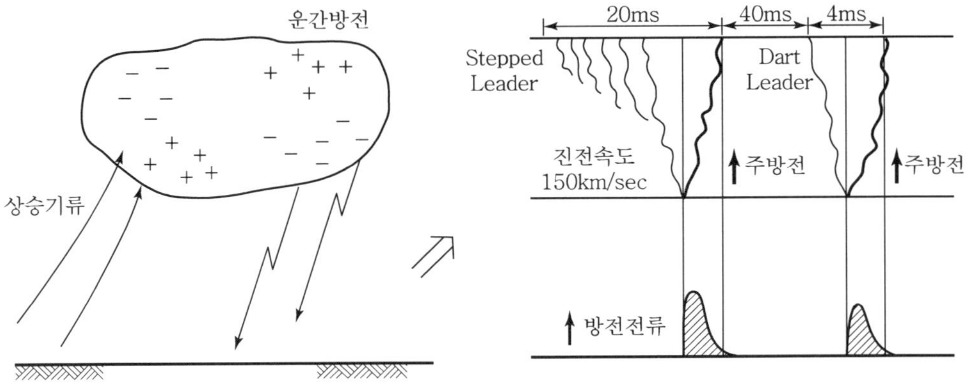

[그림 1] Lightning Mechanism & Ground Current

2) 양자가 접촉하는 순간 대지로부터 많은 양의 전하가 선행방전에 주입되어 이른바 주 방전이 일어나 뇌격이 된다.

3) 이때 방전로에는 강한 빛의 주 뇌격이 일어나고 대지 사이에 대전류가 흐르게 된다.

5. 피뢰설비의 보호범위

피뢰설비의 보호범위는 뇌격전류의 크기 외에 피뢰설비 높이에 따라 영향을 받는다. 따라서 최근 이와 같이 뇌격전류와 뇌격거리를 고려하여 피뢰설비 보호범위를 평가하는 방식을 적용하고 있다.

가. 뇌격전류

뇌방전 때 흐르는 뇌격전류는 수 kA부터 200kA의 범위의 것이 실측되고 있으며 국내외 그 발생 빈도가 통계적으로 정리되어 있다. 이것에 따르면 100kA 이하인 것이 대부분이고 20kA 이하인 것이 거의 50%를 차지하고 있다.

나. 뇌격거리(r_s)

뇌격거리는 선행방전 리더의 마지막 단계에서의 진전거리를 말하며, 리더 끝의 전위가 높으면 뇌격거리 및 뇌격전류가 크게 된다.

즉, r_s가 일정할 경우

1) $h < r_s$ 범위에서는 h(높이)가 증가함에 따라서 보호범위는 넓어진다.
2) $h > r_s$ 범위에서는 h(높이)가 증가하여도 보호범위는 넓어지지 않는다.

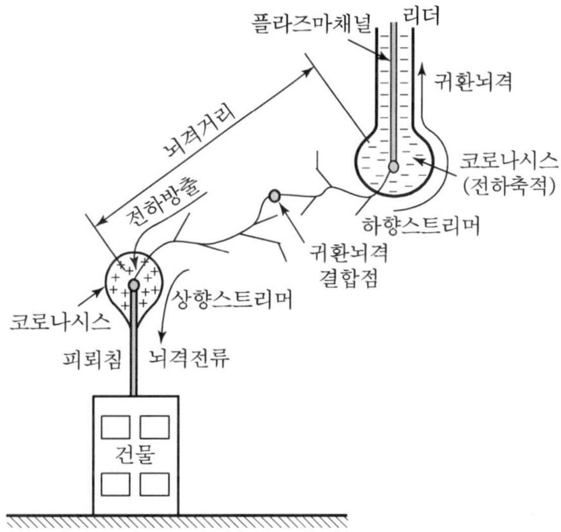

[그림 2] 귀환뇌격의 형성과 뇌격거리

다. 뇌격전류와 뇌격거리와 관계

$$r_s = k\,I^n\ [\mathrm{m}]$$

여기서, I : 뇌격전류[kV], k : 정수, n : 0.5~0.8 정도

1) 뇌격거리는 위 식의 k, n의 값 및 뇌격전류의 크기에 따라 다르지만 뇌격전류가 약 20kA일 때의 뇌격거리는 일반적으로 50m 정도로 보면 지장이 없다.
2) 이 뇌격거리가 피뢰설비의 보호범위[43]를 결정하는 데 중요한 요소가 된다.

[표] 뇌보호등급에 상응하는 회전구체의 반경과 뇌격 파라미터의 최솟값

뇌 포착기준		뇌보호등급			
구분	단위	Ⅰ	Ⅱ	Ⅲ	Ⅳ
최소피크전류	I[kA]	3	5	10	15
회전구체의 반경	R[m]	20	30	45	60

>>참고 초고층의 피뢰설비 기준「건축물의 설비기준 등에 관한 규칙」

"제20조 (피뢰설비)" 낙뢰의 우려가 있는 건축물 또는 높이 20m 이상의 건축물에는 다음 각 호의 기준에 적합하게 피뢰설비를 설치하여야 한다.

① 피뢰설비는 한국산업규격이 정하는 보호등급의 피뢰설비일 것. 다만, 위험물저장 및 처리시설에 설치하는 피뢰설비는 한국산업규격이 정하는 보호등급 Ⅱ 이상이어야 한다.

43) 수뢰부 보호에는 완전보호, 증강보호, 보통보호, 간이보호의 4가지 방법이 있다.

② 돌침은 건축물의 맨 윗부분으로부터 25센티미터 이상 돌출시켜 설치하되, 풍하중에 견딜 수 있는 구조일 것
③ 피뢰설비의 재료는 최소단면적이 피복이 없는 동선을 기준으로 수뢰부, 인하도선 및 접지극은 $50mm^2$ 이상이거나 이와 동등 이상의 성능을 갖출 것
④ 피뢰설비의 인하도선을 대신하여 철골조의 철골구조물과 철근콘크리트조의 철근구조체 등을 사용하는 경우에는 전기적 연속성이 보장될 것. 이 경우 전기적 연속성이 있다고 판단되기 위하여는 건축물 금속 구조체의 상단부와 하단부 사이의 전기저항이 0.2Ω 이하이어야 한다.
⑤ 측면 낙뢰를 방지하기 위하여 높이가 60m를 초과하는 건축물 등에는 지면에서 건축물 높이의 5분의 4가 되는 지점부터 상단부분까지의 측면에 수뢰부를 설치할 것. 다만, 높이가 60m를 초과하는 부분 외부의 각 금속 부재(部材)를 2개소 이상 전기적으로 접속시켜 제4호 후단의 규정에 적합한 전기적 연속성이 보장된 경우에는 측면 수뢰부가 설치된 것으로 본다.
⑥ 접지(接地)는 환경오염을 일으킬 수 있는 시공방법이나 화학 첨가물 등을 사용하지 아니할 것
⑦ 건축물에 설치하는 금속배관 및 금속제 설비는 전위(電位)가 균등하게 이루어지도록 전기적으로 접속할 것
⑧ 전기설비의 접지극을 공용하는 통합접지공사를 하는 경우 낙뢰 등으로 인한 과전압으로부터 전기설비 등을 보호하기 위하여 KS에 적합한 SPD를 설치할 것
⑨ 그 밖에 피뢰설비와 관련된 사항은 한국산업규격에 적합하게 설치할 것

1.2 뇌격보호 피뢰시스템(초고층 피뢰설비)

- 뇌 서지로 인한 피해를 줄이기 위한 대책으로 피뢰 대상물과 피뢰의 목적, 보호범위를 명확히 하고, 적절한 피해등급 선정한 후에 전체적으로 협조된 피뢰시스템을 시설하는 것이다. 낙뢰 피해는 건축물이나 인체에 발생되는 물리적 손상과 전기 · 전자기기들에서 발생되는 기기손상이나 오동작으로 크게 구분된다.
- 피뢰시스템(IEC 62305)의 뇌보호 대책은 LPS(Lightning Protection System)을 건물높이에 관계없이 구조물을 보호하는 설계, 시공, 검사 및 유지관리 등에 적용하고 있다.

■ 한국전기설비규정(KEC), 전기설비기술기준 고시, KS C IEC 62305, 피뢰시스템 가이드

1. LPS 구성 및 적용범위(KEC 151)

가. 구성

1) 외부 피뢰시스템 : 수뢰부 시스템, 인하도선 시스템, 접지극 시스템으로 구성된다.
2) 내부 피뢰시스템 : 뇌 등전위본딩과 외부 피뢰시스템의 전기적 절연으로 구성한다.

나. 적용범위

1) LPS를 건물의 높이에 관계없이 적용한다.
2) 철근 구조체의 전기적 연속성 판단기준은 저항값을 0.2Ω 이하로 한다.

3) 수뢰시스템은 외부 뇌보호설비에서 수뢰부를 이루는 요소로서 돌침, 수평도체, 메시 도체로 규정하고 있으며, 방사능을 이용하는 수뢰시스템의 사용을 금지한다.

4) 보호각의 적용기준은 그래프에 의해 연속적으로 나타내고 있다.

5) 측뢰에 대한 구조물의 보호는 구조물의 높이가 60m 이상인 경우 측뢰에 의한 피해가 발생할 수 있으므로 건물 높이의 상위 20%에 해당하는 부분에 측뢰를 방지하기 위한 수뢰부를 설치하도록 규정하고 있다. (회전구체법)

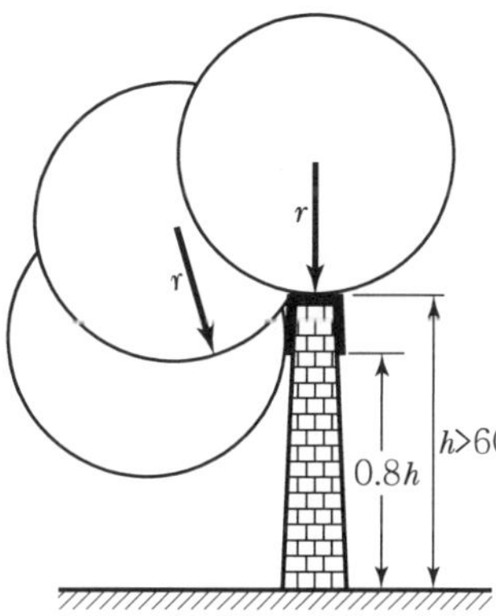

[그림 1] 측뢰에 대한 구조물 보호

6) 접촉전압 및 보폭전압에 대한 추가사항은 접촉전압의 경우 인하도선의 접촉에 의한 위험방지시설, 보폭전압의 경우도 인하도선의 근처에서 보폭전압의 피해 발생 방지대책을 규정한다.

7) 피뢰설비의 접지극은 본딩바에 본딩하도록 제시하고 있으며, 모든 금속체들도 본딩바에 모두 등전위 본딩하도록 하고 있다.

PART 04 방재설비

2. 외부피뢰시스템(KEC 152)

가. 수뢰시스템

수뢰부 시스템은 돌침, 수평도체, 메시도체의 조합으로 구성하고, 보호각법, 회전구체법 및 메시법의 조합으로 배치한다.

1) 수뢰부 종류

① 돌침 : 건축물의 상부 또는 측면부에 설치되는 것

② 수평도체 : 건축물의 상부 또는 측면부에 수평 형태로 설치되는 것

③ 메시도체 : 건축물의 상부 또는 측면부에 그물 또는 케이지 형태로 설치되는 것

2) 수뢰부 배치

① 보호각법 : 간단한 형상의 건물에 적용할 수 있으며, 수뢰부 시스템의 높이에 따른 보호각은 [그림 2]에 따른다.

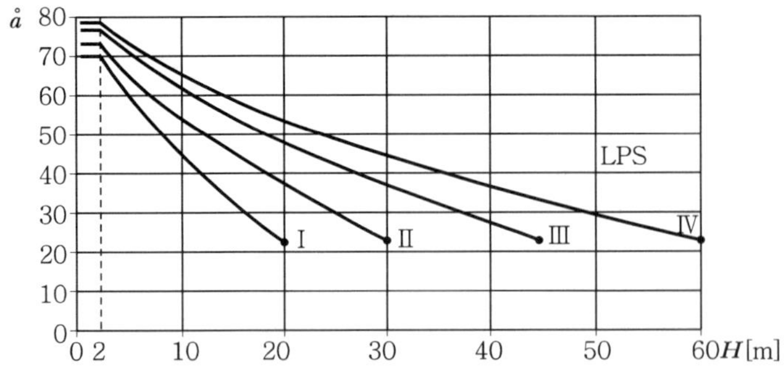

[비고] 1. • 표를 넘는 범위에는 적용할 수 없으며, 단지 회전구체법과 메시법만 적용할 수 있다.
2. *H*는 보호대상 지역 기준평면으로부터의 높이이다.
3. 높이 *H*가 2m 이하인 경우, 보호각은 불변이다.
4. *L*은 Mesh 간격

[그림 2] 수직돌침에 의한 보호공간

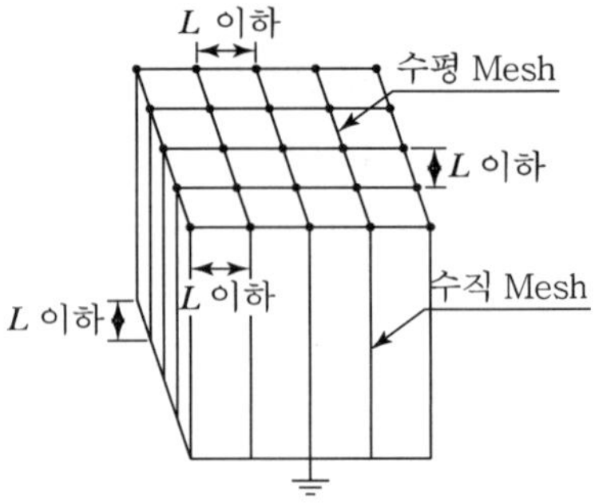

(여기서, *L* : Mesh 간격)

[그림 3] Mesh Method 개요도

② 회전구체법(Rolling Sphere Method) : 모든 경우에 적용할 수 있다. [그림 4]의 회전구체 반지름 r을 크게 하면 보호범위가 커지고, 반대로 하면 작아지는데 보호대상물의 중요도에 따라 보호레벨을 정한다.

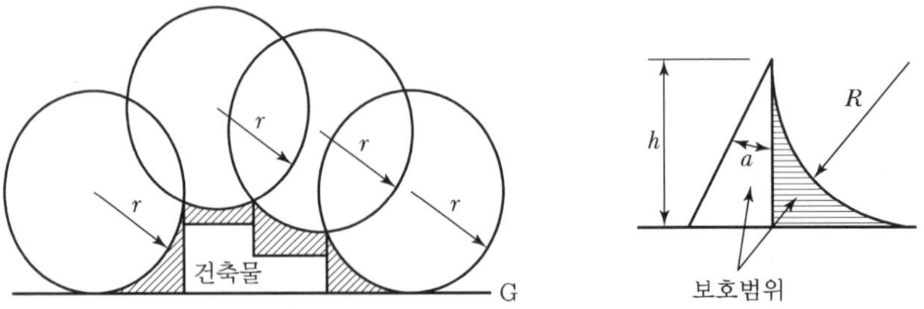

(a) 회전구체법의 적용(예) (b) 보호범위 비교

[그림 4] 회전구체법에 따른 수뢰부 설계와 보호범위 비교

③ 메시법(Mesh Method) : 보호대상 구조물의 표면이 평평한 경우에 적합하다. 메시도체에 뇌격이 흡인되어도 피보호 건물 내부에는 전위차가 발생하지 않으므로 인명과 설비를 효과적으로 보호할 수 있다.

3) 시설

① 뇌보호 시스템의 재료별 최소치수([표 1] 참조)

② 보호각의 적용기준은 [그림 2]와 같이 그래프에 의해 연속적으로 표시한다.

[표 1] 뇌보호 시스템의 재료별 최소치수

보호레벨	재료	수뢰부[mm^2]	인하도선[mm^2]
Ⅰ~Ⅳ	Cu	50	50
	Al	50	50
	Fe	50	50

[표 2] 피뢰시스템의 레벨별 회전구체 반지름, 메시 치수와 보호각의 최댓값

피뢰시스템의 레벨	보호법		
	회전구체 반지름 r[m]	메시 치수 W[m]	보호각 $\alpha°$
Ⅰ	20	5×5	25
Ⅱ	30	10×10	35
Ⅲ	45	15×15	45
Ⅳ	60	20×20	55

나. 인하도선 시스템

1) 인하도선의 설치조건

피뢰시스템에 흐르는 뇌격전류에 의한 손상확률을 감소시키기 위해서 뇌격점과 대지 사이의 인하도선을 다음과 같이 설치한다.

① 여러 개의 병렬 전류통로를 형성할 것

② 전류통로의 길이는 최소로 유지할 것

③ 피뢰 등전위본딩의 요건에 따라 구조물의 도전성 부분에 등전위본딩을 할 것

2) 인하도선의 설치방식

① 분리된 피뢰시스템의 배치[44)]

㉠ 수뢰부가 금속 또는 서로 접속된 철골이 아닌 별개의 지주에 설치된 돌침인 경우 각 지주에는 1조 이상의 인하도선이 필요하다.

㉡ 수뢰부가 수평도체인 경우 각 지지하는 구조물에 1조 이상의 인하도선을 시설한다.

㉢ 수뢰부가 메시도체인 경우 각 지지선 단말에 1조 이상의 인하도선이 필요하다.

② 분리되지 않은 피뢰시스템의 배치[45)]

각 분리되지 않은 피뢰시스템의 경우 2조 이상의 인하도선이 필요하다.

---

44) 전용선 이용방식 : 건물 외벽에 관을 매입하고 그 배관 내에 인하도선을 배선하는 방식. 인하도선에 배관을 사용하는 경우 배관재질은 도체가 아니어야 한다.(뇌격전류가 흐를 경우 역기전력을 유기시켜 전류의 흐름을 방해하기 때문에 뇌격전류가 쉽게 접지극으로 흘러갈 수 없게 된다.)

45) 건물 구성부재를 사용한 인하도선 방식 : 건물의 철골이나 철근을 인하도선으로 사용하는 방식. 철근을 인하도선으로 사용하는 경우 철근의 전기적인 연속성이 확인되어야 한다. 건축시공에서 철근을 인하도선으로 사용하기 위해서는 용접이음이 가장 확실하다.

PART 04 방재설비

시공상의 제한이 없으면 보호대상 구조물의 둘레에 균등한 간격으로 배치하는 것이 바람직하다.

3) 시설방법

① 인하도선은 가능한 한 수뢰도체와 직접 연속성이 형성되도록 시설해야 한다.

② 인하도선은 최단거리로 대지에 가장 직접적인 경로를 구성하도록 곧게 수직으로 설치해야 한다.

③ 인하도선의 재료로는 Cu, Al, Fe을 사용한다.

④ 인하도선 및 수평 환도체의 설치 간격([표 3] 참조)

[표 3] 인하도선 사이의 간격과 환상도체 사이의 간격

피뢰시스템의 레벨	간격[m]
Ⅰ	10
Ⅱ	10
Ⅲ	15
Ⅳ	20

다. 접지극 시스템

위험한 과전압을 최소화하고 뇌전류를 대지로 안전하게 방류시키는 것을 목적으로, 접지극의 저항값, 접지시스템의 형상 · 치수를 최적화하는 것이 중요한 요소이다.

1) 접지극의 종류

① A형 접지극 : 판상 접지극, 수직 접지극, 방사 접지극

㉠ A형 접지극은 각 인하도선에 접속된 보호대상 구조물의 외부에 설치한 수평 또는 수직 접지극으로 분류한다.

㉡ A형 접지극에는 판상 접지극, 수직 접지극, 방사(수평) 접지극이 있으며 접지극의 수는 두개 이상이어야 한다.

㉢ 각 인하도선의 하단에서부터 측정된 각 접지극의 최소길이는 수평 접지극은 L_1, 수직(또는 경사진) 접지극은 $0.5L_1$이다.

여기서, L_1 : 보호레벨에 따른 접지극 최소길이(수평 접지극의 최소길이)

② B형 접지극 : 환상 접지극, 망상 접지극 또는 기초 접지극

㉠ B형 접지극은 보호대상 구조물의 외측에 전체길이의 최소 80% 이상이 지중에 설치된 환상도체 또는 기초 접지극으로 이루어지며 접지극은 메시형이다.

㉡ 환상 접지극(또는 기초 접지극)의 경우, 환상접지극에 의해서 둘러싸인 면적의 평균 반지름 r_e은 L_1 이상이어야 한다. $r_e \geq L_1$

여기서, 보호레벨 Ⅰ～Ⅳ에 대한 L_1은 [그림 4]를 참조

㉢ 접지극의 수는 최소 2 이상이어야 하며, 인하도선의 수보다 많아야 한다. 추가 접지극은 가능한 한 같은 간격으로 인하도선이 접속되는 점에서 환상 접지극에 접지하는 것이 좋다.

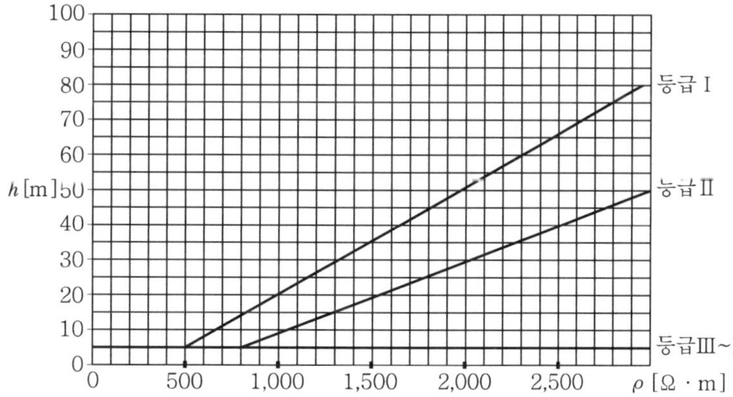

[그림 5] LPS 레벨 각 접지극의 최소길이

2) 접지극의 설치

① 접지극의 최소길이는 수직 깊이가 아니라 접지극용 지중 환도체의 총길이로 표시하며 3등급, 4등급에 대해서만 대지저항률에 관계없이 설치한다.

② A형 접지극은 상단이 최소 0.5m 이상의 깊이에 묻히도록 매설하고, 지중에서 상호의 전기적 결합효과가 최소가 되도록 균등하게 배치한다.

③ B형 접지극(환상 접지극)은 벽과 1m 이상 떨어져 최소깊이 0.5m에 매설하는 것이 좋다.

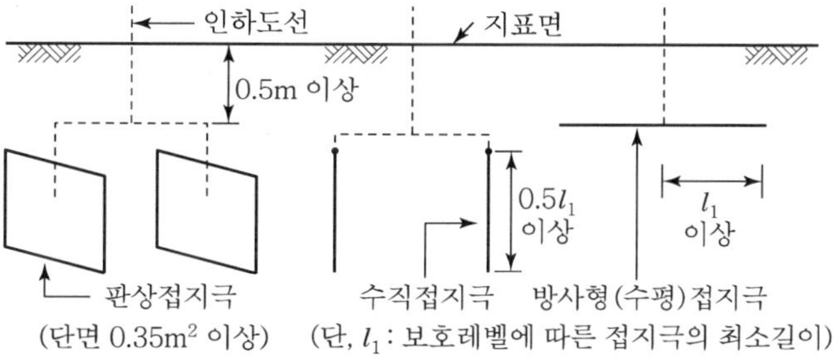

[그림 6] A형 접지극

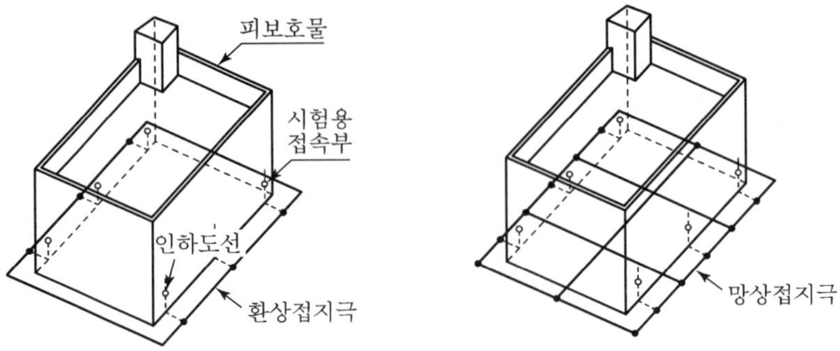

[그림 7] 7형 접지극

3. 내부 피뢰시스템(KEC 153)

내부 피뢰시스템은 외부 피뢰시스템 혹은 피보호 구조물의 도전성 부분을 통하여 흐르는 뇌격 전류에 의해 피보호 구조물의 내부에서 위험한 불꽃방전의 발생을 방지하도록 시설한다. 이러한 불꽃 방전은 외부피뢰 보호시스템과 금속제 설비, 내부시스템, 외부도전성 부분과 선로 사이에 발생할 수 있다.

가. 일반사항

1) 전기전자설비의 뇌서지에 대한 보호

① 피뢰구역의 구분은 구조물 내부의 전기전자시스템(KS C IEC 62305－4)의 피뢰구역(LPZ ; Lighting Protection Zone)에 의한다.

② 피뢰구역의 경계부분에서는 접지 또는 본딩을 하여야 한다. 단, 직접 본딩이 불가능한 경우에는 서지보호장치를 설치한다.

③ 서로 분리된 구조물 사이가 전력선 또는 신호선으로 연결된 경우 각각의 접지 상호간은 병행 설치된 도체로 연결하여야 한다.

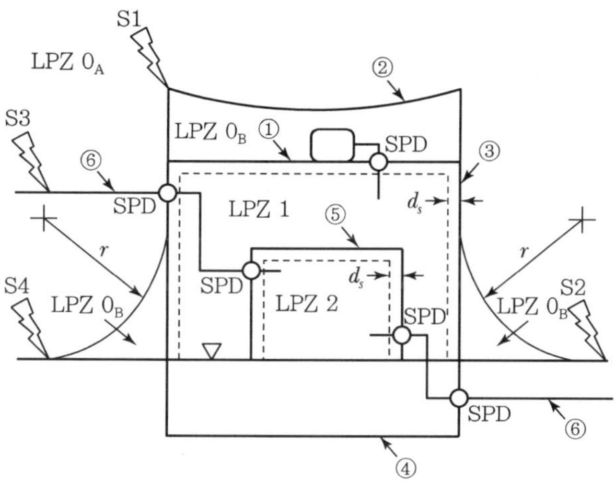

① 구조물　　② 수뢰부시스템　　③ 인하도선시스템
④ 접지극시스템　　⑤ 방(LPZ 2의 차폐)　　⑥ 구조물에 접속된 선로
S1 : 구조물 뇌격　　S2 : 구조물 근처 뇌격
S3 : 구조물에 접속된 선로 뇌격　　S4 : 구조물에 접속된 선로 근처 뇌격
r : 회전구체 반지름　　○ : 직접 또는 SPD에 의한 본딩
LPZ O_A : 직격뢰, 전체 뇌전류와 전체 자계의 위험에 노출된 구역(예 가로등, 보안등)
LPZ O_B : 직격뢰는 침입하지 않으며 부분뇌전류 또는 유도전류 및 전체 자계의 위험에 노출된 구역(옥상수전설비, 실외기, 안테나 등)
LPZ 1 : 직격뢰는 침입하지 않으며 Ⅰ등급 SPD의 설치로 제한된 뇌전류, 유도전류 및 감쇄된 자계의 구역(수변전설비, MDF 등)
LPZ 2 : 직격뢰는 침입하지 않으며 유도전류 및 훨씬 감쇄된 자계의 구역, Ⅱ등급 또는 Ⅲ등급(분전반, 전산실, 방재실 등)

[그림 8] 피뢰구역의 선정

2) 전기전자기기의 선정 시 정격 임펄스 내전압은 표에서 제시한 값 이상

[표 4] 기기에 요구되는 정격 임펄스 내전압

설비의 공칭전압(V)	AC 또는 DC 공칭전압에서 산출한 상전압(V)	요구되는 임펄스 내전압[a](kV)			
		과전압 범주 Ⅳ	과전압 범주 Ⅲ	과전압 범주 Ⅱ	과전압 범주 Ⅰ
		설비 전력 공급점의 기기	배전반 및 회전기기	전기제품 및 전류 사용기기	민감한 전자장비
120/208	150	4	2.5	1.5	0.8
(220/380)[b] 230/400 277/480	300	6	4	2.5	1.5
400/690	600	8	6	4	2.5
1,000	1,000	12	8	6	4
직류 1,500	직류 1,500			8	6

※ a : 이 임펄스 내전압은 충전도체와 보호도체(PE) 사이에 적용된다.
※ b : 우리나라 현재 사용전압으로 향후 IEC 60038에 따른 전압 사용

나. 등전위본딩

1) 구조물 금속부분, 금속제 설비, 내부시스템, 구조물에 접속된 외부 도전성 부분과 선로를 서로 접속함으로써 등전위화를 이룰 수 있다.
2) 피뢰 등전위본딩을 내부시스템에 시설할 때, 뇌격전류 일부가 내부시스템에 흐를 수 있으므로 이의 영향을 고려해야 한다.

[표 5] 내부금속 설비를 본딩 바에 접속하는 도체의 단면적

피뢰레벨	재료	단면적[mm²]
Ⅰ~Ⅳ	구리	5
	알루미늄	8
	강철	16

다. 전기적 절연

1) 수뢰부 또는 인하도선과 구조체의 금속부분, 금속설비, 내부시스템 사이의 전기적 절연을 확보하여야 한다.
2) 구조물에 접속된 선로나 외부 도전성부분의 경우 항상 구조물의 인입점에서 피뢰등전위본딩을 보증할 필요가 있다. 금속제 또는 전기적인 연속성을 가지는 철근콘크리트조 구조물에 대해서는 이러한 이격거리를 고려하지 않아도 된다.

[표 6] 안전 이격거리

안전 이격거리 개념도

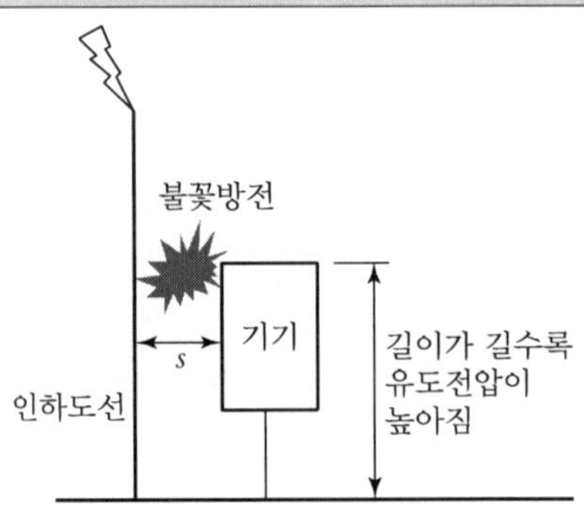

계수 k_i의 값

LPS 등급	k_i
Ⅰ	0.08
Ⅱ	0.06
Ⅲ, Ⅳ	0.04

계산 방법

안전 이격거리 $s = \frac{k_i}{k_m} \times k_c \times l(\text{m})$

- k_i : 피뢰시스템의 보호등급에 관련된 계수
- k_m : 전기절연재료에 관련된 계수
- k_c : 수뢰부와 인하도선에 흐르는 뇌전류에 관련된 계수
- l : 이격거리가 고려되는 점에서 가장 가까운 등전위본딩점 또는 접지단말까지 수뢰부 혹은 인하도선을 따라 측정한 거리

[계산 예]
- 피뢰시스템 등급 : Ⅳ
- 전기절연재료 : 콘크리트
- 인하도선 수 : 10개
- 인하도선 길이 : 20m

<table>
<tr><th>안전 이격거리 개념도</th><th>계산 방법</th></tr>
<tr><td>
계수 k_m의 값
<table>
<tr><th>재료</th><th>k_m</th></tr>
<tr><td>공기</td><td>1</td></tr>
<tr><td>콘크리트, 벽돌</td><td>0.5</td></tr>
</table>
계수 k_c의 값
<table>
<tr><th>인하도선 수 n</th><th>k_c</th></tr>
<tr><td>1</td><td>1</td></tr>
<tr><td>2</td><td>0.66</td></tr>
<tr><td>3 이상</td><td>0.44</td></tr>
</table>
</td><td>
$s=\frac{k_i}{k_m}\times k_c\times l(\mathrm{m})$
$=\frac{0.04}{0.5}\times 0.44\times 20=0.704(\mathrm{m})$

즉, 인하도선과 건축물 내 금속제설비 사이의 이격거리는 d는 0.7m 보다 커야 한다.
만약, $d<s$이면 본딩해야 한다.
</td></tr>
</table>

4. 서지보호장치(SPD ; Surge Protective Device) 시설

가. SPD의 설치

1) 전자전기설비 등에 연결된 전선로를 통하여 서지가 유입되는 경우, 해당 선로에는 서지보호장치를 설치해야 한다.
2) 서지보호장치의 선정은 다음에 의한다.
   ① 전기설비 보호는 저전압 배전계통에 접속한 서지보호장치와 전기기기의 선정 및 시공(절연, 개폐 및 제어)에 따르며, 저압전력 계통의 저압 서지보호장치 요구사항 및 시험 방법에 의한 제품을 사용한다.
   ② 전자 · 통신설비의 보호는 통신망과 신호망 접속용 서지보호장치를 선정한다.
3) 지중 저압 수전의 경우 내부에 설치하는 전기전자기기의 과전압범주별 임펄스 내전압이 규정값에 충족하는 경우 서지보호장치를 생략할 수 있다.

나. SPD 연결도체

[표 7] SPD 접속도체 최소단면적

항목	SPD 등급	재료	단면적[mm^2]
SPD 접속도체	1등급 SPD	구리	16
	2등급 SPD		4
	3등급 SPD		1

다. SPD 연결도체 길이

1) SPD 연결도체란 상전선에서 SPD까지 (a)와 SPD에서 주접지단자까지 (b)의 도체(전선)의 길이
2) 연결도체의 길이는 (a)에서 a+b가 0.5m 이하일 것

3) 연결도체의 길이가 a+b의 0.5m를 초과할 경우 (b)와 같이 연결할 것

4) 주접지단자(또는 보호도체)와 SPD 사이의 도체는 다음 단면적 이상을 사용하도록 명시한다.

① Ⅰ등급 SPD의 경우 : 구리 도체 기준 16mm^2 이상

② Ⅱ등급 SPD의 경우 : 구리 도체 기준 6mm^2 이상

5) (b)에서 SPD와 과전류 보호장치를 충전도체에 연결하는 도체는 단락전류에 견딜 수 있는 정격을 가지며, 다음의 단면적 이상을 사용하도록 한다.

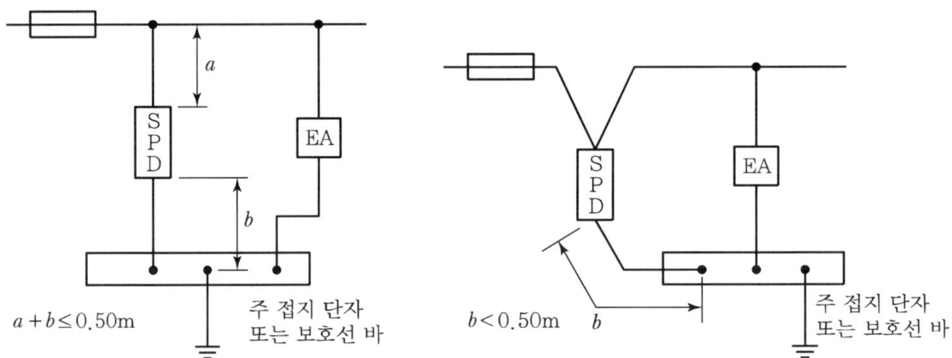

(a) a와 b의 도체를 고려해야 하는 경우　　(b) b의 도체만 고려해도 되는 경우

[그림 9] 설비의 기점 또는 근처의 SPD 설치 예

5. 피뢰등전위본딩(Lightning Equipotential Bonding)

뇌전류에 의한 전위차를 줄이기 위해 직접적인 도전 접속 또는 서지보호장치를 통해 분리된 금속부를 피뢰시스템에 본딩하는 것을 말한다.

가. 일반사항

1) 등전위본딩의 상호접속

① 자연적 구성부재의 전기적 연속성이 확보되지 않은 경우에는 본딩도체로 연결한다.

② 본딩도체로 직접 접속할 수 없는 장소의 경우 서지보호장치를 이용한다.

③ 본딩도체로 직접 접속이 허용되지 않는 장소의 경우에는 절연방전갭(ISG)을 이용한다.

2) 등전위본딩 부품의 재료 및 최소단면적은 다음 표에 따른다.

[표 8] 본딩바 상호 또는 본딩바를 접지극시스템에 접속하는 도체의 최소단면적

피뢰등급	재료	단면적[mm^2]
Ⅰ~Ⅳ	구리	16
	알루미늄	25
	강철	50

[표 9] 내부 금속설비를 본딩바에 접속하는 도체의 최소단면적

피뢰등급	재료	단면적[mm²]
Ⅰ~Ⅳ	구리	6
	알루미늄	10
	강철	16

1.3 뇌 이상전압이 전기설비에 미치는 영향

이상전압은 내뢰인 내부 이상전압과 외뢰의 외부 이상전압으로 구분되며, 내뢰는 기기의 절연강도와 피뢰기에 의하여 보호협조가 되나, 외뢰는 적절한 보호대책이 필요하다.

■ 한국전기설비규정(KEC), 전기설비기술기준 고시, KS C IEC 62305, 피뢰시스템 가이드

1. 뇌격에 의한 전위 상승

가. 용량결합 또는 유도결합에 의한 전위 상승

1) 용량결합

대지로부터 절연된(건축물 안의) 금속체에 전위가 생기는 경우

$$U_e = \frac{C_g}{C_g + C_e} U$$

여기서, U_e : 피뢰도선과 용량결합으로 생기는 전위
U : 피뢰도선에 뇌격전류 통전 시 생기는 전위
C_g : 피뢰도선 사이의 정전용량
C_e : 대지정전용량

2) 유도결합

뇌격 부근 도체계에 위험한 유도전압이 발생하는 경우, 뇌격 부근 도체계에 상호 인덕턴스 M을 통하여 뇌격전류의 시간적 변화 $\frac{di}{dt}$에 의한 과도 유도전압 V_u가 발생한다.

$$V_u = M\frac{di}{dt}$$

PART 04 방재설비

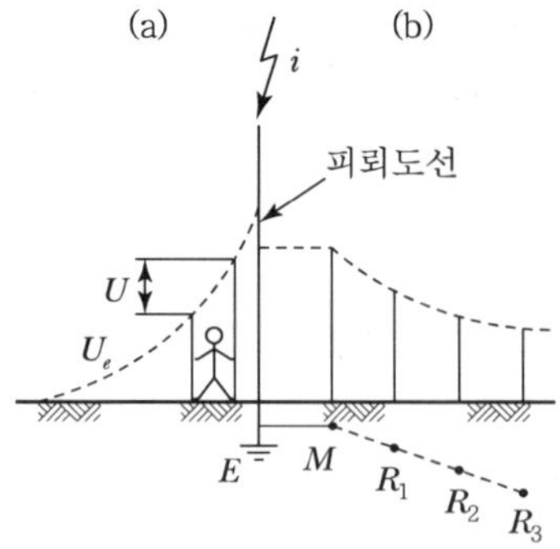

U_e : 대지선의 상승
U : 보폭전압, M : 메시전극
R_1, R_2, R_3 : 지름과 매설깊이가 다른 링크전극

[그림 1] 대지전위 상승에 의한 전위차 발생

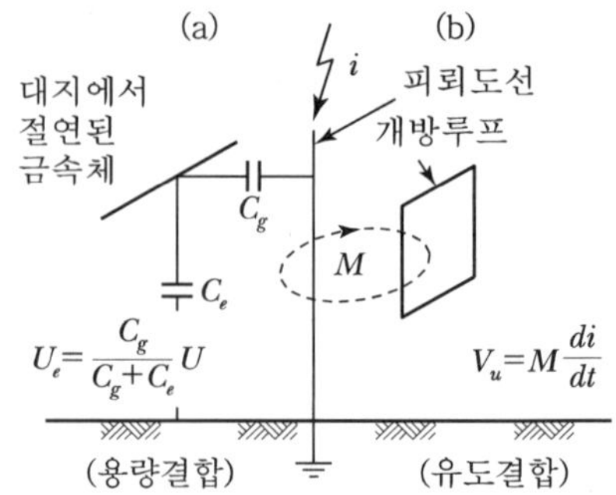

C_g : 피뢰도선과 절연금속체의 정전용량
C_e : 절연금속체의 대지 정전용량
M : 상호 임피던스

[그림 2] 전자 및 정전결합에 의한 유도전압 발생

나. 건축물에 뇌격이 있었던 경우

뇌격전류 $i(t)$는 피뢰도선과 접지극을 통하여 대지로 유입된다.

1) 피뢰도체의 대지에 이르기까지의 임피던스를 인덕턴스 L과 접지저항 R_e의 직렬회로라 간주하면 대지전위 $e = L\dfrac{di(t)}{dt} + R_e i(t)$

2) 건축물 안 피뢰도선 부근에 다른 도체계가 있는 경우

   전위차 $V = (1-K)\left[L\dfrac{di(t)}{dt} + R_e i(t)\right]$

   여기서, K : 피뢰도선과 부근 도체계의 결합률($K < 1$)

3) 상기 전위차가 그 도체계의 상용주파절연내력 또는 LIWL(뇌충격 내전압)값을 넘으면 플래시오버가 발생하며, 뇌전류 일부가 부근 도체계로 유입하여 접속된 기기에 피해가 발생한다.

다. 건축물 인근에 낙뢰하는 경우

1) 건축물 안의 전기회로 및 설비에 유도 뇌서지 발생

   ① 유도 뇌서지 $V = a\dfrac{30 I_o h}{S} K$

   여기서, a : 건축물의 종류, 구조, 규모 등에 따른 차폐계수($a < 1$)
   I_o : 뇌전류[A]
   h : 도체의 시설된 높이[m]
   S : 낙뢰지점과 도체와의 거리[m]
   K : 피뢰도선과 부근 도체계의 결합률($K < 1$)

② 상기 식에서와 같이 소규모 목조건물 근방에 낙뢰가 발생할 경우 옥내설비에 유도 뇌서지의 발생 가능성이 크므로 충분한 대책이 필요하다.

2) 뇌서지가 전력선 · 통신선 등의 인입선을 통하여 건축물에 침입

침입뇌서지는 건축물 안의 전기회로 및 통신설비에 손상을 줄 수 있으므로 충분한 대책을 고려하여야 한다.

2. 낙뢰 또는 개폐에 따른 과전압 보호(☞ 참고 : 과도과전압 보호)

3. 전기설비 등에 미치는 영향 및 대책

가. 정보통신회로 및 전기설비에 미치는 영향

1) 약전용 전기회로의 종류

① 전화 인입선과 같은 통신회로

② TV 급전선 케이블과 같은 수신회로

③ 옥내 저압전원에 접속되는 전자회로설비 등

2) 이상전압이 기기에 미치는 영향

① 전기설비계통의 절연파괴 또는 소손

② 제어기기의 반도체 부품 파손

③ 통신기기의 LAN 카드 등 파손

④ 통신기기의 오동작 및 데이터 손실

⑤ 전기, 전자부품을 열화시켜 수명 단축 및 기능 저하

나. 정보통신회로 및 전기설비의 보호대책

1) 전화 인입선과 같은 통신회로

① 건축물 인입점에 피뢰기 시설 : 외부에서 침입하는 뇌서지를 억제

② SA(Surge Absorber)의 설치 : 내부 서지에 의한 배선 간 과대한 전위차 억제

③ 피뢰기, 서지흡수기 등 보호장치의 접지는 건축물의 공용접지극에 접속한다.

2) TV 급전선 케이블과 같은 수신회로

① 동축케이블의 Shield : 피뢰도체에 직접접속하고 필요에 따라 TV 수신회로 등을 금속으로 차폐한다.

② 수신기 입력단 : 피뢰기, 서지흡수기 등 보호장치를 설치한다.

3) 옥내 저압전원에 접속되는 전자회로 설비

① 저압배선

㉠ 차단기 부하 측에 피뢰기를 각 상과 중성선 사이에 접속하는 것이 효과적이다.

㉡ 저압회로의 중성선이나 기기의 접지단자는 공용접지점에 접속한다.

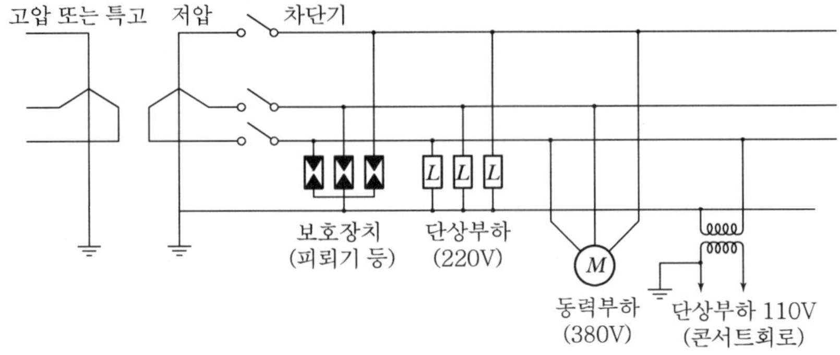

[그림 3] 3상 4선식 저압배전선로보호

② 전자회로 및 설비본체

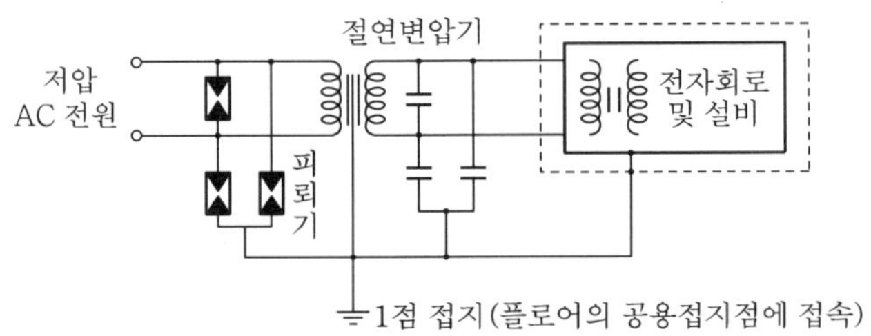

[그림 4] 전자회로설비의 뇌보호방식

㉠ 옥내기기 설비를 과전압으로부터 보호하기 위한 대책

㉡ 절연변압기, 피뢰기, 서지흡수기 등을 효과적으로 적용한다.

㉢ 접지는 일괄하여 공용접지점에 접속한다.

③ 정보통신회로

㉠ 건축물은 구조체 접지하고 모든 기기는 등전위화한다.

㉡ 전력선 및 통신선으로 유입되는 서지보호 1단계는 SPD로 보호하고, 통과한 잔여 서지 및 내부 발생 서지는 피보호기의 전단에서 2단계로 보호한다.

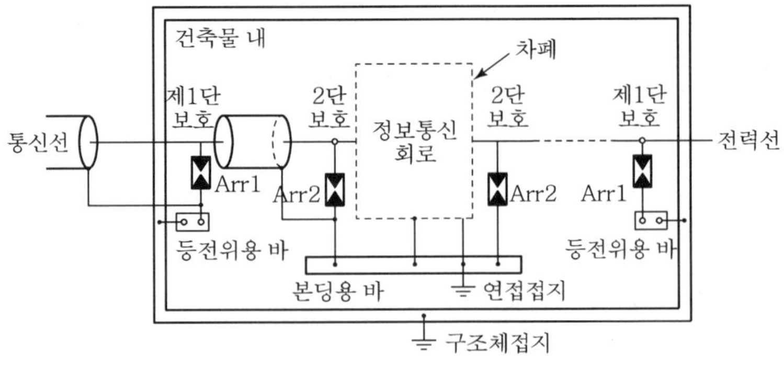

[그림 5] 정보통신회로의 이상전압에 대한 보호

4) 건축물 안의 전위균등화 대책

① 건축물 기초면과 각 층 플로어에 공용접지점을 설치한다.
② 모든 금속 시설물을 연결하는 연접접지선을 설치한다.
③ 건축물 기초접지의 경우 봉형 또는 메시접지를 사용하면 효과적이다.
④ 피뢰설비의 인하도선은 건축물의 기초접지에 접속하여 임피던스를 감소시킨다.
⑤ 전력용 전기회로의 중성선은 변압기를 시설한 층의 공용접지점에 접속한다.
⑥ 전자장치를 포함하는 제어, 측정, 통신 및 컴퓨터 등의 전기설비는 차폐를 실시한다.
⑦ 각종 전기회로의 배선은 금속체 내에 수용하고 이것을 양호한 접지전에 접속한다.

1.4 피뢰시스템(LPS)의 국제규격

피뢰시스템 규정(KEC 150)은 뇌방전으로 인한 과전압으로부터 전기설비의 손상, 감전 또는 화재 등의 피해를 방지하기 위한 것이다. 낙뢰로 인한 피해는 구조물에 뇌격(S1), 구조물 근방의 뇌격(S2), 구조물에 접속된 시설물에 뇌격(S3), 구조물에 접속된 시설물 근방에 뇌격(S4)의 4가지의 전자기적 결합 메커니즘에 의해 발생한다.

■ 한국전기설비규정(KEC), 전기설비기술기준 고시, KS C IEC 62305, 피뢰시스템 가이드

1. 피뢰시스템(KS C IEC 62305) 항목 구분

가. 일반원칙(IEC 62305－1 : General Principle)

사람은 물론 설비 및 내용물을 포함하는 구조물, 구조물에 접속된 인입설비 등의 뇌보호에 관한 일반적인 사항을 기술하였으며, 철도, 자동차, 선박, 항공, 항만시설, 지중 고압관로, 구조물에 연결되지 않은 배관, 전력선 또는 통신선은 제외된다.

나. 위험성 관리(IEC 62305－2 : Risk Management)

낙뢰에 의한 구조물 또는 인입설비에 대한 보호의 필요성, 뇌보호 대책의 경제성, 적절한 뇌보호 대책의 선정에 대한 위험성 관리원칙

다. 구조물의 물리적 손상 및 인명 위험(IEC 62305－3 : Physical Damage to Structures and Hazard)

피뢰시스템에 의한 구조물의 물리적 손상의 보호 및 피뢰시스템 주위의 접촉전압과 보폭전압에 의한 인체 손상과 생명의 위험성을 줄이는 보호대책

라. 구조물 내부의 전기전자시스템(IEC 62305－4 : Electrical and Electronic Systems Within Structures)

LEMP 보호대책시스템(LPMS)의 설계 및 시공, 접지와 본딩, 자기차폐와 선로경로를 제공한다.

마. IEC 62305－5

전력선이나 통신선과 같은 건축물에 인입하는 설비의 파손을 경감시키기 위한 대책(미적용 규정)

2. 일반사항

구조물 내의 인체, 설비 및 인입설비 등의 뇌보호에 관한 일반적인 사항이 기술되어 있다.(철도, 자동차, 선박, 항공, 항만시설, 지중 고압관로, 구조물에 연결되지 않은 배관, 전력선 또는 통신선은 제외)

가. 뇌방전의 유형에 따른 뇌격전류

1) 뇌격 전류의 형태

① 지속시간이 2ms 이하인 짧은 뇌격

② 지속시간이 2ms 이상인 긴 뇌격

① 지속시간이 2ms 이하인 짧은 뇌격

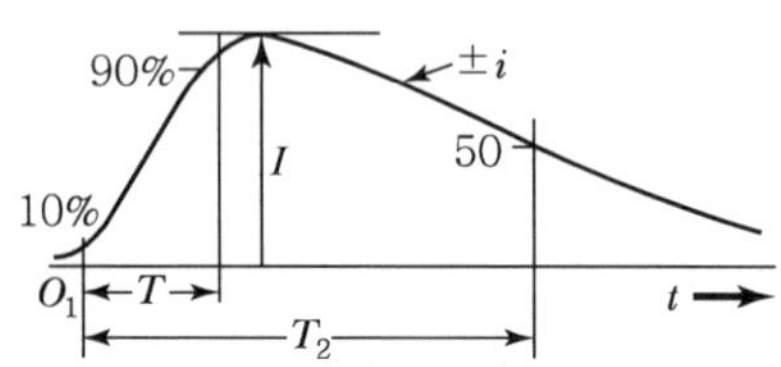

O_1 = Virtual Origin

I = Peak Current

T_1 = Front Time

T_2 = Time to Half Value

[그림 1] 짧은 뇌격 파라미터

② 지속시간이 2ms 이상인 긴 뇌격

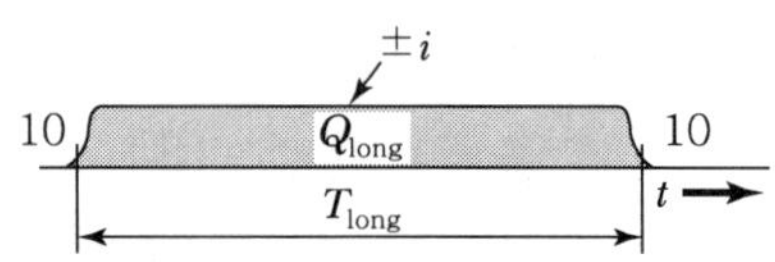

T_{long} = Duration Time

Q_{long} = Long Stroke Charge

[그림 2] 긴 뇌격 파라미터

2) 뇌방전의 기본유형

① 하향리더에 의해 구름에서 대지로 진전하는 뇌격은 평탄한 지형이나 낮은 구조물에서 발생한다.

② 상향리더에 의해 대지 위의 구조물에서 구름으로 진전하는 뇌격은 높은 구조물에서 발생한다.

3) 뇌격의 특성은 극성(정극성 또는 부극성)과 뇌격이 진전하는 동안의 위치에 따라 달라진다.

나. 뇌격에 의한 손상

구조물에 영향을 미치는 낙뢰는 구조물의 손상, 설비의 손상에 따른 손실의 유형으로 구분된다.

1) 건축물의 손상

① 건축물에 미치는 낙뢰의 영향

낙뢰에 영향이 있는 건축물의 주요 특성에는 건물자재, 건축물의 기능, 거주자 및 내용물, 인입시설, 생존 또는 예방을 위한 보호대책, 위험성이 있는 범위에 따라 영향이 다르다.

② 건축물 손상의 원인 및 유형

㉠ 뇌격전류가 손상의 원인이며, 뇌격전류에 의한 건축물의 피해는 뇌격지점을 고려해야 한다.

㉡ 낙뢰에 의한 기본적인 유형의 손상

- D1 : 접촉전압과 보폭전압으로 인한 인체의 상해
- D2 : 낙뢰로 인한 물리적인 손상(화재, 폭발, 기계 파손, 화학약품 유출)
- D3 : LEMP로 인한 내부시스템의 고장

2) 설비의 손상

① 시설물에 미치는 낙뢰의 영향

대표적인 설비로는 통신선, 전력선, 수도관, 가스관(연료관)이 있으며 기계적 손상, 절연체 손상, 서비스의 장애를 초래할 수 있다.

② 설비에 손상을 주는 원인 및 유형

㉠ 뇌격전류가 손상의 원인이며 설비 낙뢰지점에 따라 유형을 분류한다.

- 인입하는 건축물에 침입한 낙뢰 : 금속선과 케이블의 차폐선의 용융, 절연
- 파괴건축물로 인입되는 시설에 침입한 낙뢰 : 직접적인 전기적인 손상, 절연 파괴

㉡ 손상의 유형

- D1 : 접촉전압과 보폭전압으로 인한 인체의 상해
- D2 : 낙뢰로 인한 물리적인 손상(화재, 폭발, 기계 파손, 화학약품 유출)
- D3 : 과전압으로 인한 전기 · 전자시스템의 고장

3) 손실의 유형

단독이든 유관적이든 영향을 주며, 보호대상 그 자체의 특성에 따라 달라질 수 있다.

① 손실의 유형

- L1 : 인명 손실
- L2 : 공공시설에 대한 손실
- L3 : 문화유산의 손실
- L4 : 경제적 가치(구조물과 내용물)의 손실

② L1, L2 및 L3 유형의 손실은 사회적 가치의 손실로 이어지며, L4는 순수한 경제적인 손실이다.

다. 보호대책

손실의 유형을 줄이기 위한 적절한 대책

1) 접촉 및 보폭전압으로 인한 인명피해의 경감대책

① 노출된 전도성 부품의 충분한 절연

② 망상접지 시스템에 의한 등전위화

③ 물리적 제한 및 경고표시

2) 물리적 손상의 경감대책

① 건축물

㉠ 뇌보호 시스템(LPS)을 설치하여 화재나 폭발의 위험 및 인명 위험 경감

㉡ 방화벽, 소화기, 소화전, 화재경보기 및 화재 소화장비 설치로 화재로 인한 물리적인 손상 방지

㉢ 보호설비를 갖춘 대피통로

② 설비 : 매설케이블에 대해서는 금속덕트가 매우 효과적으로 보호한다.

3) 전기 · 전자시스템의 고장에 대한 경감대책

① 건축물

㉠ 건축물의 인입점과 내부설비에 서지보호기(SPD) 설치

㉡ 건축물의 인입선, 건축물 및 건축물 내에 시설된 전자의 자기차폐

㉢ 건축물 내부에서의 배선경로

② 설비

㉠ 배선의 시단과 종단에 서지보호기(SPD)를 설치

㉡ 케이블의 자기차폐

4) 보호대책의 선정

① 위험평가 및 가장 적절한 보호대책의 선정에 대한 기준은 IEC 62305-2에 제시되어 있다.

② 보호대책은 관련 규격에 맞고, 설치지점에 발생할 수 있는 스트레스를 견디면 효과적이다.

라. 결언(맺음말)

1) 건축물과 설비보호를 위한 뇌보호대책은 낙뢰의 뇌 전류 파라미터가 설계에 적용한 뇌보호등급에 의해 결정된 범위 안에 있어야 효과적이다(p421 [표] 참조).
2) 아직도 국제규격에서 채택하고 있지 않은 선행 스트리머 방사형(ESE) 피뢰침을 설계에 반영하는 것은 하루속히 개선되어야 할 것이다.

1.5 피뢰설비의 보호시스템

피뢰설비의 위험성 관리는 낙뢰로 인한 화재 · 폭발 등 중대 산업사고 예방과 인명 보호를 위한 필수 안전관리 체계이다. 낙뢰로부터 보호가 필요한 전기설비나 전자설비에 대한 보호를 위하여 피뢰 레벨을 선정하여 그 설비에 적합한 보호를 실시한다.

■ 한국전기설비규정(KEC), 전기설비기술기준 고시, KS C IEC 62305, 피뢰시스템 가이드

PART 04 방재설비

1. 위험성 관리

가. 개요

1) 낙뢰에 의한 손상이나 영향을 최소화하기 위해서 LPS를 비롯하여 본딩, 차폐, 이격, 배선 등 다양한 방법들이 적용되고 있다.
2) 이러한 낙뢰보호 대상물의 위험도를 피해원인(S), 손상유형(D), 손실유형(L)으로 분류하고 이상의 정보들이 파악된 후에 위험도(R)를 구분하여 낙뢰에 의한 손상 방지시설에 적용한다.

나. 위험도 해석

1) 우선 피해원인(S1∼S4), 손상유형(D1∼D3), 손실유형(L1∼L4)을 분류한다.
2) 위의 정보들이 파악된 후에 해당 건축물에 대한 낙뢰 위험도를 산정(R1∼R4)한다.
3) 위험도 성분(Rx)은 보호대상 건축물이 있는 지역의 연간 낙뢰 발생횟수(Nx), 건축물에 손상이 발생될 확률(Rx), 낙뢰에 의해 발생되는 총 손실(Lx)에 영향을 받는다.

$$\therefore Rx = Nx + Px + Lx$$

다. 위험도 해석방법

위험도를 해석하는 기본적인 절차는 다음과 같다.

1) 보호대상 건축물에 대한 정보 및 특성 파악을 한다.
2) 모든 손실 유형을 파악(L1, L2, L3, L4)한다.
3) 다양한 위험도 성분으로부터 각 위험도 평가(R1, R2, R3, R4)를 한다.
4) 위험도와 허용위험도를 비교하여 보호대책의 필요성 평가를 한다.
5) 보호대책의 소요비용과 보호효과 대비에 의한 경제성 평가를 한다.

2. 구조물 내부의 전기 · 전자시스템(LEMP)

가. 개요

1) 뇌전자계임펄스(LEMP ; Lightning Electromagnetic Impulse)로부터 구조물 내부의 전기 · 전자시스템의 영구적인 고장위험을 줄일 수 있는 LEMP 보호대책시스템, 즉 뇌전자계보호시스템(LPMS ; Lightning Protection Measures System)의 설계, 시공, 검사 및 관리에 대한 정보를 제공한다.
2) LPMS에 적용하는 전자시스템이란 통신장비, 컴퓨터, 제어계측장비, 무선장비 및 전력전자설비와 같은 민감한 전기소자로 이루어진 장비이다.
3) 구조물과 인체의 보호(☞ 참고 : 낙뢰보호 피뢰보호 시스템)

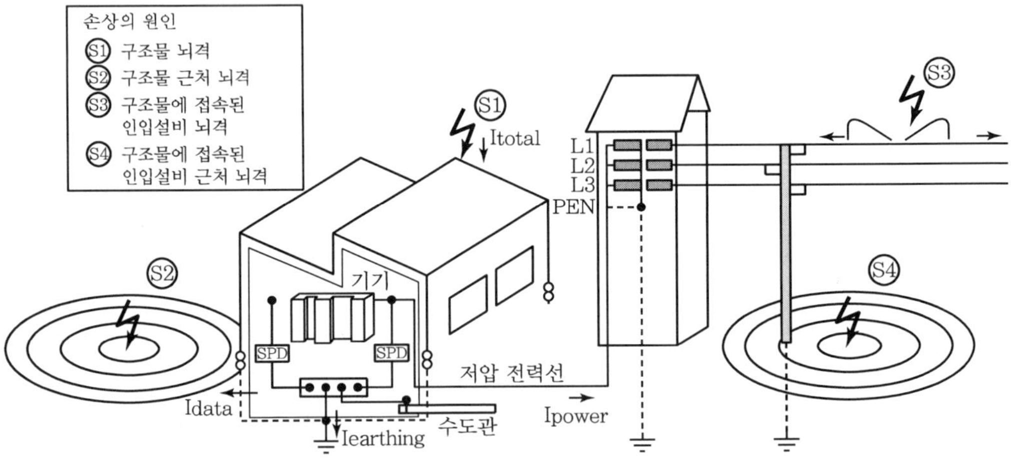

[그림 1] 구조물 손상의 원인과 시스템 내의 뇌전류 분포 예

나. LPMS 설치와 시공

LEMP에 대한 보호는 [그림 2]에 정의된 뇌보호영역(이하 LPZ)을 공간적으로 구분하고 개개의 공간 내의 장비내력에 상응하는 대책을 세우는 것이다.

1) LPZ

외부영역 LPZ_0과 내부영역 LPZ_1, LPZ_2, LPZ_3, …, LPZ_n으로 구분한다.

① LPZ_0 : 구조물의 외부구역으로 직격뢰에 의해 감쇠되지 않은 직격뇌 혹은 전자계, 서지 노출위험이 있는 영역

② LPZ_0 : 구조물의 내부구역으로 직격뢰에 대해서는 보호된 경계부에 본딩 혹은 서지 보호기가 설치되어 서지전류가 제한되는 영역

③ LPZ_2, LPZ_3, …, LPZ_n : 경제부에서 본딩 혹은 SPD를 추가 설치하여 서지전류가 더욱 한정되는 영역

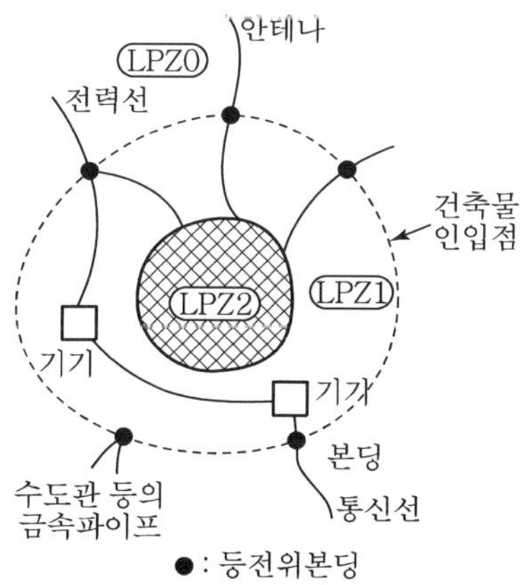

[그림 2] LPZ 구분의 개념도

2) LPMS 설계

뇌보호 시스템 설계 시 SPD만을 사용하여 등전위본딩하는 경우 민감한 전기 · 전자시스템의 고장 방지대책으로 효과적이지 못하다. 이 경우 망의 크기를 줄이고 적정한 SPD를 선정해야 한다.

① 공간차폐와 보호협조된 SPD를 적용한 LPMS

② LPZ_1의 공간차폐와 LPZ_1 입구에 보호협조된 SPD를 적용한 LPMS

③ 차폐부 선로와 차폐된 장비 외함을 같이 사용한 LPMS

④ LPZ에 상당하는 용량과 성능이 갖추어진 보호협조된 서로 다른 다수의 SPD를 적용한 LPMS

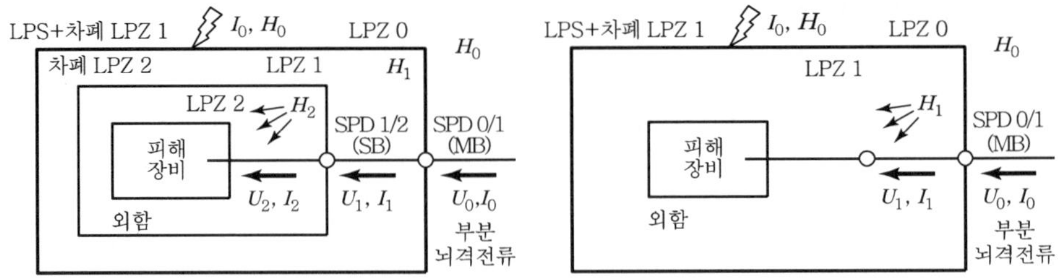

(a) 공간차폐와 보호협조된 SPD를 적용한 LPMS (b) LPZ_1의 공간차폐와 LPZ_1 입구에 보호협조된 SPD를 적용한 LPMS

[그림 3] LPMS 예(MB 주배전반, SB 2차 배전반)

3) LPMS 기본 보호대책

① LEMP 기본 보호대책에는 접지와 본딩, 자기차폐와 선로배치, 협조된 SPD를 사용한 보호가 있다.

② 뇌격에 대비한 등전위본딩은 위험한 스파크로부터 보호하며, 내부 시스템을 보호하기 위해서는 소정의 협조된 SPD를 사용해야 한다.

③ LEMP 보호대책은 설치지점에서 발생 가능한 온 · 습도, 부식, 진동 및 전압, 전류와 같은 동작상의 외적인 스트레스로부터 견디어야 한다.

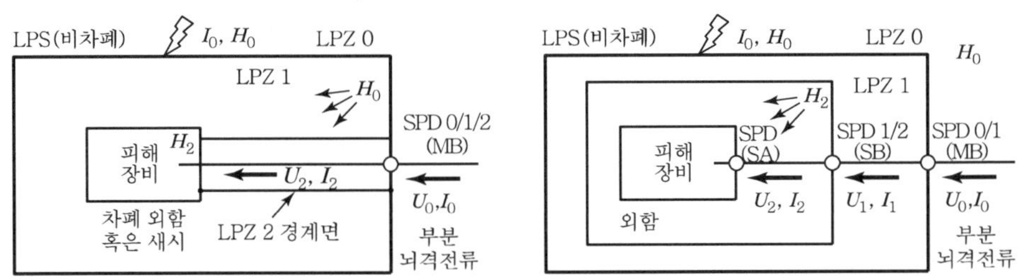

(c) 차폐부 선로와 차폐된 장비 외함을 같이 사용한 LPMS (d) 보호협조된 다수의 SPD를 적용한 LPMS

[그림 4] LPMS 예(MB 주배전반, SB 2차 배전반)

다. 접지와 본딩

1) 접지계

① 전기시스템으로만 구성된 구조물은 A형 접지계를 사용할 수 있으나 B형이 더 좋다. 전자시스템은 물론 B형 접지계가 추천된다.

② 서로 분리된 2개의 내부 시스템 간에 전위차를 줄이기 위해 다음의 방법이 적용될 수 있다.

㉠ 전기 케이블과 같은 경로에 다수의 본딩 도체를 포설하거나 혹은 주접지계에 통합된 망상으로 된 철근콘크리트 덕트로 케이블을 둘러싼다.

㉡ 적정한 단면적을 가진 차폐케이블의 한쪽 끝을 분리된 접지계에 본딩한다.

2) 본딩망

저임피던스 본딩망을 이루기 위해서는 LPZ 내부에 있는 모든 장비 간에 위험한 전위차가 발생하지 않도록 해야 한다.

3) 본딩바의 시설

① 본딩바는 다음의 설비를 본딩하는 데 사용된다.

㉠ 직접 혹은 SPD를 통해 LPZ에 인입되는 모든 도전성 설비이다.

㉡ 보호접지도체(PE)

㉢ 캐비닛, 외함, 랙 등 내부시스템의 금속요소

㉣ 구조물 내부와 주변에 있는 LPZ의 자계 차폐부

② 시공규칙

㉠ 모든 본딩은 저임피던스 본딩을 구현해야 한다.

㉡ 본딩바는 0.5m 이하의 가급적 짧은 경로로 접지계에 연결한다.

㉢ SPD는 가급적 짧은 길이로 본딩바와 활선에 연결하여 유도전압강하를 줄이도록 한다.

㉣ SPD 후단의 피보호 회로에서는 상호 인덕턴스 효과를 줄이기 위해 루프의 면적을 작게 하거나 차폐케이블 혹은 덕트를 사용한다.

라. 자계차폐와 배선

자계차폐는 전자계와 내부 유도서지를 저감하기 위한 것으로 내부선로를 적절히 배치하여도 내부의 유도서지를 줄일 수 있다.

1) 공간차폐는 구조물 전체나 일부 혹은 단일 차폐실, 장비함체 등으로 보호되는 영역이며 망상구조, 연속금속차폐 혹은 구조물 자체의 자연요소로 구성된다.
2) 내부선로 차폐는 피보호 케이블의 차폐, 장비의 금속함체가 이에 해당한다.
3) 내부선로 배선은 적정한 선로 배치를 통해 유도 루프를 최소화하고 구조물 내부의 서지전압 발생을 줄인다.
4) 외부선로 차폐는 구조물에 인입되는 외부 차폐재는 케이블 차폐, 폐로가 형성된 금속케이블 및 철근이 연결된 콘크리트 케이블 덕트가 있다.

마. 협조된 SPD를 사용한 보호

서지로부터 내부시스템을 보호하기 위해서는 전원과 신호선로 모두에 대해 협조된 SPD로 구성된 체계적인 대책방법이 요구된다.

1) LPZ에 따른 SPD 등급 선정법

① SPD Ⅰ : 선로인입구로 주배전반에 설치

② SPD Ⅱ : LPZ_2 입구(피보호장비, 2차배전반, 전원소켓) 혹은 LPZ_1의 입구에 설치
③ SPD Ⅲ : LPZ_2, LPZ_3, …, LPZ_n 입구에 설치

2) SPD 보호거리 선정법

보호거리는 SPD와 피보호 장비 간의 최대거리 I_P를 나타내며, 기본적으로 SPD의 보호레벨 U_P가 장비의 임펄스 내전압 U_W보다 작아야 한다. 즉, $U_P \leq U_W$이다.

≫참고 뇌보호 영역의 공간적 구분

1. $LPZ\,O_A$
   - 외부 뇌보호 시스템의 보호범위 내에 있는 영역
   - 직격뇌에 노출된 영역으로 뇌격전류 전체가 흐를 수도 있으며, 낙뢰에 의한 전자장의 세기가 감쇠하지 않는 영역
2. $LPZ\,O_B$
   - 낙뢰를 직접 맞지 않는 영역
   - 직격뢰에 노출되어 있지 않지만, 낙뢰에 의한 전자장의 세기가 감쇠하지 않는 영역
3. $LPZ1$
   - 차폐를 하면 낙뢰에 의한 전자장이 감소하는 건물 내의 공간
   - 직격뢰에 노출되어 있지 않으며, 이 영역 내의 모든 도전성 물체에 흐르는 전류는 $LPZ\,O_B$ 영역에 비하여 매우 감쇠되는 영역
   - 이 영역에서 낙뢰에 의한 전자장의 세기는 차폐장치를 시설하면 저감된다.
4. $LPZ2$
   - 전류 및 전자장의 세기를 한층 저감시킬 필요가 있는 경우에 특별히 지정한 영역
   - 컴퓨터실과 같은 공간

1.6 SPD 보호장치(과전압 및 개폐과전압 보호)

SPD(Surge Protective Device)의 설치목적은 과도적인 과전압(과도서지)을 제한하고, 서지전류를 분류하는 것으로 배전계통에 전달되는 대기현상에 의한 과전압 및 기기 개폐로 인한 개폐과전압에 대한 컴퓨터, 전기제품과 같은 전자기기의 보호를 목적으로 한다.

■ 한국전기설비규정(KEC), 전기설비기술기준 고시, KS C IEC 62305, 피뢰시스템 가이드

1. SPD 설치기준

가. 서지란 일반적으로 매우 짧은 시간(수 ms 이내) 동안 나타났다가 사라지는 고전압 대전류의 전기적인 동요현상으로 Impulse, Spike, Transient, Noise 등이 있다.

나. 뇌보호시스템의 동작으로 인한 서지 유입에 대비하여 피보호 대상장치의 전원인입부 및 통신·신호선의 인입부 등에 설치한다.

2. 서지의 원인 및 영향

가. 서지의 원인

1) 외부에서 오는 서지

① 낙뢰에서 유도되는 서지는 저항결합, 유도결합, 정전결합에 의해 발생한다.
② 스위칭에 의한 역기전력으로 서지가 발생한다.

2) 내부에서 발생하는 서지

① 엘리베이터와 동력모터와 같은 대용량 부하기동에 의하여 발생한다.
② 퓨즈나 차단기에 의한 단락전류 및 지락전류 차단 시 유도성 과도전압에 의해 발생한다.

나. 서지의 영향

1) 시스템의 초기화
2) 전원장치 및 전자기판의 소손
3) 컴퓨터 데이터의 손상
4) 시스템의 정지

3. SPD의 적용범위 및 규격

가. 적용범위

전원용(AC 및 DC), 신호 · 통신 및 데이터용으로 교류 1,000V 또는 직류 1,500V 이하 전압에서 규정된 시험항목의 시험에 합격한 SPD를 시설한다.

나. SPD의 분류

1) 설치방식에 의한 분류

구분	특징	구성방법
직렬방식	• 과도전압을 미세하게 억제하는 데 효과적이다. • 설치 시 케이블 단절로 시공이 어렵다. • 통신용이나 신호용에 주로 사용한다.	직렬방식, 병렬방식 및 직렬과 병렬 혼합방식 등으로 사용
병렬방식	• 과도서지를 미세하게 제어하기 곤란하다. • 전류용량에 한계가 없어 수 [A] 이상을 선호한다. • 전원용으로 많이 사용한다.	

2) 기능에 의한 분류

① 전압제한형 SPD : 서지가 인가되지 않는 경우에는 높은 임피던스 상태에 있으며, 전압서지에 응답한 경우에는 임피던스가 연속적으로 낮아지는 기능을 갖는 SPD
② 전압스위치형 SPD : 서지가 인가되지 않는 경우에는 높은 임피던스 상태에 있으며, 전압서지에 응답하여 급격하게 낮은 임피던스 값으로 변화하는 기능을 갖는 SPD

③ 복합형 SPD : 전압스위치형 소자 및 전압제한형 소자의 모든 기능을 갖는 SPD

구분	특징	비고
전압제한형	• 전압에 전류특성이 비선형 • 서지가 인가되지 않으면 높은 임피던스 상태 • 서지 응답 시 임피던스가 연속적으로 낮아진다.	배리스터(MOV) 제너다이오드
전압스위치형	• 전압에 대한 전류특성이 심한 비선형 • 서지 응답 시 임피던스가 급격하게 낮아진다.	에어갭 사이리스터형
복합형	• 전압 제한형과 전압 스위치형의 모든 기능을 갖는 SPD • 가스방전관과 배리스터의 조합	

3) 단자형태에 의한 분류(구조에 의한 분류)

구분	특징	표시(예)
1포트 SPD	1단자대(또는 2단자)를 갖는 SPD로 보호기기에 대해 서지를 분류하도록 접속하는 것 • 전압제한형, 전압스위치용, 복합형	SPD
2포트 SPD	2단자대(또는 4단자)를 갖는 SPD로 임의 단자대와 출력단자대 간에 직렬임피던스가 있다. • 신호 · 통신계통에 사용한다. 복합형	SPD

다. LPZ에 따른 SPD 등급 선정법

1) SPD Ⅰ : 선로인입구로 주배전반에 설치

2) SPD Ⅱ : LPZ 2 입구(피보호 장소, 2차 배전반, 전원소켓) 혹은 LPZ 1의 입구에 설치

3) SPD Ⅲ : LPZ 2, 3, ⋯, n 입구에 설치

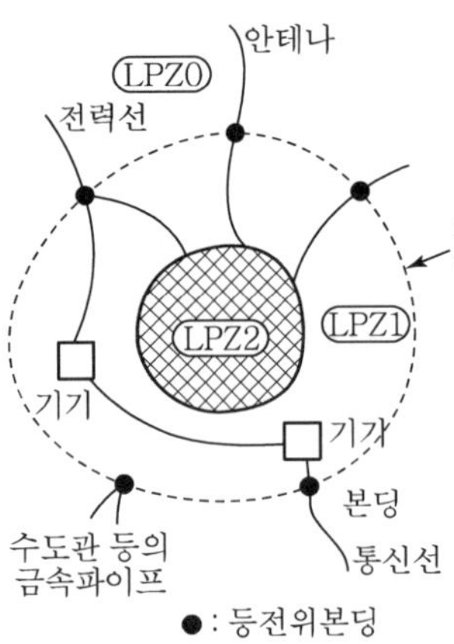

[그림 1] 외부 뇌보호의 등전위본딩 개념도

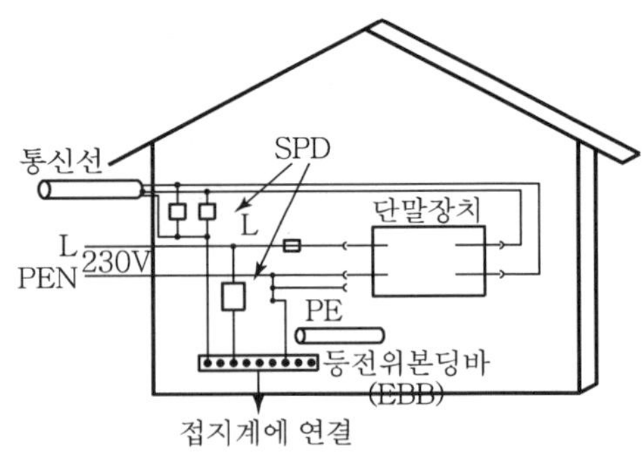

[그림 2] 건물 내의 SPD 설치 예
(TN－C－S, TN－C)

4. SPD의 설치위치 및 설치방법(☞ 참조 : 뇌격보호 피뢰시스템)

5. SPD 선정 시 고려사항

가. 기기의 설치장소별 고려사항

건축물에 시설되는 기기에 필요하게 되는 정격임펄스 전압은 기기의 설치장소 및 설비의 공칭전압에 따라 다음 [표]에 게재한 SPD 임펄스 전압값보다 높아야 한다.

[표] 기기에 필요한 임펄스 내전압[kV](주택옥내 배전계통)

계통공칭전압 [V]	설비인입구기기 (Ⅳ)	간선 및 분기회로기기(Ⅲ)	부하기기 (Ⅱ)	특별보호기기 (Ⅰ)
1ϕ120~240	4	2.5	1.5	0.8
3ϕ230/400	6	4	2.5	1.5
3ϕ1,000	12	8	6	4
카테고리 분류	전력량계 전류제한기 누전차단기 인입용 전선	주택분전반 콘센트 스위치 옥내배전용전선	조명기구 냉장고, 에어컨 세탁기, 전자레인지 TV, PC, 전화기	전자기기 내부

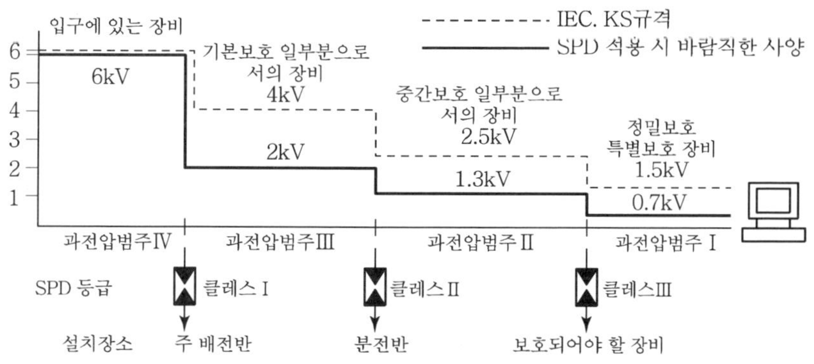

[그림 3] 클래스Ⅰ~Ⅲ : SPD 등급(3ϕ 230/400[V])

1) 기기가 필요로 하는 임펄스내전압보다 SPD 뇌임펄스전압을 낮게 할 필요가 있다.
2) 뇌서지 전자환경의 카테고리 및 뇌보호 영역을 고려한 후에 뇌서지의 1차 보호, 2차 보호는 단계적 협조가 필요하다.
3) 보호대상기기의 특성과 SPD 규격의 적합성을 도모하는 것이 필요하다.
4) SPD의 접지는 가능한 한 공통접지가 요망된다.
5) 리드선의 영향을 줄이기 위해 SPD 배선을 짧게 하고 접지극에 직접 연결한다.

나. SPD 종류별 선정 시 검토사항

1) 전원용 SPD

① 피보호기기의 중요도에 따라 서지 보호장치가 처리 가능한 최대서지전류내량을 고려한다.

② 이상 시에 전원회로와 분리한다.

③ 상태표시기능(교체표시, 원격감시, 부저 등 경고기능)이 있는지 확인하다.

④ 제한전압이 낮아야 한다.(IEEE 규격에 의한 시험파형 $8 \times 20\mu s$)

⑤ 공통모드, 차동모드에 대해 모두 보호성능을 유지한다.

2) 신호 · 통신용 SPD

① 데이터 선로장소에는 평형선로용, 동축케이블 선로에는 불평형선로용을 설치한다.

② 주파수특성을 고려한다.

③ 방전관 등 바이패스 소자를 주로 사용하므로 속류에 대한 차단성능도 가져야 한다.

CHAPTER 04

방재시설 등

SECTION 01

내진설비

1.1 전기설비의 내진대책

전기설비기술기준 고시 및 건축물의 구조기준에 의하여 내진설계대상은 건축물에 시설하는 기계 및 전기 시스템과 이를 지지하는 부착물 및 장비 등을 시설하는 비구조요소[46]의 전기설비에 정착 및 고정을 위한 설계와 시공에 적용한다.

■ 건축법시행령, 건축물의 구조기준 등에 관한 규칙, KDS41 건축물의 내진설계기준

1. 내진설계 기본개념

내진설계의 목적은 지진으로 인하여 전기기기 및 배관 등이 파손 피해를 입거나 기능을 상실하는 것을 방지하고, 인명의 안전을 도모하고, 재산을 보호하며, 지진 후에 필요한 활동을 가능하게 하는 것이다.

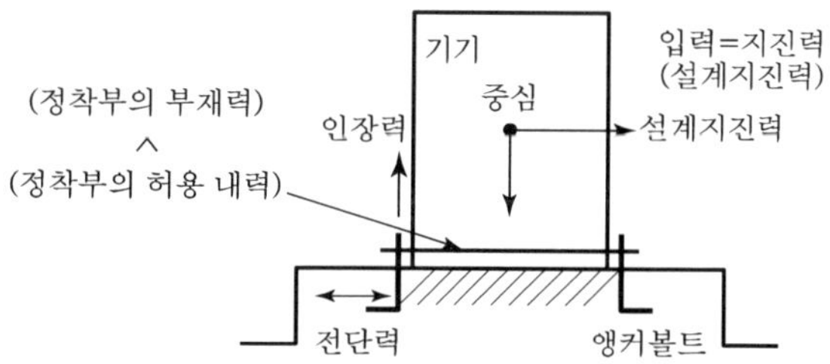

[그림 1] 건축전기설비의 내진설계 개념도

가. 적용대상건물

1) 강구조, 콘크리트 강합성 구조 및 철근콘크리트 구조인 70m 이상의 건물이다.
2) 70m를 초과하는 건물에 설치된 건축전기설비는 동적 해석법[47]을 적용하여 건물의 총 지진력을 계산하고, 설비의 동적 증폭을 고려하여 기기의 중심에 작용하는 설계 지진력[48]을 결정한다.

46) 비구조요소란 '① 건축비구조요소 : 구조내력을 부담하지 아니하는 건축물의 구성요소로서 배기구, 부착물 및 비구조벽체 등의 부재, ② 기계 · 전기비구조요소 : 건축물에 설치하는 기계 및 전기 시스템과 이를 지지하는 부착물 및 장비'를 말한다.

47) 내진설계의 동적 해석(Dynamic Analysis for Seismic Design)이란 구조물을 질량과 용수철로 된 일련의 진동모델로 치환하여 이것에 설계용 지진동을 입력시켜 시설물 각부의 응답을 계산으로 구하는 일종의 시뮬레이션 해석으로 구조물의 고유진동성을 고려한 합리적인 설계를 한다.

48) 지진력이란 건물이 지진 시 받는 응력에 영향을 주는 요소로서 가속도, 공진, 층간변위 등을 말하며 응력에 의해서 건물에 설치된 전기기기 간에 전도, 탈락 또는 이동하게 된다.

나. 대상설비

다음 설비에 포함되는 기기 및 배관을 대상으로 한다.

1) 수 · 변전설비
2) 간선, 동력설비
3) 자가발전설비
4) 조명설비
5) 축전지설비
6) 약전설비

다. 제외대상

1) 가공배선
2) 중량이 100kg 이하로서 바닥에 정착하는 방식의 기기
3) 방진장치가 설치된 바닥에 정착하는 기기

2. 내진등급

가. 내진등급의 구분

지진 발생 이후에도 어떠한 기능을 필요로 하는 시설이 포함된 건축물 또는 설비는 내진설계의 중요성을 부각시킬 필요성이 있다.

1) 보통의 경우에는 기기의 내진 중요도계수를 1.0으로 결정한다.
2) 방진장치를 부착한 기기(방진장치, 변압기 등)는 내진 중요도계수를 1.2로 정한다.
3) 특별히 내진성에 관한 요구가 있는 경우 특정 시설에 의한 내진등급으로 정한다.

나. 내진등급의 적용

[표 1] 건축물의 내진등급기준

건축물의 내진등급	건축물의 중요도	중요도계수(I_E)
특	[표 2]에 따른 중요도 특	1.5
I	[표 2]에 따른 중요도 1	1.2
II	[표 2]에 따른 중요도 2 및 3	1.0

3. 설계기준 및 시공 시 고려사항

내진설계는 지진 중 운전이 가능하고 점검확인이 용이하며 자동적으로 재운전이 가능하도록 설비기능이 보전되어야 한다.

가. 내진설계 대상

1) 층수가 2층 이상인 건축물
2) 연면적이 200m^2 이상인 건축물
3) 높이가 13m 이상인 건축물

4) 처마높이가 9m 이상인 건축물
5) 기둥과 기둥 사이의 거리가 10m 이상인 건축물
6) 건축물의 용도 및 규모를 고려한 중요도가 높은 건축물
7) 국가적 문화유산으로 보존할 가치가 있는 건축물
8) 보 · 차양 등이 외벽의 중심선으로부터 3m 이상 돌출된 건축물
9) 단독주택 및 공동주택

나. 내진 시공 시 고려사항

1) 선기실은 지하층이나 저층에 시설한다.
2) 옥외 기기의 기초는 건축구조와 일체구조로 한다.
3) 배관이나 리드선에는 가요성을 부여한다.
4) 지진 시에 변위량이 큰 것에는 내진 스토퍼를 설치한다.

4. 내진설계 시 고려사항

가. 내진 중요도 설정

[표 2] 중요도 및 중요도계수

중요도 구분	해당 건축물
중요도(특)	① 연면적 1,000m^2 이상인 위험물 저장 및 처리시설 ② 연면적 1,000m^2 이상인 국가 또는 지방자치단체의 청사 · 외국공관 · 소방서 · 발전소 · 방송국 · 전신전화국 ③ 종합병원, 수술시설이나 응급시설이 있는 병원 ④ 지진과 태풍 또는 다른 비상시의 긴급대피수용시설로 지정한 건축물
중요도(1)	① 연면적 1,000m^2 미만인 위험물 저장 및 처리시설 ② 연면적 1,000m^2 미만인 국가 또는 지방자치단체의 청사 · 외국공관 · 소방서 · 발전소 · 방송국 · 전신전화국 ③ 연면적 5,000m^2 이상인 공연장 · 집회장 · 관람장 · 전시장 · 운동시설 · 판매시설 · 운수시설(화물터미널과 집배송시설은 제외함) ④ 아동관련시설 · 노인복지시설 · 사회복지시설 · 근로복지시설 ⑤ 5층 이상인 숙박시설 · 오피스텔 · 기숙사 · 아파트 ⑥ 학교 ⑦ 수술시설과 응급시설 모두 없는 병원, 기타 연면적 1,000m^2 이상인 의료시설로서 중요도(특)에 해당하지 않는 건축물
중요도(2)	중요도(특), (1), (3)에 해당하지 않는 건축물
중요도(3)	① 농업시설물, 소규모창고 ② 가설구조물

[비고] 중요도(특)에 해당하는 데이터센터는 국가 또는 지방자치단체가 구축이나 운영에 관한 권한 또는 업무를 위임 · 위탁한 데이터센터를 포함한다.

나. 설비계의 지진입력 예측

1) 건물의 지진입력을 고려하여 그 이상의 내구력을 가진 설계, 시공방법으로 해야 한다.

2) 기기에 작용하는 지진입력 계산

① 수평 지진력 $F_H = K \cdot W$[kg]

여기서, W : 기기 중량[kg]

K : 설계용 수평진도($K = Z \cdot I \cdot K_1 \cdot K_2 \cdot K_3$)[49]

② 연직 지진력 $F_V = \frac{1}{2} F_H$[kg]

다. 설비의 적정 배치

1) 중요도가 높은 전력용 기기는 작용 지진력이 적은 건물 저층부에 배치한다.

2) 지진입력으로 오동작할 수 있는 설비는 작용 지진력이 적은 아래쪽에 배치한다.

3) 지진 시 다른 설비의 접촉으로 손상을 받지 않는 경로에 배치한다.

4) 점검, 확인 및 보수하기 쉬운 장소에 배치한다.

라. 사용자재의 강도 확보

1) 지진입력으로 인한 설비의 분성력과 변위에 대해 허용 강도를 가진 자재를 사용한다.

2) 분성력이란 수평 지진력으로 자재고정부에 가해지는 전단력[50], 인장력 및 복합된 힘으로 분성력을 계산하여 이 수치를 넘는 허용강도이상의 자재를 사용한다.

3) 건물의 층간변위 1/200에 대해 강도적 탄성범위 이내에서 전기적 문제가 없는 설계를 한다.

마. 공진 방지

1) 건물의 지진반응으로 전기설비가 건물과 공진이 되지 않게 설계 · 시공해야 한다.

2) 철골조 공진주기 $T_1 = 0.028H$[초](여기서, H[m] : 건물의 높이)

3) 기타, 철근 콘크리트조, 철골 철근 콘크리트조 공진주기 $T_2 = 0.020H$[초]

바. 기능보전

1) 지진 중의 운전조건 : 지진 중에 운전 또는 자동 및 수동 정지할 수 있어야 한다.

2) 지진 후의 운전조건 : 자동 재운전 또는 점검 후 재운전할 수 있어야 한다.

3) 설계 시 건축물의 중요도에 따라 건축 내진 설계를 고려하여 적용한다.

---

49) Z : 지역계수(0.7~1.0), I : 중요도저감계수(0.7, 1.0), K_1 : 건물의 바닥응답비율 계수(1.0~10/3)
K_2 : 설비기기 · 배관 응답비율계수(1.0, 1.5, 2.0), K_3 : 설계용 기준진도(0.3)

50) 전단력이란 면의 크기가 같고 방향이 서로 반대가 되도록 면을 따라 평행되게 작용하는 힘을 말한다.

5. 전기설비의 내진 설계

가. 수 · 변전설비의 내진설계

구분		내진대책
수전변압기		• 기초볼트의 정적 하중이 최대 체크포인트이다. • 방진장치가 있는 것은 내진스토퍼를 설치한다. • 애자는 0.3G, 공진3파에 견디는 것으로 설치한다. • 저압 측을 부스바로 접속하는 경우 가요성 도체를 사용하고 절연커버를 설치한다.
스위치 기어 (배전반)		• 기초볼트나 베이스와 프레임의 고정볼트가 지진압력에 의한 인장력과 전단력에 견디는 것을 사용한다. • 사용부재의 강성을 높이고 기초부를 보강한다. • 몸체를 벽체에 고정하는 것도 전도 방지에 유효하다. • 내진성이 문제가 되는 것은 반 높이를 1/2 이하로 배치한다.
가스 절연 개폐 장치	GIS	• 기초부를 중심으로 한 정적 내진설계로 계획한다. • 가공선 인입의 경우에 부싱은 공진을 고려하여 동적 설계를 한다.
	C-GIS	• 스위치 기어와 동일하게 내진설계를 한다. • 반 사이 및 변압기와의 접속에는 케이블 및 Flexible Conductor를 사용하고 가요성을 고려한다.
보호계전기		• 정지형 계전기나 디지털 릴레이를 사용한다. • 기계적 계전기류의 오동작 대책을 세운다. • 협조 가능한 범위에서 타이머를 넣는다.

나. 예비전원 설비

구분	내진대책
자가발전 설비	• 발전기 연료는 외부공급방식이 아닌 자체 저장시설에서 공급하는 방식일 것 • 발전기 냉각방식은 외부시수이용 냉각방식이 아닌 자체 라디에이터 냉각방식일 것 • 엔진과 발전기에 방진장치를 시설할 경우에는 지진하중이 엔진 발전기의 중심에 작용한 경우 수평과 연직 방향의 변위에 대해 구속하는 스토퍼를 시설한다. • 엔진의 급 · 배기, 냉각수, 연료, 엔진오일, 시동용 공기의 각 출입구 부분에는 변위량을 흡수하는 가요관을 시설한다. • 보조기, 탱크류의 가대, 배관류, 배전반의 보강, 지지방법을 구체적으로 명시할 것 • 건물 중요도에 따라 내진형과 지진관제형을 구분 결정하고 지진의 경우 안전 및 확실한 운전을 할 수 있도록 대책을 세운다.
축전지 설비	• 앵글 프레임은 관통볼트에 의하여 고정시키거나 또는 용접방식이 바람직하다. • 내진 가대의 바닥면 고정은 지진강도에 충분히 견딜 수 있도록 처리한다. • 축전지 상호 간의 틈이 없도록 내진 가대를 제작한다. • 축전지 인출선은 가용성이 있는 접속재로 충분한 길이의 것을 사용하고 S자형으로 배선하는 것을 고려한다.
엘리베이터 설비	• 설계진도의 지진하중에 대하여 기기의 이동, 전도가 없이 구조 부분에는 위험한 변형이나 레일이 이탈하지 않도록 한다. • 지진 시에 로프나 케이블이 승강로 내의 돌출물에 영향을 주어 Car 운행에 지장을 주어서는 안 된다. • 지진 등 비상시에 대비해 「지진 시 관제운전장치」를 설치한다.

다. 설계 예

1) 바닥설치

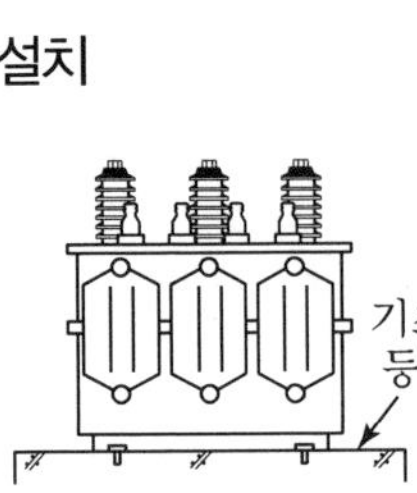

변압기(예)

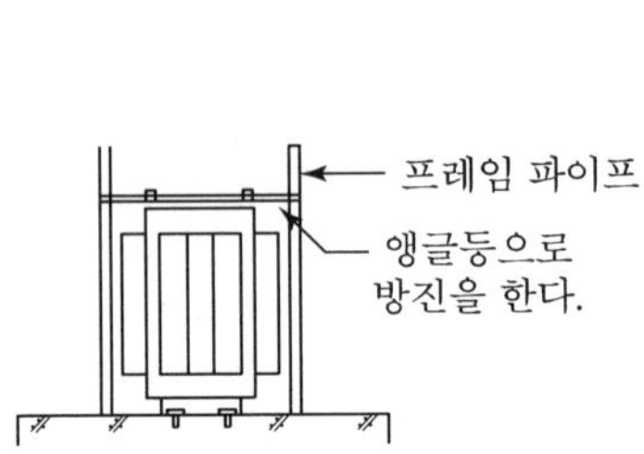

입면도

2) 벽면설치

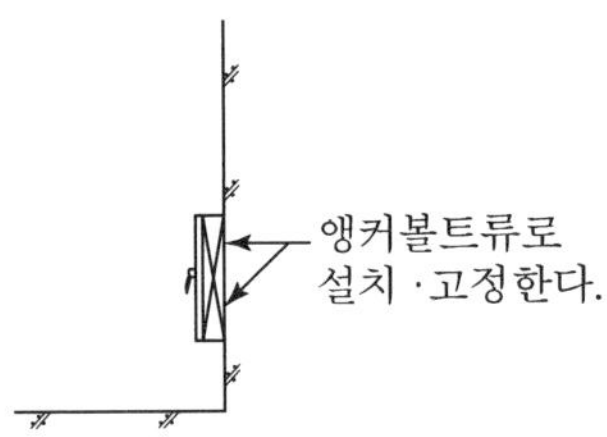

기본조치

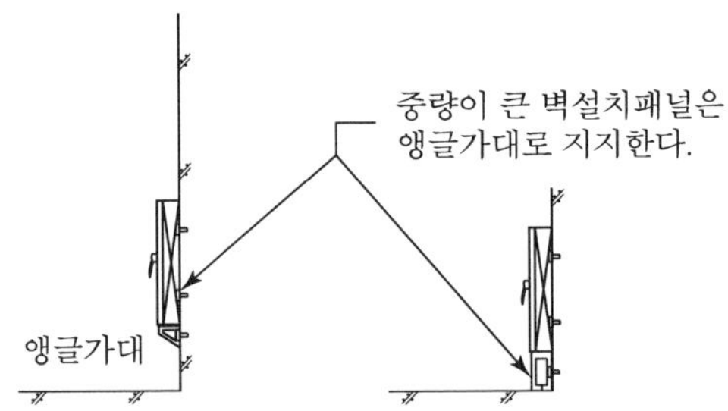

보조조치

3) 천장기초

① 기본조치

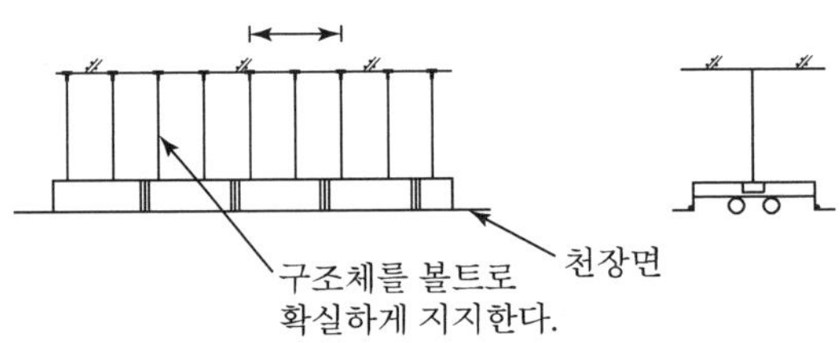

② 보조조치

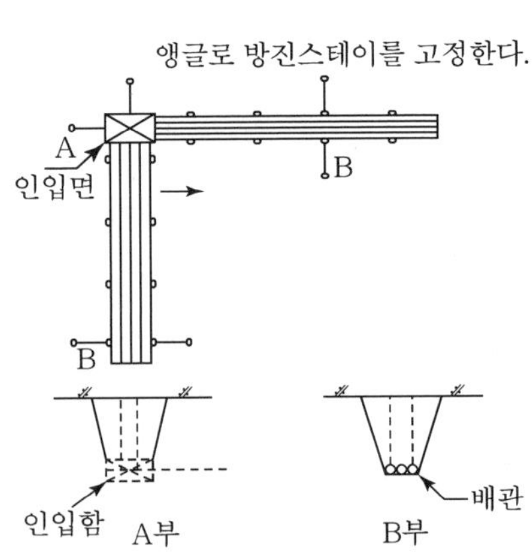

6. 최신기술동향

가. 에어매트(에어볼)

1) 에어볼을 기본적으로 4군데를 기준으로 설치하고 주변장비로는 에어컴퓨레서, 압력자동조절기를 같이 설치하여 공기압이 빠지는 데로 채워 넣는 방식이다.(방진패드는 보조역할)
2) 변전실 분산형이나 중간식 등에 유효하며 건축물 쪽으로 진동전달현상이 없으며, 건물로부터 지진으로 인한 피해를 줄여주는 효과를 가지고 있다.

[그림 2] 에어매트 설치도

나. 패널 및 분전반 열접촉 감응부하의 연동제어시스템

1) 내진에 의한 부스바 온도 상승 시 자동차단기능(분당 3℃ 상승이 5분 이상 지속 시 자동경보차단)
2) 패널은 내진 고무패드(10mm)를 채택하여 외부 진동 자체를 흡수한다.
3) 분전반 온도감응패드 부착으로 유관으로 식별이 가능하다.

››참고 전기설비 내진검사 점검지침(한국전기안전공사), 소방시설의 내진설계기준(소방청)

본 계산 및 검토 예시는 제목 "전기설비 내진검사 점검지침(한국전기안전공사) 및 소방시설의 내진설계 기준(소방청)" 따른 예시항목입니다.

내진 스토퍼 앵커볼트 강도 계산

1. 검토대상 예시

발전기 용량	320kW
앵커볼트 호칭	M12

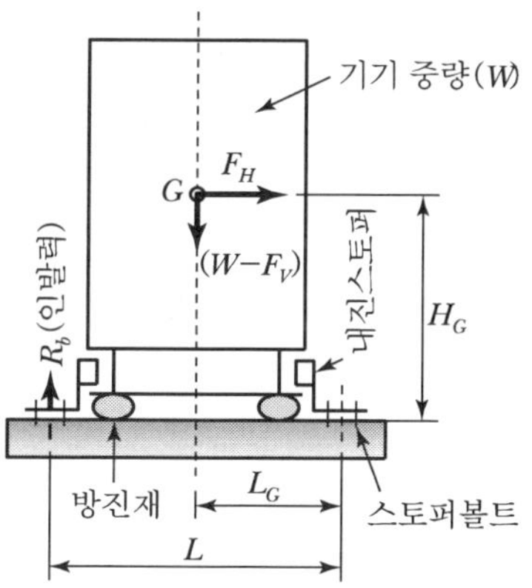

- G : 기기 중심 위치
- W = 2,595 [kgf] : 기기 중량
- R_b : 앵커볼트 1개당 작용하는 인장력
- n = 16 [개] : 앵커볼트의 총 개수
- n_t = 8 [개] : 기기가 전도될 때 인장을 받는 쪽 열에 배열된 앵커볼트의 총 개수
- H_G = 680.0 [mm] : 정착면에서 기기 중심까지의 높이
- L = 1,400.0 [mm] : 검토방향 볼트의 간격(SPAN)
- L_G = 700.0 [mm] : 검토방향 볼트의 중심에서 기기 중심까지의 거리 (단, $L_G \le L/2$)
- F_H : 수평방향 설계지진력($F_H = K_H \cdot W$)
- F_V : 수직방향 설계지진력($F_V = 0.5 \cdot F_H$)

2. 수평방향 설계지진력(F_H)

작용점은 원칙적으로 중심(G)으로 한다.

$F_H = K_H \cdot W \cdot 9.8$[N]

$K_H = Z \cdot K_S$

Z = 1.0 [ ] : 지역계수

K_S = 1.0 [ ] : 설계용 표준진도

이상으로부터

$F_H = Z \cdot K_S \cdot W \cdot 9.8 = 1.0 \times 1.0 \times 2{,}595 \times 9.8 = 25{,}448.3$[N]

3. 수직방향 설계지진력(F_V)

$F_V = 0.5 \cdot F_H$ [N] $= 0.5 \times 25{,}448 = 12{,}724.1$ [N]

4. 앵커볼트 1개당 인발력(R_b)

$R_b = (F_H \cdot H_G \cdot (W - F_V) \cdot L_G)/(L \cdot n_t)$ [N] = 2,178 [N]

5. 앵커볼트 1개당 인장응력(σ)

$\sigma = R_b / A = 25.8$ [N/mm^2]

$A = 84.3$ [mm^2] 스토퍼 볼트 1개당 유효단면적

6. 앵커볼트 1개당 전단응력(τ)

$\tau = F_H/(n \cdot A)$

=18.9 [N/mm^2]

※ 볼트 단면 제원(KSB 0233, JISB 1051)

호칭	단면적 A [mm^2]	단면계수 Z [mm^2]
M12	84.3	97
M14	115	155
M16	157	247
M20	245	482
M24	353	833
M30	561	1,628

※ 스토퍼볼트의 재질별 허용능력

볼트 직경	장기 허용능력 [N/mm^2]		단기 허용능력 [N/mm^2]	
	인장(f_t)	전단(f_s)	인장(f_t)	전단(f_s)
40mm 이하	117.6	88.3	176.5	132.4
40mm 이상	107.9	80.4	161.8	120.6

7. 앵커볼트(SS400)의 강도 확인

- 인장만 받는 앵커볼트의 단기 허용인장응력(f_t) : $f_t = 176.5$ [N/mm^2]
- 전단만 받는 앵커볼트의 단기 허용전단응력(f_s) : $f_s = 132.4$ [N/mm^2]
- 인장과 전단력을 동시에 받는 앵커볼트의 허용인장응력(f_{ts}) : $f_{ts} = 1.4 \cdot f_t - 1.6 \cdot \tau$ $= 216.9$ [N/mm^2]

※ 상기 5., 6.의 결과에 따라

앵커볼트 1개당 인장응력 $\sigma = 25.8$ [N/mm^2], 앵커볼트 1개당 전단응력 $\tau = 18.9$ [N/mm^2]

앵커볼트 1개당 허용인장인력 $f_{ts} = 216.9$ [N/mm^2]

그러므로

$\sigma \le f_t$ ($\sigma = 25.8$ [N/mm^2], $f_t = 176.5$ [N/mm^2])

$\tau \le f_s$ ($\tau = 18.9$ [N/mm^2], $f_s = 132.4$ [N/mm^2])

$\sigma \le f_{ts}$ ($\sigma = 25.8$ [N/mm^2], $f_{ts} = 216.9$ [N/mm^2])

따라서 지진력에 대한 앵커볼트의 강도는 문제 없음, 앵커볼트 (M12)×(16개)를 사용하면 충분함

SECTION 02 전기방폭

2.1 전기방폭

전기방폭이란 전기설비가 원인이 되어 가연성 가스[51)]나 인화성 물질[52)]의 증기 또는 분진에 인화되거나 점화되어 폭발사고가 발생하는 것을 방지하는 것을 말한다. 폭발의 기본조건에는 가연성 물질(가스, 증기, 분진), 산소, 점화원(전기설비)이 있다.

■ 한국전기설비규정(KEC), 전기설비기술기준 고시, 정기간행물

1. 방폭의 기본대책

위험분위기가 존재하거나 존재할 우려가 있는 장소에 전기기기를 설치할 경우 이것이 점화원으로 되어 폭발사고가 발생하지 않도록 하기 위하여 전기기기에 방폭성을 부여하는 것이 방폭대책의 기본이며 일반적으로 다음과 같은 대책이 있다.

가. 폭발성 분위기 생성 방지

1) 폭발성 가스 누설 및 방출 방지 : 위험물질의 사용 억제, 개방상태에서의 사용 억제
2) 폭발성 가스의 체류 방지 : 옥외에 설치, 환기 등

나. 점화원으로 작용 억제 및 방폭화

1) 점화원의 실질적 격리

① 전기기기 점화원이 되는 부분은 주위의 폭발성 가스와 격리하여 접속하지 않도록 하는 방법 예 내부압력 방폭구조 및 유입 방폭구조

② 전기기기 내부에서 발생한 폭발이 전기기기 주위의 폭발성 가스에 파급되지 않도록 점화원을 실질적으로 격리하는 방법 예 내압 방폭구조

2) 전기설비의 안전도 증가

정상상태에서 점화원으로 되는 전기불꽃의 발생부 및 고온부가 존재하지 않는 전기설비에 대하여 특히 안전도를 증가시켜 고장이 발생하지 못하도록 하는 방법

예 안전증 방폭구조

---

51) 가연성 가스 : 상온에서 기체로 있으며 공기와 어느 정도 혼합상태에 있을 때에 점화원이 있으면 폭발을 일으키는 것
52) 인화성 물질 : 불이 붙기가 쉬운 가연성 물질로서 그 증기와 공기가 어느 정도 비율로 혼합상태에 있을 때 점화원이 있으면 폭발을 일으키는 것

3) 점화능력의 본질적 억제[53)]

약전류 회로의 전기설비와 같이 정상상태뿐만 아니라 사고 시에도 발생되는 전기 불꽃 또는 고온부가 최소에너지 이하의 값으로 되어 가연성 물질에 착화할 위험이 없다는 것이 시험 등의 방법에 의해 충분히 확인된 경우 예 본질안전 방폭구조

2. 방폭지역(위험장소)의 분류

가. 위험장소의 구분

위험장소	해당 장소	방폭구조
가스폭발 위험장소	0종 장소	분진안전 방폭구조
	1종 장소	내압 · 압력 · 유입 · 안전증 · 본질안전 방폭구조
	2종 장소	0종 및 1종 장소에 사용 가능한 모든 구조
분진폭발 위험장소	20종 장소	분진 내압 · 본질안전 방폭구조
	21종 장소	분진 내압 · 본질안전 · 압력 방폭구조
	22종 장소	20종 장소 및 21종 장소 사용 가능한 방폭구조

나. 위험장소의 분류

위험분류별	해당 장소	구체적 장소
ZONE 0 (0종 장소)	정상상태에서 지속적인 위험 분위기가 장기간 존재하는 장소	• 위험물 취급용기 내부 • 인화성 가스, 증기배관의 내부
ZONE 1 (1종 장소)	통상상태에서 간헐적 위험 분위기가 존재하기 쉬운 장소	연료 투입 또는 제품 인출 작업, 위험물 취급 용기의 맨홀 및 해치 주변
ZONE 2 (2종 장소)	이상상태하에서 위험 분위기가 단시간 동안 존재할 수 있는 장소	위험물 용기나 장치의 연결부 주변영역, 기계적 환기 장치나 강제통풍 장치를 활용한 경우에도 해당

※ 유럽 : Zone 0, Zone 1, Zone 2 / 미국 : Division 1, Division 2 / 일본 : 0종 · 1종 · 2종 장소

다. 방폭기기의 선정방향

1) 기본조건

① 사용장소의 환경[54)]

② 기기의 사용조건

53) 폭발되지 않는 안전에너지기준은 전압 12V 이하, 전류 30mA 이하, 에너지 13.5mJ 이하의 범위이다.

54) 방폭 전기설비의 표준 환경조건은 표고 1,000m 이하, 주위온도 −20~40℃, 상대습도 45~85%이다.

2) 선정원칙

① 위험장소의 종별, 폭발성 가스의 폭발등급 및 발화도에 대응하는 방폭구조의 전기기기로 선정하되 각 방폭구조에 대한 장단점과 주위 환경조건에 대한 적정성 여부, 향후 보수 · 유지에 대한 사항 및 경제성 등 제반사항을 고려한다.

② 같은 장소에 위험도가 다른 폭발성 가스가 존재한 경우에는 위험도가 높은 등급의 방폭구조인 전기기기를 선정한다.

3. 방폭기기의 분류

가. 내압(耐壓) 방폭구조(Ex d) : 1 · 2종 장소에 적합

1) 정의 : 용기 내 폭발 시 용기가 폭발압력을 견디며, 접합면, 개구부를 통해 외부에 인화될 우려가 없는 구조이다.

2) 특징 : 개별기기 보호방식으로 전기기기의 성능조건을 유지하기 적합한 방폭구조, 용기가 견딜 수 있는 압력은 용적 100cm^{3}을 초과하는 것은 폭발등급 1, 2의 가스에 대해서 10kg/cm^2 이상으로 규정한다.

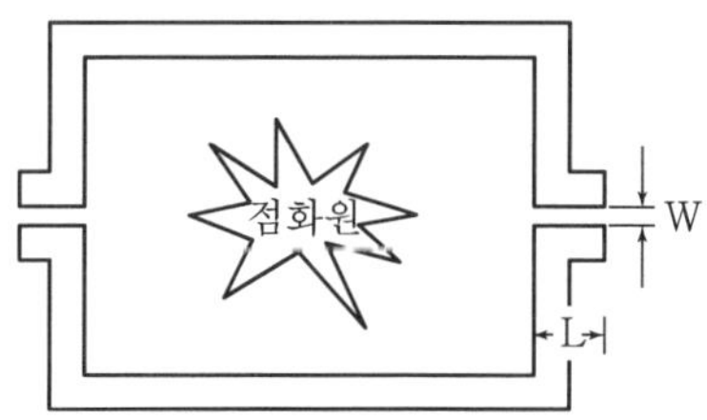

W : 틈새, L : 길이

[그림 1] 내압 방폭구조

3) 대상 : 아크가 발생하는 기기, 전동기, 개폐기(접점, 차단기 등) 등 일반전기기기에 가장 많이 사용한다.

나. 압력 방폭구조(Ex p) : 1 · 2종 장소에 적합(内壓 방폭구조)

1) 정의 : 용기 내에 보호가스를 압입시켜 폭발성 가스나 증기가 용기 내부에 유입되지 않도록 한 구조이다.

2) 특징 : 통풍식, 봉입식 및 밀봉식의 3종류가 있으며 통풍식과 봉입식의 경우는 그 내압 방폭성 유지를 위해 모든 점의 압력을 주위의 대기압보다 수주를 5mm 이상 유지하고, 밀봉식은 용기 내부의 압력을 확실히 지시하는 장치를 시설하도록 되어 있으며, 보호가스의 보호효과가 상실되면 경보 및 운전을 정지시키는 보호장치를 설치하도록 규정하고 있다.

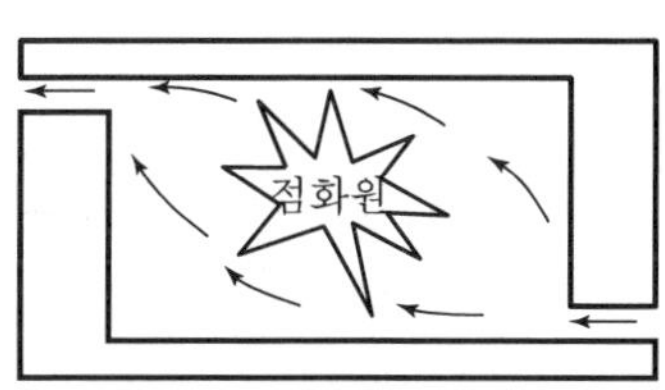

[그림 2] 압력 방폭구조

3) 대상 : 아크 발생 모든 기기, 주로 방폭 현장의 제어반 등에 사용한다.

다. 유입 방폭구조(Ex o) : 2종 장소에만 적합한 구조

1) 정의 : 전기 불꽃, 아크, 고온 발생부분을 기름으로 채워 존재하는 폭발성 가스 또는 증기에 인화되지 않도록 한 구조이다.

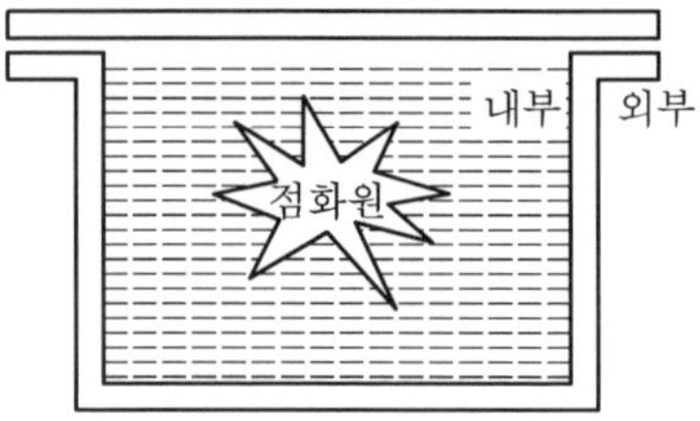

[그림 3] 유입 방폭구조

2) 특징 : 이 경우 유면으로부터 위험부까지의 거리를 적어도 10mm 이상 이격하여야 하며 유면계를 수시 체크하고, 스파크에 의한 기름이 열분해하여 수소 가스가 발생하므로 배기구멍을 설치해야 한다. 대형 전기기기에 주로 사용되는 유입 방폭구조는 안전적인 측면 및 운전 작동 시 효과적인 성능이 유지되도록 한 구조이다.
3) 대상 : 아크가 발생할 수 있는 접점 스위치, 개폐장치, 대형 전기기기의 등에 사용한다.

라. 안전증 방폭구조(Ex e) : 1종 장소에 사용 금지

1) 정의 : 정상 운전 중에 점화원 발생 방지를 위해 기계적, 전기적 구조상 혹은 온도 상승에 대해 안전도를 증가한 구조이다.

[그림 4] 안전증 방폭구조

2) 특징 : 용기 내에 도체 접속방법은 풀림방지 나사접속과 납땜, 용접 등이며, 전위가 다른 도체 간의 절연 공간 거리를 규정하여 안전도를 증진시킨 구조. 내부 보호기체에 압력경보장치를 설치한다.
3) 대상 : 접속단자 장치, 측정계기, 전동기, 등기구 등에 사용한다.

마. 본질안전 방폭구조(Ex ia/Ex ib) : 0 · 1 · 2종 장소에 모두 적합

1) 정의 : 정상 시 및 사고 시(단선, 단락, 지락)에 폭발 점화원(전기 불꽃, 아크, 고온)의 발생이 방지된 구조이다.
2) 특징 : 내압 방폭구조에 비해 경제적이고 소형이다. 측정계기, 자동장치 등에 사용되며, 비위험 장소에는 고장 시 최소 착화에너지 이상의 불꽃이 발생할 가능성이 있는 저압전원에도 사용되고 있다.
3) 대상 : 신호기기, 계측기 등 0종 장소에 사용한다.

바. 특수 방폭구조(S)

기타의 방법으로 폭발성 가스 또는 증기의 인화를 방지할 수 있는 것이 인정된 구조이다.

1) 구조의 종류

① 특수방진 방폭구조(Ex SDP) : 전폐구조로 접합면 깊이를 일정치 이상으로 하거나 또는 접합면에 일정값 이상의 깊이를 갖는 패킹을 사용하여 분진이 용기 내 침입하지 않도록 한 구조

② 보통방진 방폭구조(Ex DP) : 전폐구조로 접합면 깊이를 일정치 이상으로 하거나 또는 접합면에 패킹을 사용하여 분진이 침입하기 어렵게 한 구조

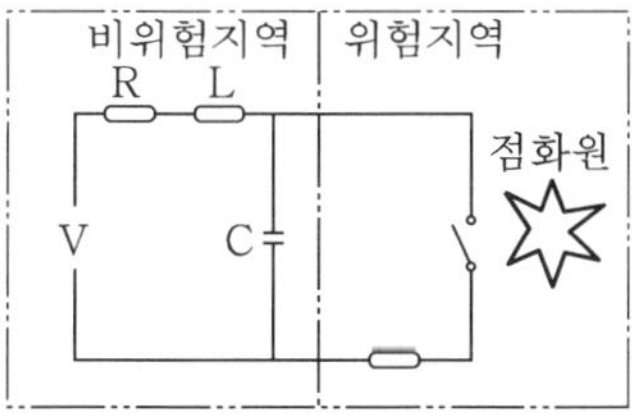

[그림 5] 본질안전 방폭구조

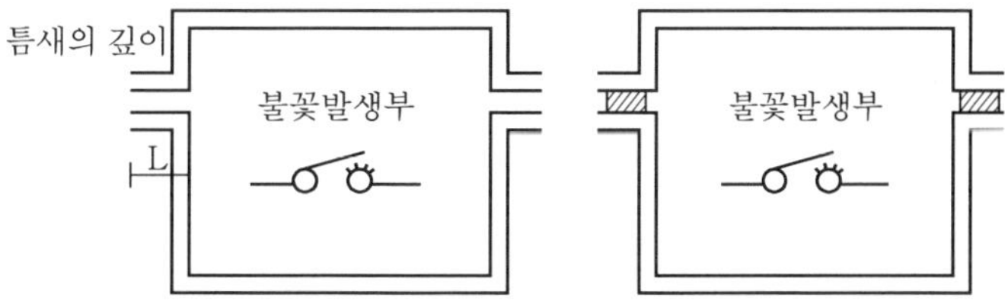

(a) L을 일정치 이상 (b) 패킹 사용

[그림 6] 특수 방폭구조

2) 대상기기는 주로 단락물질이 폭발성 가스에 점화하지 않는 회로의 기기에 사용한다.

2.2 전기기기 및 배선의 방폭시설

전기방폭이란 전기설비가 원인이 되어 가연성 가스나 증기 또는 분진에 인화되거나 점화되어 폭발사고가 발생하는 것을 방지하는 것을 말하며, 대표적인 전기방폭시설에는 전기기기 및 배선설비, 전기설비 등이 있다.

■ 한국전기설비규정(KEC), 전기설비기술기준 고시, 전력사용시설물 설비 및 설계, 정기간행물

1. 전기기기 및 배선의 방폭 구분

가. 위험장소의 방폭 전기기기 및 배선 선정

[표 1] 위험장소에 따른 방폭 배선 적용 분류

배선방법		위험장소		
		0종 장소	1종 장소	2종 장소
본질안전 방폭에서 배선	케이블 배선	×	○	○
	금속관 배선	×	○	○
	이동 전기기기의 배선	×	○	○
본질안전 방폭회로 배선		○	○	○

나. 전기기기 선정 시 고려사항

1) 상시 점화원으로 되는 부분을 내장한 내압 방폭구조는 가급적 1종 장소에서의 사용을 피한다.
2) 유입 방폭구조의 전기기기는 가급적 1종 장소에서의 사용을 피한다.
3) 본질안전 방폭구조 전기기기는 1 · 2종 장소에서 사용이 가능하다.
4) 온도 상승에 불안한 전기기기를 1종 장소에서 사용할 때는 내압 또는 압력 방폭구조로 한다.
5) 안전증 방폭구조 및 고압기기는 1종 장소에서 사용하지 않아야 한다.

다. 방폭 전기배선시설

1) 금속관 배선

① 내압 방폭 : 잠재적인 점화원을 가진 절연전선과 그 접속부를 내장한 전선관로에 대하여 관로 내 폭발을 주위의 폭발성 분위기 내로 전파하지 않도록 한 것. 금속관 배관 시 실링을 설치한다.

② 안전증 방폭 : 잠재적인 점화원을 가진 절연전선과 그 접속부에 대하여 절연체의 손상, 열화, 단선 등 점화원을 발생시키는 고장이 일어나지 않도록 기계적 및 전기적으로 안전도를 증가시킨다.

③ 본질안전 방폭 : 정상상태 및 이상상태에서도 전기불꽃 또는 고온부가 폭발성 분위기에 대하여 점화원이 되지 않도록 전기회로 내에 소비되는 전기에너지를 억제한다.

2) 케이블 배선

절연체의 손상 또는 열화, 단선, 접속부의 풀림 등 고장원인이 일어나지 않도록 케이블 선정, 외상보호, 접속부의 강화 등 기계적 및 전기적으로 안전도를 증진시킨 것이다.

2. 전기설비의 방폭시설

가. 위험장소의 방폭 전기설비

[표 2] 위험장소의 전기설비

전기설비 \ 위험장소	0종 장소	1종 장소	2종 장소
전류단속점이 있는 계기, 차단기, 스위치	본질안전 방폭구조	좌동 내압 · 압력 · 유입방폭 구조	좌동 안전증방폭 구조
회전기기, 조명기기	본질안전 방폭구조	좌동 내압 · 압력 · 유입방폭 구조	좌동 안전증방폭 구조
배선설비	본질안전배선, 금속관, 케이블	좌동 금속제 외장케이블	좌동 밀폐된 가스켓이 있는 배선
가요성 코드	본질안전배선	위험장소용으로 승인된 것	위험장소용으로 승인된 것

나. 방폭 전기기기 시설 검토요건

1) 방폭 전기기기 설치지역의 방폭지역 등급 구분
2) 가스 등의 발화온도
3) 내압(耐壓)방폭 구조의 경우 최대안전틈새
4) 분진방폭 구조의 경우 분진의 도전성 유무
5) 압력방폭, 유입방폭, 안전증방폭 구조의 경우 최고표면온도
6) 본질안전방폭 구조의 경우 최소점화전류
7) 방폭 전기기기가 설치될 장소의 주변온도, 표고, 상대습도, 부식성 가스 또는 습기 등 환경조건을 고려한다.

다. 방폭 전기설비의 배선시설

배선방식의 종류는 내압방폭 금속관 배선, 안전증방폭 금속관배선, 케이블배선, 이동 전기기기 배선에 의한다.

1) 배선 시 유의사항

① 방폭 전기배선성능

㉠ 0종 장소 : 본질안전회로의 배선에 적합한 배선방식이다.

㉡ 1종 및 2종 장소 : 내압금속배선, 케이블배선, 본질안전회로배선 등에 적합하다.

② 방폭 전기기기의 배선인입

㉠ 전기기기의 방폭 구조와 동일한 방폭 성능으로 시공한다.

㉡ 금속관배선 인입의 경우 인입구 부근에 실링피팅을 설치하고 콤파운드로 밀봉한다.

③ 배선과 전기기기의 접속

㉠ 배선과 전기기기와 접속은 전기기기의 단자함에서 실시한다.

㉡ 전기기기에서 전선의 접속은 전기기기의 방폭 성능을 상실하지 않게 접속한다.

2) 금속관배선

① 내압방폭 금속관배선

㉠ 절연전선은 절연체가 고무, 비닐, 폴리에틸렌 중에서 적절한 것을 사용한다.

㉡ 전선관은 후강전선관을 사용한다.

㉢ 전선관의 접속은 나사부가 5산 이상 결합한다.

㉣ 가용성을 이용하는 부분은 내압방폭 구조의 플렉시블(Flexible) 피팅을 사용한다.

㉤ 전선관에는 실링 피팅을 설치한다.

② 안전증방폭 금속관배선

㉠ 전류관로에 기계적 및 전기적으로 안전도를 증가시킨 금속관배선으로 한다.

㉡ 전선관, 접속나사결합, 가요성 부분, 실링 등은 내압방폭 금속관배선에 의한다.

3) 케이블 배선

① 비위험장소의 배선보다 열적, 기계적, 전기적으로 안전도를 증가시킨 것이다.

② 도체 굵기는 충분한 허용전류를 가진 것을 사용한다.

③ 케이블의 시설은 충격, 가압, 마찰에 의해 케이블에 손상은 주지 않도록 시설한다.

④ 케이블의 접속은 피하고 접속 시 내압 또는 안전증방폭 구조의 접속함 내에서 처리한다.

4) 이동전기기기의 배선

① 이동전선은 KS C IEC에 규정한 캡타이어 케이블 3종 · 4종 이상의 원형을 사용한다.

② 고정전원과 이동전선의 접속 또는 이동전선 간의 접속은 차입접속기를 사용한다.

3. 방폭 전기설비의 전기적 보호

전기회로가 지락, 과전류, 온도 상승 등에 의해 이상이 발생할 우려가 있는 경우 조기에 검출하고 원인을 제거하여 점화원으로 되는 것을 억제하기 위한 보호장치를 해야 한다.

가. 지락보호

1) 접지식 저압전로

① 지락이 발생한 경우 즉시 전로를 차단하는 지락차단장치를 설치해야 한다.

② 지락 자동차단장치의 감도전류는 30mA 이하로 한다.

2) 비접지식 저압전로

① 전로에는 원칙적으로 지락자동경보장치를 설치해야 한다.

② 지락의 점화위험이 발생할 우려가 있는 경우 자동적으로 전로를 차단해야 한다.

3) 고압전로

지락이 발생한 경우 즉시 전로를 차단하는 지락차단장치를 시설해야 한다.

나. 단락 및 과전류보호

1) 전로에 단락 또는 과부하 발생 시 전로를 자동사단하는 장치를 설치하여야 한다.
2) 2종 장소의 저압회로로서 과전류가 점화원이 될 가능성이 극히 적은 경우에는 자동경보기를 설치할 수 있다.

다. 도전성 노출부분의 보호접지

1) 전기기기의 금속제 외함, 전선관 등은 가능한 낮은 접지저항값으로 접지한다.
2) 400V 이하의 전로는 100Ω 이하, 400V를 넘는 전로는 10Ω 이하로 해야 한다.

라. 전위의 동일화

도전성 부분 사이의 전위차에 의한 스파크 발생 가능성을 방지하기 위해서 방폭지역의 모든 도전성 부분은 본딩 등에 의해 전위를 동일하게 해야 한다.

SECTION 03

방재센터

3.1 소방 전기시설

소방 전기시설의 설치목적은 화재의 초기단계에 빠른 검출로 건물관계자들에게 알리는 것이며, 조기발견으로 초기소화를 효과적으로 하여 화재 확대를 최소한으로 억제하기 위한 설비이다.

■ 소방시설 설치 · 유지 및 안전관리에 관한 법률, 전기설비기술기준 고시, 정기간행물

1. 소방 전기시설의 필요성

가. 화재 발생 때 적절한 초기소화 활동을 함으로써 우선 인명의 안전을 지키며 재산을 보호하고 다음 단계에 본격적인 소화에 대한 출동 태세를 준비한다는 점에서 그 필요성을 들 수 있다.

나. 특정소방대상물이란 소방대상물 중 화재위험성이 비교적 높다고 판단되는 대상을 용도별 · 연면적 또는 수용인원에 따라 그에 맞는 소방시설을 설치하여야 하는 소방대상물을 말한다.

2. 소방시설의 종류

가. 소화설비

소화기구(소화기, 간이소화용구, 자동확산소화기), 자동소화장치(주거용 · 상업용 · 캐비닛형 · 가스 · 분말 · 고체에어로졸 자동소화장치), 옥내소화전설비, 스프링클러설비, 물분무등(물분무 · 미분무 · 포 · 이산화탄소 · 할론 · 할로겐화합물 및 불활성가스 · 분말)소화설비, 옥외소화전설비 등

나. 경보설비

비상경보설비, 단독경보형 감지기, 비상방송설비, 자동화재탐지설비 및 시각경보장치, 비상방송설비, 자동화재속보설비, 누전경보기, 가스누설경보기 등

다. 피난구조설비

피난기구(피난사다리, 구조대, 완강기 등), 인명구조기구(방열복, 공기호흡기, 인공소생기), 유도등 및 유도표지, 비상조명등 등

라. 소화용수설비

상수도소화용수설비, 소화수조 및 저수조 등

마. 소화활동설비

제연설비, 특별피난계단의 계단실 및 부속실의 제연설비, 연결송수관설비, 연결살수설비, 비상콘센트설비, 무선통신보조설비, 지하구 등

바. 기타(그 밖의 소방관련 시설)

소방시설용 비상전원수전설비, 도로터널, 고층건축물, 임시소방시설 등

3. 소방시설의 공급전원

가. 비상전원의 종류

자가발전설비, 축전지설비 또는 전기저장장치, 둘 이상의 변전소에서 전력을 동시에 공급받을 수 있거나 하나의 변전소로부터 전력의 공급이 중단되는 때에는 다른 변전소로부터 전원을 공급받을 수 있도록 설치한 상용전원을 말한다.

나. 시설별 비상공급전원의 구분

1) 자동화재탐지설비, 비상방송설비 및 비상경보설비

① 비상전원, 축전지 또는 교류전압에 의하여 공급하여야 한다.

② 축전지설비는 감시상태에서 60분간 지속한 후 유효하게 10분 이상 경보할 수 있어야 한다.

2) 자동화재속보설비

자동화재탐지설비와 연동으로 작동한다.

3) 누전경보기

① 전원은 교류전원을 분전반으로부터 전용회로로 공급하여야 한다.

② 비상전원수전설비는 저압에 의한 전원공급을 한다.

4) 비상조명등

① 예비전원을 내장한 비상조명등의 경우 축전지와 예비전원 충전장치를 내장한다.

② 예비전원을 내장하지 않은 비상조명등의 경우 자가발전설비 또는 축전지설비에 의한 전원공급이 가능하여야 한다.

③ 전원공급은 20분에서 60분 이상 유효하게 작동하여야 한다.

5) 제연설비

① 비상전원은 자가발전설비 또는 축전지설비를 사용한다.

② 제연설비를 20분 이상 작동하여야 한다.

6) 유도등

① 전원은 축전지 또는 교류전원을 사용한다.

② 비상전원은 축전지로 20분, 11층 이상은 60분 이상 유효하게 공급하여야 한다.

7) 비상콘센트

① 비상전원은 자가발전설비 또는 비상전원수전설비를 사용한다.

② 비상콘센트를 20분 이상 작동하여야 한다.

[표] 관계법령에 의한 전원설비

<table>
<tr><th>관계법령</th><th colspan="2">설비의 종류</th><th>설치대상</th><th>비고</th></tr>
<tr><td rowspan="16">소방법</td><td colspan="2">옥내소화전설비</td><td rowspan="7">특정소방대상물</td><td rowspan="3">화재 시 펌프가 자동 기동되도록 비상전원을 대신하여 내연기관을 설치한 경우는 제외</td></tr>
<tr><td colspan="2">스프링클러설비</td></tr>
<tr><td rowspan="3">소화설비</td><td>물분무 등, 포</td></tr>
<tr><td>CO_2, 분말</td><td></td></tr>
<tr><td>할로겐화합물</td><td></td></tr>
<tr><td colspan="2">옥외소화전설비</td><td></td></tr>
<tr><td colspan="2">자동화재탐지설비</td><td>비상전원용 수전설비 또는 축전지설비</td></tr>
<tr><td colspan="2">자동화재속보설비</td><td>해당 없음</td><td>예비전원필요</td></tr>
<tr><td colspan="2">가스누설경보설비</td><td rowspan="5">특정소방대상물</td><td>비상전원용 수전설비 또는 축전지설비</td></tr>
<tr><td colspan="2">유도등</td><td>축전지설비</td></tr>
<tr><td colspan="2">비상조명등</td><td>예비전원을 내장한 것은 제외</td></tr>
<tr><td colspan="2">제연설비</td><td></td></tr>
<tr><td colspan="2">연결송수관설비</td><td></td></tr>
<tr><td colspan="2">연결살수설비</td><td>해당 없음</td><td></td></tr>
<tr><td colspan="2">비상콘센트설비</td><td rowspan="6">특정소방대상물</td><td></td></tr>
<tr><td colspan="2">무선통신보조설비</td><td>설비 자체에 부착</td></tr>
<tr><td rowspan="4">건축법</td><td colspan="2">방화셔터</td><td>축전지로 충전하지 않고 30분간 셔터를 개폐시킬 수 있어야 한다.</td></tr>
<tr><td colspan="2">비상용 승강기</td><td>상용전원이 차단되는 경우 60초 이내에 자동전환방식으로 2시간 이상 작동</td></tr>
<tr><td colspan="2">배연설비</td><td></td></tr>
<tr><td colspan="2">비상급수설비</td><td></td></tr>
</table>

3.2 건축물의 중앙감시실

건축전기설비를 포함한 전기설비가 그 역할을 다하기 위해서는 일정한 시설공간이 필요하다. 또한 건축물에 배치되는 전기설비의 각종 시설공간은 기능성, 관리성, 안전성, 확장성을 기본 개념으로 시설등급에 따른 경제성과 의장성을 고려한다.

■ 건축전기설비설계기준, 정기간행물

1. 일반사항

가. 건축적 고려사항

1) 건축물에 중앙감시실을 설치하는 경우 전력설비, 조명설비, 소방설비, 방범설비, 항공장해등감시반 등을 중앙감시실에서 집중적으로 감시 및 제어함으로써 전기 · 기계설비의 에너지를 절약하고 관리비용을 절감한다.
2) 중앙감시실은 건축물의 규모와 시설관리의 효율성을 감안하여 설치하고 근무자의 휴식공간을 설치한다.
3) 중앙감시실을 방재센터와 겸용하는 경우는 반드시 방화구획을 하여야 하고 지하 1층 또는 피난층에 설치한다. 단, 기타 지하층에 위치하는 경우에는 실의 출입문을 특별피난계단으로부터 5m 이내에 설치한다.

나. 환경적 고려사항

1) 중앙감시실은 침수, 누수의 우려가 없어야 하며 내부에 급수 및 배수관을 설치하지 않는다.
2) 중앙감시실의 천장 높이, 환기, 공조 및 조명의 설계기준은 일반적으로 사무실에 준하고, 바닥은 배선과 장비배치의 효율성을 고려하여 이중바닥을 시설하는 것을 고려한다.

다. 전기적 고려사항

중앙감시실은 수변전실, 발전기실, 중앙기계실 등과 연계성이 용이한 위치로 한다.

2. 중앙감시실의 형식 및 면적

가. 중앙감시실 형식은 관리(감시 및 제어)점수에 따라 분류하며, 다음 표를 참조한다.

구분 / 형식	A형	B형	C형	D형
운용형태	관리실에 설치	관리실 · 중앙감시실 겸용	중앙감시실	중앙감시실
면적[m^2]	10	15~30	30~60	60 이상
해당 건축물	소규모	소 · 중규모	중 · 대규모	대규모

PART 04 방재설비

나. 건축물의 계획 시 연면적에서 중앙감시실 면적 계획 시 다음 [그림]을 참조한다.

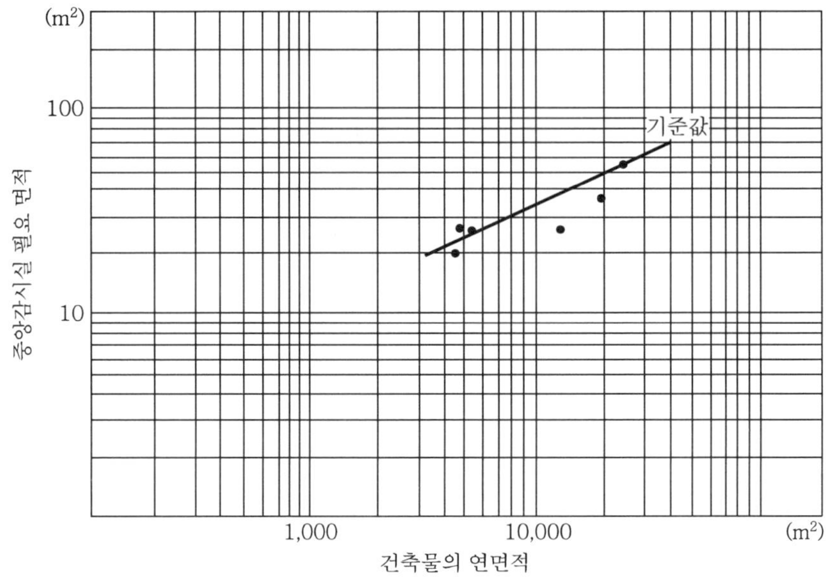

[그림] 특수 방폭구조

3.3 건축물의 종합방재실

종합방재실은 평상시에는 건축물의 안전관리(건축 · 소방 · 전기 · 가스) 및 유관설비(방범 · 보안 · 테러)의 운영상황을 감시 · 제어 및 관리 등 운영을 일원화하고, 재해 발생 또는 비상시에는 그 상황을 정확히 파악하여 통합적 재난관리를 효율적으로 수행하기 위하여 설치 · 운영한다.

■ 초고층 및 지하연계 복합건축물 재난관리에 관한 특별법, 건축물의 피난 · 방화구조 등의 기준에 관한 규칙

1. 종합방재실 설치대상

가. 초고층 건축물 : 층수가 50층 이상 또는 높이가 200m 이상인 건축물

나. 지하연계 복합건축물 : 층수가 11층 이상이거나 1일 수용인원이 5천 명 이상인 건축물로서 지하부분이 지하역사 또는 지하도 상가와 연결된 건축물

다. 통합적 재난관리가 필요하다고 인정하여 고시하는 건축물 및 시설물

2. 종합방재실의 위치

초고층 건축물 등의 관리주체는 건물의 안전관리 및 방범 · 보안 · 테러 등을 포함하는 통합적인 재난관리를 효율적으로 시행하기 위하여 종합방재실을 설치 · 운영하여야 한다.

가. 1층 또는 피난층. 단, 특별피난계단 출입구로부터 5미터 이내는 2층 또는 지하 1층에 설치할 수 있으며 공동주택의 경우에는 관리사무소 내에 설치할 수 있다.
나. 비상용 승강장, 피난 전용 승강장 및 특별피난계단으로 이동하기 쉬운 곳
다. 재난정보 수집 및 제공, 방재 활동의 거점 역할을 할 수 있는 곳
라. 소방대가 쉽게 도달할 수 있는 곳
마. 화재 및 침수 등으로 인하여 피해를 입을 우려가 적은 곳

3. 종합방재실의 구조와 면적

가. 종합방재실은 다른 부분과 방화구획으로 설치할 것
나. 종합방재실의 인력 대기 및 휴식 등을 위하여 방화구획된 부속실을 설치할 것
다. 종합방재실의 면적은 최소 20m^2 이상으로 할 것
라. 재난 및 안전관리 등을 위하여 필요한 시설 · 장비의 설치와 근무인력의 재난 및 안전관리 활동, 재난 발생 시 소방대원의 지휘활동에 지장이 없도록 설치할 것
마. 출입문에는 출입 제한 및 통제 장치를 갖출 것

4. 종합방재실의 설비대상

가. 조명설비(예비전원을 포함한다) 및 급수 · 배수설비
나. 상용전원과 예비전원의 공급을 자동 또는 수동으로 전환하는 설비
다. 급기 · 배기 설비 및 냉방 · 난방 설비
라. 전력공급상황 확인 시스템
마. 공기조화 · 냉난방 · 소방 · 승강기 설비의 감시 및 제어시스템
바. 자료 저장 시스템
사. 지진계 및 풍향 · 풍속계
아. 소화 장비 보관함 및 무정전 전원공급장치
자. 피난안전구역[55], 피난용 승강기 승강장 및 테러 등의 감시와 보안을 위한 CCTV

---

55) 피난안전구역 : 「건축물의 피난 · 방화구조 등의 기준에 관한 규칙」 – 피난안전구역 설치기준이 있으며, 「초고층 및 지하연계복합건축물 재난관리에 관한 특별법 시행규칙」 – 피난안전구역의 설비로 자동심장충격기 등 심폐소생술을 할 수 있는 응급장비, 방독면의 수량에 관한 기준이 있다.

PART **05**

기타 설비

기출문제 경향분석 및 학습전략

PART I 05 기타 설비

❶ 경향분석

1. **기타 설비**는 **배전편의 가장 중요한 파트**로서 크게 **KS C IEC 규격**, 에너지 절약(절약제도, 절약방안), 신 · 재생에너지, 전력신기술의 신기술, 설계, 감리 및 기타, 특수시설 등으로 구성되어 있습니다.
2. **KS C IEC 규격**은 **접지방식 기준**에서 용어정의, 저압계통의 접지방식, 전기안전 보호수단, 감전보호, 과전압 보호, 보호도체, 등전위본딩, SPD 등이 출제되었습니다.
3. **에너지 절약**은 **에너지 절약**에서 절약제도(TOE, 녹색에너지, 에너지절약계획서, 친환경 주택, 에너지 관리 진단, 대기전력), 설계기준(건축물, 전동기), DSM, Peak Control, ZEM, **신 · 재생에너지에서** 공급의무제도, 스마트 그리드, 원격검침, 분산형 전원, 태양광, 풍력발전, 조력, 열병합, 연료전지, ESS 등이 출제되었습니다.
4. **전력신기술**은 **설계 · 감리**에서 VE, BIM, 감리업무(배치기준, 수행지침, 기성검사, 준공절차), **특수시설**에서 초전도, 전기욕기, 수중조명, 집진장치(EP), 의료장소 전기설비, 전기자동차 등이 출제되었습니다.
5. **출제되는 문제의 경우** 동일한 문제는 없으나, 방향의 동일성 또는 용어의 다중성 등 응용문제가 출제되고 있습니다.

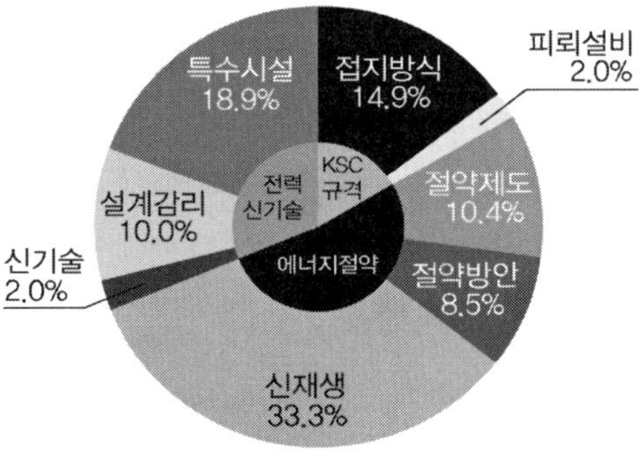

❷ 학습전략

1. **기타 설비**는 전체 문제의 **출제 비중이 22%**이며, KS C IEC 규격이 34번, 에너지 절약이 105번, 전력신기술이 62번 출제되었으므로 총 출제 문제의 약 20~25% 정도 비중이 있는 가장 중요한 단원 “에너지 절약제도, 신 · 재생에너지, 특수시설 용어정의 등”의 기초 학습과 “ZEM, 분산형 전원의 계통연계, ESS, 전기자동차 등”의 심화 학습 전략이 필요합니다.
2. **출제경향**은 일정한 방향성 또는 최신 경향의 용어, 정책, 전기업계에서 새롭게 부상되는 설비(분산형 전원, 스마트 그리드, 연료전지, ESS) 등을 암기식 비밀노트로 정리하시기 바랍니다.
3. **학습전략 중 암기방법**은 자기만의 그림 · 주제 및 환경을 이용한 연상기억법 또는 기존 자기만의 암기 방법과 병행하여 암기식 비밀노트를 만들기 바랍니다.

CHAPTER 01

KS C IEC 설비

SECTION 01

특수설비 등

1.1 전기욕기의 시설기준

■ 전기설비기술기준 고시, 내선규정, 정기간행물, 건축전기설비설계기준

1. 개요

전기욕기는 욕탕의 양단에 판상의 전극을 설치하고 그 전극 상호 간에 미약한 교류전압을 가하여 입욕자에게 전기적 자극을 주는 장치로 고정된 욕조, 샤워설비가 있는 곳과 주변구역 전기설비에 적용한다.

2. 구역의 분류

가. 구역 0(Description of Zone 0)

1) 욕조 또는 샤워설비(샤워조)가 있는 장소

구역 0은 욕조 또는 샤워조의 내부[(그림 (a)]

2) 샤워조가 없는 샤워실

샤워조가 없는 샤워실에 대해서 구역 0에서의 높이는 10cm이며, 그 표면한계는 구역 1과 같이 수평하게 한다.[(그림 (b)]

나. 구역 1(Description of Zone 1)

1) 마감바닥면과 가장 높이 고정된 샤워기 꼭지나 수도꼭지의 높이에 상응하는 수평면 또는 마감바닥면에서 225cm 위의 수평면 중 높은 곳에 의한다.

2) 수직면에 의해

① 욕조 또는 샤워조를 둘러싼 수직면[(그림 (a)]

② 샤워조가 없는 샤워실의 벽 또는 천장에 고정된 수도꼭지의 중심점으로부터 120cm 떨어진 수직면[(그림 (b)]

PART 05 기타 설비

3) 구역 1은 구역 0을 포함하지 않는다.

4) 욕조 또는 샤워조의 아래 공간은 구역 1로 간주된다.

다. 구역 2(Description of Zone 2)

1) 마감바닥면과 가장 높이 고정된 샤워기 꼭지나 수도꼭지의 높이에 상응하는 수평면에 의하거나 마감바닥면에서 225cm 위의 수평면 중 높은 것에 의한다.

2) 수평면은 구역 1 경계에서의 수직표면과 구역 1의 가장자리로부터 60cm 거리의 평행인 수직면[(그림 (a)]

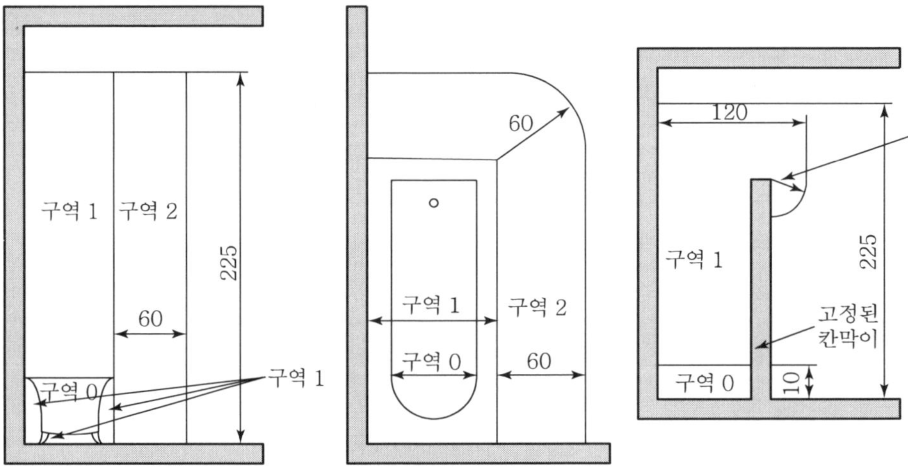

(a) 욕조 또는 샤워설비(샤워조)가 있는 장소 (b) 샤워조가 없는 장소

[그림] 욕조 또는 샤워설비 구역 분류

3. 안전을 위한 보호

가. SELV, PELV의 특별저압

구역 0, 1, 2에서 직접접촉에 대한 보호는 다음에 의해 모든 전기기기에 제공

1) IPXXB 또는 IP2X 보호등급 이상의 격벽 또는 외함

2) 시험전압 교류 500V(실효치)로 1분간 견딜 수 있는 절연

나. 추가적인 보호

1) 잔류전류 보호장치(RCDs)

욕조 또는 샤워설비가 있는 방에서는 정격감도전류 30mA 이하인 하나 또는 그 이상의 잔류전류 보호장치(RCDs)가 모든 회로의 보호장치로 시설

2) 보조등전위 접속

① 욕조 또는 샤워설비가 있는 방안의 접근 가능한 계통 외 도전부 및 노출도전부를 보호도체에 접속하여 시설한다.

② 욕조 또는 샤워설비가 있는 방의 외부 또는 내부에 설치될 수 있는 보조등전위 접속은 계통 외 도전부의 인입구 가까운 곳에 설치한다.

4. 전기욕기용 전원장치의 시설

가. 사용선압

전기욕기에 전기를 공급하는 전로의 사용전압은 대지전압 300[V] 이하로 한다.

나. 전원장치

1) 전기욕기에 전기를 공급하기 위한 전기욕기용 전원장치(내장되는 전원 변압기의 2차 측 전로의 사용전압이 10V 이하의 것에 한한다)는 「전기용품 및 생활용품 안전관리법」에 의한 안전기준에 적합하여야 한다.

2) 전기욕기용 전원장치는 욕실 이외의 건조한 곳으로서 취급자 이외의 자가 쉽게 접촉하지 아니하는 곳에 시설할 것

다. 2차 측 배선(전기욕기용 전원장치로부터 욕탕 안의 전극까지 배선)

1) 2차 측 배선은 공칭단면적 2.5mm² 이상의 연동선과 동등 이상의 세기 및 굵기의 절연전선 또는 케이블 또는 공칭단면적이 1.5mm² 이상인 캡타이어 케이블을 사용한다.

2) 2차 측 배관은 합성수지관공사, 금속관공사, 케이블공사에 의하여 시설한다.

라. 욕조 내의 시설

1) 욕탕 안 전극 간의 거리는 1m 이상일 것

2) 욕탕 안 전극은 사람이 쉽게 접촉할 우려가 없도록 시설할 것

마. 접지 및 절연저항

1) 전기욕기용 전원장치의 금속제 외함 및 전선을 넣는 금속관에는 접지시스템 규정에 준하여 접지공사를 하여야 한다.

2) 2차 측 배선의 전선 상호 간 및 전선과 대지 사이의 절연저항값은 1MΩ 이상일 것

1.2 풀용 수중조명등 등의 시설기준

수중조명등은 수면하에 설치하기 때문에 인체저항이 감소하고 발과 대지 사이의 접촉저항도 적어 지락에 의한 누전위험이 증가하므로 감전에 대한 안전대책을 고려해야 한다.

■ 내선규정, 정기간행물, 건축전기설비설계기준

1. 수중조명등의 개요

가. 수중조명등은 수영장, 분수대 및 연못 등에 사용된다.

나. 조명기구는 풀장 측벽의 투시창 속에 설치한다.

다. 물속에서의 광도는 물에 의한 광속의 감쇄를 고려해야 한다.

라. 수중조명 광원은 LED가 좋으며 수중의 투과 정도를 높이기 위해서는 빔의 각도가 좁을수록 좋다.

마. 수중조명은 지락에 의한 누전의 위험이 매우 커지므로 감전에 대한 안전대책이 매우 중요하다.

바. 수중조명은 광원이 수면에 반사되어 생기는 글레어를 대폭적으로 감소할 수 있어서 수영하는 사람의 움직임을 관계자나 관객의 입장에서 잘 볼 수 있어 관람이 용이하다.

2. 수중조명등의 시설기준

가. 사용전압

수영장 및 이와 유사한 장소에 사용하는 조명등에 전기를 공급하기 위해서는 절연변압기[56]를 사용하고 사용전압은 다음에 의한다.

1) 절연변압기의 1차 측 전로의 전압은 400V 미만으로 한다.

2) 절연변압기의 2차 측 전로의 전압은 150V 이하로 한다.

나. 전원장치(절연변압기)

1) 절연변압기의 2차 측 전로는 접지하지 아니할 것

2) 절연변압기는 교류 5,000V의 시험전압으로 1분간의 절연내력시험에 견디는 것일 것

다. 2차 측 배선 및 이동전선

1) 절연변압기의 2차 측 배선은 금속관 배선에 의해 시설할 것

---

56) 절연변압기
① 권수비 1인 변압기를 사용하여 비접지식 전로 등의 고압회로 사이에서 절연을 목적으로 사용한다.
예 연구실, 실험실 등 비접지식 전로가 필요한 장소에 3kVA 이하로 사용
② 고압전로의 전류를 측정기구, 계전기 등으로 직접인가하는 것이 위험한 경우에 사용한다.

2) 수중조명등에 전기를 공급하기 위하여 사용되는 이동전선
   ① 접속점이 없는 단면적 $2.5mm^2$ 이상의 EP 고무절연 클로로프렌 캡타이어 케이블
   ② 이동전선은 유영자가 접촉될 우려가 없도록 시설할 것
   ③ 이동전선과 배선의 접속은 꽂음 접속기를 사용하고 물이 스며들지 않고 또한 물이 고이지 않는 구조의 금속제 외함에 넣어 시설할 것
   ④ 수중조명등의 용기, 각종 방호장치와 금속제 부분, 금속제 외함 및 배선에 사용하는 금속관과 접지도체와의 접속에 사용하는 꽂음 접속기의 1극은 전기적으로 완전히 접속할 것

라. 수중조명등의 시설

1) 기구의 정격최대수심을 초과하지 않도록 할 것
2) 정격 용량을 초과하는 전구를 사용하지 말 것
3) 패킹에 의하여 이동전선을 조이는 경우 완전하고 확실하게 할 것
4) 연속하여 접속하는 경우는 이에 적합한 기구를 사용할 것
5) 수중전용의 기구는 수면상에 절대로 노출하여 시설하지 말 것

마. 개폐기 및 차단기

1) 절연변압기의 2차 측 전로에는 개폐기 및 과전류 차단기를 각 극에 시설할 것
2) 절연변압기의 2차 측 전로의 사용전압이 30V를 초과하는 경우에는 누전차단기를 시설할 것

바. 접지

1) 절연변압기는 2차 측 전로의 사용전압이 30V 이하인 경우에는 1, 2차 전선 사이에 금속제 혼촉 방지판을 설치하고 접지시스템 규정에 준하여 접지공사를 할 것
2) 개폐기, 과전류차단기 및 누전차단기 외함, 조명용기 및 방호장치의 금속제 부분에는 접지시스템 규정에 준하여 접지공사를 할 것

사. 수중조명등의 용기

1) 수영장, 기타 이와 유사한 장소에 시설하는 수중조명등의 용기
   ① 조사용 창인 유리, 렌즈, 기타 부분은 녹이 잘 슬지 않는 금속 또는 방청도장을 한 금속으로 견고하게 제작할 것
   ② 용기 내부의 적당한 곳에 나사 지름 4mm 이상의 접지용 단자를 설치할 것
   ③ 조명등을 틀어 끼우는 접속기 및 소켓은 자기제일 것
   ④ 완성품은 비도전 부분과의 사이에 교류 2,000V의 교류전압 절연내력 시험에 1분간 견디는 것일 것

⑤ 완성품은 설치깊이 이상의 수중에서 규정된 시험을 반복할 때 용기 내에 물이 스며드는 등의 이상이 없어야 한다.

⑥ 최대 적합전구의 와트 및 정격 최대수심의 표시를 보기 쉬운 곳에 표시할 것

2) 분수등에 시설하는 수중조명등 용기

조사용 창인 유리, 렌즈, 기타 부분은 녹이 잘 슬지 않는 금속 또는 방청도장을 한 금속 또는 플라스틱으로 견고하게 제작할 것

3. 수중조명기구 시설 예

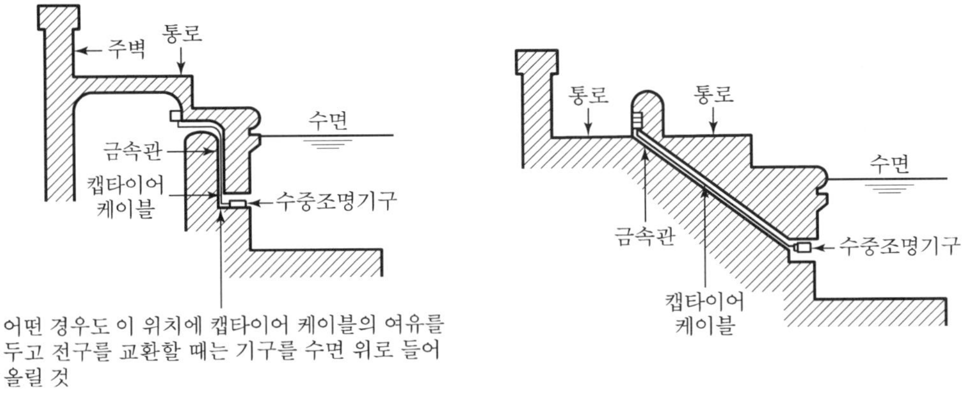

[그림] 수중조명기구시설

1.3 항공장애등 및 주간장애 표지시설

지표 또는 수면으로부터 60m 이상 높이의 구조물을 설치하는 자는 관계법령이 정하는 바에 따라 항공장애등 및 주간장애표지를 설치하여야 한다. 구조물이 항공기의 항행안전을 현저히 해칠 우려가 있으면 구조물에 표시등 및 표지를 설치하여야 한다.

■ 항공법, 건축전기설비설계기준, 내선규정, 정기간행물

1. 장애등의 설치목적 및 종류

가. 장애등의 설치목적

항공기에 지상 장애물의 존재를 표시하여 줌으로써 위험을 감소하게 하려는 것으로, 장애물에 의하여 발생될 수 있는 운항제한을 반드시 감소시키는 것은 아니다.

1) 항공장애등이란 비행 중인 조종사에게 장애물의 위치를 알리기 위한 등화를 말한다.

2) 주간장애표지란 주간에 비행 중인 조종사에게 장애물의 위치를 알리기 위해 설치하는 페인트 도장, Marker, 깃발 등을 말한다.

나. 장애등의 종류와 성능

[표 1] 장애등의 종류와 성능

<table>
<tr><th colspan="2">종류 \ 성능</th><th>색채</th><th>신호형태</th><th>수직빔 확산각도</th><th>비고</th></tr>
<tr><td rowspan="4">저광도</td><td>A(고정형)</td><td rowspan="2">적색</td><td rowspan="2">고정</td><td rowspan="2">10°</td><td></td></tr>
<tr><td>B(고정형)</td><td></td></tr>
<tr><td>C(이동장애등)</td><td>황색 / 청색</td><td rowspan="6">섬광</td><td>12°</td><td></td></tr>
<tr><td>D(지상유도차량)</td><td>황색</td><td>10°</td><td></td></tr>
<tr><td rowspan="2">중광도</td><td>A</td><td>백색</td><td rowspan="2">3° 이상</td><td></td></tr>
<tr><td>B</td><td>적색</td><td></td></tr>
<tr><td rowspan="3">고광도</td><td>A</td><td rowspan="2">백색</td><td rowspan="2">3~7°</td><td></td></tr>
<tr><td>B</td><td></td></tr>
<tr><td>C</td><td>적색</td><td>고정</td><td>3° 이상</td><td></td></tr>
</table>

2. 항공장애등의 설치위치 및 설치기준

가. 항공장애등의 설치위치

1) 일반사항

① 구조물의 정상에 근접하게 한 개 이상의 저광도, 중광도 또는 고광도 장애등을 설치하여야 한다.

② 굴뚝 또는 그와 같은 기능을 가진 다른 구조물의 경우 정상 장애등은 연기 등으로 그 장애등의 기능이 저하되는 것을 최소화하기 위하여 정상에서 아래쪽에 위치하도록 설치하여야 한다.

③ 주간에 고광도 장애등으로 식별되어야 하는 탑이나 안테나 구조물에 12m 이상의 피뢰침 또는 안테나와 같은 부속시설이 설치되어 고광도 장애등을 설치할 수 없는 경우에는 A형태의 중광도 장애등을 그 구조물의 정상에 설치하여야 한다.

④ 장애물 제한표면이 경사가 지고 장애물 제한표면보다 높거나 가장 근접한 지점이 그 물체의 정상점이 아닐 경우 그 물체의 정상점에 장애등을 추가로 설치하여야 한다.

2) 중광도 장애등

① A형태의 중광도 장애등을 설치하는 경우로서 그 물체의 정상 높이가 지표나 수면으로부터 또는 인근건물의 정상으로부터 105m를 초과하는 경우 중간지점에 장애등을 동일한 간격으로 추가로 설치하여야 한다.

② B형태의 중광도 장애등을 설치할 경우로서 물체의 정상보다 45m 이상 높을 경우에는 중간지점에 장애등을 추가로 설치하여야 한다. 중간지점의 장애등은 52m를 초과하지 않는 경우 같은 간격으로 수직으로 설치해야 한다.

③ C형태의 중광도 장애등을 사용할 경우로서 물체의 정상이 지표나 수면으로부터 또는 인근건물의 정상보다 45m 이상 높을 경우에는 그 중간지점에 C형태의 중광도 장애등을 추가로 설치하여야 한다. 중간지점의 장애등은 52m를 초과하지 않도록 같은 간격으로 수직으로 설치하여야 한다.

3) 고광도 장애등

① A형태의 고광도 장애등이 사용되는 경우 물체의 정상과 지표 또는 수면 사이의 간격이 105m를 초과하지 않도록 동일한 간격으로 수직으로 설치하여야 한다.

② B형태의 고광도 장애등을 고가선 또는 케이블을 지지하는 탑에 설치할 경우 장애등을 탑의 정상부분과 가공선 또는 케이블의 가장 낮은 부분 및 그 중간 정도의 위치에 3군데 설치하여야 한다.

③ A와 B형태의 고광도 장애등의 설치각도는 다음 [표 2]와 같다.

[표 2] 고광도 장애등의 설치각도

지형에서 장애등의 높이	수평선에서 빔의 최고 각도
지표면(AGL)에서 151m 초과	0°
지표면(AGL)에서 122m 초과 151m 이하	1°
지표면(AGL)에서 92m 초과 122m 이하	2°
지표면(AGL)에서 92m 이하	3°

4) 저광도 · 중광도 또는 고광도 장애등의 수량 및 배열

① 저 · 중 또는 고광도 장애등이 모든 각도에서 보일 수 있도록 설치되어야 한다.

② 저광도 장애등을 사용할 경우 수평간격은 45m를 초과할 수 없으며, 중광도 장애등을 사용할 경우 수평간격은 900m를 초과할 수 없다.

나. 항공장애등의 설치기준

1) 저광도 장애등의 설치기준

① 고정된 물체에 설치하는 A와 B형태의 저광도 장애등은 고정된 적색 등을 설치하여야 한다.

② B형태의 저광도 장애등은 단독으로 또는 B형태의 중광도 장애등과 함께 설치하여야 한다.

③ C형태 저광도 장애등은 항공기를 제외한 차량이나 그 밖의 이동물체에 설치하여야 한다.

④ D형태의 저광도 장애등은 지상유도(Follow-me) 차량에 섬광하는 황색 등을 설치하여야 한다.

⑤ 탑승교와 같은 기동성이 제한된 물체에는 A형태의 저광도 장애등을 설치하여야 한다.

2) 중광도 장애등의 설치기준

① A형태의 중광도 장애등은 섬광하는 백색 등이어야 하며, B형태는 섬광하는 적색 등이어야 하고, C형태는 고정 적색 등을 설치하여야 한다.

② A, B 및 C형태의 중광도 장애등은 물체가 한 무리의 수목 또는 건물과 같이 광범위하게 확산되어 있거나, 그 물제가 지표 또는 수면으로부터 45m 이상(장애물구역 이외 지역의 경우는 150m 이상)인 경우에 설치하여야 한다.

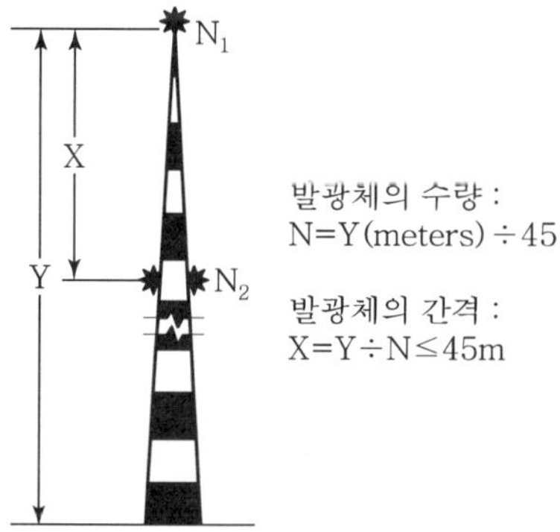

[그림 1] 굴뚝 · 철탑 등에 설치하는 항공장애표시등 및 항공장애주간표지의 위치

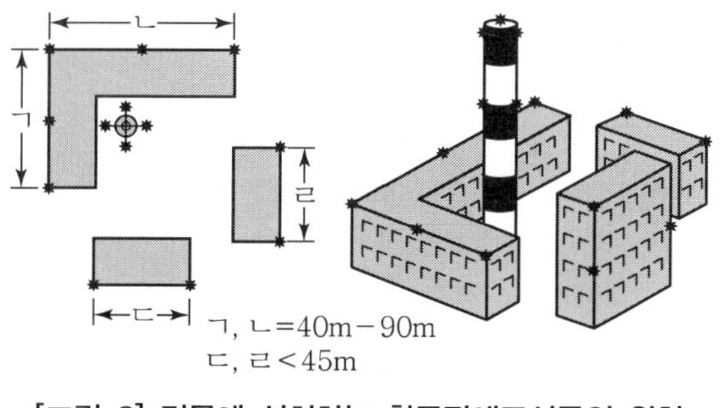

[그림 2] 건물에 설치하는 항공장애표시등의 위치

3. 주간장애표지의 설치기준

가. 고정물체를 표지할 경우 색채로 표시를 하되, 색채 표지가 불가능한 경우 표지물 또는 기(Flags)를 고정물체에 설치하여야 한다.

나. 이동물체를 표지할 경우 색채 또는 기로 표지하여야 한다. 이때 이동물체 응급차량은 적색 또는 황녹색, 업무차량은 황색, 그 밖의 이동물체는 눈에 잘 띄는 단일색으로 한다.

다. 물체가 연속되는 표면을 가지고 수직면상에 물체의 투영이 가로 또는 세로가 각 4.5m 이상일 경우에는 체크무늬 형태의 색채로 표지하여야 한다.

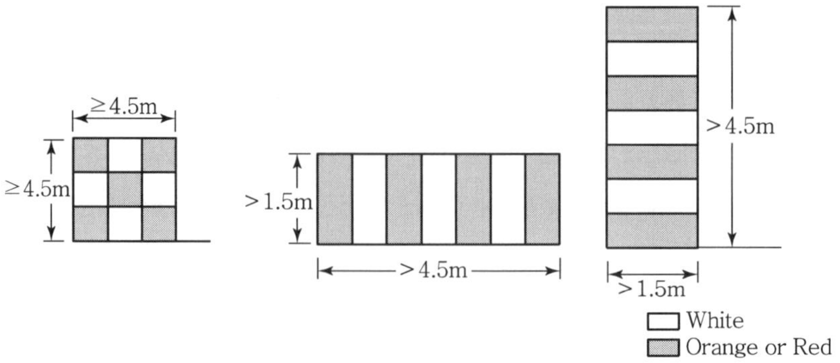

[그림 3] 기본표지

라. 수직면으로 물체의 투영크기가 1.5m 미만인 경우 그 물체는 눈에 잘 띄는 단일색으로 표지하여야 하며, 그 색채가 주변색에 흡수되는 경우를 제외하고 주황색이나 적색을 사용하여야 한다.

마. 물체 위 또는 물체 주변에 표지하는 표지물은 그 물체의 위치를 식별하기 쉬운 위치에 설치하여야 하며, 표지물의 형태는 다른 정보 전달용 표지물과 혼동되지 아니하도록 하여야 한다.

바. 물체를 표지하기 위하여 사용하는 기(Flags)는 물체의 정상 또는 가장 높은 가장자리의 주위에 설치하여야 한다.

4. 항공장애등 및 주간장애표지의 설치신고

가. 설치신고

지방항공청장 또는 시 · 도지사에게 하여야 한다.

나. 설치신고서류

1) 항공장애등의 종류 · 수량 및 설치위치가 포함된 도면
2) 주간장애표지 설치도면
3) 항공장애등 및 주간장애표지 설치사진(전체적 위치를 나타내는 것)

1.4 전기부식방식시설의 시설기준

• 금속이 전해질 속에 놓이게 되면 주위환경 조건의 차이와 금속 자체의 원인에 의해 그 표면에 부분별로 전위차가 생기게 되고 그 결과 수많은 양극부와 음극부가 형성된다. 이때 양극부의

금속이 이온상태로 용출되어 점차 전해질 속으로 용해되어가는 전기화학적 반응을 부식이라 한다.

- 전기부식방지시설은 지중 또는 수중에 시설하는 금속체(피방식체)의 부식을 방지하기 위해 양극과 피방식체(음극) 간에 방식전류가 통하는 시설로서 다음과 같이 시설한다.

■ 전기설비기술기준 고시, 정기간행물, 건축전기설비설계기준

1. 부식에 영향을 주는 조건

가. 전해질

물, 토양(전해질) 등 음양으로 이온화하여 전기를 흐르게 하는 물질을 말한다.

나. 주위환경

용존산소(물속에 녹아 있는 분자상태의 산소), 농도차, 온도차 등이 있다.

다. 금속 함유물

불순물, 잔존응력, 표면 부착물 등이 있다.

2. 금속부식의 분류

부식은 건식과 습식으로 구분되고 이를 설명하면 다음과 같다.

가. 건식

가스 등에 의한 부식으로 가공케이블에서 문제가 된다.

나. 습식

전식과 화학부식으로 구별되며 지중케이블과 같은 매설 금속체는 거의 습식이다.

1) 전식

① 토양 또는 바닷물 가운데 존재하는 누설전류에 의하여 전식이 문제가 된다.

② 누설전류가 케이블 금속 외피에 유입하면 유입점은 전기방식을 실시한 상태가 되고 전류의 유출점은 금속이 양이온으로 되어 급격히 부식된다.

2) 화학부식

① 콘크리트, 토양, 이종금속, 박테리아 등으로 자연 전위차에 의한 부식이 발생한다.

② 고전위 금속과 저전위 금속이 접촉할 경우 이종금속 간의 접속점의 전위차에 의한 저전위 금속이 부식되어 문제가 된다.

3. 전기부식방지 시설기준

가. 전원장치

1) 전원장치는 견고한 금속체의 외함에 넣을 것
2) 변압기는 절연변압기이고, 교류 1kV의 시험전압에 1분간 가하여 절연내력을 시험하였을 때 이에 견디는 것일 것

나. 회로의 전압

1) 전기부식방지 회로의 사용전압은 직류 60V 이하일 것
2) 양극은 지중에 매설하거나 수중에서 쉽게 접촉할 우려가 없는 곳에 시설할 것
3) 지중에 매설하는 양극의 매설깊이는 75cm 이상일 것
4) 수중에 시설하는 양극과 그 주위 1m 이내의 거리에 있는 임의점과의 사이의 전위차는 10V를 넘지 아니할 것
5) 지표 또는 수중에서 1m 간격의 임의의 두 점 간의 전위차는 5V를 넘지 아니할 것

다. 2차 측 배선

1) 전기부식방지 회로의 전선 중 가공으로 시설하는 부분은 다음에 의하여 시설할 것
   ① 전선이 케이블인 경우 이외에는 지름 2mm의 경동선 또는 이와 동등 이상의 세기
   ② 전기부식방지 회로의 전선과 저압가공전선을 동일 지지물에 시설하는 경우 부식방지 회로는 완금류에 시설하고, 저압가공전선과의 이격거리는 0.3m 이상일 것
2) 전기부식방지 회로의 전선 중 지중에 시설하는 부분은 다음에 의하여 시설할 것
   ① 전선은 공칭단면적 $4.0mm^2$의 연동선 또는 이와 동등 이상의 세기 및 굵기일 것
   ② 전선은 450/750V 일반용 단심비닐절연전선 · 비닐외장 케이블 등을 사용할 것
   ③ 전선을 직접 매설식에 의하여 시설하는 경우에 차량 기타의 중량물의 압력을 받을 우려가 있는 장소는 1.0m 이상, 기타 장소는 0.3m 이상 매설하고 콘크리트 관이나 합성수지관 등에 넣어 시설할 것

라. 안전장치

1) 1차 측 전로에는 개폐기 및 과전류차단기를 각 극에 시설하여야 한다.
2) 전기부식방지용 전원장치의 외함은 접지시스템에 의한 접지공사를 하여야 한다.

4. 전기방식의 원리

피방식체인 금속의 외부에서 인위적으로 방식전류를 유입시키면 전위가 높은 음극부에서 전류가 유입되어 전위가 점차 저하되다가 양극부의 전위에 가까워져서 결국은 음극부의 전위와 양극부의 전위가 같아진다. 그 결과 금속 표면의 부식전류는 소멸되고 부식이 정지되어 금속은 완전한 방식상태가 된다.

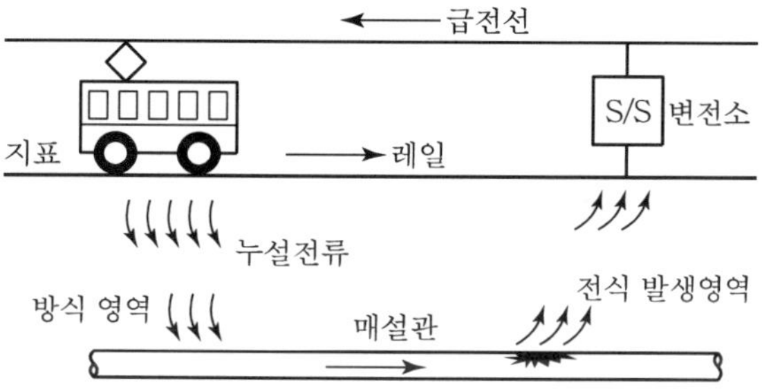

[그림 1] 지하철 누설전류 개념도

가. 이종금속 접촉부식에 대한 전기방식(부식전위차)

1) 두 금속의 부식전위에 의한 부식량

$$Q = k(e_1 - e_2)^n I\, t[\text{kg/년}]$$

여기서, k : 전해질의 형태, I : 유출전류, $e_1 \cdot e_2$: 금속의 부식전위, $n \fallingdotseq 8$

2) 저감방법〈중간금속 삽입 예〉

① k의 저감 : 전해질 침투 방지와 접촉면의 평활화

② $(e_1 - e_2)^n$의 저감 : 두 금속 사이에 중간 정도의 부식전위를 가진 금속을 삽입한다.

예 Al+Cu 접속 시 Sn 도금, 테르밋 용접, 납땜 등이 중간금속을 삽입한 효과가 있다. 철골접지(Fe+Cu), 부스덕트와 변압기 부싱의 연결(Al+Cu) 등에 적용한다.

③ I의 저감 : 절연재를 삽입하여 유출전류를 제한한다.

나. 부식 방지대책의 종류

1) 방식피복 : 매설 금속관 표면을 비닐피복 또는 도장 처리한다.
2) 전기방식법 : 유전 양극법(희생 양극법), 외부 전원법, 배류법

다. 전기방식의 장점

1) 방식전류는 피방식체 전체에 대하여 완벽한 부식 방지 효과를 얻을 수 있다.
2) 부식이 진행된 기존 시설물에 대하여도 부식 진행을 중지시킬 수 있다.
3) 방식피복(도장, 도금 등)의 부식 방지 비용보다 훨씬 저렴한 비용으로 큰 효과를 얻을 수 있다.

5. 전기방식의 종류

가. 유전 양극법(희생 양극법)

양극법은 피방식체에 직접 또는 도선으로 연결하여 이종금속 간 전위차로 방식전류가 발생(이온화 경향이 큰 금속을 양극으로 사용)

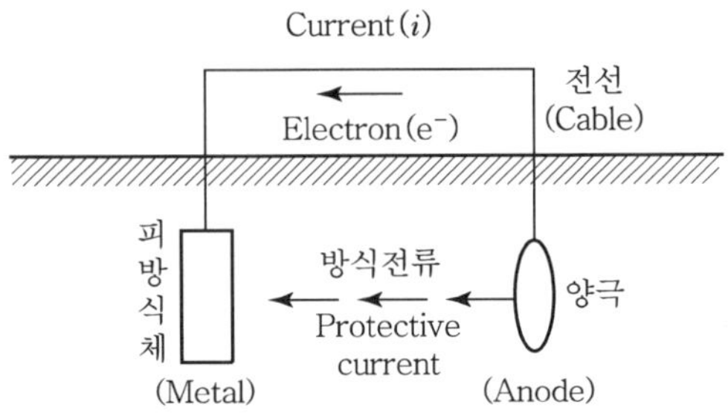

[그림 2] 희생 양극법

1) 원리

이종금속 간의 전위차를 이용하여 방식전류를 얻는 방법으로 피방식체 금속보다 이온화 경향이 큰 금속(고전위의 금속)을 양극으로 하여 방식전류를 공급한다.

2) 특징

① 별도의 외부 전원이 필요 없다.
② 인접 시설물에 간섭현상이 거의 없다.
③ 전류분포가 균일하다.
④ 양극의 전류가 제한되어 대용량에 부적합하다.
⑤ 토양비 저항이 높은 곳에서는 비경제적이다.
⑥ 양극 수명이 저하하는 동안 유지보수가 거의 필요 없다.
⑦ 방식범위가 좁아 국부부식에 사용된다.

3) 적용 장소

단거리, 소규모 구조물에 적용(선박, 대형 보일러 등)

나. 외부 전원법

외부 전원법은 직류의 외부 전원을 사용하여 강제로 방식전류를 공급하는 방식

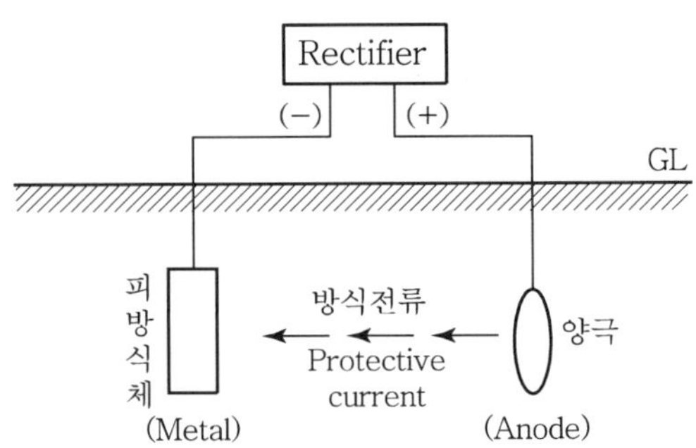

[그림 3] 외부 전원법

1) 원리

피방식체가 놓여 있는 전해질에 양극을 설치하고 여기에 별도의 직류전원 장치의 (+)극을, 피방식체에는 (−)극을 연결하여 피방식체에 방식전류를 공급하는 방법

2) 특징

① 별도의 외부 전원이 필요하다.
② 인접 시설물에 간섭현상을 야기할 수 있다.
③ 부분적으로 방식전위가 다르게 나타날 수 있다.
④ 양극전류의 조절이 쉬어 대용량에 적합하다.
⑤ 토양 비저항이 높은 곳에도 적용이 가능하다.
⑥ 방식효과가 크고 유효범위도 넓다.
⑦ 주기적인 유지보수가 필요하다.

3) 적용 장소

장거리, 대규모 구조물에 적용(광역수도관, 가스관 등)

다. 배류방식(귀로전류에 의한 전기방식)

배류법이란 전철의 레일에서 누설되어 인근 피방식 구조물(지하 매설물)에 유입된 전류를 전해질을 통하지 않고 직접 배류선을 통하여 다시 전철의 레일 혹은 전철 변전소의 부극으로 귀환시키는 방법을 말하며, 주로 도시전기철도에 적용한다.

1) 직접 배류법

① 매설금속과 레일 사이를 직접 접속하여 누설전류에 의한 방식을 방지하는 방법이다.
② 간단하고 설비비가 가장 적게 드는 방법이지만 변전소가 하나밖에 없고, 또 배류선을 통해 전철로부터 피방식 구조물로 유입하는 전류(역류)가 없는 경우에만 사용하는 방법이다.
③ 현재 시스템이 복잡하여 적용하지 않는다.

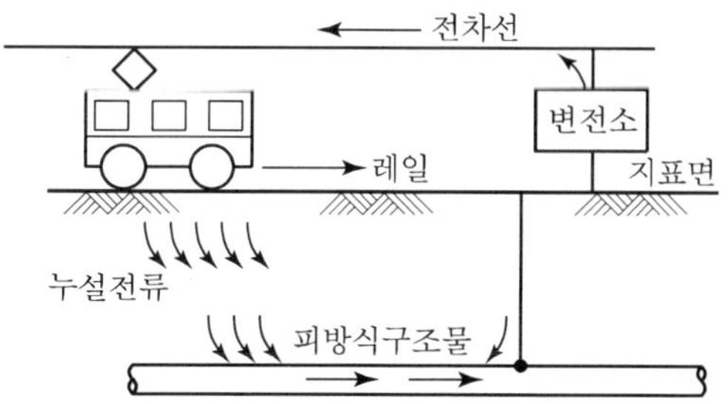

[그림 4] 직접 배류법

2) 선택 배류법

① 직접 배류법에서 전철부하의 변동, 전철변전소 사이의 부하분담의 변화 등으로 인한 역류가 흐르는 것을 방지하면서 피방식 구조물로부터 레일방향으로 전류를 흘려주기 위하여 선택 배류기를 접속하여 사용하는 방법이다.

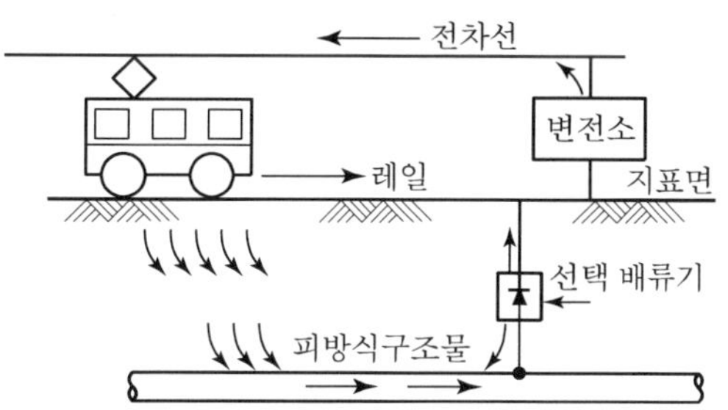

[그림 5] 선택 배류법

PART 05 기타 설비

② 선택 배류기는 역류를 방지하고, 피방식 구조물로부터 귀선으로 향하는 전류만 선택적으로 통과시키기 위한 목적으로 설치하는 장치이다.

③ 선택 배류기의 구비조건

㉠ 귀선과 피방식 구조물 사이에 가해지는 광범위한 전압을 선택 배류한다.

㉡ 급격한 전압변동에 대하여도 충분히 동작이 가능하여야 한다.

㉢ 정방향은 전기저항이 작고, 역방향의 내전압은 크면서 역전류는 작아야 한다.

㉣ 내구성이 크고 고장이 적어야 하며, 보수가 쉬워야 한다.

㉤ 이상전류에 의한 배류기 및 피방식 구조물 손상 방지용 자동차단기를 설치한다.

3) 강제 배류법

외부 전원법과 선택 배류법을 병용한 방식이다.

① 피방식 구조물과 레일 혹은 전철 변전소의 부극 사이를 연결하는 회로에 직류전원을 인가하여 배류를 촉진하는 방법을 말한다.

② 레일을 양극으로 사용한 외부 전원법과 개념적으로 동일하지만 역류를 방지하는 회로가 별도로 필요하고 배류방식과 비슷한 구조로 배류법의 일종으로 분류한다.

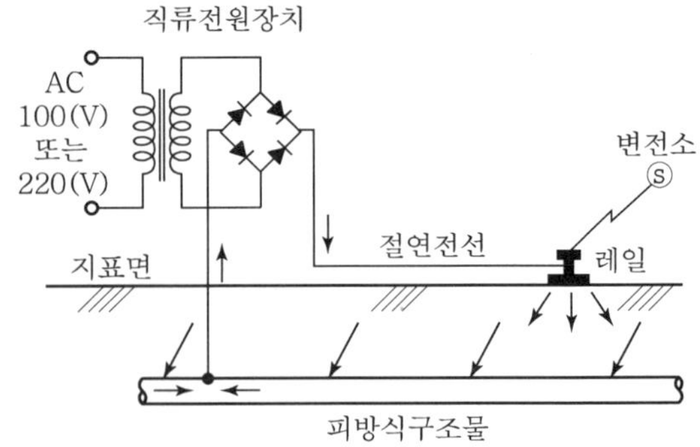

[그림 6] 강제 배류법

③ 배류전류는 피방식 문제가 있어 타 시설물에 대한 간섭을 고려하여 최소한으로 하여야 한다.

≫ Basic core point

가. 현재 누설전류 대책으로 적용되고 있는 강제 배류법은 관의 대지 전위를 일정정도 안정시키는 역할을 하지만 레일과 레일체결 금구의 전식문제를 야기시키고 있다.

나. 강제 배류법은 선택 배류법에 비해 10배 이상 레일의 전식을 일으키며 인접시설물 간섭문제와 간섭의 악순환 문제가 있어 지중매설배관 및 금속시설물에 대한 총체적인 전식대책 마련이 필요하다.

1.5 전기집진장치(EP ; Electrostatic Precipitator)의 시설기준

• 집진장치란 발전소에서 연도로 나가는 배기가스 중에서 분진, 그을음 등을 분리 포집하는 장치를 말한다.

• 집진장치의 종류에는 세정식, 여과식, 원심력식, 전기식 등이 있으며, 이 중 가장 많이 쓰이는 것은 원심력식과 전기식의 코트렐 집진기이다.

■ 전기설비기술기준 고시, 한국전기설비규정(KEC), 정기간행물, 건축전기설비설계기준

1. 전기식 집진기의 원리 및 구조

가. 집진장치의 원리

공기 중의 분진을 방전전극의 코로나 방전에 의하여 전하를 주고 전계(30~60kV의 직류전압)에서 집진 전극으로 포집하는 것(음극의 방전 전극에 고전압, 양극의 집진 전극)

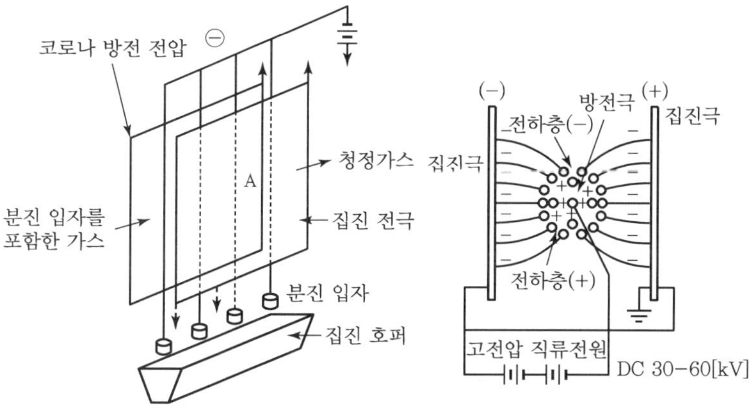

[그림] 전기집진장치의 원리

나. 구조 및 구성요소

전기집진장치는 고압 변압기, 정류기, 집진전극, 방사전극, 충격장치 등으로 구성된다.

1) 전극은 방전극 (−)극과 집진극 (+)극 구조로, 코로나 방전을 하는 방전극과 대전된 입자를 모으는 집진극으로 구성된다.

2) 추타장치(충격장치)

① 분진을 호퍼로 털어내는 장치로 일정시간마다 전극을 진동시켜 포집된 분진을 밑으로 떨어트린다.

② 직류 고전압 공급전원 및 제어장치의 전기설비와 회수한 분진의 재처리하는 재처리설비로 구성된다.

2. 집진장치의 구비조건

가. 입자의 크기에 관계없이 집진성능이 좋을 것

나. 부하 변동에 관계없이 효율이 높을 것

다. 구조 및 조작이 간단하고 고장이 없을 것

라. 가격이 싸고 운전 · 보수비가 적을 것 등

3. 전기식 집진기의 특징

가. 집진성능이 매우 높고 미세한 입자(0.01 Micron)까지 집진할 수 있다.

나. 고온 · 고압하에서도 사용이 가능하다.

다. 연도 가스의 압력손실이 적다.

라. 유지, 보수가 용이하다.

마. 추타 시에 재비산의 발생을 방지해야 한다.

1) 폭발성, 가연성 가스에는 적용할 수 없다.
2) 가스의 유속을 약 3m/sec 이하로 해야 하기 때문에 대형으로 된다.
3) 집진성능이 분진의 농도, 크기 및 저항에 따라 달라진다.
4) 역전리 현상이나 공간 전하 효과에 의해서 집진성능이 떨어지기 쉽다.
5) 점착성을 갖는 분진에는 적용이 곤란하다.

4. 시설기준

특고압의 전기집진 응용장치(전기집진장치 · 정전도장장치 · 전기탈수장치 등) 및 이에 특고압의 전기를 공급하기 위한 전기설비는 다음에 의하여야 한다.

가. 전기집진장치에 전기를 공급하기 위한 변압기의 1차 측 전로에는 가까운 곳에 쉽게 개폐할 수 있는 곳에 개폐기를 시설할 것

나. 전기집진장치에 전기를 공급하기 위한 변압기, 정류기 및 이에 부속하는 특고압의 전기설비로 되어 있다.

다. 전기집진장치는 취급자 이외의 자가 출입할 수 없도록 설비한 곳에 시설할 것

라. 변압기로부터 전기집진 응용장치에 이르는 전선의 시설

1) 전기집진장치에 사용하는 전선은 케이블을 사용할 것
2) 케이블은 손상을 받을 우려가 있는 곳에 시설하는 경우에는 적당한 방호장치를 할 것
3) 케이블을 넣는 방호장치의 금속제 부분 및 방식 케이블 이외의 케이블의 피복에 사용하는 금속체에는 접지시스템에 의한 접지공사를 할 것

마. 잔류전하에 의하여 사람에게 위험을 줄 우려가 있는 경우에는 변압기 2차 측 전로에 잔류전하를 방전하기 위한 장치를 할 것

바. 전기집진장치에 특고압의 전기를 공급하기 위한 전기설비는 원칙적으로 옥측 또는 옥외에 시설해서는 안 된다. 단, 충전부에 사람이 접촉할 우려가 없도록 시설한 경우 등에는 예외이다.

1.6 전기자동차 전원공급설비의 시설기준

전력계통으로부터 교류의 전원을 입력받아 전기자동차에 전원을 공급하기 위한 분전반, 배선(전로), 충전장치 및 충전 케이블 등의 전기자동차 전원공급설비에 적용한다.

■ 한국전기설비규정(KEC), 전기설비기술기준 고시, 건축전기설비설계기준

1. 개요

전기자동차[57] 전원공급설비(EVIC ; Electric Vehicle Charging Infrastructure)란 전기자동차에 전원을 공급하기 위한 충전장치, 충전 케이블 및 부속품, 충전장치의 부대설비를 말한다.

2. 구성

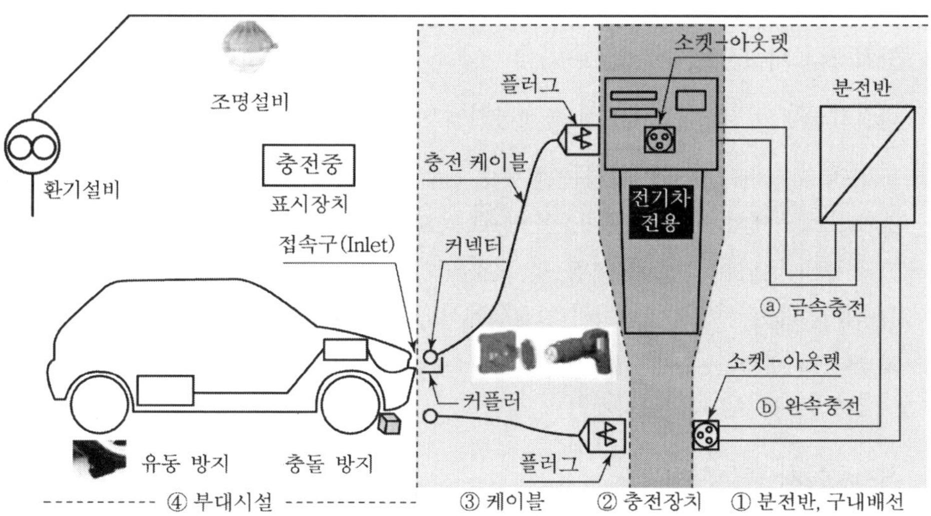

[그림] 전기자동차 전원공급설비 구성도(예)

57) 전기자동차는 도로 운행용 자동차로서 재충전이 가능한 축전지, 연료전지, 광전지 또는 그 밖의 전원장치에서 전류를 공급받는 전동기에 의해 구동되는 것을 말한다.

가. 전기자동차에 전기를 공급하기 위한 저압전로(분전반 및 구내배선)

나. 전기자동차 충전장치

다. 충전 케이블 및 부속품(플러그와 커플러)

1) Coupler(커플러)란 전기자동차용 충전장치에서 충전 케이블과 전기자동차의 접속을 가능하게 하는 장치로, 충전 케이블에 부착된 Connector(커넥터)와 전기자동차의 Inlet(접속구)으로 구성된 것을 말한다.
2) Connector(커넥터)란 충전장치에서 전기자동차로 연결하기 위한 충전 케이블의 부속품으로 전기자동차의 Inlet(접속구)에 접속하기 위한 장치를 말한다.
3) Plug(플러그)란 전기자동차의 충전 케이블에 부착되어 있으며, 전기자동차에서 충전장치로 연결하기 위한 충전 케이블의 부속품을 말한다.
4) Inlet(접속구)이란 충전장치의 커플러를 구성하는 부분으로, 전기자동차에 부착되어 전원공급설비의 충전 케이블의 커넥터와 연결되는 부분을 말한다.

라. 충전장치의 부대설비

환기설비, 조명설비, 기타 설비(차량 유동방지장치, 충전상태 표시장치, 충격 방호설비 등)로 구성되어 있다.

3. 전원공급설비의 시설기준

가. 전기공급 저압전로

전기자동차 전원공급설비에서 충전장치에 이르는 전로의 전압은 저압으로 시설한다.

1) 수용장소의 구내에 시설하는 전선로 인입선의 시설은 전선로의 규정에 따라 시설할 것
2) 일반장소에서 저압의 옥내, 옥측 및 옥외배선은 배선설비의 규정에 따라 시설할 것
3) 전로의 절연은 전로의 절연 및 저압전로의 절연저항에 따를 것
4) 전기자동차 전원공급설비의 인입구에서 충전장치에 이르는 전로는 전용으로 시설할 것
5) 전용의 개폐기 및 과전류차단기를 각 극에 시설하고 전로에 지락이 생겼을 때 자동적으로 전로를 차단하는 장치를 시설할 것

나. 전기자동차 충전장치

1) 충전부분이 노출되지 않도록 시설하고 외함은 접지공사를 할 것
2) 외부 기계적 충격에 대한 충분한 기계적 강도를 갖는 구조일 것
3) 침수 등의 위험이 있는 곳에 시설하지 말아야 하며, 충전장치를 옥외에 설치 시 강우, 강설에 대하여 충분한 방수 보호등급(IPX4 이상)을 가질 것
4) 분진이 많은 장소, 가연성 가스나 부식성 가스 또는 위험물 등이 있는 장소에 시설하는

경우에는 통상의 사용 상태에서 부식이나 감전, 화재, 폭발의 위험이 없도록 시설할 것

5) 전기자동차의 충전장치는 쉽게 열 수 없는 구조의 것일 것

6) 충전장치에는 전기자동차 전용임을 나타내는 표지를 쉽게 보이는 곳에 설치할 것

7) 전기자동차의 충전장치 또는 충전장치를 시설한 장소에는 위험표시를 쉽게 보이는 곳에 표지하여야 한다.

8) 전기자동차의 충전장치는 부착된 충전 케이블을 거치할 수 있는 거치대 또는 충분한 수납공간(옥내 45cm 이상, 옥외 60cm 이상)을 갖는 구조일 것

9) 충전장치의 충전 케이블 인출부는 옥내용의 경우 지면으로부터 45cm 이상 120cm 이내이며, 옥외용의 경우 지면으로부터 60cm 이상에 위치할 것

다. 충전 케이블 및 부속품(플러그와 커플링)

1) 충전장치와 전기자동차의 접속[58]에는 전용의 충전 케이블을 사용하여야 하며, 연장코드를 사용하지 말 것. 충전 케이블의 길이는 특별히 규정하지 않은 한 7.5m 이내일 것

2) 충전 케이블은 유연성이 있는 것으로 통상의 충전전류를 흘릴 수 있는 충분한 굵기의 것일 것

3) 커플러(충전 케이블과 전기자동차를 접속하는 장치)는 다음에 적합해야 한다.

   ① 커플러는 다른 배선기구와 대체 불가능한 구조로서 극성이 구분되고 접지극이 있는 구조일 것

   ② 접지극은 투입 시 먼저 접속되고, 차단 시 나중에 분리되는 구조일 것

   ③ 의도하지 않은 부하의 차단을 방지하기 위해 잠금 또는 탈부착을 위한 기계적 장치가 있는 것일 것

   ④ 커넥터가 전기자동차 접속구로부터 분리될 때 충전 케이블의 전원공급을 중단시키는 인터록 기능이 있는 것일 것

4) 커넥터 및 플러그(충전 케이블에 부착되어 전원 측에 접속하기 위한 장치)는 낙하 충격 및 눌림에 대한 충분한 기계적 강도를 가진 것일 것

라. 충전장치 부대설비

1) 환기장치

   ① 충전 중 환기가 필요한 경우에는 충분한 환기설비를 갖추어야 한다.

   ② 환기설비를 나타내는 표지를 쉽게 보이는 곳에 설치할 것

---

58) 전기자동차 충전장치와 전기자동차의 연결방법
A형 : 전기자동차에 부착된 케이블과 플러그를 이용하여 충전장치에 연결
B형 : 분리 가능한 충전용 케이블 어셈블리(커넥터, 케이블, 플러그)를 이용하여 전기자동차와 충전장치를 연결
C형 : 충전장치에 영구적으로 부착된 전원케이블과 커넥터를 이용하여 충전장치에 전기자동차를 연결

2) 조명설비

① 충전 중 안전과 편리를 위하여 적절한 밝기의 조명설비를 설치할 것

② KS 조도기준은 주차장의 차로를 준용한다.

예 미국 충전장치의 조도기준은 일반적으로 최소 300lx, 국내주유소는 30~60lx 이다.

3) 기타 설비

① 충전 중 차량의 유동을 방지하기 위한 장치를 갖추어야 한다.(차량 유동 방지장치)

② 자동차 등에 의한 물리적 충격의 우려가 있는 경우 이를 방호하는 설비를 시설한다.

③ 충전 중에는 충전상태를 확인할 수 있는 표시장치를 쉽게 보이는 곳에 설치한다.

1.7 의료장소 전기설비의 시설기준(비상전원)

- 의료장소란 병원이나 진료소 등에서 환자 진단, 치료(미용 치료 포함), 감시, 간호 등의 의료 행위를 하는 장소를 말하며, 전기 위험으로부터 환자를 보호하는 의료실의 전기설비에 적용한다.
- 의료장소의 전기설비는 의료장소별 의료용 전기기기의 장착부의 사용방법, 접지계통, 보호설비, 접지설비, 비상전원의 공급 등 환자와 의료진의 안전을 도모하기 위한 기준에 관련한다.

■ 전기설비기술기준 고시, 한국전기설비규정(KEC), 정기간행물, 건축전기설비설계기준

1. 의료장소 적용

의료장소는 의료용 전기기기의 장착부(의료용전기기기의 일부로서 환자의 신체와 필연적으로 접촉되는 부분)의 사용방법에 따라 다음과 같이 구분한다.

가. 그룹 0

일반병실, 진찰실, 검사실, 처치실, 재활치료실 등 장착부를 사용하지 않는 의료장소

나. 그룹 1

분만실, MRI실, X선 검사실, 회복실, 구급처치실, 인공투석실, 내시경실 등 장착부를 환자의 신체 외부 또는 심장 부위를 제외한 환자의 신체 내부에 삽입시켜 사용하는 의료장소

다. 그룹 2

관상동맥질환 처치실(심장카테터실), 심혈관조영실, 중환자실(집중치료실), 마취실, 수술실, 회복실 등 장착부를 환자의 심장 부위에 삽입 또는 접촉시켜 사용하는 의료장소

2. 의료장소별 접지계통

가. 그룹 0(TT 계통 또는 TN 계통)

나. 그룹 1(TT 계통 또는 TN 계통)

전원 자동차단에 의한 보호가 의료행위에 중대한 지장을 초래할 우려가 있는 의료용 전기기기를 사용하는 회로에는 의료 IT 계통을 적용할 수 있다.

다. 그룹 2(의료 IT 계통)

이동식 X-레이 장치, 정격출력이 5kVA 이상인 대형 기기용 회로, 생명유지 장치가 아닌 일반 의료용 전기기기에 전력을 공급하는 회로 등에는 TT 계통 또는 TN 계통을 적용

라. 의료장소에 TN 계통을 적용할 경우

주배전반 이후의 부하 계통에서는 TN-C 계통으로 시설하지 말 것

3. 의료용 전기기기

의료장소는 의료용 전기기기의 일부로서 환자의 신체와 필연적으로 접촉되는 장착부의 사용방법에 따라 구분한다.

가. 의료전기기기

의료전기기기는 특수한 전원간선에 하나 이상의 접속이 제공되지 않고 의료감독하에서 환자를 진단, 치료 또는 모니터링하기 위한 전기기기 등을 말한다.

나. 환자환경

환자와 시스템 사이, 환자와 시스템에 접촉하는 다른 사람 사이의 의도적 또는 비의도적 접촉이 발생할 수 있다.

다. 장착부 적용

장착부란 의료기기가 해당기능 수행할 때 반드시 환자의 신체와 필연적으로 접촉이 발생할 경우 의료기기 일부분을 말한다. 따라서 그룹별 의료전기기기 적용부분은 [표 1]과 같다.

[표 1] 그룹별 적용부분

그룹 구분	적용부분(장착부)	의료장소
그룹 0	장착부가 사용되지 않는 의료장소	일반병실, 진찰실, 처치실 등
그룹 1	장착부를 신체 외부 또는 심장을 제외한 신체 내부에 삽입하여 사용하는 의료장소	그룹 1, 2 이외 신체접촉 의료장소
그룹 2	환자의 심장 부위에 삽입 또는 접촉시켜 사용하는 의료장소	관상동맥질환 처치실, 심혈관조영실, 중환자실, 마취실, 수술실, 회복실 등

PART 05 기타 설비

4. 안전을 위한 보호설비

가. 그룹 1 및 그룹 2의 의료 IT 계통은 절연변압기 또는 절연상태를 지속적으로 계측, 감시하는 장치를 설치할 것

나. 그룹 1 및 그룹 2의 의료장소에서 교류 125V 이하 콘센트를 사용하는 경우에는 의료용 콘센트를 사용할 것

다. 그룹 1 및 그룹 2의 의료장소에 무영등을 위한 특별저압(SELV 또는 PELV) 회로를 시설하는 경우 사용전압은 교류 실효값 25V 또는 직류 비맥동 60V 이하로 할 것

라. 의료장소의 전로에는 정격감도전류 30mA 이하, 동작시간 0.03초 이내의 누전차단기를 설치할 것 단, 의료행위에 중대한 지장을 초래할 우려가 있는 경우 누전경보기를 시설한다.

[표 2] 안전을 위한 보호

<table>
<tr><td>특별저압에 의한 보호</td><td colspan="3">SELV와 PELV : 전류 사용 기기에 인가된 공칭전압은 25V 실효값 교류 또는 60V 비맥동 직류를 초과해서는 안 된다.</td></tr>
<tr><td>기본보호
(직접접촉에 대한 보호)</td><td colspan="3">• 장애물 : 장애물에 의한 보호는 허용되지 않는다.
• 접촉 범위 밖 설치 : 충전부 절연에 의한 보호, 장벽 또는 외함에 의한 보호만이 허용된다.</td></tr>
<tr><td rowspan="2">고장보호
(간접접촉에 의한 보호)</td><td rowspan="2">전원 차단</td><td>IT, TN, TT</td><td>규약접촉전압 $U_L \leq 25V$</td></tr>
<tr><td>TN과 IT</td><td>IEC 60364-4-41의 [표] 41C 최대차단시간 적용</td></tr>
</table>

5. 비상전원의 요구사항

가. 안전전원에 대한 일반요구사항(그룹 1과 그룹 2)

1) 의료장소에서 비상전원용 전원은 통상전원의 고장 시 정해진 시간주기 동안 미리 결정된 절환주기 내에 명시된 기기에 전기에너지를 공급하기 위해 충전되어야 한다.
2) 하나 또는 여러 개의 상도체에서 공칭전압의 10% 이상 주 배전반의 전압이 강하된다면, 안전전원은 자동적으로 전원이 공급되어야 한다.
3) 전원전달은 전원을 투입하는 차단기의 자동폐쇄를 제공하기 위해 지연되어 수행되는 것이 좋다.
4) 비상 전원용 전원을 주 배전반에 접속하는 회로는 안전회로로 간주해야 한다.
5) 콘센트가 안전전원으로부터 전원이 공급된다면, 이것은 쉽게 식별이 가능해야 한다.

나. 비상전원에 대한 세부요구사항

1) 절환주기가 0.5초 이내에 비상전원 공급

① 자동절체시간 : 0.5초 이내에 비상전원을 공급하는 장치 또는 기기에 전원공급

② 적용장소 : 그룹 1 또는 그룹 2의 의료장소의 필수 조명

③ 비상전원조건 : 특수 안전전원은 필수조명을 최소 3시간 동안 유지하여야 하고, 0.5

초를 넘지 않는 절환주기 내에 전원을 복원하여야 한다.

2) 절환주기가 15초 이내에 비상전원 공급

① 자동절체시간 : 15초 이내에 전력공급이 필요한 생명유지장치에 전원공급

② 적용장소 : 그룹 2의 의료장소에 최소 50% 조명, 그룹 1의 의료장소에 최소 1개의 조명에 전원공급

③ 비상전원조건 : 최소 24시간 동안 기기를 유지할 수 있는 안전전원에 15초 안에 접속해야 한다.

3) 절환주기가 15초를 초과하는 비상전원 공급

① 적용장소 : 1)과 2)에서 취급하는 것을 제외한 병원기능을 유지하기 위한 기본 작업에 필요한 조명에 전원공급

② 비상전원조건 : 자동 및 수동으로 최소 24시간 동안 유지 가능한 안전 전원에 접속될 수 있다.

③ 적용기기 : 소독기기, 냉방 · 난방, 환기시스템 등 건물서비스와 폐기물처리시스템, 냉각기기, 조리기기, 축전지 충전기 등

[표 3] 의료장소를 위한 비상전원의 분류

절환주기	등급	자동절체시간	비상전원조건	적용장소
0.5초 이내 전원	0등급 (차단 없음)	차단 없이 공급 가능한 자동차단	최소 3시간 유지하여야 하고 0.5초를 넘지 않는 절환주기 내에 전원을 복원하여야 한다.	수술실 테이블, 내시경과 같은 필수 조명
	0.15등급 (극소시간 차단)	0.15초 이내에 공급 가능한 자동전원		
	0.5등급 (순간 차단)	0.5초 이내에 공급 가능한 자동전원		
15초 이내 전원	15등급 (중간 차단)	15초 이내에 공급 가능한 자동전원	전원전압 공칭값의 10% 이상 감소할 때 최소 24시간 동안 기기를 유지할 수 있는 안전전원에 15초 안에 접속하여야 한다.	안전조명회로와 기타 서비스에 따른 기기
15초 이상 전원	등급>15 (장시간 차단)	15초 이상에서 공급 가능한 자동전원	자동 또는 수동으로 최소 24시간 동안 유지 가능한 안전전원에 접속할 수 있다.	병원 서비스의 유지를 위해 요구되는 기기 예 소독기기, 건물설비의 냉·난방, 조리기기 등

[비고] 1. 일반적으로 의료전기기기를 위해 차단 없는 전원을 제공할 필요는 없다. 다만, 특정 마이크로프로세서-제어식 기기는 그러한 전원을 필요로 할 수도 있다.
2. 다른 등급이 있는 장소에 제공되는 비상전원은 전원의 최고안전을 제공하는 등급이어야 한다.
3. "이내"라는 표기는 "≤"를 의미한다.

6. 비상 전원회로

가. 안전조명

1) 주전원 고장의 경우

필요한 최소조명이 비상전원설비로부터 전원공급을 받아야 하며, 비상전원으로의 전환시간은 15초를 초과해서는 안 된다.

2) 적용장소

① 탈출로, 비상구 표시등, 비상 발전세트용 스위치 기어와 컨트롤 기어 및 통상 전원의 주 배전반 그리고 비상 전원용 전원을 위한 장소

② 필수 서비스를 위한 방(각 방에는 최소 하나의 조명이 비상전원 설비용 전원으로부터 전원을 공급받아야 한다.)

③ 그룹 1 의료장소의 방(각 방에는 최소 하나의 조명이 비상전원 설비용 전원으로부터 전원을 공급받아야 한다.)

④ 그룹 2 의료장소의 방(최소 50%의 조명이 비상전원 설비용 전원으로부터 전원을 공급받아야 한다.)

나. 기타 서비스

1) 기타 경우

절환시간이 15초를 넘지 않는 비상전원을 요구하는 조명을 제외한 서비스 장소는 다음과 같다.

2) 적용장소

① 소방관을 위해 선정된 승강기

② 연기 추출을 위한 환기시스템

③ 호출 시스템

④ 수출 또는 기타 생명유지수단으로 사용되는 그룹 2 의료장소에 사용되는 의료전기기기

⑤ 의료가스공급의 전기기기

⑥ 화재감지, 화재경보와 소화시스템

1.8 의료장소 접지설비의 시설기준

의료장소란 병원, 진료소 등에서 진찰, 검사, 치료 또는 감시 등 의료행위를 하는 장소를 말한다. 의료장소에서 사용하는 의료기기에서 누설전류가 흐르거나, 의료기기 간에 전위차가 발생하는 경우 환자신체 내부나 피부에 전류가 흘러서 치명적인 위험이 발생하므로 접지설비(접지극, 접지도체, 기준접지 바, 보호도체, 등전위본딩도체)는 신뢰성과 안정성이 요구되는 중요한 시설이다.

■ 전기설비기술기준 고시, 한국전기설비규정(KEC), 정기간행물, 건축전기설비설계기술

1. 의료실의 감전쇼크 종류

가. Macro Shock(매크로 쇼크)

전류의 유입 또는 유출점이 신체의 심장부에서 멀리 떨어져 있는 경우의 감전상태

1) 심실세동전류 : 수십 mA
2) 누설전류 허용치 : 0.1mA(100μA)
3) 보호대책 : 보호접지
4) 최소감지전류 : 1mA

나. Micro Shock(마이크로 쇼크)

전류의 유입 또는 유출점이 신체의 심장부에서 가까이 있는 경우의 감전상태

1) 심실세동전류 : 수십 μA
2) 누설전류 허용치 : 10μA
3) 보호대책 : 등전위접지

[표 1] 통전에 대한 인체의 생리반응

생리반응	통과전류[mA]
인체에 전격을 느끼는 자극 정도의 전류(감지전류)	0.5~1
인체감지전류에 의해 고통을 느끼고 고통을 참을 수 있으며 생명에 위험이 없는 한계의 전류(이탈전류)	7~20
이탈전류 한계를 넘어 근육이 수축 경직되거나 신경이 마비되어, 도체로부터의 이탈이 불가능하게 되는 전류(불수전류)	
심장을 움직이는 근육, 즉 심근의 팽창, 수축이 정지되고 심근이 가늘게 떨리기 시작하여 심실세동이 일어나게 될 때의 전류(심실세동)	수십 이상

2. 의료용 접지방식의 적용(TT 계통 또는 TN 계통)

의료실	의료용 접지방식		비접지 배선방식
	보호접지	등전위 접지	
흉부 수술실	○	○	○
흉부 수술실 이외의 수술실	○	△	△
회복실	○	△	△
ICU, CCU(관상동맥환자 집중치료실)	○	○	△
중환자실	○	△	△
심혈관 X선 촬영실	○	○	○
분만실	○	△	△
생리검사실	○	△	×
X선 검사실, 진통실, 일반 병실	○	×	×
진찰실, 검체 검사실	○	–	–

○ : 설치하지 않으면 안 된다.　　△ : 희망사항　　× : 설치하지 않아도 좋다.

3. 의료장소 내의 접지 시설

의료장소와 의료장소 내의 전기설비 및 의료용 전기기기의 노출도전부 그리고 계통외도전부에 대하여 다음과 같이 접지설비를 시설하여야 한다.

가. 접지설비란 접지극, 접지도체, 기준접지 바, 보호도체, 등전위본딩 도체를 말한다.

나. 의료장소마다 그 내부 또는 근처에 기준접지 바를 설치할 것. 다만, 인접하는 의료장소와의 바닥 면적 합계가 50m^2 이하인 경우에는 기준접지 바를 공용할 수 있다.

다. 의료장소 내에서 사용하는 모든 전기설비 및 의료용 전기기기의 노출도전부는 보호도체에 의하여 기준접지 바에 각각 접속되도록 할 것

1) 콘센트 및 접지단자의 보호도체는 기준접지 바에 직접 접속할 것

2) 보호도체의 공칭 단면적은 [표 2]에 따라 선정할 것

[표 2] 보호도체의 최소단면적

상도체의 단면적 S (mm^2, 구리)	보호도체의 최소단면적(mm^2, 구리)	
	보호도체의 재질	
	상도체와 같은 경우	상도체와 다른 경우
$S \le 16$	S	$(k_1/k_2) \times S$
$16 < S \le 35$	16(a)	$(k_1/k_2) \times 16$
$S > 35$	S(a)/2	$(k_1/k_2) \times (S/2)$

라. 그룹 2의 의료장소에서 환자환경(환자가 점유하는 장소로부터 수평방향 2.5m, 의료장소의 바닥으로부터 2.5m 높이 이내의 범위) 내에 있는 계통외도전부와 전기설비 및 의료용 전

기기기의 노출도전부, 전자기장해(EMI) 차폐선, 도전성 바닥 등은 등전위본딩을 시행할 것

1) 계통외도전부와 전기설비 및 의료용 전기기기의 노출도전부 상호 간을 접속한 후 이를 기준접지 바에 각각 접속할 것
2) 한 명의 환자에게는 동일한 기준접지 바를 사용하여 등전위본딩을 시행할 것
3) 등전위본딩 도체는 "다"의 2)의 보호도체와 동일 규격 이상의 것으로 선정할 것

마. 접지도체는 다음과 같이 시설할 것

1) 접지도체의 공칭단면적은 기준접지 바에 접속된 보호도체 중 가장 큰 것 이상으로 할 것
2) 철골, 철근 콘크리트 건물에서는 철골 또는 2조 이상의 주철근을 접지도체의 일부분으로 활용할 수 있다.

바. 보호도체, 등전위본딩 도체 및 접지도체의 종류는 450/750V 일반용 단심 비닐절연전선으로서 절연체의 색이 녹/황의 줄무늬이거나 녹색인 것을 사용할 것

4. 보호접지 시설

가. 목적

1) 매크로 쇼크를 예방하기 위한 대책으로 사용한다.
2) 의료기기의 노출 도전성 부분을 접지하여 누설전류로 인한 외함의 전위 상승을 억제하기 위해 시설한다.

나. 시설방법

1) 각 의료실에는 기준접지 바(의료용 접지센터), 의료용 콘센트 및 접지단자를 설치할 것
2) 기준접지 바, 의료용 콘센트 및 접지단자는 특별한 경우 이외에는 의료실 바닥 위 80cm 이상의 높이에 시설하고, 플러그는 쉽게 빠지지 않는 잠금형을 사용할 것
3) 의료용 접지선은 접지간선과 접지분기선으로 구분하여 시설한다.
   ① 접지간선은 단면적 $16mm^2$ 이상의 450/750V 비닐절연전선을 사용할 것
   ② 접지분기선은 단면적 $6.0mm^2$ 이상의 450/750V 비닐절연전선을 사용할 것
   ③ 접지선 절연체의 색은 녹황 또는 녹색의 것을 사용할 것
   ④ 거치형 의료기기는 보호접지를 시설한다.
      ㉠ 접지선의 단면적이 $6.0mm^2$인 경우에는 기준접지 바에 직접 접속한다.
      ㉡ 접지선의 단면적이 $16mm^2$ 이상인 경우에는 기준접지 바의 전단에 풀박스를 시설하고 풀박스 내에서 접지간선과 접속한다.
      ㉢ 접지간선은 타 실과 공용하지 말 것
   ⑤ 이동용 의료기기는 전원 코드 또는 접지 코드를 사용하여 의료용 접지단자 또는 의료용 콘센트에 접속하여야 한다.

⑥ 보호접지 및 등전위 접지용 접지분기선과 기준접지 바 등의 리드선과의 접속은 압착 슬리브로 접속할 것

4) 접지저항값은 10Ω 이하로 하여야 한다. 다만, 마이크로 쇼크에 의한 등전위접지를 시설하는 경우 접지저항값을 100Ω 이하로 할 수 있다.
5) 의료실의 전원회로에는 인체보호용 누전차단기를 시설하여야 한다.(높이 2.3m를 초과하는 장소에 시설된 조명기구, 절연변압기 1차 측 전로에는 제외)

다. 적용장소

병원, 진료소 등의 진찰, 검사, 치료 또는 감시 등의 의료행위를 하는 장소

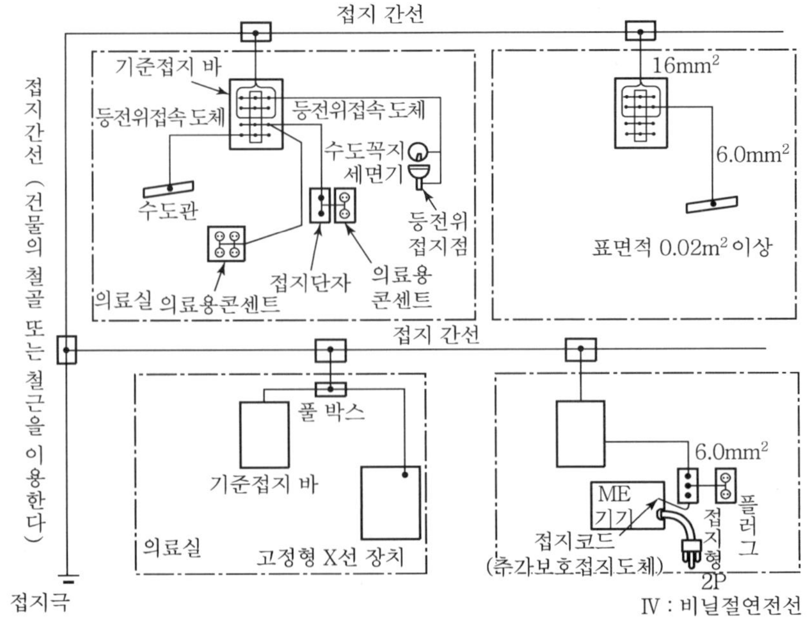

[그림 1] 의료장소 접지 개념도

5. 등전위접지 시설

가. 목적

1) 마이크로 쇼크를 예방하기 위한 대책으로 사용한다.
2) 의료기기의 노출 도전성 부분과 환자 주위에 있는 모든 도전성 금속체를 한 점으로 연결하여 전위차를 없애기 위해 시설한다.

나. 시설방법

1) 환자가 직 · 간접적으로 접속할 수 있는 범위(환자가 점유한 장소로부터 수평 2.5m, 의료실의 바닥으로부터의 높이 2.3m의 범위)에 있는 고정설비의 노출 도전성 부분 및 계

통외 도전성 부분을 의료용 접지센터에 접속한다.

2) 계통외 도전성 부분으로 표면적이 $0.02m^2$ 이하인 것은 제외한다.

3) 흉부 수술실, 심혈관 엑스선 촬영실 등의 전원 차단이 의료에 중대한 지장을 초래할 위험이 있는 의료실의 콘센트 회로는 절연변압기로 비접지 배선방식으로 공급한다.

다. 적용장소

흉부 수술실, 심혈관 엑스선 촬영실, 집중치료실, 관상동맥환자 집중치료실의 전기설비

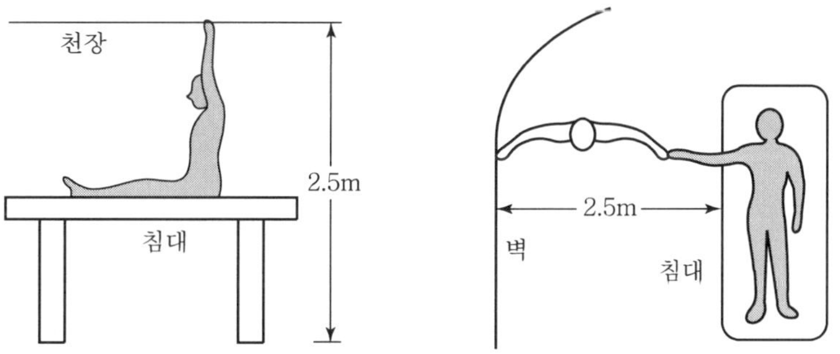

[그림 2] 환자환경(그룹 2)

6. 절연변압기의 시설

전원차단이 의료에 중대한 지장을 초래할 위험이 있는 의료실의 콘센트 회로는 전로의 1선 지락 시에도 전원을 계속 공급할 수 있도록 절연변압기를 다음에 적합하게 시설하여 비접지 배선방식으로 공급한다.

가. 시설방법

1) 절연변압기는 전원 측에 시설하고 2차 측 전로는 접지를 하지 않으며 1차 측 전로에는 누전차단기를 시설하지 않는다.

2) 절연변압기 2차 측 전로의 정격 전압은 250V 이하, 배전방식은 단상 2선식으로 하여야 하고 1개의 의료실에 시설하는 절연변압기의 용량은 10kVA 이하로 한다.

3) 1차 권선, 2차 권선, 철심, 실드 및 금속제 외함에 대하여 이중 또는 강화절연을 한 것이어야 한다.

4) 3상 부하에 대한 전력공급이 요구되는 경우 의료용 3상 절연변압기를 사용할 것

5) 의료 IT 계통(비접지식 전로)의 전원 측의 절연상태를 상시 감시하여 경보하는 절연감시장치를 상시감시가 용이한 장소에 아래와 같이 시설한다.

① 의료 IT 계통의 절연저항을 계측, 지시하는 절연감시장치를 설치하는 경우 절연저항이 $50k\Omega$ 까지 감소하면 표시설비 및 음향설비로 경보가 발하도록 할 것

② 의료 IT 계통에 누설전류를 계측, 지시하는 절연감시장치를 설치하는 경우 누설전류가 5mA에 도달하면 표시설비 및 음향설비로 경보가 발하도록 할 것
③ 위 표시설비 및 음향설비는 적절한 장소에서 지속적으로 감시될 수 있도록 할 것
④ 수술실 등의 내부에 설치되는 음향설비가 의료행위에 지장을 줄 우려가 있는 경우에는 기능을 정지시킬 수 있는 구조일 것

나. 적용장소(그룹 1, 2의 의료장소)

흉부 수술실, 심혈관 엑스선 촬영실의 전기설비

CHAPTER

02 에너지 절약

SECTION 01 에너지 절약 제도

1.1 건축물의 에너지 절약 설계기준

건축물의 에너지 절약 설계기준 중 전기분야의 내용을 중심으로 건축물을 건축하는 건축주와 설계자 등은 전기부문의 의무설계기준과 채택 가능한 선택적 설계기준에 따라 설계하여야 한다.

■ 건축물의 에너지절약 설계기준, 전기설비기술기준 고시, 정기간행물, 제조사 기술자료

1. 설계기준의 구분

건축물의 효율적인 에너지 관리를 위한 에너지 절약 설계기준, 에너지 절약 계획서 작성기준 및 단열재의 두께기준을 정함을 목적으로 한다.

가. "의무사항"이라 함은 건축물을 건축하는 건축주와 설계자 등이 건축물의 설계 시 필수적으로 적용해야 하는 사항을 말한다.

나. "권장사항"이라 함은 건축물을 건축하는 건축주와 설계자 등이 건축물의 설계 시 선택적으로 적용이 가능한 사항을 말한다.

2. 에너지 절약계획서 의무대상 건축물

가. 50세대 이상인 공동주택

나. 연구소, 업무시설 등으로 바닥면적의 합계가 3,000m^2 이상인 건축물

다. 병원, 유스호스텔, 숙박시설 등으로 바닥면적의 합계가 2,000m^2 이상인 건축물

라. 일반목욕탕, 실내수영장 등으로 바닥면적의 합계가 500m^2 이상인 건축물

마. 연면적의 합계가 10,000m^2 이상인 공연장 및 학교 등의 건물로서 중앙집중식 냉 · 난방시설의 건축물

3. 의무사항 설계기준

가. 수 · 변전설비

1) 변압기는 고효율변압기를 설치하여야 한다.
2) 변압기별 전력량계를 설치하여 부하 감시 및 예측이 가능하도록 한다.

나. 간선 및 동력설비

1) 전동기에는 대한전기협회가 정한 내선규정의 콘덴서 부설용량 기준표에 의한 역률개선용 콘덴서를 전동기별로 설치하여야 한다. 다만, 소방설비용 전동기에는 그러하지 아니할 수 있다.
2) 간선의 전압강하는 대한전기협회가 정한 내선규정을 따라야 한다.

다. 조명설비

1) 조명기기 중 안정기 내장형 램프, 형광램프, 백열전구, 형광램프용 안정기, 형광램프용 반사갓을 채택할 때에는 고효율 조명기기를 사용하여야 한다.
2) 공동주택의 세대 내 또는 지하주차장에 설치되는 형광램프용 반사갓이나 형광램프 전면에 커버 등을 부착한 간접적인 조명방식을 채택하는 경우 등은 고조도 반사갓을 사용하지 않을 수 있다.
3) 안정기는 해당 형광램프 전용 안정기를 사용하여야 한다.
4) 공동주택 각 세대 내의 현관 및 숙박시설의 객실 내부 입구조명기구는 인체감지점멸형 또는 점등 후 일정시간 후에 자동 소등되는 조도자동조절조명기구를 채택하여야 한다.
5) 조명기구는 필요에 따라 부분조명이 가능하도록 점멸회로를 구분하여 설치하여야 하며, 일사광이 들어오는 창측의 전등군은 부분점멸이 가능하도록 설치한다. 다만, 공동주택은 그러하지 아니하다.
6) 효율적인 조명관리를 위하여 층별 또는 세대별 일괄소등스위치를 신설한다. 다만, 전용면적 $60m^2$ 이하인 경우는 예외로 한다.

라. 대기전력차단장치

1) 공동주택은 거실, 침실, 주방에 대기전력자동차단콘센트 또는 대기전력차단스위치를 1개 이상 설치하여야 하며, 이것을 통하여 차단되는 콘센트의 개수가 30% 이상 되어야 한다.
2) 공동주택 외의 건축물은 대기전력자동차단콘센트 또는 대기전력차단스위치를 설치하여야 하며, 이것을 통하여 차단되는 콘센트의 개수가 30% 이상 되어야 한다.

4. 권장사항 설계기준

건축물을 건축하는 건축주와 설계자 등은 다음에서 정하는 사항을 규정에 적합하도록 선택적으로 채택할 수 있다.

가. 수 · 변전설비

1) 변전설비는 부하의 특성, 수용률, 장래의 부하증가에 따른 여유율, 운전조건, 배전방식을 고려하여 용량을 산정한다.
2) 부하특성, 부하 종류, 계절부하 등을 고려하여 변압기 운전대수제어가 가능하도록 뱅크를 구성한다.
3) 수전전압 25kV 이하의 수전설비의 경우
   ① 변압기의 무부하 손실을 줄이기 위하여 안전성이 확보될 경우 직접강압방식을 채택한다.
   ② 건축물의 규모, 부하특성, 부하용량, 간선손실, 전압강하 등을 고려하여 손실을 최소화할 수 있는 변압방식을 채택한다.
4) 전력을 효율적으로 이용하고 최대수용전력을 합리적으로 관리하기 위하여 최대수요전력 제어설비를 채택한다.
5) 역률개선용 콘덴서를 집합 설치하는 경우에는 역률자동조절장치를 설치한다.
6) 임대가 주목적인 건축물은 층별 및 임대 구획별로 전력량계를 설치하여 사용자가 합리적으로 전력을 절감할 수 있도록 한다.

나. 동력설비

1) 승강기 구동용 전동기의 제어방식은 에너지 절약 제어방식으로 한다.
2) 전동기는 고효율 유도전동기를 채택한다. 다만, 간헐적으로 사용하는 소방설비용 전동기는 그러하지 아니하다.

다. 조명설비

1) 백열전구보다 전구식 형광등기구를 사용하고 옥외등은 고휘도 방전램프(HID Lamp ; High Intensity Discharge Lamp)를 사용한다. 옥외등의 조명회로는 격등 점등과 자동점멸기에 의한 점멸이 가능하도록 한다.
2) 공동주택의 지하주차장에 자연채광용 개구부가 설치되는 경우에는 주위 밝기를 감지하여 전등군별로 자동 점멸되거나 스케줄 제어가 가능하도록 하여 조명전력이 효과적으로 절감될 수 있도록 한다. 다만, 지하 2층 이하는 그러하지 아니하다.
3) 유도등은 고효율 인증제품인 LED 유도등을 설치한다.
4) 조명기기 중 백열전구는 특수한 경우를 제외하고는 사용하지 아니한다.

라. 제어설비

1) 여러 대의 승강기가 설치되는 경우에는 군관리 운행방식을 채택한다.
2) 팬코일 유닛이 설치되는 경우에는 전원의 배전방식별, 실의 용도별 통합제어가 가능하도록 한다.
3) 수 · 변전설비는 종합감시제어 및 기록이 가능한 자동제어설비를 채택한다.
4) 실내 조명설비는 군별 또는 회로별로 자동제어가 가능하도록 한다.
5) 대기전력 저감을 위해 도어폰, 홈게이트웨이 등은 대기전력 저감 우수제품을 사용한다.

>>참고 UN 기후변화협약

- UN 기후변화협약은 지구온난화에 대한 범지구 차원의 노력이 필요하다는 인식이 확산되어 1992년 브라질에서 열린 "UN 환경개발회의"에서 지구온난화로 인한 이상기후현상을 예방하기 위한 목적으로 채택되었다.
- 온실효과 영향이란 온실가스는 태양으로부터 지구에 들어오는 단파장의 복사에너지는 통과시키는 반면, 지구로부터 방출되는 장파장의 복사에너지는 흡수함으로써 지표면을 보온하는 역할을 한다.

1. 온실가스

가. 교토의정서에서 정한 온실가스

이산화탄소(CO_2), 메탄(CH_4), 아산화질소(N_2O), 수소불화탄소(HFCs), 과불화탄소(PFCs), 육불화황(SF_6) 등의 6가지이다.

나. 온실가스(CO_2)의 지구환경영향

지구온난화의 약 60%는 이산화탄소에 의한 것이며 주로 화석연료의 사용에 따른다.

1) 향후 2100년까지 평균기온은 1.4~5.8℃, 해수면은 9~88cm가 상승할 것으로 예측된다.
2) 해수면의 상승과 국지성 폭우 및 폭설 등 기상이변을 가져온다.
3) 육상 및 해양 생태계의 변화 및 인류건강에 직 · 간접적인 영향을 준다.
4) 전 세계적으로 기후대가 변하여 식량변화가 일어난다.

2. 기본원칙

기후변화협약은 인류의 활동에 의해 발생되는 위험하고 인위적인 영향이 기후시스템에 미치지 않도록 대기 중 온실가스의 농도를 안정화시키는 것을 궁극적인 목표로 한다.

가. 공동의 차별화된 책임 및 능력에 입각한 의무부담의 원칙 : 온실가스 배출에 역사적인 책임이 있으며 기술 · 재정 능력이 있는 선진국의 선도적 역할을 수행한다.

나. 개발도상국은 특수사정 배려의 원칙 : 기후변화의 악영향이 큰 국가, 협약에 의한 부담이 큰 국가 등 차별화된 책임과 능력에 입각한 의무부담을 한다.

다. 기후변화의 예측, 방지를 위한 예방적 조치 시행의 원칙 : 과학적 확실성의 부족은 조치를 연기하는 이유가 될 수 없다.

라. 모든 국가의 지속 가능한 성장의 보장원칙

3. 협약의 주요내용

가. 목적

지구온난화를 방지할 수 있는 수준으로 온실가스의 농도를 안정화하는 데 있다.

나. 기본원칙

1) 형평성 : 국가별 특수사정을 고려한 공동의 차별화된 책임

2) 효율성 : 대상 온실가스의 포괄성 공동이행. 예방의 정책 및 조치 이행

3) 경제발전 : 지속 가능한 개발 및 개방적 국가경쟁체제의 촉진

다. 의무사항

1) 온실가스 배출통계 작성 · 발표, 온실가스의 감축정책 및 조치 이행

2) 온실가스 감축의 연구 및 체계적 관측, 교육훈련 및 정보 교환

3) 배출원 및 흡수원에 관하여 1990년 수준으로 온실가스 배출 안정화에 노력

라. 의무부담체계

1) 기후변화협약에서는 모든 당사국이 부담하는 공동의무사항과 일부 회원국만이 부담하는 특정의무사항을 구분하고 있다.

2) 차별화 원칙에 따라 협약 당사국 중 일부 국가만이 부담하는 의무를 규정한다.

① Annex Ⅰ 국가는 온실가스 배출량을 1990년 수준으로 감축하기 위하여 강제성은 부여치 않는다.

② Annex Ⅱ 국가는 개도국에 재정 지원 및 기술 이전을 해줄 의무를 가진다.

3) 이행과 관련된 의문점 해소를 위한 다자간의 협상 및 분쟁조정제도를 활용한다.

4. 기후변화협약의 대응 및 추진현황

가. 교토 메커니즘

1) 청정개발체제(CDM ; Clean Development Mechanism) : 선진국이 개발도상국에서 온실가스 감축사업을 수행하여 달성한 실적의 일부를 선진국의 감축량으로 허용하는 제도

2) 배출권 거래제도(ET ; Emissions Trading) : 온실가스 감축의무 보유국가가 의무감축량을 초과하여 달성하였을 경우 이 초과분을 다른 국가와 거래할 수 있도록 허용한 제도

나. 국내의 주요 추진사업

1) 온실가스 배출량 및 에너지 기술별 DB 구축

2) 온실가스 감축실적 등록체계 구축

3) 청정개발제도(CDM)의 운영 준비

5. 전기에너지 측면의 대책

가. 전기공급 측면의 대책

1) 전력저장시설의 확충 : 양수발전, 축열조 시설, 초전도 에너지 저장시설(SMES) 등

2) 신 · 재생에너지 비율의 의무적 할당제도(10%)의 도입

3) 태양광, 풍력, 조력, 연료전지 등 대체에너지 개발 확충

4) 저탄소 에너지의 공급 확대 : 원자력, 수력, LNG 발전 및 지역난방시설

나. 전기사용 측면의 대책

1) 전력수요관리 및 전기설비의 에너지 절약도모

2) 산업체와 자발적 협약 추진(VA) : VA는 에너지 다소비 산업체들을 대상으로 한다.

3) 범국민운동으로 녹색에너지 가족(GEF) 운동 추진 : 그린조명, 그린동력, 그린전기설계, 그린냉방

1.2 공공기관 에너지이용 합리화(절약)

UN 기후변화협약에 의한 세계 주변국 환경의 변화와 에너지 고갈에 따른 고유가 시대에 대비하여 공공기관의 에너지 절약, 효율 향상, 신 · 재생에너지 보급 촉진을 유도함으로써 범국민적 에너지 절약 의식 확산 및 기후변화협약 대응이 필요하다.

■ 공공기관 에너지이용 합리화 추진에 관한 규정, 에너지이용 합리화법, 건축물의 에너지 절약 설계 기준

1. 환경여건

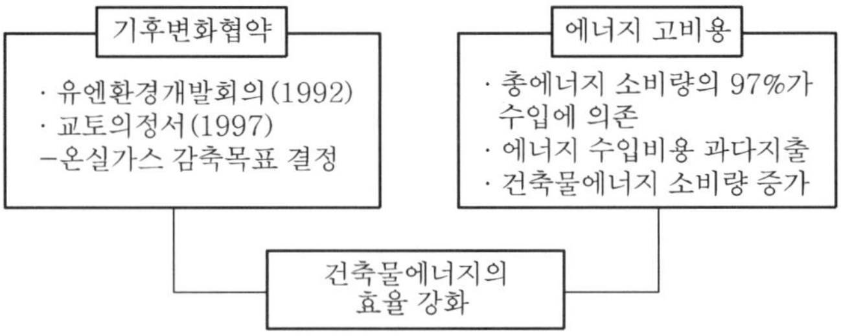

※ 에너지 신산업 도약을 위한 변화 : ICT와 수요관리를 융합한 에너지 효율화 정책

2. 에너지 절약의 필요성

가. 온실가스 저감으로 지구환경 보전

나. 국가 및 기업경쟁력 강화

다. 에너지 수급 개선 및 에너지 효율 향상

라. 화석연료 고갈에 대비

3. 공공기관의 에너지 효율향상 각종 제도

가. 제로에너지건축물 인증제도(☞ 참고 ; 제로에너지건축물 전기설비)

나. 공공기관 에너지이용 합리화

다. 공공기관 ESS 설치의무화 제도

4. 공공기관 에너지이용 합리화(건물부분)

공공기관의 에너지 절약 · 효율 향상 · 신 · 재생에너지 보급 촉진을 유도함으로써 범국민적 에너지 절약 의식 확산 및 기후변화협약 대응, 중앙행정기관 및 지방자치단체를 중심으로 추진실적과 계획분석을 통한 시책의 수립

가. 건물의 효율관리제도

1) 효율관리제도의 구분

구분	제도	내용
효율관리제도	에너지소비효율 등급표시제도 (최저소비효율 기준 포함) ('92부터)	• 원천적인 기기의 효율 향상 • 냉장고, 에어컨, 삼상유도전동기, 형광램프, 자동차 등 23품목 • 의무적 신고제도 • 에너지소비효율등급 라벨 표시 및 최저소비효율기준 적용
	고효율에너지 기자재 인증제도 ('96부터)	• 고효율기기 보급 및 초기시장 형성 • 보일러, 펌프, 단열창호, 변압기, LED 조명기기 등 41품목 • 자발적 인증제도 • 고효율기자재마크 및 인증서 교부
	대기전력 저감 프로그램 ('99부터)	• 가전·사무기기 대기전력 저감 • 컴퓨터 프린터, TV, DVD 플레이어, 셋톱박스 등 20품목 • 자발적 제도에서 일부 품목 의무적 경고표시제 전환('08.8.28)

2) 에너지소비효율등급표시제도

① 에너지소비효율등급표시제도는 제품을 에너지소비효율 또는 에너지사용량에 따라 1~5등급으로 구분하여 표시하도록 하고, 에너지효율 하한선인 최저소비효율기준(MEPS ; Minimum Energy Performance Standard)을 적용하는 의무제도

㉠ 에너지소비효율 등급라벨 의무 표시 : 제품에 라벨 표시

㉡ 시험 후 제품의 의무적인 신고

㉢ 최저소비효율기준 의무 적용 : 5등급 기준 미달제품의 생산 · 판매 금지

② 목적 : 소비자들이 효율이 높은 에너지 절약형 제품을 손쉽게 식별하여 구입할 수 있도록 하고 제조(수입)업자들이 생산(수입)단계에서부터 원천적으로 에너지 절약형 제품을 생산 · 판매하기 위함

③ 대상품목 : 가전기기, 조명기기 등 23개 품목

3) 고효율기자재 인증제도

① 고효율에너지기자재란 고효율 시험기관에서 측정한 에너지소비효율 및 품질시험결과 전 항목을 만족하고 에너지관리공단에서 고효율에너지기자재로 인증받은 제품

② 인증제도란 고효율에너지기자재의 보급을 활성화하기 위하여 일정기준 이상 제품에 대하여 인증해 주는 효율보증제도(에너지이용합리화법)

③ 대상품목 : 변압기, 펌프, 조명기기 등 41개 품목

4) 대기전력저감프로그램(e-Standby Program)

① 필요성

㉠ 복사기나 비디오 등 사무기기의 경우 전체 전력소비의 80%를 점유

㉡ 대기시간에 버려지는 에너지비용은 국내 가정 · 상업부문 전력사용량의 10% 정도

② 대기전력저감프로그램 개요

㉠ 대기전력 저감을 위해 제조업체의 자발적 참여를 기초로 대기시간에 슬립모드 채택과 대기전력 최소화를 유도하는 자발적 협약(VA) 제도

㉡ 정부가 제시하는 기준에 만족하는 대기전력저감우수제품을 생산 · 보급하도록 유도함으로써 원천적인 에너지 절약을 기하고자 하는 취지에서 출발한 제도

㉢ 제조 및 수입업체 자체보증으로 대기전력저감기능을 보증하며, 정부가 제시한 기준을 만족한 제품에 대해 에너지 절약마크를 부착

③ 대기전력경고표시제 도입

㉠ 대기전력경고표시 대상 제품의 대기전력 신고 의무화

㉡ 대기전력저감기준 미달 제품에 대한 경고표시 의무화

나. 공공기관 ESS 설치의무화 제도

1) 에너지저장장치(ESS) 개요

생산된 전기를 저장장치(배터리 등)에 저장 후 전력이 필요할 때 공급하여 전력사용 효율을 향상

2) 의무대상

공공기관 중 계약전력 1,000kW 이상 기존 건축물 및 2,000kW 이상 신축 건축물

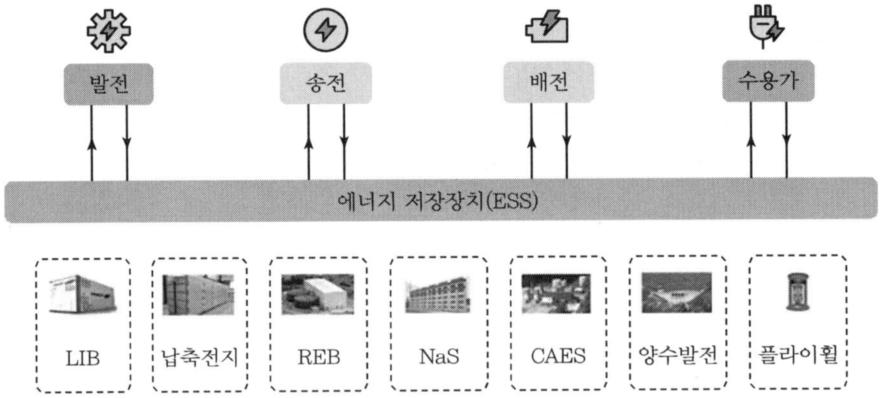

>>참고 에너지월별 석유환산기준

1. TOE(Ton of Oil Equivalent)
   TOE는 국제에너지(IEA)에서 정한 단위로 석유환산톤이다. "석유환산계수"라 함은 에너지원별 열량을 석유환산톤(TOE)으로 환산하기 위한 계수이며, 원유 1톤에 해당하는 열량으로 약 10^7kcal로 정의하는데, 이는 원유 1톤의 순발열량과 매우 가까운 열량으로 편리하게 이용할 수 있는 단위이다.

2. TOE 환산
   가. TOE＝연료발열량 kcal/10^7kcal TOE 환산 시에는 「에너지열량환산기준」의 총발열량을 이용한다. 즉, 1kg=10,000kcal
   나. 용어 정의
      1) "총발열량"이라 함은 연료의 연소과정에서 발생하는 수증기의 잠열을 포함한 발열량을 말한다.
      2) "순발열량"이라 함은 총발열량에서 수증기의 잠열을 제외한 발열량을 말한다.
   다. TOE 환산 예시
      1) 경유 200리터를 사용했을 경우 TOE
         • 경유 연료사용량을 열량으로 환산(kcal) : 경유는 1리터당 9,050kcal의 총발열량을 갖는다.
         • 비례식 작성(경유 총발열량)
           TOE : 10^7kcal＝X(구하려는 TOE) : 1,810,000kcal(200×9,050)
           TOE는 X＝1,810,000/10^7＝0.181TOE
         예 휘발유는 1리터당 8,000kcal, 천연가스(LNG)는 13,000kcal, 전력 kWh당 2,150kcal의 총발열량을 갖는다.

1.3 제로에너지건축물(ZEB)의 전기설비

제로에너지건축물 인증제도는 에너지성능이 높은 건축물을 확대하고, 건축물의 효과적인 에너지관리를 위해 제로에너지건축물 인증제 시행의 목적이 있다.

■ 녹색건축물 조성지원법, 신에너지 및 재생에너지 개발 · 이용 · 보급 촉진법, 기관 기술자료

1. 개요

제로에너지건축물이란 건축물에 필요한 에너지 부하를 최소화하고 신에너지 및 재생에너지를 활용하여 에너지 소요량을 최소화하는 녹색건축물, 대상건물은 연면적 3,000m² 이상 신축 또는 별동 증축 건축물(교육연구시설, 업무시설), 연면적 1,000m² 이상 신축, 재축 또는 별동 증축 공공건축물, 연면적 500m² 이상 공공 건축물과 30세대 이상 공공 공동주택 등

패시브
냉 · 난방 에너지요구량 최소화
(단열 · 기밀성능 강화 등)

\+

액티브
에너지소비량 최소화
(고효율 설비, BEMS적용)

\+

신재생
신재생에너지 생산
(태양광, 지열, 연료전지 등)

↓

신축 건물부문 온실가스 감축 핵심 이행방안으로 제로에너지건축물 보급 확산 필요

2. 적용기술

패시브 (PASSIVE) + 액티브 (ACTIVE) + 신재생에너지 (RENEWABLE ENERGY) = ZERO ENERGY BUILDING

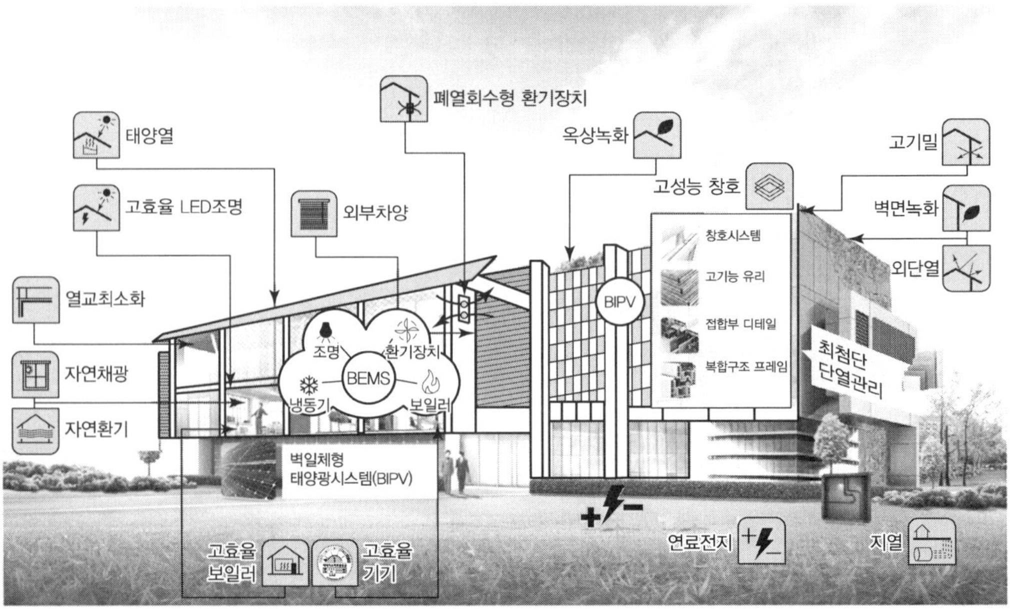

3. 인증제도

가. 건물의 설계도서를 통하여 연간 단위면적당 1차 에너지 소요량과 에너지 자립률을 평가하여 6개 등급(ZEB Plus~5등급)으로 인증

나. 건축물 에너지효율등급 1++ 이상, 에너지자립률 20% 이상, BEMS[59] 또는 원격검침전자식 계량기 설치

59) BEMS란 에너지관리시스템(Energy Management System)의 정보통신(ICT) 기술과 제어 기술을 활용하여 상업용 빌딩, 공장, 주택, 사회 인프라(전력망, 교통망 등) 등을 대상으로 에너지 흐름과 사용의 시각화 및 최적화를 위한 통합 에너지관리 솔루션으로 정의된다. EMS를 통해 전력 등 에너지 사용량과 생산량을 모니터링하고, 에너지의 합리적 사용을 위해 설비 및 기기의 제어, 태양광 발전 등 신재생에너지나 에너지저장시스템(ESS)을 제어할 수 있다.

기준	내용
기준 1 건물에너지 해석 프로그램(ECO_2) 평가	• 주거용 : 90kWh/m³년 미만 • 비주거용 : 140kWh/m³년 미만
기준 2 건물에너지 해석 프로그램(ECO_2) 평가	건물에서 소비하는 에너지 중 신재생에너지 생산량 비율
기준 3 체크리스트 평가 항목별 적용 여부 판단	에너지 소비량을 계측, 실시간으로 관리하는 시스템

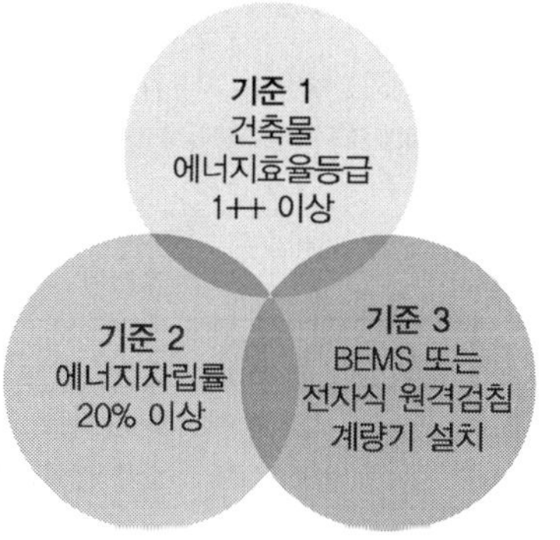

》참고 BEMS

1. 개념

EMS의 적용 대상에 따라 빌딩전용 BEMS(Building EMS), 공장 전용 FEMS(Factory EMS), 주택 전용 HEMS(Home EMS) 등으로 구분된다. BEMS는 건축물의 쾌적한 실내 환경 유지와 효율적인 에너지 관리를 위하여 에너지 사용내역을 모니터링하여 최적화된 건축물에너지 관리방안을 제공하는 계측 · 제어 · 관리 · 운영 등이 통합된 시스템을 의미한다.

2. BEMS 시스템

건물 내 에너지 사용설비(조명, 냉 · 난방설비, 환기설비, 콘센트 등) 센서와 계측장비를 설치하고 통신망으로 연계하여, 에너지원별(전력 · 가스 · 연료 등) 사용량을 실시간으로 모니터링하고, 수집된 에너지사용 정보를 최적화 분석소프트웨어를 통해 효율적으로 자동 제어하는 시스템이다.

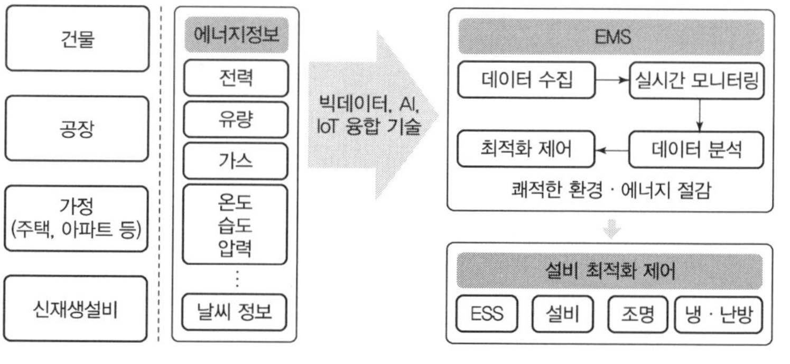

3. EMS 시스템의 구성 및 기능

① 구성

계측장비, 통신 및 제어장비, 가시화(모니터링)를 위한 하드웨어와 분석 및 관리 등 모니터링을 위한 소프트웨어로 구성되며 사용자의 요구에 따라 선택적으로 적용한다.

분류		내용
하드웨어	계측장비	전력량계, 유량계, 열량계, 온습도 센서, 풍속계, CO_2 센서, 재실감지센서, 조도센서 등
	통신 · 제어장비	계측정보 전송장치, 통신장치, Controller 등
소프트웨어	모니터링 장비	모니터, PC, Data 저장서버 및 분석 S/W, 알고리즘

② 기능

BEMS는 데이터 표시 기능과 정보감시 기능, 정보 조회 기능을 가지며, 건물에너지 소비 및 관련 데이터들을 활용하여 운영자에게 건물에너지 관리에 유용한 정보들을 생성하여 제공하고, 운영자가 건물에너지 소비 계획을 수립하여 실제 운영에 반영할 수 있게 해주는 분석 및 제어 기능을 포함한다.

BEMS 기능	내용
데이터 표시 기능	획득 수집한 건물에너지 소비 및 관련 데이터를 알기 쉽게 컴퓨터 화면 등을 통해 표시하는 기능
정보감시 기능	운영자가 에너지 소비에 관한 기준값이나 에너지 사용설비의 운전범위 등을 입력할 수 있어야 하며, 입력값과 실제 운영결과를 비교하여 운전 범위나 기준값을 벗어나는 경우 이를 운영자에게 알려주는 기능을 제공 • 기준값 및 운전범위 입력 기능 • 입력값과 운영결과 비교 기능 • 경보발령 기능
데이터 및 정보 조회 기능	운영자가 원하는 기간 동안의 건물에너지 소비 및 관련 데이터와 정보를 표 또는 그래프로 제공하는 기능 • 일정기간의 정보조회 기능 • 기간별 정보조회 기능 • 2개 이상의 기간별 정보 동시 조회 기능
분석 기능	건물에너지 소비현황, 설비성능 및 효율, 에너지 비용, 실내 환경정보
제어 시스템 연동 기능 (에너지 소비량 예측 결과)	• 에너지를 절약하고 건물과 설비의 계획적인 운영에 도움을 주기 위하여 건물의 에너지 소비량을 예측하는 기능 • 자체적으로 제어기능을 수행하거나 그렇지 못한 경우에는 건물자동화 시스템과 연동하여 자동으로 제어하는 기능을 제공

SECTION 02

에너지 절약방안

2.1 전기설비의 전력관리 개선방안

- 최근 정보화 사회의 진전으로 사무자동화기기가 급속하게 보급되는 현실에서 순간정전도 허용되지 않는 양질의 전원공급이 요구되고 있어 전력설비의 장시간에 걸친 효율적인 운용과 신뢰성 확보가 매우 중요하다.
- 전력설비의 효율적인 에너지 절약방안으로 에너지 사용기기의 효율 향상, 효율적인 운전관리, 에너지 손실의 방지, 에너지의 재활용 및 단순절약 등이 있다.

■ 건축물의 에너지절약 설계기준, 전기설비기술기준 고시, 정기간행물, 제조사 기술자료

1. 에너지 절약관리 개선의 특징

가. 전력수요의 증대 및 최대수요전력의 관리대책 소홀
나. 전기수용설비의 평균 종합 수용률 50% 이하 유지
다. 국내 실정에 적합한 전기수용설비 설계자료 미흡
라. 종합적인 전력관리기법에 대한 이해도 부족과 개선의욕 부족 등

2. 전력관리 개선방안

가. 부하관리 개선 및 변압시설의 효율관리
나. 최대수요전력 관리 개선
다. 분산형 전원에 대한 전력관리
라. 역률관리 개선
마. 전압관리와 에너지 절약 배전방식

3. 부하관리 개선 및 변압시설의 효율관리

변압기의 손실은 부하손과 무부하손으로 구분할 수 있으며 무부하 손실 감소방안은 고효율 변압기의 선정, 부하손 감소는 기존 변압기에 대한 운전관리 합리화를 도모함으로써 전력손실을 최소화할 수 있다.

가. 변압기 용량의 적정화

1) 변압기 용량은 최적의 효율 측면에서 수용률 약 75% 정도의 운전이 가장 적당하다.
2) 변압기의 시설용량, 수용률, 변전시설밀도 등에 대한 적정화가 필요하다.

[표 1] 전력다소비 건축물의 변전시설밀도

병원	호텔	백화점	사무소 건물
73VA/m^2	160VA/m^2	120VA/m^2	88VA/m^2

나. 고효율 에너지 절약형 변압기의 사용(☞ 참고 : 특수 변압기)

다. 변압기의 합리적 뱅크 구성

1) 일반적으로 변압기의 뱅크 구성은 부하용도별 구분, 계절부하 종류별, 전기방식(사용전압) 등에 따라 변압기의 뱅크 수를 정하고 있다.
2) 건축물 및 산업시설의 부하사용특성과 전기방식 등을 고려한 종합적인 검토를 통하여 합리적인 뱅크의 재구성이 요구된다.

라. 부하 사용특성을 고려한 변압기의 통폐합 운전

변압기의 효율적인 운용방법은 무부하 손실을 적게 하고, 최대효율이 되는 부하용량으로 운전하는 것이다. 변압기 손실을 최소화할 수 있는 방법은 다음과 같다.

1) 변압기 2차 측 부하 간에 연락용 차단기를 설치하여 계절별 · 요일별로 부하운용을 효율적으로 관리할 수 있는 방안으로 운전한다.
2) 변압기 뱅크별로 최대수요전력, 부하율 등 운전 상태를 분석하여 통합 운전한다.

마. 변압방식의 개선

1) 변압방식은 직접강압방식과 2단 변압방식이 사용되며, 다단강압방식을 지양한다.
2) 부하사용특성과 구성 형태를 검토하여 직접강압방식으로 변압 손실을 절감한다.

[표 2] 변압방식의 특징

구분	직접강압방식	다단강압방식
시설비	다단강압방식에 비해 적다.	시설비가 많이 든다.
시설면적	적다.(1.0)	크다.(1.3)
안전성	배전선로의 차단용량 증가로 안전성에서 불리하다.	배전선로의 차단용량 감소로 안전성, 경제성에서 유리하다.
에너지 절약효과	변압기 손실면에서 유리하다.	변압기 무부하 손실이 증가한다.
역률 개선효과	특고압 측 역률 개선설비로 비용이 증가한다.	단계별로 자유롭게 최적 역률을 유지한다.
자가발전기와 연계성	저압 Main Feeder 측에 ACB 및 ATS 설치가 많아진다.	고압 발전기로 전력을 공급할 수 있어서 부하에 능동적으로 대처할 수 있다.
전력공급 신뢰도	TR 1차 사고가 특고압 전력계통사고로 전력공급에 지장을 준다.	전력계통사고 시 고압 뱅크의 사고파급으로 파급효과가 크다.

구분	직접강압방식	다단강압방식
유지 · 관리 보수성	전압이 단계통이어서 유지, 보수, 관리가 용이하다.	전압이 이중계통이어서 유지, 보수, 관리에 불리하다.
결론	에너지 절약 및 유지, 보수, 관리에서 직접강압방식이 유리하다.	

바. 변압기 수용률의 적정 관리

1차 · 2차 변압기의 용량비는 일반적으로 2차 변압기의 용량은 1차 변압기의 110~130%가 적당하다.

4. 최대수요전력관리(Peak Demand Control) 개선(☞ 참고 : 최대수요전력관리 개선)

5. 분산형 전원에 의한 전력관리

가. 분산형 전원의 전력관리

분산형 전원이란 기존 전력회사의 대규모 집중전원과 달리 소규모로서 소비지 근방에 분산배치가 가능한 전원을 의미하며 가스터빈발전, 디젤엔진발전, 연료전지발전, 태양광발전, 풍력발전, 초전도 저장설비 등이 포함된다.

나. 분산형 전원의 특징

1) 전력소비지의 전력계통으로 비교적 소규모 전원설비이다.
2) 최대수요전력 시간대에 발전함으로써 수용가 전력관리를 도모할 수 있다.
3) 연료가 청정연료로 안전성과 환경제약이 적다.
4) 연계선로에 대한 보호협조가 필요하다.

다. 적용설비

공공건물, 대형 병원, 초고층 빌딩 등에 적용이 가능하다.

6. 역률관리 개선(☞ 참고 : SC의 역률 개선의 원리 및 설치효과)

7. 전압관리와 에너지 절약 배전방식

가. 전압관리

일반적으로 전기기기는 정격 전압에서 사용하는 경우 가장 효율이 좋으므로 적정한 전압을 유지하는 것이 중요하다.

1) 적정전압 유지

① 유도전동기는 $V^2 \propto T$ 또는 $\frac{1}{V^2} \propto S$이다.

② 조명등은 전압이 높거나 낮으면 수명이 짧아진다.

③ 전열기는 전압의 제곱에 반비례하여 발열량이 변화한다.

2) 전압변동의 최소화

① 변압기 용량을 충분히 한다.

② 배선의 굵기를 충분히 한다.

③ 간선의 분할을 적절히 한다.

④ 배선 말단에 콘덴서를 삽입, 무효전력을 억제한다.

3) 전압 불평형의 시정

전압 불평형의 경우에는 역상전류가 흐르고, 전동기에는 회전방향과 반대방향의 회전자계가 발생하여 역상 토크가 발생한다. 따라서 전동기에서는 동손, 철손 등이 증가하고 온도 상승, 소음 증가로 효율도 저하한다.

나. 승압에 의한 전력 절감

승압하게 되면 전력 손실이 감소하고, 전압이 개선되어 국가적으로는 자원을 절감할 수 있으나, 감전사고 등 전기사고에 대한 위험은 증가한다.

2.2 전력수요관리(DSM ; Demand Side Management)

- 전력수요관리란 전력 사용에 있어 소비자의 전력 사용 패턴에 영향을 주어 부하의 형태를 바람직한 영향으로 유도함으로써 예측된 전력수요의 저감 또는 평준화를 통해 전력공급설비에 대한 투자를 지연시키는 한편 기존 설비의 이용률 및 효율을 향상시킴으로써 전력공급비용의 절감을 가능하게 하는 활동을 말한다.
- 넓은 의미의 수요관리란 부하관리뿐만 아니라 사회 · 경제활동의 조정을 통해 필요한 에너지 서비스를 제공하고 에너지이용 효율 개선을 통한 에너지투입량 수요의 절감을 도모하는 정책까지 총괄한다.

■ 건축물의 에너지절약 설계기준, 전기설비기술기준 고시, 정기간행물, 제조사 기술자료

1. 수요관리의 목적(부하관리)

가. 목적

공급 측 목적(전력회사)	공동이익(국가)	수요 측 목적(수용가)
• 설비이용 증대 • 재무구조 개선 • 설비투자 축소 • 수용가 관계 개선 • 특정연료 사용 절감	• 특정연료(유류)의 대체 • 에너지 수입비용 절감 • 특정연료 수입 절감	• 전력 코스트 절감 • 에너지 절약 • 생활양식 개선 • 서비스 선택의 다양화

나. 배경

1) 투자재원의 부족 : 에너지공급시설 건설을 위한 투자재원의 부족
2) 환경오염 및 국제환경규제의 심화 : 에너지소비는 환경오염의 주된 원인
3) 신 · 재생에너지의 한계 : 신 · 재생에너지의 공급량은 전체의 약 3% 정도로 미약

2. 수요관리의 필요성

가. 부하 평준화 방안의 필요성

1) 최근의 전력수요 증가 추이는 GNP 성장률을 훨씬 상회하고 있고 특히 냉 · 난방 부하가 차지하는 비율이 계속 증가하고 있다.
2) 최대수요전력의 증가율이 평균전력의 증가율보다 더 높게 나타나 최대수요전력을 억제하고 부하율을 개선하는 부하평준화 방안이 강구되어야 한다.

나. 경제상황적 정책의 필요성

1) 투자재원의 부족 : 사회간접수요와 맞물려 에너지 부문에 필요재원이 부족하다.
2) 대내외적인 환경에 대한 인식 강화 : 화석연료 사용에 따른 대기오염물질은 산성비, 지구온난화 문제를 발생시키는 주요 원인으로 저탄소 고성장을 위한 효율적 에너지 사용이 중요한 과제이다.
3) 에너지자원의 한계점 : 에너지원의 안정적인 확보를 위하여 신 · 재생에너지의 개발이 필요하다.
4) 전원입지 확보의 곤란 : 발전소, 천연가스 저장시설 등의 에너지공급시설이 혐오시설로 인식되어 입지 학보가 어렵다.

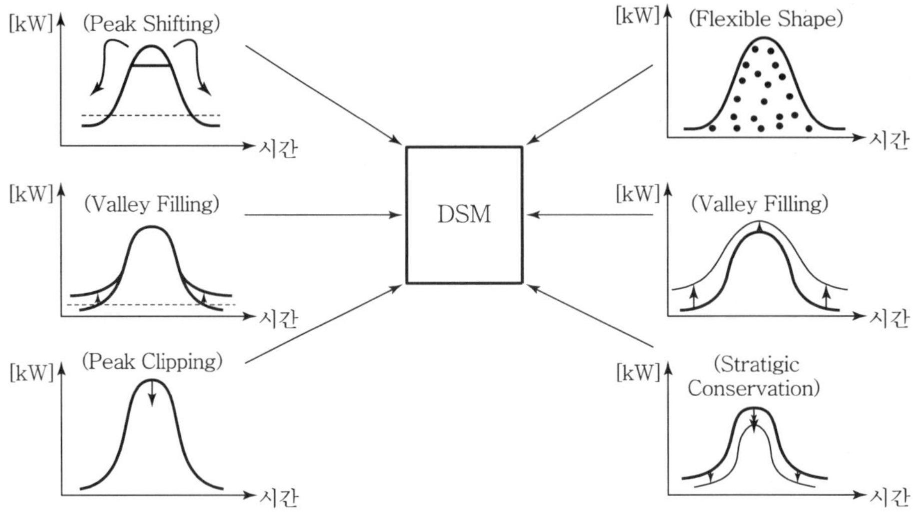

[그림] 업무용 건물의 수요관리 유형

3. 전력수요관리의 유형(부하관리의 종류)

가. 최대수요 억제(Peak Clipping)(☞ 참고 : 최대 수요전력관리 개선방법)

1) 원리 : 여러 가지 부하관리 유형 중 가장 대표적인 방법으로 연중 최대수요를 억제하기 위하여 최대피크 시간대의 전력공급설비 규모를 축소하고 발전원가가 높은 발전설비의 가동을 줄이기 위한 수요관리 방법
2) 수단 : 선로 차단 등 전력회사 억제
3) 효과 : 피크용 전원 절감, 피크용 고가연료 절약

나. 기저부하 증대(Valley Filling) : 심야부하 창출

1) 원리 : 부하수준이 상대적으로 낮은 심야시간대의 전력수요를 증대시켜 전력공급설비의 이용률을 높임으로써 전력공급 원가를 낮추기 위한 방법
2) 수단 : 축열식 난방, 온수설비 보급, 양수발전
3) 효과 : 생산비용이 상대적으로 저렴한 전력 판매 증대로 평균 공급비용 감소

다. 최대부하 이전(Peak Load Shifting)

1) 원리 : 피크 시간대의 전력수요를 경부하 시간대로 이동시킴으로써 최대수요 억제와 함께 경부하 시간대의 전력수요를 증대시킬 수 있는 일석이조의 효과가 기대되는 효율적인 부하평준화기법
2) 수단 : 축열식 설비보급, 계절별 요금제도
3) 효과 : 최대부하 억제와 심야부하 창출에 의한 효과가 동시에 발생한다.

라. 전략적 소비절약(Strategic Conservation)

1) 원리 : 소비자의 전기서비스 효용의 수준은 약화시키지 않으면서 물리적인 수요 수준만을 감소시키는 것을 특징으로 하는 새로운 개념의 수요관리기법
2) 수단 : 전기이용률 향상, 사용방법 개선 등을 통해 불편 없이 전기를 사용하면서 사용전력을 줄일 수 있는 방법으로 "기기 고효율화" 등
3) 효과 : 공급력 증대의 한계로 수급이 불안한 경우 대처비용의 억제효과가 있다.

마. 전략적 부하 증대(Strategic Load Growth)

1) 원리 : 부하성장기법은 전력공급 설비규모에 비하여 전반적인 수요수준이 낮을 경우 설비의 이용효율을 높임으로써 국가에너지자원의 비효율성을 막기 위한 수요관리기법
2) 수단 : 새로운 전기이용 기술 개발 및 보급
3) 효과 : 전력생산성 향상, 화석연료 의존도 경감

바. 가변부하 조성(Flexible Load Shape)

1) 원리 : 전력부하 중에서 필요할 경우 공급을 중단하여도 손실이나 피해가 거의 없는 부하(차단가능부하 또는 가변부하)를 별도로 확보하여 두었다가 이를 활용하여 필요한 만큼의 전력수요를 조정하는 기법
2) 수단 : 종전의 전력수급사정이 악화될 때 수급안정대책으로 이용되었으나 최근에는 설비의 이용효율을 높이기 위해 최대수요를 억제하기 위한 방법으로 "이용 부하차단기능 요금제도"를 도입
3) 효과 : 전력공급 신뢰성 향상, 예비율 감소로 공급비용 절감

4. 수요관리 추진방법

가. 간접방식

고객의 자율적인 의사에 따라 소비량과 시간선택을 할 수 있는 요금제도에 의한 간접수요 조절방식을 말한다.

1) 시차별 · 계절별 차등요금 또는 누진요금 체제

① 일반수용가에 대한 요금 누진제도
② 산업용 수용가에 대한 3종 요금제도 예 하계휴면요금, 수급조정요금제

2) 심야전력요금 제도(축열, 축냉 등)

① 전기온수기, 전기온돌, 온풍기 등
② 심야 결빙

3) 부하관리요금 제도 예 하계휴가 · 보수조정, 자율절전, 부하이전 요금

나. 직접방식

전기사업자가 필요할 경우 고객의 기기를 직접 제어하여 전력수요를 관리하는 방식이다.

1) 중앙부하제어장치와 통신장비를 이용하여 수용가의 온수기, 보일러, 냉방기 부하를 직접제어
2) 수용가 전기기기 직접제어 : 원격제어 에어컨(15분 단위)의 직접제어

다. 부하관리의 비교

방법	적용기술	장점	단점
직접 부하 관리	타임스위치 전류제한기 전자식 계량기 최대전력 관리장치	• Peak 초과 시 조치가 용이 • 안정적인 전원공급 가능 • 공급예비율 감소	• 특별한 제어설비가 필요 • 사생활 침해 우려 • 제어시스템 악용, 서비스 제한
간접 부하 관리	시차제 요금제도 계절차등 요금제도 심야전력 요금제도 부하관리 요금제도	• 개인의 사생활 침해나 권리제한이 없음 • 특별한 설비가 불필요 • 자발적 참여로 이익 창출	• 수용가 호응이 없을 시 대안이 없음 • 피크 초과 시 조치가 용이하지 않음

라. 고효율기기 사용 및 소비절약 촉진

고효율기기의 보급과 전기소비절약을 유도하기 위한 인센티브제도나 관련 규정에 의한 강제유도방식이다.

1) 고효율기기에 대한 인센티브 : 전자식 안정기, 전구식 형광등
2) 건축물의 냉방설비에 대한 설치 및 설계기준 : 단열 강화, 축냉식 냉방

마. 수요관리기기로서 대체냉방기기와 고효율기기

1) 대체냉방기기 : 흡수식 냉방기, 축냉시스템, 에너지 절약형 공조기
2) 고효율기기 : 고효율 고온수 펌프, 고효율 유도 전동기, VVVF, 최대전력관리장치, 모터 절전기

5. 전기설비의 전력관리 개선방안(☞ 참고 : 전력수요관리)

2.3 최대수요전력관리 개선방법(Peak Demand Control)

최대전력 수요제어의 목적은 최대수요전력의 증가를 방지하기 위한 것이며, 수용가 시설에 악영향을 주지 않는 범위에서 일시적으로 차단할 수 있는 부하를 제어함으로써 최대전력을 억제하는 것으로 국내 최대수요전력은 15분을 기준으로 하고 있다.

■ 건축물의 에너지절약 설계기준, 전기설비기술기준 고시, 정기간행물, 제조사 기술자료

1. 최대수요전력관리 효과(Peak Power Demand Management)

전력수요를 합리적으로 조절하여 전력공급을 위한 투자를 억제 또는 지연시키며 최소비용으로 수요 증가에 대응하고 부하율 향상을 통한 원가절감과 전력수급 안정을 도모하기 위하여 실시한다.

가. 최대전력 수요 억제를 통한 발전소 건설 대체 효과
나. 전력설비 부하율 및 이용률 향상
다. 전력설비 효율 향상으로 총 에너지 비용 절감
라. 수용가는 수전설비의 감소, 전력요금의 절감을 기대

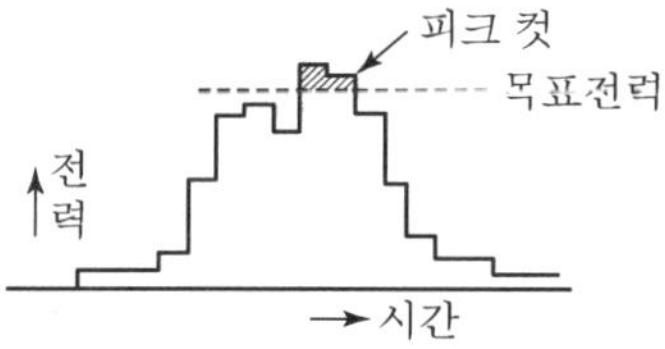

(a) Peak Cut

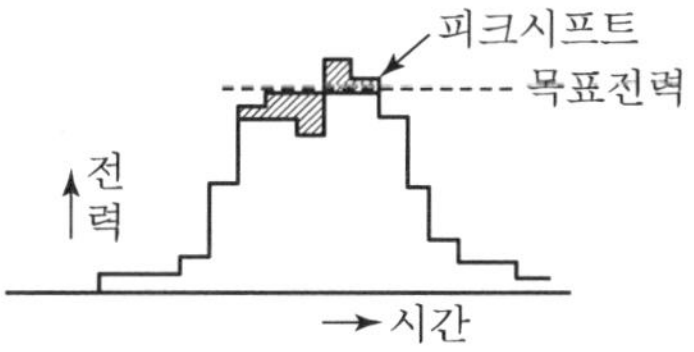

(b) Peak Shift

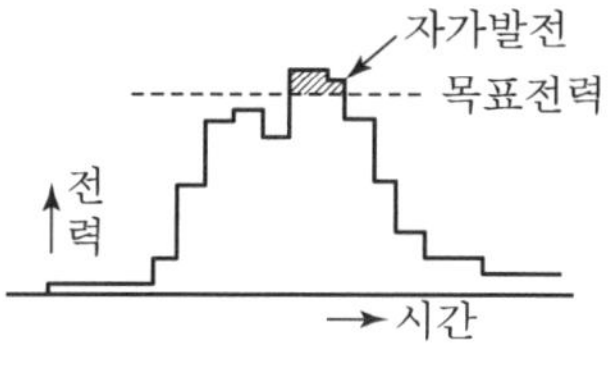

(c) 자가발전설비

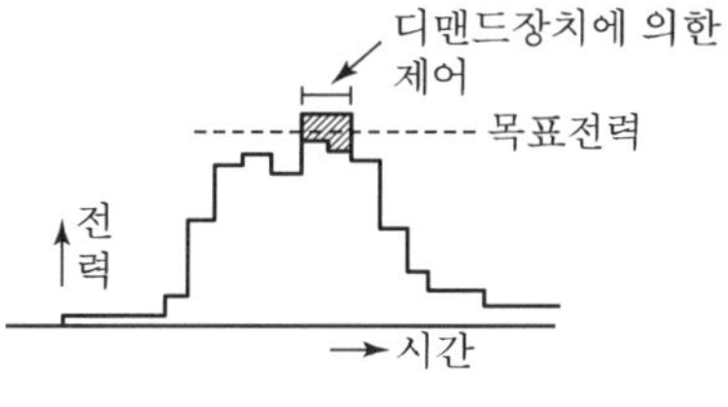

(d) Power Demand Control

[그림 1] 최대수요전력관리 개선방법

2. 최대수요전력관리 방법

가. 부하의 Peak Cut 제어

일정 시간대에 집중하는 부하가동을 다른 시간대로 옮기는 것이 공정상 곤란한 경우 목표전력을 초과하지 않도록 일시적으로 차단할 수 있는 일부 부하를 강제 차단하는 방식이다.

나. 부하의 Peak Shift 제어

1) 최대수요전력을 구성하고 있는 부하 중 피크시간대에서 다른 시간대로 운전을 옮길 수 있는 부하를 검토하여 피크부하를 다른 시간대로 이행시키는 방식이다.

2) 적용방법

① 심야전력을 이용하는 빙축열시스템의 적용 : 심야시간대에 전기를 사용하여 얼음이나 냉수를 생산 · 저장하였다가 주간시간의 냉방에 이용하는 설비로서 주간에 가동하는 냉동기 용량을 약 50% 줄일 수 있고 운전경비를 절감하는 효과가 가능하다.

② 축열식 난방 및 온수기기의 이용 : 심야시간대에 전기를 사용하여 열에너지를 생산 · 저장하였다가 주간시간대에 난방이나 온수로 이용하는 설비로 피크전력을 줄인다.

③ 흡수식 냉동기의 적용 : 터보냉동기는 냉동효과는 좋으나 소비전력이 커서 피크전력을 증가시킨다. 따라서 가스나 열을 이용하는 흡수식 냉동기를 채용하면 피크전력을 크게 줄일 수 있다.

다. 자가발전설비의 가동에 의한 피크 제어

1) 목표전력을 초과하는 최대수요전력에 해당하는 부하를 자가용 발전설비로 분담하게 하는 방식으로 부하특성을 면밀히 검토하여 자가용 발전설비의 전원 공급에 의해 최대수요전력을 억제한다.

2) 적용방법

① 교대계절성 부하의 효율적 뱅크 구성 : 여름철 냉동기부하 등 피크부하를 별도로 관리하여 자가발전기로 전력을 공급함으로써 피크부하를 억제한다.

② 첨두부하 피크 컷용 뱅크 분리 또는 상용발전기 사용 : 냉동부하군을 모선에서 분리하여 발전기 측에서 전력공급이 가능하도록 계통을 구성하면 쉽게 적용할 수 있다.

라. 설비부하의 프로그램 제어(Power Demand Control)

Power Demand Control에 의한 피크전력을 억제하기 위하여 마이크로프로세서를 내장시킨 고도의 감시제어기능을 가진 최대수요전력 감시제어장치이다.

1) 적용방법

항시 전력상태를 감시하여 수요시한에 사용전력이 목표전력을 초과할 경우 경보 발생과 동시에 일시적으로 중요도가 낮은 부하를 차단하여 피크전력을 감소시키는 방법이다.

2) 디맨드 컨트롤러의 제어

① 조정부하의 선정 : 5~10분 정도의 필요한 시점에 차단할 수 있어야 한다.

② 조정부하의 운용 : 일괄차단이 아닌 그룹별 부하상태에 따라 필요한 만큼 차단한다.

③ 조정부하의 차단방법 : 수동차단 또는 자동차단이 있으며 자동차단방법의 경우 우선순위방식과 순환방식이 있다.

④ 제어 가능 부하를 선정

㉠ 디맨드 컨트롤러에 의한 제어 가능 부하 : 전기로, 압축기, 공조설비, 급수설비, 순환펌프 등

㉡ 비상용발전기의 분담 가능 부하 : 냉동기 부하, 공조설비, 펌프설비 등

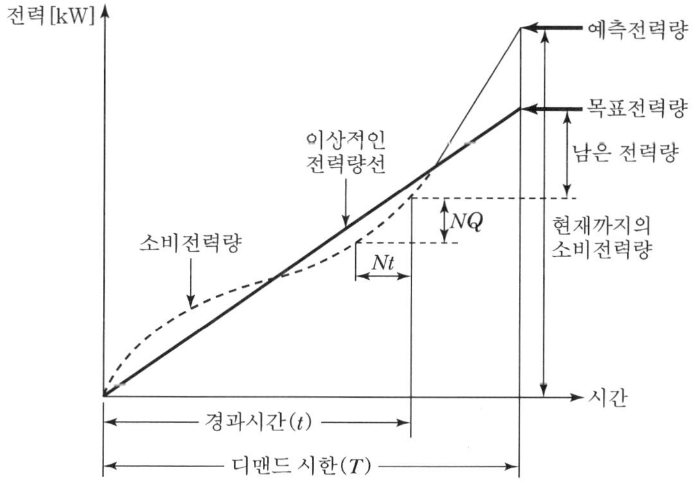

[그림 2] Power Demand Control

마. 분산형 전원시스템 적용(☞ 참고 : 전기설비의 전력관리 개선방안)

1) 분산형 전원이란 기존 전력회사의 대규모 집중전원과 달리 소규모로 소비지에 분산배치가 가능한 전원을 말한다.
2) 피크전력 차단의 가장 적극적인 방법이나 사용열원, 폐열이용 설비, 피크부하가 어느 정도 있어야 하고 경제성에 대한 검토결과에 타당성이 있어야 한다.

2.4 대기전력 감소기술(Stand by Power)

최근 국제유가가 상승하고 있고 가정용 전기기기 대형화 및 네트워크화로 에너지 소비가 많아지고 있으므로 가정용이나 사무용 기기의 대기전력문제를 이슈화하여 전 국민적인 에너지 절약 실천방법으로 대기전력 감소대책을 추진해야 할 것이다.

■ 건축물의 에너지절약 설계기준, 전기설비기술기준 고시, 정기간행물

1. 대기전력 발생기기 및 종류

가. 대기전력의 정의

외부의 전원과 연결만 되어 있고, 주 기능을 수행하지 아니하거나 외부로부터 켜짐 신호를 기다리는 상태에서 소비되는 전력을 말한다.

나. 종류

구분	개념	전원상태	해당기기	비고
Off Stand by (차단 대기)	• 전원 버튼을 이용해 전원을 꺼도 소비되는 전력 • 0~3W의 전력소비	Put－off	TV, 비디오, 오디오, 전자레인지, DVD 플레이어, PC, 모니터, 프린터, 복사기 등	1W 프로그램 대상
Passive Stand by (수동 대기)	• 리모컨을 이용해 전원을 꺼도 소비되는 전력 • 국내에너지 절약마크 : 3W 수준	Put－off	TV, 비디오, 오디오, DVD 플레이어, 휴대전화, 충전기	1W 프로그램 대상
Active Stand by (동작 대기)	• 네트워크로 연결된 디지털기기 (전원을 꺼도 실제로는 꺼지지 않는 상태) • 20~30W에 이르는 많은 대기전력	Put－off	디지털 TV, 셋톱박스, 홈네트워크	향후 대기전력의 이슈로 등장 전망
Sleep (정지)	기기가 동작 중 사용하지 않는 대기상태에서 소비되는 전력	Put－on	PC 모니터, 프린터, 팩시밀리, 복사기, 스캐너, 복합기	절전모드 채택 시 절약

2. 대기전력 감소기술

가. 콘센트의 전원플러그를 뽑거나 차단한다.

나. 대기시간에 절전모드를 채택한 에너지 절약형 제품을 사용한다.(에너지 절약 마크제도)

다. 사무실 등에서 사용하는 복사기의 복사방향을 세로보다는 가로로 복사하는 것이 복사기의 움직임 범위가 작아 전력이 감소한다.

3. 대기전력 감소효과

가. 국내의 대기전력으로 낭비되는 가정용 소비전력은 약 11% 정도이다.

나. 절약 시 연간 7,000억 원(가정용 6,000억 원+사무실 및 기타 1,000억 원) 정도이다.

다. 원자력 발전소 1기 건설 감소 효과가 있다.

라. 요금절감으로 가계경제에 도움을 준다.

4. 대기전력 절약유도방안

가. 표준제도의 도입 및 설계기준

산업표준을 제정하여 건축물의 에너지 절약형 설계기준에 의하여 설치를 장려한다.

나. 경제적 · 제도적 수단 도입

1) 에너지 예금, 세금공제, 수수료 등 제도를 도입한다.
2) 수수료, 리베이트 : 고효율 제품 구매, 소비자에게 금전적인 보상을 한다.
3) 효용성 : 수수료와 리베이드는 대기진력 김소빙법으로 가장 유력한 제도이다.

다. 정보교류와 교육 실시

라. 정부의 조달프로그램

정부물품 구입 시 고효율 제품을 우선적으로 구매하는 정책을 사용한다.

5. 대기전력의 보급 촉진을 위한 지원제도

가. 조달청 우선 구매
나. 공공기관 사용 의무화
다. 에너지이용합리화 자금 지원

6. 국내 대기전력차단제품

가. 상시전력을 필요로 하지 않는 제품

절전이 필요한 시간대에 조도센서나 인체감지센서에 의해 On－Off 제어를 한다.

나. 절전기기에 마이콤 내장 제품

1) 각종 전기전자제품의 On－Off를 자동감지, 대기전력을 완전차단한다.
2) 대기전력 0.1～0.2W를 공급하는 전기플러그를 뽑는 효과와 동등한 기능을 한다.

다. 전기 · 전자제품의 과전류나 서지전류 유입을 감지한다.

2.5 수 · 변전설비의 에너지 절약방안

건축전기설비의 에너지 절약은 수 · 변전설비 시스템 및 주요 기기의 에너지 절약, 조명제어시스템에 의한 조명설비의 에너지 절약, 고효율 기기에 의한 동력설비의 에너지 절약으로 구분하고 있다. 전력설비의 효율적인 에너지 절감방안으로 에너지 사용기기의 효율 향상, 효율적인 운전관리, 에너지 손실의 방지, 에너지의 재활용이 있다.

■ 건축물의 에너지절약 설계기준, 전기설비기술기준 고시, 정기간행물, 제조사 기술자료

1. 변압설비의 고효율화(☞ 참고 : 고효율 전력용 변압기)

가. 고효율 에너지 절약형 변압기의 사용

몰드 변압기, 아몰퍼스 변압기 또는 자구미세화 변압기 등 고효율 변압기 사용

나. 고효율 부하기기의 사용

1) 고효율의 광원 및 조명기구를 사용한다.
2) 에너지 절약형의 고효율 전동기를 채택한다.

2. 변전설비의 효율적인 운전관리(☞ 참고 : 전기설비의 전력관리 개선방안)

가. 부하 사용특성을 고려한 변압기의 통폐합 운전

1) 변압기의 효율적인 운용방법은 무부하 손실을 적게 하고, 최대효율이 되는 부하용량으로 운전하는 것이다.
2) 변압기 2차 측 부하 간에 연락용 차단기를 설치하여 계절별 · 요일별로 부하운용을 효율적으로 관리할 수 있는 방안으로 운전한다.
   ① 변압기 여러 대를 병렬운전할 경우 부하가 낮아져 최고 효율점에 미달 시 변압기 일부를 정지하고 부하 일부를 다른 변압기로 통폐합시킨다.
   ② 변압기 대수제어가 가능하도록 설비를 구성하여 부하특성, 종류, 계절부하 등을 고려하여 부하설비에 따라 변압기를 통폐합 운전한다.
3) 변압기 뱅크별로 최대수요전력, 부하율 등 운전 상태를 분석하여 통합 운전한다.

나. 변압기 용량의 적정화

1) 변압기 용량은 최적의 효율 측면에서 수용률 약 75% 정도의 운전이 가장 적당하다.
2) 변압기 사용량의 변화, 수용률, 변압기 뱅크별 변전시설밀도의 적정화가 필요하다.

[표] 전력다소비 건축물의 변전시설밀도

병원	호텔	백화점	사무소 건물
73VA/m²	160VA/m²	120VA/m²	88VA/m²

다. 변압기의 합리적 뱅크 구성

1) 일반적으로 변압기의 뱅크 구성은 비상용부하와 상용부하, 부하용도별 구분(조명, 동력), 사용전압과 전기방식, 계절부하 종류에 따라 변압기의 뱅크 수를 정하고 있다.
2) 건축물 및 산업시설의 부하사용특성과 전기방식 등을 고려한 종합적인 검토를 통하여 합리적인 뱅크의 재구성이 요구된다.

라. 변압기 수용률의 적정 관리

1차 · 2차 변압기의 용량비는 일반적으로 2차 변압기의 용량은 1차 변압기의 110~130%가 적당하다.

마. 변압방식의 개선

1) 변압방식은 직접강압방식과 2단 변압방식이 사용되며, 다단강압방식을 지양한다.
2) 부하사용특성과 구성 형태를 검토하여 직접강압방식으로 변압 손실을 절감한다.

3. 에너지 손실의 방지

가. 최대수요전력 제어

최대수요전력과 연동되어 전력요금이 적용되므로 하절기 최대수요전력을 강제로 제어하는 디맨드 컨트롤러를 설치하면 가시적인 효과를 볼 수 있다.

나. 수 · 변전설비의 중앙감시제어설비

수 · 변전설비의 중앙감시제어를 이용하여 조명제어, 방재설비, 승강기설비, 주차관리설비, 공조설비 등을 자동화설비로 이용하여 손실을 방지한다.

다. 역률 관리

1) 전력부하의 특성

일반적으로 전력부하는 유도성 부하로 낮은 역률의 무효전력이 발생한다. 따라서 선로손실과 변압기 부하손이 증가하고, 전압강하 및 수전설비 용량이 커지는 현상이 발생하므로 이를 방지하기 위하여 진상콘덴서를 부하 말단에 시설하여 역률을 보상한다.

2) 변전설비별 역률 제어방법

① 2단계 강압 변전시스템의 경우 종합콘덴서 자동역률 제어장치를 사용한다.
② 직강압 변전시스템의 경우 분산식 개별 콘덴서를 설치한다.

4. 에너지의 재활용(☞ 참고 : 부하의 Peak Shift 제어)

2.6 조명설비의 에너지 절약방안

조명의 목적은 시작업 공간에 적정한 환경을 유지하는 것인데, 에너지 절감을 위해서 시환경이 희생되면 작업효율 및 생산성이 나빠지게 되므로 에너지 절감은 조명효과를 희생하지 않고 쓸모없는 조명을 줄이는 방법이어야 한다.

■ 건축물의 에너지절약 설계기준, 전기설비기술기준 고시, 정기간행물, 제조사 기술자료

1. 조명에너지 절약요소

가. 전력량 절약요소

$$전력량[\mathrm{kWh}] = W \times N \times T = W \times T \times \frac{E \times A}{F \times U \times M}$$

$$여기서,\ W : 소비전력[\mathrm{W}],\ 램프\ 개수\ N = \frac{E \times A}{F \times U \times M}$$

1) 적정한 조도 유지 : E(조도)
2) 고효율 광원의 채용 : F(램프광속)
3) 고효율 조명기구의 사용 : U(조명률)
4) 오염이 잘되지 않는 기구의 채용이나 청소 : M(유지율)
5) 조명제어시스템 채용 : T(점등시간), A(면적)

나. 조명설비에서의 전력 절감방안

1) 고효율 광원 및 기구의 사용
2) 효과적인 조명제어시스템 적용
3) 조명과 공조시스템의 결합방식
4) 자연채광을 이용한 창측 조명 제어
5) 조명용 절전장치의 적용
6) 기타 조명설비의 절감방법

다. 적정 조명의 조도기준

1) 조도가 높을수록 시력 증가 및 작업능률 향상으로 적정 조도를 유지한다.
2) 작업종류별 표준조도(KS A 3011)

구분	최저조도[lx]	표준조도[lx]	최고조도[lx]
초정밀작업(aaa)	600	1,000	1,500
정밀작업(aa)	300	400	600
보통작업(a)	150	200	300
거친 작업(b)	60	100	150

2. 조명부하의 에너지 절약방안

가. 고효율 광원 및 기구의 사용

1) 고효율 광원의 사용

① 슬림형 형광램프 : 기존의 형광램프 대신에 관경을 세관화(관경 32mm → 26mm 축소)하여 램프의 전류 감소, 광출력 증가, 방사효율 극대화로 약 15% 절감효과가 있다.

② 전구식 형광램프(콤팩트형 형광램프) : 전자식 안정기가 내장되고 3파장 형광물질을 사용한 형광등으로 백열전구에 비하여 약 65~75% 정도의 에너지 절감이 가능하며, 수명은 약 8배, 삼파장에 의한 시력보호 효과가 있다.

③ 삼파장 형광램프 : 일반형보다 약 10% 절감 효과가 있다.

④ HID 램프 : 메탈헬라이드램프, 나트륨램프는 효율이 높아 절전효과가 크다.

2) 고효율 안정기 사용

재래식 코일 안정기에 비하여 반도체소자를 사용한 전자식 안정기는 출력을 고르게 조정한 고감도의 빛으로 약 15~25%의 절전효과가 있다.

3) 고효율 조명기구의 사용

① 기구효율, 조명률이 높은 조명기구를 선정 : 간접, 반간접 조명기구보다 직접조명기구를 채택한다.

$$\text{기구효율} = \frac{\text{조명기구로부터 나오는 광속}}{\text{램프의 전광속}} \times 100[\%]$$

② 고조도 반사갓 사용 : 광반사율이 높은 고조도 반사갓을 사용하면 조명의 수량을 줄일 수 있어 조명전력이 절약된다. 20~30% 절약이 가능하다.

나. 효과적인 조명제어시스템의 적용

1) 조명제어시스템의 구성요소

① 중앙제어장치(CCMS ; Central Control & Monitoring System)

② 분산제어장치(LCU ; Lighting Control Unit)

③ 릴레이 구동장치(RCU ; Relay Control Unit)

④ 릴레이(Relay) 및 프로그램 스위치(개별 · 그룹으로 패턴을 변경할 수 있다.)

2) 조명제어의 구분

① Time Schedule 조명제어 : 사무실의 사용 상태에 따라 전체점등, 전체소등, 부분소등으로 구분한 시간스케줄과 조명기구의 자동 점등 · 소등으로 조명을 제어한다.

㉠ Time Switch에 의한 조명제어

㉡ 마이크로컴퓨터를 이용한 프로그램제어방식

② 조광 조명제어(조도센서에 의한 조명제어) : 조광 조명제어방식에는 연속 조광방식과 단조광방식이 있으며, 조광제어의 특징은 조도센서에 설정된 입력을 근거로 각 Zone의 조도를 계속 제어하는 방법이다.

예 창측 회로는 외부 주광의 밝기에 따라 조도센서에 의해 점 · 소등 제어한다.

③ 조명 패턴제어 : 각 사무실의 용도와 시간대에 따라 최적의 조명 점멸패턴을 설정하여 시간스케줄 프로그램과 연동하여 자동 제어한다.

④ 재실감지기를 이용한 조명제어 : 사무실 내 출입자 유무를 초음파센서 또는 열선센서로 감지하여 조명스위치 조작 없이 조명등을 자동 점등 · 소등한다.

⑤ 전화기에 의한 제어 : 전화교환기와 인터페이스 장치를 통해 각 조명등마다 고유번호를 부여하고 조명제어시스템과 연동하여 지정된 조명회로를 점등 · 소등한다.

다. 조명과 공조시스템의 결합방식

1) 조명기구와 공조시스템을 결합한 방식은 실내 천장에 설치된 공조형 형광등기구로부터 발생하는 열을 천장 안에서 제거하고 실내로는 침입하지 않도록 하는 방식이다.

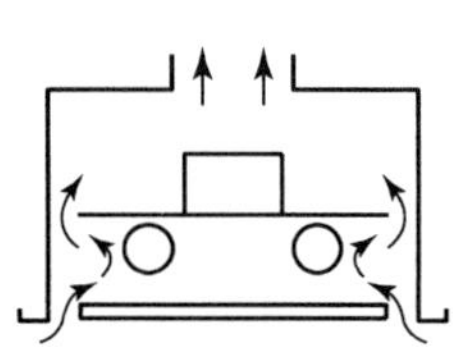

(a) 단일셀형(Single-cell Type)

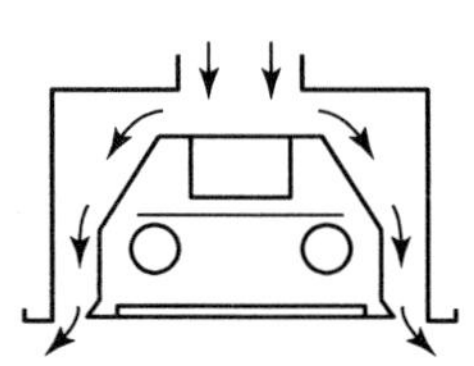

(b) 이중셀형(Double-cell Type)

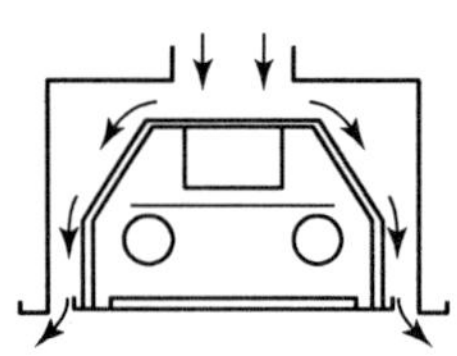

(c) 삼중셀형(Triple-cell Type)

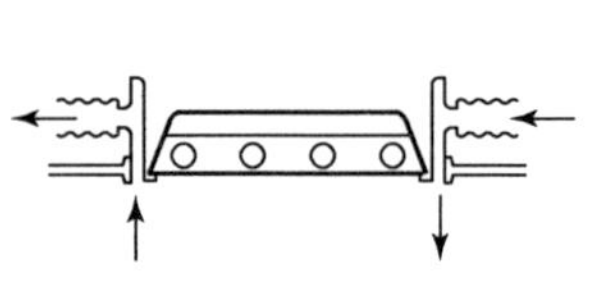

(d) 측면 덕트형(Side Duct Type)

2) 공조형 형광등기구의 효과는 싱글셀 트로퍼(Troffer, 반원형 갓), 더블셀 트로퍼, 트리플셀 트로퍼, 사이드덕트 트로퍼 등이 있으며, 조명기구와 공조시스템을 결합시킴으로써 얻는 효과는 다음과 같다.

① 형광램프의 효율 향상 및 수명연장

형광램프의 광속은 관벽온도와 주위온도에 영향을 받는다. 따라서 공조형 조명기구를 사용하여 램프의 효율과 기구 수명도 연장되는 효과가 있다.

② 냉 · 난방부하의 감소로 인한 전기에너지의 절감

㉠ 냉방 운전 시에는 조명에서 발생하는 열을 외부로 배출함으로써 냉방부하의 소비전력을 절감한다.(7～10% 절감효과)

㉡ 난방기간에는 조명 발생열을 회수하여 난방용으로 이용, 난방부하의 경감을 도모한다.

③ 천장면의 모듈화 가능 : 칸막이의 설치에 따른 방의 모듈화가 매우 용이하다.

라. 자연채광을 이용한 창측 조명제어

1) 주간 자연광을 충분히 이용할 수 있는 경우 : 주광의 밝기에 따라 창측 조명기구를 자동소등 또는 감광제어하는 기법

2) 주광의 이용범위 설정 시 건물의 방위, 실내의 형상, 조명기구의 배치, 인접건물의 영향을 고려한다.

마. 조명용 절전장치의 사용

1) 조명기구는 정격 전압에서 사용하는 경우 가장 효율이 좋다. 백열전구의 수명은 전압의 $(13.5)^2$에 반비례하고, 전압이 정격 전압의 5% 변화로 수명이 배로 되거나 반감된다.

2) 조명용 배선선로가 길게 되는 경우 전압강하로 조명등의 수명단축으로 유지보수비가 증가된다.

3) 조명용 절전장치인 적합효율의 필터장치, 순간점등 특성장치, Over Load 및 바이패스 장치 등을 설치하여 정전압을 유지시켜 줌으로써 조명용 절전 및 램프 수명 연장의 효과가 기대되며 15～30%의 절감효과가 기대된다.

바. 기타 조명설비의 절감방법

1) 비상계단 및 화장실에 Timer 또는 센서조명을 설치하여 점등시간 단축을 실시한다.

2) 창측 조명등의 개별 점멸스위치 신설한다.

3) 강당이나 회의실은 가급적 조광장치를 설치한다.

4) 실내면의 천장, 벽, 바닥에 반사율이 높은 밝은색을 사용하여 조명률을 높인다.

5) 램프나 기구를 정기적으로 청소하여 조도 저하를 방지한다.

6) 전등의 점멸회로의 세분화 또는 자동점멸장치를 사용하여 불필요한 조명은 소등한다.

① 주택에는 1등마다, 사무실에는 6등 이하에 스위치를 설치하여 전기소비를 줄인다.

② 옥외등은 광센서, 타이머 스위치에 의한 자동점멸장치를 시설한다.

③ 세대 현관, 숙박시설 객실 입구에는 인체감지형 또는 타이머형의 자동점멸조명기구

를 사용한다.

④ 계단, 복도부분에 인체감지형 조도센서를 부착한 조명기구를 사용한다.

7) 태양전지 가로등 설비 : 태양전지를 이용한 가로등을 설치하여 전력에너지를 절감한다.

2.7 동력에너지 절약방안

우리나라 총 소비전력의 약 60% 정도가 전동력설비를 통하여 소비되고 있으므로 전동기 및 전동력설비의 에너지의 절감은 곧 전력소비분야에서의 에너지 절약이라 할 수 있다. 이러한 전동기의 운전방법 개선과 동력응용설비의 전기에너지 절감방안은 다음과 같다.

■ 건축물의 에너지절약 설계기준, 전기설비기술기준 고시, 정기간행물, 제조사 기술자료

1. 전동기의 효율적인 운전관리

가. 정격 전압의 유지

전동기의 단자전압이 정격을 유지하지 않을 경우 토크 및 전부하 효율이 감소하므로 변압기의 탭조정이나 역률 향상 등으로 정격 전압을 유지하여야 한다.

나. 경부하 운전 지양(止揚)

유도전동기는 80~100% 부하에서 효율이 최대가 되므로 경부하 운전의 경우 손실이 커지게 되므로 적정 용량의 고효율 전동기로의 교체가 요구된다.

다. 공운전 방지(무부하 운전 방지)

전동기는 반드시 부하와 연결되어 있으므로 공운전으로 소비되는 전력은 전동기 단독운전의 경우보다 2~3배 더 전력을 소비한다.

라. 전압의 불평형 방지

변압기 결선방식 중 $\Delta-Y$ 결선방식으로 동력과 조명부하를 동시에 공급할 경우 전압의 불평형을 유발하여 전동기의 출력 및 회전수의 저하, 효율 저하, 맥동 토크 등이 발생하므로 단상부하 접속 시 부하 불평형이 생기지 않도록 주의한다.

2. 전동기 운전방법 개선

가. 에너지 절약형의 고효율 전동기 채택

고효율 전동기는 고급 철심재료의 사용 및 손실 방지설계 등으로 표준전동기보다 4~7% 정도 효율이 향상되도록 하였다.

나. 최적운전에 의한 운전효율 향상

현장에 설치된 대부분의 전동기설비들은 기계적 · 전기적 특성을 감안하여 다소 과용량으로 설계되어 있으며, 적정 용량이라도 경부하 상태에서 운전하게 되면 전력소비가 증가한다.

1) 직류전동기의 속도제어

① Ward-Leonard : 반도체기술이 발전되기 전의 대표방식으로 속도변동률이 적고, 효율이 좋다. 유도전동기 및 직류발전기 등의 부대설비에 따른 초기비용 증가와 이에 따른 손실이 있다.

② Thyristor-Leonard : 반도체소자를 사용하여 전동기에 전압을 공급하는 Ward-Leonard 방식과 동일 개념의 제어방식으로 별도의 직류전원이 필요 없고, 효율이 우수하다.

③ Chopper 방식 : 전력용 소자를 이용하여 단속된 Thyristor의 직류출력전압을 전동기에 인가하여 회전속도를 제어함으로써 에너지 절약 효과를 높이는 제어방식이다.

2) 교류전동기의 속도제어

현재 국내 산업체에서 사용하는 전동기설비는 대부분이 유도전동기로 다음 [표]의 회전속도 제어방식을 사용한다.

[표] 유도전동기의 속도제어방식

<table>
<tr><td rowspan="6">농형 유도전동기</td><td rowspan="2">1차 전압제어</td><td>비가역</td></tr>
<tr><td>가역</td></tr>
<tr><td rowspan="4">1차 주파수제어</td><td>타려식 사이클로 컨버터</td></tr>
<tr><td>자려식 사이클로 컨버터</td></tr>
<tr><td>전압형 인버터</td></tr>
<tr><td>전류형 인버터</td></tr>
<tr><td rowspan="5">권선형 유도전동기</td><td rowspan="2">1차 전압제어</td><td>비가역</td></tr>
<tr><td>가역</td></tr>
<tr><td rowspan="3">2차 전압제어</td><td>저항제어</td></tr>
<tr><td>셀비우스</td></tr>
<tr><td>크뢰머</td></tr>
</table>

다. 전동기 절전 제어장치 사용(☞ 참고 : 유도전동기의 벡터제어)

1) 인버터(VVVF)

① 인버터 제어방식이란 전력전자 기술에 의한 1차 주파수제어이며 속도제어방식은 전동기에 인가되는 전압과 주파수를 연속적으로 변화시켜 회전수를 제어하는 방식으로 실제로는 전압과 주파수의 비를 일정하게 조정한다.

㉠ 제어방식에는 개루프제어의 V/f 제어, 폐루프제어의 주파수제어, 벡터제어가 있다.

㉡ 전동기의 가변속제어는 성능면에서 후자일수록 우수하고, 특히 벡터제어는 직류기의 전기자 전류제어와 유사한 구동특성을 실현할 수 있다.

② 전동기 부하 토크특성 : 속도 토크특성에 따라 다음과 같이 구분된다.

㉠ 정토크 부하 : 속도증감에 관계없이 토크는 일정하고, 출력은 속도변화에 비례하는 부하이다.($P \propto nT \propto n$)

예 권상기, 엘리베이터, 호이스트, 크레인, 압연기, 컨베이어 등

㉡ 저감토크 부하 : 속도의 제곱에 비례하여 토크가 변화하고, 출력은 속도의 세제곱에 비례하는 부하이다.($P \propto nT \propto n^3$)

예 송풍기, 펌프, 컴프레서 등

㉢ 정출력 부하 : 토크가 속도에 반비례하기 때문에 속도에 관계없이 출력은 일정한 부하이다.

③ 에너지 절약에 사용하는 인버터는 동력의 70% 이상을 담당하는 저감토크 부하로 회전속도제어를 중심으로 인버터에 의한 에너지 절약을 목적으로 사용한다.

2) VVCF

일반적으로 유도전동기의 효율은 전부하 상태의 공칭효율을 말한다. 유도전동기는 약 80~90%의 부하에서 최대의 효율을 갖도록 설계된다. 문제는 모든 유도전동기가 항상 높은 부하율에서 운전되는 것이 아니라는 점이다.

① 원리 및 구조

㉠ 전동기 효율을 동손과 철손이 일치될 때 가장 효율이 높아 전동기는 전부하 상태에서 이 조건을 만족한다. 경부하 시 동손이 줄어들고 철손은 일정하므로 효율이 극히 나빠진다.

㉡ VVCF는 경부하 시 전압을 감소시켜 철손을 줄여 동손을 일치시킴으로써 효율을 극대화시키고 전압을 낮추어 입력전력도 감소시키는 효과를 갖는다.

② 적용 가능 전동기

㉠ 평균 운전부하율이 50% 이하인 전동기

㉡ 무부하 상태의 운전이 많거나 Loading과 Unloading이 빈번한 전동기

㉢ 실제 부하에 비해 전동기 용량이 과설계되어 부하율이 낮은 전동기

㉣ 운전 중 속도제어가 불필요하나 기동 때 유연기동(Soft Start)이 필요한 전동기

③ 설치효과

㉠ 전동기와 기계의 종류 및 부하율에 따라 5~30%의 절전효과를 나타낸다.

㉡ 전류 불균형을 개선하여 전동기의 진동 및 소음을 방지하고, 발열을 감소시켜

전동기의 수명이 연장된다.

㉢ 필요전력만 사용하므로 선로계통의 전압강하를 방지하게 된다.

㉣ 부하변동에 따라 최고역률로 운전하므로 진상 콘덴서의 설치비용이 절감된다.

3. 전동력 응용설비의 개선 사례

가. 펌프의 효율 개선방안

1) 펌프의 효율 개선방안은 고효율 펌프로의 교체, 저층 건물에서 상수도 직수압을 이용하는 방법 및 가변 유량제어를 하는 인버터 방식의 도입에 있다.
2) 펌프의 효율이 25~45%의 범위 내에서 운전될 경우 이를 고효율 펌프로 교체 시 얻을 수 있는 절감전력은 20% 이상이다.
3) 저층의 경우 수도압력이 충분할 경우 고가수조 방식보다 상수도 직수압을 활용한다.
4) 펌프 회전수 제어를 이용하는 가변속제어(VVVF)방식을 실시하여 전력을 절감한다.

나. 송풍기의 에너지 절약방법

송풍기의 풍량제어에서 제어성능이 가장 좋은 방법은 인버터(VVVF)를 이용한 회전수 제어방법이고 토출댐퍼 제어방법이 가장 성능이 나쁘다.

다. 승강기의 효율적 관리방식 적용

1) 전동기 절전기(VVCF)의 적용

   부하변동이 심한 기기에 10% 이상 절감효과가 있다.

2) 인버터(VVVF)의 적용

   가속 시 기계출력에 비례하여 전력이 소비되고 감속 및 하강 시 회생전력이 인버터의 직류 측에 반환되어 소비전력이 매우 절감된다. 승강기 1회 왕복 운전에 소비되는 전력은 인버터방식이 교류방식에 비하여 약 50% 이상의 전력소비량이 절감된다.

3) 운전관리방식의 개선

   엘리베이터를 격층 운행하면 약 10.6%의 전력소비가 절감된다.

라. 냉동기의 에너지 절감방식 선정

1) 심야전력을 이용하여 야간에 얼음 또는 냉수를 생산, 저장하였다가 낮 시간대의 냉방에 이용하는 빙축열 냉방방식을 사용하여 수전설비 규모를 40% 이상 절감한다.
2) 가스흡수식 냉동기를 사용하여 수전설비 규모를 60~70% 절감한다.

4. 기타 에너지 절감방안

가. 전동기의 적합한 기동방식 채택

1) 전동기 기동 시 정격 전류의 5~7배이므로 용량이 큰 전동기는 기동장치 설치로 기동전류를 제한하고 용량에 적합한 기동방식을 채택하여 에너지 절감을 도모한다.
2) 전동기 용량이 380V, 15kW 이상인 경우 Y－Δ, Reactor, 기동보상기법 기동방식을 채택한다.

나. FCU 제어회로 구성

Fan Coil Unit의 운전시스템을 부하에 따라 일부 또는 전부를 계획적으로 운전하도록 제어회로를 구성하면 팬의 동력과 열원부하를 감소시킬 수 있다.

다. 건물자동제어시스템 채택

자동제어시스템을 채택하여 냉 · 난방 동력설비의 에너지를 절약한다.

2.8 열병합 발전 시스템

열병합 발전 시스템(Steam Supply & Power Generation System)이란 하나의 에너지원으로부터 전력과 열을 동시에 생산하여 공급하는 종합에너지 시스템으로서 발전을 하고 남은 폐열을 공정이나 난방에 사용하여 에너지 이용효율을 매우 높게 할 수 있는 시스템이다.

■ 건축물의 에너지절약 설계기준, 전기설비기술기준 고시, 정기간행물, 제조사 기술자료

1. 도입의 타당성(필요성)

가. 일반 화력발전 전용방식

발전 후 남은 열이 복수기를 통해 강이나 바다로 버려지고 장거리 전력수송에 따른 손실이 커서 종합에너지 효율이 35~40% 정도에 불과하다.

나. 열병합 발전방식

열 수요가 있는 곳에 설치하여 전력공급과 폐열을 동시에 이용하면 에너지 이용효율을 최대 75~85%까지 높일 수 있다.

다. 에너지 절약 비교

열병합 발전은 열과 전기를 동시에 얻을 수 있고 에너지 이용효율이 높아 연료를 약 1/3 정도 절감할 수 있어 에너지 절약이 가능하다.

구분	발전효율[%]	열효율[%]	종합효율[%]
상용 발전	35~40	0	35~40
열병합 발전	30~35	45~50	75~85

2. 열병합 시스템의 구성

가. 시스템의 구조

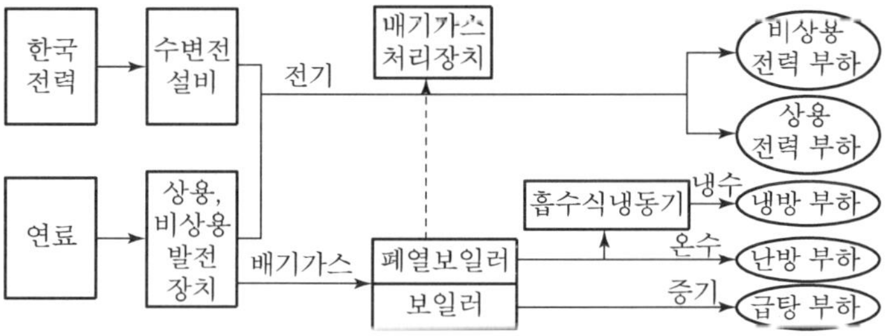

[그림 1] 열병합 시스템 개요도

나. 구동 시스템의 종류

항목		디젤엔진	가스터빈
효율	발전효율	높다.(30~38%)	낮다.(18~30%)
	총효율	75~85%	70~80%
열전비		1.0	2~3
사용연료		중유, 경유	가스계, 석유계
특징		• 단위출력당 건설비가 저렴하다. • 소규모에 적합하다. • 배기가스에 공해가 발생한다. (NOx, SOx)	• 전력수요 변동이 많은 건축설비의 열병합에 적합하다. • 전력출력의 60% 이상을 발전기가 담당 시 경제적이다. • 공해가 적다. • 중 · 대규모에 적합하다.
출력전력		10MW 이하	100MW 이하

3. 열병합 발전방식

가. 열에너지의 사용 순서에 따른 구분

1) 전력 중심형(Topping Cycle)

① 연료의 연소로 생산된 열을 먼저 전력생산에 사용하고, 폐열을 흡수하여 냉난방, 급탕용으로 이용하는 방식이다.

② 전력수요에 부응하여 원동기를 운전하고 열량이 부족하여 보조 보일러가 필요하다.

2) 열 중심형(Bottoming Cycle)

① 고온의 열을 먼저 공장용으로 사용하고, 그 폐열로 터빈을 구동하여 발전을 한다.

② 열수요에 부합되게 원동기를 운전하고 전력출력은 열부하에 의해 결정, 고효율 운전이 가능하며 전력계통과 병렬운전이 필수적이다.

나. Topping Cycle 및 Bottoming Cycle 구성도

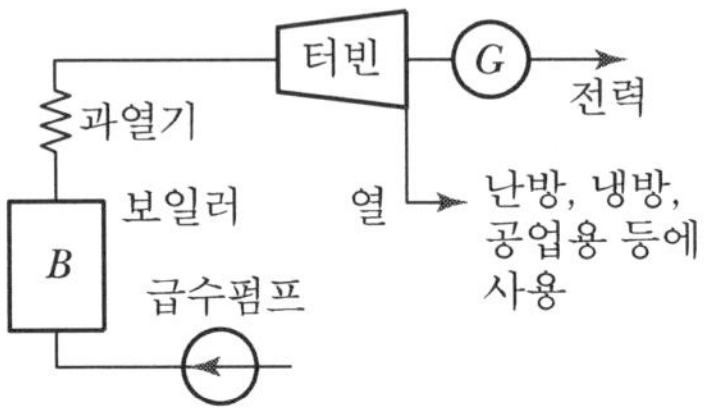

[그림 2] Topping Cycle

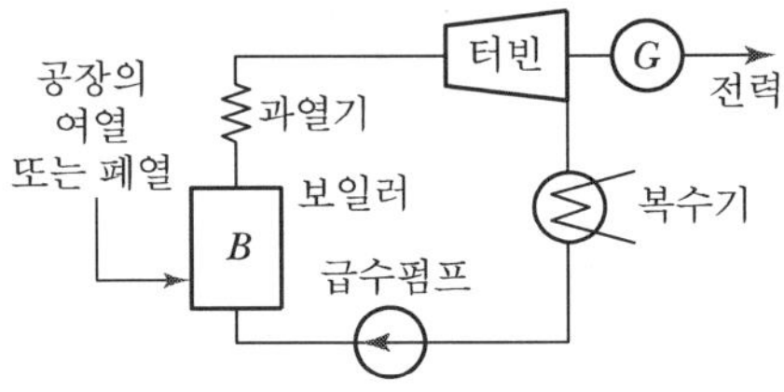

[그림 3] Bottoming Cycle

4. 열병합 발전의 특징

가. 장점

1) 에너지 이용효율 향상으로 에너지를 절감한다.

예 상용발전 시 효율 38%에 열병합 발전을 도입할 경우 효율이 85%로 증가하여 발전단가가 저렴해진다.

2) 수요지 근처에 설치하므로 송전손실 감소 및 발전소 부지난 완화에 기여한다.

3) 안정적 전력공급 및 발전기 설치의무를 이행하는 효과가 있다.

4) 하절기 전력의 첨두부하를 완화한다.

5) 지역난방 시 공해 방지 및 설비의 공간이용률을 극대화한다.

나. 단점

1) 기기의 효율 및 신뢰도 향상대책이 필요하다.

2) 배기가스에 대한 환경기술 개발이 필요하다.

3) 전력계통의 병렬운전과 관련 제어시스템 개발이 필요하다.

5. 계통연계 시 주의사항

열병합 시스템은 단독운전방식과 병렬운전방식이 있으며 상용계통과 병렬운전하게 되면 고효율로 운전할 수 있으나 계통연계에 따른 제어문제가 발생한다.

가. 유효전력제어

1) 전력계통과 부하분담에 있어 발전기 정격 용량에서 운전시켜야 한다.
2) 발전전력이 전력계통으로 역송전을 방지하기 위한 유효전력 자동제어장치가 필요하다.

나. 무효전력제어

1) 계통과 연계하는 Co-Gen 시스템은 연계점의 역률을 정하여야 한다.
2) 제어방법은 수전전력이 발전전력보다 큰 경우는 진상용 콘덴서로, 발전전력이 큰 경우는 발전기의 무효전력에 의한 제어방법(계자전류제어)이 일반적이다.
3) 역률 및 전압변동으로 인한 무효전력의 역송전을 방지하여야 한다.

다. 전압변동

상시전압변동은 허용값을 이탈할 경우에는 Co-Gen 시스템에 자동적으로 부하를 제어하는 장치를 설치하고 순시전압강하는 10% 이상인 경우 한류리액터로 제어한다.

라. 계통순시정전 대책

열병합 발전 시스템이 전력계통과 병렬 중에 상용계통에서 순시정전이 발생한 경우 공급부하를 발전기가 부담하게 되어 발전기는 과부하가 되므로 이 경우 신속히 부하를 차단하여 발전기용량 이하로 제한해야 한다.

마. 계통의 단락용량 검토

열병합 발전을 고압계통에서 연계하는 경우 계통의 단락용량이 증대되므로 한류리액터 등을 설치하여 단락전류의 제어가 필요하다.

6. 시스템 적용 시 고려사항

가. 전력의 부하특성이 거의 일정한 특성을 유지하여야 한다.
나. 발전전력이 현저하게 유리한 경우에 적용한다.
다. 발전기의 전력부하 분담률이 60% 이상 되어야 경제적이다.
라. 장치 시스템 및 구성요소의 신뢰도가 높아야 한다.
마. 전기사업법 및 전력공급 측과 사전협의가 이루어져야 한다.
바. 연료의 공급이 항상 원활하여야 한다.
사. 초기투자비를 3년 이내에 회수 가능해야 한다.

CHAPTER 03 전력 신기술 등

SECTION 01 신기술

1.1 초전도 전력기기

- 초전도란 어떤 종류의 금속이나 합금을 절대온도(0° K)까지 냉각하였을 때 전기저항이 갑자기 소멸하여 저항이 제로가 되는 현상을 말하며 초전도체란 초전도현상의 금속도체를 말한다.
- 초전도체를 이용한 전력기기에는 케이블, 변압기, 한류기, 회전기 등으로 기존 전력기기에 비하여 기기의 크기와 에너지 손실을 반으로 절감하여 전력산업 발전에 기여하고 있다.

■ 정기간행물, 제조사 기술자료, 전력사용시설물 설비 및 설계

1. 초전도 원리

가. 초전도 현상(Superconductivity)

어떤 물질이 일정 조건하에서 물질의 전기저항(Electric Resistance)이 완전히 사라지는 특성과 자기장을 배척하는 완전반자성(Perfect Dia－magnetism) 특성을 갖게 되는 현상을 말한다.

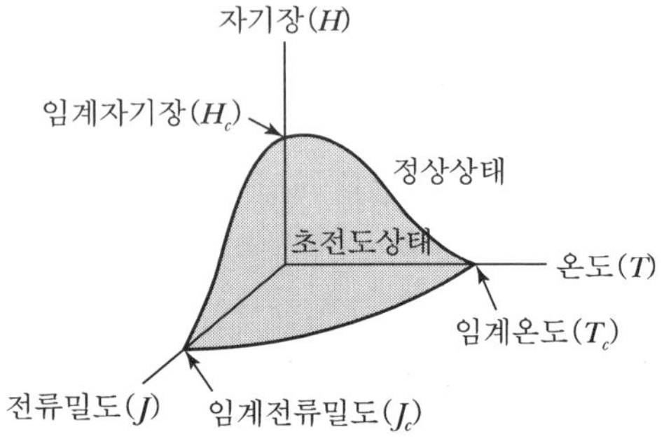

[그림 1] 원리 구조도

나. 초전도체가 되기 위한 조건

온도(Temperature), 자기장(Magnetic Field) 및 전류(Current) 등이 일정한 임계값의 범위 안에 있어야 한다.

1) 전이(Transition)란 상온에서 초전도성을 나타내지 않는 물질이 일정조건하에서 초전도체로 변하는 것
2) 임계전이 온도(Critical Transition Temperature)란 초전도체가 외부자기장과 통전전류가 없는 상황에서 초전도성을 나타내는 최고의 온도이며, 초전도 물질의 종류에 따라 임계전이 온도가 다르다.

2. 초전도의 특징

가. 초전도체(Superconductor)의 임계값

1) 임계값이란 임계전류밀도, 임계자기장, 임계온도 3가지를 말한다.
2) 초전도체는 임계값 범위 안에 존재해야만 초전도 성질을 유지한다.
3) 임계값 중 하나라도 임계범위를 넘어서게 되면 초전도체는 상전도체로 변화한다. (Quench 현상)

나. 전기저항 제로효과

1) 원리

어떤 물질의 온도를 임계온도 이하로 낮추면 전기저항이 완전히 사라져 도체 중에서도 가장 전도율이 큰 물질이 된다. 전기저항이 없는 초전도체의 경우 저항이 없기 때문에 초전도체를 따라 흐르는 초전류는 감쇠하지 않고 영원히 흐르게 된다.

2) 특징

임계전류밀도를 초과하면 초전도성을 잃고 저항이 나타난다. 초전도체는 임계온도와 임계자기장이 클수록 좋다.

다. 마이스너 효과(Meissner Effect)

1) 원리

보통물질은 도체 위에 자석을 두면 자석에서 발생되는 자기장이 도체 내부로 침투한다. 그러나 초전도 상태에서는 자기장을 밖으로 밀어내는 성질(차폐전류가 발생)이 있어 자석은 초전도체와의 거리를 그대로 유지하면서 위에 떠 있게 된다. 이를 마이스너 효과라고 한다.

2) 특징

① 초전도체 내부의 자속밀도(B)를 측정하면 0이 되어 초전도 내부로 자기장이 통과하지 못하는 완전반자성의 성질을 갖는다.
② 마이스너효과는 외부에서 가해진 자기장을 상쇄시키기 위한 전류(차폐전류)가 초전도체에 흘러서 외부의 자석과 반대되는 자극을 만듦으로써 나타나는데 자기장을 밀어내는 자기부상효과를 이용하여 자기부상 열차나 초전도 베어링 등을 제작할 수 있다.

3) Quench 현상

마이스너 효과와 반대로 초전도체 주위의 온도가 임계온도 이상이 되면 초전도의 성질을 잃어버리고 상전도체로 변하는 현상

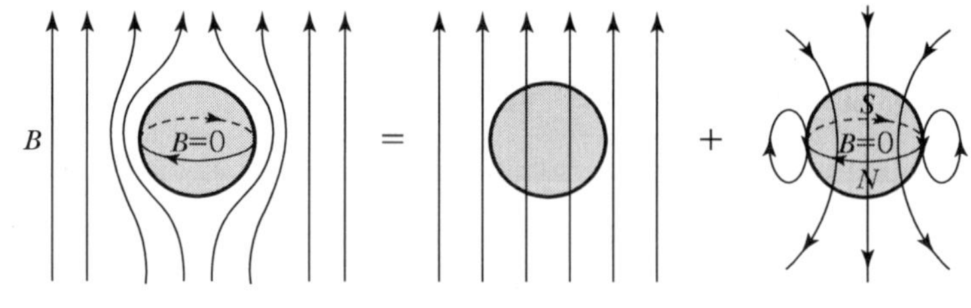

(초전도체 부근의 자기장 분포)　(외부 자기장)　(차폐전류에 의한 유도자기장)

[그림 2] 마이스너 현상

라. 자기장 보존

초전도체 상태가 되기 전의 초전도 회로 내부의 자기장은 냉각으로 초전도체가 되어 자기장에 변화가 있어도 냉각되기 전의 원래 자기장을 유지한다.

마. 조셉슨 효과(Josephson Effect)

1) 원리

2개의 초전도체가 매우 얇은 절연막을 사이에 두고 격리되어 있을 경우 터널효과에 의해서 전자가 특수한 쌍(쿠퍼쌍)을 이루어 절연막을 통과하는 현상을 말한다.

2) 특징

반도체나 일반적인 금속 속의 전자는 각각 별개로 행동하지만 조셉슨 접합 안의 전자는 나란히 운동한다.

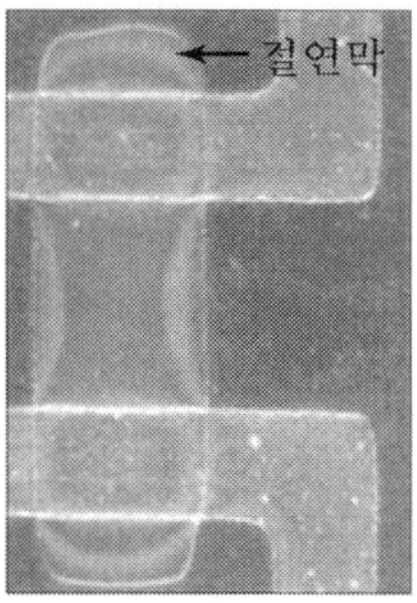

① 직류 조셉슨 효과 : 조셉슨 접합을 통해서 직류전류를 흘려보낼 때, 한계전류까지는 절연막이 있음에도 불구하고 초전도체 사이에 전위차(電位差)가 발생하지 않고 직류전류가 흐르는 현상

② 교류 조셉슨 효과 : 직류전류가 한계전류를 넘으면 초전도체 사이에 전위차가 생겨 교류전류가 흐르게 되는 현상이다. 이때 교류주파수는 직류전압에 비례한다. 다시 외부에서 전자기파(마이크로파)를 조사(照射)하면 직류전류가 생긴다.

3) 응용

교류 조셉슨 전류는 조셉슨 전류가 외부자기장에 민감하게 반응하는 것을 이용하여 자기장 · 전류 · 전압 등의 고감도 측정장치와 전자기파와의 간섭을 이용한 검파기(檢波器) 등에 응용된다.

3. 초전도 전력기술의 특징

가. 효율의 향상

1) 저항이 0이므로 전력손실이 크게 줄어 기기의 효율이 향상된다.
2) 변압기는 1%, 모터는 2%의 효율 향상을 기대하고 있다.

나. 전력기기의 소형화 및 용량 증대

1) 저항이 0이므로 도체의 단면적이 작고 손실 없이 대전류를 수송 가능하여 대용량화가 가능하다.
2) 기기가 축소되어 설계 및 제작 그리고 운용이 간단하여 기기의 신뢰성이 높게 된다.

다. 전력계통의 안정도

1) 초전도 전력기기는 손실이 적고 전류밀도가 높은 반면에 과부하에 대한 유연성(100% 과부하)이 높아 계통 및 전압의 안정도가 향상되고 유효전력 공급이 증대된다.
2) 초전도 한류기는 선로에서 한류한계가 없어 과도상태에 대비한 설비투자가 절약된다.

라. 환경 친화적

1) 효율 향상으로 에너지 절약 외에 화력발전 절감과 온실가스 감축효과가 있다.
2) 전류통전능력 증가로 구리 등의 물자 절약이 가능하다.
3) 냉각 및 절연체인 액체 질소는 불활성 가스로 절연유에 의한 환경오염과 화재폭발의 문제가 없다.

4. 초전도 전력기기의 기대효과 및 해결과제

가. 기대효과

1) 전기저항 0에 의한 낮은 에너지 손실, 높은 송전용량을 실현한다.
2) 총발전량을 최소화하여 CO_2 방출을 최소화할 수 있다.
3) 환경오염의 주범인 냉각유 SF_6 가스의 사용을 억제할 수 있다.
4) 전기저항을 제로로 하여 고품질, 신뢰성, 안전성을 향상시킨다.

나. 해결과제

1) 절연 및 냉각기술의 개발
2) 초전도 선재화 및 표면 부식 방지기술 개발
3) 극저온 환경에 적합한 절연재료 개발
4) 단락사고 시 Quench 현상 발생 해결

5. 초전도선

PIT wire의 상용화급 도체 개발 및 CC wire 실용화로 저가 고성능, 장선화가 가능하다.

가. 기대효과

1) 고자장, 대전력 전력기기의 초전도화가 가능하다.
2) 초전도선을 이용한 초전도 전력기기의 도입으로 발전, 송전, 변전 등 전력계통의 효율화 체계를 확립한다.
3) 강자계가 필요한 물리, 재료, 운송 분야의 기초 및 응용기술에 적용 가능하다.
4) 핵자기공명 단층촬영기용 초전도 자석 등 초전도 자석 관련 산업에 기여한다.

나. 활용방안

1) 초전도 전력기기의 핵심재료 제공(초전도 케이블, 변압기, 한류기, 회전기 등)
2) MRI와 NMR과 같은 의료 및 생명공학 분야
3) 초전도 자기분리장치와 같은 환경기기 분야
4) 초전도 자기부상열차와 같은 차세대 교통, 운송 분야

6. 초전도 케이블(22.9kV 및 154kV 초전도 케이블)

가. 초전도체의 종류

1) 1종 초전도체

순금속 초전도 물질로 마이스너 상태만 있는 초전도체로 완전 반자성의 성질이다.

2) 2종 초전도체

① 마이스너 상태와 혼합 상태가 있는 초전도체로서 자기장이 약할 때는 마이스너 상태만 가져 완전 반자성 성질이 있다.
② 외부 자기장이 임계값을 초과하면 자속선이 도체로 침입하여 상전도 상태로 된다. 그러나 피닝 현상[60]을 이용하여 강한 자기장하에서도 큰 임계전류를 가질 수 있다.

---

60) 플럭스 피닝(Flux Pinning) 자속고정은 초전도체가 자석 위의 공간에 고정되는 현상이다.

나. 케이블의 구조

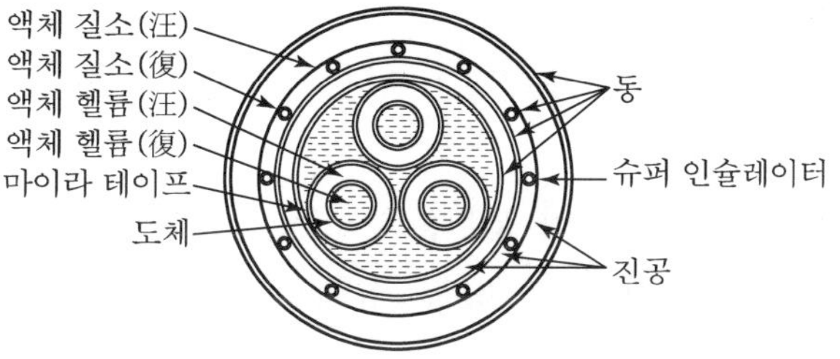

[그림 3] 초전도 케이블의 구조

다. 기대효과

1) 초전도 케이블 시스템의 국산화
2) 전력수송비용 절감 및 환경오염 문제 완화
3) 전압안정도 향상으로 송전용량 증대
4) 대용량 케이블 개발로 인한 전력수송문제 해결
   ① 대용량(기존의 3배), 저손실(기존의 1/20배) 송전 가능
   ② 동일용량 송전 시 기존 케이블보다 낮은 전압으로 송전 가능

라. 활용방안

1) 중용량 발전소의 대용량 Bus Bar에 활용한다.
2) 도심 154kV 지중 케이블을 22.9kV 대용량 초전도 케이블로 대체한다.
3) 도심 외곽의 154kV 지중 전력케이블을 대체한다.
4) 변전소 내의 154kV / 22.9kV 2차 측 Feeder에 사용한다.
5) 산업체 내의 22.9kV 대용량 케이블에 사용한다.

7. 초전도 변압기(154kV 100MVA 단상 초전도 변압기)

가. 초전도 변압기의 구조

1) 초전도 변압기의 기본구조는 일반 변압기와 크게 차이가 없으며 1차 및 2차 권선으로 초전도체를 사용한 변압기이다.
2) 초전도선을 냉각시키고 온도를 유지하기 위해 극저온 용기가 필요하다. 냉각방법은 효율면에서 철심은 상온에 두고 1차, 2차 권선만 냉각시키는 구조의 용기로 되어 있다.

나. 초전도 변압기의 특징

1) 효율 상승

① 초전도체는 저항이 없어서 전류에 의한 동손이 없으므로 일반 변압기보다 효율이 높다.

② 변전소의 대용량 변압기의 경우 효율은 99% 이상이므로 초전도화함으로써 개선할 수 있는 효율 상승폭은 0.4% 정도이다.

2) 중량 및 부피 감소

① 변압기 권선을 초전도화하면 동일 단면적의 동선보다 10～20배의 전류를 흘릴 수 있어 도체량을 크게 줄일 수 있다.

② 30MVA급 변압기에 사용되는 동선은 수천 kg 정도이나 초전도 변압기에서는 수십 kg 정도만 소요된다.

3) 안전하고 환경 친화적

① 고온 초전도 변압기는 절연냉각매체로 액체 질소를 사용하므로 절연유에 의한 환경 오염과 변압기 과열의 경우 화재나 폭발위험의 문제는 없다.

② 액체 질소는 20～77°K의 온도범위에서 값싸고 안전한 냉매로서 가장 적합하다.

4) 과부하에 대한 유연성(내력 강함)

① 고온 초전도 변압기는 과부하전류를 흘려도 절연열화되는 일은 발생하지 않는다.

② 정격의 200% 정도인 부하전류가 흘러도 변압기 수명에는 아무 영향이 없다.

다. 기대효과

1) 저항 0인 초전도선을 사용해 기존 변압기에서 발생하는 동손이 없어 고효율화된다.
2) 수천 kg의 구리선을 수십 kg의 초전도선으로 교체하기 때문에 무게 및 부피가 경량화된다.
3) 냉각을 위해 액체 질소를 사용하므로 냉각유 사용으로 인한 환경 및 폭발의 위험성이 제거된다.
4) Clean Technology 이용의 상징성으로 인구밀집지역에도 변전소 설치가 용이하다.

라. 활용방안

1) 154kV 이하의 변전소용 변압기
2) 고속전철, 선박, 항공기, 군사용 특수 변압기
3) 산업체 구내 변전소용 초전도 변압기
4) 초전도 마그네트 기술 등 관련 기술 응용

8. 초전도 모터(5MW 저속 초전도 모터 개발)

가. 기대효과

1) 기존 모터의 높은 철손을 제거하여 고효율화
2) 높은 전류밀도 이용으로 고출력화
3) 기존 회전기 용량 한계를 극복
4) 높은 절연내력의 공심형 전기자를 이용하여 단자전압 고압화의 한계를 극복
5) 소형화, 경량화를 이루어 설치장소의 한계를 극복

나. 활용방안

1) 산업분야 : 압출기, 분쇄기, 압연기 등의 대용량 전동기
2) 교통분야 : 고속전철 및 대형 유람선의 추진기 등
3) 군수분야 : 전함 및 잠수함의 추진기 등
4) 초전도 플라이휠 에너지 저장장치
5) 초전도 발전기로의 응용

9. 초전도 한류기(22.9kV 및 154kV의 단상 초전도 한류기 4kW급)

가. 기대효과

1) 신속한 고장전류 제한으로 전력계통의 안정성을 확보한다.
2) 차단기 용량 증대비용 및 송전선 설치비용을 줄여 전력설비 비용을 경감한다.
3) 고장전류 감소로 인한 주변 전력설비의 사고전류 용량부담이 감소한다.
4) CO_2와 더불어 온실효과 발생물질인 SF_6 양을 감소시켜 환경오염을 방지한다.

나. 활용방안

1) 전력수용지역에 연관된 변전소 분야
2) 대용량 전력계통의 안정성을 필요로 하는 고속철도, 원자력 선박, 잠수함 분야
3) 기존 차단기에 대한 고속도 고장전류 감지 및 고속도 조작기술의 접목 분야(기존 차단기의 고속도화)
4) 대용량 배전시스템용 고장전류 제한기 분야 등에 활용

SECTION 02 설계, 감리 및 기타

2.1 건축전기의 설계도서

건축물의 기능 자체가 공간적인 형태나 구조를 넘어서 쾌적한 환경을 창조하는 것이며 거주자의 편리성과 능률 향상을 도모하므로 건축전기설비의 계획에는 건축의 본질을 추구하고, 동시에 모든 기능 및 환경의 중요성을 인식해야 하며, 사회적 요청의 수용과 재난에 대한 대책을 시행해야 한다.

■ 건축전기설비설계기준, 건설기술관리법, 정기간행물

1. 설계도서의 개념

가. 설계도서

건설기술관리법에서는 공사의 시공에 필요한 설계도면, 설계내역서와 공사시방서(示方書) 및 발주청이 요구한 부대도면과 기타 관련 서류를 말한다. 건축설계 도면에서는 건물배치도, 평면도, 단면도, 입면도가 기본도서로 분류된다.

정부공사의 공사계약일반조건에서는 설계도면, 공사시방서, 현장설명서 등을 말한다. 다만, 공사추정가격이 1억 원 이상인 공사에서는 물량 내역서를 포함한다.

나. 설계단계 구분

설계단계는 일반적으로 계획단계와 기본설계 및 실시설계를 시행하는 설계단계로 구분되며, 설계단계(순서)는 다음 [표]를 참조하여 진행한다.

계획	기본구상	여러 가지 주변조건 정리, 설계조건의 설정
	기본계획	설비등급 결정, 계획도서 작성
설계	기본설계	기본설계도서의 작성, 개략 공사비의 파악
	실시설계	실시설계도서의 작성, 공사비의 적산

2. 설계서의 종류

가. 설계도면

설계자의 의도를 일정한 규약하에 도시(圖示)한 것으로 공사목적물의 내용 및 설계 전반을 나타내는 도면 외에 구조도 · 설비도가 포함된다.

나. 공사시방서

계약자가 공사를 시공하는 과정에서 요구되는 기술적인 사항을 설명한 문서로서 공사개요, 지시사항, 사용할 재료의 품질, 작업순서, 마무리 정도 등 설계도면에 표시할 수 없는 기술적인 사항을 표시한 문서(서류)이다.

다. 현장설명서

입찰 전에 공사가 진행될 현장에서 현장상황, 도면 및 시방서에 표시하기 어려운 사항 등 입찰참가자가 입찰가격의 결정 및 시공에 필요한 정보를 제공, 설명하는 문서를 말한다.

라. 물량내역서

추정가격이 일정액 이상인 공사의 경우 발주기관이 작성하여 교부하고 낙찰 결정 후 낙찰자에게만 교부되는 것이며 공종별 목적물을 구성하는 품목 또는 비목과 규격, 수량, 단위 등이 표시된 문서를 말한다.

마. 산출내역서

공 내역서에 입찰자가 단가를 기재하여 제출한 문서를 말하며 설계서에는 포함되지 않는다.

3. 설계 시 고려사항

건축전기설비가 건축물을 인위적으로 이상적인 환경을 조성하며 또한 유지 · 관리하는 기술(Engi-neering)을 전제한다면, 그 설비 내용은 아래와 같은 요소를 고려해야 한다.

가. 적합성 : 건축물 공간의 쾌적성과 편리성 추구에 대한 설계와 건축물 목적에 일치시킨다.
나. 안전성 : 건축물 내의 사람과 재산, 건축전기설비 자체에 대한 안전성을 확보한다.
다. 관리성 : 시스템 선정 시 사용자 입장에서 생각하고 사용실적, 유지보수, 수명을 고려한다.
라. 경제성 : 설비비, 관리 · 유지 · 보수에 따른 운전비의 경제성을 고려한다.

4. 기본설계(KDS 기준 참조)

기본설계란 발주자로부터 제공된 자료와 현장조사 및 자료 수집내용을 근거로 건축물의 규모, 예산, 기능, 품질, 미관적 측면에서 설계목표를 정하고 실현 가능한 해법을 제시하는 단계로서 기본계획으로 완성된 건축물의 개요(용도, 구조, 규모, 형상 등), 구조계획 등을 설비기능 면에서 검토하는 것이다.

가. 기본설계 순서

1) 중요 건축전기설비 및 기기의 형식, 방식 등을 정하고 시설장소의 위치, 면적, 유효높이, 바닥 하중, 장비 반입경로 등을 검토해 건축설계자와 협의한다.
2) 건축플랜에 중요 건축전기설비·기기를 개략배치하고 건축전기설비 면적의 재확인과 추정공사비의 산출에 필요한 기본도면(계통도, 단선접속도 등)을 작성한다.
3) 중요 전기설비·기기의 추정용량, 시설면적, 종류, 방식, 건축주의 요망사항 등을 기본으로 하여 안전성, 신뢰성, 기능성, 유지보수성, 확장성, 경제성 등을 검토한다.
4) 공사비(예산), 건축전기설비 등급의 결정, 건축전기설비 종류의 증감, 공사범위, 공사기간 등을 확인해 건축주와 협의한다.
5) 기본설계의 내용은 기본설계도서를 정리하고 발주자에게 제출하여 승인을 받는다.

나. 기본설계도서에 포함되어야 할 내용

1) 건축물의 개요

명칭, 용도, 구조, 규모, 연면적, 예정 공사기간 등을 기재한다.

2) 공사종목 및 개요

수변전, 조명, 동력 등 전력설비와 전화 및 정보통신, 방송, 텔레비전공시청, 전기시계 등 약전설비 중 실시하는 공사의 개요를 기재한다.

3) 기본설계도면 작성 시 조건

① 공사비의 추정이 가능할 것
② 기본계획 전체가 이해 가능할 것
③ 설계종목, 타 분야와의 중요 관련 사항이 명시되어 있을 것
④ 기타 필요한 실시설계로의 준비가 이루어져 있을 것

4) 개략공사비

기본설계도면을 기초로 개략공사비를 공사종목별로 산출한다.

5) 관계 관공서 등과의 협의사항

건축담당관청, 소방서, 전력회사, 통신회사 등과 기본설계 단계에서 협의한 내용과 설계자문 등에 관련한 사항을 기록한다.

6) 기타 사항

① 건축주, 건축 설계자, 건축전기설비기술 설계자에 대한 설명자료
② 제조업자의 견적서 등 개략공사비 산출자료
③ 기본설계 단계에서는 결언이 구해지지 않는 사항, 실시 설계 시에 재검토 사항

5. 실시설계

실시설계란 기본설계도서에 따라 입찰, 계약 및 시공에 필요한 설계도서를 작성하는 단계로서 기본설계도면에서 결정한 공사의 범위, 양, 질, 치수, 위치, 재질, 질감, 색상 등을 구체적으로 결정하여 발주자의 요구조건 반영 여부를 확인하고 최종적으로 납품하는 설계의 최종단계이다.

가. 일반적인 설계도서

1) 설계 설명서

계획의 목표, 계획의 기본방향, 설계개요 등을 기술한다.

2) 설계도면의 구성

① 표지 : 설계도서의 체계상 작성하는 것으로 공사명칭, 설계자명 및 도면매수 등을 기재한다.

② 목록 : 설계도서의 순서대로 도면번호와 도면명칭을 기재한다. 규모에 따라 생략하거나 표지에 기재하는 경우도 있다.

③ 배치도 : 설계대상 건축물, 대지상황, 인접건물, 통로, 구내도로를 기입하며, 전력 인입선로, 전화 인입선로, 외등 등의 구내배선도 포함하여 기입한다.

④ 건물 단면도 : 단면도에는 기준 지반면, 각 층 바닥면, 천장높이, 처마높이 등을 기입하며, 피뢰침, TV 안테나 등도 포함하여 기입하는 것이 일반적이다.

⑤ 단선 접속도 : 분전반, 동력 제어반, 수변전, 자가발전설비 등의 주회로 전기적 접속도를 단선으로 표시해 중요 기기의 전기적 위치와 계통을 명확하게 한다.

⑥ 계통도 : 건축전기설비 종목별로 기능을 계통적으로 도시하며 건축전기설비의 개요를 이해할 수 있도록 한다.

⑦ 배선도 : 조명, 콘센트, 동력, 약전 및 구내통신, 전기방재설비 등으로 구분하여 각 층마다 평면도로 표시한다.

⑧ 기기 시방 및 기기 배치도 : 기기 명칭, 정격, 동작 설명, 개략도, 마무리, 재질 등을 표시하고 기기 주변의 배선은 필요에 따라 상세도, 설치도 등으로 표현한다.

3) 시방서

① 표준시방서 : 어떤 공사에나 적용할 수 있는 공통사항에 대해 건설기술관리법령 규정에 따라 시설물의 안전 및 공사시행의 적정성과 품질 확보 등을 위하여 시설물별로 정한 표준적인 공사기준

② 특기시방서 : 공사의 특수성 · 지역여건 · 공사방법 등을 고려하여 설계도면에 구체적으로 표시할 수 없는 내용과 공사 수행을 위한 공사방법, 자재의 성능, 규격 및 공법, 품질 시험 및 검사 등에 관한 사항을 기술한 것

4) 물량내역서

공종별 목적물을 구성하는 품목 또는 비목과 규격, 수량 단위 등을 기록하고 가격이 없는 공 내역서이다.

5) 설계계산서

설계도서의 전기기기의 용량 산정, 배선 굵기 등 내역서 작성을 위한 각종 계산서이다.

6. 설계 성과물

가. 기본설계 성과물

기본설계 성과물은 설계계획서, 기본설계도면, 개략공사비 내역서 및 기타의 용량 계획서, 시스템 선정 검토서, 협의기록서 등으로 다음을 참조한다.

- 기본설계 성과물
  - 설계계획서
  - 기본설계도면
  - 내역서(개략)
  - 기타 사항
    - 설계계산서(개략)
    - 시스템 선정 검토서
    - 협의기록서

나. 실시설계 성과물

실시설계 성과물은 설계도면, 시방서, 현장설명서, 내역서(공사비내역서), 각종 설계계산서, 기타 협의기록 등으로 이루어지며 다음을 참조한다.

- 실시설계 성과물
  - 설계도서
    - 설계도면
    - 시방서
    - 현장설명서(설계설명서)
    - 물량내역서(1억 원 이상)
  - 공사비 내역서 (설계 내역서)
    - 산출서
    - 견적서
  - 설계 계산서
    - 용량계산서
    - 부하계산서
    - 간선계산서
    - 조도계산서
    - 기타 계산서
  - 기타 사항
    - 협의기록 (관공서, 관계자, 설계, 심의 등)

7. 설계도서의 적용순서

설계도서 상호 간에 상충되는 사항이 발행하는 경우 계약으로 그 적용의 우선순위를 정하지 않을 때 다음 순서를 원칙으로 한다.

가. 특기시방서
나. 설계도면
다. 일반시방서, 표준시방서
라. 산출내역서
마. 승인된 시방도면
바. 관계법령유권해석
사. 감리자 지시사항

2.2 감리원의 직무

- 감리란 전력시설물 공사에 대하여 발주자의 위탁을 받은 감리업체가 설계도서, 기타 관계서류의 내용대로 시공되는지의 여부를 확인하고 품질, 시공, 안전 및 공정 관리 등에 대한 기술지도를 하며 관계법령에 따라 발주자의 권한을 대행하는 것을 말한다.
- 감리원이란 감리원 자격수첩을 취득한 자로서 감리원 교육훈련을 이수하고 감리업무를 수행하는 자를 말한다.

■ 공사감리업무 수행지침, 건설기술관리법, 건축전기설비설계기준, 정기간행물

1. 감리원의 임무 및 업무자세

가. 감리원의 기본임무

1) 감리원은 발주자의 권한을 대행하여 업무를 수행한다.
2) 발주자에게 예속되지 않고 독립적으로 그 업무를 성실히 수행한다.
3) 전력시설물 공사의 품질 및 기술의 향상을 위해서 노력해야 한다.

나. 감리원의 업무자세

1) 감리원은 법규, 명령, 공공복리에 어긋나는 행위를 해서는 안 된다.
2) 감리원은 품위를 손상하는 행위를 해서는 안 된다.
3) 감리원은 업무와 관련하여 제3자로부터 일체의 금품, 이권, 향응을 받아서는 안 된다.
4) 감리원은 감리 수행 시 신의, 성실, 친절, 공정, 청렴결백하게 업무를 수행해야 한다.
5) 감리원은 전력시설물공사의 품질 확보 및 질적 향상을 위한 신기술 보급에 노력한다.

2. 감리원의 업무

가. 착공 전 단계

1) 계획서, 설계도서(설계도면, 시방서, 공사비내역서, 기술계산서), 공사계약서의 계약내용 등을 검토한다.
2) 당해 공사의 현장조사, 공정표, 공사계획 등 조사 및 설계보고서를 검토한다.
3) 설계도서와 시공도면의 내용이 현장조건에 적합한지와 시공 가능성 여부 등을 사전 검토한다.
4) 하도급에 대한 타당성을 검토한다.

나. 공사시공 단계

1) 시공계획서를 확인 · 검토
2) 발주자 · 공사업자가 작성한 시공설계도서의 검토 · 확인
3) 전력시설물의 규격에 관한 검토 · 확인
4) 사용자재의 규격 및 적합성에 관한 검토 · 확인
5) 전력시설물의 자재 등에 대한 시험성적서에 대한 검토 · 확인
6) 재해예방대책 및 안전관리의 확인
7) 현장 시공상태의 평가 및 기술지도
8) 공사가 설계도서의 내용에 적합하게 행하여지고 있는지에 대한 확인
9) 설계 변경 및 계약금액 변경에 관한 사항의 검토 · 확인
10) 공사 진척부분에 대한 조사 및 검사
11) 공사감리업무에 대한 각종 일지의 작성 및 부대업무

다. 준공 단계

1) 기성확인 행정지원업무
2) 시운전 및 예비준공
3) 준공도서의 검토 및 준공검사
4) 감리보고서 작성

3. 감리원의 구분

가. 설계감리

전력시설물의 설치 · 보수공사의 계획 · 조사 및 설계가 전력기술기준과 관계법령에 따라 적정하게 시행되도록 관리하는 것을 말한다.

나. 공사감리

전력시설물의 설계 · 보수공사에 대하여 품질관리, 공사관리 및 안전관리 등에 대한 기술지도를 하며, 관계법령에 따라 발주자의 권한을 대행하는 것을 말한다.

다. 통합감리

여러 개의 전력시설물 공사 현장이 인접하여 이를 하나의 공사현장으로 보고 공사감리를 할 수 있는 경우

라. 감리원 배치기준

구분	책임감리원	보조감리원	비고(감리원)
공사종별 및 공사금액	특급 감리원	초급 감리원 이상	• 책임감리 • 보조감리 • 상주 · 비상주감리
	고급 감리원 이상	초급 감리원 이상	
	중급 감리원 이상	초급 감리원 이상	

4. 감리원의 소양

가. 공사에 대한 전문지식

1) 감리원은 설계도면, 시방서, 공사비내역서, 기술계산서, 공사계약서의 계약 내용과 당해 공사의 조사 · 설계보고서 등의 내용을 이해한다.
2) 설계도서, 관계서류 등과 현장실정과의 부합 여부, 시공방법의 타당성 등을 공사 시행 전에 검토하여 부실공사를 방지하고 공사품질향상을 기할 수 있는 능력을 가져야 한다.
3) 전문지식과 경험을 바탕으로 공법의 개선 및 예산 절감을 기하도록 해야 한다.

나. 행정처리 능력

감리원은 기술적인 직무 이외에 각종 보고서, 기술검토서, 설계변경업무, 감리보고서 등을 작성할 수 있는 행정처리 능력이 있어야 한다.

다. 발주자와 시공자 간의 관계

감리원은 발주자와 시공업체 간에 이해관계가 되는 문제가 발생하여도 중립적인 입장에서 부실공사 방지와 품질 향상을 기하는 방향으로 해결하는 조정자의 역할을 할 수 있는 소양이 필요하다.

라. 신의와 성실

감리원의 가장 중요한 소양은 신의와 성실이다. 발주자에게 보내는 보고서나 시공업체에 보내는 지시서는 정확한 사실에 바탕을 둔 것이어야 하며 개인적인 이권이나 다른 부정한 이유로 사실을 왜곡해서는 안 된다.

마. 책임감 있는 업무처리

감리자가 수행한 업무에 대해 어떠한 문제가 발생하여도 모든 책임을 지는 자세를 가지고 업무를 수행할 때 공사의 품질은 향상될 수 있다.

바. 문제점에 대한 대안제시 능력

감리업무는 공사 시공 시 사전에 설계도서와 현장과 부적합, 공법 및 자재의 개선 등 문제점을 기술적 근거에 의하여 설명하고 대안을 제시할 수 있는 능력이 필요하다.

2.3 VE(Value Engineering)의 설계개념

일반적인 가치의 개념은 개관적, 절대적으로 포착되는 것이 아니고 상대적인 개념이다. 즉, 가치라고 하는 것은 보는 각도에 따라 달라지는 것으로 도덕적 가치, 사회적 가치, 학술적 가치, 경제적 가치 등 다양하게 정의할 수 있다. 이들 가치 중에서는 VE 활동에서 다루고자 하는 것은 그 물건을 사용함으로써 생길 수 있는 사용가치를 주 대상으로 하고 있다.

■ 건설기술관리법, 건축전기설비설계기준, 정기간행물

1. VE의 정의

최소의 생애주기비용(LCC)으로 최상의 가치를 얻기 위한 목적으로 대상 시설물의 여러 전문분야가 협력하여 프로젝트의 기능분석을 통해 대안을 창출하는 체계적인 절차를 말한다.

2. 가치지수(Value Index)

가. 가치의 목적은 최소의 비용으로 필요한 기능을 확실하게 달성하기 위한 것

1) 가치(Value) : 사용자가 원하는 성능, 품질을 유지하면서 필요한 기능을 수행할 수 있는 최적비용효과
2) 기능(Function) : 프로젝트, 공종, 재료 등의 성능 및 품질
3) 비용(Cost) : 프로젝트의 생애주기비용(LCC)

$$\text{가치 } V = \frac{F}{C}$$

여기서, V(Value), F(Function), C(Cost)

나. 가치지수란 기능(F)에 대한 값어치(V)와 비용(C) 사이의 수치적인 상호관계에 의한다.

$$\text{가치지수(Value Index)} = \frac{\text{기능의 비용(Cost)}}{\text{기능의 가치(Worth)}}$$

3. VE의 형태

구분	원가 절감형	기능 향상형	가치 혁신형	기능 강조형
V(가치)	$\frac{F\rightarrow}{C\downarrow}$	$\frac{F\uparrow}{C\rightarrow}$	$\frac{F\uparrow}{C\downarrow}$	$\frac{F\uparrow}{C\uparrow}$

가. 원가 절감형

1) 기능을 일정하게 유지하면서 비용을 낮춘다.
2) 본래의 기능을 유지하면서 대상물에 포함되어 있는 불필요 · 중복 · 과잉 기능을 찾아 제거하고, 설계변경으로 같은 기능수준을 유지하면서도 생산성을 향상시킬 수 있는 대체소재를 활용한 가치유형이다.

나. 기능 향상형

1) 기능을 향상시키면서 비용은 횡보한다.
2) 대상의 기능 분석을 통해 불필요, 중복 · 과잉 기능을 찾아서 제거하고 소재의 변경이나 설계 변경으로 원가의 상승 없이 기능만을 향상시킨 가치유형이다.

다. 가치 혁신형

1) 기능을 향상시키면서 비용을 낮춘다.
2) 분자 기능을 월등히 향상시키면서도 분모인 비용은 오히려 획기적인 절감을 이룩할 수 있는 이상적인 가치유형이다.

라. 기능 강조형

1) 비용을 추가시키지만 그 이상으로 기능을 향상시킨다.
2) 가치결정 요소인 C와 F가 모두 변하되 분모인 Cost의 상승에 비해 분자인 기능의 향상이나 다양성이 월등히 개선된 가치유형이다.

4. VE의 핵심요소

시의 적절성(Timeliness), 유연성(Flexibility) 그리고 창조성(Creativity) 등이 VE 수행과정에 적절히 반영될 수 있는 방향의 제도를 마련하는 조직적 개선활동이 중요하다.

5. 설계 VE 적용대상

총공사비 100억 원 이상인 건설공사의 기본설계 · 실시설계, 공사시행 중 공사비 증가가 10% 이상 발생되어 설계변경이 요구되는 건설공사(물가변동설계변경은 제외), 기타 발주청이 설계의 경제성 검토가 필요하다고 인정하는 건설공사가 대상이 된다.

[표] 건설업에 의한 비용절감 방법

구분	IE(Industrial Engineering)	QC(Quality Control)	VE(Value Engineering)
최종목적	공사원가 절감	공사원가 절감	공사원가 절감
직접목적	생산성 향상, 인건비 절감	품질 향상, 크레임 감소	가치 향상, 코스트 절감
적용단계	계획, 시공단계	시공단계	설계 및 시공단계
코스트 절감 정보	작업방법의 시간적 분석	공사의 특성 측정 · 분석	기능과 코스트 분석
분석방법	방법연구 및 작업 측정	가치도구	기능연구 · 조직적 노력

2.4 전기설비의 LCC(Life Cycle Cost)

모든 시설물은 기획 · 설계 및 건설공사로 구분되는 초기투자단계를 지나 운용 · 관리단계 및 폐기 · 처분단계로 이어지는 일련의 과정을 거치게 된다. 이를 시설물의 생애주기(Life Cycle)라고 하며, 이 기간 동안 시설물에 투입되는 비용의 합계를 생애주기비용(Life Cycle Cost)이라 한다. LCC의 기본 개념은 장래의 건축물 열화진단, VE 기법 적용의 토대가 된다.

■ 물품관리법(내용연수), 건축전기설비설계기준, 건축물의 설비기준 등에 관한 규칙

1. LCC의 개념

Life Cycle Cost란 일반적으로 제품의 생산, 사용, 폐기처분의 각 단계에서 발생하는 비용의 총액을 말하며 Life Cycle Costing은 이 총액을 산정하는 방법, 순서를 말한다.

가. LCC 구성요소

1) 기획 설계 : 기획에 필요한 모든 비용(시장조사, 용지 취득, 설계, 환경대책 등)
2) 건설시공비 : 공사계약, 공사, 감리, 준공에 따르는 비용
3) 운용관리비 : 보수, 유지 개량에 따른 비용
   에너지 절감비용(49%), 시설물 유지보수 및 갱신 비용(25%), 신규 수요증가비용(20%), 공해대책 등 기타 비용(6%)
4) 폐기 처분비용 : 해체 · 분리, 처분에 따른 비용

나. LCC 분석

LCC 분석이란 시설물 또는 설비시스템 등에 대하여 경제적 수명 전반에 걸쳐 발생하는 제 비용의 합, 즉 총비용을 비교하기 편리한 일정한 시점으로 등가 환산한 가치로서 경제성 평가 방법이다.

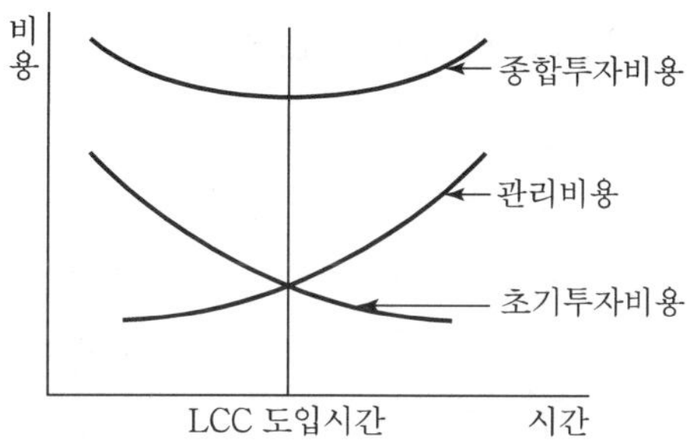

[그림 1] LCC 도입 시 경제수명 판단곡선

다. LCC 비용분석의 목적

생애비용분석을 통하여 다른 의사결정 요소들과 함께 가장 경제적인 대안 선정을 주요 목적으로 한다.

1) 최종 의사결정 요소 : LCC + 비경제적인 요소(안전, 신뢰성, 운영성, 환경요인)
2) LCC와 비용견적 : 기본적인 비용자료에 근거하며 LCC와 비용견적은 불가분의 관계

라. LCC의 연수 결정소건

1) 물리적인 조건 : 내구력, 기능 작동의 한계 등
2) 경제적인 조건 : 시설 운용비, 유지보수비 등
3) 사회적인 조건 : Old Model화, 패션에 뒤지는가 여부
4) 대표적인 계산법 : 정액상각 계수법

2. LCC의 특성

가. 초기자본비용뿐만 아니라 전반적인 비용분석방법이다.
나. 프로젝트의 확립목적에 대한 효과적인 선택을 가능하게 한다.
다. 시간간격에 따라 효과적인 자산관리를 가능하게 한다.
라. 시설물의 부위별 구성요소의 설계를 도와준다.

3. LCC의 적용목적

가. 시설노후화, 내용연수 마감에 따른 대책
나. 고장 다발, 성능 저하에 대한 대책
다. 건축물 에너지 절약화 추진이 가장 중요
라. 안전성 향상을 위한 대책
마. 성능 저하에 따른 기능의 향상
바. 의장의 쇄신 및 체적의 축소화 추진

4. LCC 도입 시 판단 및 검토사항

가. 노화현상[61]의 검토

1) 고장률의 증대 : 신뢰성이 저하된다.
2) 성능의 저하 : 능력이 저하된다.
3) 자원성의 저하 : 부품 교환의 공급력이 저하된다.
4) 보전성의 저하 : 수리시간이 길어진다.
5) 경제성의 저하 : 수리비가 증대된다.

나. 수명의 판단

1) 내용수명기간과 고장률의 관계 : 우발고장기간을 지나서 마모고장기간에 들어서면 고장률이 급격히 증가하게 된다.
2) 고장률과 신뢰도의 관계 : 고장률과 신뢰도는 상호 반비례적인 관계를 가진다.
3) 경제적인 수명 평가곡선은 [그림 2]와 같다.
4) 총비용, 운용관리비용, 초기투자비용의 관계 [그림 3]은 적정 개 · 보수시기 판단을 위한 $n<m$인 시기가 개 · 보수에 적당한 시기이다.

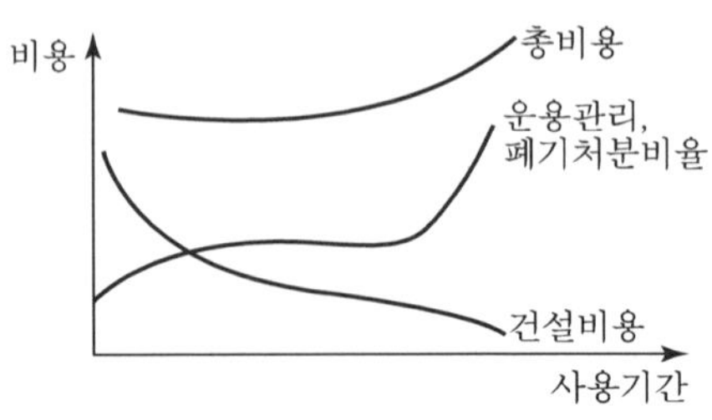

[그림 2] 경제적인 수명 평가곡선

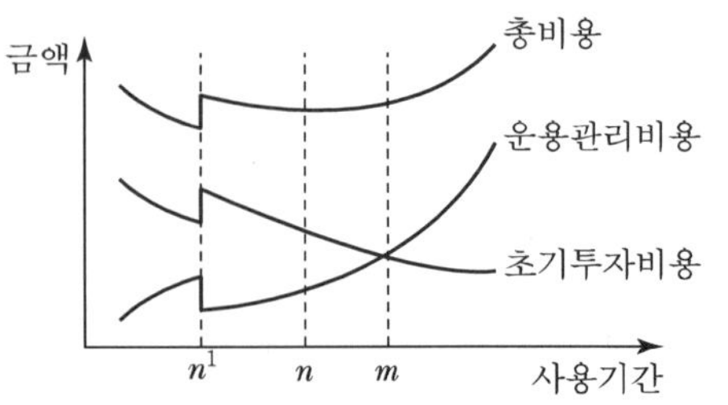

[그림 3] 총비용, 운용관리비용, 초기투자비용관계

다. LCC의 산정방법

1) 현가법 : 현재와 미래의 모든 내용을 순 현재가치 NPV(Net Present Value)에 의해 계산하는 법

$$\text{순현재가치(NPV)} = \frac{\text{비용}}{(1+R)^n} \quad \text{여기서, } R : \text{이자율, } n : \text{연수}$$

2) 연가법 : 초기비용과 비반복 비용을 매년 비용으로 변화하는 방법

---

61) 노화현상 종류
① 물리적인 현상 : 내구연한, 기능 작동의 저하 현상
② 경제적인 현상 : 시설유지비, 유지보수비 등의 과다투입
③ 사회적인 현상 : Old Model화, 패션에 뒤지는 것 등

5. 건축전기설비의 내용연한

전기설비의 내용연수는 전기설비 Life Cycle을 말하며, 내용연수에 따라 LCC가 결정된다.

[표] 전기설비 내용연수(조달청 고시) 및 기타

구분	설비내용	법정 상각연수
수 · 변전설비	배전반(12), 분전반(8), 전동기 제어반(9)	12~8
	전력감시 또는 제어장치(!2), 빌딩자동제어장치(11)	12~11
	변압기(11), 서지방지장치(7)	11~7
비상전원설비	전동발전기(12)	12
	축전지설비(7)	권장
조명설비	LED 램프(8), LED 실내조명(9)	8~9
	투광조명(6), 비상조명장치(12)	6~10
방재설비	경보용기기(10~15)	권장
	분말소화기(10), 감지기(10)	권장
반송설비	엘리베이터(17)	권장
	에스컬레이터(15)	권장

6. 도입배경 및 활용분야

가. 시설물의 안전 및 유지관리를 감안한 대안 설정
나. 보수 · 보강 등의 의사결정
다. 경제적인 안전 및 유지관리 수준 판단
라. 국가 시설물 안전 및 유지관리계획 수립의 근거자료

2.5 건축물 전기설비의 리모델링

- 우리나라에서의 리모델링과 리노베이션이 일본에서는 주로 리폼, 리뉴얼 등으로, 미국에서는 리모델링으로 사용되고 있다. 리노베이션은 건물의 성능 개선을 말하며 리모델링은 리노베이션을 포함하는 건물의 구조 변경까지를 포괄하는 개념이다.
- 리모델링은 기존 시설물의 기본골조를 유지하면서 시설의 노후화를 억제하거나 그 기능을 향상시키며 건축물의 물리적 · 사회적 수명을 연장하는 일체의 활동영역을 포괄한다.

■ 물품관리법, 건축전기설비설계기준, 건축물의 설비기준 등에 관한 규칙

1. 리모델링의 범위 및 분류

가. 리모델링의 구체적 개념 구분

1) 유지

건축물의 자연적인 기능 저하 속도를 최초 준공시점의 수준에서 지속시키는 일체의 활동이다.

2) 보수

각종 시설물이 물리적 내용연수의 한계에 달하는 경우 수리 · 수선 등을 시행하여 준공시점의 수준으로 건물의 기능을 회복시키는 활동이다.

3) 개수

건축물에 새로운 기능을 부가하여 준공시점보다 그 기능을 향상시키는 활동이다.

나. 리모델링 분류

1) 노후화 대책을 위한 리모델링
2) 설계기능 향상을 위한 리모델링
3) 인텔리전트화를 위한 리모델링
4) 역사적 건축물의 개수 · 보수를 위한 리모델링
5) 공동주택의 리모델링

2. 리모델링의 발생요인

가. 지구와 도시환경의 악화

현대생활에서 자원의 낭비를 막는 가장 효과적인 방법으로 자원 활용이 환경오염을 방지하는 데 큰 역할을 한다.

나. 기능요구

국제화, 정보화 등 경제환경 변화와 기술발전 속도가 예상보다 빠르게 진행된다.

다. 열화대응

경년에 의한 열화(경년변화) 등을 기능 및 안전 측면에서 판단한다.

라. 경제성

토지가격, 임대료 및 노무비의 상승에 의해 건물 건축에 자금이 크게 부담될 경우

마. 건물의 보존

역사적 보존가치가 있는 건축물에 대하여 보존지역 지정 및 국가 지정의 경우

3. 리모델링 내구연한 및 수명 결정

가. 시스템 기능 저하

1) 시대적 기능 저하

시대적 배경의 변천에 의한 에너지 종류별 가격 변동 차이의 발생, 인텔리전트화, 건물 자동화 등 기능요구 증가에 의해 발생한다.

2) 물리적 기능 저하

실비시스템 사용기간이 길어짐에 따라 마모, 피로 등의 물리적 성능이 열화에 의해 저하된다.

나. 내구연한과 경제수명

1) 물리적 내구연한

마모, 부식, 파손에 의한 사용 불능의 고장빈도 발생에 의한 기능장해가 발생한다.

2) 사회적 내구연한

사회적 기술동향을 반영한 내구연한으로 진부화, 구형화, 신기종 등의 새로운 방식과의 비교로 상대적 가치가 저하한다.

3) 경제적 내구연한

수리 · 수선을 하면서 사용하는 것이 신형제품 사용에 비하여 경제적으로 더 많이 소요되는 시점을 말한다.

4) 법적 내구연한

세법상 정해진 내구연한을 말한다.

다. 주요 전기시설의 내구연한

1) 변압기 : 11년
2) 고압 케이블 : 30년(권장)
3) 전동발전기 : 12년
4) 승강기 : 17년(권장)

4. 리모델링 공사의 특징

가. 건물관리자의 참여

신축공사는 발주자, 설계자, 시공자가 참여한다.

나. 건물의 고유자료 이용

해당 건물의 고유자료를 이용하여 계획 및 설계가 가능하다.

다. 설계의 정확성

관련 규정에 의한 설계 및 설계변경 작업이다.

라. 조사 및 진단

기능 저하는 각종 요인에 의하나 현장파악이 초기의 중요한 작업이다.

마. 기능공존 및 교체작업

건물을 사용하면서 작업이 진행되기 때문에 기존 기능과 갱신기능이 공존하면서 단시간 동안 순차적으로 진행된다.

바. 시공환경

신축공사에 비교하여 대단히 불량하다.

사. 종합적인 검토 및 계획

건축, 전기, 공조, 위생설비가 단독진행되는 경우는 극히 드물고 서로 연관되는 내용이 대단히 많다.

5. 전기설비 리모델링

가. 리모델링 진행과정

1) 기획

건축주의 의도를 반영하여 수선범위를 결정하고 사업의 타당성 조사 등을 반영한다.

2) 진단

기존 시설의 실태조사(현행법 적용 및 내구연한)

3) 계획

관련 분야와의 연계성, 법률상 요구 등 협의 후 건축주 의도의 기본설계 및 시스템을 결정한다.

4) 설계

건축주의 의도가 반영된 실시설계 및 대관업무

5) 시공 및 준공(시운전)

나. 전기설비 리모델링 시 검토사항

1) 열화 대응
2) 기능 확충
3) 안전성 향상
4) 환경 개선
5) 에너지 절감

다. 전기공사별 유의사항

1) 수 · 변전설비

① 인입선로의 적정 여부를 검토한다.(선로용량, CNCV－W 적용)
② 선로 및 기기의 노후상태, 열화 정도 파악 후 교체 여부 및 기기를 선정한다.
③ 변전용량 증가 시 수변전계통의 기기 규격, 교체 여부를 검토한다.
④ 교체의 경우 장비 반입구 확보방안 모색, 전기실 및 발전기실 면적의 가능 여부를 검토한다.

2) 전력간선설비

① EPS실 배치 및 면적을 검토한다.
② 간선의 구성방식(2중, 백업방식 등)을 건물용도에 적합한 방법으로 검토한다.
③ 전기설비용량 증가 시 케이블 또는 Bus－Duct의 규격을 확보한다.
④ 케이블 트레이 사용 시 난연성 케이블 및 방화구역을 검토한다.

3) 동력설비

① 교체전동기에 따른 기동장치, 배관, 배선 등을 검토한다.
② 기존 MCC 사용 여부 및 교체 시 신규설비를 검토한다.
③ 배관, 배선방법, 기동방법 등을 검토한다.

4) 조명설비

① 기존 조명기구의 노후화 정도 및 재사용 여부를 검토한다.
② 광원 및 기구 선정 시 절전형을 검토한다.
③ 건축 변경에 따른 조명기구 배치, 점등방법을 고려한다.
④ 조명제어시스템의 적용 여부를 검토한다.

5) 전열설비

① 콘센트의 전압, 접지부 등 배열을 검토한다.
② 벽부형 또는 Floor Duct를 검토한다.
③ 컴퓨터실 등의 Access Floor 설치를 검토한다.

6. Building Modernization의 적용 후 효과

가. 건물의 이미지가 향상된다.

나. 에너지 절감효과가 있다.

다. 실내 환경을 개선하여 쾌적한 환경 조성이 가능하다.

라. 안정성 및 신뢰성이 향상된다.

마. 관리운용비의 삭감이 가능하다.

PART 06

과년도 기출문제

126회 건축전기설비기술사 기출문제

3교시

※ 다음 문제 중 4문제를 선택하여 설명하시오. (각 25점)

1. 대지고유저항 측정 시 대지저항률에 영향을 미치는 요인과 대지저항률의 측정방법에 대하여 설명하시오.
2. 연료전지의 발전원리와 구성요소, 종류 및 특징에 대하여 설명하시오.
3. 아래 그림의 F1과 F2 지점의 3상 단락사고 시 단락전류(kA)를 계산하고, 변압기(TR2) 1차측과 2차측의 차단기 차단용량을 선정하시오.(단, 선로에 대한 임피던스는 제외한다.)

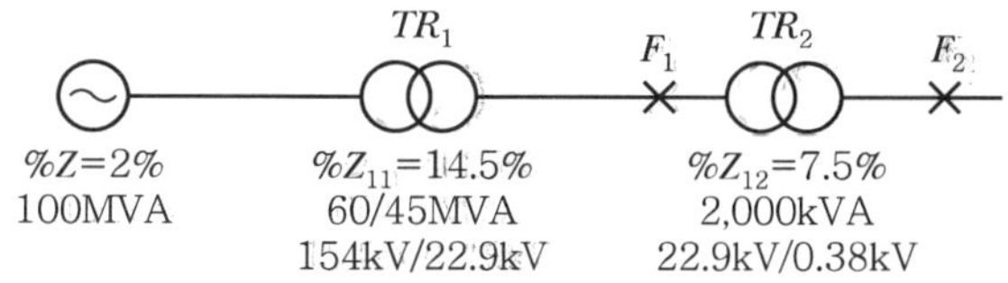

4. 전기자동차 충전시설에 대하여 설명하고, 충전시설 설치를 위한 설계도서 작성 시 고려사항에 대하여 설명하시오.(단, 충전인프라 설치 운영 지침(2021.6. 환경부)과 한국전기설비규정(KEC) 241.17.3 전기자동차의 충전장치 시설에 따른다.)
5. 유도전동기의 속도제어방식 중 인버터(Inverter) 제어방식에 대하여 설명하고, 인버터(Inverter) 적용 시 주의사항에 대하여 설명하시오.
6. 유전율, 투자율, 도전율 및 저항률에 대하여 설명하시오.

4교시

※ 다음 문제 중 4문제를 선택하여 설명하시오. (각 25점)

1. 22.9kV 특고압 수전방식의 종류를 열거하고 설명하시오.
2. 한국전기설비규정(KEC)에 의해 건축물 배선설비 선정 및 시공 시 외적영향과 관련된 중요한 고려사항과 케이블 굵기(저압 전동기 분기회로) 산정 시 고려사항에 대하여 설명하시오.
3. VE(Value Engineering)에 대하여 설명하시오.
4. 메쉬(Mesh)접지 설계를 단계별로 구분하여 각 단계별 작업내용 및 설계요소를 설명하고, 접지 목표 값에 도달하지 못한 경우 수정해야 하는 설계요소에 대하여 설명하시오.(단, 접지설계는 IEEE Std. 80에 따른다.)
5. 22.9kV-y 동심중성선 케이블의 종류 중에서 대표적으로 많이 사용되는 3가지 케이블을 열거하고 설명하시오.
6. 변압기의 전기적 보호장치와 기계적 보호장치에 대하여 설명하시오.

127회 건축전기설비기술사 기출문제

3교시

※ 다음 문제 중 4문제를 선택하여 설명하시오. (각 25점)

1. 수전설비의 설치계획에서 특고압 또는 고압으로 수전하는 소방시설용 비상전원 수전설비에 대한 다음 사항을 설명하시오.
   (1) 비상용 수전설비의 방화구획형, 옥외개방형, 큐비클(Cubicle)형
   (2) 전용의 전력용 변압기에서 소방부하에 전원을 공급하는 경우
   (3) 공용의 전력용 변압기에서 소방부하에 전원을 공급하는 경우
   (4) 전용과 공용의 각 회로도에 대한 의미를 설명
2. 그림에서 나타낸 바와 같이 무부하 상태에 있는 발전기의 a상 1단자가 지락되었을 때 접지 저항이 R_f이었다. 이때 a상의 고장전류와 개방단자인 b, c상의 단자전압을 구하시오.

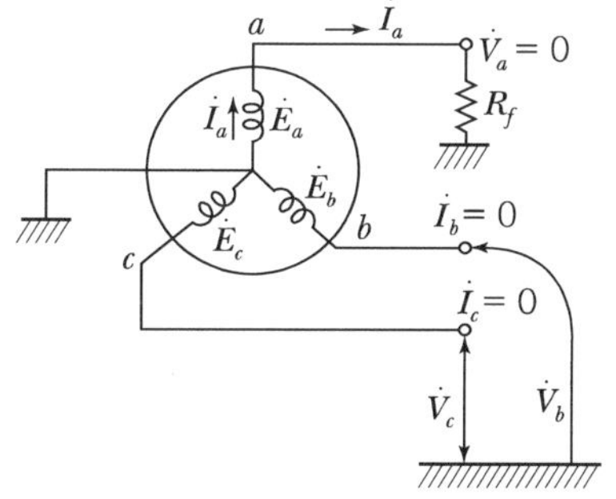

$\dot{E}_a$, $\dot{E}_b$, $\dot{E}_c$: 유기기전력
$\dot{V}_a$, $\dot{V}_b$, $\dot{V}_c$: 대지전압
$\dot{I}_a$, $\dot{I}_b$, $\dot{I}_c$: 각 상전류

3. 단락전류 계산방법과 단락전류를 억제하기 위한 대책을 설명하시오.
4. 전기저장장치(Energy Storage System)는 전력계통 및 신재생에너지 발전원으로부터 전기에너지를 저장하였다가 전력이 필요할 때 공급하는 시스템이다. 전기저장장치에 대한 다음 사항을 설명하시오.
   (1) 전기저장장치의 시설장소에 대한 고려사항
   (2) 전기저장장치 설비의 안전 요구사항
   (3) 전기저장장치의 시설 시 전기배선, 단자와 접속 등 고려사항
   (4) 전기저장장치의 제어 및 보호장치 등 고려사항

5. 지중에 매설된 금속배관의 부식방지를 위한 전기방식(電氣防蝕)에 대한 다음을 설명하시오.
   (1) 부식의 종류
   (2) 희생양극법
   (3) 외부전원법
   (4) 배류법
6. 데이터 센터에서 전력품질 문제와 전력설비 관리 방안에 대하여 설명하시오.

4교시

※ 다음 문제 중 4문제를 선택하여 설명하시오. (각 25점)

1. 인텔리전트 빌딩에서의 조명설계 시 고려사항에 대하여 설명하시오.
2. 중성점 비접지식 전로의 지락보호 방법에 대하여 설명하시오.
3. 수변전설비 계획 시 전력회사에서 공급하는 수전전압에 대해 사전 협의 및 조정할 사항을 설명하고, 회선수에 따른 수전방식을 분류하여 설명하시오.
4. 수변전설비의 내진 설계 시 검토 사항과 내진 검사 방법에 대하여 설명하시오.
5. 전기자동차의 충전 방식과 충전 알고리즘에 대하여 설명하시오.
6. 태양광 발전 시설의 방재설비에 대해서 설명하시오.

128회 건축전기설비기술사 기출문제

3교시

※ 다음 문제 중 4문제를 선택하여 설명하시오. (각 25점)

1. 풍력발전 시스템에 대하여 다음을 설명하시오.
   (1) 풍력발전 시스템
   (2) 주속비
   (3) 풍력발전 적용 시 고려사항

2. 분산형전원 배전계통 연계기술기준에 의한 한전계통 이상 시 분산형전원 분리시간, 전압, 주파수 및 전기품질, 순시전압변동에 대하여 설명하시오.

3. 초고층 빌딩의 간선설비 계획에 대하여 설명하시오.

4. 한국전기설비규정(KEC) 저압 배선설비의 선정과 설치 시 고려해야 할 외부영향의 요인들에 대하여 설명하시오.

5. 변압기 용량 2,000[kVA], 임피던스 7[%]인 직접 접지방식 440[V] 저압 모선에 1,000[kVA], 임피던스 25[%]인 유도전동기(IM) 운전 중 모선에 사고가 발생한 경우 다음을 계산하시오. (단, 전원 용량은 250[MVA]로 하고 선로의 임피던스는 무시한다.)
   (1) 1선 지락전류
   (2) 3상 단락전류
   (3) 3상 단락 시 전원측과 유도전동기측에서 고장지점 (F_1)에 흐르는 전류

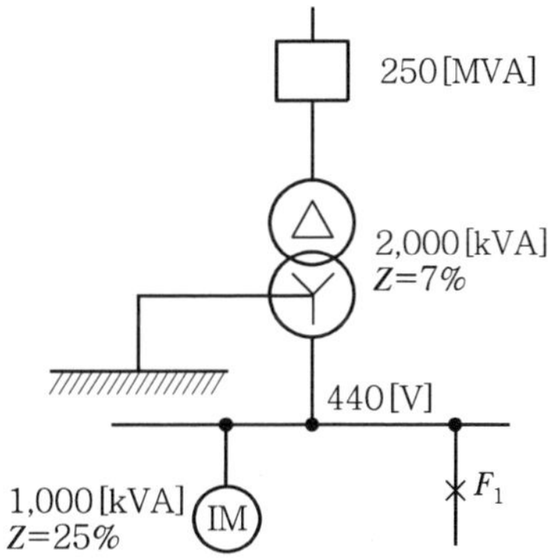

6. 대칭 좌표법을 이용하여 3상 전력 회로에서 유기전압과 임피던스가 평형을 이루고 있을 때 발전기의 기본식을 유도하시오.

4교시

※ 다음 문제 중 4문제를 선택하여 설명하시오. (각 25점)

1. 인텔리전트 빌딩에서 건축화조명의 종류별 특성을 설명하시오.
2. 신재생에너지시스템의 핵심인 전력전자공학의 전력변환방식 및 핵심요소의 특성요구에 대하여 설명하시오.
3. 중성선에 흐르는 영상 고조파전류의 발생원리, 영향, 대책에 대하여 설명하시오.
4. 직류 전동기의 다음을 설명하시오.
   (1) 회전원리와 구조
   (2) 회전 관련식인 역기전력(E), 단자전압(V), 전기자 전류(I_a), 속도(N), 토크(T)
   (3) 속도특성곡선
5. 수변전설비에서 전력품질을 저해하는 전자파의 원리, 발생원인, 침입경로, 영향, 대책에 대하여 설명하시오.
6. 전력계통의 중성점 접지방식에 대하여 다음과 같이 구분하여 설명하시오.
   (1) 중성점 접지방식의 구성과 목적
   (2) 중성점 접지방식별 비교표(중성점접지, 건전상 전위 상승, 지락전류 크기, 보호계전, 과도안정도, 통신선유도장해, 변압기의 절연, 장점, 단점, 적용장소)
   (3) 전력계통의 유도장해 경감대책

129회 건축전기설비기술사 기출문제

3교시

※ 다음 문제 중 4문제를 선택하여 설명하시오. (각 25점)

1. 한국전기설비규정(KEC)에서 규정하는 감전보호용 등전위본딩에 대하여 설명하시오.
2. 수전설비에서 보호계전기의 정정이 필요한 경우와 정정방법을 설명하시오.
3. 유도장해 현상과 관련하여 다음 사항을 설명하시오.
   (1) 정전 및 전자 유도장해 현상
   (2) 전력선측과 통신선측 유도장해 대책
   (3) 차폐효과
4. 케이블공사 및 버스덕트공사 시 단락사고가 발생할 경우 다음 사항을 설명하시오.
   (1) 단락 시 기계적 강도 계산의 필요성 및 단락전자력의 영향
   (2) 열적용량
   (3) 단락전자력
   (4) 3심케이블 단락기계력
5. 전자파 적합성(EMC) 시험에 대하여 설명하시오.
6. 제로에너지건축물 인증제도에 대하여 다음 사항을 설명하시오.
   (1) 인증제도의 정의
   (2) 추진체계
   (3) 법적근거
   (4) 추진절차

4교시

※ 다음 문제 중 4문제를 선택하여 설명하시오. (각 25점)

1. 전원의 전력품질(Power Quality)에 대하여 다음 사항을 설명하시오.
   (1) 전력품질의 저하요인과 영향요소
   (2) 전력품질의 기준요소(외란형태별 지속시간 및 전압의 크기)
   (3) 전력품질의 외란형태별 영향 및 대책
2. 전력부하설비 중 3상 유도전동기에 대하여 다음 사항을 설명하시오.
   (1) 유도전동기 기동특성
   (2) 토크가 최대가 되는 슬립공식
   (3) 최대토크와 2차저항 크기와의 관계
3. 전력용변압기의 열화원인 및 진단방법에 대하여 설명하시오.
4. 건축물 비구조요소인 전기설비의 일반적인 내진설계기준에 대하여 다음 사항을 설명하시오.
   (1) 내진설계절차
   (2) 건축전기설비의 중요도 계수 및 적용범위
   (3) 건축전기설비의 정착부 설계기준
5. 태양광발전설비 구축 시 개발행위 절차 및 검토사항에 대하여 설명하시오.
6. 전력회사로부터 수전 받는 대형 데이터센터의 수배전설비를 설계할 때 아크플래시(Arc Flash) 사고로부터 인명과 설비를 보호하고자 한다. 아크플래시와 관련하여 전기설계에 준용할 수 있는 해외 안전설계기준(code)을 나열하고 아크플래시위험을 저감하기 위한 방안과 설계 시 고려사항을 설명하시오.

130회 건축전기설비기술사 기출문제

3교시

※ 다음 문제 중 4문제를 선택하여 설명하시오. (각 25점)

1. 수전회로 보호방식 중 1회선 보호방식과 스폿 네트워크 수전회로 보호 방식을 구분하여 설명하시오.
2. 공동주택에 설치하는 지능형 홈네트워크 설비의 사용기기 종류와 설치방법을 설명하시오.
3. 야간착륙 또는 계기착륙을 하는 비행장과 헬기장에 설치하는 항공등화의 종류를 서술하고 항공등화의 2차 전원 및 전기 시스템에 대하여 설명하시오.
4. 전력계통에서 에너지저장장치(ESS)의 필요성과 설치 효과에 대하여 설명하시오.
5. 고조파 발생원리와 전력용 변압기와 회전기에 미치는 영향과 대책을 설명하시오.
6. 오피스텔 22.9kV 수변전설비 설계시의 접지설계 순서(IEEE Std 80)에 대하여 설명하시오.

4교시

※ 다음 문제 중 4문제를 선택하여 설명하시오. (각 25점)

1. 변압기 선정을 위한 효율과 부하율 관계를 설명하고, 유입변압기와 몰드변압기의 특성을 비교하여 설명하시오.

2. 건축물에 시설하는 비상콘센트설비의 화재안전기술기준(NFTC 504)에서 정하는 다음 사항을 설명하시오.
   (1) 설치대상
   (2) 화재안전성능기준(NFPC 504)에서 규정하는 전원 및 콘센트 등
   (3) 화재안전성능기준(NFPC 504)에서 규정하는 배선

3. 리튬이온전지에 대하여 설명하고 전기자동차 화재 발생 시 소화가 어려운 이유를 설명하시오.

4. 전력회로의 전원장치 중 평활회로에 필요성 및 다음사항을 설명하시오.
   (1) 커패시터와 인덕터 사용 시 기능 및 특성
   (2) 리플 잡음이 전자 회로에 미치는 영향
   (3) 평활회로의 종류 및 특성

5. 전기설비의 배전전압, 모선방식 및 배전방식에 대하여 설명하시오.

6. 전기 방폭설비 중 다음에 대하여 설명하시오.
   (1) 위험분위기가 존재하는 빈도, 시간
   (2) 최고표면온도에 따라 위험장소를 분류
   (3) 방폭기기에 대하여 종류
   (4) 위험장소 분류에 따른 방폭기기의 적용

131회 건축전기설비기술사 기출문제

3교시

※ 다음 문제 중 4문제를 선택하여 설명하시오. (각 25점)

1. 코로나 방전(Corona Discharge)에 대하여 다음을 설명하시오.
   (1) 코로나 방전
   (2) 코로나 특성
   (3) 코로나 장해
   (4) 방지 대책
2. 다음 중 특별저압 감전보호에 대하여 다음을 설명하시오.
   (1) 보호대책 일반 요구사항
   (2) 기본보호와 고장보호에 관한 요구사항
   (3) SELV와 PELV용 전원
   (4) SELV와 PELV 회로에 대한 요구사항
3. 공동주택의 전기자동차 충전설비 설계 시 고려해야 할 사항을 설명하시오.
4. 3상 유도전동기를 기동할 때 다음을 설명하시오.
   (1) 차동기 운전
   (2) 게르게스 현상
   (3) 전동기의 안정 운전점
5. 건물에너지관리시스템(Building Energy Management System)에 대하여 다음을 설명하시오.
   (1) BEMS 개념
   (2) BEMS 구성요소
   (3) 구성도
   (4) BEMS 기능

6. 자연채광(집광) 시스템의 다음을 설명하시오.
   (1) 목적
   (2) 자연형 자연채광 시스템
   (3) 설비형 자연채광 시스템

4교시

※ 다음 문제 중 4문제를 선택하여 설명하시오. (각 25점)

1. 3상 농형 유도전동기와 3상 권선형 유도전동기의 속도제어에 대하여 설명하시오.
2. 무선충전기술에 대하여 다음을 설명하시오.
   (1) 무선충전방식(전자유도, 자기공명, 전계결합, 전자파)
   (2) 무선충전방식 비교
3. 수소에너지 이용을 위한 수소의 제조, 저장, 수송기술과 수소연료전지에 대하여 설명하시오.
4. 그림과 같이 파동 임피던스가 $Z_1[\Omega]$, $Z_2[\Omega]$인 두 선로의 접점 P에 피뢰기를 설치하였다. Z_1 선로에서 구형 전압파 E[kV]가 입사했을 때 Z_2 선로의 전압 투과파를 $\frac{E}{5}$[kV]로 하는 피뢰기의 저항 $R[\Omega]$의 값을 구하시오.

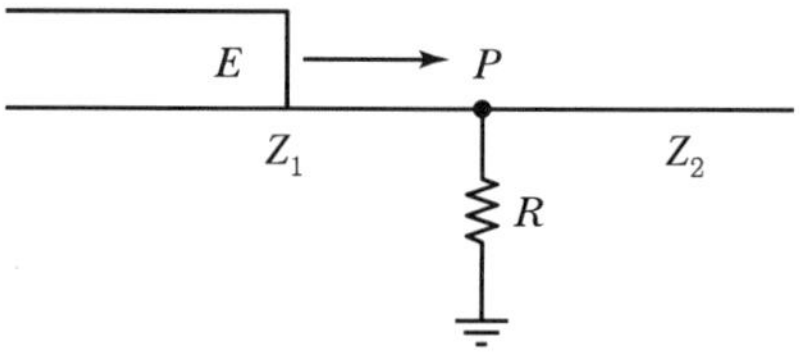

5. 저압 전기설비의 서지보호장치(SPD) 설치에 관련하여 다음을 설명하시오.
   (1) 잔류전압, 공칭 방전전류
   (2) 설치 장소와 설치 방법
6. 제어용 차폐 케이블에는 CVV-S와 CVV-SB가 있다. 두 케이블의 주요한 특징과 유도장해 현상, 장해방지 원리 및 적정한 차폐층 접지 방법을 설명하시오.

132회 건축전기설비기술사 기출문제

3교시

※ 다음 문제 중 4문제를 선택하여 설명하시오. (각 25점)

1. 영상전류 검출방식에 대하여 다음 사항을 설명하시오.
   (1) CT Y결선 잔류회로 방식
   (2) 3권선 영상분로회로 방식
   (3) 영상변류기(ZCT) 사용 방식
   (4) 비접지계통 선택지락계전기(SGR)의 동작원리 및 사용목적
2. 축전지의 설치목적과 축전지용량 산정 방식을 설명하시오.
3. 유비쿼터스 도시(U-City)와 지능형도시(Smart-City)의 다음 사항을 설명하시오.
   (1) 개념 및 특징 비교
   (2) Ubiquitous의 5대 요소기술
   (3) Smart-City 통합플랫폼의 기반구축 5대 연계서비스
   (4) 통합플랫폼 기반구축을 위한 통신망 구성 시 고려사항
4. 암페어의 주회적분법칙에 대하여 다음 사항을 설명하시오.
   (1) 개념 및 관계식 유도
   (2) 무한 직선전류에 의한 자계의 세기
   (3) 원형코일에 의한 자계의 세기
5. 한국전기설비규정(KEC)에 의한 배선설비의 허용전류 선정에 대하여 다음 사항을 설명하시오.
   (1) 허용전류 선정 시 고려사항
   (2) 복수회로 포설 그룹에서 고려 사항
   (3) 절연물의 허용온도
6. 전동기 제동에 대하여 다음 사항을 설명하시오.
   (1) 제동 목적
   (2) 제동 방법 분류
   (3) 전기적 제동 방법

4교시

※ 다음 문제 중 4문제를 선택하여 설명하시오. (각 25점)

1. 전력케이블에서 발생하는 충전전류의 다음 사항을 설명하시오.
   (1) 충전전류 발생원인
   (2) 충전전류가 계통에 미치는 영향
   (3) 충전전류 발생억제 대책

2. 전기방식(電氣防蝕)에 대하여 다음 사항을 설명하시오.
   (1) 부식발생 조건과 발생 매커니즘
   (2) 전기방식(電氣防蝕)을 분류하고, 각각에 대하여 설명

3. 아라고 원판 회전원리와 3상 유도전동기의 회전자계 발생 원리에 대하여 설명하시오.

4. 태양광발전설비의 직류 전로에서 지락차단장치 시설방법에 대하여 설명하시오.

5. 의료장소의 보호설비와 접지설비에 대하여 설명하시오.

6. 전력용 콘덴서의 다음 사항을 설명하시오.
   (1) 설치목적
   (2) 선정 시 고려사항
   (3) 사용 시 문제점
   (4) 콘덴서에 의한 고조파 왜곡현상
   (5) 콘덴서에 의한 고조파 억제대책

133회 건축전기설비기술사 기출문제

3교시

※ 다음 문제 중 4문제를 선택하여 설명하시오. (각 25점)

1. 저압설비에서 서지보호장치(SPD : Surge Protective Device)에 대하여 다음 사항을 설명하시오.
   (1) 서지보호장치(SPD) 동작 기능에 따른 분류
   (2) 외부분리기(SPD Disconnector)
   (3) 서지보호장치(SPD)의 개별접지와 1점 접지방식의 차이점
2. 지중전력케이블의 열화요인과 대책 및 저압전로의 절연성능기준에 대하여 설명하시오.
3. 배전설비 설계 흐름도를 작성하고, 각 항목별 고려사항에 대하여 설명하시오.
4. 교류 저압배전방식 종류와 각각의 특징을 비교 설명하시오.
5. 전력품질을 저해하는 순시전압강하(Sag), 순시정전(Interruption), 플리커(Flicker)의 영향 및 대책을 설명하시오.
6. 변압기 손실의 종류와 저감대책 및 변압기 효율에 대하여 설명하시오.

4교시

※ 다음 문제 중 4문제를 선택하여 설명하시오. (각 25점)

1. 눈부심(Glare) 원인과 종류에 대하여 설명하시오.
2. 태양광발전시스템에 사용하는 인버터에 대하여 다음 사항을 설명하시오.
   (1) 인버터회로 방식
   (2) 인버터의 기능
3. 한국전기설비규정(KEC) 중 전기자동차의 전원설비에 대하여 다음 사항을 설명하시오.
   (1) 전원공급 설비의 저압전로 시설기준
   (2) 충전장치 시설기준
   (3) 충전장치 등의 방호장치 시설기준
4. 건축물에서 도난방지와 예방을 목적으로 하는 침입 발견설비의 다음 사항에 대하여 설명하시오.
   (1) 침입 발견설비의 종류와 시설조건
   (2) 침입 발견설비의 검출기 종류 및 특징
5. 변전실 설계 시 다음 사항을 설명하시오.
   (1) 전기적, 환경적, 건축적 고려사항
   (2) 변전실 배치방식과 배전반 이격거리
   (3) 변전실 면적 산출 방법
6. IBS(Intelligent Building System)의 의미, 구성요소와 효과에 대하여 설명하시오.

134회 건축전기설비기술사 기출문제

3교시

※ 다음 문제 중 4문제를 선택하여 설명하시오. (각 25점)

1. 전력 계통에서 단락용량 증대 시 영향 및 과도한 단락전류 발생 시 억제 대책에 대하여 설명하시오.
2. 22.9kV 수변전설비 구성 시 변압기 1차 측에 변압기 단락 보호용으로 주로 설치하는 전력퓨즈(PF : Power Fuse)의 다음 사항에 대하여 설명하시오.
   (1) 전력퓨즈의 역할
   (2) 전력퓨즈의 종류
   (3) 전력퓨즈의 장점 및 단점
   (4) 전력퓨즈와 차단기와의 특성 비교
3. 변위전류, 분극전류에 대하여 설명하시오.
4. 압전에너지 하베스팅(Piezoelectric Energy Harvesting)에 의한 압전발전시스템의 다음 사항에 대하여 설명하시오.
   (1) 압전효과와 압전소자의 전기적 모델링
   (2) 압전에너지 하베스팅 개념과 흐름도
   (3) 압전발전시스템의 구성요소
5. 동기전동기를 이용한 동기조상기와 정지형 동기조상기(예 : STATCOM)를 비교하여 설명하시오.
6. 지중케이블의 고장점 추정 방법에 대하여 설명하시오.

4교시

※ 다음 문제 중 4문제를 선택하여 설명하시오. (각 25점)

1. 변류기를 선정할 때 다음 사항에 대하여 설명하시오.
   (1) 변류기 포화특성
   (2) 과전류강도
   (3) 과전류정수
   (4) 과전류정수와 변류기 2차 정격부담과의 관계
   (5) ① 30VA Class5 P 10 5A ② 15VA Class0.5 ③ 10 C 50 ④ 0.3 B1.0

2. 한국전기설비규정(KEC)에 따라 저압 배선설비를 설계할 때 다음 사항에 대하여 설명하시오.
   (1) 과전류 보호 조건
   (2) 과전류 보호 방법
   (3) 과부하 보호장치의 정격전류 선정방법
   (4) 과전류 보호를 고려한 도체의 단면적 선정 방법

3. 접지저항 설계에서 대지 저항률에 영향을 주는 요소에 대하여 설명하시오.

4. 지중에 매설된 금속배관의 부식방지를 위한 전기방식(電氣防蝕)의 다음 사항에 대하여 설명하시오.
   (1) 부식의 종류
   (2) 희생양극법
   (3) 외부전원법
   (4) 선택배류법

5. 건축물의 에너지절약설계기준에 따른 전기설비 설계 시 의무 적용사항과 권장사항에 대하여 설명하시오.

6. 연료전지의 다음 사항에 대하여 설명하시오.
   (1) 연료전지의 구성
   (2) 연료전지의 전해질에 따른 분류
   (3) 연료전지의 특징
   (4) 연료전지를 위한 일반적인 수소 추출 기술

135회 건축전기설비기술사 기출문제

3교시

※ 다음 문제 중 4문제를 선택하여 설명하시오. (각 25점)

1. 스폿네트워크(SPOT Network) 수전 방식에 대하여 설명하시오.
   (1) 스폿네트워크 구성과 특징
   (2) 네트워크 프로텍터의 기능
   (3) 오동작과 방지대책
2. 국가건설기준(KDS 32 20 20)에 따른 예비전원설비 중 자가발전설비 용량산정 방법을 설명하시오.
3. 전기회로와 자기회로에 대하여 다음 항목을 설명하시오.
   (1) 대응 관계
   (2) 회로법칙의 대응성
   (3) 차이점
4. 국가건설기준(KDS 32 30 10)에 따른 옥내조명설비를 설명하시오.
   (1) 조도기준의 선정
   (2) 조명기구의 배치방식
   (3) 조명설비의 설계 순서(순서도)
5. 태양광 발전설비에 대하여 다음 항목을 설명하시오.
   (1) 태양전지의 변환효율과 Power Tolerance
   (2) 직류 전로에 지락 발생 시 자동으로 전로를 차단하는 장치의 시설 방법
6. 도로 가로등 설계 시 고려사항에 대하여 설명하시오.

4교시

※ 다음 문제 중 4문제를 선택하여 설명하시오. (각 25점)

1. 변압기 병렬운전에 대하여 설명하시오.
   (1) 변압비가 다른 2대의 변압기 병렬운전
   (2) 임피던스 전압이 다른 변압기 병렬운전
   (3) 변압기의 통합운전
2. 분산형전원 전력계통 연계 시 다음 항목을 설명하시오.
   (1) 단독운전과 자립운전
   (2) 연계계통과의 절연방식에 따른 인버터 분류
   (3) 비정상 전압 및 주파수에 대한 운전 지속시간
   (4) 분산형전원 계통지원 기능
3. 종합정보 통신망(ISDN)의 개념, 교환 방식 및 특징을 설명하시오.
4. 전력시설물 공사감리업무 수행지침에 대하여 설명하시오.
   (1) 기성 및 준공검사(처리 절차 포함)
   (2) 시운전
   (3) 예비준공검사
5. 발열선 시설기준에 대하여 다음 항목을 설명하시오.
   (1) 파이프에 고정하여 시설하는 발열선
   (2) 도로, 주차장 또는 조영물의 조영재에 고정시켜 시설하는 발열선
6. 제로에너지건축물(ZEB)에 대하여 다음 항목을 설명하시오.
   (1) 정의
   (2) 에너지자립률(%)
   (3) 연간 단위면적당 1차 에너지 총소요량
   (4) 건축물에너지관리시스템
   (5) 인센티브

136회 건축전기설비기술사 기출문제

3교시

※ 다음 문제 중 4문제를 선택하여 설명하시오. (각 25점)

1. 주차 관제 설비에 대하여 다음 사항을 설명하시오.
   (1) 차량 검출 시스템에서 루프 코일(Loop Coil) 방식의 장단점
   (2) 주차 관제 설비의 배선 설계
2. 전선을 병렬로 접속하여 사용하는 경우에 대하여 다음 사항을 설명하시오.
   (1) 불평형 발생의 원인
   (2) 불평형 발생의 영향 및 대책
   (3) 한국전기설비규정(KEC)에 근거한 병렬 접속 시 고려사항
3. 22.9kV 1,000kVA 이하 전기설비에 구내 특고압 설비 사고 시 자동고장구분개폐기(Automatic Section Switch)에 대한 공급 변전소 차단기와 리클로저(Recloser)의 동작 협조에 대하여 설명하시오.
4. 고층 건물 및 플랜트 설비에서 케이블 화재의 발생 원인과 방지 대책에 대하여 설명하시오.
5. 최근 개정된 건축물의 에너지절약설계기준(국토교통부고시 제2024－1026호) [시행 2025. 1.1.]에서 전기부문의 의무사항과 권장사항에 대하여 설명하시오.
6. 한국전기설비규정(KEC)에서 리튬계 · 나트륨계 이차전지의 시설기준에 대하여 다음 사항을 설명하시오.
   (1) 열폭주 및 폭발방지
   (2) 제어, 감시 및 보호장치
   (3) 전용건물에 시설하는 경우와 전용건물 이외의 장소에 시설하는 경우

PART 06 과년도 기출문제

4교시

※ 다음 문제 중 4문제를 선택하여 설명하시오. (각 25점)

1. 지능형 전력망(Smart Grid)의 다음 사항에 대하여 설명하시오.
   (1) 지능형 전력망 구성도, 구성 요소, 필요성
   (2) 지능형 전력망의 특징 및 적용 효과
   (3) 지능형 전력망과 기존 전력망의 비교
2. 건축물의 경관 조명 설계시 고려 사항에 대하여 설명하시오.
3. 접지시스템 설계 시 고려할 다음 사항에 대하여 설명하시오.
   (1) 대지저항율 및 영향요인
   (2) 저항 구역
   (3) 접지저항의 이론식($R = \dfrac{\rho}{2\pi r}[\Omega]$) 유도
   (단, ρ : 대지저항률[Ω · m], r : 반구형접지극의반경[m])
4. 건축물에서 발생되는 정전기의 다음 사항에 대하여 설명하시오.
   (1) 발생 원인
   (2) 정전기 영향
   (3) 장해 대책
5. 한국전기설비규정 KEC 244에 따른 비상용 예비전원설비의 조건 및 자동 전원공급 절환 시간에 따른 분류를 설명하고 KDS 32 20 20에 의한 자가발전설비의 용량산정방법에 대하여 설명하시오.
6. 전기자동차의 전원공급설비 중 다음 사항을 설명하시오.
   (1) 주요 구성품
   (2) 플러그와 연결하는 형식의 종류
   (3) 한국전기설비규정(KEC 241.17)에 근거한 저압전로 시설기준

137회 건축전기설비기술사 기출문제

3교시

※ 다음 문제 중 4문제를 선택하여 설명하시오. (각 25점)

1. 코로나 현상과 관련하여 다음을 설명하시오.
   (1) 코로나 방전 시 파열극한전위경도
   (2) 코로나 임계전압
   (3) 코로나 장해와 방지 대책
2. 예비전원설비 중 축전지 용량 산정에 대하여 설명하시오.
3. 전기집진장치 중 다음 사항에 대하여 설명하시오.
   (1) 전원장치
   (2) 배선설비
   (3) 특수장소의 시설
   (4) 접지
4. 「인공조명에 의한 빛공해 방지법」에서 다음 사항을 설명하시오.
   (1) 빛공해의 정의
   (2) 조명환경관리구역의 지정
   (3) 조명환경관리구역별 빛방사 허용기준(조도 및 휘도)
5. 100세대 이상 공동주택 설계 시 범죄예방설계 CPTED(Crime Prevention Through Environmental Design)에 대하여 다음 사항을 설명하시오.
   (1) 주차장을 포함한 조명기준
   (2) 주차장을 포함한 방범설비(CCTV, 비상벨 등)
6. 전력용 커패시터 개폐 시 현상 및 대책에 대하여 설명하시오.

4교시

※ 다음 문제 중 4문제를 선택하여 설명하시오. (각 25점)

1. 저압전로의 지락보호와 관련하여 다음 사항을 설명하시오.
   (1) 누전차단기 설치장소 「한국전기설비규정(KEC 211)」
   (2) 접지계통별(TN, TT, IT) 지락차단장치 시설방법
   (3) 중성점 접지방식별 지락차단장치 시설방법

2. 전자계와 관련된 이론 중 다음을 설명하시오.
   (1) 비오-사바르(Biot-Savart)의 법칙
   (2) 반지름 R(m)인 원형코일 중심에서 자계의 세기 H(AT/m)의 관계식
   (단, 코일은 1회 감겨있고, 흐르는 전류는 I(A)라고 가정)

3. 농형 유도전동기의 속도제어에 대하여 다음을 설명하시오.
   (1) 속도제어식 및 속도-토크 특성곡선
   (2) 속도제어법

4. 정전기의 다음 사항에 대하여 설명하시오.
   (1) 발생원인(액체 취급 과정과 고체 취급 과정으로 기술)
   (2) 정전기의 성질
   (3) 정전기 방전
   (4) 정전기 장해 대책
   (5) 산업시설 정전기 점화원 대책

5. 수상태양광과 관련하여 아래 사항에 대하여 설명하시오.
   (1) 구성 및 특징
   (2) 설계 및 시공 시 고려사항

6. VE(Value Engineering)에 대한 다음 사항을 설명하시오.
   (1) VE 정의와 형태별 분류
   (2) VE 효과적 실시 시기
   (3) 「설계공모, 기본설계 등의 시행 및 설계의 경제성 등 검토에 관한 지침」에 따른 설계 VE 실시 시기 및 횟수

참고문헌

- 「전기사업법」, 「전기공사업법」, 「전력기술관리법」 및 관계 령, 규칙, 기준
  〈전기설비기술기준, 전기설비기술기준의 판단기준〉
- 「건축법」, 「건설산업기본법」, 「건설기술관리법」, 「주택법」 및 관계 령, 규칙, 기준
  〈건축물 에너지 절약 설계기준, 건축전기설비설계기준〉
- 「전기통신기본법」, 「전파법」, 「방송법」, 「정보통신공사업법」 및 관계 령, 규칙, 기준
  〈초고속 정보통신 건물 인증업무 처리지침〉
- 「소방시설 설치유지 및 안전관리에 관한 법」, 「소방시설공사업법」, 「조고층 및 지하연계 복합건축물 재난관리에 관한 특별법」, 「자연재해대책법」 및 관계 령, 규칙, 기준
- 「에너지이용합리화법」, 「신에너지 및 재생에너지 개발 · 이용 · 보급 촉진법」 및 관계 령, 규칙, 기준
  〈지능형건축물인증제도, 친환경건축물인증제도, 건축물에너지효율등급인증제도, 공공기관 에너지이용 합리화 추진지침〉
- 「산업안전보건법」, 「산업표준화법」 및 관계 령, 규칙, 기준
- 「항공법」, 「주차장법」, 「도로법」 및 관계 령, 규칙, 기준
- 「승강기시설 안전관리법」 및 관계 령, 규칙, 기준
- 「대기환경보전법」, 「소음진동규제법」 및 관계 령, 규칙, 기준
- 「의료법」, 「장애인 · 노인 · 임산부 등의 편의증진보장에 관한 법」 및 관계 령, 규칙, 기준
- 「기술사법」 및 관계 령, 규칙, 기준
- (대한전기협회) ; 한국전기설비규정(KEC), 배전규정, 건축전기설비 내진설계 · 시공지침, IEC 규격에 의한 전기설비설계가이드, 저압전기설비의 SPD 설치에 관한 기술지침, 저압 전로의 지락보호에 관한 기술지침, 등전위 본딩에 관한 기술지침
- (한국전력공사) ; 전기공급약관, 송변전기술용어해설집
- (한국전기안전공사) ; 자가용전기설비의 점검업무처리규정

참고도서

- 신전기설비기술계산 핸드북, 의제, 정용기
- 최신 전기설비(공저), 문운당, 지철근 · 정용기
- 전력사용시설물 설비 및 설계, 성안당, 최홍규
- 최신 피뢰시스템과 접지기술, 성안당, 강인권
- 최신 조명환경원론, 문운당, 장우진
- 최신 송배전공학, 동일출판사, 송길영
- 발송배전 기술사 송전공학, 태영문화사, 이존우
- 회로이론, 문운당, 박송배
- 전자기학(공저), 진영사, 엄기홍 등
- 전기기기(공저), 동일출판사, 김용주 등
- 과년도 건축전기설비기술사 문제풀이
- 정기간행물 : 조명설비학회지, 전기설비, 전력기술인, 전기안전, 전설공업 등
- 제조사 기술자료 : 전력설비 진단기술, 신영기술자료, 삼화콘덴서 가이드북, 고압기기 기술자료, LG 기술자료, 효성중공업 기술자료, I디지털 중전기시스템 등

최기영

- (전) 건설교통부 서울지방항공청
- (전) 행정안전부 정부과천청사
- (전) 행정안전부 소방방재청
- (전) 행정안전부 안전본부 부이사관 명예퇴직
- 서울과학기술대 대학원('06.2.17 석사 졸업)
- 공공혁신 · 전자정부고위과정('16.2.17 수료)
- (현) 공공기관 면접관(공무원 및 NCS기반)
- (현) 한국전기기술인협회 외래강사
- (현) 진엔지니어링 건축사사무소 근무

(자격) 특급감리원(전기 · 소방)

홍준

- (전) Kosha Code 제정위원(한국산업안전공단 ; 전기안전분야)
- (전) EMC기준 전문위원(전파연구소)
- (전) 중소기업 기술개발지원 사업 평가위원(중소기업기술정보진흥원장)
- (전) 대한전기학회(설비부분) 이사
- (전) 공법(자재)선정위원회 위원(서울특별시 교육청)
- (전) 기술개발기획평가단 정위원(한국산업기술평가관리원)
- (전) 대한민국산업현장교수－전기 · 전자(고용노동부)
- (전) 한국기술거래사회 이사
- (전) 한국화재감식학회 이사
- (전) 글로벌 기술사업화 전문위원(KIST)
- (현) 한국전기기술인협회 외래강사

(자격) 기술거래사, 기술가치평가사, 전기공사기사

신건축
전기설비 배전설비

발행일 | 2015. 2. 10. 초판 발행
2017. 8. 30. 개정 1판 1쇄
2021. 5. 20. 개정 2판 1쇄
2022. 4. 30. 개정 3판 1쇄
2023. 7. 10. 개정 4판 1쇄
2024. 9. 30 개정 5판 1쇄
2026. 1. 20 개정 6판 1쇄

저 자 | 최기영 · 홍준
발행인 | 정용수
발행처 | 예문사

주 소 | 경기도 파주시 직지길 460(출판도시) 도서출판 예문사
TEL | 031) 955－0550
FAX | 031) 955－0660
등록번호 | 11－76호

정가 : 42,000원

ISBN 978-89-274-6097-8 13560